普通高等教育“十三五”规划教材
“互联网+”创新教材

普通化学

General Chemistry

主　编 ⊙ 刘又年
副主编 ⊙ 王宏青　王一凡

中南大學出版社
www.csupress.com.cn
·长沙·

图书在版编目(CIP)数据

普通化学/刘又年主编. —长沙：中南大学出版社，2018.8(2020.8重印)
ISBN 978-7-5487-3350-8

Ⅰ.①普… Ⅱ.①刘… Ⅲ.①普通化学—高等学校—教材 Ⅳ.①O6

中国版本图书馆CIP数据核字(2018)第188770号

普通化学
PUTONG HUAXUE

主　编　刘又年
副主编　王宏青　王一凡

□**责任编辑**　刘锦伟
□**责任印制**　周　颖
□**出版发行**　中南大学出版社
社址：长沙市麓山南路　　邮编：410083
发行科电话：0731-88876770　　传真：0731-88710482
□**印　　装**　长沙雅鑫印务有限公司

□**开　　本**　880×1230 1/16　□**印张** 20　□**字数** 675千字　□**插页** 2
□**互联网+图书　二维码内容**　字数38千字　视频1525分钟
□**版　　次**　2018年8月第1版　□2020年8月第2次印刷
□**书　　号**　ISBN 978-7-5487-3350-8
□**定　　价**　58.00元

内容简介

本书是主要面向普通高等学校非化学化工类专业的基础课数字电子教材，由湖南省化学化工学会无机及应用化学专业委员会组织编写和推荐。

本教材以“大化学融合”的理念，构筑普通化学课程体系。教材深浅度立足于：由中学化学知识自然过渡和大一学生的接受能力以及非化学化工类工程及相关专业的未来工作需要。在阐述化学的基本原理、基本知识的同时，尽可能反映21世纪化学学科的发展，力求加强学生科学精神和创新意识的培养，以达到化学教育和打好化学基础的双重目的。

全书共10章，内容包括：第1～3章为化学热力学、化学动力学、化学平衡、稀溶液的依数性、电解质溶液理论、酸碱平衡、沉淀平衡、配合物与配位平衡、缓冲溶液、胶体；第4～5章为氧化还原与电化学基础，原子、分子、晶体和配合物的结构基础；第6～8章为单质和无机化合物，高分子化学，蛋白质、核酸、糖类；第9～10章为酸碱滴定法，紫外－可见吸收光谱法和色谱分析法简介。与传统普通化学教材相比，增加了滴定分析和仪器分析的基础内容，以适应教学时不同专业的选学需求。各章均穿插了与化学相关的能源、材料、信息、环境、生命科学知识、应用技术和化学小史、数量较大的图表以及国家精品在线开放课程知识点视频教学资源二维码；各章末均给出了复习指导、选读材料、复习思考题和习题以及二维码形式的部分习题参考答案。

前言
Foreword

我们周围的世界丰富多彩、生机盎然，这是因为“世界是物质的，而物质又是处在不断运动变化之中的”。物理变化和化学变化是物质运动变化最基本的表现形式。化学，顾名思义，就是一门有关“变化”的科学，是在分子、原子层次上研究物质变化规律的科学。

化学起源于古代劳动人民的生产和生活实践，它为人类提供了最初走向文明的基础。化学从炼金术和医学中分离出来成为一门独立的科学，只有两三百年的历史。但它不仅对人类社会的进步做出了巨大贡献，而且，在建设一个“可持续发展的社会”中，将继续发挥更加重要的作用。

高等化学教育的任务之一，就是使大学生认识到化学变化的普遍性、重要性。只有了解并掌握化学变化的规律，才能利用它为我们的生产和生活服务。

化学作为一级学科，从纯化学的角度，目前分为 5 个二级学科，即无机化学、有机化学、物理化学、分析化学与高分子化学。

普通化学是非化学化工类工程专业的一门公共基础课。本教材在编写过程中，秉承“体现创新性，加强系统性，注重科学性，着眼应用性，提高可读性，考虑针对性”的指导思想，根据地质、土木等工程专业的培养目标，将重点放在化学知识的诠释和突出应用的特色上，以“大化学融合”的理念，构筑普通化学的课程新体系，从大一学生的接受能力以及普通化学与后续学科专业课程的衔接来考虑教材的深浅度。在介绍化学基础理论、基本知识和基本方法的同时，着力反映化学学科的发展及其在现代工业中的应用。即正文内容以化学原理为主，适当涉及元素化学、高分子化学与生命科学，增加某些工程专业必需的分析化学知识，并尝试与国家精品在线开放课程（MOOC）资源等现代信息技术对接；拓展知识采取双栏的形式，简要介绍了化学相关的能源、材料、信息、环境、生命科学的热点知识和应用技术以及化学史话、生活常识等，同时加大了活跃版面的图表或彩色分量；每章末尾给出了知识掌握层次要求的复习指导。目的是使学生喜欢化学，同时改善知识结构、培养科学精神、启发创新思维、具备分析和解决一些化学实际问题的能力，并为后续相关课程的学习和未来的实际工作以及技术研究打下宽广而坚实的化学基础。

本教材是集体智慧的结晶。作者均来自高校长期在化学教学与科研第一线的骨干教师，编写内容融入了他们多年的教学经验、教学成果和科研成果。教材由中南大学、南华大学、中南林业科技大学、长沙理工大学、湘南学院、湖南理工学院等六校合编。主编单位为中南大学，副主编单位为南华大学。主编为中南大学刘又年教授，副主编为南华大学王宏青教授和中南大学王一凡教授。全书由刘又年、王一凡统稿并集体校稿。编者分工如下：中南大学刘又年教授（绪论、第4章第二作者、第8章）、湘南学院邓斌教授（第1章第一作者）、湘南学院陈俊副教授（第1章第二作者）、南华大学王宏青教授（第2章）、长沙理工大学夏姣云副教授（第3章）、中南大学王一凡教授（第4章第一作者）、湖南理工学院张丽副教授（第5章）、中南大学颜军教授（第6章）、中南大学邹应萍教授（第7章）、中南林业科技大学谢练武教授（第9章）和中南大学向娟教授（第10章）。

在编写过程中，中南大学出版社谭平副总编辑、刘锦伟老师、周兴武老师等提出了许多宝贵意见并给予了大力支持，此外还得到中南大学本科生院、化学化工学院以及湖南科技大学龙云飞教授、湘南学院刘文奇教授、长沙理工大学曹忠教授的支持和帮助，特别是中南大学《大学化学》国家精品在线开放课程团队（负责人王一凡）为本书提供了王一凡、刘绍乾、罗一鸣、钱频、王曼娟、何跃武、肖旭贤、张寿春、颜军、文莉、易小艺、周建良等老师的多媒体教学视频，在此一并表示衷心的感谢！

由于编者水平有限，加之时间仓促，书中错误之处在所难免，敬请读者批评指正。

编　者

2018年4月

目录
Contents

绪论

(Introduction to Chemistry)

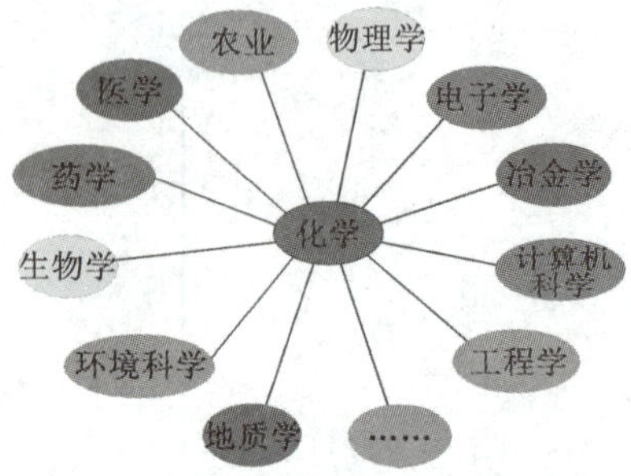

图 0－1 化学是中心科学

化学(chemistry)是在分子、原子层次上研究物质的组成、结构、性质及其变化规律和创造新物质的科学。它是自然科学的重要分支，同时也是一门以实验为基础的科学。它历史悠久而又富有活力，与人类进步和社会发展密切相关，其成就是人类文明的重要标志。长期以来，化学家试图从分子水平了解物质世界，同时合成了化肥、农药、塑料、燃料、药品、洗涤剂、香水等各种新的物质来改善人们的生活。因此，设计具有特定性能的新物质并做到合成(制备)的高效性和绿色化是化学科学发展的主要目的。

0.1 化学是一门中心科学

在自然科学的海洋中，化学被誉为“中心科学”(central science)，因为它是许多学科之间的联系桥梁，与社会发展息息相关，并涉及人类生活的方方面面(图 0－1)。

1. 化学与人类的日常生活

人们的衣、食、住、行、美、健等都与化学紧密相连。

衣：人们穿的衣服是由色彩鲜艳的衣料做成的。它包含了许多化学物质，如化学染料、合成纤维和加工助剂等。

食：饮食是人类生存的决定因素之一。在人们的食物中，调味品是必不可少的，如味精、甜味剂、食品保鲜剂等(图 0－2)。

图 0－2 食品

住：居住是人类生存的基本条件之一。各种建筑装潢材料无一不是化学产品，如钢材、水泥、油漆、玻璃、塑料板材等。

行：用以代步的各种交通工具，如汽车、轮船、飞机、自行车等都是由化学产品构成的。如车体是由钢材构成的，轮胎是由橡胶制作的，汽油、柴油、润滑剂、防冻剂等都是化学产品(图 0－3)。

图 0－3 炼油厂一览

美：各种洗涤化妆用品，如洗涤剂、肥皂、去污剂、美容霜、香水等也都是化学产品。

健：用以保证人们健康、抵御疾病的各种药物，都是经过化学合成或者化学加工而得到的，其种类数不胜数。

2. 化学与社会的发展

社会的发展依赖于农业、工业、教育、国防和科学技术的现代化，而上述各行业的发展在很大程度上又依赖于化学科学的成就。

视频0-1

如化肥、农药、植物生长素、除草剂等，这些化学产品大幅提高了农产品的产量，并且改变了耕作方式，解决了人类的饮食问题。另外，在国防现代化中，制作导弹、卫星、原子弹、氢弹需要各种性能优异的金属、非金属和高分子材料，而自然界并不能直接提供这些物质，必须通过化学合成或者化学加工才能得到；导弹、卫星、原子弹、氢弹所需的高能燃料、高能电池、高敏胶片和耐辐射材料等也都只能通过化学方法获取。

特别是各种具有特殊性质的功能材料的产生，大大推动了社会的进步和科学的发展。通过化学方法开发的纳米材料，如碳纳米管、石墨烯、各种二维半导体材料等引起了材料科学的重大变革。

0.2 化学的分类

化学科学是最古老和涉及范围最广的学科之一，为人类的科学研究积累了大量的科学知识。根据研究对象和方法的不同，传统上一般将化学分为无机化学、有机化学、物理化学和分析化学等四大分支，但现在也将生物化学、高分子化学列为化学的重要分支。尽管各化学分支之间有一定的界限，但并不是很分明，而且彼此之间存在交叉。

视频0-2

1. 无机化学

无机化学(inorganic chemistry)是除碳氢化合物及其衍生物外，对所有元素及其化合物的性质和它们的反应进行实验研究和理论解释的科学，是化学学科中发展最早的一个分支学科。由于最初化学所研究的多为无机物，所以近代无机化学的建立就标志着近代化学的诞生。价键理论、分子轨道理论和配位场理论是现代无机化学的理论基础。由于各学科的深入发展和学科间的相互渗透，形成了许多新的跨学科研究领域。无机化学与其他学科结合而形成的新兴研究领域很多，已形成无机合成、配位化学、有机金属化学、无机固体化学、生物无机化学和同位素化学等多个边缘学科。当前，无机化学正处在蓬勃发展的新时期，许多边缘领域迅速崛起，研究范围不断扩大，为研发新型光电和信息功能材料、能源材料、催化材料等提供了重要的理论支撑(图0－4)。

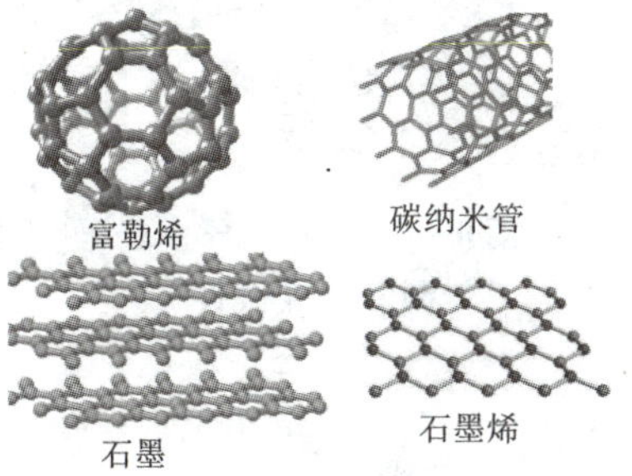

图0－4 不同形态碳材料的分子结构

2. 有机化学

有机化学(organic chemistry)是研究有机化合物的组成、结构、性质、合成方法与应用的科学，是化学中极重要的一个分支。含碳化合物被称为有机化合物，是因为以往的化学家们认为含碳化合物一定要由生物(有机体)才能制造。然而，德国化学家弗里德里希·维勒，在实验室中首次成功合成尿素，从此有机化学便脱离传统所定义的范围，扩大为含碳化合物的化学。尽管有机化合物和无机化合物之间没有绝对的分界，但有机化学作为化学中的一个独立学科，确有其内在的特性。在元素周期表中，没有一种其他的元素能像碳那样通过共价键以多种方式彼此牢固地结合，由碳原子形成的分子骨架有多种形式，有直链、支链、环状等。大多数有机化合物具有熔点较低、可以燃烧、易溶于有机溶剂等性质，这与无机化合物的性质具有很大的区别。

图0－5 著名有机化学家伍德沃德(R. Woodward，1917—1979)

有机化学与人们的生活息息相关。如药物、染料、合成橡胶、塑料和合成纤维等的出现都得益于有机化学的研究成果。有机化学的发展衍生出有机合成、元素有机化学、物理有机化学、生物有机化学和立体化学等分支。随着人们对健康及环境问题的日益关注，有机化学成为改善人类生活的重要助推力量。图0－5所示为著名有机化学家，现代有机合成之父伍德沃德。

3. 物理化学

物理化学(physical chemistry)是借助数学、物理学等基础科学的理论和实验手段，通过研究化学体系行为最一般的宏观、微观规律来探讨化学科学中的原理和方法的科学，是化学的理论基础。物理化学的水平在相当大程度上反映了化学发展的深度。一般认为物理化学的研究内容大致可概括为三个方面，即化学体系的宏观平衡性质、化学体系的微观结构和性质以及化学体系的动态性质。

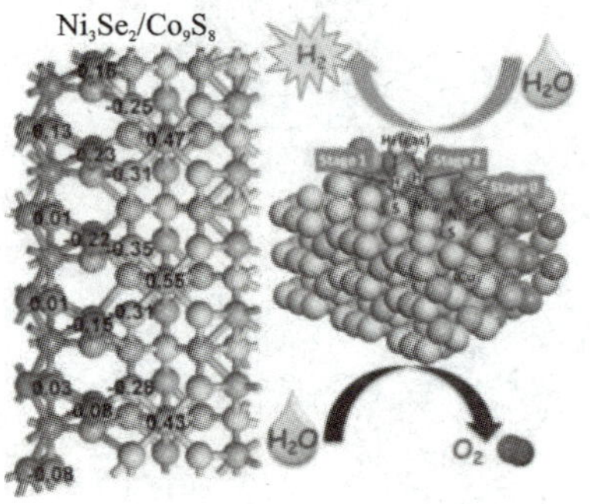

图 0－6　光电化学水裂解制备氢气和氧气

物理学和数学的成就，加上计算机技术的飞速发展，为物理化学的发展提供了崭新的领域。由于不再局限于方程的解析、数值方法的应用，固体、弹性体和其他非理想体系均已成为物理化学的研究对象，为材料科学与技术的研究增添了新的理论武器。随着科学的迅速发展和学科之间的相互渗透，物理化学与物理学、无机化学、有机化学之间的相互重叠越来越多，不断地派生出许多新的分支，如物理有机化学、生物物理化学、化学物理学等。物理化学还与许多非化学的学科有着密切的联系，如冶金过程物理化学、海洋物理化学。目前物理化学的主要研究前沿有：介观及多尺度领域，如纳米技术的研究；微观结构由静态、稳态向动态、瞬态发展的研究，如反应机理中的过渡态问题、催化反应机理与微观反应动力学问题等；面向具有自适应性等复杂体系的研究（图 0－6）。

4. 分析化学

分析化学（analytical chemistry）是研究物质的组成、结构、形态和形貌信息的一门科学，是化学科学的主要分支。分析化学既有很强的实用性，又有严密、系统的理论，是理论与实际密切结合的学科。分析化学包括：①定性分析，鉴定物质中含有哪些组分；②定量分析，测定各种组分的相对含量；③结构分析，研究物质的分子或晶体的结构。分析化学也可分为化学分析和仪器分析两部分，其中化学分析是基础，仪器分析是发展方向。分析化学应用的领域有生命科学、材料科学、信息科学、环境科学、资源科学、能源科学等，这其中应包含医药、卫生、生物和食品检测、环境检测、工业产品质量监控、出入境检验检疫、法医鉴定与犯罪侦破等（图 0－7）。

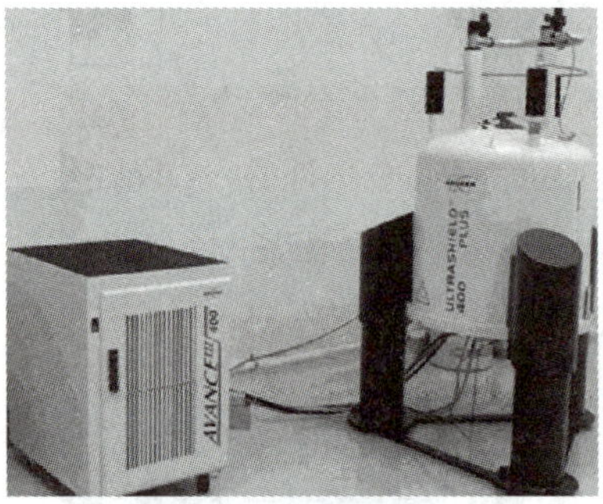

图 0－7　核磁共振仪

视频0-3

0.3　化学发展简史

化学是一门非常古老的科学。化学知识的形成和发展经历了漫长的过程。它伴随着人类社会的进步而发展，又促进了人类文明。我们的祖先钻木取火，利用火烘烤食物、寒夜取暖、驱赶猛兽等，就是利用了物质燃烧时发光、发热的性质。

1. 化学的萌芽时期

原始人类为了生存，在与自然界的抗争中，发现和利用了火，燃烧就是一种化学现象。人类自使用了火以后，开始食用熟食。原始人类由野蛮步入了文明，同时也开启了人类发现及制备新物质的历程。如发现用炭火焙烧翠绿色的孔雀石（铜矿石），会有红色的铜生成，使人类文明跨入了青铜器时代（图 0－8）。而后，铁器的出现，化学进一步引发了社会变革，推动了人类文明的发展。

图 0－8　湖南宁乡出土的商朝晚期青铜礼器四羊方尊

从远古到公元前 1500 余年，人类就掌握了由黏土制陶器、由矿石烧出金属、由谷物酿造酒、给丝麻等织物染色等技术，制造了对人类具有使用价值的产品。这些由天然物质加工改造而成的制品，成为古代文明的标志。这些都是经过长期摸索而来的最早的化学工艺，但还没有形成系统的化学知识，只是化学的萌芽时期。

2. 丹药时期

化学一词，其含义便是“炼金术”(alchemy)。从公元前1500年到公元1650年，为求得长生不老的仙丹或制造象征富贵的黄金，炼丹家和炼金术士们(图0－9、图0－10)开始了最早的化学实验，而后记载、总结炼丹术的书籍也相继出现。炼丹家、炼金术士们虽然都以失败告终，但在炼制长生不老药的过程中，在探索“点石成金”的方法中实现了物质间用人工方法进行的相互转变，发现了许多物质发生化学变化的条件和现象，为化学的发展积累了丰富的实践经验。这些都为近代化学的产生奠定了基础。炼丹家在实验过程中还发明了火药，发现了若干元素，制成了某些合金，并制备和提纯了许多化合物，这些成果我们至今仍在受用。

图0－9　东晋著名的炼丹家葛洪

图0－10　阿拉伯炼金术士贾比尔·伊本·哈扬(Jabiribn Hayyan)

3. 燃素时期

燃素时期从1650年到1775年，是近代化学的孕育时期。随着冶炼、陶瓷、酿酒、染料、药物、火药等产业的发展，人们总结感性知识，进行化学变化的理论研究，使化学成为自然科学的一个分支。这一阶段开始的标志是英国化学家波义耳为化学元素指明科学的概念。燃素说认为可燃物能够燃烧是因为它含有燃素，燃烧过程是可燃物中燃素放出的过程，尽管这个理论是错误的，但它把大量的化学现象归在一个概念之下，解释了许多化学现象，使化学从炼金术中分离出来。在元素的科学概念建立后，通过对燃烧现象的精密实验研究，科学家们建立了氧化理论和质量守恒定律，随后又建立了定比定律、倍比定律和化合量定律，为化学科学的进一步发展奠定了基础。

图0－11　现代化学之父拉瓦锡(1743—1794)与妻子玛丽亚

4. 发展期

从1775年到1900年，是近代化学发展的时期。1775年前后，拉瓦锡(图0－11)用定量化学实验阐述了燃烧的氧化学说，开创了定量化学时期，使化学沿着正确的轨道发展。19世纪初，英国化学家道尔顿提出近代原子学说，量的概念的引入，是该学说与古代原子论的一个主要区别。近代原子论使当时的化学知识和理论得到了合理的解释，成为说明化学现象的统一理论。接着意大利科学家阿伏加德罗提出了分子概念。在这一时期，建立了不少化学基本定律。俄国化学家门捷列夫(图0－12)发现了元素周期律，德国化学家李比希和维勒发展了有机结构理论，这些都使化学成为一门真正的科学，为人类现代文明打下了基础。

图0－12　俄国化学家门捷列夫(1834—1907)

19世纪下半叶，热力学等物理学理论引入化学之后，进一步阐释了化学平衡和反应速率的现象，人们可以定量地判断化学反应中物质转化的方向和条件。随后建立了溶液理论、电离理论、电化学和化学动力学的理论基础，在理论上将化学提高到一个新的水平。而且，通过对矿物的分析，发现了许多新元素，加上对原子、分子学说的实验验证，经典的化学分析方法也有了自己的体系。尿素的合成、原子价概念的产生、苯的六元环结构和碳的四面体空间结构等学说的创立、酒石酸拆分成旋光异构体以及分子的不对称性等的发现，奠定了有机化学的基础。初步形成了无机化学、分析化学、有机化学和物理化学四大分支学科。

5. 现代时期

进入20世纪以后，由于受到其他自然科学发展的影响，广泛应用了科学原理和技术方法的最新成就，化学在认识物质的组成、结构、合成和测试等方面都有了重大的进展，而且在理论方面取得了重要的突破。

近代物理的理论和技术、数学方法及计算机技术在化学中的应用，对现代化学的发展起了很大的推动作用。19世纪末，电子、X射线和放射性元素的发现为化学在20世纪的重大进展创造了条件。

图0－13　美国化学家莱纳斯·鲍林（Linus Pauling，1901—1994）

在结构化学方面，由于电子的发现、原子模型的确立及量子化学的应用，丰富和深化了人们对元素的认识。从氢分子结构的研究开始，逐步揭示了化学键的本质，先后创立了价键理论、分子轨道理论和配位场理论，化学反应理论也随之深入到微观境界。如应用X射线作为研究物质结构的新分析手段，可以洞察物质的晶体化学结构。如美国量子化学家莱纳斯·鲍林（Linus Pauling）（图0－13）在化学的多个领域都具有重大贡献，两次荣获诺贝尔奖（1954年化学奖，1962年和平奖）。

研究物质结构的谱学方法从可见光谱、紫外光谱、红外光谱扩展到核磁共振谱、电子自旋共振谱、光电子能谱、射线共振光谱、穆斯堡尔谱等，与计算机联用后，积累了大量物质结构与性能相关的资料，正由经验向理论发展。电子显微镜放大倍数也不断提高，甚至使人们可以直接观察到分子的结构。

经典的元素学说是由于放射性的发现而产生深刻变革的。从放射性衰变理论的创立、同位素的发现到人工核反应和核裂变的实现以及氘的发现、中子和正电子及其他基本粒子的发现，不仅使人类的认识深入到亚原子层次，而且创立了相应的实验方法和理论；不仅实现了古代炼丹家转变元素的思想，而且改变了人类的宇宙观。

人类开始掌握和使用核能，成为20世纪的标志。放射化学和核化学等分支学科相继诞生，并迅速发展，同位素地质学、同位素宇宙化学等交叉学科也接踵而来。元素周期表目前已扩充至119号元素（其中天然元素91种），且正在探索超重元素，以验证元素“稳定岛假说”。与现代宇宙学相依存的元素起源学说和与演化学说密切相关的核素年龄测定等工作，都在不断补充和更新元素的观念。

20世纪以来，化学发展的趋势可以归纳为：由宏观向微观、由定性向定量、由稳定态向亚稳定态发展，由经验逐渐上升到理论，再用于指导设计和开拓创新的研究。一方面，为生产和技术部门提供尽可能多的新物质、新材料；另一方面，在与其他自然科学相互渗透的进程中不断产生新学科，并向探索生命科学和宇宙起源的方向发展。

0.4　化学面临的机遇与挑战

化学与其他科学最大的区别就在于其强大的创造力，它不仅可以制造自然界已存在的物质，而且可以按人们的意图设计创造自然界中不存在的新物质，对人类文明的进步起着重要的助推作用。

1. 合成化学

从早期的染料、医药、农药到石油利用，以及近期的芯片制造、功能材料等，无一不与化学有关。目前，世界上已知结构的化合物多达5000多万种，反映出化学在创造新物质方面的强大生命力和无限创造力。今天，人们耳熟能详的诸如合成氨、合成尿素、合成医药和农药、合成气以及橡胶、塑料、纤维、陶瓷、分子筛、超导材料等都与化学有关。化学肩负着创造新物质、新结构和新功能的首要任务。设计和合成新分子则是合成化学家的职责，其中金属有机化学在合成化学中又起着重要的导向和促进作用，纵观20世纪，在有机合成和金属有机化学领域共产生了10届诺贝尔化学奖。

视频0-4

威尔金森（G. Wilkinson）（图0－14）和费歇尔（E. O. Fischer）合成了过渡金属二茂夹心式化合物，并确定了其特殊结构，获得1973年诺贝尔化学奖。1990年柯里（E. J. Corey）提出的获诺贝尔化学奖的“逆合成分析法”，促进了有机合成化学的快速发展。另外，人工合成生物分子也是有机合成化学的研究重点。如，有机合成大师伍德沃德由于其有机合成的独创思维和高超技艺，合成了维生素 B_{12}（图0－15）等系列复杂有机分子和有机配体配合物，1965年荣获诺贝尔化学奖。

图0－14　威尔金森（1921—1996）

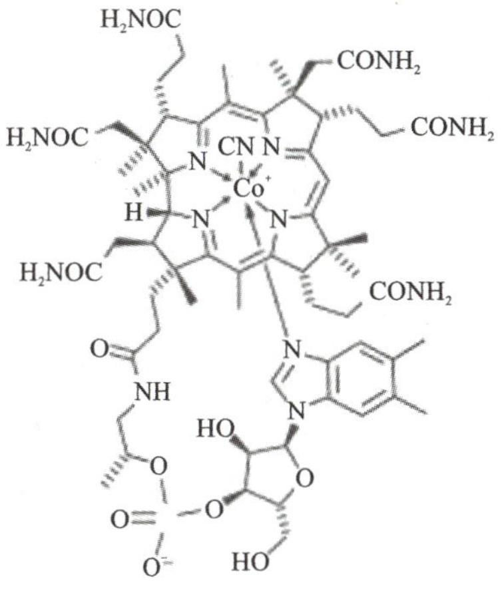

图0－15　维生素 B_{12} 的结构

2. 绿色化学

绿色化学是一种基于环境友好理念的洁净化学技术，是一种在设计化学反应时充分考虑对环境的副作用，从技术上、经济上可行的化学过程。其核心是利用化学原理从源头上减少和消除工业生产对环境的污染，将反应物的原子全部转化为期望的最终产物。国际上对绿色化学化工有比较统一的原则，主要涵盖以下几个方面：①尽量在反应的源头防止废弃物的产生，而不是在废弃物产生后才想办法净化；②在设计生产产品时，要尽量提高原料利用率；③在进行产品分析时，不仅要考虑生产效率，还要尽量降低原料和产品的毒性；④尽量少用吸收剂和溶剂等辅助物，或使用无害产品；⑤尽量降低反应过程中的能耗和对环境的影响；⑥在考虑经济和技术的前提下，尽可能选择可回收的加工原料；⑦尽量避免在反应时生成不必要的化学衍生物；⑧选择更符合化学计量的催化剂；⑨在产生危险物之前，对其进行检测并控制。

绿色化学是21世纪全球实现可持续发展的重要战略之一。绿色化学将与合成化学、材料化学、生物科学以及信息技术等结合，开发无毒生产流程、高原子选择性的反应，从根本上消除污染。

3. 能源化学

视频0-5

能源是人类社会赖以生存和发展的重要物质基础，人类文明的每一次重大进步都伴随着能源的改进和更替，能源危机以及由能源问题引发的气候、环境危机是当今人类社会面临的重大挑战。提高能源利用效率和实现能源结构多元化是解决能源问题的关键，这都离不开化学理论与方法的支撑。化学为新型能源材料和新能源转化过程的设计和实现提供了基础。特别是在能源开发和利用方面，无论是化石能源的高效清洁利用，还是太阳能等可再生能源的高效转化，都不可避免地依赖于与化学相关的基础研究。

目前我国能源结构主要是煤，还有石油、天然气、核能等不可再生的能源。研究和开发清洁而又用之不竭的能源将是21世纪发展的首要任务。研发各种高效换能器，特别是太阳能电池、燃料电池、氢能等各种再生能源是化学工作者面临的重大挑战(图0－16)。

图0－16　风力和太阳能发电

4. 生命科学中的化学

生命运动的基础是生物体内形形色色的化学反应。因此，化学是生命科学的基础。除了化学本身涉及生命科学外，生物化学、细胞化学、神经化学，分子生物学、结构生物学等都是化学和生物学的交叉学科。化学和生命科学的结合是化学发展的主要方向之一。虽然生命过程不能简单地还原为化学过程和物理过程的加和，但研究生命过程的化学机理，从分子水平来了解生命，可以为从细胞、组织、器官等层次来整体了解生命现象提供帮助，这无疑是21世纪化学亟待解决的重大难题之一。从DNA的双螺旋结构到人类基因组计划，化学的理论和方法在生命科学的发展中都发挥了重要作用(图0－17)。

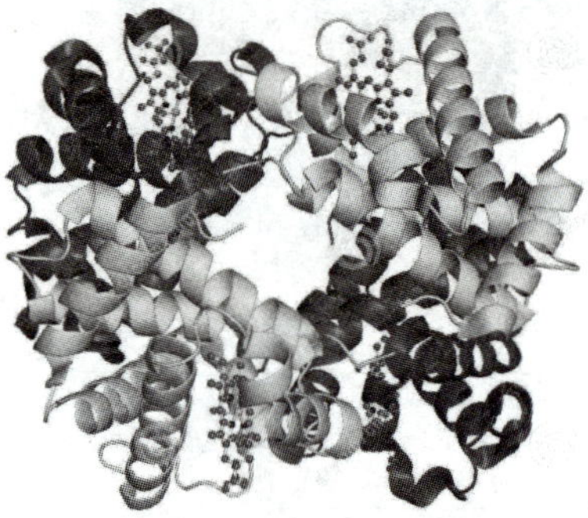
图0－17　血红蛋白的结构

第 1 章

热化学与能源

(Thermochemistry and Energy)

1.1 热化学

化学反应过程中常伴有吸热或放热现象，关于这些以热的形式吸收或放出能量的研究称为热化学，热化学是化学热力学的一个重要分支。

视频1-1

1.1.1 热化学的基本概念

在讨论热化学之前，需要了解几个基本的概念。

1. 系统与环境、相

为了使热化学研究方便，首先必须确定研究范围。一般要把所需研究的对象从周围的物质世界中划分出来，因此，首先定义了**系统**(system)与**环境**(surrounding)两个概念。**系统**是指从周围环境中划分出来作为研究对象的一部分物质，是研究者的主观划分。系统确定后，系统以外的其余部分均称为**环境**。

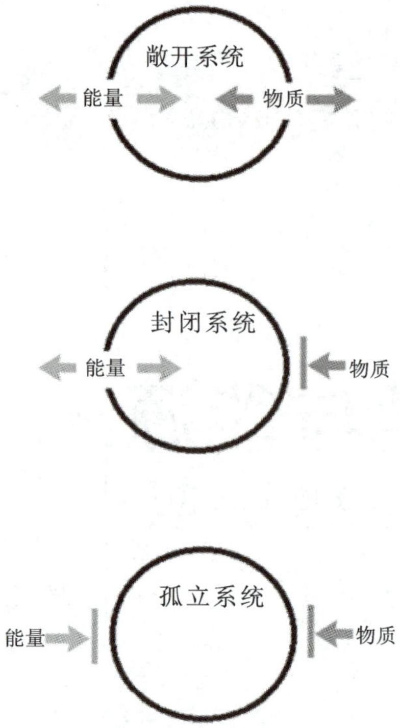

图 1－1　系统类型

根据系统与环境之间存在的能量与物质之间的关联，可将系统分为三类(图 1－1)：

(1)**敞开系统**(open system)，系统与环境之间既有物质又有能量的交换。

(2)**封闭系统**(closed system)，系统与环境之间只有能量而无物质的交换。

(3)**孤立系统**(isolated system)，系统与环境之间既无物质也无能量的交换。

真正意义上的孤立系统是没有的，主要是为了方便系统的选择而已。不过，系统与环境合起来，可看作一个超大的孤立系统，此系统称为宇宙。

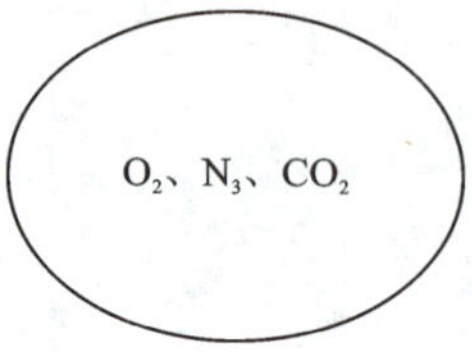

图 1－2　空气单相系统

在研究系统与环境之时，不可避免地会遇到另外一个概念，那就是相的概念。体系中物理性质和化学性质完全相同的任何均匀部分称为一个相，例如纯净的水，就是一个相。当然相并不仅仅只是一种物质，也可以是多种物质，例如我们呼吸的空气，里面就含氧气、氮气、二氧化碳等多种气体，也可以算作一个相(图 1－2)。

相和相之间有明显的界面，如在水中倒入少许油，就会出现分层的现象，即油相与水相(图 1－3)。

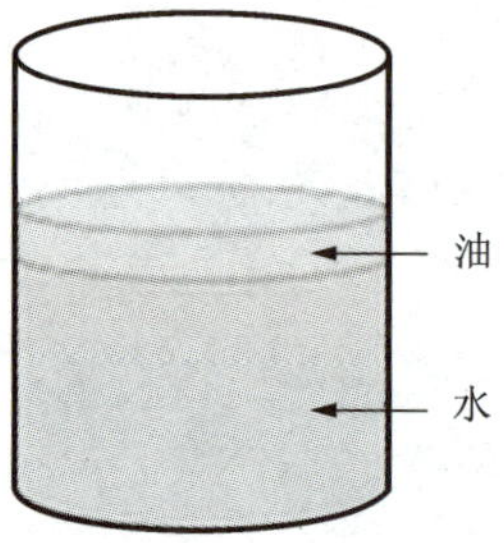

图 1－3　静置的油水为上下分层的多相系统

2. 状态与状态函数

系统的**状态**是指系统宏观物理和化学性质的综合表现，这些宏观性质有压力(p)、体积(V)、温度(T)、组成(n、m)、密度(ρ)、黏度(η)等。一旦系统宏观性质都确定，系统就处于一种状态，这种状态是一种平衡状态。若系统的某一个或多个性质改变了，系统的状态也会随之而改变。系统状态变化前的状态称为**始态**(initial state)，变化后的状态称为**终态**(final state)。描述状态的宏观性质的函数称为**状态函数**(state function)。

例如，理想气体的状态可由 n、T、p 和 V 描述。1 mol 理想气体在 273.15 K、101.325 kPa 下占有 22.4 L 体积。此时系统的 n、T、p 和 V

都有确定值，我们称该理想气体处于一定状态。又因理想气体状态函数之间存在 $pV=nRT$ 的关系，实际上只需知道 n、T、p 和 V 中的任意3个状态函数，就可确定第4个状态函数。也就是说，用3个状态函数就可确定理想气体的状态。

视频1-2

状态函数具有以下特征：

(1)系统状态一定，状态函数就有一定值，而且是唯一值。

(2)当系统状态变化时，状态函数的变化值只取决于始态和终态，与变化途径无关。若系统发生一系列变化后回到原状态，则状态函数恢复原值，即变化值为零。

(3)状态函数的集合(和、差、积、商)也是状态函数。

状态函数可分为两类：一类为**广度性质**(extensive property)，这类性质在一定条件下具有加和性，其数值与系统中物质的量有关，如 V 和 m 等；一类为**强度性质**(intensive property)，其数值不随系统中物质的量而改变，仅由系统中物质本身的特性所决定，如 T、p 和 ρ 等。

3. 过程与途径

系统中发生的一次状态变化称为一个**过程**(process)，如气体的膨胀或压缩、液体的蒸发或凝固、固体的溶解和化学反应等。

常见的过程有：

(1)**等温过程**(isothermal process)，系统状态发生变化的始态与终态的温度相等，且等于环境温度。

(2)**等压过程**(isobar process)，系统变化的始态与终态的压力相等，且等于环境压力。

(3)**等容过程**(isovolumic process)，系统状态变化的始态与终态的体积相等，且状态变化在系统体积恒定的条件下进行。

系统由同一始态变到同一终态可经由不同的方式，这些不同的方式称为**途径**(path)。每条途径可由多种不同的过程构成，因此，途径可以说是系统由始态到终态所经历的各种具体过程的总和。

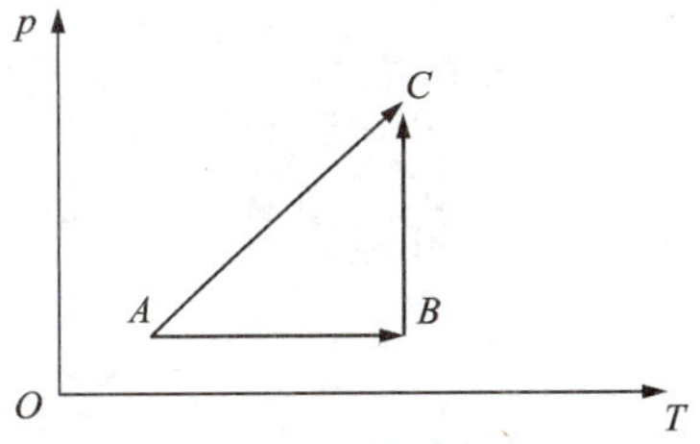

图1-4　过程与途径

体系从状态 A 到状态 C 的两种途径。

途径1：状态 A 可以直接经过 AC 途径到状态 C。

途径2：状态 A 先经过 AB 恒压过程至状态 B，再经过 BC 恒温过程至状态 C。

4. 化学计量方程式与反应进度

化学反应计量式就是描述化学反应总的计量结果的化学反应方程式。

对任一反应，可写为 $a\text{A}+d\text{D}=e\text{E}+f\text{F}$

也可写为 $0=e\text{E}+f\text{F}-a\text{A}-d\text{D}$

或简化成

$$0=\sum_{\text{B}}\nu_{\text{B}}\text{B} \tag{1-1}$$

式(1-1)为反应计量式的标准缩写式。式中B代表参与反应的任意物种，ν_{B}为物种B相应的**化学计量数**(stoichiometric number)，它可以是正数也可为负数；对于反应物，ν_{B}为负值(如 $\nu_{\text{A}}=-a$)；对于产物，ν_{B}为正值(如 $\nu_{\text{E}}=e$)。

反应进度(extent of reaction)表示反应进行的程度，用符号 ξ 表示，定义为

$$\xi=\frac{n_{\text{B}}(\xi)-n_{\text{B}}(0)}{\nu_{\text{B}}} \tag{1-2}$$

式中：$n_{\text{B}}(0)$为反应起始时刻 t_0，即反应进度 $\xi=0$ 时，B的物质的量；

$n_B(\xi)$为反应进行到t时刻，即反应进度$\xi=\xi$时，B的物质的量。反应进度ξ的单位为 mol。例如：

	$N_2(g)$	$+3H_2(g)$	$\longrightarrow 2NH_3(g)$	ξ
t_0时，n_B/mol	3.0	10.0	0	0
t时，n_B/mol	2.0	7.0	2.0	ξ

$$\xi=\frac{\Delta n(N_2)}{\nu(N_2)}=\frac{\Delta n(H_2)}{\nu(H_2)}=\frac{\Delta n(NH_3)}{\nu(NH_3)}=\frac{(2.0-3.0)}{-1}=\frac{(7.0-10.0)}{-3}$$
$$=\frac{(2.0-0)}{2}=1.0\ \text{mol}$$

当$\xi=1.0$ mol 时，表明按该反应计量式进行了摩尔级的反应，即 1.0 mol N_2和 3.0 mol 的H_2反应并生成了 2.0 mol 的NH_3。由于反应热和热力学能变与反应进度有关，为便于比较不同反应的Δ_rH和Δ_rU，常选择反应进度$\xi=1.0$ mol 时的Δ_rH和Δ_rU来表示，写作Δ_rH_m和Δ_rU_m，关于Δ_rH、Δ_rU、Δ_rH_m与Δ_rU_m，将在后面的内容中介绍。

若选择的始态ξ不为零，则以反应进度的变化$\Delta\xi$或$d\xi$表示，其计算公式不变，即

$$\Delta\xi=\xi(t)-\xi(0)=\frac{\Delta n_B}{\nu_B}\quad 或\quad d\xi=\frac{dn_B}{\nu_B} \tag{1-3}$$

1.1.2 热力学第一定律

1. 热力学能

热力学能(thermodynamic energy)又称**内能**(internal energy)，它是系统内部所储藏的能量，包括系统内分子的平动能、转动能、振动能，分子内部的振动能和转动能、电子运动能、原子核内的能以及分子间相互作用的势能等。热力学能是状态函数，用符号U表示。

热力学研究系统的能量就是热力学能，不包括动能和势能。因为化学反应只改变热力学能，而化学热力学通常只研究静止和不考虑外力场作用的系统。

热力学能的绝对值无法测定，但热力学能变化值ΔU可以确定，因为ΔU是系统与环境之间所交换的总能量，热和功是能量交换的形式，而热和功是可测的。

此外，根据焦耳(J. P. Joule)实验，热力学已证明，当理想气体的量及组成一定时，其热力学能只是温度的单值函数。也就是说，温度T不变，理想气体系统发生物理变化的热力学能变$\Delta U=0$。

2. 功和热

热(heat)是因温度不同而在系统和环境之间传递的能量形式，用符号q表示，其本质是物质粒子混乱运动的宏观表现。热有化学反应热、相变热和因简单变温所引起的热传递。热力学规定：系统向环境放热，q为负值；系统从环境吸热，q为正值。**功**(work)是除了热以外，系统和环境之间传递的其他一切能量形式，用符号w表示，如机械功、体积功、电功、表面功和拉伸功等，其本质是物质粒子进行定向运动的结果。热力学规定：系统对环境做功，w为负值；环境对系统做功，w为正值。

视频1-3

科学家史话——焦耳

焦耳(J. P. Joule，1818—1889)，英国物理学家，英国皇家学会会员，生于曼彻斯特近郊的沙弗特。他在热学、热力学和电方面都有卓越的贡献。后人为了纪念他，把能量或功的单位命名为“焦耳”，并用焦耳姓氏的第一个字母“J”来标记。

在大多数化学反应过程中只涉及体积功。

$$\delta w_e = -F_{外}dL = -p_{外}SdL = -p_{外}dV \qquad (1-4)$$

式中：$p_{外}$是外压，$p_{外} = F_{外}/S$，dV 为气体体积的变化值，$dV = S \times dL$。热力学中将引起系统体积变化所做的功称为**体积功**（volume work），用 δw_e表示。式（1－4）即为体积功的计算通式。除体积功外，其他形式的功，如电功、表面功、机械功等为**非体积功**，用 $\delta w'$表示。

视频1-4

在等温条件下，系统从始态变为终态全过程的体积功为各微小体积功之和：

$$W_e = \sum_{V_1}^{V_2} \delta W_{体} = -\int_{V_1}^{V_2} p_{外}\, dV \qquad (1-5)$$

若外压 $p_{外}$ 恒定，则有

$$W_e = -\int_{V_1}^{V_2} p_{外}\, dV = -p_{外}\int_{V_1}^{V_2} dV = -p_{外}\Delta V = -p_{外}(V_2 - V_1) \qquad (1-6)$$

式（1－5）和式（1－6）为体积功的两个基本计算公式，阐述完热和功后，值得一提的是热和功都不是状态函数（图 1－5），其数值大小与状态变化的途径有关。

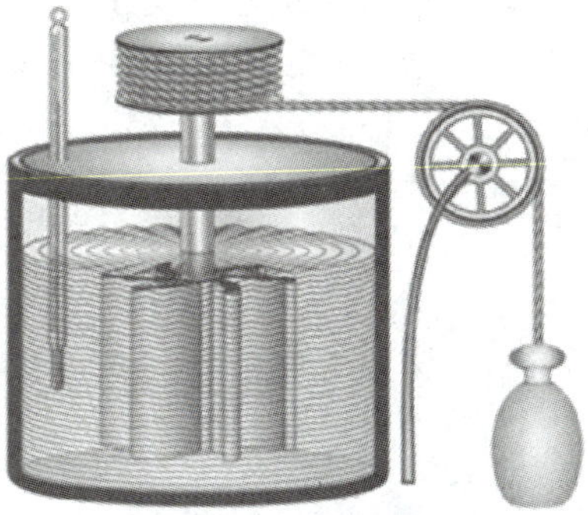

图 1－5　热功当量

视频1-5

3. 热力学第一定律

经过迈耶（J. R. Mayer）、焦耳（J. P. Joule）和亥姆霍兹（H. von Helmholtz）等科学家的共同努力，科学界终于在 19 世纪中叶公认了能量转化与守恒定律。

能量转化与守恒定律指出：自然界的一切物质都具有能量。能量既不能消灭，也不能创造。能量的各种形式之间可相互转化，能量在不同的物质之间也可相互传递，而在转化和传递过程中能量的总量保持不变。应用于宏观的热力学系统即为**热力学第一定律**（the first law of thermodynamics）。

20 世纪初，爱因斯坦（Albert Einstein）在狭义相对论中提出了质能关系式：$E = mC^2$。根据此关系式，质量实际上是能量非常密集的形式，这样就可以从热力学第一定律的角度来解释核反应为什么能放出巨大的能量。

当封闭系统发生物理或化学变化、由状态 Ⅰ 变化至状态 Ⅱ 时，系统的热力学能改变量 ΔU 等于体系和环境之间交换的热 q 和功 w 之和，即

$$\Delta U = U_2 - U_1 = q + w \qquad (1-7)$$

对于系统状态发生微小变化时，则有

$$dU = \delta q + \delta w \qquad (1-8)$$

式（1－7）和式（1－8）是热力学第一定律的数学表达式，这说明不同途径的热和功之和必相等，因为热力学能 U 是状态函数。

1.1.3　反应热与焓

1. 反应热

化学反应常伴随着能量的变化，将热力学第一定律应用于化学反

应，则系统的热力学能改变量与反应物和产物的热力学能的关系为

$$\Delta U = U_{产} - U_{反} = q + w = q - p_{外}\Delta V + w' \qquad (1-9)$$

化学反应，一般不做非体积功，即 $w' = 0$。当反应发生后，若再通过物理变化使产物的温度与反应物的起始温度相等，则整个过程中反应系统吸收或放出的热量称为该等温条件下化学反应的热效应，简称**反应热**(heat of reaction)，即

$$\Delta U = q - p_{外}\Delta V \qquad (1-10)$$

则

$$q = \Delta U + p_{外}\Delta V \qquad (1-11)$$

反应热是反应物化学键断裂和产物化学键形成所引起的热交换。尽管热和体积功都是反应能量交换的形式，但体积功在数值上一般比热小，故化学反应的能量交换以热为主。

2. 等容反应热和等压反应热

1）反应过程为等容反应热

若反应过程为等容过程，则 $\Delta V = 0$，代入式(1-11)，得

$$q_v = \Delta U + p_{外}\Delta V = \Delta U$$

整理后得

$$q_v = \Delta U \qquad (1-12)$$

式中：q_v称为等容热。对于化学反应，q_v即为在等容、等温条件下的反应热，简称等容反应热。式(1-12)表明，在不做非体积功的条件下，等容过程中系统与环境所交换的热在数值上等于反应的热力学能变，即 $\Delta U_r = q_v$。换言之，等容反应热 q_v只与反应的始、终态有关，而与等容条件下反应的不同途径无关。

2）等压反应热

大多数化学反应和物理过程是在恒外压条件下进行的，如在实验室的烧杯或试管等敞口容器中进行的实验，此时的系统与环境大气由一个假想的膜相隔。反应过程中系统只反抗恒外压(大气压)做体积功，而不做非体积功，这种反应称为等压反应，属于特殊的等压过程。

特殊的等压过程中系统的压力与外压接近相等，即 $p_{外} \approx p_{体} = p_1 = p_2$，若不做非体积功，可代入式(1-11)，得

$$q_p = \Delta U + p_{外}\Delta V = \Delta U + p\Delta V \qquad (1-13)$$

式中：q_p称为等压热。对于等压反应，q_p即为在等压、等温条件下的反应热，简称等压反应热。式(1-13)表明，在等压反应过程中，若系统吸热，则所吸收的热，部分用来增加系统的热力学能，部分用来反抗大气压(恒外压)做体积功。

3. 焓与焓变

在介绍反应热的理论计算前，先介绍一个状态函数：**焓**(enthalpy)，其定义式为

$$H = U + pV \qquad (1-14)$$

式中：H 为焓；U 为热力学能；p 为压力；V 为体积。

根据焓的定义式，一般情况下的焓变为

$$dH = dU + d(pV) = dU + pdV + Vdp \qquad (1-15)$$

例 1-1 设有 1 mol 理想气体，由 487.8 K、20 L 的始态，反抗恒外压 101.325 kPa 迅速膨胀至 101.325 kPa、414.6 K 的状态。因膨胀迅速，系统与环境来不及进行热交换。试计算 w、q 及系统的热力学能变 ΔU。

解： 按题意此过程可认为是不做非体积功的绝热膨胀过程，故 $q = 0$，$w' = 0$。

$$w = -p_{外}\Delta V = -p_{外}(V_2 - V_1)$$

$$V_2 = \frac{nRT_2}{p_2} = \frac{1 \times 8.314 \times 414.6}{101.325} = 34\ \text{L}$$

$$w = -101.325 \times (34 - 20) = -1420.48\ \text{J}$$

$$\Delta U = q + w = 0 - 1420.48 = -1420.48\ \text{J}$$

视频1-6

在不做非体积功的特殊等压过程中，因为 dp = 0，式(1－15)可变为

$$dH = dU + pdV \quad 即 \quad \Delta H = \Delta U + p\Delta V \qquad (1-16)$$

由式(1－16)，结合式(1－13)可知，在不做非体积功的特殊等压过程中，焓变 ΔH 等于等压热

$$\Delta H = q_p \qquad (1-17)$$

1.1.4　热效应的测量

1. 热容

介绍热效应测量之前，先介绍一下热容的定义，使系统温度上升1℃(或1 K)所需要的热量叫该系统的**热容**(heat capacity)，用符号 C 表示。

$$C = \lim_{\Delta T \to 0}\left(\frac{Q}{\Delta T}\right) = \frac{\delta Q}{dT} \qquad (1-18)$$

热容是广度性质，其大小与物质种类、状态和物质的量有关，也与热交换的方式有关，单位为 $J \cdot K^{-1}$；1 mol 物质的热容称为摩尔热容，以 C_m表示，单位为 $J \cdot mol^{-1} \cdot K^{-1}$；单位质量物质的热容称为**比热容**(specific heat capacity)，简称比热，用符号 c 表示，单位为 $J \cdot g^{-1} \cdot K^{-1}$。常用的热容有等容热容和等压热容。等容热容是等容条件下的热容，用符号 C_V表示；等压热容是等压条件下的热容，用符号 C_p表示。

2. 等容反应热和等压反应热的测量

弹式量热计(图1－6)和杯式量热计(图1－7)可分别用来测定等容反应热 q_v或等压反应热 q_p，其测定原理是能量守恒，即 $q_{系统} = -q_{环境}$。

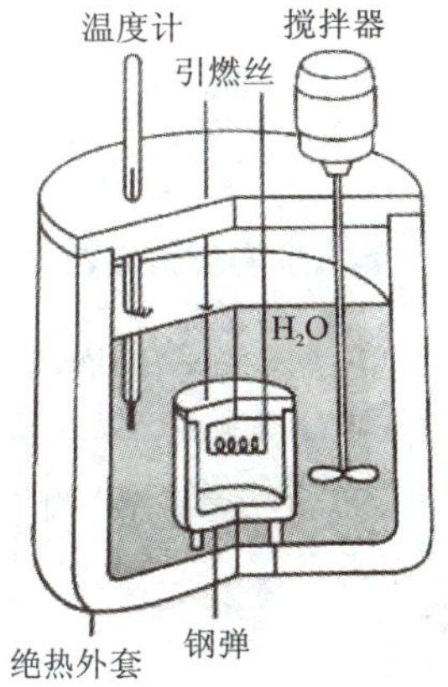

图1－6　弹式量热计示意图

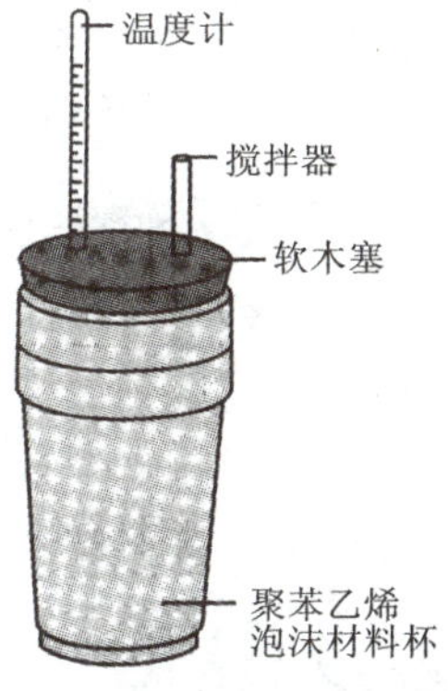

图1－7　杯式量热计示意图

在弹式量热计中，燃烧反应在一个完全密封的厚壁钢制容器内进行，因容器的外观像一个小炸弹，因此称为弹式量热计。一般测量过程如下：将称量过的待燃烧物放入钢制容器并充入确保燃烧完全的高压氧，将容器密封并浸入有绝热外套的水浴中，待温度恒定后从温度计上读取水温，通过引燃丝引发样品与氧气之间的反应，放出的热使得与水相接触的量热计部件升温；温度恒定后再次读取水温，反应后和反应前的水温差即 ΔT。由于反应是在体积恒定的容器里进行，所以弹式量热计测得的是等容热。

等压量热计使用了绝热材料，但却不密封，反应在大气的恒定压力下进行，故等压量热计测得的是等压热。等压量热计常用于测量溶液反应的热效应。

3. 等容反应热和等压反应热的关系

热力学可证明，在不做非体积功的条件下，系统经过等容过程，有

$$dU = \delta q_V = C_V dT = nC_{m,V} dT \qquad (1-19)$$

若等容摩尔热容 $C_{m,V}$不随温度变化，则

$$\Delta U = q_V = C_V \Delta T = nC_{m,V} \Delta T \qquad (1-20)$$

视频1-7

同理，在不做非体积功的条件下，系统经过特殊的等压过程，则有

$$dH = \delta q_p = C_p dT = nC_{m,p} dT \qquad (1-21)$$

若等压摩尔热容 $C_{m,p}$不随温度变化，则

$$\Delta H = q_p = C_p \Delta T = nC_{m,p} \Delta T \qquad (1-22)$$

虽同一反应同温度下通过测定 q_V 和 q_p 所得 ΔU 和 ΔH 的终态不同，但终态温度相同。若理想气体反应，则不同终态的同一产物经过等温的物理变化(此过程的内能变和焓变均为零)都可达同一终态。根据 $\Delta H = \Delta U + \Delta(pV)$，因理气的 $pV = nRT$，则 pV 的变化主要来自反应前后气体的 Δn。因此，q_p 和 q_V 的关系如下：

$$q_{m,p} \approx q_{m,V} + \Delta n_g (RT) \qquad (1-23)$$

或

$$\Delta_r H_m \approx \Delta_r U_m + \Delta n_g (RT) \qquad (1-24)$$

式中：$q_{m,p}$、$q_{m,V}$、$\Delta_r H_m$、$\Delta_r U_m$分别表示反应进度等于 1 mol 时的等压反应热、等容反应热、焓变和热力学能变；Δn_g为反应产物中气体的总物质的量减去反应物中气体的总物质的量；R 为气体常数。

1.1.5 反应热的理论计算

1. 热力学标准态

比较不同反应的热效应大小和反应热的计算都需要有一个共同的标准，即**热力学标准态**(standard state)。这个标准态是指在某温度 T 和标准压力 $p^{\ominus}$(100 kPa)下该物质的状态。标准态不仅用于气体，也用于液体、固体或溶液。

标准压力的近似表示

标准压力是指100 kPa，过去曾为101.325 kPa。因此，可近似表示标准压力的有 1 atm、760 mm 汞柱、10 m 水柱等。为什么 10 m 水柱约为标准压力呢?

气体：标准压力下的纯气体或混合气体中分压为标准压力的某气体，这些气体均具有理想气体的性质。

液体、固体：标准压力下的纯液体、纯固体(纯净物)。

溶液中的溶质：标准压力下，溶质活度为 1 或浓度为 1 mol · kg^{-1}(质量摩尔浓度)或 1 mol · L^{-1}，这个浓度也可称作标准浓度 $c^{\ominus}$。标准态明确指定了标准压力 $p^{\ominus}$为 100 kPa，但未指定温度。一般常用 298.15 K作为参考温度，因此热力学数据手册中的热力学数据大多是 298.15 K 的数据。

在一个封闭的体系内，若体系里是一种组分的理想气体，则气体的压力为系统的压力。若体系里为两种或多种理想气体，就涉及分压问题。所谓分压是指组分 A 在单独存在于与混合气体相同温度和体积的刚性容器时所具有的压力。总压则为混合气体的压力，即该混合气体各组分的分压之和。了解总压与分压之后，就可以很好地理解**道尔顿(Dalton)分压定律**

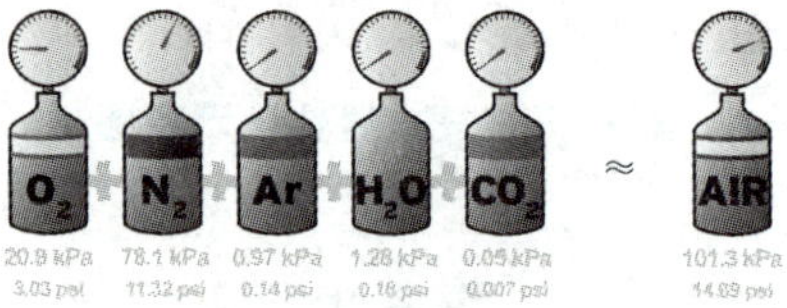

图 1-8

空气主要由上述气体构成，上述气体的分压之和约等于空气的总压。

$$p_A = x_A p \qquad \sum x_A = 1 \qquad (1-25)$$

式中：p_A为任意组分 A 的分压；x_A为 A 组分在混合气体中的摩尔分数；p 为总压；$\sum x_A$为混合气体各组分摩尔分数之和。若混合气体仅由 A 与 B 组成，则 $x_A + x_B = 1$，$p_A + p_B = p$。

类似于分压定律，混合物体积之间也存在类似的关系

$$V_A = x_A V \qquad \sum x_A = 1 \qquad (1-26)$$

V_A表示混合气体中组分 A 的分体积。所谓分体积是指组分 A 单独占据与混合气体相同温度和压力下的气囊时所具有的体积。V 为总体积，即混合气体占据该气囊时的体积。它等于在相同温度和压力下

该混合气体中各组分的分体积之和。

由式(1－26)可证明

$$V_1+V_2+\cdots+V_n=(x_1+x_2+\cdots+x_n)V=\sum x_A V$$

即

$$\sum V_A=V \qquad (1-27)$$

这就是**阿玛格分体积定律**。

视频1-8

2. 热化学方程式

表示化学反应与热效应关系的反应方程式称为**热化学方程式**(thermodynamic equation)。对热化学方程式的书写有以下要求。

(1)写出化学反应计量式。

(2)注明反应系统的温度及压力。因同一反应在不同温度下的反应热是不同的。压力对反应热也有影响，但影响较小。如 $\Delta_r H_m^{\ominus}(298\ \text{K})$ 表示该反应在 298.15 K、各反应物的压力均为 1 标准压力 $p^{\ominus}$ 时的反应热，即反应的标准摩尔焓变。此符号中的上标“⊖”表示标准态，下标“m”表示反应进度 $\xi=1$ mol，下标“r”表示化学反应。

(3)标明参与反应的各种物质的聚集状态，用 g、l 和 s 分别表示气态、液态和固态，用 aq 表示**水溶液**(aqueous solution)。若是固体，还要指明是什么晶型的固体。如碳的固体有石墨和金刚石，硫的固体有单斜硫、斜方硫等不同晶型。

视频1-9

比较下列两个热化学方程式，可知注明参与反应的物质状态的重要性。

① $2H_2(g)+O_2(g)=2H_2O(l)$

$\Delta_r H_m^{\ominus}(298\ \text{K})_1=-571.66\ \text{kJ}\cdot\text{mol}^{-1}$

② $2H_2(g)+O_2(g)=2H_2O(g)$

$\Delta_r H_m^{\ominus}(298\ \text{K})_2=-483.64\ \text{kJ}\cdot\text{mol}^{-1}$

再以碳的燃烧反应为例，其热化学方程式为

$$C(石墨,p^{\ominus})+O_2(g,p^{\ominus})=CO_2(g,p^{\ominus})$$

$$\Delta_r H_m^{\ominus}(298\ \text{K})=-393.51\ \text{kJ}\cdot\text{mol}^{-1}$$

3. 盖斯定律

反应热可通过实验测定，但是，若每个反应热都要实验测定，则工作量会相当大，且有些反应热很难测定。因此，需要另辟蹊径，即利用现有的实验数据对反应热进行理论计算。

俄国化学家盖斯(G. H. Hess)在大量实验的基础上总结出：“**一个化学反应不管是一步完成或是分几步完成，它的反应热都是相同的。**”这就是**盖斯定律**(Hess's law)。这个定律可更准确地表述为：在不做非体积功、等压或等容条件下，任何一个化学反应不论是一步完成还是分步完成，其反应热只决定于系统的始态和终态，与反应所经历的途径无关。盖斯定律是热化学计算的基础。

例如碳的燃烧反应，在 298.15 K 下，可按反应式①一步完成：

① $C(石墨)+O_2(g)=CO_2(g) \qquad \Delta_r H_{m,1}^{\ominus}=-393.51\ \text{kJ}\cdot\text{mol}^{-1}$

也可分两步完成：

② $C(石墨)+\frac{1}{2}O_2(g)=CO(g) \qquad \Delta_r H_{m,2}^{\ominus}=-110.53\ \text{kJ}\cdot\text{mol}^{-1}$

化学家史话——盖斯

盖斯(Germain Henri Hess，1802—1850)俄国化学家，俄国科学院院士，盖斯的主要著作有《纯化学基础》(1834)。他发现的盖斯定律，于 1860 年以热的加和性守恒定律形式发表。盖斯定律是断定能量守恒的先驱，也是化学热力学的基础。

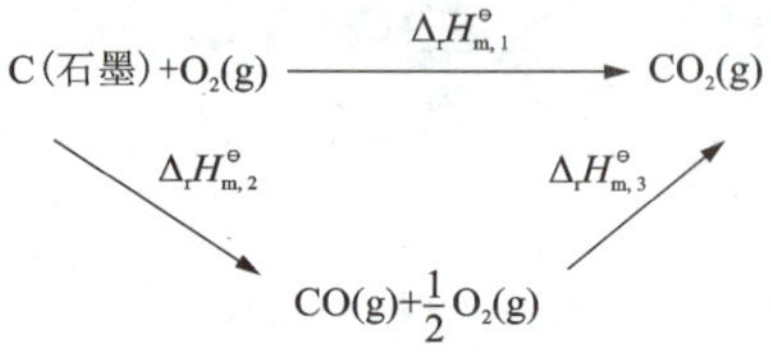

图 1-9　状态变化的两种途径

③ $CO(g) + \frac{1}{2}O_2(g) = CO_2(g)$　　$\Delta_r H^\ominus_{m,3} = -282.98\ kJ \cdot mol^{-1}$

反应热的计算，可应用盖斯定律的图解法，确定始态为 C(石墨) + O_2(g)，终态为 CO_2(g)，则变化的途径如图 1-9 所示。

则

$$\Delta_r H^\ominus_{m,1} = \Delta_r H^\ominus_{m,2} + \Delta_r H^\ominus_{m,3}$$
$$= -110.53 + (-282.98) = -393.51\ kJ \cdot mol^{-1}$$

经计算发现，上述三个化学反应方程式之间的关系为：“反应式② + 反应式③ = 反应式①。”由此可得盖斯定律的推论：**一个反应若是另外两个或更多个反应之和，则该反应的等压或等容反应热必然是各分步反应的等压或等容反应热之和**。此推论又称为**盖斯定律的代数法**，即热化学方程式能像代数方程式一样进行加减消元运算，得出的热化学方程式之间的关系即为化学反应热之间的关系。

视频1-10

4. 由标准摩尔生成热或标准摩尔燃烧热计算标准摩尔反应焓变

1) **标准摩尔生成热**(standard heat of formation)

标准摩尔生成热是指在给定温度及标准压力下，由指定单质(习惯上称为稳定单质)一步生成 1 mol 该物质的反应所产生的热效应，符号为 $\Delta_f H^\ominus_m$，单位为 $kJ \cdot mol^{-1}$，下标“f”表示生成。各种物质 $\Delta_f H^\ominus_m$(298.15 K)数据见附录表 1。

稳定单质是指在给定的温度和压力下生成反应的产物中所含各种元素的能够稳定存在(实际上是热力学规定的)的单质。如在 298 K、$p^\ominus$下，O_2(g)、H_2(g)、C(石墨)、S(斜方)、P(白磷)、Br_2(l)、Hg(l)等均为稳定单质；由于理论上稳定单质本身不可能再发生生成反应，因此，规定稳定单质的标准生成热为零。图 1-10 所示为石墨与金刚石的同素异形体。

图 1-10　同素异形体

石墨(图左)与金刚石(图右)互为同素异形体，都由碳元素构成。石墨的标准生成热为零，金刚石的标准生成热也为零吗？

2) **标准摩尔燃烧热**(standard heat of combustion)

标准摩尔燃烧热是指在给定温度及标准态下，1 mol 可燃物质完全燃烧(或完全氧化)所放出的热效应，符号为 $\Delta_c H^\ominus_m$，单位为 $kJ \cdot mol^{-1}$，下标“c”表示燃烧。这里“完全燃烧”是指将可燃物中的 C、H、S、P、N 和 Cl 等元素氧化为 CO_2(g)、H_2O(l)、SO_2(g)、P_2O_5(s)、N_2(g)和 HCl(aq)；由于反应物已“完全燃烧”，上述这些指定的完全燃烧终产物理论上便不能再燃烧，因此，规定这些产物为不燃物或其标准摩尔燃烧热为零。各种物质标准燃烧热 $\Delta_c H^\ominus_m$(298.15 K)的数据见书末附表 2。

3) 标准摩尔反应热的计算

标准摩尔反应热可通过标准摩尔生成热进行计算，也可通过标准摩尔燃烧热进行计算得到。两种计算均是应用盖斯定律，由相关反应的已知热效应数据(如标准生成热或标准燃烧热)间接计算任一指定反应的热效应。

视频1-11

若任一化学反应的通式如下

$$aA + dD = eE + fF$$

则该反应的标准摩尔反应热为

$$\Delta_r H^\ominus_m(T) = [e\Delta_f H^\ominus_m(E, T) + f\Delta_f H^\ominus_m(F, T)]_{产物} - [a\Delta_f H^\ominus_m(A, T) + d\Delta_f H^\ominus_m(D, T)]_{反应物} \quad (1-28)$$

或
$$\Delta_r H_m^\ominus(T) = \sum \upsilon_B \Delta_f H_m^\ominus(B, T) \quad (1-29)$$
式中：$\Delta_f H_m^\ominus(B, T)$ 为参与反应的任一物种 B 的标准摩尔生成热，υ_B 为 B 相应的化学计量数。由于附录表 2 为 298.15 K 的标准摩尔生成热数据，则更为常用的是下列公式
$$\Delta_r H_m^\ominus(298\ K) = \sum \upsilon_B \Delta_f H_m^\ominus(B, 298\ K) \quad (1-30)$$

另外一个方法是由标准摩尔燃烧热计算标准摩尔反应热，利用标准摩尔燃烧热 $\Delta_c H_m^\ominus$ 计算任一化学反应标准摩尔反应热的公式为
$$\Delta_r H_m^\ominus = \sum -\upsilon \Delta_c H_m^\ominus(\text{反应物}) - \sum \upsilon \Delta_c H_m^\ominus(\text{产物}) \quad (1-31)$$
或
$$\Delta_r H_m^\ominus = -\sum \upsilon_B \Delta_c H_m^\ominus(B, T) \quad (1-32)$$
式中：$\Delta_c H_m^\ominus(B, T)$ 为参与反应的任一物种 B 的标准摩尔燃烧热；υ_B 为 B 相应的化学计量数。由于附录表 2 为 298.15 K 的标准摩尔燃烧热数据，则更为常用的是下列公式
$$\Delta_r H_m^\ominus(298.15\ K) = -\sum \upsilon_B \Delta_c H_m^\ominus(B, 298.15\ K) \quad (1-33)$$

例 1-2 反应 $2C_2H_2(g) + 5O_2(g) = 4CO_2(g) + 2H_2O(l)$ 在标准态及 298.15 K 下的反应热为 $-2600.4\ kJ \cdot mol^{-1}$。已知相同条件下，$CO_2(g)$ 和 $H_2O(l)$ 的标准生成热分别为 $-393.51\ kJ \cdot mol^{-1}$ 和 $-285.83\ kJ \cdot mol^{-1}$。试计算乙炔 $C_2H_2(g)$ 的标准生成热 $\Delta_f H_m^\ominus(298\ K)$。

解： 根据乙炔的氧化反应方程式，有
$$\Delta_r H_m^\ominus(298\ K) = 4\Delta_f H_m^\ominus[CO_2(g)] + 2\Delta_f H_m^\ominus[H_2O(l)] - 2\Delta_f H_m^\ominus[C_2H_2(g)] - 5\Delta_f H_m^\ominus[O_2(g)]$$
则
$$\Delta_f H_m^\ominus[C_2H_2(g), 298\ K] = \frac{4\times(-393.51)+2\times(-285.83)-5\times0-(-2600.4)}{2} = 227.4(kJ \cdot mol^{-1})$$

1.2 能源及其合理利用

1.2.1 煤炭与洁净煤技术

一般认为煤炭形成时间比较久远，大部分是由生物在缺氧的情况下形成，形成年代在(2.9~3.6)亿年前的石炭纪时期。组成煤的元素主要包括碳、氢、氧、氮和硫，而碳、氢、氧的总和占煤中有机质的95%以上。煤炭随着煤化程度的不同，其在颜色、光泽、密度、硬度、脆度、断口、导电性等方面有所差异。

国际上对硬煤(包括烟煤和无烟煤)进行了分类，主要以挥发分、黏结性和结焦性为指标，分为 62 个煤类。中国煤炭分类主要以 1986 年发布的《中国煤炭分类国家标准》(GB 5751—2009)进行分类，在该分类体系中，先根据干燥无灰基挥发分等指标，将煤炭分为无烟煤、烟煤和褐煤；再根据干燥无灰基挥发分及黏结指数等指标，将烟煤划分为贫煤、贫瘦煤、瘦煤、焦煤、肥煤、1/3 焦煤、气肥煤、气煤、1/2 中黏煤、弱黏煤、不黏煤和长焰煤。

煤炭是重要的燃料，煤的发现及应用激发了工业革命，同时造就了现代工业社会。现在的发电行业，煤炭仍然作为主要的能源物质并发挥着重要作用，它占全世界一次能源的23%左右。在中国的能源消费结构中，煤约占 70%。预计到 2050 年，煤在中国的能源消费领域所占比例仍会高居首位，占 40%以上。

由于技术因素，煤炭作为能源的同时，常又被认为是一种主要的污染源。在整个国际社会对环境保护的重视及可持续发展的要求下，煤炭作为燃料的应用受到了一定的限制。我国排放的 SO_2 和 NO_x，大部分来源于煤的燃烧。煤的洁净技术无疑成为了突破煤的应用限制的最好方式。

煤的洁净技术主要包括煤的自身洁净技术与煤的转化技术。煤的自身洁净技术主要是将含杂质的煤进行相应的处理，最终得到燃烧后对环境污染较小的煤。而煤的转化技术是将煤转化为其他形式的洁净

燃料后再进行利用，例如，近些年煤制气就是煤转化技术的研究热点，其目的是在一定的条件下将煤转化为可燃气体进行利用，这些可燃气体包括 CO、H_2、CH_4等。煤的气化过程涉及催化剂的选择、温度的调节、气化炉的选择、气化工艺等，这些过程均有大量学者在进行研究，其目的是通过技术的创新与改进，降低成本、减少气化过程中的环境污染等。相信在不久的将来，煤气化技术会使煤的应用突破原有的限制，最终列入清洁能源行列。

1.2.2 石油和天然气

石油和天然气是日常生活中最常见的常规能源。

石油又称原油，是从地下深处开采的黑色、褐色或黄色的流动或半流动的黏稠液体。相对密度一般为0.80～0.98，其性质根据产地的不同会存在不同程度的差异。石油属于混合物，组成较多，因此，对石油要进行分馏。分馏就是按照组分的沸点差异将石油分为若干馏分，如小于200℃馏分、200～350℃馏分等，每一个馏分的沸点范围称为馏程或沸程。例如，汽油馏分（即原油）在常压蒸馏时从开始馏出的温度（初馏点）到200℃之间的轻馏分，也称轻油或石脑油馏分。200～350℃之间的馏分称为煤柴油馏分，或称为常压瓦斯油（简称AGO）。当然，从开始馏出的温度到200℃之间的轻馏分并不就是石油产品，还需要将馏分进一步加工才能成为石油产品。石油加工过程包括石油蒸馏、热加工、催化裂化、催化加氢、催化重整等。

天然气和石油密不可分，随着采油进行，原油质量降低，利过天然气合成油也成为缓解石油能源的一种方式。天然气是以甲烷为主要组成的气体混合物，其存在方式比较广泛，如可作为油田的伴生气或煤层的伴生气，当然也有许多单独的天然气田。

天然气应用相对较广，例如利用天然气发电。目前，世界发电行业，已超过20%来自天然气发电。美国、俄罗斯、土库曼斯坦、卡塔尔、马来西亚、阿根廷、荷兰、英国、日本、意大利、韩国、匈牙利等国利用天然气发电量比较大。其中一些国家天然气在发电燃料占有的比例甚至超过了50%，如俄罗斯，天然气的比例占60%以上；中国天然气在2002年用于发电比例为14%，占全国发电量的0.38%，预计至2020年、2030年将分别增至6.7%与7.3%。目前，天然气的作用越来越重要，已成为全球能源行业的一大支柱能源。

利用天然气制氢是天然气作为化工原料一个重要的应用，因为氢气被认为是洁净的二次能源，所以，制氢一直是重要的研究课题。利过天然气制氢的方法有天然气蒸汽重整制氢、天然气部分氧化制氢、天然气自热催化重整制氢、天然气裂解制氢等。因制得的氢气存在杂质，还需要通过变压吸附、高分子膜分离、钯膜分离等方法提纯。目前，天然气制氢技术、氢的提纯技术、氢的储存技术、制氢反应器等都是天然气制氢过程的重点研究方向。

当然，天然气也能直接应用，如天然气汽车、居民家用天然气等。

氢燃料电池电动车

氢燃料电池电动车是电动汽车的一种，其电池的能量是通过氢气和氧气的化学作用，而不是经过燃烧，直接变成电能的。这种燃料电池的化学反应过程不会产生有害产物，因此燃料电池车辆无污染，其能量转换效率比内燃机高2～3倍。因此，从能源的利用和环境保护方面，燃料电池车是一种较理想的车辆。

1.2.3 氢能和太阳能

1）氢能

氢元素在常见的元素周期表中将其放在第ⅠA族，即碱金属元素上方。但是，氢的物理性质与化学性质均与碱金属有很大的差异，如它本身并不是金属。当然，氢原子得到 1 个电子即可达到稳定的稀有气体电子组态，所以可以将其归入第 17 族，即卤素上方的格子里。虽然其可像卤素那样形成双原子分子，但性质上没有卤素的延伸性。因此，很多书籍单独将其列为一部分内容进行讲解，本部分内容主要通过能源的形式介绍氢，即氢能。

氢作为重要的能源，其制备方法主要分为以下几种。

加热到 1000℃左右的焦炭与水蒸气反应生成 H_2 与 CO 的混合气体：

$$C(s) + H_2O(g) \longrightarrow H_2(g) + CO(g)$$

这种混合气体称为水煤气，上述反应即水煤气反应。水煤气反应曾是制氢的主要方法，随着石油资源的消耗，它也许会重新变得重要起来。

天然气在高温、高压下与水蒸气制氢的反应称为水蒸气转化反应，催化剂为 NiO：

$$CH_4(g) + H_2O(g) \xrightarrow{NiO} H_2(g) + CO(g)$$

水煤气反应和水蒸气转化反应中都有 CO 生成，为了提高 H_2的产率，可以使其进一步与水蒸气反应：

$$CO(g) + H_2O(g) \longrightarrow H_2(g) + CO_2(g)$$

该反应在工业上称为变换反应。

氢能作为一种洁净的新型能源，在很多方向均有应用，例如目前研究较为热门的燃料电池，就是以氢作为原料。氢燃料电池也被认为是解决未来人类能源危机的非常重要的能源。许多高校、企业、研究院均非常重视氢燃料电池的研究。研究过程中涉及制氢、储氢、燃料电池发动机等各方面的技术，现在有些技术已经取得了突破，如燃料电池发动机的关键技术等，但还需要政府大力资助以保证我国在燃料电池发动机关键技术方面的领先优势和早日实现工业化。

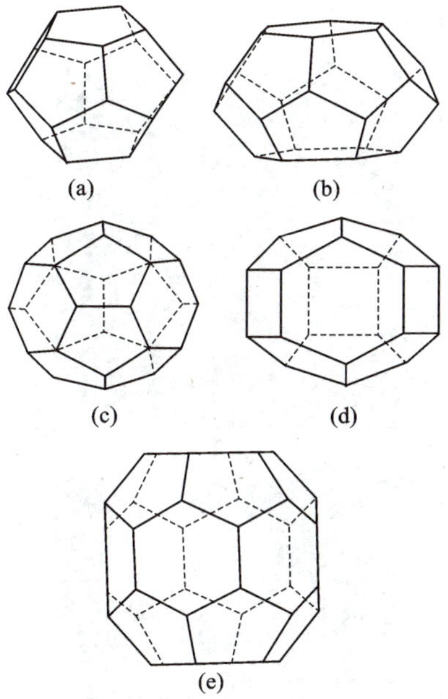

图 1－11　水合物孔穴的结构

(a)5^{12}；(b)$5^{12}6^{2}$；(c)$5^{12}6^{4}$；(d)$4^{3}5^{6}6^{3}$；(e)$5^{12}6^{8}$

水合物一般由以上五种类型孔穴组成三种类型的水合物，即 I 型、II 型、H 型三种，因其结构像笼状，因此，也称作笼型水合物。

2）太阳能

太阳能（solar energy），是由内部氢原子发生聚变释放出巨大核能而产生的能。我们利用的太阳能主要是间接或直接利用太阳的辐射能量或其他能量形式。间接利用如植物通过光合作用把太阳能转变成化学能贮存在植物体内得到的生物质能。另外，煤炭、石油、天然气等化石燃料也是动植物经过漫长的地质年代演变形成的能源，水能、风能、海洋能等也属于间接的太阳能资源，可以说除了地热能和原子核能以外，地球上的大部分能源都是直接或间接地利用了太阳能。

太阳能有数量巨大、时间长久、清洁安全等优势，在有限的时间内是取之不尽、用之不竭的。当然太阳能也有其缺点，包括分散性、间断性和不稳定性、利用效率低和利用成本高等。

我国太阳能分布主要特征是：西部地区多于东部地区，南部地区大多少于北部，太阳能的利用古已有之，如耕作、居住、引火、动力等。随着技术的发展，诞生了太阳灶等集热设备以及现代太阳能供暖和制冷设备等。太阳能发电也有很大的发展，如太阳能集成发电、太阳能分布式能源等。路灯上的太阳能电池板就是分布式太阳能的应用实例。太阳能电池的研究也是太阳能综合利用的一个重要研究方向。

1.2.4 可燃冰

2017 年 5 月国土资源部中国地质调查局宣布，我国正在南海北部神狐海域进行的可燃冰试采获得成功，这一新闻引起了大家对可燃冰这种新能源的极大兴趣，可燃冰这种新能源正吸引着越来越多的科研人员投入与其相关的研究之中。

可燃冰因其气体主要成分是甲烷(CH_4)，学术上称为天然气水合物。除了CH_4以外，其他小分子气体等也能形成气体水合物。气体水合物指小分子气体与水分子在低温与高压下形成的一种类似雪状或冰状的固体物质。形成水合物的气体分子称为客体分子，主要有H_2、N_2、CO_2、CH_4、C_2H_6和C_3H_8等，水分子称为主体分子。当然，除了气体之外，四氢呋喃、环戊烷等也能与水形成水合物。

可燃冰在最近几十年备受关注，主要有以下三个方面原因：第一，可燃冰(天然气水合物)可作为一种潜在的清洁能源，目前已发现的可燃冰总资源量相当于全球已探明矿物燃料(煤、石油、天然气)的两倍。我国南海、青藏高原等地均已探测到可燃冰，而且已在南海北部神狐海域试开采成功。第二，随着人们对可燃冰性质的了解，基于可燃冰的衍生技术得到了很大程度的发展，可燃冰技术的应用涉及水资源、环保、气候、油气储运、石油化工、生化制药等多个领域，如海水淡化、CO_2捕集及封存、气体储运、气体混合物分离、蓄冷等。第三，可燃冰的形成和聚积易堵塞油气输送管道，如何防止可燃冰堵塞油气输送管道也是具有工业意义的研究方向。

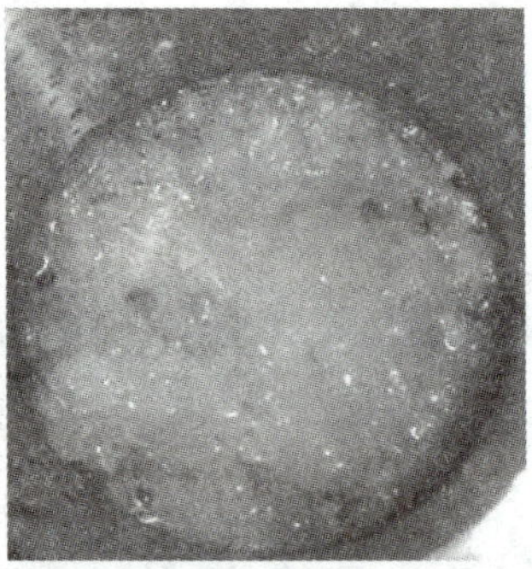

(a)分解

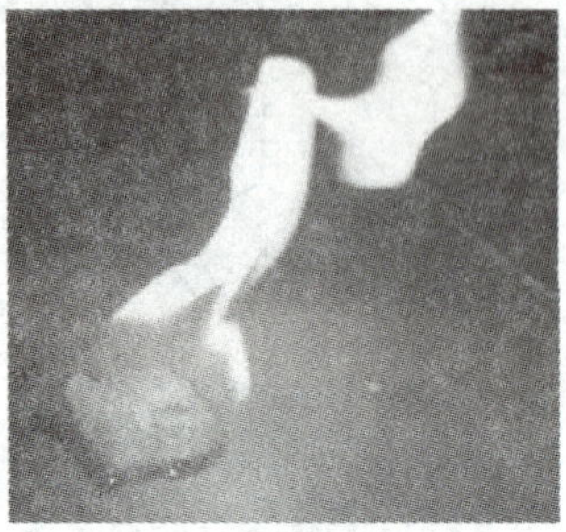

(b)燃烧

图 1-12 可燃冰分解与燃烧的照片

1999 年国土资源部广州海洋地质调查局在我国的南海初步发现了可燃冰存在的证据，让我们看到了可燃冰资源勘探开发的曙光。2002 年我国将海洋天然气水合物资源调查列入国家专项计划。近年的调查和研究结果表明，我国南海大陆坡、东海冲绳海槽等海域是可燃冰发育的理想场所，根据可燃冰发育的地球物理特征(BSR)及其他相关的地质和地球化学证据，已在南海北部圈定了分布面积 2 万多 km^2 的有利区，初步评价认为水合天然气资源量约相当于 100 亿吨油当量，是我国已探明油气资源量的一半。另外，我国也是世界永久冻土层第三大国，尤其青藏高原是永久冻土层，可能埋藏着丰富的可燃冰。可见，天然气水合物在我国未来的能源战略中将占有重要的位置。

可燃冰要想形成并累积到一定量须具备两个重要的因素，第一是有气体来源，第二是有一定的温度与压力条件。只有当气体的浓度足够大，并且在合适的温度与压力条件下，水合物才会形成并聚集成可燃冰资源。水合物形成的气体来源主要有三种：一种是生物成因气，即有机质释放的二氧化碳在自养产甲烷菌的作用下还原成甲烷；另一种是热解成因气，即地层深部的烃类在高温高压下裂解产生甲烷；还有一种是混合成因气，即介于两者之间产生的气源。目前已经探测到的水合物藏里，大部分是生物成因甲烷水合物。当然也有学者认为也存在无机成因气，如海底火山的喷发，释放出CO_2气体，再被还原成甲烷。我国的南海海域，气体来源非常复杂，既有生物成因气，也有热解成因气，还有混合成因气。在南海南部以生物成因气和混合成因气为主，在北部陆坡以热解成因气和混合成因气为主。

本章复习指导

掌握：热力学第一定律及其数学表达式；由标准生成热、标准燃烧热数据求算标准反应热。

熟悉：系统、环境、状态函数、热力学能、体积功、化学计量方程式、反应进度、热力学标准态、热化学方程式、反应热、焓变等；盖斯定律。

了解：等压反应热与等容反应热的关系；几种常规能源及新能源。

选读材料

核能

核能是核化学中的一个部分，主要是通过核反应从原子核释放的能量。核子之间靠核力结合成原子核，核力是核子之间的短程强吸引力，作用范围为 2 fm。

原子核由质子和中子组成，其质量总是小于组成它的全部核子的质量和。这部分质量称为质量亏损，这部分质量亏损可以通过爱因斯坦质能方程算出制核质量减少相应的结合能。

核能的利用主要有两个方向，一个是核裂变，另一个是核聚变。

核裂变是重核分裂为轻核的过程，普通的核武器和核电站都依赖于裂变过程中产生的能量。最早发现的核裂变是铀^{235}U裂变，图 1-13 所示为^{235}U受慢中子轰击诱发的裂变过程示意图。

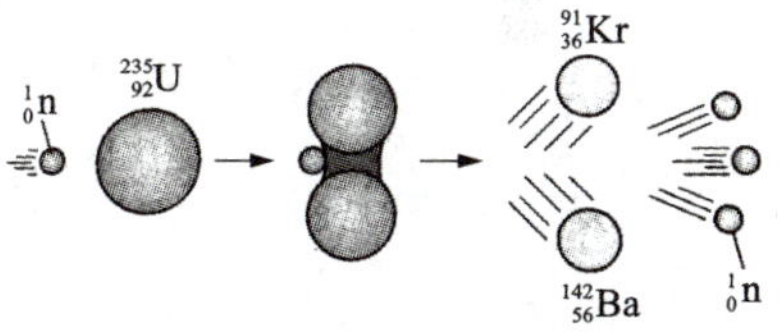

图 1-13　^{235}U裂变示意图

^{235}U裂变产物中存在 35 种元素的 200 多种同位素(大部分是放射性同位素)，表明它能以多种不同方式发生裂变。^{235}U平均每次裂变产生 2.4 个中子，假定每次裂变过程产生 2 个中子，这 2 个中子可以诱发另外 2 次裂变，产生 4 个中子，4 个中子又能诱发裂变，产生 8 个中子，以这样的方式发生的反应称作**链反应**(chain raction)。链反应的进行，如果不控制，将会导致爆炸。

链反应若想持续，裂变材料的质量必须大于某一最小质量，这个质量称为临界质量。^{235}U的临界质量约为 1 kg，若质量超过 1 kg 则会发生爆炸。一般都是通过化学炸药而引爆核弹，将 2 个质量不足1 kg 的亚临界^{235}U通过化学炸药合拢，超过^{235}U的临界质量后实现核爆炸。

有核反应堆的国家都不难得到爆炸级的裂变材料，原子弹的基本设计又相对简单，给防止核武器扩散带来了很大的困难。

另外一种核能方式为核聚变，由两个或多个轻核聚合成较重核的过程即**核聚变**(nuclear fusion)，轻核发生聚变释放的能量比重核裂变大得多，聚变反应需要很高的反应温度，也称作**热核反应**(thermonuclear reaction)，以聚变反应为基础的核武器则为热核武器。反应温度最低的一个聚变反应是氘(^2_1H)与氚(^3_1H)之间的反应，这也是氢弹爆炸的反应：

$$^3_1H + ^2_1H \longrightarrow ^4_2He + ^1_0n$$

该反应在 4.0×10^7℃条件下便可进行，原子弹爆炸可以达到这样的高温。氢弹就是利用装置在其内部的一个小型铀原子弹爆炸产生的高温引爆的。

值得一提的是，2006 年，欧盟、俄罗斯、美国、中国、印度、日本、韩国签署协议，在法国建立第一个国际热核实验反应堆，用于研究核聚变发电，核聚变的原料在地球上几乎取之不尽，同时也不产生难处理的放射性核废料，若该计划成功，将为人类开发新一代战略能源带来一次革命。

复习思考题

1. 化学热力学主要解决化学中的哪些问题？

2. 系统与环境间的界面必须是真实存在的吗？

3. 恒压过程与等压过程、恒温过程与等温过程有区别吗？

4. 在体积功的计算式中，为什么压力是外压？什么情况下可用内压(即系统本身的压力)代替？

5. 等温可逆过程，系统对环境所做膨胀功最大，而环境对系统所做压缩功最小，若不考虑做功的方向，两功数值相等，这一结论对热力学研究意义何在？

6. 热不是状态函数，为何计算化学反应的等压热效应 Q_p 时又只取决于始、终态？

7. 化学热力学中，在什么情况下，焓变 ΔH 可用来直接表示反应热？

8. 为什么要引入反应进度的概念？它与反应计量式、热化学方程式有关吗？

9. 盖斯定律使热化学方程式像代数式一样进行加减消元运算来求任意化学反应的热效应，这种说法对否？

10. 同一个化学反应在相同条件下的标准反应热，既可以用标准生成热也可以用标准燃烧热数据求算吗？

习 题

1. 什么是状态函数？T、p、V、ΔU、ΔH、Q_p、Q_V、Q、W 和 $W_{体}$ 中哪些是状态函数？

2. 计算 15℃，97 kPa 下 15 g 氯气的体积。

3. 判断下列说法是否正确：

(1) 状态固定后，状态函数都固定，反之亦然。

(2) 状态函数改变后，状态一定改变。

(3) 状态改变后，状态函数一定都改变。

(4) 因为 $\Delta U = Q_V$，$\Delta H = Q_p$，所以 Q_V 和 Q_p 是特定条件下的状态函数。

4. 4 mol 的某理想气体，温度升高 20℃，求 $\Delta H - \Delta U$ 的值。

5. 在 $p^\ominus$ 和 885℃下，分解 1.0 mol $CaCO_3$ 需消耗热量 165 kJ，试计算此过程的 W、ΔU 和 ΔH。$CaCO_3$ 的分解反应方程式为

$$CaCO_3(s) = CaO(s) + CO_2(g)$$

6. 在一定温度下，4.0 mol $H_2(g)$ 与 2.0 mol $O_2(g)$ 混合，经一定

时间反应后，生成了0.6 mol $H_2O(l)$。请按下列两个不同反应式计算反应进度ξ：

(1) $2H_2(g) + O_2(g) = 2H_2O(l)$；

(2) $H_2(g) + \frac{1}{2}O_2(g) = H_2O(l)$。

7. 某乙烯和足量的氢气的混合气体的总压为6930 Pa，在铂催化剂催化下发生如下反应：

$$C_2H_4(g) + H_2(g) = C_2H_6(g)$$

乙烯反应完后温度降至原温度后测得总压为4530 Pa。求原混合气体中乙烯的分压。

8. 已知$Al_2O_3(s)$和MnO_2的标准摩尔生成焓分别为$-1676\ kJ \cdot mol^{-1}$和$-521\ kJ \cdot mol^{-1}$，计算1 g铝与足量MnO_2反应（铝热法）产生的热量。反应方程式为：

$$4Al(s) + 3MnO_2(s) = 2Al_2O_3(s) + 3Mn(s)$$

9. 有一种甲虫，名为投弹手，它能用尾部喷射出来的爆炸性排泄物的方法作为防卫措施，所涉及的化学反应是氢醌被过氧化氢氧化生成醌和水：

$$C_6H_4(OH)_2(aq) + H_2O_2(aq) \rightarrow C_6H_4O_2(aq) + 2H_2O$$

根据下列热化学方程式计算该反应的$\Delta_r H_m^{\ominus}$：

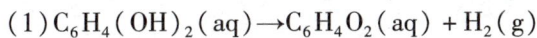

(1) $C_6H_4(OH)_2(aq) \rightarrow C_6H_4O_2(aq) + H_2(g)$

$\Delta_r H_m^{\ominus}(1) = 177.4\ kJ \cdot mol^{-1}$

(2) $H_2(g) + O_2(g) \rightarrow H_2O_2(aq)$ $\quad \Delta_r H_m^{\ominus}(2) = -191.2\ kJ \cdot mol^{-1}$；

(3) $H_2(g) + \frac{1}{2}O_2(g) \rightarrow H_2O(g)$ $\quad \Delta_r H_m^{\ominus}(3) = -241.8\ kJ \cdot mol^{-1}$；

(4) $H_2O(g) \rightarrow H_2O(l)$ $\quad \Delta_r H_m^{\ominus}(4) = -44.0\ kJ \cdot mol^{-1}$。

10. 氢能是比较洁净的能源，那么氢气有哪些生产、储存、利用的方式？

第1章习题答案

第 2 章

化学反应原理

（Chemical Reaction Principle）

化学反应能否发生，化学反应进行的方向、快慢(即反应速率的大小)和限度(即化学平衡)以及化学反应的机理——这是研究化学反应的几个关键问题。这些问题的研究，对科学研究和工业生产中的化学反应条件的选择、生产效率的提高以及原料消耗的降低等均具有指导意义，也可以给研究化学污染物在环境中的化学运动规律及其防治提供理论指导。本章通过介绍反应熵变、反应吉布斯自由能变、活化能及标准平衡常数等概念，着重讨论化学反应的方向、限度以及化学反应速率的一般规律，并尝试运用化学的理论和方法，鉴定和测量化学污染物在水圈、空气圈、土壤圈和生物圈的含量、存在形态、迁移转化，研究消除化学污染物的化学原理和技术。

2.1 热力学第二定律和熵

2.1.1 自发过程和热力学第二定律

1. 自发过程

在给定条件下不需任何外力帮助就能自动进行的过程(反应)称为自发过程(反应)。自然界中自发过程随处可见，例如水往低处流、热往低温物体传递、物体向下落、冰雪融化、铁钉生锈等。

自发过程具有如下特征：

(1)单向性。自发过程都具有方向性，总是自动地朝一个方向进行，决不会自动地逆向进行。如热量会自动从高温物体传递到低温物体，但同样条件下热量决不会自动从低温物体传递到高温物体。

(2)具有做非体积功的能力。理论上，任何自发过程都有做功的潜能。如热从高温物体传递到低温物体可以推动热机做功。过程的自发性越大，做非体积功的潜能也越大。

(3)具有一定的限度。自发过程总是单向地趋于平衡态，此平衡态就是自发过程的限度。如热传递到两物体温度相等时就停止。

自发过程的逆过程称为非自发过程。非自发过程不会自动发生，有的借助外部作用可以发生，例如热可以通过电能冷冻机从低温物体传递到高温物体。

值得注意的是，有些反应的自发性是可改变的，即反应能否自发进行，与给定的反应条件有关。例如，空气中的 N_2 和 O_2 在通常情况下并不会发生反应；在高温的汽车内燃机燃烧室中，自空气中吸入的 N_2 和 O_2 也只能形成微量 NO；但在雷电的极高温度下，空气中的 N_2 和 O_2 却能自发生成 NO。

另外，自发并不意味着快速，自发反应速率有快有慢，有些自发反应的反应速率极低，甚至难以察觉。例如氢气和氧气化合成水，在室温下其反应速率极小，但若把温度升高到 700 K，此反应将以爆炸的方式快速进行。由此可见，自发反应的速率也跟反应的本质和给定的反应条件相关。

2. 化学反应自发的推动力

总结一系列自发过程，不难看出，自发过程之所以自发单向进

视频2-1

视频2-2

永动机之殇

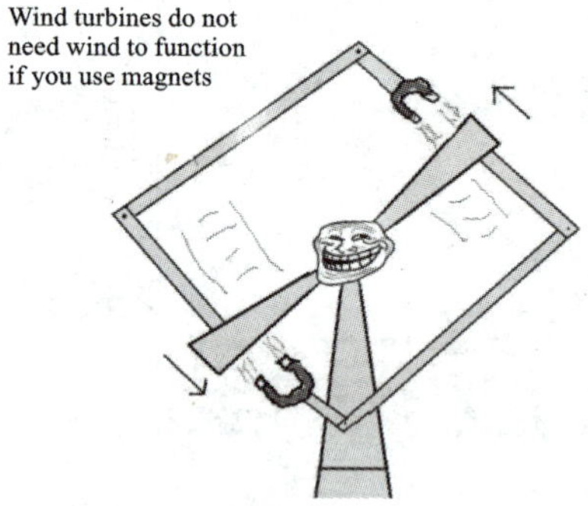
Wind turbines do not
need wind to function
if you use magnets

热力学第一定律为第一类永动机魔轮判了死刑！不甘心的人类认识到能量不能凭空创造出来，便把视线转移到海洋、大气乃至宇宙，希望从中吸取热量，并将这些热能作为驱动永动机转动和功输出的源头——这便是第二类永动机的基本原理。首个第二类永动机利用海水的热量将液氨汽化，推动机械运转。但是这一装置无法持续运转，因为汽化后的液氨在没有低温热源存在的条件下无法重新液化，因而不能完成循环。

后来，卡诺设计了一种工作于两个热源之间的理想热机——卡诺热机，卡诺热机从理论上证明了热机的工作效率与两个热源的温差相关。德国人鲁道夫·克劳修斯和英国人开尔文在研究了卡诺循环和热力学第一定律后，提出了热力学第二定律。这一定律指出：不可能从单一热源吸取热量，使之完全变为有用功而不产生其他影响。热力学第二定律的提出宣判了第二类永动机的死刑，而这一定律也可以表述为：第二类永动机不可能实现。

行，通常是由于系统内部存在某种性质的差别（如温度差 ΔT 等），过程总是向着消除这些差值的方向进行。换言之，这些差值就是推动过程自动发生的原因和动力，我们可以通过这些物理量判断过程自发进行的方向。但是自然界还有许许多多的自发过程，就很难找到一个具体的状态函数用于判断，例如许多自发的化学变化过程就是这种情况。

而找到合适的判据，判断化学反应自发进行的方向，具有重大意义，可以为科学研究和生产实践提供重要指导。例如水的分解反应

$$2H_2O(l) \xlongequal{} 2H_2(g) + O_2(g)$$

是获得清洁氢能源的理想途径。如果确定此反应在任何合理的温度和压力等条件下均为非自发反应，就不必为该方案浪费精力。反之，若该反应在一定条件下可以正向自发进行，而且反应限度又足够大，我们就可以集中精力去寻找催化剂或其他有效方法促使该反应的实现，进而推动氢能的开发利用。

那么，化学反应自发进行的原因和动力究竟是什么呢？应该如何判断反应能否自发进行呢？

人们研究发现，系统倾向于取得最低的能量——这是自然界中自发过程的一种普遍情况。19 世纪 70 年代，法国的贝特罗（P. E. M. Berthelot）和丹麦的汤姆生（J. Thomson）提出自发进行的反应是放热反应，试图以反应的焓变（$\Delta_r H_m$）作为反应自发性的判据。这种观点有一定道理，因为系统倾向于取得最低能量，若化学反应系统将一部分能量以热的形式释放给环境，进而变成低能态的产物则更稳定。事实上，放热反应的确大多是自发的。例如：

$Zn(s) + 2H^+(aq) = Zn^{2+}(s) + H_2(g) \quad \Delta_r H_m^{\ominus} = -153.9\ kJ \cdot mol^{-1}$

$3Fe(s) + 2O_2(g) = Fe_3O_4(s) \quad \Delta_r H_m^{\ominus} = -1118.4\ kJ \cdot mol^{-1}$

$NH_3(g) + H_2O(l) + CO_2(g) = NH_4HCO_2(s) \quad \Delta_r H_m^{\ominus} = -185.6\ kJ \cdot mol^{-1}$

$CaO(s) + CO_2(g) = CaCO_3(s) \quad \Delta_r H_m^{\ominus} = -178.2\ kJ \cdot mol^{-1}$

可见，自然界中**能量降低的倾向是化学反应自发的一种重要推动力**。

但是，实践证明，有些吸热反应也能自发进行。例如：冰变成水是吸热过程，

$$H_2O(s) \rightarrow H_2O(l) \quad \Delta H > 0$$

在 101.325 kPa 和高于 0℃时，冰可以自发地变成水。又如碳酸钙在高温下（ >1123 K）分解：

$$CaCO_3(s) \rightarrow CaO(s) + CO_2(g) \quad \Delta_r H_m^{\ominus} = 178.32\ kJ \cdot mol^{-1}$$

在标准态下也是自发进行的吸热反应。这些吸热反应在一定条件下也能自发进行，说明放热（$\Delta_r H_m < 0$，能量降低）只是有助于反应自发进行的因素之一，而不是唯一的因素。

人们注意到，自发过程的另一种普遍情况——过程倾向于往混乱程度增加的方向进行，例如，将一瓶氧气敞口放在室内，氧气会很快自发地扩散到整个室内与空气混合。而考察那些自发的吸热化学反应，发现它们都毫无例外地向着混乱程度增加的方向进行。如 $CaCO_3$ 的高温分解反应，不但物质的种类和微粒数增多，更重要的是产生了热运动自由度很大的气体，整个物质体系的混乱程度明显增大。

因此，可以说，**系统混乱程度增大的倾向是自发反应的又一重要推动力**。

视频2-3

人生的热力学

什么是能量？能量守恒这个世界的第一性法则告诉我们，能量是不可以凭空捏造出来的，而热力学第二定律又告诉我们，有序的能量只会越用越少。其实是人的大脑在物理这个渠道上能量流动不畅，费了九牛二虎之力，刚吃的三斤馒头的能量都用上了，可是他的大脑却没有勾勒出半点事物的结构，即形成了非常少的有序性。当能量的流动和大脑的结构相匹配，产生共鸣，这个脑区就会逐步吸取大脑的所有能量，而进入心流状态，或为爱好，或为天赋。

视频2-4

熵与信息、社会

1. 熵与信息

在统计物理学中，熵是衡量微观系统无序程度的量。1948年，申农把玻尔兹曼熵概念引入信息论中，把熵作为一个随机事件的不确定性或信息量的量度，从而奠定了现代信息论的科学理论基础，大大促进了信息论的发展。信息量是信息论的中心概念。信息论量度信息的基本出发点，是把获得的信息看作用以消除不确定的东西。因此信息数量的大小，可以用被消除的不确定性的多少来表示，而随机事件的不确定性的大小可以用概率分布函数来描述。如今，不仅在科技领域，而且在社会科学甚至人文科学领域，都随处可见熵这一概念。

2. 熵与社会

熵的概念意味着，随着社会的发展、能量消耗的增大，我们世界的熵正在不断增大，社会正走向无序，而现在出现的能源问题、环境问题、人口爆炸性增长等问题又恰好印证了熵增的原理。因此一些持有悲观的社会发展观点的人认为，社会的发展随着经济财富的增多，能量丧失得越多，熵也增加得越多。人类在以自己的劳动创造商品价值的同时，也在增大着地球的熵。总有一天，当我们再无能源可用，称之为“热寂”时，那时一切自然、生命将销声匿迹，世界再也没有温暖明媚的阳光、清新扑面的微风、波涛起伏的海浪，而处于一片混乱和无序之中。人类社会的发展将是一个悲剧化的衰灭过程。

3. 热力学第二定律

自发过程都是热力学的不可逆过程，这是一切自发过程的共同特点。所有自发过程的不可逆性均可归结为能量（尤其是热和功）间转换的不可逆性，自发过程的方向性也都可以用热和功转换过程的方向性来表达。

热力学第二定律是自发过程不可逆性的理论表述。热力学第二定律建立于提升热机效率的研究之中，在总结大量实践经验的基础上，人们提出了热力学第二定律，用以判断自发过程的方向性。它有多种表述方式，如开尔文于1852年提出：“从单一热源取热，使其全部转变成功而不引起其他变化是不可能的。”克劳修斯于1854年提出：“不可能将热从低温物体转到高温物体而不引起其他变化。”

热力学第二定律并非从其他普遍的定律推导而来，而是人类实践经验的总结，是基本的自然法则之一。迄今为止，尚未发现实验事实与之相违背，证明了该定律的正确性。

从理论上考虑，直接运用热力学第二定律判断自发过程的方向性是可行的，但是这种推断过程过于抽象，用起来不方便且难度大。在热力学第一定律中，通过热力学能 U 和焓 H 等热力学状态函数改变量的计算，便可知过程中的能量变化。那么在热力学第二定律中，是否能找到类似的具有普遍性的状态函数，仅需计算该函数的变化值，便可以此作为判据来判断一般情况下自发过程的方向和限度呢？

2.1.2 熵和熵变

1. 熵的定义

德国物理学家克劳修斯在研究卡诺热机时，发现了传递的热与热源温度之比 q/T 的特性，提出了**熵**（entropy）的概念，用符号 S 表示，其单位是 $J \cdot K^{-1}$。过程中的热量变化是跟途径相关的，若以可逆方式完成这一过程，热量用 q_r 表示，称为可逆过程的热。由热力学可导出，系统由始态变至终态时熵的变化值 ΔS 为

$$\Delta S = \sum \frac{\delta q_r}{T} = \int_1^2 \frac{\delta q_r}{T} \qquad (2-1)$$

式中：δq_r 表示微量可逆热；T 为系统的热力学温度（即绝对温度）。

1872年，玻尔兹曼（L. Boltzmann）提出了著名的玻尔兹曼关系式，把熵与系统状态的存在概率联系起来：

$$S = k\ln\Omega \qquad (2-2)$$

式中：Ω 为热力学概率（混乱度），是一个微观物理量，即某一宏观状态所对应的微观状态数。可见，熵代表系统混乱度的大小。系统的混乱度越大，熵值越大。而体系的混乱度是体系本身所处状态的特征之一，体系的状态确定后，混乱度也就确定了，从而熵就有确定的值。而体系的混乱度改变，则体系的状态也随之改变，故熵是体系的状态函数，属于广度性质。因此，熵变也只取决于系统的始态与终态，与变化途径无关。

玻尔兹曼关系式为宏观物理量——熵作出了微观的解释，阐明了熵的物理意义，揭示了热现象的本质，建立了宏观与微观的联系

桥梁。

2. 熵变

1) 热力学第三定律和标准摩尔熵

由于系统内物质微观粒子的混乱度与物质的聚集状态和温度等有关。在绝对零度时，理想晶体内分子的各种运动都将停止，物质微观粒子处于完全整齐有序的状态，无序度为最小，微观分布方式数为 1，即 Ω 为 1。人们根据一系列低温实验事实和推测，总结出**热力学第三定律**：在绝对零度时，一切纯物质的完美晶体的熵都等于零，其数学表达式为

$$S(0\ \mathrm{K})=0 \qquad (2-3)$$

以此为相对标准求得的其他温度下物质的熵 S_T 称为物质的**规定熵**。如果将某纯晶体物质从 0 K 升温到任一温度(T)，并测量此过程的熵变量(ΔS)，则

$$\Delta S=S_T-S_0=S_T-0=S_T \qquad (2-4)$$

在标准状态下 1 mol 纯物质在温度 T 时的规定熵称为标准摩尔规定熵，简称**标准摩尔熵**(standard molar entropy)，用 $S_{\mathrm{m}}^{\ominus}$ 表示，单位是 $\mathrm{J\cdot K^{-1}\cdot mol^{-1}}$。

熵值的大小是和物质内部结构的有序程度相关联的。分析物质标准摩尔熵，可以总结出一些规律：

(1) 对同一物质而言，固态时熵值最小，液态时较高，气态时最高，即 $S_{\mathrm{m}}^{\ominus}(\mathrm{s})<S_{\mathrm{m}}^{\ominus}(\mathrm{l})<S_{\mathrm{m}}^{\ominus}(\mathrm{g})$；

(2) 同一物质的同一聚集态，温度升高，热运动增加，系统的混乱度增大，熵值也随之变大，即 $S_{高温}>S_{低温}$；

(3) 对于气体物质，压力降低时，体积增大，粒子在较大空间里运动，将更为混乱，故有 $S_{低压}>S_{高压}$；

(4) 对不同物质，熵值与其组成和结构有关。一般来说，粒子越大，结构越复杂，其运动情况也越复杂，混乱度就越大，熵值也越大，即 $S_{复杂}>S_{简单}$。

另外，对于气体分子数增加的反应和过程，熵值增大，即 $\Delta S>0$；反之则 $\Delta S<0$。

2) 标准反应熵变的计算

由于熵是状态函数，反应或过程的熵变 ΔS，只跟始态和终态有关，而与变化的途径无关。因此，用标准摩尔熵($S_{\mathrm{m}}^{\ominus}$)的数值可以算出化学反应的标准摩尔反应熵变 ($\Delta_{\mathrm{r}}S_{\mathrm{m}}^{\ominus}$)：熵变等于生成物标准熵的总和减去反应物标准熵的总和，即

$$\Delta_{\mathrm{r}}S_{\mathrm{m}}^{\ominus}(T)=\sum S_{\mathrm{m}}^{\ominus}(生成物)-\sum S_{\mathrm{m}}^{\ominus}(反应物)=\sum \upsilon_{\mathrm{B}}S_{\mathrm{m,B}}^{\ominus}(\mathrm{B},T) \qquad (2-5)$$

式中：$S_{\mathrm{B}}^{\ominus}(\mathrm{B},T)$ 为参与反应的任一物种 B 在温度 T 的标准摩尔熵；υ_{B} 为 B 相应的化学计量数。

另外，需要注意，物质的标准熵会随温度的升高而增大，但只要温度改变没有引起物质聚集状态的改变，则生成物的标准熵的总和随温度升高而引起的增大与反应物的标准熵的总和的增大通常相差不大，所以，当温度改变不太大时，可以将 298.15 K 时的熵变数据近似

视频2-5

视频2-6

视频2-7

例 2-1　试计算反应：$2SO_2(g)+O_2(g)\rightarrow 2SO_3(g)$ 在 298.15 K 时的标准摩尔熵变($\Delta_{\mathrm{r}}S_{\mathrm{m}}^{\ominus}$)。

解：查表得：

	$SO_2(g)$	$O_2(g)$	$SO_3(g)$
$S_{\mathrm{m}}^{\ominus}/(\mathrm{J\cdot K^{-1}\cdot mol^{-1}})$	248.22	205.138	256.76

$\Delta_{\mathrm{r}}S_{\mathrm{m}}^{\ominus}=\sum S_{\mathrm{m}}^{\ominus}(生成物)-\sum S_{\mathrm{m}}^{\ominus}(反应物)$

$=2S_{\mathrm{m}}^{\ominus}(SO_3)-[2S_{\mathrm{m}}^{\ominus}(SO_2)+S_{\mathrm{m}}^{\ominus}(O_2)]$

$=2\times 256.76-(2\times 248.22+205.138)$

$=-188.06\ (\mathrm{J\cdot K^{-1}\cdot mol^{-1}})$

故该反应在 298.15 K 下为熵减小反应，符合气体分子数减少，熵减少的定性经验规律。

地当作某温度 T 下的熵变来应用：

$$\Delta_r S_m^{\ominus}(T) \approx \Delta_r S_m^{\ominus}(298.15\ K) = \sum \upsilon_B S_{m,B}^{\ominus}(B, 298.15\ K) \tag{2-6}$$

3. 热力学第二定律的熵表述

系统倾向于取得最低能量和最大混乱度——这是自发反应的两个推动力。

对于孤立系统，系统内化学反应自发进行的推动力只有一个，那就是混乱度增大——熵增加。因此，在孤立系统中，由比较有秩序的状态向无秩序的状态变化，是自发变化的方向。热力学第二定律中熵的表述为：在孤立系统中发生的自发进行反应必伴随着熵的增加，这就是自发过程的热力学准则，称为熵增加原理。其数学表达式为：

$$\Delta S_{孤立} \geqslant 0 \tag{2-7}$$

上式表明：在孤立系统内，自发过程总是向着熵增加的方向进行，直到该情况下所允许的最大值为止；而熵保持不变的过程，系统处于平衡状态(即可逆过程)；熵减少的过程不能自发发生。这就是孤立系统的熵判据。

然而，真正的孤立系统并不存在，只能将系统和环境加在一起，构成一个大的孤立系统，其熵变用 $\Delta S_{总}$ 表示。因此，式(2-7)可改写为

$$\Delta S_{总} = (\Delta S_{系统} + \Delta S_{环境}) \geqslant 0 \tag{2-8}$$

但此式一般不用，因为既要计算系统的熵变又要计算环境的熵变，既麻烦又不好算。

而对于一般系统，由于熵是状态函数，系统由同一始态到同一终态，熵变是一样的。如果系统经过一个未知过程，假定该过程的热温商 $\delta q/T$ 和熵变 dS 已知，根据 $dS = \delta q_r/T$，则有

$$\delta q/T \begin{cases} < dS & 为自发过程(不可逆过程) \\ = dS & 为可逆过程(系统处于平衡) \\ > dS & 为不自发过程(不可能发生的过程) \end{cases} \tag{2-9}$$

此式可作为一般系统中过程能否自发进行的熵判据。

2.2 化学反应的方向和吉布斯自由能变

2.2.1 吉布斯自由能

在判断化学反应自发性和方向时，能否找到一个比熵判据更为方便的判据呢？科学家们尝试在熵函数的基础上引入新的合适的热力学函数，希望可以不依靠实验，直接通过热力学函数的有关计算，就能知道反应能否自发进行和反应进行的限度。

由于大多数反应是在等压、等温下进行的，19 世纪 70 年代，美国化学家吉布斯(J. W. Gibbs)从等压、等温条件和一般系统热力学第二定律的熵表述出发引入了新的热力学函数，以作为一般系统过程或反应自发方向的判断依据。

首先，由热力学第一定律的数学表达式 $\Delta U = q + W$，得

视频2-8

化学家史话——克劳修斯

克劳修斯(Rudolph Clausius)是德国物理学家，曾就学于柏林大学，后又在欧洲多个著名大学任职，著有《力学的热理论》《势函数与势》《热理论的第二提议》等。

Rudolph Clausius 因为提出了热力学法则和熵的概念，成为热力学理论的奠基人；他计算得出了分子运动速度，并揭示出分子运动速度和气体扩散两者快慢不一的原因，因此人们将 Rudolph Clausius 与 James Clerk Maxwell、Ludwig Boltzmann 并称气体动理论三大奠基人；他创立了电解分离理论；他还率先明确提出物理学中的统计概念，开创了统计力学。Rudolph Clausius 生前曾得到过许多的荣誉，并被不少科学团体选为名誉成员。

$$q = \Delta U - W = \Delta U - (w_e + w') = \Delta U + p_{外}\Delta V - w' \qquad (2-10)$$

再根据热力学第二定律的熵表述，可知 $q \leqslant T\Delta S$，代入式(2-10)，得

$$q = \Delta U + p_{外}\Delta V - w' \leqslant T\Delta S \qquad (2-11)$$

移项，得

$$T\Delta S - \Delta U - p_{外}\Delta V + w' \geqslant 0 \qquad (2-12)$$

在等压、等温、不做非体积功的条件下，$T_{始} = T_{终}$，$p_{始} = p_{终} = p_{体} = p_{外}$，$w' = 0$，而 $U + pV = H$，则 $\Delta H = \Delta U + p\Delta V + V\Delta p \approx \Delta U + p_{外}\Delta V$

式(2-12)又可写成

$$\Delta H - T\Delta S \leqslant 0 \qquad (2-13)$$

变形得

$$(H_2 - H_1) - (T_2S_2 - T_1S_1) \leqslant 0 \qquad (2-14)$$

整理后得

$$(H_2 - T_2S_2) - (H_1 - T_1S_1) \leqslant 0 \qquad (2-15)$$

故，吉布斯定义了新的函数 G

$$G = H - TS \qquad (2-16)$$

G 称为吉布斯自由能，由状态函数 H、T、S 组合而成，故 G 也是系统的状态函数，因为焓和熵都是广度性质的，吉布斯自由能也是广度性质的。

2.2.2　化学反应自发性的判断

将式(2-16)代入式(2-15)，则在等压、等温、不做非体积功的条件下，得

$$G_2 - G_1 \leqslant 0 \quad 或\ \Delta G \leqslant 0 \qquad (2-17)$$

根据化学热力学的推导可知，在等温、等压、不作非体积功的封闭体系内，摩尔反应吉布斯自由能变 $\Delta_r G_m$ 可作为化学反应自发过程的判据，即

$\Delta_r G_m < 0$，自发反应，化学反应可正向进行；

$\Delta_r G_m = 0$，平衡状态；

$\Delta_r G_m > 0$，非自发反应，化学反应可逆向进行。

也就是说，在等温、等压的封闭体系内，不做非体积功的前提下，体系可自发地由吉布斯自由能高的状态 G_1 转化到吉布斯自由能低的状态 G_2，随着反应的发展，ΔG 的绝对值渐渐减小，反应的自发性渐渐减弱，直至最后，$\Delta G = 0$，达到平衡状态。

若在做非体积功条件下，继续推导式(2-12)，可证明吉布斯自由能可看作是在等压、等温条件下系统总能量中可对外做非体积功的那部分能量。在等温、等压可逆过程中，一个封闭体系所能做的非体积功为最大非体积功，其大小等于其吉布斯自由能的减少。对于做非体积功的等压、等温过程，归结起来，可得下述判据：

$$\Delta G \leqslant w' \qquad (2-18)$$

若 $\Delta G < w'$，则为自发过程；若 $\Delta G = w'$，则为可逆过程。由于化学反应通常都是在等温、等压条件下进行，故吉布斯自由能判据比熵判据更实用。

化学家史话——吉布斯

吉布斯(J. W. Gibbs)是美国物理化学家、数学物理学家，生于1839年2月11日。

1854年，吉布斯进入耶鲁学院学习，1858年他以优异的成绩毕业，并在数学和拉丁文方面获奖。1863年，吉布斯以使用几何方法进行齿轮设计的论文在耶鲁学院获得工程学博士学位，这也使他成为美国的第一位工程学博士。

吉布斯留学任教数年后，于1871年成为耶鲁学院数学物理学教授。1873年，34岁的吉布斯发表他的第一篇重要论文——采用图解法研究流体的热力学，并在其后的论文中提出三维相图。1876年，吉布斯发表了《论非均相物体的平衡》的第一部分，1878年他完成了第二部分。这一长达三百余页的论文被认为是化学史上最重要的论文之一，其中提出了吉布斯自由能、化学势等概念，阐明了化学平衡、相平衡、表面吸附等现象的本质。

吉布斯于1930年4月28日去世，他终身没有结婚，在耶鲁大学担任教授，并用全副心力去探索数学与热力学的美。

视频2-9

2.2.3 吉布斯自由能变

视频2-10

根据吉布斯自由能的定义，$G = H - TS$，则

$$dG = dH - d(TS) = dH - TdS - SdT \tag{2-19}$$

可得等压、等温下化学反应的吉布斯自由能变为

$$\Delta G_{T,p} = \Delta H_T - T\Delta S_T \tag{2-20}$$

式(2－20)把影响化学反应自发的两个因素：能量变化(表现为ΔH)与混乱度变化(表现为ΔS)完美地统一起来。化学反应自发进行的方向取决于ΔH_T和$T\Delta S_T$值的相对大小。只要计算出$\Delta G_{T,p}$，根据其符号，便可判断反应自发进行的方向。

由吉布斯公式可知，温度对化学反应的$\Delta_r G_m$有明显影响。对于不同的化学反应，$\Delta_r H_m$和$\Delta_r S_m$均可有正、负值，因此，$\Delta_r G_m$随温度(T)变化存在如表2－1所示的四种情况。

表2－1 化学反应的热力学类型

类型	符号			反应情况
	$\Delta_r H_m$	$\Delta_r S_m$	$\Delta_r G_m$	
负正型	－	＋	－	任何温度下均为自发反应
正负型	＋	－	＋	任何温度下均为非自发反应
正正型	＋	＋	低温(＋) 高温(－)	高温下为自发反应
负负型	－	－	低温(－) 高温(＋)	低温下为自发反应

例2－2 某蛋白质由天然折叠态变到张开状态，298 K时，其变性过程的焓变$\Delta_r H_m^\ominus$和熵变$\Delta_r S_m^\ominus$分别为251.04 kJ·mol^{-1}和753 J·K^{-1}·mol^{-1}，计算：

(1) 298 K时蛋白变性过程的$\Delta_r G_m^\ominus$；

(2) 发生变性过程的最低温度。

解： (1) $\Delta_r G_m^\ominus = \Delta_r H_m^\ominus - T\Delta_r S_m^\ominus$

$= 251.04 \times 10^3 - 298 \times 753$

$= 26.65(\text{kJ} \cdot \text{mol}^{-1})$

(2) 若$\Delta G < 0$时，则反应正向自发，即

$$\Delta H - T\Delta S < 0$$

$$T > \frac{\Delta H}{\Delta S} = \frac{251.04 \times 10^3}{753} = 333\ \text{K} = 60℃$$

故该蛋白质发生变性的最低温度是60℃。

可见，当化学反应的ΔH与ΔS同号时，温度对反应的自发性有决定性影响，存在一个自发进行的最低或最高温度，称为转变温度T_c

$$T_c = \Delta H / \Delta S \tag{2-21}$$

T_c的高低决定于ΔH与ΔS的相对大小，即反应的本性，故不同反应的转变温度是不同的。

1. 标准摩尔吉布斯自由能变($\Delta_r G_m^\ominus$)

对于任一等温、等压、不做非体积功的化学反应

$$aA + dD = eE + fF$$

若压力为$p^\ominus$，则该反应的ΔG为标准摩尔吉布斯自由能变$\Delta_r G_m^\ominus$，

$$\Delta_r G_m^\ominus(T) = \Delta_r H_m^\ominus(T) - T\Delta_r S_m^\ominus(T) \tag{2-22}$$

视频2-11

这就是著名的**吉布斯等温方程**。此反应的标准摩尔吉布斯自由能变可根据该式直接求算。

此外，$\Delta_r G_m^\ominus(T)$还可由标准摩尔生成自由能求算。由于G是状态函数，化学反应的$\Delta_r G$只取决于始、终态，与所经历的途径无关。因此，其吉布斯自由能变应为

$$\Delta_r G = \sum G(\text{产物}) - \sum G(\text{反应物}) \tag{2-23}$$

视频2-12

由于H的绝对值不可知，而$G = H - TS$，因此G的绝对值也无法确定。要计算反应的$\Delta_r G$，可借鉴由标准摩尔生成热计算反应热的

方法。

在标准状态下，由最稳定单质生成单位物质的量的某物质时，其吉布斯自由能变称为该物质的标准摩尔生成自由能，单位是 $kJ \cdot mol^{-1}$。在任何温度下，最稳定单质(如石墨、银、铜、氢气等)的标准摩尔生成自由能均为零。那么，在标准态下，反应的标准摩尔吉布斯自由能变 $\Delta_r G_m^{\ominus}$ 等于生成物的标准摩尔生成自由能之和减去反应物的标准摩尔生成自由能之和，即

$$\Delta_r G_m^{\ominus}(T) = \sum \Delta_f G_m^{\ominus}(\text{生成物}) - \sum \Delta_f G_m^{\ominus}(\text{反应物}) = \sum \upsilon_B \Delta_f G_{m,B}^{\ominus}(T) \quad (2-24)$$

式中：$\Delta_f G_{m,B}^{\ominus}$ 为参与反应的任一物种B的标准摩尔生成自由能；υ_B 为B的化学计量数。

由于一般热力学数据表中，只能查到298.15 K下的 $\Delta_f G_m^{\ominus}$，根据式(2-24)只能计算298.15 K时的 $\Delta_r G_m^{\ominus}$，当 $T \neq 298.15$ K时，可根据式(2-6)和式(2-22)得出近似式

$$\Delta_r G_m^{\ominus} \approx \Delta_r H_m^{\ominus}(298.15\ \text{K}) - T\Delta_r S_m^{\ominus}(298.15\ \text{K}) \quad (2-25)$$

需要特别注意，与 $\Delta_r H_m^{\ominus}$ 和 $\Delta_r S_m^{\ominus}$ 不同，温度对 $\Delta_r G_m^{\ominus}$ 有明显影响。

2. 非标准摩尔吉布斯自由能变($\Delta_r G_m$)

在实际应用中，反应混合物不一定处于相应的标准状态。且在反应进行时，气体物质的分压和溶液中溶质的浓度均在不断变化之中，直至达到平衡，$\Delta_r G_m = 0$。也就是说 $\Delta_r G_m$ 不仅与温度有关，而且与系统组成有关。因此，标准状态下的 $\Delta_r G_m^{\ominus}(298.15\ \text{K})$ 的数据，不能作为其他温度与压力(或浓度)条件下的反应自发性判据。判断等温、等压处于任意状态下反应进行方向的判据是 $\Delta_r G_m < 0$。

热力学已经证明，在等温、等压及非标准状态下，对任一反应

$$aA + bB \rightleftharpoons gG + dD$$
$$\Delta_r G_m = \Delta_r G_m^{\ominus} + RT\ln Q \quad (2-26)$$

式(2-26)称为**化学反应等温方程式**，其中 $\Delta_r G_m$ 是温度 T 时非标准态反应吉布斯自由能变；$\Delta_r G_m^{\ominus}$ 是温度 T 时的标准态反应自由能变，Q 称为反应商。对于气体反应，Q 的表达式为

$$Q = \frac{[p(G)/p^{\ominus}]^g \cdot [p(D)/p^{\ominus}]^d}{[p(A)/p^{\ominus}]^a \cdot [p(B)/p^{\ominus}]^b} \quad (2-27)$$

标准压力 $p^{\ominus} = 100$ kPa，$p(i)$ 为各气体物质任意给定态时的分压，$p/p^{\ominus}$ 称为瞬时相对分压。若为溶液中的反应，则

$$Q = \frac{[c(G)/c^{\ominus}]^g \cdot [c(D)/c^{\ominus}]^d}{[c(A)/c^{\ominus}]^a \cdot [c(B)/c^{\ominus}]^b} \quad (2-28)$$

标准浓度 $c^{\ominus} = 1\ mol \cdot L^{-1}$，$c(i)$ 为各物质任意给定态时的浓度，$c/c^{\ominus}$ 称为瞬时相对浓度。对于多相反应，气体和溶液状态的物质仍用瞬时相对分压和瞬时相对浓度表示，而纯固态或纯液态或稀溶液中参与反应的溶剂(因为溶剂浓度相对很大，反应前后溶剂的浓度可视为常数)，均不写入反应商 Q 的表达式。

此外，需注意，用热力学函数 $\Delta_r G_m$ 判断变化的方向时，并没有涉及速率的问题，实际速率要视具体条件而定。由此可见，热力学的判断只是提供了可能性，至于如何将可能性变成现实性，需要具体情况具体分析。

视频2-13

例2-3　试判断在298.15 K，标准状态下，反应 $CaCO_3(s) \rightarrow CaO(s) + CO_2(g)$ 能否自发进行？

解：查表得

	$CaCO_3(s) \rightarrow$	$CaO(s)$ +	$CO_2(g)$
$\Delta_f G_m^{\ominus}/(kJ \cdot mol^{-1})$	-1128.79	-604.03	-394.359
$\Delta_f H_m^{\ominus}/(kJ \cdot mol^{-1})$	-1206.92	-635.09	-393.509
$S_m^{\ominus}/(J \cdot K^{-1} \cdot mol^{-1})$	92.9	39.75	213.74

解法(1)：根据标准摩尔生成吉布斯自由能求算，由式(2-24)可知：

$$\Delta_r G_m^{\ominus} = [\Delta_f G_m^{\ominus}(CaO) + \Delta_f G_m^{\ominus}(CO_2)] - \Delta_f G_m^{\ominus}(CaCO_3)$$
$$= [(-604.03) + (-394.359) - (-1128.79)]$$
$$= 130.40(kJ \cdot mol^{-1}) > 0$$

故在298.15 K、标准状态下，此反应不能自发正向进行。

解法(2)：根据吉布斯等温方程求算：

$$\Delta_r H_m^{\ominus} = [\Delta_f H_m^{\ominus}(CaO) + \Delta_f H_m^{\ominus}(CO_2)] - \Delta_f H_m^{\ominus}(CaCO_3)$$
$$= [(-635.09) + (-393.509) - (-1206.92)]$$
$$= 178.32(kJ \cdot mol^{-1})$$

$$\Delta_r S_m^{\ominus} = [S_m^{\ominus}(CaO) + S_m^{\ominus}(CO_2)] - S_m^{\ominus}(CaCO_3)$$
$$= [(39.75 + 213.74) - 92.9]$$
$$= 160.6(J \cdot mol^{-1} \cdot K^{-1})$$

$$\Delta_r G_m^{\ominus}(298.15\ \text{K}) = \Delta_r H_m^{\ominus}(298.15\text{K}) - T\Delta_r S_m^{\ominus}(298.15\ \text{K})$$
$$= (178.32 - 298.15 \times 160.6 \times 10^{-3})$$
$$= 130.40(kJ \cdot mol^{-1}) > 0$$

故在298.15 K、标准状态下，此反应不能自发分解。

例 2-4 试通过计算解释下列现象：398.15 K 时，若将铜线暴露在空气中（O_2 的分压为 21.3 kPa），其表面会逐渐覆盖一层 CuO。已知反应 $Cu(s)+\frac{1}{2}O_2(g)\rightarrow CuO(s)$ 在 298.15 K 时的 $\Delta_r H_m^\ominus$ 和 $\Delta_r S_m^\ominus$ 分别为 $-155.0\ \text{kJ}\cdot\text{mol}^{-1}$ 和 $-92.2\ \text{J}\cdot\text{K}^{-1}\cdot\text{mol}^{-1}$。

解： 题中所述现象不是在标准状态下发生的，故其 $\Delta_r G_m = \Delta_r G_m^\ominus + RT\ln Q$，又 $\Delta_r G_m^\ominus = \Delta_r H_m^\ominus - T\Delta_r S_m^\ominus$

则有

$$\begin{aligned}\Delta_r G_m &= (\Delta_r H_m^\ominus - T\Delta_r S_m^\ominus) + RT\ln Q \\ &\approx \{\Delta_r H_m^\ominus(298.15\ \text{K}) - T\Delta_r S_m^\ominus(298.15)\} + RT\ln\frac{1}{\{p[O_2(g)/p^\ominus]\}^{1/2}} \\ &= \{-155.0\times10^3 - 398.15\ \text{K}\times(-92.2)\} + 8.314\times 398.15\ \text{K}\ \ln[21.3/100]^{-1/2} \\ &= -115.7\times10^3(\text{J}\cdot\text{mol}^{-1}) \\ &< 0\end{aligned}$$

此计算结果说明 398.15 K 时铜线暴露在空气中，其表面会自发地反应生成 CuO。

视频2-14

视频2-15

2.3 化学反应限度和化学平衡

2.3.1 化学平衡的特征

通常，化学反应都具有可逆性（放射性元素的蜕变、氯与氢或氧与氢的爆炸式反应等除外），只是可逆的程度有所不同。我们把在一定条件（温度、压力、浓度等）下，当正、反两个方向的反应速率相等时，反应物和产物的浓度不再随时间而变化的状态，称为**化学平衡**（chemical equilibrium），这也就是化学反应所能达到的最大限度。只要外界条件不变，这个状态就不再随时间而变化。平衡状态从宏观上看似乎是静止的，但实际上这并不意味着反应已经停止，只不过正、逆反应以相等的速率进行，所以化学平衡实际上是一种微观**动态平衡**（kinetic equilibrium）。

此外，还应说明的是，化学平衡是指原始的反应物和最后产物之间达成的平衡，它与反应是一步完成还是分几步完成无关。在一定条件下，不同的化学反应进行的程度是不相同的；而且同一反应在不同的条件下，它进行的程度也有很大的差别。在给定条件下，如何控制反应条件从而确定反应进行的最大限度？这些都是化学平衡所研究的问题。化学平衡（包括相平衡）不仅在解释许多纯化学性质的过程和反应中是重要的，而且在解释包括血液、体液和细胞物质的生命体系以及腺分泌的过程等也是重要的。

2.3.2 标准平衡常数与多重平衡

对任意一可逆的化学反应 $a\text{A}+d\text{D}\rightleftharpoons e\text{E}+f\text{F}$，其非标准态下吉布斯自由能变 $\Delta_r G_m$ 可以用化学反应等温方程式计算

$$\Delta_r G_{T,p} = \Delta_r G_m^\ominus(T) + RT\ln Q\ (\text{或}\ \Delta_r G_m = \Delta_r G_m^\ominus + RT\ln Q) \quad (2-29)$$

若起始时刻所处的这个任意状态，刚好是平衡态，则起始时刻体系摩尔吉布斯自由能与该反应达到平衡态时的体系摩尔吉布斯自由能之间的变化值为零。即当反应达到平衡时，反应的自由能变 $\Delta_r G_{T,p}=0$，此时反应物和产物的瞬时浓度或瞬时分压恰好为平衡浓度或平衡分压，且不再随时间变化，这也就是化学反应的限度。此时的反应商 Q 称为**标准平衡常数**（normal equilibrium constant），用符号 $K^\ominus$ 表示，代入式（2-29），得

$$0 = \Delta_r G_m^\ominus + RT\ln K^\ominus$$

故

$$\Delta_r G_m^\ominus = -RT\ln K^\ominus \quad (2-30)$$

式（2-30）就是由标准自由能变计算化学反应的标准平衡常数的公式。在同一化学反应中，标准平衡常数 $K^\ominus$ 的表达式与反应商 Q 的表达式相同，因为标准平衡常数 $K^\ominus$ 是化学平衡时的反应商。只不过在标准平衡常数 $K^\ominus$ 的表达式中反应物和产物的瞬时相对分压、瞬时相对浓度分别用平衡相对分压或平衡相对浓度表示。

如多相反应 $Zn(s)+2H^+(aq)\rightleftharpoons Zn^{2+}(aq)+H_2(g)$，其标准平衡常数 $K^\ominus$ 的表达式为

$$K^\ominus = \frac{[c(Zn^{2+})/c^\ominus][p(H_2)/p^\ominus]}{[c(H^+)/c^\ominus]^2} \quad (2-31)$$

式中：p 和 c 分别表示平衡分压与平衡浓度。从式(2－30)还可以看出，标准平衡常数 $K^{\ominus}$ 与温度有关，与浓度或分压无关。$K^{\ominus}$ 的数值反映了化学反应的本性，$K^{\ominus}$ 越大，正向反应进行的程度越大，也就是说，达到平衡时会有更多的反应物转变为产物。因此，标准平衡常数 $K^{\ominus}$ 是一定温度下，化学反应可能进行的最大限度的一种量度，$K^{\ominus}$ 的量纲为1。

视频2-16

另外，标准平衡常数的数值和标准平衡常数的表达式都与化学反应方程式的写法有关，如合成氨的反应

$$N_2(g)+3H_2(g) \rightleftharpoons 2NH_3(g)$$

$$K_1^{\ominus}=\frac{[p(NH_3)/p^{\ominus}]^2}{[p(N_2)/p^{\ominus}][p(H_2)/p^{\ominus}]^3}$$

$$\frac{1}{2}N_2(g)+\frac{3}{2}H_2(g) \rightleftharpoons NH_3(g)$$

$$K_2^{\ominus}=\frac{[p(NH_3)/p^{\ominus}]}{[p(N_2)/p^{\ominus}]^{1/2}[p(H_2)/p^{\ominus}]^{3/2}}$$

在温度相同时，$K_1^{\ominus}$ 和 $K_2^{\ominus}$ 的数值不一样，两者之间的关系为 $K_1^{\ominus}=(K_2^{\ominus})^2$。为方便起见，一般情况下，标准平衡常数 $K^{\ominus}$ 的写法仍会习惯性沿用类似于实验平衡常数 K 的表达，即式中可不出现 $c^{\ominus}$($p^{\ominus}$ 必须出现)，但平衡常数实际上已是标准平衡常数 $K^{\ominus}$ 的数据，特此说明。

实际的化学过程往往有若干种平衡状态同时存在。在指定条件下，一个反应体系中有一个或多个物种同时参与两个(或两个以上)的化学反应，而这些反应都共同达到化学平衡时，整个体系才达到平衡，这种情况称为**多重平衡**(multiple equilibrium)，也称**同时平衡**(simultaneous equilibrium)。多重平衡的基本特征是参与多个反应的物种的浓度或分压必须同时满足这些平衡。H_3PO_4 在水溶液中的分步解离就是一个多重平衡的典型例子

(1) $H_3PO_4+H_2O \rightleftharpoons H_3O^++H_2PO_4^-$　$\Delta_rG_{m,1}^{\ominus}=-RT\ln K_1^{\ominus}$

(2) $H_2PO_4^-+H_2O \rightleftharpoons H_3O^++HPO_4^{2-}$　$\Delta_rG_{m,2}^{\ominus}=-RT\ln K_2^{\ominus}$

(3) $HPO_4^{2-}+H_2O \rightleftharpoons H_3O^++PO_4^{3-}$　$\Delta_rG_{m,3}^{\ominus}=-RT\ln K_3^{\ominus}$

总平衡：$H_3PO_4+3H_2O \rightleftharpoons 3H_3O^++PO_4^{3-}$　$\Delta_rG_m^{\ominus}=-RT\ln K^{\ominus}$

如 H_3O^+ 同时参与了(1)、(2)、(3)三个平衡，它的浓度必须同时满足这三个平衡，因为平衡时溶液中 H_3O^+ 浓度只可能有一个；再如，HPO_4^{2-} 同时参与了(2)、(3)两个平衡，它的浓度必须同时满足这两个平衡，因为平衡时溶液中 HPO_4^{2-} 浓度也只可能有一个。吉布斯自由能 G 是具有广度性质的状态函数，Δ_rG_m 具有加和性。而 H_3PO_4 的总解离平衡反应为(1)、(2)、(3)三个分步解离平衡反应之和，故有

视频2-17

$$\Delta_rG_m^{\ominus}=\Delta_rG_{m,1}^{\ominus}+\Delta_rG_{m,2}^{\ominus}+\Delta_rG_{m,3}^{\ominus}$$

$$-RT\ln K^{\ominus}=-RT\ln K_1^{\ominus}-RT\ln K_2^{\ominus}-RT\ln K_3^{\ominus}$$

$$RT\ln K^{\ominus}=RT\ln(K_1^{\ominus}\cdot K_2^{\ominus}\cdot K_3^{\ominus})$$

则

$$K^{\ominus}=K_1^{\ominus}\cdot K_2^{\ominus}\cdot K_3^{\ominus} \qquad (2-32)$$

即 H_3PO_4 的总的解离常数 $K^{\ominus}$ 等于各分步解离平衡的解离常数的乘积。在多重平衡体系中，一个平衡若是另外两个或更多个平衡之和，则该总平衡反应的标准自由能变必然是各分步平衡反应的标准自

视频2-18

例2－5　求298.15 K时反应

$$2SO_2(g)+O_2(g) \rightleftharpoons 2SO_3(g)$$

的标准平衡常数 $K^{\ominus}$。已知

$\Delta_fG_m^{\ominus}(SO_2)=-300.2\ \text{kJ}\cdot\text{mol}^{-1}$，

$\Delta_fG_m^{\ominus}(SO_3)=-371.1\ \text{kJ}\cdot\text{mol}^{-1}$。

解：该反应的 $\Delta_rG_m^{\ominus}$ 为：

$$\begin{aligned}\Delta_rG_m^{\ominus}&=2\Delta_fG_m^{\ominus}(SO_3)-2\Delta_fG_m^{\ominus}(SO_2)-\Delta_fG_m^{\ominus}(O_2)\\&=2\times(-371.1)-2\times(-300.2)-0\\&=-141.8(\text{kJ}\cdot\text{mol}^{-1})\end{aligned}$$

而 $\Delta_rG_m^{\ominus}=-RT\ln K^{\ominus}$

故

$$\begin{aligned}\ln K^{\ominus}&=-\Delta_rG_m^{\ominus}/RT\\&=\frac{141.8\times10^3}{8.314\times298.15}\\&=57.20\end{aligned}$$

$$K^{\ominus}=7.0\times10^{24}$$

例 2-6 反应 $CO(g)+Cl_2(g) \rightleftharpoons COCl_2(g)$ 在恒容等温条件下进行，已知 373 K 时 $K^{\ominus}=1.5\times10^8$；反应开始时 $c_0(CO)=0.0350\ mol\cdot L^{-1}$，$c_0(Cl_2)=0.0270\ mol\cdot L^{-1}$，$c_0(COCl_2)=0$。计算 373 K 下反应达到平衡时各物种的分压和 CO 的平衡转化率（假定气体符合理想气体行为）。

解： $pV=nRT$ 因为 T 和 V 不变，$p\propto n_B$，$p=cRT$

$p_0(CO)=(0.0350\times8.314\times373)=106.3(kPa)$

$p_0(Cl_2)=(0.0270\times8.314\times373)=82.0(kPa)$

$$CO(g)+Cl_2(g) \rightleftharpoons COCl_2(g)$$

开始 p_B/kPa

106.3 82.0 0

先假设 Cl_2 全部转化

p_B/kPa

106.3－82.0 0 82.0

再考虑 $COCl_2$ 解离

平衡时 p_B/kPa

$24.3+x$ x $82.0-x$

将平衡分压代入标准平衡常数 $K^{\ominus}$ 的表达式中，得

$$K^{\ominus}=\frac{p(COCl_2)/p^{\ominus}}{\{p_e(CO)/p^{\ominus}\}\cdot\{p_e(Cl_2)/p^{\ominus}\}}$$

$$=\frac{(82-x)/100}{\{(24.3+x)/100\}\cdot(x/100)}$$

$$=1.5\times10^8$$

因为 $K^{\ominus}$ 很大，x 很小，故 $82.0-x\approx82.0$，$24.3+x\approx24.3$，则

$$K^{\ominus}=\frac{82\times100}{24.3x}=1.5\times10^8$$

$$x=2.25\times10^{-6}\ kPa$$

参与反应各物种的平衡分压为

$p(CO)\approx24.3\ kPa$，$p(Cl_2)=2.25\times10^{-6}\ kPa$，$p(COCl_2)\approx82.0\ kPa$

CO 的平衡转化率为

$$\alpha(CO)=\frac{p_0(CO)-p_e(CO)}{p_0(CO)}$$

$$=\frac{106.3-24.3}{106.3}\times100\%$$

$$=77.1\%$$

由能变之和。或者说，若一个反应由两个或多个反应相加或相减得来，则该反应的标准平衡常数等于这两个或多个反应标准平衡常数的积或商。这个原则不仅可用于标准平衡常数，也可用于实验平衡常数，带有普遍的意义。

2.3.3 化学平衡的有关计算

在一定条件下化学反应达到平衡时，其平衡组成不再随时间而变。这表明反应物向产物转变达到了最大限度。指定浓度下的反应限度常用平衡转化率 α 来表示。反应物 B 的平衡转化率 $\alpha(B)$ 被定义为

$$\alpha(B)=\frac{n_0(B)-n_e(B)}{n_0(B)} \tag{2-33}$$

式中：$n_0(B)$ 为反应开始时 B 的物质的量；$n_e(B)$ 为平衡时 B 的物质的量。$K^{\ominus}$ 越大，往往 $\alpha(B)$ 也越大。因而，只要知道反应体系的起始组成，利用 $K^{\ominus}$ 可计算反应物的平衡转化率和反应体系的平衡组成。

2.3.4 化学平衡的移动

一切化学平衡都是相对的、有条件的。一旦维持平衡的条件发生了变化，体系的宏观性质和物质的组成都将发生变化，原有的平衡也会被破坏并发生移动，如各种物质的浓度（或分压）的改变等，直到在新的条件下建立新的平衡。这种由于条件变化导致化学平衡移动的过程，称为**化学平衡的移动**（shift of chemical equilibrium）。下面讨论浓度、压力和温度变化对化学平衡的影响。

1. 浓度对化学平衡的影响

对于任一可逆的化学反应，其等温、等压下的吉布斯自由能变为

$$\Delta_r G_{T,P}=-RT\ln K^{\ominus}+RT\ln Q \tag{2-34}$$

如果反应商与标准平衡常数的关系为 $Q=K^{\ominus}$，则 $\Delta_r G_{T,P}=0$，反应达到平衡。当增加反应物的浓度或减少产物的浓度时，Q 将减小，从而 $Q<K^{\ominus}$，则 $\Delta_r G_{T,P}<0$，原有平衡被打破，正向反应将自发进行，平衡向右移动，使 Q 增大，直到再一次使 $Q=K^{\ominus}$，建立新的平衡为止。反之，如果增加产物的浓度或减少反应物的浓度，将导致 Q 增大，从而使 $Q>K^{\ominus}$，$\Delta_r G_{T,P}>0$，逆向反应将自发进行，平衡向左移动，使 Q 减小，直至 $Q=K^{\ominus}$，达到新的平衡。

2. 压力对化学平衡的影响

压力的变化对液相和固相反应的平衡几乎没有影响，但对于气体参与的任一化学反应

$$aA+dD \rightleftharpoons eE+fF$$

如果保持反应在等温、等压下进行，增加反应物的分压或减少产物的分压，将使 $Q<K^{\ominus}$，则 $\Delta_r G_{T,P}<0$，平衡向右移动。反之，增大产物的分压或减少反应物的分压，将使 $Q>K^{\ominus}$，$\Delta_r G_{T,P}>0$，平衡向左移动。分压对化学平衡的影响，与浓度对化学平衡的影响完全相同，分压的变化不改变标准平衡常数 $K^{\ominus}$ 的数值，只改变反应商 Q 的数值。

若上述反应是一个已达平衡的气相反应，则改变体系的体积将导致体系总压的增加或减小，同时反应物与产物分压也将变化，可分以

下两种情况讨论对化学平衡所产生的影响。

（1）当 $a+d=e+f$ 时，即反应物气体分子总数与产物气体分子总数相等，则增加总压与降低总压，各组分分压变大或变小，但不会改变 Q，仍然维持 $Q=K^{\ominus}$，化学平衡将不发生移动；（2）如果反应物气体分子总数与产物气体分子总数不相等，即 $a+d\neq e+f$，改变总压不仅改变各组分分压，还将改变 Q，使 $Q\neq K^{\ominus}$，平衡将发生移动。增加总压力，平衡将向气体分子总数减少的方向移动。减小总压力，平衡将向气体分子总数增加的方向移动。

3. 温度对化学平衡的影响

浓度或压力对化学平衡的影响只改变 Q，而不改变标准平衡常数 $K^{\ominus}$。而温度对化学平衡的影响却完全不同，因为由标准自由能变计算化学反应的标准平衡常数的公式可知，温度改变，$K^{\ominus}$ 也将发生改变，即

$$\Delta_r G_m^{\ominus} = -RT\ln K^{\ominus}$$

又因为

$$\Delta_r G_m^{\ominus} = \Delta_r H_m^{\ominus} - T\Delta_r S_m^{\ominus}$$

故将两式合并，可得

$$\ln K^{\ominus} = -\frac{\Delta_r H_m^{\ominus}}{RT} + \frac{\Delta_r S_m^{\ominus}}{R} \qquad (2-35)$$

由式(2-35)可知，若 $\Delta_r H_m^{\ominus}$ 和 $\Delta_r S_m^{\ominus}$ 在一定温度范围内基本不变，通过测定此范围内多个不同温度 T 下的 $K^{\ominus}$，以 $\ln K^{\ominus}$ 对 $1/T$ 作图可得一直线，由直线斜率和截距可以求得化学反应的 $\Delta_r H_m^{\ominus}$ 和 $\Delta_r S_m^{\ominus}$。此外，设在温度为 T_1 和 T_2 时反应的标准平衡常数分别为 $K_1^{\ominus}$ 和 $K_2^{\ominus}$，并假定温度对 $\Delta_r H_m^{\ominus}$ 和 $\Delta_r S_m^{\ominus}$ 的影响可以忽略，则代入式(2-35)，可得：

$$(1)\ \ln K_1^{\ominus} = -\frac{\Delta_r H_m^{\ominus}}{RT_1} + \frac{\Delta_r S_m^{\ominus}}{R}$$

$$(2)\ \ln K_2^{\ominus} = \frac{\Delta_r H_m^{\ominus}}{RT_2} + \frac{\Delta_r S_m^{\ominus}}{R}$$

由(2)-(1)得

$$\ln\frac{K_2^{\ominus}}{K_1^{\ominus}} = \frac{\Delta_r H_m^{\ominus}}{R}\left(\frac{T_2-T_1}{T_1T_2}\right) \qquad (2-36)$$

式(2-36)是表示标准平衡常数 $K^{\ominus}$ 与温度关系的重要方程式，称为**范特霍夫方程**（J. H. van't Hoff equation）。如果已知化学反应的标准反应热 $\Delta_r H_m^{\ominus}$，某温度 T_1 时的标准平衡常数 $K_1^{\ominus}$，利用式(2-36)就能求出任意一温度 T_2 时的标准平衡常数 $K_2^{\ominus}$。

通过式(2-36)可进一步探讨温度对化学平衡的影响。对于正向吸热反应，$\Delta_r H_m^{\ominus}>0$，升高温度时，即 $T_2>T_1$，必然有 $K_2^{\ominus}>K_1^{\ominus}$，平衡将正向移动；也就是说，升高温度平衡将朝着吸热反应方向移动；对于正向放热反应，$\Delta_r H_m^{\ominus}<0$，升高温度时，即 $T_2>T_1$，式(2-36)右边必为负值，则有 $K_2^{\ominus}<K_1^{\ominus}$，就是说平衡向逆反应方向移动（逆反应为吸热反应）。式(2-36)还告诉我们，$\Delta_r H_m^{\ominus}$ 绝对值越大，温度改变对平衡的影响越大。

化学家史话——范特霍夫

范特霍夫（J. H. Van't Hoff）是荷兰物理化学家，生于1852年8月30日，由于对化学热力学、化学动力学及立体化学的研究都做出了卓越贡献而获得了1901年诺贝尔化学奖，也是诺贝尔化学奖的第一位获得者。

范特霍夫15岁进入一所中等技校学习，在该校受化学老师的影响，开始对化学产生兴趣。19岁时他考入了莱顿大学数学系，第二年又转到波恩大学专攻化学，幸运地成为著名的有机化学家凯库勒（F. A. Kekule）的学生。

范特霍夫的成名始于有机化合物空间构型的研究。1874年范特霍夫用荷兰文发表了他的第一篇具有历史意义的论文，首先提出了碳原子四面体结构的立体化学概念，解释了有机物的旋光异构现象，但这篇论文并未引起化学界的注意。1875年范特霍夫在补充了一些内容后又以新论文为名用法文刊出，第二年被翻译成德文出版，这才引起化学界的重视。1878年他被阿姆斯特丹大学聘为化学教授，并一直在该校工作18年。

范特霍夫对化学的另一重大贡献是对物理化学理论的发展。

视频2-19

视频2-20

2.4 化学反应速率

2.4.1 化学反应速率与速率方程

不同化学反应的速率是极不相同的，有的很快，如酸碱反应、血红蛋白与氧结合的生化反应可在飞秒级的时间内完成；有的则很慢，如某些放射性元素的衰变反应需要亿万年的时间才能完成。因此，如何来表示化学反应速率是非常重要的。

化学反应速率(rate of a chemical reaction)是衡量化学反应过程进行快慢的量度，即反应体系中各物质的数量随时间的变化率。

1. 化学反应速率的定义

(1)以反应进度随时间的变化率定义的反应速率。若整个反应用一个统一的速率来表示，则称之为反应速率 v，其定义为：单位体积内反应进度(ξ)随时间的变化率，即

$$v=\frac{1}{V}\frac{\mathrm{d}\xi}{\mathrm{d}t} \tag{2-37}$$

式中：V 为反应体系的体积。对于任一个化学反应计量方程式，则有

$$\mathrm{d}\xi=\frac{\mathrm{d}n_\mathrm{B}}{\upsilon_\mathrm{B}} \tag{2-38}$$

式中：n_B为参与反应的任意物种 B 的物质的量；υ_B为 B 的化学计量数；ξ 的单位为 mol。若化学反应在恒容、恒温条件下进行，则 B 的物质的量浓度为 $c_\mathrm{B}=\frac{n_\mathrm{B}}{V}$，故

$$v=\frac{1}{V}\frac{\mathrm{d}n_\mathrm{B}}{\upsilon_\mathrm{B}\mathrm{d}t}=\frac{1}{\upsilon_\mathrm{B}}\frac{\mathrm{d}c_\mathrm{B}}{\mathrm{d}t} \tag{2-39}$$

在溶液中进行的化学反应 $a\mathrm{A}+d\mathrm{D}=e\mathrm{E}+f\mathrm{F}$ 可看作恒容反应，则该反应的统一速率为

$$v=-\frac{1}{a}\frac{\mathrm{d}c_\mathrm{A}}{\mathrm{d}t}=-\frac{1}{d}\frac{\mathrm{d}c_\mathrm{D}}{\mathrm{d}t}=\frac{1}{e}\frac{\mathrm{d}c_\mathrm{E}}{\mathrm{d}t}=\frac{1}{f}\frac{\mathrm{d}c_\mathrm{F}}{\mathrm{d}t} \tag{2-40}$$

v 为整个反应的速率，这是以反应进度随时间的变化率定义的反应速率，一个反应只有一个值，与反应体系中选择何种物质表示反应速率无关，但与化学反应计量方程式的写法有关。

(2)以指定物种浓度随时间的变化率定义的组分速率。由于反应物或产物的量分别随反应时间的推移减少或增加各不相同，因此，习惯上又将恒容条件下反应体系中某指定物种 B 的浓度随时间的变化率所定义的反应速率称为**组分速率**(component velocity)，以符号 v_B表示。组分速率对同一化学反应可有多个值，即

对于任一反应物，v_B表示为

$$v_\mathrm{B}=-\frac{\mathrm{d}c_\mathrm{B}}{\mathrm{d}t} \tag{2-41}$$

对于任一产物，v_B表示为

$$v_\mathrm{B}=\frac{\mathrm{d}c_\mathrm{B}}{\mathrm{d}t} \tag{2-42}$$

视频2-21

视频2-22

化学动力学简史(一)

1850 年，威廉米(L. F. Wilhelmy，1812—1864，德国物理学家)研究在酸性条件下蔗糖分解(水解为 D-(+)-果糖和 D-(-)-果糖)的反应速率，发现反应速率与蔗糖和酸的浓度成正比。

1864 年，古德博格(C. M. Guldberg，1836—1902，挪威数学家、理论化学家)和瓦格(P. Waage，1833—1900，挪威化学家)给出“质量作用定律”的公式。按照这个公式，反应“推动力”与反应物浓度的乘积成正比。

1865 年，Harcourt 和 Esson(英)分析了 H_2O_2 和 HI、$KMnO_4$ 和 $(COOH)_2$ 的反应。他们写出了相应的微分方程，通过积分得到浓度—时间关系。他们也提出了反应速率与温度的关系式：$k=A\cdot TC$。

1884 年，范特霍夫(1852—1911，荷兰物理化学家)的《化学动力学研究》出版。在这本书中，范特霍夫推广和继续发展了 Wilhelmy，Harcourt 和 Esson 的工作。特别是，他引入了微分解析方法。他也分析了平衡常数以及正向、反向反应速度与温度的依赖关系(平衡常数与温度的关系现在称为范特霍夫方程)。范特霍夫由于对化学动力学和溶液渗透压的首创性研究而荣获了 1901 年的首届诺贝尔化学奖。

式(2－41)和式(2－42)中之所以有正、负号之分，是因为反应速率没有负值，而反应物的浓度一般是减小的，dc_B为负值；产物的浓度一般是增大的，dc_B为正值，如合成氨的反应

$$N_2(g)+3H_2(g)=2NH_3(g)$$

在同一时刻，各组分速率之间的关系为

$$\begin{gathered}\frac{1}{1}v[N_2(g)]=\frac{1}{3}v[H_2(g)]=\frac{1}{2}v[NH_3(g)]\\ -\frac{1}{1}\frac{dc_{N_2}}{dt}=-\frac{1}{3}\frac{dc_{H_2}}{dt}=\frac{1}{2}\frac{dc_{NH_3}}{dt}\end{gathered}\qquad(2-43)$$

组分速率是反应体系中各物质的浓度随时间的变化率，量纲为“浓度·时间$^{-1}$”，其中浓度用 $mol\cdot L^{-1}$表示，而时间则可用 s(秒)、min(分)、h(小时)、d(天)、a(年)等表示。

对绝大多数反应而言，反应速率随反应时间的增加而不断变化，开始时较快，然后逐渐减慢。而反应速率是通过实验测定在一定的时间间隔内某反应物或某产物浓度的变化来确定的。因此，反应速率又有平均速率和瞬时速率之分。式(2－40)、式(2－41)、式(2－42)、式(2－43)都是瞬时速率。

2. 速率方程与浓度对反应速率的影响

速率方程是描述反应速率 v 与其影响因素关系的方程式。对一般的均相(气相、液相)反应来说，通常只需考虑浓度(或分压)和温度的影响。在等温条件下，反应速率仅仅是浓度(或分压)的函数。

元反应(elementary reaction)是宏观上从反应物到产物的过程中没有稳定的中间产物的化学反应。只包含一个元反应的反应称为**简单反应**(simple reaction)，即它是从反应物到产物一步完成的反应；包含多个元反应的反应称为**复杂反应**(complex reaction)，换句话说，它是从反应物到产物分多步完成的反应，整个过程中有稳定的中间产物。可以说，简单反应就是某个元反应，而任意一个元反应却不能都称为简单反应，如复杂反应中的元反应就不是。

当温度一定时，若反应 $aA+dD=eE+fF$ 为元反应，用反应速率表示，则其速率方程为

$$v=\frac{1}{\nu_B}\frac{dc_B}{dt}=kc_A^a\cdot c_D^d\qquad(2-44)$$

若用 A 组分速率或 E 组分速率表示，则为

$$v_A=-\frac{dc_A}{dt}=k_Ac_A^a\cdot c_D^d\ 或\ v_E=\frac{dc_E}{dt}=k_Ec_A^a\cdot c_D^d\qquad(2-45)$$

式(2－44)与式(2－45)反应速率方程中的比例系数 k、k_A和 k_E称为**反应速率常数**(rate constant)，但它们并非一个绝对的常数，它们与温度及反应条件(如介质、催化剂、器壁性质)等诸多因素有关。k 在数值上相当于各反应物浓度均为 1 $mol\cdot L^{-1}$时的反应速率，故 k 又称为反应的比速率。在相同条件下，k 越大，表示反应的速率越大。k 的量纲则根据速率方程中浓度项上幂指数的不同而不同，k 可通过实验测定。式(2－44)与式(2－45)表明：在一定条件下，元反应的瞬时速率与各反应物的瞬时浓度幂的乘积成正比，且各反应物瞬时浓度的幂指数等于其在元反应方程式中各反应物化学计量数的绝对值。这就是

视频2-23

化学动力学简史(二)

1887 年，奥斯特瓦尔德(W. Ostwald，1853—1932，德国化学家)在他的著作 *Lehrbuch der allgemeinen Chemie* 中引入“反应级数”和“半衰期”的概念。1909 年，Ostwald 因研究催化和化学平衡、反应速率的基本原理而荣获诺贝尔化学奖，并被人们誉为“物理化学之父”。

1889 年，阿伦尼乌斯(S. A. Arrhenius，1859—1927，瑞典化学家，物理学家)进一步分析了反应速率对温度的依赖关系，$k=A\exp(-B/T)$，并提出一个“能垒”解释；这个方程后来被称为 Arrhenius 方程。1903 年，Arrhenius 因提出电离学说获得了第 3 届诺贝尔化学奖。

在 20 世纪，化学动力学理论有了显著的发展(从“第一原理”确定速率常数和反应级数)。但是，目前还不能预测实际化学过程的动力学参数。

1913 年，Chapman(英)创立、Bodenstein(德)发展了链反应中的稳态近似理论。按照这个理论，中间产物的速率变化可以忽略不计。

1917 年，Trautz(德)和 Lewis(英)分别独立发现反应速率取决于分子碰撞频率。现在，被称为化学反应动力学的“碰撞理论”。

视频2-24

1876 年由挪威化学家古德贝格（C. M. Guldberg）和瓦格（P. Waage）在大量实验的基础上所提出的**质量作用定律**（law of mass action），即浓度对元反应速率影响的定量关系式。之所以命名为“质量作用定律”，是因为他们当年描述浓度时采用了“有效质量”这一历史名词。

如 $NO_2(g)+CO(g)=NO(g)+CO_2(g)$ 在温度高于 225℃时是一个元反应，根据质量作用定律，其反应速率方程为

$$v=-\frac{1}{1}\frac{dc_{反}}{dt}=\frac{1}{1}\frac{dc_{产}}{dt}=kc(NO_2)c(CO)$$

质量作用定律可以简单说明如下：要发生反应，反应物必须相互碰撞，碰撞次数越多，反应速率越大，单位体积内反应物分子的碰撞次数应与反应物浓度的乘积成正比，因此反应速率和反应物浓度的乘积成正比。

在应用质量作用定律来书写速率方程时，应注意以下几点。

（1）质量作用定律仅适用于元反应。如通过其他途径已经证明了的复杂反应

$$2N_2O_5(g)=4NO_2(g)+O_2(g)$$

实验证明其反应速率仅与 $c(N_2O_5)$ 成正比，而并不是与 $[c(N_2O_5)]^2$ 成正比，即

$$v=kc(N_2O_5)$$

从反应速率的角度进一步说明了该反应不是元反应。

（2）对于多相元反应，也可应用质量作用定律，但纯固态或纯液态反应物的浓度不写入速率方程。如属于元反应的碳的燃烧反应

$$C(s)+O_2(g)=CO_2(g)$$

因反应只在碳的表面进行，对一定粒度的碳固体，其表面为一常数，故速率方程为

$$v=kc(O_2)$$

（3）在稀溶液中进行的元反应，若溶剂参与反应，而溶剂的浓度几乎维持不变，故也不写入速率方程。如蔗糖的水解反应

$$\underset{蔗糖}{C_{12}H_{22}O_{11}}+H_2O=\underset{葡萄糖}{C_6H_{12}O_6}+\underset{果糖}{C_6H_{12}O_6}$$

其速率方程为

$$v=kc(C_{12}H_{22}O_{11})$$

在反应速率方程中，各物种浓度的幂指数分别称为反应中该物种的级数，也称分级数，而分级数之和称为反应总级数，简称**反应级数**（reaction order），用符号 n 表示。通常，仅反应物浓度对反应速率有影响，故一般将各反应物的级数之和称为反应级数。例如，式（2－44）与式（2－45）表明：符合质量作用定律的元反应中，A 与 D 物的级数分别为 a 和 d，反应级数 $n=a+d$。

反应级数的大小一般反映了反应物浓度对反应速率的影响程度，并能对推测反应机理有所启发。其值可以是正整数，也可以是分数，还可以是零或负数。级数越大，表明反应物浓度对反应速率的影响越大；若为负级数，则表示反应物对反应的进行起阻碍作用。

在动力学研究中，通常按反应级数大小将反应分为零级反应、一级反应、二级反应、三级反应和分数级反应等。

与反应级数相关，而且容易混淆的一个概念是**反应分子数**（molecularity of reaction），它是指元反应中作为反应物参与的化学粒

化学动力学简史（三）

1920 年，朗格缪尔（I. Langmuir，1881—1957，美国化学家。提出气体在固体表面上的吸附理论）研究了表面反应动力学，得到被后人命名为“Langmuir 等温线”的基本理论。后来，Hinshelwood（英）进一步发展了这个理论，成为多相催化反应的“Langmuir－Hinshelwood 机理”。

1934 年，赖斯（Rice，美国）和赫兹菲尔德（Herzfeld，美国）证明：与自由基有关的链式反应（用稳态近似求得浓度）是引起有机化合物热分解反应（例如，乙烷和乙醛）反应级数变化的主要原因。

1935 年，艾林（Eyring，美国）发展了一个统计处理方法，称为“绝对反应速率理论”或“过渡态理论”。按照这个理论，化学反应有两个步骤：（1）反应物平衡转化为“活化复合物”；（2）上述复合物的分解（有限速率步骤）。

1950 年，Eigen 创建了化学弛豫方法。该方法极大地提高了测量化学反应时间的分辨率，可以对反应时间仅为 10^{-8} s 的快速反应进行研究，成为液相快速反应动力学研究的有效方法。Norrish 和 Porter 则发展了闪光光解法，使寿命短至 μs 量级的激发态中间物种也能被发现。现在弛豫法和闪光光解法已成为测定快速反应的有效手段，为反应机理的研究提供了有效的研究方法。Eigen、Norrish 和 Porter 也因通过极短能量脉冲导致平衡移动来研究快速的化学反应而获得了 1967 年度的诺贝尔化学奖。

视频2-25

子(分子、原子、离子或自由基)的数目，或者说是导致化学反应发生的反应物粒子同时碰撞所需的最少数目。它反映了化学反应的微观特征，它与反应级数是属于不同范畴的概念，也就是说，仅元反应具有反应分子数的概念。对于元反应来说，反应级数和反应分子数的概念均可被引用，通常其值相等，但其意义是有区别的，反应级数描述元反应宏观速率对浓度的依赖程度。反应分子数的大小等于元反应方程式中各反应物的化学计量数绝对值之和。反应分子数只能是正整数，即不能为零、负数或分数。

原则上，按反应分子数不同可将元反应分为单分子反应、双分子反应和三分子反应，如 $CH_3COCH_3 = C_2H_4 + CO + H_2$ 即为单分子反应，而反应 $2N_2O(g) = 2N_2(g) + O_2(g)$ 则是双分子反应。复杂反应 $H_2(g) + I_2(g) \rightarrow 2HI(g)$ 的机理研究表明，其中的一个元反应 $H_2(g) + 2I(g) \rightarrow 2HI(g)$ 可视为三分子反应。三分子反应极为少见，因为三个分子(或三个化学粒子)同时碰撞并发生反应的概率很小。至于三分子以上的反应，至今尚未发现。

反应级数相同的反应，可能是元反应，也可能是复杂反应，但不管怎样，它们都具有相同的特征。在此，仅讨论常见的一级反应及其特征。

一级反应(reaction of the first order)是反应速率与反应物浓度的一次方成正比的反应。一级反应的实例很多，如大多数的热分解反应、分子内部的重排反应及异构化反应、一般放射性元素的蜕变、许多药物在体内的代谢(前提是这些药物在代谢转化部位的浓度低于其药物代谢酶的限制浓度。大多数药物或外源性物质在体内的氧化代谢是由肝脏中种类相对有限的药物代谢酶所介导和催化的)等。许多物质在水溶液中的水解反应，实际上是二级反应，但因大量水的存在，水的浓度可看作常数而不写入速率方程式，故可按一级反应的方程式处理而表现出一级反应的特征，称为**准一级反应**(pseudo - first - order reaction)。

设反应 B→产物为一级反应，以组分速率表示，则其速率方程为

$$v_B = \frac{dc_B}{dt} = k_1 c_B \qquad (2-46)$$

将上式分离变量后，定积分

$$\int_{c_{B,0}}^{c_B} \frac{dc_B}{c_B} = -\int_0^t k_1 dt$$

得

$$\ln c_B - \ln c_{B,0} = -k_1 t \qquad (2-47)$$

式(2 - 47)为一级反应速率方程的积分形式，称之为纯一级反应的动力学方程。它表明了反应物浓度与时间的关系。其中 $c_{B,0}$ 为反应物的初浓度，c_B 为反应进行到 t 时刻的反应物瞬时浓度。反应物浓度 c_B 由 $c_{B,0}$ 变为 $c_{B,0}/2$ 时，即反应物浓度减半所需要的时间称为**半衰期**(half - life)，常用 $t_{1/2}$ 表示，代入式(2 - 47)得

$$t_{1/2} = \frac{0.693}{k_1} \qquad (2-48)$$

由此可见，一级反应的特征为：

①以 $\ln c \sim t$ 作图，应得一直线，斜率为 $-k_1$。

视频2-26

化学动力学简史(四)

1960 年，Herschbach 和李远哲等人实现了在单次碰撞下研究单个分子间发生的反应机理的设想，使化学家有可能在电子、原子、分子和量子层次上研究化学反应所出现的各种动态，以探究化学反应和化学相互作用的微观机理和作用机制，揭示化学反应的基本规律(分子反应动力学的核心所在)。Polanyi 则开创了红外化学发光的研究。1986 年，Herschbach、李远哲和 Polanyi 因对化学基元过程动力学的贡献而分享了诺贝尔化学奖。这也标志着国际学术界对此领域的重视以及对 1955—1986 年期间取得成就的肯定，是分子反应动力学发展的又一重要里程碑。

1970 年，基于快速激光脉冲的飞秒光谱技术发展十分迅速，时间标度达到了飞秒数量级。随之发展起来的**飞秒化学**(femtochemistry)有着极其重要的理论意义和研究价值。Zewail 从 20 世纪 80 年代开始，利用超短激光创立了飞秒化学，从而使人们对过渡态的研究有了可靠的手段。Zewail 也因用飞秒化学研究化学反应的过渡态而获得了 1999 年度的诺贝尔化学奖。

视频2-27

例 2－7 已知$_{60}$CO 衰变的 $t_{1/2}$ = 5.26 a，放射性$_{60}$CO 所产生的 γ 射线广泛应用于癌症治疗，放射性物质的强度以 ci(居里)表示。某医院购买一台 20 ci 的钴源，在作用 10 a 后，还剩多少？

解： 因为放射性元素的衰变遵循一级反应规律，由式(2－48)

$$t_{1/2}=\frac{\ln 2}{k_1}$$

可得

$$k_1=\frac{\ln 2}{t_{1/2}}=\frac{\ln 2}{5.26\ \mathrm{a}}=0.132\ \mathrm{a}^{-1}$$

以$_{60}$CO 的原始浓度为 20 ci，k_1 = 0.132 a^{-1}代入式(2－47)可得：

$$\ln c_{\mathrm{B}}-\ln 20\ \mathrm{ci}=-0.132\ \mathrm{a}^{-1}\times 10\ \mathrm{a}$$

$$c_{\mathrm{B}}=5.3\ \mathrm{ci}$$

故 10 a 后$_{60}$CO 的瞬时强度为 5.3 ci，即剩下的钴源为 5.3 ci。

化学家史话——阿伦尼乌斯

斯万特·奥古斯特·阿伦尼乌斯(S. A. Arrhenius)瑞典物理化学家，1859 年 2 月 19 日生于瑞乌普萨拉附近的维克城堡，电离理论的创立者。学术成果、解释溶液中的元素是如何被电解分离的现象，研究过温度对化学反应速度的影响，得出著名的阿伦尼乌斯公式。他还提出了等氢离子现象理论、分子活化理论和盐的水解理论。他对宇宙化学、天体物理学和生物化学等也有研究。阿伦尼乌斯获得了 1903 年诺贝尔化学奖。

②反应速率常数(k_1)的值与反应物浓度所采用的单位无关，k_1的量纲为(时间)$^{-1}$。

③反应的半衰期($t_{1/2}$)与反应物初始浓度($c_{\mathrm{B},0}$)无关。半衰期可衡量反应速率的大小。显然半衰期越大，反应速率越慢。

2.4.2 温度对反应速率的影响

众所周知，温度对反应速率的影响是非常显著的。如，动力工厂排出的温热水，可使池塘里的水生生物代谢速率加快，耗氧量增大，严重时导致水中的鱼儿缺氧死亡；又如，人发高烧时，呼吸变急促，心率会加快。那么，温度是如何影响化学反应速率的呢？

1889 年阿伦尼乌斯(S. A. Arrhenius)在范特霍夫等人研究的基础上，结合大量实验结果的验证，提出了速率常数 k 与反应温度 T 的半定量关系式——**阿伦尼乌斯方程**，即

$$k=A\mathrm{e}^{-E_{\mathrm{a}}/RT} \tag{2－49}$$

$$\ln k=-\frac{E_{\mathrm{a}}}{RT}+\ln A \tag{2－50}$$

式(2－49)和式(2－50)分别为阿伦尼乌斯方程的指数形式和对数形式。式中 E_{a} 称为反应的实验活化能，简称**活化能**(activation energy)，单位为 kJ · mol^{-1}；A 为常数，称为**指前因子**(frequency factor)，反应不同，A 值可以不同，其单位与 k 一致；T 为热力学温度；R 为气体常数，8.314 J · mol^{-1} · K^{-1}。对同一反应而言，当温度变化范围不大时，可认为 E_{a}、A 与 T 无关，视作常数。

从阿伦尼乌斯方程式可得出下列三条推论：

①某反应的活化能 E_{a}、R 和 A 是常数，温度 T 升高，k 变大，反应加快；

②当温度一定时，如反应的 A 相近，E_{a}越大则 k 越小，即活化能越大，反应越慢；

③对不同的反应，温度对反应速率影响的程度不同。由于 ln$k$ 与 $1/T$ 呈直线关系，而直线的斜率为负值($-E_{\mathrm{a}}/R$)，故 E_{a}越大的反应，直线斜率越小，即当温度变化相同时，E_{a}越大的反应，k 的变化越大。

2.4.3 反应速率理论简介

速率方程和阿伦尼乌斯方程皆为实验事实的总结，如何从微观上对这些经验规律和活化能的本质加以解释？为什么在相同条件下，反应速率千差万别？物质本性是如何影响反应速率的？因简单反应和复杂反应皆由元反应构成，要解决上述问题，必须讨论元反应的过程。化学反应速率理论实际上是元反应的速率理论，在此简要介绍碰撞理论和过渡态理论。

1. 碰撞理论与活化能

碰撞理论认为，反应物之间要发生反应，首先它们的分子要克服外层电子之间的斥力而充分接近。因此，只有互相碰撞，才能使反应物分子相互接近，才能促使彼此原子的重排，即一部分化学键的断裂和新的化学键的形成，从而使反应物转化为产物。

由于断键要克服成键原子间的吸引力，形成新键前又要克服原子

间价电子的排斥力。这种吸引和排斥作用构成了原子重排过程中必须克服的“能垒”。因此，反应物分子之间的碰撞并不是每一次都能发生反应，发生反应的分子必须具有足够的能量，其最低值称为临界能 E_c，只有互相碰撞的分子的动能 $E \geqslant E_c$ 时，才有可能越过“能垒”，从而导致反应的发生。当然，即使反应物分子具有足够的能量，也不见得反应一定发生，只有碰撞正好发生在能起反应的部位上，才会最终引起反应。由于分子有一定的几何构型，分子内原子的排列也有一定的方位，因此，一般而言，结构越复杂的分子之间的反应，这种定向碰撞的要求就越突出。

视频2-28

视频2-29

有效碰撞（effective collision）的定义为强有力的、能发生化学反应的碰撞，能发生有效碰撞的反应物分子称为**活化分子**（effective molecule）。活化分子的能量大于或等于 E_c。因而，发生有效碰撞的必要条件是：①反应物分子具有足够的能量。②需要合适的碰撞方向。如元反应

$$CO(g) + H_2O(g) = CO_2(g) + H_2(g)$$

在 $CO(g)$ 分子中的碳原子与 $H_2O(g)$ 中的氧原子只有迎头相碰才有可能发生有效碰撞，如图 2-1 所示。

视频2-30

阿伦尼乌斯提出的活化能是化学动力学的重要参量，其定义是：由普通分子转化为活化分子的能量。后来，托尔曼（Tolman）从统计平均的角度来比较反应物分子和活化分子的能量，对活化能作出了统计解释：活化分子的平均能量 $E^{\neq}$ 与反应物分子的平均能量 $\overline{E}$ 之差。其表述形式为

$$E_a = E^{\neq} - \overline{E} \tag{2-51}$$

托尔曼已从理论上证明了他所定义的活化能与阿伦尼乌斯定义的活化能一致，$E^{\neq}$ 和 $\overline{E}$ 皆与温度有关。严格地说，E_a 也与温度有关，但在一定温度范围内 E_a 基本不变。

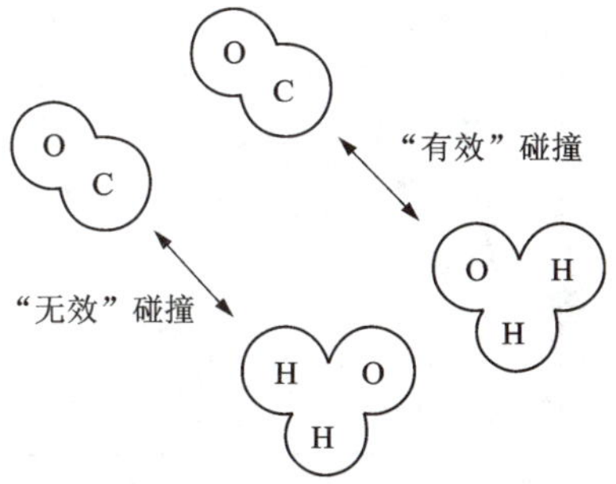

图 2-1　分子碰撞的不同取向

2. 过渡态理论与活化能

过渡态理论（transition state thoery）又称活化配合物理论，建立于 20 世纪 30 年代。碰撞理论比较直观地讨论了一般反应经过分子间有效碰撞，使反应物转化为产物的过程，它是在假定分子具有刚球模型结构的基础上建立的。而实际上分子具有内部结构，分子间发生的碰撞也并非完全弹性，是可以压缩和伸展的。因此，对一些比较复杂的反应，碰撞理论常不能合理解释。爱林（Eyring）等人应用量子力学和统计力学提出了元反应的过渡态理论。它的应用范围很广，包括种种化学反应和许多物理过程，在此仅作一简单介绍。

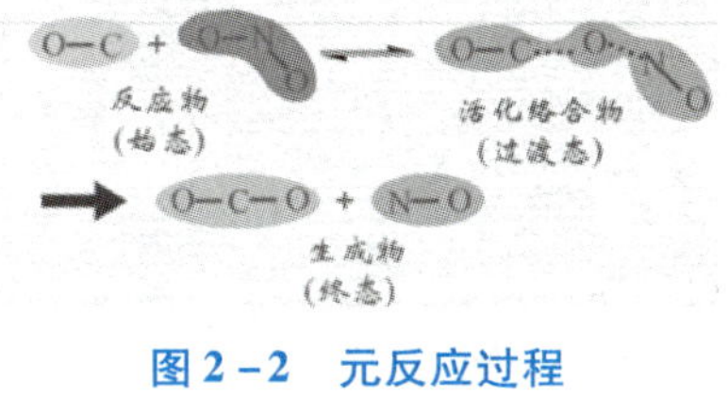

图 2-2　元反应过程

过渡态理论认为，在元反应过程中，反应物分子发生碰撞后，不是立即变成产物，而是先生成一种称为**活化配合物**（activated complex）的中间过渡状态，再由这种不稳定的活化物生成产物，如图 2-2 所示。下面以元反应体系 $NO_2(g) + CO(g) = NO(g) + CO_2(g)$ 为例，来讨论分子碰撞影响原子间相互作用的过程。当具有较高动能的 NO_2 靠近 CO 时，随着 NO_2 中的 O 原子与迎面而来的 CO 中的 C 原子之间距离的缩短，分子的动能逐渐转变成分子内的势能，NO_2 中的一个旧 N—O 键开始变长、松弛、削弱；而再靠近时，NO_2 与 CO 之间的一个新 C—O 键处在逐渐建立当中，即可形成活化配合物[ON⋯O⋯

视频2-31

$CO]^{\neq}$，由于该活化物很不稳定，它一方面很容易断开新的 C···O 键回到反应物状态，因此，活化配合物与原来的反应物能很快地建立平衡，并经常处于平衡状态；另一方面可能是 N···O 键断裂进一步生成产物，而这一步的速率很慢，故整个反应速率基本上由单向步骤：活化配合物分解成产物的速率所决定，即

$$NO_2(g) + CO(g) \rightleftharpoons [ON \cdots O \cdots CO]^{\neq} \rightarrow NO(g) + CO_2(g)$$

原子间相互作用的过程表现为原子间势能的变化。放热反应过程和吸热反应过程的势能变化分别如图 2－3 和图 2－4 所示。

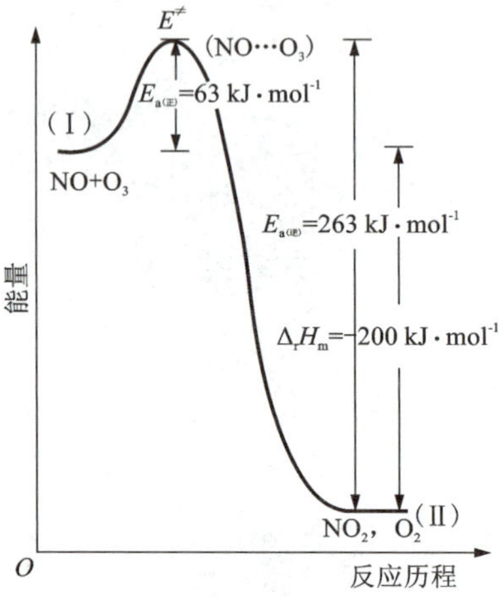

图 2－3　放热反应的能量变化

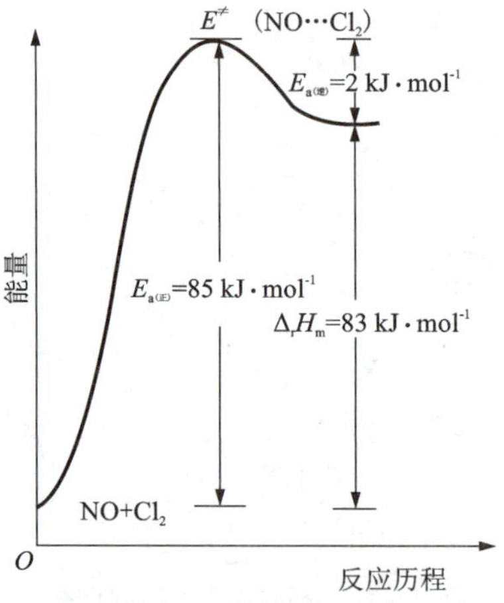

图 2－4　吸热反应的能量变化

活化配合物与反应的中间产物不同。它是反应过程中分子构型的一种连续变化，具有较高的平均势能 $E^{\neq}$，很不稳定，能够很容易地回落到势能较低的反应物状态，势能再转化为动能，设反应物状态的平均势能为 $E_{(\mathrm{I})}$；当然，也可能分解为势能较低的产物状态，设该状态的平均势能为 $E_{(\mathrm{II})}$。按照过渡态理论，活化配合物（过渡态）的平均势能与反应物分子（正反应始态）的平均势能差为正反应的活化能 $E_{a(正)}$，即

$$E_{a(正)} = E^{\neq} - E_{(\mathrm{I})} \tag{2-52}$$

由于正、逆反应有相同的活化配合物，同样，活化配合物（过渡态）的平均势能与产物分子（正反应终态或逆反应始态）的平均势能差为逆反应的活化能 $E_{a(逆)}$，即

$$E_{a(逆)} = E^{\neq} - E_{(\mathrm{II})} \tag{2-53}$$

过渡态理论进一步明确了活化能的概念，同时也提供了化学动力学与化学热力学之间的联系。若产物分子的能量比反应物分子的能量低，多余的能量将以热的形式放出，则是放热反应；反之，即为吸热反应。反应体系的始态与终态能量之差等于化学反应的等压反应热（摩尔焓变），即

$$\begin{aligned}\Delta_r H_m &= E_{(\mathrm{II})} - E_{(\mathrm{I})} = (E^{\neq} - E_{a(逆)}) - (E^{\neq} - E_{a(正)}) \\ &= E_{a(正)} - E_{a(逆)}\end{aligned} \tag{2-54}$$

$E_{a(正)} < E_{a(逆)}$，$\Delta_r H_m < 0$，为放热反应

$E_{a(正)} > E_{a(逆)}$，$\Delta_r H_m > 0$，为吸热反应

由此可见，等压反应热等于正向反应的活化能与逆向反应的活化能之差。

2.4.4　催化剂对化学反应速率的影响

催化作用的概念，是 1836 年由瑞典化学家贝采里乌斯（J. J. Berzelius）提出的。1894 年，德国化学家奥斯特瓦尔德（F. W. Ostwald）对催化剂给出了明确定义。催化剂通常可使化学反应速率增大 10 个数量级以上，而其本身并不消耗。一百多年来，催化学科一直是化学学科中最活跃的领域，这不仅因为催化技术的进展对石油、化学工业的变革起着决定性的作用，而且因为在生物体系中普遍存在的酶，是生物赖以生存的一切化学反应的催化剂。因此，催化剂是影响化学反应速率的又一重要因素。

视频2-32

1. 催化概念及其特征

在反应体系中，有些物质的加入可使化学反应的速率发生改变，

而这些物质在反应前后的数量和化学组成不变，这种现象称为**催化作用**(catalysis)。而在反应体系中产生催化作用的物质，称为**催化剂**(catalyst)。如氢和氧在室温下几乎不发生反应，但在它们的混合气体中加入微量铂粉即可发生爆炸反应。反应后，铂粉的成分和质量并没有改变。不过，其某些物理性质会发生变化，如外观改变、晶形消失等。如，高温下氨的氧化通过与外表光泽的铂丝网接触而催化生成一氧化氮，反应过后铂丝网表面也会变粗糙。

视频2-33

能使反应速率加快的催化剂称为正催化剂。催化剂的选择性很强，一种催化剂往往只能加速一种或少数几种反应，若同一反应物有发生多种反应的可能，此时对同一反应物使用不同的催化剂可能得到不同的产物。催化剂的用量一般也很少，如在每升双氧水中加入 3 μg 的胶态铂，便可显著促进 H_2O_2 分解成 H_2O 和 O_2。能使反应速率减慢的催化剂称为负催化剂。有些反应的产物能够催化其反应，称为自身催化剂。如在酸性条件下，高锰酸钾作为氧化剂将发生还原反应，其反应产物 Mn^{2+} 就是大家所熟悉的自身催化剂。

催化作用具有以下基本特征。

(1) 催化只能改变化学反应的速率，却不会引起化学平衡的移动。对可逆反应来说，正、逆两个方向同时起催化作用，同时加速或减速，但并不改变平衡常数 $K^{\ominus}$，而且也不能催化热力学上已经证明不可能发生的反应。此外，由于正、逆两个方向的反应机理可能不同，同一催化剂对正、逆反应的催化效果可能会不一样。

(2) 催化剂之所以具有催化作用，原因在于催化剂都具有参与化学反应、改变反应机理、使反应的活化能显著改变、从而导致反应速率改变的特征。若这种新的反应途径所需的活化能比原有反应途径所需的活化能小，便可加快反应速率。

设元反应为 $A + B \longrightarrow AB$，在没有催化剂存在时，反应的活化能为 E。加入催化剂 C 后，反应途径改变，若反应机理描述为

$$A + C \rightleftharpoons AC \xrightarrow{+B} AB + C$$

则式中第一步正反应活化能为 E_1，逆反应活化能为 E_{-1}；第二步反应活化能为 E_2；AC 为中间产物。如图 2－5 所示。

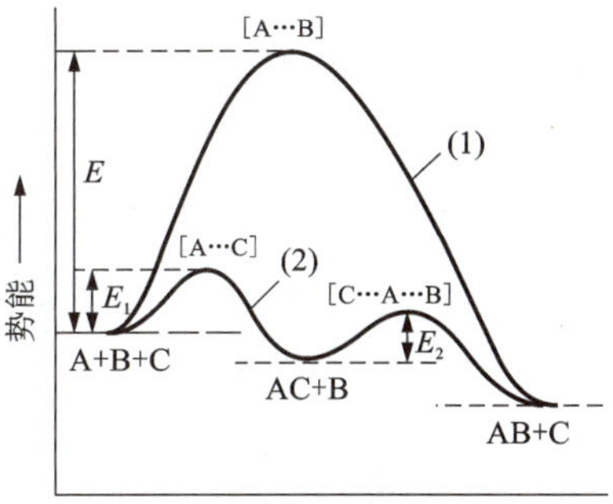

图 2－5　催化作用中活化能变化示意图

2. 酶催化

酶催化(enzyme catalysis)又称生物催化。因为，在通常条件下，几乎所有的生物反应都是被酶催化的。人类在远古时代就开始利用酵母等酿造酒和醋，这些酵母实际上就是酶。大多数酶由蛋白质分子组成，但也有核酸性酶。蛋白酶相对分子质量很大，在 10^4 ~ 10^6 之间，相当于胶粒的大小。因此，酶催化是具有自身特性的一类催化作用。酶催化反应中的反应物称为**底物**(substrate)。天然酶能在生物体所能耐受的特定条件下加速许许多多体内的生物反应，生物体内酶的种类繁多，主要有水解酶、氧化还原酶、转移酶、合成酶、连接酶、裂合酶和异构酶等。若生物体内缺少了某些酶，则将影响有这些酶所参与的反应，严重时将危及健康和生命。酶催化反应的特点如下：

视频2-34

(1) 专一的选择性。一种酶只对某一种或某一类的反应起催化作用。如 β－果糖苷酶，可以催化含 β－果糖苷键的一类物质(蔗糖和

棉子糖等)的水解，都分别产生β－果糖，这种情况称为相对专一性；如脲酶只催化尿素的水解产生CO_2和NH_3一个反应，这称为绝对专一性。即使底物分子为对映异构体，酶一般也能识别，如L－氨基酸氧化酶，只选择其中的L－氨基酸进行催化反应而不作用于D－氨基酸，具有立体异构专一性。

(2)高度的催化活性。对于同一反应而言，酶的催化效率常常比非酶催化高10^6～10^{10}倍。如过氧化氢分解为水和氧气的反应，同在0℃下，1 mol Fe^{3+}每秒仅催化10^{-5} mol H_2O_2，而1 mol过氧化氢酶则每秒可催化分解10^5 mol H_2O_2。如蛋白质的水解，在体外需用浓的强酸或强碱，并煮沸相当长的时间才能完成，但食物中蛋白质在酸碱性都相对不强、温度仅37℃的胃液中，却能迅速消化，就因为胃液中含有胃蛋白酶催化剂的缘故。

(3)温和的反应条件。酶通常需要在一定pH和温度范围内才能有效地发挥作用，这是因为酶的作用有赖于酶蛋白分子三维结构的形状。当温度升高到一定程度时，酶蛋白将变性，使三维结构破坏而丧失催化活性，大多数酶的最适温度在37℃左右。同样地，酶活性对pH的变化也非常敏感，酶只有在一定的pH范围内才有活性，并且对其活性常常也有一最适pH，如胃蛋白酶的pH为2～4，小肠蛋白水解酶(如胰蛋白酶)的pH为7～8。如果超出此范围，活性就会完全丧失。pH改变可使稳定的天然酶蛋白三维结构的弱键发生断裂，也可以使参与活性中心功能的氨基酸侧链的电离状态发生改变。

解释酶催化反应(也称酶促反应)的机制，最合理的是中间产物学说。酶首先与底物结合形成“酶－底物复合物”的中间产物，此复合物再分解为产物和酶。其原理仍然是酶通过参与反应，改变反应机理，降低活化能。其简单模型如下：

$$\underset{\text{酶}}{E}+\underset{\text{底物}}{S}\rightleftharpoons\underset{\text{中间产物}}{ES}\rightarrow\underset{\text{酶}}{E}+\underset{\text{产物}}{P} \qquad (2-55)$$

临床上常用一些酶催化的抑制剂作为药物，如磺胺药，就是以竞争的方式抑制了细菌代谢中某种起关键作用的酶。叶酸是细菌代谢的关键物质，而合成叶酸需要对氨基苯甲酸。磺胺药形似对氨基苯甲酸，致使控制细菌合成叶酸的酶之活性部位被磺胺药占据，使酶丧失了催化对氨基苯甲酸制造叶酸的功能，从而使细菌停止生长和繁殖。天然酶的反应条件温和，而且效率高、选择性强，但至今还难以在生物体外实际应用。如果能弄清酶催化过程，并将天然酶改造为符合工业生产要求的人工酶，必将引起一场新的工业革命。

2.4.5 链反应和光化反应

1. 链反应

用热、光、辐射或其他方法使化学反应引发，它便能通过活性组分(自由基或原子)相继发生一系列交替的连续反应，像多分支的链条一样使反应迅速发展下去，这样的反应称为**链反应**(chain reaction)。所谓**自由基**(free radical)是指带有未成对电子的物种，它可以是分子、原子或者基团。

在工业上，橡胶的合成、石油的裂解、聚合的发生等都与链反应有关。所有的链反应都是由下列三个基本步骤组成的，即链的引发、链的传递和链的终止。如将 $Cl_2(g)$ 和 $H_2(g)$ 的混合物用电火花引发，反应即自动进行，并迅速完成。

$$Cl_2 + M \longrightarrow 2Cl\cdot \quad \text{链的引发}$$

$$\left.\begin{array}{l} Cl\cdot + H_2 \longrightarrow HCl + H\cdot \\ H\cdot + Cl_2 \longrightarrow HCl + Cl\cdot \end{array}\right\} \text{链的传递}$$

$$\left.\begin{array}{l} 2Cl\cdot + M \longrightarrow Cl_2 \\ 2H\cdot + M \longrightarrow H_2 \\ Cl\cdot + H\cdot + M \longrightarrow HCl \end{array}\right\} \text{链的终止}$$

链的引发是 Cl_2 在第三种物质 M（光子、杂质子分子、器壁等，此处是电火花）作用下产生氯原子自由基，然后由于自由基比较活泼，它能夺取其他物质中的电子，如 Cl·从氢气中夺得一个电子后和 H^+ 形成 HCl 分子，从而产生新的自由基——氢原子自由基，如此循环往复，链不断传递，反应得以继续。

臭氧层空洞是目前全世界面临的重大环境问题，氯氟烃（氟里昂 Freons），简称 CFC，是导致臭氧层遭受破坏的元凶，CFC 分子受紫外光照射产生非常活泼的氯自由基

$$CF_2Cl_2 \xrightarrow{\text{紫外}} CF_2Cl^- + Cl\cdot \text{（链的引发）}$$

而 O_3 分子是在下述两个反应组成的链的传递中被不断产生的 Cl·所消耗

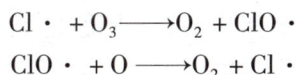

$$Cl\cdot + O_3 \longrightarrow O_2 + ClO\cdot$$

$$ClO\cdot + O \longrightarrow O_2 + Cl\cdot$$

根据计算，链反应终止前每个 Cl·可以分解 10^5 个 O_3 分子。

臭氧层与人类生存息息相关，1987 年国际公约规定发达国家必须在 2000 年终止生产和使用氯氟烃产品（此期限后来被提前至 1994 年），发展中国家则在 2010 年前终止和使用氯氟烃。

2. 光化学反应

光化学反应是指研究物质因受光照射的影响而产生的化学反应。光一般指红外线、可见光及紫外线范围内，波长为 100 ~ 1000 nm。

光化学反应和通常的化学反应有许多不同的地方。通常的化学反应可称为热反应或黑暗反应。热反应中系统分子的能量分布符合玻尔兹曼（Boltzmann）能量分布定律，分子之间发生反应有能量的要求（活化能），但在光化学反应中，可以选择合适的单色光使分子吸收而激发到需要的能态，一个处于激发态的分子所进行的反应完全不同于通常的热反应。一般用加热的方法难以达到用光激发的能态。

光化学反应一般均为链反应，链的引发的典型过程为分子吸收光子生成一个活化分子并进一步解离为自由基

$$M + h\nu \longrightarrow M^* \longrightarrow 2R\cdot$$

光化学反应有两个基本定律：光化学反应第一定律即“只有被物质吸收的光才能有效地引起化学反应”；光化学反应第二定律，即“光化学反应中，初级过程是一个光子活化一个分子”，这一定律又称光化学当量定律，一个光子的能量为 $h\nu$（h 为普朗克常数，ν 为光的频率），1 mol 的能量称为 1 爱因斯坦（Einstein），由于 $\nu = c/\lambda$（c 为光速，

λ 为光的波长），由此可知

$$1\ 爱因斯坦=\frac{6.023\times10^{23}\times6.626\times10^{-34}\ \mathrm{J\cdot s}\times2.998\times10^{8}\ \mathrm{m\cdot s^{-1}}}{\lambda\ \mathrm{nm}}$$

$$=[1.196\times10^{5}/(\lambda\cdot\mathrm{nm^{-1}})]\mathrm{kJ\cdot mol^{-1}}$$

可见，光的波长越短，能量越大，其能量大致和一些物质分子的键能相当，这就表明，物质吸收适当波长的能量后足以使其化学键断裂或者至少成为一个具有较高能量的活化分子。

2.4.6 环境化学和绿色化学

环境是指以人类为主体的外部世界，主要是指地球表面与人类发生相互作用的自然要素及其总体，是人类和其他一切生物赖以生存和发展所必需的物质基础，也是人类开发和利用的对象。自然要素主要包括地球表层的陆地、海洋和大气层，地质学上可把它们分为大气圈、水圈和土壤—岩石圈。地球上凡有生物生存的地方就称为生物圈，它包括从大气圈对流层顶部到风化壳和成岩层的底部。

有害物质进入环境，经过扩散、迁移、转化，使之发生积聚，引起环境系统的结构和功能的改变，导致环境质量的下降，对人类或其他生物的正常生存和发展产生不利影响，这种现象就是环境污染。环境污染可按环境要素分为大气污染、水污染、土壤污染等。

1. 大气污染与环境化学

环境问题是当前世界面临的重大问题之一。酸雨、全球气候变暖与臭氧层的破坏是当前困扰世界的三个全球性大气污染问题。环境科学是以实现人和自然和谐为目的，研究以及调整人与自然关系的科学。它是20世纪70年代初由多学科交叉渗透而形成的综合性新学科。环境化学既是环境科学的核心组成部分，也是化学学科的一个新的重要分支。它是以化学物质在环境中出现而引起的环境问题为研究对象，以解决环境问题为目标的一门新兴的交叉学科。它主要研究有害化学物质在环境介质中存在的浓度、形态和危害等问题。

现在纯净的空气十分难得，而且越来越难得。在工业文明出现之前，人类的肺部疾病很少，因为那时天空明净、空气清新，根本没有城市的空气污染。但现在不仅仅在大中城市里，连很多乡村也都无法享受一口纯净的新鲜空气。污染几乎无处不在，空气纯净的地方越来越少，因此肺病患者越来越多。城市的空气中含有铅、铜、锌、二氧化硫、一氧化碳等有毒物质，而人们不得不每天呼吸这些恶劣的空气。

在一些污染物排放严重的工业区附近，每天落下的污染物平均为 $0.7\ \mathrm{t\cdot km^{-2}}$；大量汽车排出的有害尾气也在天天污染空气；连高空飞行的飞机也会污染空气，一架喷气客机飞越大西洋一次，大约会向空中排出200 t一氧化碳。

1）雾霾天气形成原因及危害

雾是由大量悬浮在近地面空气中的微小水滴或冰晶组成的气溶胶系统，是近地面层空气中水汽凝结（或凝华）的产物。雾的存在会降低空气透明度，使能见度恶化，如果目标物的水平能见度降低到1000 m以内，就将悬浮在近地面空气中的水汽凝结（或凝华）物的天气现象称为雾(fog)；而将目标物的水平能见度在1～10 km的这种现象称为轻雾或霭(mist)。形成雾时大气湿度应该是饱和的(如有大量凝结核存在时，相对湿度不一定达到100%就可能出现饱和)。就其物理本质而言，雾与云都是空气中水汽凝结(或凝华)的产物，所以雾升高离开地面就成为云，而云降低到地面或云移动到高山时就称其为雾。一般雾的厚度比较小，常见的辐射雾的厚度为1～200 m。雾和云一样，与晴空区之间有明显的边界，雾滴浓度分布不均匀，而且雾滴的尺寸比较大，从几微米到100 μm，平均直径为10～20 μm，肉眼可以看到空中飘浮的雾滴。由于液态水或冰晶组成的雾散射的光与波长关系不大，因而雾看起来呈乳白色或青白色。霾也称灰霾(烟霞)，空气中的灰尘、硫酸、硝酸、有机碳氢化合物等粒子也能使大气混浊，视野模糊并导致能见度恶化，当水平能见度小于10 km时，将这种非水合成物组成的气溶胶系统造成的视程障碍称为**霾**(haze)或**灰霾**(dust－haze)，香港天文台称**烟霞**(haze)。

随着空气质量的恶化，阴霾天气现象出现增多，危害加重(图2－6)。近期我国不少地区把阴霾天气现象并入雾一起作为灾害性天气预警预报。统称为“雾霾天气”。其实雾与霾从某种角度来说是有很大差别的。譬如出现雾时空气潮湿，出现霾时空气则相对干燥，空气相对湿度通常在60%以下。其形成原因是由于大量极细微的尘粒、烟粒、盐粒等均匀地浮游在空中，使有效水平能见度小于10 km的空气混浊的现象。霾的日变化一般不明显，当气团没有大的变化，空气团较稳定时，持续出现时间较长，有时可持续10天以上。阴霾、轻雾、沙尘暴、扬沙、浮尘、烟雾等天气现象，因都是由浮游在空中大量极微细的尘粒或烟粒等影响致使有效水平能见度小于10 km而造成的，有时使气象专业人员都难于区分。必须结合天气背景、天空状况、空气湿度、颜色气味及卫星监测等因素来综合分析判断，才能得出正确结论，而且雾和霾的天气现象有时可以相互转换。霾在吸入人的呼吸道后对人体有害，严重时可致死。

图2－6　雾霾

2)中国的酸雨问题

在中国的大气污染中，酸雨和浮尘是最主要的污染。由于二氧化硫和氮氧化物的排放量日渐增多，酸雨的问题越来越突出(图2－7)。现在中国已是仅次于欧洲和北美的第三大酸雨区。

我国酸雨主要分布地区是长江以南的四川盆地，以及贵州、湖南、湖北、江西、福建、广东等省。酸雨可对森林植物产生很大的危害。在酸雨的作用下，土壤中的营养元素如K、Na、Ca、Mg会释放，并随着雨水被淋溶，从而使土壤变得贫瘠。此外，酸雨能使土壤中的铝元素从稳定态中释放，使活性铝增加，土壤中活性铝的增加能严重抑制林木的生长。

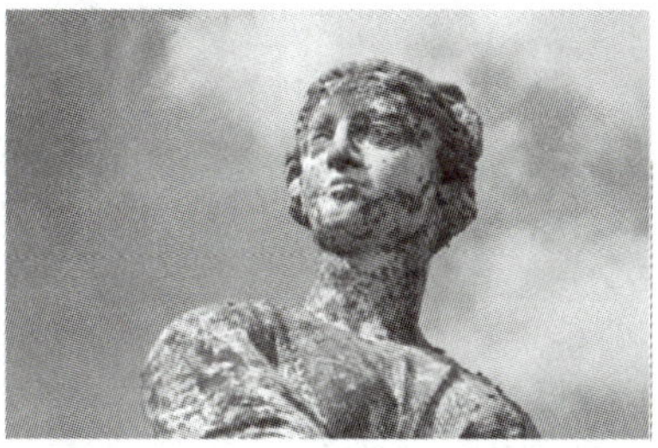
图2－7　被酸雨腐蚀的雕像

一般认为：年均降水pH高于5.65，酸雨率是0%～20%，为非酸雨区；pH在5.30～5.60之间，酸雨率是10%～40%，为轻酸雨区；pH在5.00～5.30之间，酸雨率是30%～60%，为中度酸雨区；pH在4.70～5.00之间，酸雨率是50%～80%，为较重酸雨区；pH小于4.70，酸雨率是70%～100%，为重酸雨区。这就是所谓的五级标准。我国酸雨主要是硫酸型，我国三大酸雨区分别为：华中酸雨区，目前它已成为全国酸雨污染范围最大，中心强度最高的酸雨污染区；西南酸雨区，为仅次于华中酸雨区的降水污染严重区域；华东沿海酸雨区，它的污染强度低于华中、西南酸雨区。全球三大酸雨区是西欧、北美、东南亚。

3）臭氧层与皮肤癌

在大气圈平流层中，即在高出海平面20～30 km的范围内，有一个臭氧含量较高的臭氧层。臭氧在大气层中只占1%，这个薄薄的臭氧层，浓度低于1/10，但能够阻止太阳光中大量的紫外线，有效地保护了地球生物。臭氧层中臭氧含量的减少等于在屋顶上开了天窗（图2－8），导致太阳对地球紫外线辐射增强。大量紫外线照射将严重影响动植物的基本结构，降低生物产量，使气候和生态环境发生变异，特别对人类健康将造成重大损害。

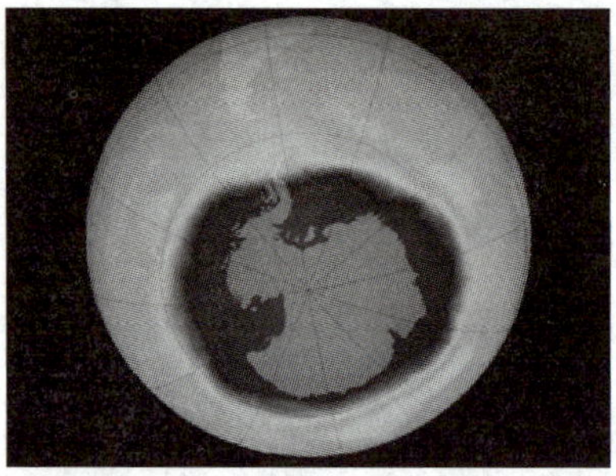

图2－8　臭氧空洞

美国一个科学小组指出，北美洲上空平流层臭氧含量在最近5年内减少了约百万分之一，皮肤癌症患者就达50万人，其中恶性肿瘤病例25000人，死亡约5000人。有人估计，如果臭氧层中臭氧层含量减少10%，地球的紫外线辐射将增加19%～22%，皮肤癌发病率将增加15%～25%，仅美国死于皮肤癌的人将增加150万人，白内障患者将达到500万人，患呼吸道疾病的人也将增多。紫外线辐射增强，还将打乱生态系统中复杂的食物链，导致一些主要生物物种灭绝。大量紫外线辐射还可能降低海洋生物的繁殖能力，扰乱昆虫的交配习惯，并能毁坏植物，特别是农作物，使地球的农作物减产2/3，导致粮食危机。

平流层离地面那么高，其中的臭氧呈蓝色，有特殊的气味。氟利昂是一种常用的冷冻剂。它还可以作喷雾剂、电子元件清洗剂、塑料发泡剂等。这种化合物不断排入大气到达平流层，遇太阳光照射就分解出可分解臭氧的氯气和氯的化合物，使臭氧结构浓度大量降低。最新的计算表明：由于氟氯烃在世界范围的广泛使用，今后30年中，大气层的臭氧将减少16.5%，其后果将是十分严重的。

近几十年以来，国际上召开了多次会议研究臭氧层的问题和保护措施。古人说“杞人忧天”是指不必要的操心，今天的“世人忧天”乍听起来耸人听闻，却是有科学道理的。

2. 环境放射化学

天然放射性元素或核素在地球形成之前就存在了。因此，地球上生命的诞生、进化和繁衍活动是在放射性辐射的参与下进行的。放射性物质进入环境之后，可通过多种途径进入人体，造成危害。因此，对环境中放射性物质的行为、迁移规律及最终归宿已成为人们十分关心的研究课题，并逐步形成了一些新的学科分支，**环境放射化学**（environmental radiochemistry）就是其中之一。环境放射化学是研究放射性核素在环境介质中的吸附、扩散、迁移、转移、转化、富集、载带以及与这些过程有关的热力学、动力学、氧化还原、结构变化、种态变化等行为规律的一门分支学科。它是伴随着人们对环境中放射性核素健康效应的关注，于20世纪50年代产生的一门交叉学科。在过去的半个多世纪里，作为放射化学的一个重要分支，环境放射化学在世界范围内得到快速发展。这门学科对保护环境、控制和防治环境放射性的污染，促进核事业的持续发展，具有非常重要的作用。

1）放射性物质在水体中的一般变化过程

放射性物质在水体中会发生一系列变化而引起迁移。这些变化过程大致可分为物理过程、化学过程和生物过程。物理过程主要有水力学运动过程（如随水体的流动，通过湍流和对流引起的混合、扩散、稀释等），固体物质的运动过程（如沉积和再悬浮等）。化学过程主要有溶解物质的化学反应（如酸碱中和、水解、沉淀和胶体的生成、氧化还原、化合和配位等），固体物质的溶解、吸附（如离子交换吸附、静电吸附、分子吸附等）。生物过程主要有吸收、吸附、代谢、转化、死亡后物质的分解和释放、随活动物种迁移等。

2）放射性物质在土壤中的一般变化过程

土壤是岩石圈表面的风化层，它主要由矿物质、有机质、水和空气四部分组成。土壤是固体、液体和气体三相共存的物质体系，它具有各种类型的多相界面和大小不同的孔隙，孔隙中的空气和水混溶着多种成分，而水在孔隙中可上下左右流动，空气可与外界大气不断交换。此外，土壤中的次生矿和腐殖质分散成胶体颗粒，具有发达的表面和带有电荷，土壤中生长着各种生物，特别是各种微生物，参与土壤有机质的合成和分解。所有这些使土壤成为一个能进行复杂变化的奇妙场所，在那里会发生各种各样的物理、化学和生物的变化。

就土壤中放射性物质的迁移而言，发生的主要物理过程有降水径流冲刷、水的渗透、机械滤过、扩散、再悬浮和人类活动（如耕种）引起的迁移等；主要化学过程有吸附、解吸、浸出、溶解、水解、沉淀、化合、配位、氧化和还原等；主要生物过程有吸收、代谢、转化、死亡后的水解和释放等。

3）放射性物质在大气中的一般变化过程

因大气层中含有的生物相对来说较少，放射性物质在大气中发生的过程主要是物理过程和化学过程。其中，物理过程主要有放射性物质的滞留和扩散，放射性气溶胶和飘尘的沉降和再悬浮，放射性物质的凝雨清除和降雨清洗等；化学过程主要有氧化反应、光化学反应和同位素交换反应，气溶胶的形成及吸附现象，云雾、雨滴对放射性物质的溶解、吸收等。

香蕉也有辐射？

据相关资料显示，每 100 g 香蕉中大概含有 360 mg 钾元素，一根香蕉约有 130 g，钾元素含量约 0.5 g。0.0117% 的概率很小，但换算成放射性活度的话，每秒约 15 ^{40}K 原子在发生衰变，这就是香蕉等效剂量。这就是说你每吃一根香蕉就会让你增加约 0.078 μSv（微西弗）剂量的内照射。

西弗是辐射剂量的主单位，但西弗是个比较大的单位，所以一般用 μSv 和 mSv。有专家说过，低于 100 mSv 来谈健康危害的就是制造恐慌。所以，对于香蕉那 0.078 μSv 来说，真的不是什么大事的。香蕉还是可以放心吃的，当然也不宜一次吃过多哦。

3. 清洁生产和绿色化学

若能从废弃物的末端处理改变为对生产全过程的控制，这是符合可持续发展方向的一个战略性转变。清洁生产、绿色化学等就是这样的先进科学技术。

清洁生产通常是指在产品生产过程和预期消费中，既合理利用自然资源，把人类和环境的危害减至最小，又能充分满足人类需要，使社会经济效益最大化的一种生产模式。例如：可降解塑料、无氟冰箱、用酒精代替汽油、水基涂料、生态养殖等，清洁生产的环境经济效益远远超过工业污染末端控制。

绿色化学是以保护环境为目标来设计、生产化学产品的一门新兴学科，是一门从源头阻止污染的化学。“绿色化学”由美国化学会（ACS）提出，其核心是利用化学原理从源头上减少和消除工业生产对环境的污染；反应物的原子全部转化为期望的最终产物。按照美国《绿色化学》（*Green Chemistry*）杂志的定义，绿色化学是指：在制造和应用化学产品时应有效利用(最好是可再生)原料，消除废物和避免使用有毒的和危险的试剂和溶剂。而今天的绿色化学是指能够保护环境的化学技术。它可通过使用自然能源，避免给环境造成负担、避免排放有害物质。如以利用太阳能为目的的光触媒和氢能源的制造与储藏技术的开发，并考虑节能、节省资源、减少废弃物排放量等。绿色化学又称"环境无害化学""环境友好化学""清洁化学"，它涉及有机合成、催化、生物化学、分析化学等学科，内容广泛。世界上很多国家已把"化学的绿色化"作为新世纪化学进展的主要方向之一。

本章复习指导

掌握：化学反应方向和吉布斯自由能；吉布斯自由能的公式及计算；应用吉布斯自由能判据判断化学反应自发性的方向；标准态下吉布斯自由能变的计算；标准平衡常数与多重平衡；速率方程与浓度对反应速率的影响。

熟悉：自发过程与热力学第二定律；熵和熵变；化学反应等温方程式；反应商；化学平衡的特征；化学反应速率的定义；反应速率理论；大气污染与环境化学。

了解：非标准态下吉布斯自由能变的计算；化学平衡的有关计算；非标准态下化学反应方向判断与浓度、压力的影响，温度的影响——范特霍夫方程；阿伦尼乌斯方程；催化剂对化学反应速率的影响；链反应和光化反应；清洁生产和绿色化学。

选读材料

多金属氧酸盐光化学的研究进展

多金属氧酸盐，通常称为多酸，是由高价前过渡金属离子(W^{6+}或Mo^{6+}等)通过氧连接而形成的金属—氧簇类独立多核化合物。自从1826年磷钼酸铵被发现以来，多酸化学已成为无机化学一个重要的研究领域。20世纪70年代以来，多酸的催化性质令人瞩目。如低压条件下将乙烯直接与乙酸反应生成乙酸乙酯的反应避免了包括水在内的副产物，使相关化工产业取得突破性拓展。相关的多酸催化的反应原理和光化学性质也引起了广泛的关注。

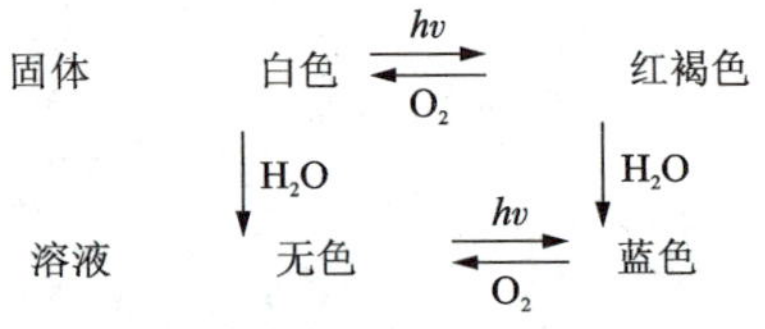

图2-9　同多钼酸有机铵盐光照下颜色的变化

多酸的光致变色性质：多酸光化学的研究由来已久，白色的同多钼酸有机铵盐固体光照时变为红褐色，红褐色的固体溶于水则变为蓝色，同多钼酸有机铵盐的固体和水溶液中光致变色情形与相互转换如图2-9所示。多酸与金属半导体氧化物有一定的相似性，可被视为具有无限结构的金属氧化物的分子片段，多酸在光照下发生电荷-空穴对分离，根据金属离子d^1电子的行为和定域程度可以进行性质区分。

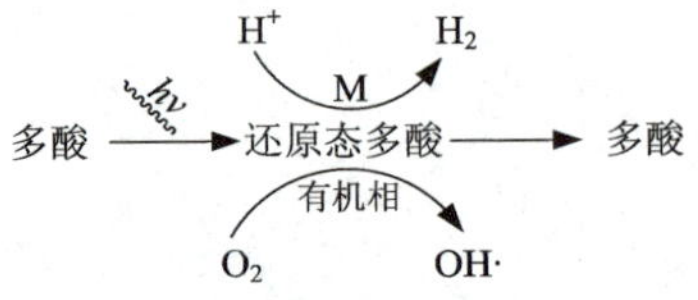

图2-10　多酸光催化的简要过程

多酸催化的光化学反应：钼、钨多酸的光化学反应的发生均需要电子给体(如醇、有机胺等)存在。如图2-10所示，光照时作为电子给体的有机化合物被氧化，而多酸则被还原，还原态多酸(Re-POM)的氧化还原电势低于零；在胶态贵金属原子(M)存在时，水溶液通过析氢氧化，可使还原态多酸回复到氧化态（POM），进而可使有机物发生脱氢氧化反应；若在有氧环境下，还原态的多酸则通过O_2的氧化回复到氧化态，有机物则有可能发生加氧反应。此外，多酸在水溶液中光照时，由有机物充当电子传递剂，还可以产生·OH自由基，而·OH是强氧化剂，能够氧化有机化合物。这些过程被广泛地用于解释多酸催化有机物的氧化还原反应和水体中有机污染物的光化学催化氧化分解过程。

多酸催化的研究前沿：多酸种类繁多，结构独特，具有特殊的氧化还原性、酸碱性和表面性质。光催化的研究是目前多酸研究中的前沿之一，包括以下两个方面。

(1)多相光催化是光化学反应的一个前沿领域。通过不同合成技术，获得比表面积较大、活性高的含多酸的催化剂，与均相体系相比具有更高的活性，可使多种难降解的有机物完全氧化成简单无害的无机物。

(2)探索多相光催化反应的机理，并为设计出合理有效的反应装置提供理论依据。多酸的吸收峰尽管都位于紫外区，通过对多酸组成的改变（更换杂原子或配原子），可以有效地调节多酸的光谱性质，若吸收波长能进入可见光区，则有望利用太阳能来进行催化反应或环境除污。

复习思考题

1. 自发过程是热力学的不可逆过程吗？可逆过程可以看作是理想化的自发过程吗？

2. 熵的物理意义是什么？关于反应熵变的求算，为什么不用熵变求算的定义式呢？

3. 引入标准生成吉布斯自由能的概念有什么意义？

4. 在不做非体积功时，化学反应的$\Delta_r G_{T,p}$为负值，该反应就一定会自发吗？

5. 什么是化学平衡？化学平衡有哪几个特征？

6. 平衡浓度是否随时间变化？是否随起始浓度变化？是否随温度变化？平衡常数是否随起始浓度变化？转化率是否随起始浓度变化？

7. 化学反应等温方程式是否仅适用于可逆反应？

8. 反应商Q等于标准平衡常数$K^{\ominus}$时，即达到化学平衡？$K^{\ominus}$改变，化学平衡是否移动？

9. 在反应速率的几种表示中能表达真实情况的是哪一种？

10. 为什么要引入反应级数的概念呢？

11. 元反应是由反应物一步生成产物的，而复杂反应是分多步完成的，因此，元反应速率更快。这种说法对吗？

12. 元反应和具有幂函数形式速率方程的复杂反应都具有确定反应级数数值。这种说法对吗？

13. 一级反应有哪几个特征？元反应与复杂反应如果都是一级反应，其特征也相同吗？

14. 发生有效碰撞的条件是什么？

15. 活化能在元反应和复杂反应中意义不同，但表观活化能对反应速率的影响规律是相同的。这种说法对吗？

16. 根据过渡态理论似乎可以认为，若一个反应逆向进行时的活化能大于正向进行时的活化能，则该反应正向比逆向更易进行。此说法对吗？

17. 催化剂改变反应速率的原因是什么？催化剂能够改变化学反应的平衡位置吗？

习题

1. 简述自发过程的基本特征。

2. 下列叙述是否正确？试解释之。

(1)孤立系统中的熵总是有增无减。

(2)热力学第三定律可表示为：在0 K时任何物质的熵 S 为零。

(3)稳定单质的 $\Delta_f H_m^\ominus$、$S_m^\ominus$ 和 $\Delta_f G_m^\ominus$ 均为零。

(4)当温度接近绝对零度时，所有放热反应均能自发进行。

(5)若 $\Delta_r H_m$ 和 $\Delta_r S_m$ 都为正值，则当温度升高时反应自发进行的可能性增加。

(6)冬天公路上撒盐以使冰融化，此时 $\Delta_r G_m$ 值的符号为负，$\Delta_r S_m$ 值的符号为正。

3. 在等温、等压下，如果用 ΔH 来判断化学反应的方向(即 $\Delta H<0$ 可以自发进行)，也常与事实相符，但有时却不符。这是为什么？

4. 有人认为，当系统从某一始态变至另一终态，无论其通过何种途径，而 ΔG 总是一定的，而且如果做非体积功的话，ΔG 总是等于 $W_{非}$。这种说法对吗？

5. 查热力学数据手册可求算出，25℃，100 kPa下，反应 $H_2O(l)\rightarrow H_2(g)+\frac{1}{2}O_2(g)$ 的 ΔG 为 237.2 $kJ\cdot mol^{-1}$，说明此反应不能自发进行。但在实验室内却用电解水制取氢与氧。这两者有无矛盾？

6. 植物进行光合作用将水和二氧化碳转化成葡萄糖，其化学反应总方程式为：$6CO_2(g)+6H_2O(l)=C_6H_{12}O_6(s)+6O_2$，计算该反应在298.15 K、100 kPa时的 $\Delta_r G_m^\ominus$，并判断反应是否可以自发进行。

7. 肌红蛋白(Mb)是存在肌肉组织中的一种缀合蛋白，具有携带 O_2 的能力。肌红蛋白的氧合作用为

$$Mb(aq)+O_2(g)\rightleftharpoons MbO_2(aq)$$

在310.15 K时，反应的标准平衡常数 $K^\ominus=7.9\times10^{-3}$，试计算当 O_2 的分压为5.3 kPa时，氧合肌红蛋白(MbO_2)与肌红蛋白的浓度比。

8. 已知反应 $C(s)+CO_2(g)\rightleftharpoons 2CO(g)$ 在温度1040 K和940 K时的标准平衡常数分别为4.6和0.50。试通过计算判断上述反应是吸热还是放热反应。并求 $\Delta_r H_m^\ominus$、$\Delta_r S_m^\ominus$ 和940 K时的 $\Delta_r G_m^\ominus$。

9. 已知每克陨石中含 ^{238}U 6.3×10^{-8} g，由 ^{238}U 分解而来的He为 2.077×10^{-5} cm^3(气体标准状况下)，^{238}U 的衰变为一级反应：

$$^{238}U \longrightarrow {}^{206}Pb+8\,{}^4He$$

由实验测得 ^{238}U 的半衰期为 $t_{\frac{1}{2}}=4.51\times10^9$ a，试求该陨石的年龄。

10. 肺进行呼吸作用时，吸入的 O_2 与肺脏血液中的血红蛋白 Hb 反应生成氧合血红蛋白 HbO_2，反应方程式为

$$Hb + O_2 \longrightarrow HbO_2$$

该反应对 Hb 和 O_2 均为一级，为保持肺脏血液中血红蛋白的正常浓度（$8.0\times10^{-6}\ mol\cdot L^{-1}$），则肺脏血液中 O_2 的浓度必须保持为 $1.6\times10^{-6}\ mol\cdot L^{-1}$。已知上述反应在体温下的速率常数 $k = 2.1\times10^{6}\ L\cdot mol^{-1}\cdot s^{-1}$。

11. 温度升高，可逆反应的正、逆化学反应速率都加快，为什么化学平衡还会移动？

12. 碳的放射性同位素 ^{14}C 在自然界树木中的分布基本保持为总碳量的 $1.10\times10^{-13}\%$。某考古队在一山洞中发现一些古代木头燃烧的灰烬，经分析 ^{14}C 的含量为总碳量的 $9.87\times10^{-14}\%$，已知 ^{14}C 的半衰期为 5700 a，试计算该灰烬距今约有多少年。

第2章习题答案

第 3 章

溶液化学

(Solution Chemistry)

物质的**聚集状态**(aggregation state)是物质在一定的温度和压力条件下所处的相对稳定的状态，是相同物质(纯物质)或不同物质(混合物)的堆积或沉积或结晶或凝聚或聚集在一起的状态，主要包括**气态**(gaseous state)、**液态**(liquid state)和**固态**(solid state)三种聚集状态。在特殊条件下还有**等离子体**(plasma state)、**液晶态**(liquid crystal state)、**超导态**(superconducting state)、**超固体**(supersolid state)、**中子态**(neutron state)等聚集状态。物质的三种聚集状态各有特点，并可在一定条件下相互转化。

分散系(disperse system)是一种或几种物质以或大或小的粒子形式分散在另一种物质中所构成的体系，其中被分散的物质称为**分散相**(dispersed phase)，而容纳分散相的连续介质则称为**分散介质**(disperse medium)。根据分散相与分散介质的不同特点，分散系有两种不同的分类方式。一种是按照相数分类，所谓**相**(phase)就是分散系中物理和化学性质相同的部分。据此，分散系可分为均相(单相)分散系与非均相(多相)分散系两大类。均相分散系是指分散相与分散介质在同一个相的分散系，均相分散系又有小分子均相分散系与大分子均相分散系之别。小分子均相分散系就是通常所说的真溶液；非均相分散系是指分散相与分散介质不在同一个相的分散系；非均相分散系有胶体分散系与粗分散系之分。传统上将大分子溶液、胶体分散系及粗分散系称为广义的**胶体分散系**(colloid disperse system)。另一种按分散度分类，根据分散相分散程度的不同，分散系可以分为三类：粗分散系、胶体分散系和分子或离子分散系。粗分散系是一种多相的不均匀体系，用一般显微镜甚至肉眼即可观察到其中的分散质粒子，由于分散相颗粒较大，足以阻止光线通过，所以是浑浊、不透明的，同时易受重力的作用而沉降，因此是不稳定的；分子或离子分散系的分散质是以分子或离子状态分散于分散剂中所形成的分散体系。它是一种单相的均匀分散体系，这种体系很稳定，长时间放置也不会聚沉；胶体分散系的分散相粒子大小为 $10^{-9}\sim10^{-7}$ m。分散系的上述分类是相对的，在粗分散系与胶体分散系之间没有非常严格的界限，而且一些粗分散系，如乳状液，它们的许多性质与胶体分散系有着密切的联系，通常归在胶体分散系中加以讨论。分散系的上述分类特征以及一些实例见表 3－1。

表 3－1　分散系按分散相大小进行分类

分散系		分散相粒子的组成	分散相的粒子大小/m	实例
粗分散系	悬浊液	粗固体颗粒	$>10^{-7}$	混浊的泥水
	乳状液	粗液体小滴		乳汁

夸克－胶子浆

夸克胶子等离子体是由许多夸克、反夸克和胶子组成的多体系统，简称夸克物质。所有的强相互作用粒子即强子，都是由夸克、反夸克和胶子构成的。目前，不论在自然界，或通过实验手段都没有找到自由存在的夸克和胶子。然而，描述强相互作用的规范场理论预言，在超过一定的临界能量密度时，夸克、反夸克和胶子可能冲破单个强子口袋的禁闭，而在一个大得多的空间范围内自由运动，形成夸克胶子等离子体。

玻色—爱因斯坦凝聚态

多年来，玻色—爱因斯坦凝聚态在气体状态下都是一个理论上的预测而已。在 1995 年由克特勒、康奈尔及威曼所领导的团队首先透过实验制造出玻色—爱因斯坦凝聚态。玻色—爱因斯坦凝聚态比固态时更冷。当原子有非常接近或一致的量子等级和温度非常接近绝对零度(－273℃)时便会出现玻色—爱因斯坦凝聚态。

对于遵从玻色－爱因斯坦统计且总粒子数守恒的理想气体，存在一个极低但非零的转变温度 T_c，当温度低于 T_c 时，占全部粒子数有限百分比的(宏观数量的)部分将聚集到单一的粒子最低能态上。聚集到最低能态上的所有粒子的集合被称为玻色—爱因斯坦凝聚体。玻色—爱因斯坦凝聚态所具有的奇特性质，不仅对基础研究有重要意义，在芯片技术、精密测量和纳米技术等领域，也都有很好的应用前景。

视频3－1

续表 3-1

分散系		分散相粒子的组成	分散相的粒子大小/m	实例
胶体分散系	溶胶	胶粒	$10^{-9} \sim 10^{-7}$	硫溶胶 金溶胶
	大分子溶液	单个大分子	$10^{-9} \sim 10^{-7}$	蛋白质水溶液、橡胶的苯溶液
	缔合胶体	胶束	$10^{-9} \sim 10^{-7}$	超过一定浓度的洗涤剂溶液
分子或离子分散系	真溶液	小分子或离子	$<10^{-9}$	生理盐水、氯化钠溶液

溶液(solution)是由两种或多种组分组成的均相而稳定的分散体系。其中分散质称为溶质，而分散介质称为溶剂。溶液与其他分散体系不同在于：溶液中溶质是以分子或离子状态均匀地分散于溶剂之中的。溶液可分为固态溶液(如某些合金)、气态溶液(如空气)和液态溶液。以水为溶剂的液态溶液，在生产实际和科学研究中具有特别重要的地位。一般所称的溶液就是指液态溶液，若无特别说明，通常是指水溶液。

3.1　溶液的通性

溶解过程是一个特殊的物理化学过程。当溶质溶解于溶剂中形成溶液后，溶液的某些性质已不同于原来的溶质和溶剂。溶液的性质可分为两类：一类是由溶质的本性决定的，例如溶液的颜色、体积、热量、导电性等；另一类与溶质本性无关，主要取决于溶液中所含溶质粒子的浓度，如溶液的蒸气压下降、沸点升高、凝固点降低和渗透压等。这类与溶质本性无关而与溶质浓度有关的性质具有一定的规律性，称为**依数性**(colligative properties)，又称为稀溶液定律或依数性定律。本章只讨论难挥发性非电解质稀溶液的依数性，当溶质为电解质或非电解质的浓溶液时，依数性规律将发生偏离。

3.1.1　非电解质稀溶液的依数性

1. 溶液的蒸气压下降

1)蒸气压

在一定温度下，将某纯溶剂放在真空密闭容器中，由于分子的热运动，液面上的一部分动能较高的溶剂分子将克服液体分子间表面张力从液面逸出，扩散到液面上方形成蒸气分子，这一过程称为**蒸发**(evaporation)，液体分子从液面逸出成为蒸气分子的过程，是一个吸热的熵增过程。相反，当蒸气分子不断运动碰撞到液体表面时，而被液体分子吸引重新进入液相中，这一过程称为**凝聚**(condensation)，是一个放热的熵减过程。当液体的蒸发速率等于蒸气的凝聚速率时，该

抗旱植物让沙漠变绿洲

每到春天，北方就会传来沙尘暴的消息。沙漠虽然有它独特的魅力，可以作为旅游观光的一景，但对于生命来说依然是死亡之地。在沙漠中，只要有水就有生命，绿洲上生机盎然的景象都是由于那里有充足淡水的缘故，可是在没有河流经过和没有充沛地下水的其他沙漠地区，该怎样让生命在那里扎根，用绿色植物将沙漠逐步缩小呢？科学家们应用高科技生物技术，试图改造植物的抗旱能力，用高科技力量为干旱的沙漠地区培育出一片绿色的生命带，以此应对全球气候变化和人口增长对抗旱植物的需求。

用所学化学知识可以解释抗旱植物能够抗旱的原因。

如，当出现干旱时，植物细胞会自动分泌出糖、无机离子等物质，增加了细胞液的浓度，降低了蒸气压，因而减少了水分的蒸发，植物就表现出了抗旱作用。

视频3-2

液体和它的蒸气处于平衡状态，此时蒸气对液面所产生的压力，称为该温度下该溶剂的**饱和蒸气压**(saturated vapor pressure)，简称**蒸气压**(vapor pressure)，用符号 p 表示，单位是 Pa 或 kPa。纯溶剂蒸发—凝聚示意图如图 3－1(a)所示。

蒸气压与物质的本性有关。不同的物质，蒸气压不同；蒸气压也与温度有关，温度不同，同一物质的蒸气压也不相同，如水在不同的温度下蒸气压见表 3－2。固体也具有一定的蒸气压，固体直接蒸发为气体的过程称为**升华**(sublimation)。大多数固体的蒸气压都很小，但冰(表 3－2)、碘、樟脑、萘等均具有较显著的蒸气压。

表 3－2　不同温度下水和冰的蒸气压

水				冰	
T/K	p/kPa	T/K	p/kPa	T/K	p/kPa
268	0.422	343	31.176	243	0.038
273	0.611	353	47.343	248	0.064
283	1.228	363	70.117	253	0.104
288	1.705	373	101.325	258	0.166
293	2.339	374	105.000	263	0.260
298	3.167	393	198.480	268	0.402
303	4.242	403	270.021	271	0.518
308	5.624	423	475.720	272	0.563
333	19.932	473	1553.600	273	0.611

注：摘自参考文献[1]

2)溶液的蒸气压下降——拉乌尔定律

大量实验证明，含有难挥发性溶质溶液的蒸气压在相同温度下总是低于同温度下纯溶剂的蒸气压。

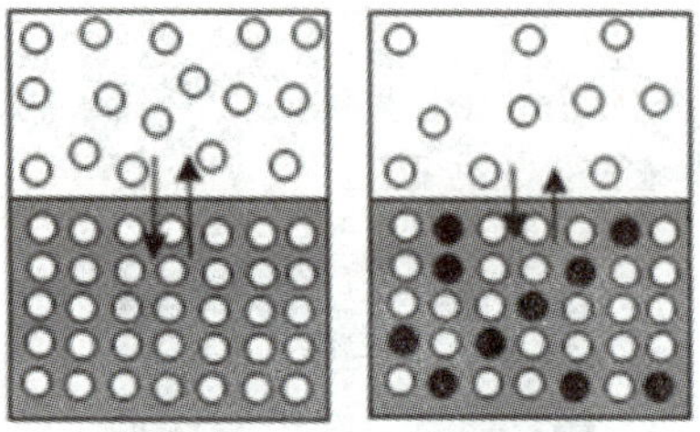
(a)纯溶剂　　(b)溶液

图 3－1　纯溶剂和溶液蒸发—凝聚示意图

○ 溶剂分子　● 溶质分子

因蒸气压与液体的本性及温度有关。对某种纯溶剂而言，在一定温度下其蒸气压是一定的。但是，当溶入难挥发的非电解质而形成溶液后，由于非电解质溶质分子占据了部分溶剂的表面，且牵制周围溶剂分子，使单位时间内逸出液面的溶剂分子数较纯溶剂减少，所以，达到平衡后，溶液的蒸气压必然低于同温度时纯溶剂的蒸气压。这种现象称为溶液的**蒸气压下降**(vapor pressure lowering)，如图 3－1(b)所示。显然，溶液中难挥发性溶质浓度越大，占据溶液表面的溶质质点越多，牵制的溶剂分子便越多，则单位表面上溶剂从液相进入气相的速率减小，蒸气压下降就越多，因此，平衡时，溶液的饱和蒸气压比纯溶剂在同一温度下的蒸气压低。而这种蒸气压下降的程度仅与溶质的量相关，即与溶液的浓度有关，而与溶质的种类本性无关。

1887 年，法国化学家拉乌尔(F. M. Raoult)根据大量实验结果得出：在一定温度下，难挥发非电解质稀溶液的蒸气压等于纯溶剂的蒸气压与溶剂摩尔分数的乘积

$$p = p_A^0 x_A \qquad (3-1)$$

式中：p 为某温度时溶液的蒸气压；p_A^0 为同温度下纯溶剂的蒸气压；x_A

为溶液中溶剂的摩尔分数。

若 x_B 为溶质的摩尔分数，对于只有一种溶质的稀溶液，则由于 $x_A + x_B = 1$，式(3-1)可以写成

$$p = p_A^0(1 - x_B) \Longleftrightarrow p_A^0 - p = p_A^0 x_B \qquad \Delta p = p_A^0 x_B \qquad (3-2)$$

式中：Δp 是溶液蒸气压的下降值。从式(3-2)可以得出：在一定温度下，难挥发非电解质稀溶液的蒸气压下降与溶质的摩尔分数成正比，此定律称为**拉乌尔定律**(Raoult's law)。

若溶质的物质的量为 n_B，溶剂的物质的量为 n_A，溶剂的质量为 m_A，溶剂的摩尔质量为 M_A，那么，在稀溶液中，$n_A >> n_B$，因此 $n_A + n_B \approx n_A$，则

$$x_B = \frac{n_B}{n_A + n_B} \approx \frac{n_B}{n_A} = \frac{n_B}{m_A / M_A} = b_B M_A$$

代入式(3-2)得

$$\Delta p = p_A^0 x_B \approx p_A^0 M_A b_B = K b_B$$

即

$$\Delta p = K b_B \qquad (3-3)$$

式中：K 为比例系数；b_B 为质量摩尔浓度(每千克溶剂中所含该溶质的物质的量)。K 在一定温度下是常数，它取决于 p_A^0 和溶剂的摩尔质量 M_A。所以，拉乌尔定律又可表示为：在一定温度下，难挥发非电解质稀溶液的蒸气压下降与溶质的质量摩尔浓度 b_B 成正比，与溶质的本性无关。

2. 溶液的沸点上升和凝固点下降

当某一溶液蒸气压等于外界大气压时，液体就沸腾，这时的温度就是该液体的**沸点**(boiling point)。液体的沸点与外压有关，随外压的增大而升高。我们通常指外压为101.325 kPa时的沸点为液体的**正常沸点**(normal boiling point)，用 T_b^0 表示。例如水的正常沸点是373.15 K。没有专门指出压力条件的沸点通常都是指正常沸点，简称沸点。

凝固点(freezing point)是物质的固态和它的液态达到平衡时共存时的温度，此时，固、液两相蒸气压相等，通常凝固点以 T_f^0 表示。暴露在空气中的水在总外压为101.325 kPa下的凝固点为273.15 K，此温度又称为水的冰点，此时，水和冰的蒸气压相等。

1)溶液的沸点上升

实验表明，当纯溶剂中溶解溶质后，使溶液的沸点总是高于纯溶剂的沸点，这一现象称为溶液的**沸点上升**(boiling point elevation)。

溶液沸点上升的原因是溶液的蒸气压低于纯溶剂的蒸气压。在图3-2中，AA' 表示纯溶剂的蒸气压曲线，BB' 表示稀溶液的蒸气压曲线，AC' 表示纯溶剂的凝固点曲线，AB 线为固—气两相平衡共存线，即纯溶剂固体蒸气压曲线，又称升华曲线。A 为纯溶剂的三相点。从图3-2中可以看出，在任何温度下，溶液的蒸气压都低于纯溶剂的蒸气压，所以 BB' 处于 AA' 的下方。纯溶剂的蒸气压等于外压 p^0(101.325 kPa)时，所对应的温度 T_b^0 就是纯溶剂的正常沸点，此温度时溶液的蒸气压仍低于 p^0，只有升高温度达到 T_b 时，溶液的蒸气压才等于外压101.325 kPa，溶液才会沸腾。因此，T_b 是溶液的正常沸点，溶液的沸点上升为 ΔT_b，即 $\Delta T_b = T_b - T_b^0$。

例题3-1　已知293 K时水的饱和蒸气压为2.34 kPa，将3.00 g尿素 $CO(NH_2)_2$ 溶于100.0 g水中，计算尿素溶液的质量摩尔浓度和蒸气压。

解： $T = 293$ K，$p_A^0 = 2.34$ kPa，$m[CO(NH_2)_2] = 3.0$ g，$m(H_2O) = 100.0$ g，$M[CO(NH_2)_2] = 60.0\ g \cdot mol^{-1}$，则

$$b[CO(NH_2)_2] = \frac{3.0}{60.0} \times \frac{1000}{100.0} = 0.50(mol/kg)$$

水的摩尔分数为

$$x(H_2O) = \frac{\frac{100.0}{18.0}}{\frac{100.0}{18.0} + \frac{3.0}{60.0}} = 0.99$$

尿素溶液的蒸气压为：$p = p_A^0 x_A = 2.34\ kPa \times 0.99 = 2.32\ kPa$。

视频3-3

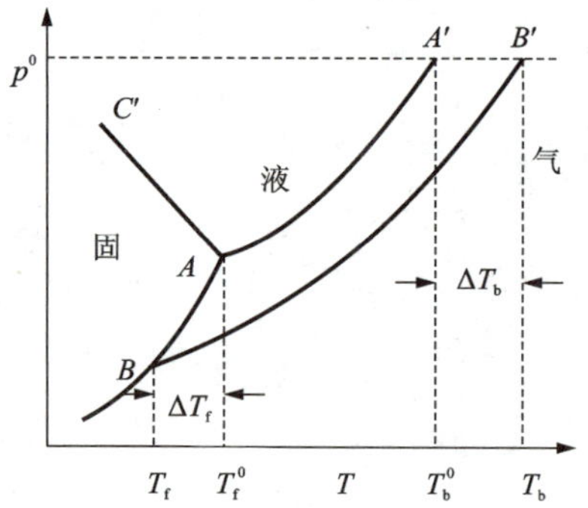

图 3-2 溶液的沸点升高和凝固点下降

由拉乌尔定律，热力学可证明难挥发非电解质稀溶液沸点上升与溶液质量摩尔浓度之间的定量关系为

$$\Delta T_b = T_b - T_b^0 = K_{bp} b_B \qquad (3-4)$$

式中：K_{bp}为溶剂的摩尔沸点上升常数，它只与溶剂的本性有关，K_{bp}的单位为 K · kg · mol^{-1}。一些常见溶剂的摩尔沸点上升常数见表 3-3。

表 3-3 常见溶剂的摩尔沸点上升常数与凝固点及摩尔凝固点降低常数

溶剂	K_{bp}/(K · kg · mol^{-1})	K_{fp}/(K · kg · mol^{-1})
水	0.512	1.86
环己烷	2.79	20.2
苯	2.53	5.10
乙醚	2.02	1.80
氯仿	3.63	4.90
四氯化碳	5.03	32.0
萘	5.80	6.90
樟脑	5.95	40.0

2)溶液的凝固点下降

视频3-4

如图 3-2 所示，在溶剂的凝固点 T_f^0时，由于溶液的蒸气压低于纯溶剂的蒸气压，此时，固、液两相不能共存，所以在 T_f^0时溶液不凝固。只有当温度继续下降到 T_f时，稀溶液的蒸气压曲线 BB'才与纯溶剂固体的蒸气压曲线 AB 相交于 B 点，此时纯溶剂固体与稀溶液液相出现共存现象，B 点对应的温度 T_f就是溶液的凝固点。显然，溶液的凝固点比纯溶剂的凝固点低，称为溶液的**凝固点下降**(freezing point depression)。由拉乌尔定律，热力学可证明难挥发非电解质稀溶液凝固点降低与溶液质量摩尔浓度之间的定量关系为

$$\Delta T_f = T_f^0 - T_f = K_{fp} b_B \qquad (3-5)$$

视频3-5

式中：K_{fp}为溶剂的摩尔凝固点下降常数，它只与溶剂的本性有关，单位为 K · kg^{-1} · mol^{-1}。几种常见溶剂的摩尔凝固点下降常数见表 3-3。

大多数溶剂的 K_{fp}大于 K_{bp}，因同一溶液的凝固点降低值比沸点上升值大，其实验测量的相对误差小；又因在凝固点时从溶液中有溶剂晶体析出的现象明显等，故常用凝固点下降来测定溶质的摩尔质量。

凝固点下降的性质在生产和科学实验中应用很广。如制作防冻剂和冷冻剂。在严寒的冬天，于汽车水箱中加入甘油、酒精或乙二醇降低水的凝固点，可防止水箱中的水因结冰体积膨大而胀裂水箱。采用 NaCl 和冰混合，混合液温度可降到 251 K，用 $CaCl_2 \cdot 2H_2O$ 和冰混合，混合液温度可降到 218 K。在水产事业和食品贮藏及运输中，广泛应用盐和冰混合而成的冷冻剂；在制备实用价值很高的合金过程中也利用了固态溶液凝固点下降原理。如 33% Pb(熔点为 601 K)与 67% Sn(熔点为 505 K)组成的焊锡，熔点为 453 K，用于焊接时不会使焊件过热，还用来作保险丝。又如自动灭火设备和蒸汽锅炉装置的伍德合金，熔点为 343 K，组成为 Bi 50%，Pb 25%，Sn 12.5%，Cd 12.5%。

视频3-6

3. 渗透现象与渗透压

半透膜(semi－permeable membrane)是一种特殊的多孔分离膜，它可以选择性地让溶剂分子通过而不让溶质分子通过。半透膜种类繁多，其中只允许溶剂分子透过，不允许溶质分子透过的半透膜称为理想半透膜。本节主要讨论理想半透膜的情况。由于膜两侧单位体积内溶剂分子数不等，单位时间内由纯溶剂进入溶液的溶剂分子数比由溶液进入纯溶剂的多，膜两侧渗透速率不同，结果使一侧的液面上升。因此，渗透的方向总是溶剂分子从溶剂向溶液，或是从稀溶液向浓溶液迁移，从而缩小溶液的浓度差。渗透现象的产生必须具备两个条件：一是有半透膜存在，二是半透膜两侧单位体积内溶剂分子数不相等。

如果要不发生渗透现象，必须在溶液一侧施加一额外压力，如图3－3所示，这种为维持被半透膜隔开的纯溶剂与溶液之间的渗透平衡所需要加给溶液的额外压力称为**渗透压**(osmotic pressure)。渗透压用符号Π表示，单位为Pa或kPa。渗透现象与生命活动密切相关，细胞膜就是典型的性能优异的天然半透膜，同时动植物组织内的许多膜(如毛细管壁、红血球的膜等)也都具有半透膜的功能。如植物细胞汁的渗透压可高达2.0×10^6 Pa，土壤中水分通过这种渗透作用，可送到树梢。

如果在溶液的一侧施加一个大于渗透压的外压力，则溶剂由溶液一侧通过半透膜向纯溶剂或低浓度方向渗透，这种使渗透作用逆向进行的过程称为**反渗透**(reverse osmosis)。反渗透原理在制备纯水、工业废水处理、海水淡化、浓缩溶液等方面都有广泛应用。反渗透制纯水是用高分子材料经过特殊工艺制成的半透膜，它只允许水分子透过，而不允许溶质通过。用高压泵使处于半透膜一侧的原水压力超过渗透压时，原水中的水分子就能够透过半透膜进入另一侧，从而获得纯净水。而原水中的溶解与非溶解的无机盐、重金属离子、有机物、菌体、胶体等物质无法通过半透膜，只能留在浓缩水中被放掉。反渗透技术的关键是寻找高强度、耐高压、低成本的半透膜。目前，反渗透技术已被广泛应用于医药行业、饮料行业、电子、电力行业等。

1886年，荷兰物理化学家范特霍夫(J. H. Van't Hoff)通过实验得出稀溶液的渗透压与溶液浓度和温度关系是

$$\Pi V=n_B RT \text{ 或 } \Pi=c_B RT \qquad (3-6)$$

式中：Π为渗透压；V为溶液体积；n_B为溶质的物质的量；c_B为溶质的物质的量浓度；R为摩尔气体常数；T为热力学温度。式(3－6)表明，在一定温度下，稀溶液的渗透压与单位体积溶液中溶质质点的数目即质点浓度成正比，与溶质的本性无关。质点浓度在医学上又称渗透浓度，见图3－4。

对于稀的水溶液，物质的量浓度近似地等于质量摩尔浓度，即$c_B\approx b_B$，因此，式(3－6)可改写为

$$\Pi\approx b_B RT \qquad (3-7)$$

凝固点下降法和渗透压法都可测定溶质的摩尔质量。但一般用凝固点下降法测定小分子溶质的摩尔质量。而对于蛋白质等大分子物质的摩尔质量的测定，渗透压法测量误差更小，比凝固点下降法更灵敏。

例题3－2　将1.00 g硫溶于20.0 g萘中，使萘的凝固点降低1.30 K，萘的K_{fp}为6.8 K·kg·mol^{-1}，求硫的摩尔质量。

解：$\Delta T_p=1.30$ K，$K_{fp}=6.8$ K·kg·mol^{-1}，设未知物的摩尔质量为M_B，根据溶液的凝固点降低公式：$\Delta T_f=K_{fp}\cdot b_B$

$$b_B=\frac{n_B}{m_A}\times1000=\frac{m_B\times1000}{M_B\cdot m_A}$$

则　$$M_B=\frac{m_B\times1000}{b_B\cdot m_A}=\frac{m_B\times1000\times K_{fp}}{\Delta T_f\cdot m_A}$$

$$=\frac{1.00\times1000\times6.8}{1.30\times20.0}$$

$$=261.5(\text{g}\cdot\text{mol}^{-1})$$

由硫S的原子量为32可知，硫单质的分子式为S_8。

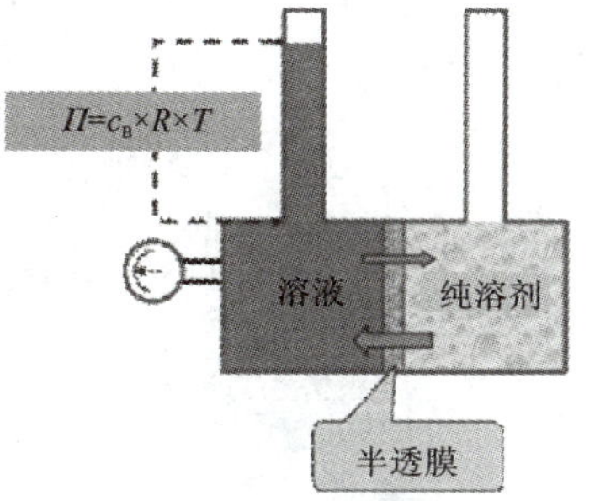

图3－3　渗透现象和渗透压

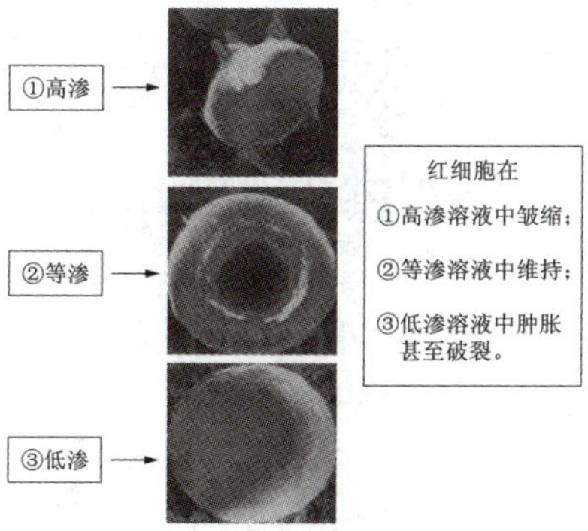

图3－4　等渗输液

生理等渗溶液：$\Pi=280\sim320$ mmol^{-1}；

高渗溶液：$\Pi>320$ mmol^{-1}；

低渗溶液：$\Pi<280$ mmol^{-1}

视频3-7

例题 3－3 101 mg 胰岛素溶于 10.0 mL 水，该溶液在 25.0℃ 时的渗透压是 4.34 kPa，计算胰岛素的摩尔质量。

解： $T = (25 + 273)\ \mathrm{K} = 298\ \mathrm{K}$，$m_B = 0.101\ \mathrm{g}$，$V = 0.01\ \mathrm{L}$，$\Pi = 4.34\ \mathrm{kPa}$，则

$$\Pi V = n_B RT = \frac{m_B}{M_B} RT$$

$$M_B = \frac{m_B RT}{\Pi V} = \frac{0.101 \times 8.314 \times 298}{4.34 \times 0.01} = 5.77 \times 10^3\ (\mathrm{g \cdot mol^{-1}})$$

视频3-8

视频3-9

视频3-10

视频3-11

3.1.2 电解质溶液的通性

电解质又分为强电解质和弱电解质两类。从结构上看，**强电解质**(strong electrolyte)包括离子型化合物(如 NaCl、KOH 等)和强极性共价化合物(如 HCl、HNO_3等)，它们在水溶液中完全解离为离子，不存在解离平衡。

弱电解质(weak electrolyte)是在水溶液中只有部分解离成离子的化合物(如 HAc、NH_3等)。在水溶液中存在解离的动态平衡，如

$$\mathrm{HAc} \rightleftharpoons \mathrm{H^+} + \mathrm{Ac^-}$$

电解质在水溶液中的解离程度用**解离度**(degree of dissociation)衡量，它是指电解质达到解离平衡时，已解离的物质的量浓度占原有的物质的量浓度的百分比，用 α 表示，即

$$\alpha = \frac{\text{已解离的物质的量浓度}}{\text{原有的物质的量浓度}} \times 100\% \tag{3-8}$$

在前面我们介绍了非电解质稀溶液的依数性，它的蒸气压下降、沸点升高、凝固点下降和渗透压都与溶液的质量摩尔浓度成正比，而且计算值与实验结果相符。如果将电解质一类的化合物溶解在水中，测定它们的依数性，实验结果与计算值是否相符呢？其实稀溶液的依数性与溶质的粒子数(包括分子数、离子数)有关，因为在电解质溶液中，溶质的微粒数较多，溶质微粒与水分子之间、溶质微粒之间的相互作用大大加强，而每个粒子牵制的水分子数差不多，则粒子数越多，牵制的水分子数也越多，故相同浓度电解质溶液的依数性数值比非电解质溶液依数性数值大。至于总粒子数究竟是多少，与该电解质的解离程度有关。因此，在计算电解质溶液依数性的公式中，需加入一校正系数 i，常用的方法是：同时测出电解质溶液凝固点下降值$\Delta T_f'$和相同浓度非电解质稀溶液的凝固点下降值 ΔT_f，其比值就等于 i，如表 3－4 所示。

$$i = \frac{\Delta p'}{\Delta p} = \frac{\Delta T_f'}{\Delta T_f} = \frac{\Delta T_b'}{\Delta T_b} = \frac{\Pi'}{\Pi} \tag{3-9}$$

表 3－4　电解质稀溶液凝固点下降值和同浓度非电解质稀溶液凝固点下降值的比值

电解质	i 的理论值	$i = \frac{\Delta T_f'}{\Delta T_f}$		
		0.010 mol/kg	0.050 mol/kg	0.10 mol/kg
NaCl	2	1.93	1.89	1.87
$MgSO_4$	2	1.62	1.43	1.42
K_2SO_4	3	2.77	2.57	2.46

从表 3－4 可以看出，对某一个电解质来说，溶液越稀，i 越大，越趋于理论值；相同类型的不同电解质，i 不同，充分证明它们在溶液中解离的程度不同。各种电解质由于本性不同，它们解离的程度差别很大。多数强电解质在水溶液中解离，理论上来讲，它们的解离度应为 100% 。然而，从一些实验事实和计算结果表明，它们的解离度并不是 100%，不同的实验结果出现了互相矛盾的现象，这种现象可用

强电解质溶液理论—离子互吸学说进行解释。

为了阐明强电解质在溶液中的实际情况，1923年德拜(P. Debye)和休克尔(E. Huckel)提出了**离子互吸学说**(ion interaction theory)。该理论认为：强电解质在水溶液中完全离解成离子，离子间通过静电力相互作用，离子在水溶液中并不完全自由。带异号电荷的离子相互吸引，距离近的吸引力大；带同号电荷的离子相互排斥，距离近的排斥力大。因此，离阳离子越近的地方，阳离子越少，阴离子越多；离阴离子越近的地方，阴离子越少，阳离子越多。总的结果是，任何一个离子都好像被一层球形对称的异号电荷离子所包围，形成所谓的**离子氛**（ionic atmosphere)。由于离子氛的存在，强电解质溶液中的离子受到牵制而不能完全自由运动。此外，在高浓度时，强电解溶液中带相反电荷的离子还可以产生缔合现象，形成的离子对可作为一个个独立的单位运动，事实上也会使自由离子的浓度下降。两种情况都会导致通过溶液依数性等实验方法测定获得的解离度小于100%。可见，实验测定的解离度并不代表强电解质的真实解离的百分数，我们把这种解离度称为**表观解离度**(apparent dissociation degree)。

由于强电解质溶液中存在离子氛和离子对，每个离子不能完全自由地发挥它在导电、牵制溶剂分子等方面的作用，路易斯(Lewis)提出了活度的概念。**活度**(activity)是溶液中离子的有效浓度，即溶液中实际能起作用的离子浓度。活度用a_B表示，它与物质的量的浓度c的关系为

$$a_B=\gamma_B\cdot c_B/c^{\ominus}\quad 或简写为\quad a=\gamma\cdot c \qquad (3-10)$$

式中：c为物质的量浓度，$mol\cdot L^{-1}$；$c^{\ominus}$为标准浓度(即$1\ mol\cdot L^{-1}$)；γ为溶质的**活度系数**(activity coefficient)，也称为**活度因子**(activity factor)，a和γ的量纲均为1。活度因子γ的大小反映了离子间相互影响的程度，与离子强度有关。而**离子强度**(ionic strength)与溶液中所有离子的价数和浓度有关。离子价数和浓度越大，离子强度越大，离子间的牵制作用越强，活度系数越小，活度与浓度差别越显著；溶液越稀，离子间的距离越大，离子间的牵制作用越弱，活度系数越大也越接近1，表示离子活动的自由程度越大。当溶液无限稀释时，活度系数等于1，这时离子的运动几乎完全自由，离子活度近似等于离子浓度。

3.2　酸碱在水溶液中的解离平衡

3.2.1　酸碱理论

研究酸碱反应，首先要了解酸碱的概念。人们对酸、碱概念的认识经历了一个由浅入深、由现象到本质逐步完善的过程。通过对酸、碱物质的组成、结构及性质关系的研究，先后提出了Arrhenius S. A.的电离理论、Brönsted J. N.与Lowry T. M.的质子理论和Lewis G. N.电子理论等，其中瑞典化学家Arrhenius S. A.于1889年根据他的电离学说提出的酸碱电离理论是最经典的酸碱理论，该理论认为：在水溶液中电离生成的正离子全部是$H^+(H_3O^+)$的物质是酸；电离生成的负离子全部是OH^-的物质是碱。酸碱电离理论对化学的发展起了很大

软硬酸碱理论

该理论由美国化学家——(Pearson G. R.)在1963年提出，作为路易斯的酸碱理论的一种推广存在，他根据对电子对控制能力的强弱把酸碱分为三大类，硬酸(碱)、软酸(碱)、交界酸(碱)。其中电荷较多，半径较小，外层电子被原子核束缚得较紧而不易变形的正离子称为硬酸，如H^+、Li^+、Na^+、K^+、Be^{2+}、Mg^{2+}、Ca^{2+}、Sr^{2+}、Mn^{2+}、Al^{3+}、Fe^{3+}等；其中电荷较少，半径较大，外层电子被原子核束缚得较松而易变形的正离子称为软酸，如Cu^+、Ag^+、Hg^{2+}、CH_3Hg^+、Au^+、Cd^{2+}、Pt^{2+}、Au^+等；介于软酸和硬酸之间的酸定义为交界酸，如Fe^{2+}、Cu^{2+}、Co^{2+}、Ni^{2+}等。硬碱是指配体中其配位原子是一些电负性大、吸电子能力强、半径小、难失去电子、不易变形的元素，如H_2O、OH^-、F^-、PO_4^-、SO_4^{2-}、Cl^-、CO_3^{2-}、NO_3^-等；软碱是指配体中其配位原子是一些电负性小、吸电子能力弱、半径大、易失去电子、易变形的元素，如S^{2-}、I^-、SCN^-、CN^-、CO、C_2H_4、C_6H_6等；介于软碱和硬碱之间的碱定义为交界碱，如N_3^-、N_2、NO_2^-、SO_3^-等。

Pearson把路易斯酸碱分类以后，根据实验事实总结出一条规律：“硬酸与硬碱相结合，软酸与软碱相结合，常常形成稳定的配合物”，或简称“硬亲硬，软亲软”。这一规律称为硬软酸碱原则，简称HSAB(Hard and Soft Acids and Bases)原则。软硬交接不稳定，就是说软—软、硬—硬化合物较为稳定，软—硬化合物不够稳定，原因是硬酸和硬碱发生的是形成了离子键或极性键的无机反应，而软酸和软碱发生的是形成了共价键的有机反应，但软硬交替便发生了形成弱键或不稳定配合物的反应，这就是“硬亲硬，软亲软”的成键本质。

软硬酸碱理论原则基本上是经验性的，比较粗糙，并不能符合所有实际情况，有不少例外，如CN^-为软碱，它既能与软酸Ag^+和Hg^{2+}等形成稳定的配合物$[Ag(CN)_2]^-$和$[Hg(CN)_4]^{2-}$，也能与硬酸Fe^{3+}和Co^{3+}等形成稳定的配合物$[Fe(CN)_6]^{3-}$和$[Co(CN)_6]^{3-}$。由于配合物成键情况比较复杂，人们对软硬酸碱的研究尚不够深入，目前还不能简单地用“硬亲硬，软亲软”来全面阐述配合物的稳定性。但软硬酸碱理论对路易斯酸碱反应的方向问题做出了突出贡献，并给出了硬溶剂优先溶解硬溶质，软溶剂优先溶解软溶质的原理及原因，在路易斯酸碱理论及软硬酸碱理论的定义下，水是一种硬碱，就此可更好地解释大部分有机物不溶于水的原因。

视频3-12

的推动作用，至今仍普遍使用，但这理论有一定的局限性，它把酸碱概念局限在水溶液中，又把碱限制为氢氧化物，因此该酸碱理论对非水体系和无溶剂体系都不适用，也无法解释氨水表现碱性这一事实，需要进一步补充和发展。本节将着重讨论酸碱质子理论，并将此理论作为本教材酸碱分类和计算的主要依据，同时简要介绍酸碱电子理论。

1. 酸碱质子理论

1923 年，Bronsted J. N. 与 Lowry T. M. 同时提出了**酸碱质子理论**(proton theory of acid and base)。对应的酸碱定义是：凡是能给出质子(H^+)的物质都是**酸**(acid)，凡是能接受质子的物质都是**碱**(base)。

也就是说酸是质子的给予体，碱是质子的接受体，例如

$$\text{酸} \rightleftharpoons \text{质子} + \text{碱}$$

$$HCl \rightleftharpoons H^+ + Cl^-$$

$$H_2O \rightleftharpoons H^+ + OH^-$$

$$[Zn(H_2O)_6]^{2+} \rightleftharpoons H^+ + [ZnOH(H_2O)_5]^+$$

$$NH_4^+ \rightleftharpoons H^+ + NH_3$$

$$H_2PO_4^- \rightleftharpoons H^+ + HPO_4^{2-}$$

$$HCO_3^- \rightleftharpoons H^+ + CO_3^{2-}$$

从上述酸碱的共轭关系可看出，酸和碱可以是分子，也可以是阴离子或阳离子，另外像 HCO_3^-，$H_2PO_4^-$，HPO_4^{2-} 等物质，既可以给出质子表现为酸，又可以接受质子表现为碱，这种物质称为**两性物质**(amphoteric substance)。酸和碱不是孤立的，酸给出质子后余下的部分就是碱，而碱结合质子后就变为酸，两者相互依赖，在一定条件下可以相互转化，我们把这种关系称为共轭关系，相差一个质子的一对酸碱被称为**共轭酸碱对**(conjugated pair of acid - base)，例如 HCl 的共轭碱是 Cl^-，Cl^- 的共轭酸是 HCl，HCl 和 Cl^- 互为共轭酸碱对。根据酸碱质子理论可知，酸和碱是成对存在的，酸给出质子，必须有接受质子的碱存在，质子才能从酸转移至碱。因此，酸碱反应的实质是两个共轭酸碱对之间的质子转移反应，可用通式表示为

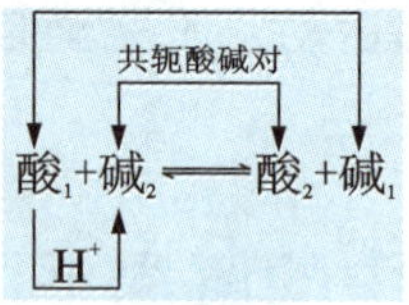

(3 - 11)

式(3 - 11)中，酸$_1$和碱$_1$　酸$_2$和碱$_2$互为共轭酸碱对，质子从一种物质(酸$_1$)转移到另一种物质(碱$_2$)上。这种反应无论是在水溶液中，还是在非水溶液中或气相中进行，其实质都是一样的，这解释了非水溶液和气体间的酸碱反应。此外，质子酸碱的强弱也与影响给质子能力、受质子能力的溶剂有关。

酸碱质子理论与电离理论相比较，扩大了酸和碱的范畴。它不仅适用于水溶液体系，也适用于非水体系和气相体系。但是质子理论也有局限性，不能解释没有质子转移的酸碱反应，如酸性的 SO_3 和碱性的 CaO 发生的反应。此外，酸必须含有氢原子且能和溶剂发生质子交换反应，因而，质子酸不能包括那些化学组成中不含氢原子但又具有酸性的物质，如 BF_3、$SnCl_4$、$AlCl_3$ 等，它们和含氢酸一样在非水溶剂

中仍然可以表现为酸性，这些物质的酸性可由酸碱电子理论来解释。

2. 酸碱的电子理论

1923 年，美国化学家 Lewis G. N. 提出了**酸碱电子理论**(electron theory of acid and base)。Lewis 酸碱的定义为：凡是能给出电子对的物质(分子、离子或原子团)都称为碱，碱是电子对的给予体；凡是能接受电子对的物质都称为酸，酸是电子对的接受体。酸碱反应的实质是碱提供一对电子与酸形成配位键而生成酸碱配合物，并不发生电子转移，可用通式表示为

$$\underset{(\text{电子对接受体})}{\text{酸}} + \underset{(\text{电子对给予体})}{\text{碱}} \rightleftharpoons \text{酸碱配合物}$$

$$H^+ + :OH^- \rightleftharpoons H \leftarrow OH$$

$$BF_3 + :F^- \rightleftharpoons [F \rightarrow BF_3]^-$$

$$Cu^{2+} + 4:NH_3 \rightleftharpoons [(H_3N)_4 \rightarrow Cu]^{2+}$$

含有配位键的配合物和有机化合物是 Lewis 酸碱配合物，所以 Lewis 酸碱的范围相当广泛。凡是金属离子都是酸，与金属离子结合的不管是阴离子或中性分子都是碱。而电离理论中所谓盐类如 $MgCl_2$、$SnCl_4$ 等；金属氧化物如 ZnO、Fe_2O_3 等以及各种配合物如 $[AlCl_4]^-$、$[Cu(NH_3)_4]^{2+}$ 等都是酸碱配合物。许多有机化合物也可看作是酸碱配合物，如乙醇可以看作是由乙基离子 $C_2H_5^+$(酸)和羟基离子 OH^-(碱)组成的，甚至烷烃类也可看作是由 H^+(酸)和碳阴离子 R^-(碱)组成的酸碱配合物。

由此可见，电子理论定义的酸碱包含的物质种类极为广泛。为了区别不同理论所指的酸碱，常把电子酸碱理论所定义的酸碱称为路易斯酸和路易斯碱。

化学家史话_路易斯

吉尔伯特·牛顿·路易斯(Gilbert Newton Lewis，1875 年 10 月 23 日—1946 年 3 月 23 日)美国物理化学家，以路易斯结构表示法著名，这是一种用来表达分子上电子分布的结构图。此外，他也是化学热力学的建立者之一，并于 1926 年，创造了“光子”(photon)一词，用以表示辐射能的最小单位。

3.2.2 酸碱的解离平衡

1. 一元弱酸、弱碱的解离平衡

除少数强酸、强碱外，大多数酸和碱溶液中存在解离平衡。根据酸碱质子理论，一元弱酸、弱碱是指那些只能给出一个质子或接受一个质子的物质。一元弱酸 HA 的水溶液中，存在 HA 与 H_2O 之间的质子转移平衡，可用通式表示

$$HA(aq) + H_2O(l) \rightleftharpoons A^-(aq) + H_3O^+(aq)$$

其标准平衡常数的表达式为

$$K_a^\ominus = \frac{[H_3O^+/c^\ominus][A^-/c^\ominus]}{[HA/c^\ominus]}$$

在稀水溶液中，$[H_2O]$ 可视为常数，$[H_3O^+]$ 可简为 $[H^+]$，上式可简写为

$$K_a^\ominus = \frac{[H^+][A^-]}{[HA]} \qquad (3-12)$$

$K_a^\ominus$ 称为**酸的质子转移平衡常数**(proton transfer constant of acid)，简称为酸常数。在一定温度下，其值一定。$K_a^\ominus$ 的大小表示酸在水溶液中给出质子的能力强弱，即酸的相对强弱，$K_a^\ominus$ 越大，说明该酸在水溶液中越易给出质子，即酸性越强。

视频3-13

一元弱酸 HA 的共轭弱碱为 A^-，其在水溶液中的质子转移平衡

通式为

$$A^-(aq)+H_2O(l) \rightleftharpoons HA(aq)+OH^-(aq)$$

同理可得一元弱碱 A^- 的解离平衡常数的表达式为

$$K_b^\ominus=\frac{[HA][OH^-]}{[A^-]} \tag{3-13}$$

$K_b^\ominus$称为**碱的质子转移平衡常数**(proton transfer constant of base),简称为碱常数。在一定温度下,其值一定。$K_b^\ominus$的大小表示碱在水溶液中接受质子能力的强弱,即碱的相对强弱,$K_b^\ominus$越大,说明该碱在水溶液中越易接受质子,即碱性越强。

可见一元弱酸 HA 的质子转移平衡常数 $K_a^\ominus$与其共轭碱 A^- 的质子转移平衡常数 $K_b^\ominus$之间有确定的关系,将式(3-12)和式(3-13)相乘,可得

$$K_a^\ominus \cdot K_b^\ominus=[H^+][OH^-] \tag{3-14}$$

又因为溶液中同时存在水的质子自递平衡,在水分子之间也能发生质子转移反应,称为水的**质子自递反应**(proton self-transfer reaction)

$$\underset{酸_1}{H_2O(l)}+\underset{碱_2}{H_2O(l)} \rightleftharpoons \underset{碱_1}{OH^-}(aq)+\underset{酸_2}{H_3O^+}(aq)$$

这种质子自递反应的平衡常数表达式为:

$$K_w^\ominus=[H^+][OH^-] \tag{3-15}$$

$K_w^\ominus$称为水的**质子自递常数**(proton self-transfer constant),又称为**水的离子积**(ion product of water)。其数值与温度有关,水的质子自递反应是吸热反应,故 $K_w^\ominus$随温度的升高而增大。在 25℃ 的纯水中,$K_w^\ominus$为 1.00×10^{-14},合并式(3-14)和式(3-15)式可得

$$K_a^\ominus \cdot K_b^\ominus = K_w^\ominus \tag{3-16}$$

式(3-16)表明一定温度时 $K_a^\ominus$与 $K_b^\ominus$成反比,这充分体现了共轭酸碱之间的强度对立统一关系,酸越强,其共轭碱越弱;碱越强,其共轭酸越弱。一般化学手册中不常列出离子酸、离子碱的质子转移平衡常数,但根据已知分子酸的 $K_a^\ominus$(或分子碱的 $K_b^\ominus$),可以方便地计算其共轭离子碱的 $K_b^\ominus$或共轭离子酸的 $K_a^\ominus$。例如,通常可以查到质子酸 HAc 的 $K_a^\ominus=1.75\times10^{-5}$,则其共轭碱 Ac^- 的 $K_b^\ominus=\frac{K_w^\ominus}{K_a^\ominus}=\frac{1.0\times10^{-14}}{1.75\times10^{-5}}=5.71\times10^{-10}$。常用的质子酸碱的质子转移平衡常数参见附录三。

2. 一元弱酸或弱碱溶液 pH 计算

根据质子转移平衡常数,可以计算弱酸、弱碱水溶液中的 H^+ 浓度或 OH^- 浓度。

在一元弱酸 HA 的水溶液中存在着两种质子转移平衡,一种是一元弱酸的解离平衡,另一种是水的质子自递平衡。溶液中 H_3O^+ 分别来自 HA 和 H_2O 的解离,由 HA 解离产生的 H_3O^+浓度等于 A^-浓度,由 H_2O 解离产生的 H_3O^+浓度等于 OH^-浓度,在溶液中,HA、H_3O^+、A^-和 OH^-四种粒子的浓度都是未知的,要精确求得$[H^+]$,计算比较复杂,在多数情况下,采取合理近似处理。

当 $K_a^\ominus \cdot c \geqslant 20K_w^\ominus$时,可以忽略水的质子自递平衡,只考虑 HA 的质子转移平衡

$$HA(aq)+H_2O(l) \rightleftharpoons A^-(aq)+H_3O^+(aq)$$

视频3-14

起始浓度/mol·L^{-1} c 0 0

平衡浓度/mol·L^{-1} $c-[H^+]$ $[A^-]$ $[H^+]$

当平衡时，$[H^+]\approx[A^-]$，则

$$K_a^\ominus=\frac{[H^+][A^-]}{[HA]}=\frac{[H^+]^2}{c-[H^+]} \tag{3-17}$$

$[H^+]^2+K_a^\ominus[H^+]-K_a^\ominus c=0$

$$[H^+]=\frac{-K_a^\ominus+\sqrt{K_a^{\ominus 2}+4K_a^\ominus c}}{2} \tag{3-18}$$

式(3-18)是计算一元弱酸溶液中$[H^+]$的近似式，使用此式要满足的条件是$K_a^\ominus\cdot c\geqslant 20K_w^\ominus$。

当弱酸的$c/K_a^\ominus\geqslant 500$或解离度$\alpha<5\%$时，已解离的酸极少，与酸的原始浓度$c$相比可忽略，可以认为$[HA]\approx c$，式(3-17)表示为$K_a^\ominus=[H^+]^2/c$。

则
$$[H^+]=\sqrt{K_a^\ominus c} \tag{3-19}$$

式(3-19)是计算一元弱酸$[H^+]$的最简式，使用此式要满足的两个条件是$K_a^\ominus\cdot c\geqslant 20K_w^\ominus$和$c/K_a^\ominus\geqslant 500$或$\alpha<5\%$，否则将造成较大误差。

如果稀溶液的$[H^+]$很小，为了使用方便，常用pH表示溶液的酸碱性，pH的定义为氢离子活度的负对数

$$pH=-\lg a(H^+)$$

在稀溶液中，浓度和活度的数值很接近，通常在实际工作中近似地用浓度代替活度

$$pH=-\lg[H^+] \tag{3-20}$$

对于一元弱碱溶液，同理可以得到。

当$K_b^\ominus\cdot c\geqslant 20K_w^\ominus$时，计算一元弱碱溶液中$[OH^-]$的近似式

$$[OH^-]=\frac{-K_b^\ominus+\sqrt{K_b^{\ominus 2}+4K_b^\ominus c}}{2} \tag{3-21}$$

当$K_b^\ominus\cdot c\geqslant 20K_w^\ominus$且$c/K_b^\ominus\geqslant 500$或$\alpha<5\%$时，计算一元弱碱溶液中$[OH^-]$的最简式为

$$[OH^-]=\sqrt{K_b^\ominus c} \tag{3-22}$$

此时稀溶液，

$$pOH=-\lg[OH^-] \text{ 或 } pH=14-pOH \tag{3-23}$$

溶液的酸碱性所使用的pH范围通常为1~14，pH为负值或大于14不常用。

例题3-4 计算5.00×10^{-3} mol·L^{-1} NH_4Cl溶液的pH。

解： NH_4^+为一元弱酸，$NH_4^+-NH_3$为共轭酸碱对，已知NH_3的$K_b^\ominus=1.79\times10^{-5}$

则NH_4^+的$K_a^\ominus=K_w^\ominus/K_b^\ominus=1.00\times10^{-14}/1.79\times10^{-5}=5.59\times10^{-10}$

$K_a^\ominus c>20K_w^\ominus$，$c/K_a^\ominus>500$，故可采用最简式(3-19)计算：

$[H^+]=\sqrt{K_a^\ominus c}$

$=\sqrt{5.59\times10^{-10}\times5.00\times10^{-3}}$

$=1.18\times10^{-6}$ mol·L^{-1}

$pH=-\lg[H^+]=-\lg(1.18\times10^{-6})=5.93$

3. 多元弱酸、弱碱的解离平衡

多元弱酸或多元弱碱在水中的质子转移反应是分步进行的，每一步都有对应的质子转移平衡常数，例如$H_2C_2O_4$，其质子转移分两步进行。

第一步质子转移反应

$$H_2C_2O_4(aq)+H_2O(l)\rightleftharpoons HC_2O_4^-(aq)+H_3O^+(aq)$$

$$K_{a1}^\ominus=\frac{[HC_2O_4^-][H_3O^+]}{[H_2C_2O_4]}=5.89\times10^{-2}$$

第二步质子转移反应

$$HC_2O_4^-(aq) + H_2O(l) \rightleftharpoons C_2O_4^{2-}(aq) + H_3O^+(aq)$$

$$K_{a2}^{\ominus} = \frac{[C_2O_4^{2-}][H_3O^+]}{[HC_2O_4^-]} = 6.46 \times 10^{-5}$$

视频3-15

$H_2C_2O_4$和 $HC_2O_4^-$ 都为酸，它们对应的共轭碱分别为 $HC_2O_4^-$ 和 $C_2O_4^{2-}$，其质子转移平衡常数分别为

$$C_2O_4^{2-}(aq) + H_2O \rightleftharpoons HC_2O_4^-(aq) + OH^-(aq)$$

$$K_{b1}^{\ominus} = K_w^{\ominus}/K_{a2}^{\ominus} = 1.55 \times 10^{-10}$$

$$HC_2O_4^-(aq) + H_2O \rightleftharpoons H_2C_2O_4(aq) + OH^-(aq)$$

$$K_{b2}^{\ominus} = K_w^{\ominus}/K_{a1}^{\ominus} = 1.69 \times 10^{-13}$$

多元弱酸的水溶液是一个复杂的酸碱平衡系统，其质子转移是分步进行的。例如上述二元酸 $H_2C_2O_4$在水溶液中存在两步质子转移平衡，除了酸自身的多步解离平衡外，还有水的质子自递反应

$$H_2O(l) + H_2O(l) \rightleftharpoons OH^-(aq) + H_3O^+(aq)$$

在 $H_2C_2O_4$溶液中，H_3O^+分别来自酸的两步质子转移平衡和水的质子自递反应平衡。在酸性溶液中，由于受第一步解离产生的 H_3O^+同离子效应的影响，水的质子自递反应及第二步质子转移受到抑制，故由水的质子自递产生的 H_3O^+可以忽略不计，又因 $K_{a1}^{\ominus}$比 $K_{a2}^{\ominus}$大于 10^3倍，$H_2C_2O_4$的第二步质子转移要比第一步质子转移困难得多，因此，溶液中的 H_3O^+主要来源于 $H_2C_2O_4$第一步质子转移。

根据以上考虑，在计算多元酸中各种离子浓度时：

(1)若多元弱酸 $K_{a1}^{\ominus} \gg K_{a2}^{\ominus} \gg K_{a3}^{\ominus} \cdots$，即 $K_{a1}^{\ominus}/K_{a2}^{\ominus} > 10^3$，计算溶液中离子浓度时，可忽略第二步及以后质子转移反应所产生的 H_3O^+，当作一元弱酸处理，此时，溶液的酸性强弱只需比较 $K_{a1}^{\ominus}$的大小。

例题 3－5 计算 0.100 mol·L^{-1} H_2CO_3溶液的 pH。

解：已知 H_2CO_3 的 $K_{a1}^{\ominus} = 4.30 \times 10^{-7}$，$K_{a2}^{\ominus} = 5.61 \times 10^{-11}$

因 $K_{a1}^{\ominus}/K_{a2}^{\ominus} > 10^3$，$c/K_{a1}^{\ominus} > 500$，故可按最简式(3－19)计算

$$[H^+] \approx \sqrt{K_{a1}^{\ominus} \cdot c} = \sqrt{4.30 \times 10^{-7} \times 0.100} = 2.07 \times 10^{-4}\ \text{mol} \cdot \text{L}^{-1}$$

$$\text{pH} = 3.68$$

(2)多元酸第二步质子转移平衡所得的共轭碱的浓度近似等于 $K_{a2}^{\ominus}$，与酸的浓度关系不大，如 $H_2C_2O_4$溶液中，$[C_2O_4^{2-}] \approx K_{a2}^{\ominus}$，$H_2CO_3$溶液中，$[CO_3^{2-}] \approx K_{a2}^{\ominus}$。

(3)多元弱酸第二步及以后各步的质子转移平衡所得的相应共轭碱的浓度都很低。多元弱碱在溶液中的分步解离与多元弱酸相似，根据类似的条件，可按一元弱碱的计算方法处理。

另外，在质子酸碱理论中，既可给出质子又可接受质子的物质称为两性物质，如水、多元酸的酸式盐、弱酸弱碱盐和氨基酸等。两性物质溶液中的质子转移平衡十分复杂，根据具体情况，在计算时进行合理的近似处理。

如果用 $K_a^{\ominus}$表示两性物质作为酸时酸的质子转移平衡常数，K_a'表示两性物质作为碱时，其对应的共轭酸的质子转移平衡常数，c 表示两性物质的浓度。当 $K_a^{\ominus}c > 20K_w^{\ominus}$，且 $c > 20K_a'$时，水的质子自递反应可以忽略，根据同时考虑物料平衡和电荷(质子)平衡的数学推导，两性物质溶液计算 $[H^+]$的最简式为

视频3-16

$$[H^+] = \sqrt{K_a^{\ominus}K_a'} \text{ 或 } \text{pH} = \frac{1}{2}(\text{p}K_a^{\ominus} + \text{p}K_a') \qquad (3-24)$$

3.3　缓冲溶液和 pH 控制

3.3.1　同离子效应与缓冲溶液

1. 同离子效应

解离平衡和其他化学平衡一样，弱电解质在水溶液中的解离平衡会随着温度、浓度条件的改变而发生移动。如在 HAc 溶液中，加入含有相同离子的 NaAc 固体，由于 NaAc 是强电解质，在水溶液中全部解离成 Na^+ 和 Ac^-，使溶液中 Ac^- 的浓度增大，破坏了 HAc 在水溶液中的质子转移平衡，使平衡向生成 HAc 分子的方向移动，溶液中的 H_3O^+ 浓度减小，导致 HAc 的解离度减小。

$$HAc(aq) + H_2O(l) \rightleftharpoons H_3O^+(aq) + \boxed{Ac^-(aq)}$$

$$NaAc(s) \rightarrow Na^+(aq) + \boxed{Ac^-(aq)}$$

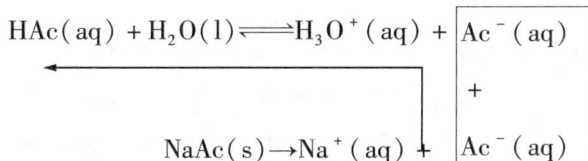

这种在弱酸或弱碱的水溶液中，加入与弱酸或弱碱含有相同离子的易溶强电解质，使解离平衡发生移动，降低弱酸或弱碱的解离度的现象称为**同离子效应**(common ion effect)。

同离子效应很有实际意义，由于它可以控制弱酸或弱碱溶液的 H^+ 或 OH^- 浓度，故在实际应用中常用来调节溶液的酸碱性，有关内容将在缓冲溶液中介绍。

2. 缓冲溶液

在水溶液中进行的许多反应都与溶液的 pH 有关，其中有些反应要求在一定的 pH 范围内进行，但许多外界因素会使一般溶液的 pH 发生改变，如空气中的二氧化碳，可使 pH 降低，有少量的强酸或强碱加入溶液中，则 pH 的变化就更为显著了。但有这样一种溶液，当在其中加入少量强酸或强碱或稍加稀释时，溶液的 pH 基本不变，这种能抵抗外加少量强酸、强碱或稍加稀释而保持溶液 pH 基本不变的溶液称为**缓冲溶液**(buffer solution)。缓冲溶液对强酸、强碱或稀释的抵抗作用，称为**缓冲作用**(buffer action)。按照质子酸碱理论，常用的缓冲溶液主要由浓度足够和比例适当的共轭酸及其共轭碱两种物质组成，这两种物质合称为**缓冲系**(buffer system)或**缓冲对**(buffer pair)。一些常见的缓冲系见表 3－5。

表 3－5　常见的缓冲系

缓冲系	共轭酸	共轭碱	$pK_a^\ominus$(25℃)
$H_3PO_4-NaH_2PO_4H_3PO_4$	$H_2PO_4^-$		2.16
$C_6H_4(COOH)_2$ – $C_6H_4(COOH)COOK$	$C_6H_4(COOH)_2C_6H_4(COOH)COO^-$		2.89
HAc – NaAc	HAc	Ac^-	4.76
$H_2CO_3-NaHCO_3$	H_2CO_3	HCO_3^-	6.35

例题 3－6　已知 HAc 的 $K_a^\ominus = 1.74\times10^{-5}$，在 0.10 $mol\cdot L^{-1}$ HAc 溶液中加入固体 NaAc，使溶液中 NaAc 的浓度为 0.10 $mol\cdot L^{-1}$(溶液体积变化忽略不计)，计算加 NaAc 前、后溶液中 HAc 的解离度及 pH。

解：(1)加 NaAc 前

$$HAc(aq) + H_2O(l) \rightleftharpoons H_3O^+(aq) + Ac^-(aq)$$

平衡浓度/($mol\cdot L^{-1}$)

$c(1-\alpha)$　　$c\alpha$　　$c\alpha$

根据式(3－19)得 $[H^+] = \sqrt{K_a^\ominus c} = \sqrt{1.74\times10^{-5}\times0.1} = 1.32\times10^{-3}\ mol\cdot L^{-1}$，pH = 2.88

$c\alpha = [H^+] = 1.32\times10^{-3}\ mol\cdot L^{-1}$，$\alpha = 1.32\times10^{-2} = 1.32\%$

(2)加 NaAc 后

因为 NaAc 在溶液中全部解离，由于 NaAc 解离而增加的 Ac^- 浓度为 0.10 $mol\cdot L^{-1}$，则

$$HAc(aq) + H_2O(l) \rightleftharpoons H_3O^+(aq) + Ac^-(aq)$$

平衡浓度/($mol\cdot L^{-1}$)

$0.10-[H^+]\approx0.10$　　$[H^+]$　　$0.10+[H^+]\approx0.10$

根据 $K_a^\ominus = \dfrac{[H^+][Ac^-]}{[HAc]}$ 得：

$$[H^+] = \frac{K_a^\ominus[HAc]}{[Ac^-]} = \frac{1.74\times10^{-5}\times0.1}{0.1} = 1.74\times10^{-5}\ mol\cdot L^{-1},$$

pH = 4.76

此时 $c\alpha = [H^+] = 1.74\times10^{-5}\ mol\cdot L^{-1}$，解离度 $\alpha = 1.74\times10^{-4} = 0.017\%$。

加入 NaAc 后，由于同离子效应的存在，HAc 的解离度降低约 77 倍。

视频3-17

视频3-18

视频3-19

视频3-20

视频3-21

续表 3-5

缓冲系	共轭酸	共轭碱	$pK_a^{\ominus}$(25℃)
$NaH_2PO_4-Na_2HPO_4$	$H_2PO_4^-$	HPO_4^{2-}	7.21
Tris·HCl－Tris①	$Tris \cdot H^+$	Tris	7.85
$H_3BO_3-Na_2B_4O_7$	H_3BO_3	$Na_2B_4O_7$	9.20
NH_4Cl-NH_3	NH_4^+	NH_3	9.25
$Na_2HPO_4-Na_3PO_4$	HPO_4^{2-}	PO_4^{3-}	12.32

①三(羟甲基)甲胺盐酸盐－三(羟甲基)甲胺

缓冲溶液的重要作用是控制溶液的 pH，但缓冲溶液为什么能抵抗外来少量的强酸、强碱或稀释而维持 pH 不变呢？下面以 HAc－NaAc 缓冲溶液为例来说明缓冲作用原理。溶液中的质子转移平衡关系可表示为

$$HAc(aq)+H_2O(l) \rightleftharpoons H_3O^+(aq)+Ac^-(aq)$$

HAc 为弱电解质，在水溶液中部分解离为 H_3O^+ 和 Ac^-；而 NaAc 为强电解质，在水溶液中完全解离为 Na^+ 和 Ac^-，因为来自 NaAc 中 Ac^- 的同离子效应，抑制了 HAc 的解离，使 HAc 的质子转移平衡左移，HAc 的解离度会降低，因此在水溶液中 HAc 几乎全部以分子的形式存在。所以在此混合体系中 Na^+，Ac^- 和 HAc 的浓度较大，其中 $HAc-Ac^-$ 为共轭酸碱对。

从解离平衡的角度分析，当在平衡系统中外加少量强碱时，外加的 OH^- 与体系中的 H_3O^+ 作用生成 H_2O，HAc 的解离平衡右移，大量存在的 HAc 将质子传递给 H_2O，补充消耗的 H_3O^+。当达到新的平衡时，体系中 H_3O^+ 的浓度没有明显减小，pH 也基本保持不变。共轭酸 HAc 实际起到抵抗外加强碱的作用，故又称为抗碱成分；当外加少量强酸时，外加的 H_3O^+ 与体系中大量存在的 Ac^-（又称为抗酸成分）作用生成 HAc，使 HAc 的解离平衡左移，当达到新的平衡时，体系中 H_3O^+ 的浓度没有明显增加，pH 保持基本不变。共轭碱 Ac^- 实际起到抵抗外加强酸的作用；当溶液稍加稀释时，体系中各种离子的浓度都有所降低，虽然 H_3O^+ 浓度也降低，但溶液稀释导致同离子效应减弱，促使 HAc 的解离度增大。HAc 进一步解离产生的 H_3O^+ 可使溶液的 pH 保持基本不变。

3.3.2 缓冲溶液的 pH 与缓冲范围

若以 HA 表示缓冲系中的共轭酸，NaA 表示缓冲系中的共轭碱，在水溶液中，它们存在如下质子转移平衡：

$$HA(aq)+H_2O(l) \rightleftharpoons H_3O^+(aq)+A^-(aq)$$

$$K_a^{\ominus}=\frac{[H_3O^+][A^-]}{[HA]},\quad [H_3O^+]=K_a^{\ominus}\times\frac{[HA]}{[A^-]}$$

等式两边取负对数可得

$$pH=pK_a^{\ominus}+\lg\frac{[A^-]}{[HA]} \text{或} pH=pK_a^{\ominus}+\lg\frac{[\text{共轭碱}]}{[\text{共轭酸}]} \qquad (3-25)$$

式中：$K_a^{\ominus}$ 为缓冲系中共轭酸的解离常数；[HA] 和 $[A^-]$ 分别为共轭酸、碱的平衡浓度；$[A^-]/[HA]$ 称为**缓冲比**(buffer－component ratio）。式（3－25）为计算缓冲溶液 pH 的 Henderson－Hasselbalch 方程式。应当指出的是，式（3－25）中[HA]和[A^-]虽是平衡浓度，但由于 HA 为弱酸，解离度较小，又因为 A^-的同离子效应，使 HA 的解离度进一步降低，共轭酸碱的平衡浓度近似等于初始浓度c(HA)和$c(A^-)$，则式（3－25）可近似写成

$$pH = pK_a^\ominus + \lg\frac{[A^-]}{[HA]} \approx pK_a^\ominus + \lg\frac{c(A^-)}{c(HA)} \qquad (3-26)$$

对共轭酸碱对来说，25℃时，$pK_a^\ominus + pK_b^\ominus = 14.00$

$$pH = 14 - pK_b^\ominus + \lg\frac{c(A^-)}{c(HA)} \qquad (3-27)$$

计算 NH_3-NH_4Cl 这类碱性缓冲溶液的 pH 时，人们常用公式（3－27）来计算。

任何缓冲溶液的缓冲能力都有一定的限度，只有在加入的酸和碱不超过一定量时，才能有效地发挥缓冲作用，若加入的酸或碱的量过大，缓冲溶液的缓冲能力就将减弱乃至完全丧失。实验证明，缓冲比大于10∶1或小于1∶10，即溶液的 pH 与 $pK_a^\ominus$相差超过 1 个 pH 单位时，缓冲溶液几乎丧失缓冲能力。通常把缓冲比在0.1～10 范围之间所对应的缓冲溶液的 pH 称为缓冲溶液的**缓冲范围**（buffer effective range）。据式（3－26）可得

$$pH = pK_a^\ominus \pm 1 \qquad (3-28)$$

根据式（3－28）可以计算任一缓冲溶液的缓冲范围，不同的缓冲系，因弱酸的 $pK_a^\ominus$不同，所以缓冲范围也各不相同。

3.3.3　缓冲溶液的选择与应用

在实际工作中常会遇到缓冲溶液的选择问题。选择缓冲溶液时首先要考虑共轭酸碱不得与研究体系中的其他物质发生副反应。如果用于生物化学反应体系的缓冲溶液，则要考虑共轭酸碱对生物体不得有毒性。由于缓冲溶液的缓冲能力都有一定的限度，缓冲溶液的缓冲范围见式（3－28），共轭酸碱的浓度都不能过高或过低，且其浓度比不宜超出0.1～10，否则缓冲溶液的缓冲能力就将减弱乃至完全丧失，所以在配制具有一定 pH 的缓冲溶液时，应当选用共轭酸 $pK_a^\ominus$接近或等于该 pH 的缓冲系。如要配制 pH＝5.00 的缓冲溶液时，可以考虑选用 HAc－NaAc 缓冲溶液，因为 HAc 的 $pK_a^\ominus=4.75$。

缓冲溶液在化学化工、农业、生物医药以及工程技术中有着非常重要的应用。在制备难溶金属氢氧化物、碳酸盐和难溶金属硫化物中，由于开始生成沉淀和完全沉淀时所需 pH 不同，因此为使沉淀完全，要用缓冲溶液控制 pH。植物的正常生长离不开土壤中复杂的缓冲系统，例如 $H_2CO_3-NaHCO_3$、$NaH_2PO_4-Na_2HPO_4$和其他有机酸及其共轭碱等。因此，外加酸或碱性的肥料、生物腐烂、植物的根释放酸都不至于引起土壤酸度的激烈变化，保持土壤 pH 在一定的范围内。更有趣的是人体的各种体液是天然的、精确的缓冲溶液，它们的 pH 必须在一定范围内才能保持整个机体的生存。如人体的血浆中就含有 $H_2CO_3-NaHCO_3$、$NaH_2PO_4-Na_2HPO_4$、血浆蛋白－血浆蛋白共轭碱、血红蛋白－血红蛋白共轭碱等缓冲系，使人体血液 pH 维持在7.35～7.45 之间，保证细胞的新陈代谢。在医药方面，顺铂[$Pt(NH_3)_2Cl_2$]

缓冲容量与缓冲范围

任何缓冲溶液的缓冲能力都有一定的限度，只有在加入的酸和碱不超过一定量时，才能有效地发挥缓冲作用，若加入的酸或碱的量过大，缓冲溶液的缓冲能力就将减弱乃至完全丧失。1922 年，Slyke V 提出用**缓冲容量**（buffer capacity）β 作为衡量缓冲能力大小的尺度。缓冲容量就是使单位体积缓冲溶液的 pH 改变一个单位时，所需外加一元强酸或一元强碱的物质的量，用微分公式表示为：$\beta = \frac{dn_{a(b)}}{V|dpH|}$。式中 $dn_{a(b)}$是加入微小量一元强酸（dn_a）或一元强碱（dn_b）的物质的量，单位为 mol 或 mmol；V 是缓冲溶液的体积，单位为 L 或 mL；|dpH|是缓冲溶液 pH 微小改变量的绝对值。β 只能为正值，其值越大，表示缓冲能力越强；反之，缓冲能力越弱。

由共轭酸碱对构成的缓冲溶液，其缓冲容量与总浓度（$c_总=[HB]+[B^-]$）及[HB]、[B^-]的关系式，可由式 $\beta = \frac{dn_{a(b)}}{V|dpH|}$ 推导（不介绍）而得 1 式：$\beta = 2.303\frac{[HB]}{[HB]+[B^-]} \times \frac{[B^-]}{[HB]+[B^-]} \times \{[HB]+[B^-]\}$ 和 2 式：$\beta = 2.303\frac{[HB]}{c_总} \times \frac{[B^-]}{c_总} \times c_总 = 2.303 \times [HB][B^-]/c_总$。

影响缓冲容量的因素主要有两个：其一是缓冲溶液的总浓度，即[HB]＋[B^-]；其二是缓冲溶液的缓冲比，即[B^-]/[HB]。当给定的缓冲溶液的缓冲比一定时，总浓度越大，即溶液中抗酸、抗碱成分越多，缓冲容量越大；当给定的缓冲溶液的总浓度相同时，缓冲容量与缓冲比有关。缓冲比越接近 1，缓冲容量越大；缓冲比越远离 1（即 pH 偏离 pK_a越远）时，缓冲容量越小。当缓冲比等于 1（即 $pH=pK_a$）时，缓冲容量最大，用 $\beta_{极大}$表示，它与缓冲溶液总浓度的关系为：$\beta_{极大}=2.303\times(c_总/2)(c_总/2)/c_总=0.576c_总$。

视频3-22

视频3-23

具有抗癌的作用，EDTA 的钙钠盐是排除人体内 Hg、Pb、Cd 等有毒金属和 U、Th、Pu 等放射性元素的高效解毒剂。在金属电镀时，电镀液使用缓冲液来控制 pH，防止对金属造成腐蚀，如电镀镍时，常用 $H_3BO_3-Na_2B_4O_7$缓冲溶液来维持 pH 范围。在印刷、染料、冶金及制革等工业中也需要缓冲溶液。

3.4 配位化合物、配位平衡及其计算

3.4.1 配合物的组成

配位化合物，简称配合物。配合物就是由中心离子(或原子)与一定数目的配体以配位键的方式结合而形成具有一定空间构型的分子或离子。例如$[Cu(NH_3)_4]SO_4$、$[Ag(NH_3)_2]Cl$、$K_4[PtCl_6]$ 和 $Ni(CO)_4$ 等均为配合物。

通常来说，一个配合物是由外界和内界两部分组成。以配合物 $K_4[PtCl_6]$ 为例，其组成如图 3-4 所示。

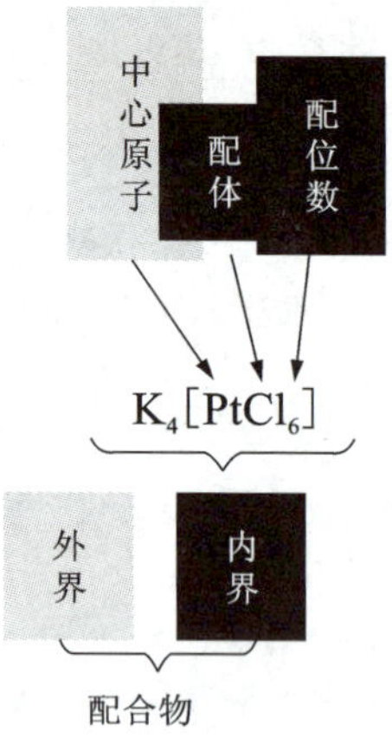

图 3-4 配合物 $K_4[PtCl_6]$ 的组成与结构

配合物内界由中心离子(或原子)与配体两部分组成；一个配合物的内界统称为配位个体，当它带有电荷时简称为配离子。带正电荷的配离子称配阳离子，带负电荷的称配阴离子。配离子的电荷为中心金属离子和配体所带电荷之和。内界是配合物的特征部分，组分很稳定，解离程度较小。例如配合物$[Co(NH_3)_6]Cl_3$的水溶液中，外界 Cl^-可解离出来，而内界组分 $[Co(NH_3)_6]^{3+}$是比较稳定的整体。

中心原子(central atom)(或称中心离子)位于配合物内界的中心，形成配合物前多数为金属正离子，也可以是金属原子，甚至还可以为金属负离子，如 $Na[Co(CO)_4]$ 中的 Co^-离子。不同金属元素形成配合物的能力差别很大。在周期表中，s 区金属形成配合物的能力较弱，p 区金属稍强，而过渡元素形成配合物的能力最强。**配体**(ligand)可以是中性分子，如 NH_3、H_2O、CO 和有机胺等；也可以是阴离子，如 Cl^-、F^-、OH^-、CN^-和 $C_2O_4^{2-}$等。一个配体中与中心原子通过配位键直接结合的原子称为配位原子，如 NH_3中的 N 原子，H_2O 中的 O 原子，CO 中的 C 原子等。常见的配位原子主要是周期表中电负性较大的非金属原子，如 X(卤素)和 N、O、S、C、P 等原子。**配位数**(coordination number)是指与中心离子(或原子)以 σ 配位键(详见第 5 章)直接键合的配位原子的个数。配位数与配体个数并不一定相等，如$[Cu(NH_3)_4]^{2+}$中的配位数与配体个数均为 4，但$[Cu(en)_2]^{2+}$中的配位数为 4，而配体个数为 2。在一个配体中，若只有一个配位原子与中心离子(或原子)结合，这样的配体称为单齿配体，常见单齿配体有 CO(羰基)、CN^-(氰)、NH_3(氨)、NH_2^-(氨基)、NO_2^-(硝基)、NCS^-(异硫氰酸根)、SCN^-(硫氰酸根)、$S_2O_3^{2-}$(硫代硫酸根)、SO_4^{2-}(硫酸根)、HS^-(巯)、OH^-(羟)、ONO^-(亚硝酸根)、O_2(双氧)、O^{2-}(氧)与 X(卤素)等。在一个配体中，若有两个或两个以上的配位原子同时与一个中心离子(或原子)结合，这样的配体称为多齿配体。多齿配体按配位原子数的多少可分为二齿配体、三齿配体等(见图 3-5)。有些配体虽然也具有两个或多个配位原子，但在一定条件下只能有一种配位原子与中心离子配位，这类配体叫**两可配体**(ambidetate ligand)。

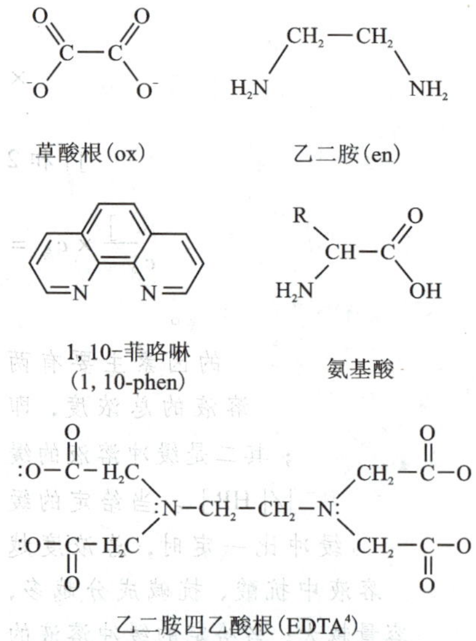

图 3-5 几种常见的多齿配体的结构与命名

视频3-24

如硫氰酸根(SCN^-)，以 S 配位；异硫氰酸根(NCS^-)，以 N 配位。

配位数多为偶数，最常见的为 4 和 6。配位数是决定配合物空间构型的主要因素，其大小受到多种因素的影响，包括几何因素(中心离子半径、配体的大小及几何构型)、静电因素(中心离子与配体的电荷)、中心离子的价电子层结构以及外界条件(浓度、温度等)。

3.4.2 配合物的命名

国际纯粹及应用化学会(IUPAC)规定的配位化合物命名法则，即配合物的系统命名法，其关键在于正确命名配离子(或配位分子)，然后再按普通盐类等的方法命名。系统命名的主要规则如下：配离子(内界)的命名按以下方式进行：配体数(中文数字)→ 配体名称 → 合 → 中心离子名称 → 中心离子氧化数(罗马数字)。如果在一个配离子(内界)中，配体不止一种时，各配体间用圆点“·”相隔，配体命名的次序遵循以下原则。

(1)先无机配体，后有机配体。如

$K[Pt(C_2H_4)Cl_3]^-$ 三氯·一乙烯合铂(Ⅱ)酸根离子

(2)先阴离子配体，后中性分子配体。如

$[Pt(NH_3)_2Cl_2]$ 二氯·二氨合铂(II)

(3)同类配体的名称按配位原子的元素符号的英文字母顺序排列。如

$[Co(H_2O)(NH_3)_5]^{3+}$ 五氨·水合钴(III)离子

(4)配体中的配位原子相同时，原子个数较少的配体排在前面，如

$[Pt(NO_2)(NH_3)(NH_2OH)(Py)]^+$ 硝基·氨·羟胺·吡啶合铂(II)离子

(5)配位原子相同，且配体中原子个数也相同，则按与配位原子直接相连的原子的元素符号英文字母顺序排列。如

$[Pt(NH_2)(NO_2)(NH_3)_2]$ 氨基·硝基·二氨合铂 (II)

配合物的命名原则与一般无机化合物的命名原则相同。

(1)含有配位阴离子的配合物。将配位阴离子当作化合物的酸根进行命名，称为“某酸某”。

(2)含有配位阳离子的配合物。将配位阳离子看作金属离子，如果外界为简单酸根离子(如 Cl^-)，称为“某化某”；若外界为复杂酸根离子(如 SO_4^{2-})，称为“某酸某”；若外界为 OH^-，称为“氢氧化某”。

(3)内界为电中性的配合物，其命名与配合物内界的命名相同。

表 3-6 一些配合物的化学式、系统命名实例

类别	化学式	系统命名
配位酸	$H[AuCl_4]$	四氯合金(III)酸
配位碱	$[Zn(NH_3)_4](OH)_2$	氢氧化四氨合锌(II)
配位盐	$Na_3[Ag(S_2O_3)_2]$	二硫代硫酸根合银(I)酸钠
	$[Co(NH_3)_6]Cl_3$	三氯化六氨合钴(III)
	$[Cu(NH_3)_4]SO_4$	硫酸四氨合铜(II)
中性分子	$[Ni(CO)_4]$	四羰基合镍
	$[Pt(NH_3)_2Cl_4]$	四氯·二氨合铂(IV)
	$[Pt(NH_2)(NO_2)(NH_3)_2]$	氨基·硝基·二氨合铂 (II)

金属配合物与癌症治疗

配合物在催化合成、分析分离、电镀、湿法冶金和环境保护等传统化学领域中有广泛应用，而且在金属酶模拟、仿生传感、金属配合物药物、生物芯片及功能材料等方面也有广泛的应用。在这里只介绍金属配合物在治疗癌症方面的新进展。癌症是危害人类健康的重要疾病之一，而化疗是治疗癌症的一种重要手段。自 1965 年美国科学家 Rosenberg 研究发现顺铂具有抗癌活性以来，金属配合物抗癌药物的研究有了快速的发展。第一代铂族抗癌药物顺铂于 1978 年上市；第二代铂族抗癌药物铂族抗癌药物卡铂于 1986 年上市；第三代铂族抗癌药物奥沙利铂于 1996 年上市。

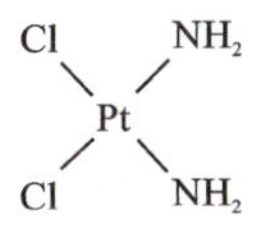

顺铂结构式

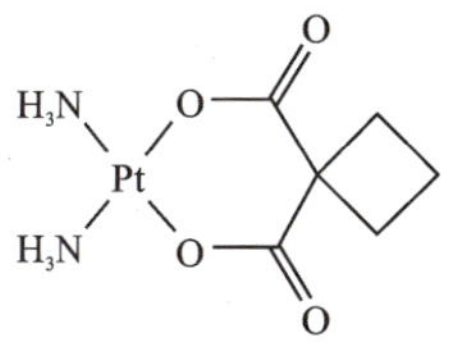

卡铂结构式

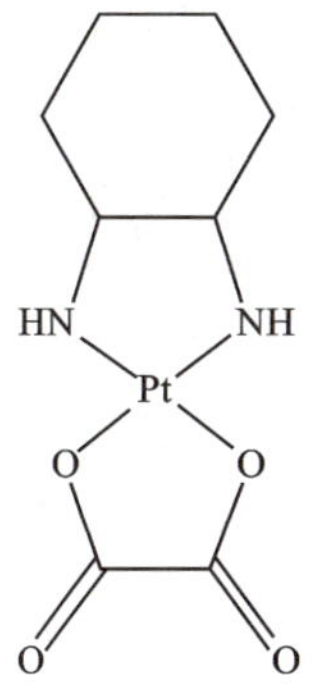

奥沙利铂结构式

随着人们对铂类药物的抗癌作用机理和药理作用的进一步深入开发和认识，铂族金属药物成为当前最为活跃的抗癌药物研发领域之一。目前，新的高效、低毒、具有抗癌活性的金属配合物也不断地合成出来，包括新型的铂族配合物、有机锡配合物、有机锗配合物、稀土配合物、多酸配合物等。

视频3-25

还有一些常见的配合物，也可用简称或俗名，如：$K_3[Fe(CN)_6]$又可称为赤血盐；$[Pt(NH_3)_2Cl_2]$又称为顺铂。

3.4.3 配位平衡及其计算

1. 配合物的配位与解离平衡

在$AgNO_3$溶液中滴加过量的氨水，在发生Ag^+与NH_3生成$[Ag(NH_3)_2]^{2+}$配离子的生成反应的同时，也会发生$[Ag(NH_3)_2]^+$配离子解离为Ag^+和NH_3的解离反应，当配合物生成与解离的速率相等时，即达到了配位—解离平衡，简称**配位平衡**（coordination equilibrium）。存在的平衡关系如下

$$Ag^+ + 2NH_3 \rightleftharpoons [Ag(NH_3)_2]^+ \tag{3-29}$$

2. 配合物的稳定常数($K_f^\ominus$)和解离常数($K_d^\ominus$)

在式(3-29)中，配合物生成反应对应的标准平衡常数称为配合物的**稳定常数**（stability constants），用符号$K_f^\ominus$表示，其表达式为

$$K_f^\ominus([Ag(NH_3)_2]^+) = \frac{\{C_{eq}([Ag(NH_3)_2]^+)/c^\ominus\}}{\{C_{eq}(Ag^+)/c^\ominus\} \times \{C_{eq}(NH_3)/c^\ominus\}^2} \tag{3-30}$$

上式可简写为

$$K_f^\ominus = \frac{C_{eq}([Ag(NH_3)_2]^+)}{C_{eq}(Ag^+) \times C_{eq}^2(NH_3)} \approx \frac{C([Ag(NH_3)_2]^+)}{C(Ag^+)C^2(NH_3)} \tag{3-31}$$

$K_f^\ominus$越大，配合物的稳定性越强。一些常见配离子的稳定常数见附录五。

在式(3-29)中，配合物解离反应对应的标准平衡常数称为配合物的解离常数，用符号$K_d^\ominus$表示，$K_f^\ominus$与$K_d^\ominus$互为倒数关系为

$$K_f^\ominus = \frac{1}{K_d^\ominus} \tag{3-32}$$

$K_d^\ominus$越大，配合物越不稳定。

配合物的形成实际上是分步进行的，如$[Cu(NH_3)_4]^{2+}$的生成，分如下四步进行，每个分步反应都有一个标准平衡常数，称为逐级稳定常数，用符号$K_i^\ominus$表示：

$$Cu^{2+} + NH_3 \rightleftharpoons [Cu(NH_3)]^{2+} \quad K_{f1}^\ominus = 10^{4.31}$$

$$[Cu(NH_3)]^{2+} + NH_3 \rightleftharpoons [Cu(NH_3)_2]^{2+} \quad K_{f2}^\ominus = 10^{3.67}$$

$$[Cu(NH_3)_2]^{2+} + NH_3 \rightleftharpoons [Cu(NH_3)_3]^{2+} \quad K_{f3}^\ominus = 10^{3.04}$$

$$[Cu(NH_3)_3]^{2+} + NH_3 \rightleftharpoons [Cu(NH_3)_4]^{2+} \quad K_{f4}^\ominus = 10^{2.30}$$

$[Cu(NH_3)_4]^{2+}$的生成反应也可按如下的累积方式分步进行，则每一个分步累积反应都有一个标准平衡常数，称为积累稳定常数，用符号$\beta_i^\ominus$表示

$$Cu^{2+} + NH_3 \rightleftharpoons [Cu(NH_3)]^{2+} \quad \beta_1^\ominus = \beta_{f1}^\ominus = 10^{4.31}$$

$$Cu^{2+} + 2NH_3 \rightleftharpoons [Cu(NH_3)_2]^{2+} \quad \beta_2^\ominus = K_{f1}^\ominus \times K_{f2}^\ominus = 10^{7.98}$$

$$Cu^{2+} + 3NH_3 \rightleftharpoons [Cu(NH_3)_3]^{2+} \quad \beta_3^\ominus = K_{f1}^\ominus \times K_{f2}^\ominus \times K_{f3}^\ominus = 10^{11.02}$$

$$Cu^{2+} + 4NH_3 \rightleftharpoons [Cu(NH_3)_4]^{2+} \quad \beta_4^\ominus = K_{f1}^\ominus \times K_{f2}^\ominus \times K_{f3}^\ominus \times K_{f4}^\ominus = 10^{13.32}$$

可见，第一级积累稳定常数等于第一级稳定常数，最后一级积累

稳定常数就等于稳定常数 $K_f^\ominus$。一般说来，配合物的逐级稳定常数随着配位数的增大而减小，即 $K_{f1}^\ominus > K_{f2}^\ominus > K_{f3}^\ominus > K_{f4}^\ominus \cdots$，这是因为后面的配体受到前面已配位的配体的排斥，从而减弱了它与中心离子配位的能力。但有时各逐级稳定常数之间相差不是很大。

3. 配合物平衡浓度的计算

在进行平衡组成计算时，只有当配合物稳定常数很大，配体在溶液中有较大浓度的情况下，才可作近似计算。否则，需要根据化学平衡相关知识进行精确计算。

例3-7　在100 mL 0.20 $mol \cdot L^{-1}$的 $AgNO_3$ 溶液中加入100 mL 1.0 $mol \cdot L^{-1}$的 NH_3 溶液，计算平衡时溶液中 NH_3，Ag^+ 和配离子 $[Ag(NH_3)_2]^+$ 的浓度。{已知 $K_f^\ominus([Ag(NH_3)_2]^+) = 1.67 \times 10^{13}$}

解： 两种溶液等体积混合后，浓度减半。Ag^+ 和 NH_3 的起始浓度分别为

$c(Ag^+) = 0.20/2 = 0.10\ mol \cdot L^{-1}$，$c(NH_3) = 1.0/2 = 0.50(mol \cdot L^{-1})$

由于 NH_3 过量，且 $K_f^\ominus([Ag(NH_3)_2]^+)$ 比较大，可以认为 Ag^+ 主要以 $[Ag(NH_3)_2]^+$ 形式存在。设平衡时 Ag^+ 的浓度为 $x\ mol \cdot L^{-1}$。

	Ag^+	+	$2NH_3$	$\rightleftharpoons$	$[Ag(NH_3)_2]^+$
平衡浓度 $c_{eq}/(mol \cdot L^{-1})$	x		$0.5 - 2 \times 0.10 + 2x \approx 0.30$		$0.10 - x \approx 0.10$

$$K_f^\ominus([Ag(NH_3)_2]^+) = \frac{[Ag(NH_3)_2]^+}{[Ag^+][NH_3]^2} = \frac{0.10}{0.30x} = 1.67 \times 10^{13}$$

$$x = 2.0 \times 10^{-12}(mol \cdot L^{-1})$$

则各平衡浓度分别为　$[Ag^+] = 2.0 \times 10^{-12}(mol \cdot L^{-1})$

$[NH_3] = 0.30(mol \cdot L^{-1})$

$[Ag(NH_3)_2]^+ = 0.10(mol \cdot L^{-1})$

4. 配位平衡的移动

1）配合物的生成对溶液pH的影响

例如，La^{3+} 离子与弱酸HAc的配合反应，随着配合物的生成，消耗了弱酸根 Ac^- 而释放出 H^+ 离子，从而使溶液的pH降低。

$$La^{3+} + 3HAc \rightleftharpoons [La(Ac)_3] + 3H^+$$

2）溶液pH的变化对配位平衡的影响

根据酸碱质子理论，大多数配体如 F^-、NH_3、CN^-、SCN^- 等，都属于强度不同的碱，它们可以接受质子而生成相应的共轭酸。根据平衡移动原理，如果向配合物溶液中滴加强酸，因配体与质子结合而使其浓度下降，导致配合物的解离，如

$$[Cu(F)_4]^{2+} \rightleftharpoons Cu^{2+} + 4F^-$$

$$4F^- \xrightarrow{+4H^+} 4HF$$

配合物的中心离子大多是过渡金属离子，在水溶液中几乎都能与 OH^- 作用，生成金属氢氧化物沉淀，导致中心离子浓度降低，也促进配合物的解离，如

视频3-26

$$[FeF_6]^{3-} \rightleftharpoons 6F^- + Fe^{3+}$$
$$Fe^{3+} \xrightarrow{+3OH^-} Fe(OH)_3\downarrow$$

因此，酸度对配位平衡的影响是多方面的，既要考虑配体的碱性大小，又要考虑中心原子的水解反应。究竟以哪一方面为主，取决于配体的碱性、中心离子氢氧化物的溶度积和配离子的稳定性（$K_f^{\ominus}$的大小）等因素。一般是：在不产生氢氧化物沉淀的前提下，尽量提高溶液的 pH，可以提高配离子的稳定性。

3.5 难溶强电解质的多相离子平衡

电解质中有一类物质，如 $BaSO_4$、PbI_2、AgCl 等，它们虽然在水中的溶解度很小，但在水中溶解的部分是完全解离的，我们称这类物质为难溶性强电解质。难溶电解质在水溶液中，存在固体和溶液中离子之间的平衡，即多相离子平衡。

3.5.1 溶度积

视频3-27

在一定温度下，当固体溶质在溶剂中溶解的速率等于沉淀的速率，溶液中离子的浓度不再随时间而变化时，就达到沉淀—溶解平衡，此时的溶液为饱和溶液。在给定条件下，将饱和溶液的浓度称为溶质在溶剂中的**溶解度**（solubility）。通常以一定温度下，每 100 g 溶剂中所能溶解的溶质质量来表示。本节只讨论溶剂为水的情况。

根据电解质在水中的溶解度大小，可以大致把电解质分为易溶电解质和难溶电解质两类。习惯上将溶解度小于 0.01 g/100 g 水的电解质称为难溶电解质。难溶电解质的沉淀—溶解平衡是指已溶解的离子与未溶解的难溶电解质固体间的多相平衡，简称溶解平衡或沉淀平衡。

若以 A_mB_n 表示难溶强电解质，则达到沉淀平衡时，溶液为难溶电解质的饱和溶液。可用下列通式表示

$$A_mB_n(s) \underset{沉淀}{\overset{溶解}{\rightleftharpoons}} mA^{n+}(aq) + nB^{m-}(aq)$$

平衡时 $$K_{sp}^{\ominus}(A_mB_n) = [A^{n+}]^m[B^{m-}]^n \qquad (3-33)$$

式中：$K_{sp}^{\ominus}$称为**溶度积常数**（solubility product constant），简称溶度积，是难溶电解质固体和它的饱和溶液之间达到平衡时的平衡常数，与温度有关。在实际工作中，常采用 25℃ 时的溶度积，因温度对 $K_{sp}^{\ominus}$的影响不是很大。严格地说，溶度积应以离子活度幂之乘积来表示。但当离子浓度很小，且电荷数小时，离子强度就很小，此时离子间的牵制作用就降低到极微弱的程度。这时离子的活度就近似等于它的浓度，通常就用物质的量浓度代替活度。一些难溶电解质的 $K_{sp}^{\ominus}$见书后附录四。

1. 溶度积与溶解度的关系

溶度积和溶解度都可以表示难溶电解质的溶解能力，两者既有联系又有区别。在同一温度下，溶度积与溶解度之间可以进行互相换算。且换算时，溶解度应以饱和溶液的物质的量浓度表示，其单位为

mol · L^{-1}。由于难溶电解质的溶解度很小，即溶液很稀，可以近似地认为它们饱和溶液的密度和纯水一样。

设难溶电解质 A_mB_n的溶解度为 s(mol · L^{-1})，在其饱和溶液中：

$$A_mB_n(s) \rightleftharpoons mA^{n+} + nB^{m-}$$

平衡浓度/(mol · L^{-1}) $\quad ms \quad ns$

根据式(3－32)得 $K_{sp}^{\ominus}(A_mB_n) = [A^{n+}]^m[B^{m-}]^n = (ms)^m \cdot (ns)^n = m^m \cdot n^n \cdot s^{(m+n)}$

可得
$$s = \sqrt[m+n]{\frac{K_{sp}^{\ominus}}{m^m \cdot n^n}} \tag{3-34}$$

式(3－34)就是难溶电解质的溶解度与溶度积的定量关系式。

从例题 3－8 和 3－9 可以看出，不同类型的难溶盐不可以用 $K_{sp}^{\ominus}$的大小判断溶解度的大小，必须通过式(3－34)来计算溶解度 s。同类型的物质可以直接用溶度积 $K_{sp}^{\ominus}$的大小来比较溶解度 s 的大小。

例题 3－8 25℃ 时，$CaCO_3$ 的 $K_{sp}^{\ominus}$为 8.70×10^{-9}，计算它在纯水中的溶解度。

解：设 $CaCO_3$的溶解度为 s mol·L^{-1}，

$$CaCO_3(s) \rightleftharpoons Ca^{2+}(aq) + CO_3^{2-}(aq)$$

在饱和溶液中$[Ca^{2+}] = s$ mol·L^{-1}，$[CO_3^{2-}] = s$ mol · L^{-1}

$$K_{sp}^{\ominus}(CaCO_3) = [Ca^{2+}][CO_3^{2-}] = s\times s = s^2$$

$$s = \sqrt{K_{sp}^{\ominus}} = \sqrt{8.70\times10^{-9}} = 9.33\times10^{-5}(\text{mol}\cdot\text{L}^{-1})$$

例题 3－9 25℃ 时，CaF_2 的溶度积为 3.45×10^{-10} mol · L^{-1}，求其溶解度。

解：

$$CaF_2(s) \rightleftharpoons Ca^{2+}(aq) + 2F^-(aq)$$

在饱和溶液中$[Ca^{2+}] = s$ mol·L^{-1}，$[F^-] = 2s$ mol · L^{-1}

$$K_{sp}^{\ominus}(CaF_2) = [Ca^{2+}][F^-]^2 = s\times(2s)^2 = 4s^3$$

$$s = \sqrt[3]{\frac{K_{sp}^{\ominus}}{4}} = \sqrt[3]{\frac{3.45\times10^{-10}}{4}} = 4.42\times10^{-4}(\text{mol}\cdot\text{L}^{-1})$$

2. 溶度积规则及应用

在任一条件下，难溶电解质的溶液中，溶解的各离子起始浓度以其化学计量数为指数的乘积称为**离子积**(ion product)，即溶解平衡的反应商 Q。对难溶电解质 $A_mB_n(s)$，其离子积表达式为：$Q = [A^{n+}]^m[B^{m-}]^n$。Q 的表达形式与 $K_{sp}^{\ominus}$类似，但其意义不同。$K_{sp}^{\ominus}$表示难溶电解质达到沉淀—溶解平衡时，溶液中离子的平衡浓度幂的乘积，而 Q 表示任何情况下，离子起始浓度幂的乘积。$K_{sp}^{\ominus}$是 Q 中的一个特例，对于任一给定的难溶电解质溶液，Q 与 $K_{sp}^{\ominus}$之间可能有下列三种情况。

(1) $Q < K_{sp}^{\ominus}$表示溶液未饱和。这时溶液无沉淀析出。

(2) $Q = K_{sp}^{\ominus}$表示溶液是饱和的。这时溶液处于沉淀与溶解的动态平衡状态。

(3) $Q > K_{sp}^{\ominus}$表示溶液是过饱和的。这时溶液中会有沉淀析出，直至溶液达饱和为止。

根据上述离子积与溶度积的关系，可解释难溶电解质沉淀的生成和溶解，该规则称为**溶度积规则**(solubility product rule)。

3. 同离子效应与盐效应

在难溶电解质的饱和溶液中加入含有相同离子的易溶强电解质，使难溶电解质溶解度减小的现象称为沉淀—溶解平衡中的**同离子效应**(common ion effect)。同离子效应使 $Q > K_{sp}^{\ominus}$，如在硫酸或硫酸盐介质中进行电镀或其他电化学处理时，常可以用廉价的铅电极取代昂贵的铂电极用作阳极材料。就是由于存在大量的硫酸根离子，因同离子效应使铅电极表面的硫酸铅极难溶解。

在难溶电解质的饱和溶液中加入不含有相同离子的易溶强电解质，使难溶电解质的溶解度略有增大的现象称为**盐效应**(salt effect)。

同离子效应与盐效应的效果相反，但通常前者的影响比后者大得多，当两种效应共存时，一般可忽略盐效应的影响。

视频3-28

视频3-29

视频3-30

例 3－10 废水中 Cr^{3+} 的浓度为 $0.010\ mol \cdot L^{-1}$，加入固体 NaOH 使之生成 $Cr(OH)_3$ 沉淀，设加入固体 NaOH 后溶液体积不变，计算：(1) 开始生成沉淀时，溶液 OH^- 离子的最低浓度。(2) 若要使 Cr^{3+} 的浓度小于 $7.7 \times 10^{-5}\ mol \cdot L^{-1}$ 以达到排放标准，此时溶液的 pH 最小应为多少？已知 $Cr(OH)_3$ 的 $K_{sp}^{\ominus} = 6.3 \times 10^{-31}$。

解： 设溶液 OH^- 离子的最低浓度，即平衡时 $[OH^-] = x$

$$Cr(OH)_3(s) \rightleftharpoons Cr^{3+}(aq) + 3OH^-(aq)$$

$c_{eq}/(mol \cdot L^{-1})$　　$0.01 - x$　　$3x$

≈ 0.01

要生成沉淀时，$Q > K_{sp}^{\ominus}$，$Q = [Cr^{3+}][OH^-]^3 > K_{sp}^{\ominus}$，则

$[Cr^{3+}][OH^-]^3 = 0.01x^3 > 6.3 \times 10^{-31}$，得

$x > 4.0 \times 10^{-10}\ mol \cdot L^{-1}$

$[Cr^{3+}][OH^-]^3 = 7.7 \times 10^{-5}[OH^-]^3 \geqslant 6.3 \times 10^{-31}$，解得 $[OH^-] \geqslant 2.0 \times 10^{-9}\ mol \cdot L^{-1}$。

$pOH = -\lg[OH^-] < 8.7$，即当 $pH \geqslant (14 - 8.7) = 5.3$ 时，达到排放标准。

例 3－11 计算 $PbCO_3$ 在 $0.010\ mol \cdot L^{-1}\ Na_2CO_3$ 溶液中的溶解度，并与其在水中的溶解度比较（$K_{sp}^{\ominus}(PbCO_3) = 1.4 \times 10^{-13}$）。

解： 设 $s\ mol \cdot L^{-1}$ 为 $PbCO_3$ 在 $0.1\ mol \cdot L^{-1}\ Na_2CO_3$ 溶液中的溶解度

$$PbCO_3(s) \rightleftharpoons Pb^{2+}(aq) + CO_3^{2-}(aq)$$

$c_{eq}/(mol \cdot L^{-1})$　　s　　$s + 0.010$

≈ 0.010

$K_{sp}^{\ominus}(PbCO_3) = s \times (s + 0.010)$

$\approx 0.010s = 1.4 \times 10^{-13}$

解得：$s = 1.4 \times 10^{-11}\ mol \cdot L^{-1}$

设 $PbCO_3$ 在纯水中的溶解度为 $s'\ mol \cdot L^{-1}$

$K_{sp}^{\ominus}(PbCO_3) = s'^2 = 1.4 \times 10^{-13}$

解得　$s' = 3.74 \times 10^{-7}\ mol \cdot L^{-1}$

溶解度降低了约 10^4 倍。

3.5.2 沉淀的生成与溶解

1. 分步沉淀

在实际工作中，常常遇到体系中同时含有多种离子，这些离子可与同一沉淀剂反应生成沉淀，生成沉淀的先后顺序取决于各难溶电解质达到 $Q > K_{sp}^{\ominus}$ 的顺序。首先析出的是离子积最先达到溶度积的化合物。这种按先后顺序沉淀的现象就是**分步沉淀**（fractional precipitate）。如某溶液中含有浓度均为 $0.010\ mol \cdot L^{-1}$ 的 Cl^- 和 I^-，能否通过控制 $AgNO_3$ 的浓度将它们分离？通过计算可知，当 AgI 沉淀时，溶液中 Ag^+ 的浓度为 $8.52 \times 10^{-15}\ mol \cdot L^{-1}$，而当 AgCl 沉淀时，溶液中 Ag^+ 的浓度只需 $1.77 \times 10^{-8}\ mol \cdot L^{-1}$，由此可以看出在混合溶液中逐滴加入 $AgNO_3$ 溶液，当 Ag^+ 的浓度达到 $8.52 \times 10^{-15}\ mol \cdot L^{-1}$ 时，AgI 先沉淀，当 Ag^+ 的浓度增大至 $1.77 \times 10^{-8}\ mol \cdot L^{-1}$ 时，AgCl 才开始沉淀，因此，只要控制溶液中 $AgNO_3$ 的浓度大于 $8.52 \times 10^{-15}\ mol \cdot L^{-1}$ 而小于 $1.77 \times 10^{-8}\ mol \cdot L^{-1}$，就可以达到分离的目的。

根据分步沉淀原理，通过控制沉淀剂的浓度，可使其中一种离子先生成沉淀，而其余的离子暂不沉淀。当其他离子开始沉淀时，若溶液中剩下的先沉淀离子的浓度小于 $1.0 \times 10^{-5}\ mol \cdot L^{-1}$，可认为该离子已沉淀完全，可达到把该离子从溶液中分离出来的目的。在实际环境治理中，则是以国家规定的排放标准来衡量某种离子是否沉淀完全。此外，当加入沉淀剂时，若有多种沉淀物同时满足溶度积规则，则会得到多种沉淀的混合物，这就是**共沉淀**（co－precipition）。

2. 沉淀的转化

由一种难溶电解质转化为另一种难溶电解质的过程称为沉淀的转化。

例如 $K_{sp}^{\ominus}(PbCl_2) = 1.60 \times 10^{-5}$，$K_{sp}^{\ominus}(PbI_2) = 1.39 \times 10^{-8}$，在含有 $PbCl_2$ 沉淀的饱和溶液中，加入 KI 溶液，由于 $K_{sp}^{\ominus}(PbI_2)$ 小于 $K_{sp}^{\ominus}(PbCl_2)$，Pb^{2+} 和 I^- 生成 PbI_2 黄色沉淀，从而使溶液中的 $[Pb^{2+}]$ 降低，这时对 $PbCl_2$ 来说溶液是未饱和的，根据溶度积规则，$PbCl_2$ 沉淀就会逐渐溶解。只要加入 KI 的量足够大，PbI_2 沉淀就不断生成，直到 $PbCl_2$ 完全转化为 PbI_2 为止。此过程可表示为

$$PbCl_2(s) \rightleftharpoons 2Cl^-(aq) + Pb^{2+}(aq)$$

平衡移动方向 ↓　　+

$$2I^-(aq) \rightleftharpoons PbI_2(s)\downarrow$$

沉淀转化的程度可以用转化反应的平衡常数来表示

$$PbCl_2(s) + 2I^-(aq) \rightleftharpoons PbI_2(s) + 2Cl^-(aq)$$

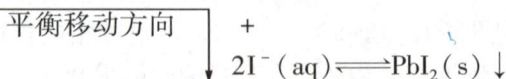

$$K^{\ominus} = \frac{[Cl^-]^2}{[I^-]^2} = \frac{[Pb^{2+}][Cl^-]^2}{[Pb^{2+}][I^-]^2}$$

$$= \frac{K_{sp}^{\ominus}(PbCl_2)}{K_{sp}^{\ominus}(PbI_2)} = \frac{1.60 \times 10^{-5}}{1.39 \times 10^{-8}} = 1.15 \times 10^3$$

平衡常数越大，表示沉淀转化的程度可以越大。一般说来，由一种难溶电解质转化为另一种更难溶电解质的过程是很容易实现的，但反过来就比较困难。此外，沉淀的转化除与平衡常数有关外，还与离

子起始浓度有关，实际上是与转化反应的反应商 Q 有关。只有当转化反应的 Q 小于转化反应的 $K^{\ominus}$ 时，才能确定转化反应进行的方向。因此，当涉及两种溶解度或溶度积相差不大的难溶电解质的转化时，必须进行具体计算。

在实际的应用过程中，常常用到沉淀的转化。锅炉中的锅垢的主要成分为 $CaSO_4$（$K_{sp}^{\ominus}=7.10\times10^{-5}$），由于 $CaSO_4$ 不溶于酸，难以除去。若用 Na_2CO_3 溶液处理，可转化为更难溶但质地疏松、易溶于酸的物质 $CaCO_3$（$K_{sp}^{\ominus}=4.96\times10^{-9}$），即使用醋酸等弱酸也能清除，实际工作中常用盐酸。利用沉淀转化的方法，如用 FeS 处理含 Hg^{2+} 废水，可以解决这个问题，因 HgS 与过量的 FeS 都不溶于水，可过滤除去。

视频3-31

3. 沉淀的溶解

根据溶度积规则，当 $Q<K_{sp}^{\ominus}$ 时，沉淀溶解。因此，只要设法降低难溶电解质饱和溶液中有关离子的浓度，沉淀溶解平衡就向沉淀溶解的方向移动。常用的方法有以下几种。

1）生成弱电解质使沉淀溶解

在难溶碳酸盐中，由于 CO_3^{2-} 与 H^+ 反应生成可溶性弱电解质 HCO_3^- 和 H_2CO_3，H_2CO_3 分解成 H_2O 和 CO_2，导致 $Q<K_{sp}^{\ominus}(CaCO_3)$。例如 $BaCO_3$ 可溶于 HCl。

$BaCO_3(s) \rightleftharpoons Ba^{2+}(aq) + CO_3^{2-}(aq)$

平衡移动方向

$+$

$H^+(aq) \rightleftharpoons HCO_3^-(aq)$

$+$

$H^+(aq) \rightleftharpoons H_2CO_3(aq) \rightarrow CO_2(g) + H_2O(l)$

加入 HCl 后，上述反应发生，生成了弱电解质 HCO_3^- 和 H_2CO_3，使溶液中 $[CO_3^{2-}]$ 降低。

难溶盐金属硫化物沉淀的溶解与难溶碳酸盐类似，加入强酸后，S^{2-} 与 H^+ 生成弱电解质 HS^- 和 H_2S。但是金属硫化物沉淀的溶解情况较复杂，主要是它们的 $K_{sp}^{\ominus}$ 相差很大，数量级从 10^{-9} 到 10^{-50}。例如，CuS、HgS、As_2S_3 等的 $K_{sp}^{\ominus}$ 较小，即使使用浓酸也不溶解，而 ZnS、MnS、FeS、NiS 等的 $K_{sp}^{\ominus}$ 较大的金属硫化物都能溶于酸。加入 H^+ 后，生成弱电解质 H_2S，使体系中的 S^{2-} 浓度减小，此时体系的 $Q<K_{sp}^{\ominus}$，沉淀溶解。

另一类就是金属氢氧化物沉淀的溶解。金属氢氧化物可以溶于 HCl 或 NH_4Cl 溶液中。以 $Mg(OH)_2$ 为例，其反应如下

$Mg(OH)_2(s) \rightleftharpoons Mg^{2+}(aq) + 2OH^-(aq)$

平衡移动方向

$+$

$2H^+(aq) \rightleftharpoons 2H_2O(l)$

$Mg(OH)_2(s) \rightleftharpoons Mg^{2+}(aq) + 2OH^-(aq)$

平衡移动方向

$+$

$2NH_4^+(aq) \rightleftharpoons 2NH_3(l) + 2H_2O(l)$

当加入 H^+ 或 NH_4^+ 时，体系中的 OH^- 浓度由于与 H^+ 或 NH_4^+ 作用，生成弱电解质 H_2O 或 NH_3 而大大降低，使 $Q<K_{sp}^{\ominus}(Mg(OH)_2)$，沉淀溶解。

观察·思考

钡餐

医学上进行消化系统的 X 射线透视时，常使用 $BaSO_4$ 作内服造影剂。胃酸很强（pH 约为 1），$BaSO_4$ 不溶于酸的原因是对于平衡 $BaSO_4(s) \rightleftharpoons Ba^{2+}(aq) + SO_4^{2-}(aq)$，$H^+$ 不能降低 Ba^{2+} 或 SO_4^{2-} 的浓度，故平衡不能向溶解方向移动。因此服用大量 $BaSO_4$ 仍然是安全的。万一误服用了少量 $BaCO_3$，应尽快用大量 $0.5\ mol\cdot L^{-1}$ Na_2SO_4 溶液给患者洗胃，如果忽略洗胃过程中 Na_2SO_4 溶液浓度的变化，残留在胃液中的 Ba^{2+} 浓度仅为 $2.0\times10^{-10}\ mol\cdot L^{-1}$。

观察·思考

龋齿与防治

1. 牙齿表面由一层硬的组成为 $Ca_5(PO_4)_3OH$ 的难溶物质保护着，它在唾液中存在下列平衡：$Ca_5(PO_4)_3OH \rightleftharpoons 5Ca^{2+}(aq) + 3PO_4{}^{3-}(aq) + OH^-(aq)$，进食后，细菌和酶作用于食物，产生有机酸，这时牙齿就会受到腐蚀，其原因是发酵生成的有机酸能中和 OH^-，使平衡向脱矿方向移动，加速腐蚀牙齿。

2. 含氟牙膏能防止龋齿的原因：因为使用含氟牙膏，牙膏中的氟离子与牙齿表面的 $Ca_5(PO_4)_3OH$ 发生反应，生成更难溶的 $Ca_5(PO_4)_3F$ 化合物，使牙齿更坚固。

2)利用氧化还原反应溶解

另有一些金属硫化物如 As_2S_3、Ag_2S、CuS、PbS 等，因它们的 $K_{sp}^{\ominus}$ 太小，不溶于非氧化性酸，但可加入氧化性酸，使之溶解。例如 PbS 溶于硝酸。

$$3PbS(s) \rightleftharpoons 3Pb^{2+}(aq) + 3S^{2-}(aq)$$

平衡移动方向 ↓ +

$$4H^{+}(aq) + 2NO_3^{-}(aq) \rightarrow 3S(s) + 2NO(g) + 4H_2O\ (l)$$

3)生成难解离的配离子

许多难溶电解质在配位剂的作用下能生成配离子而溶解。例如 AgCl 溶于 NH_3 中。加入 NH_3 时，溶液中的[Ag^+]下降，此时体系中 $Q < K_{sp}^{\ominus}(AgCl)$，沉淀溶解。

$$AgCl(s) \rightleftharpoons Cl^{-}(aq) + Ag^{+}(aq)$$

平衡移动方向 ↓ $+2NH_3(l) \rightleftharpoons [Ag(NH_3)_2]^{+}(aq)$

一般情况下，当难溶电解质的 $K_{sp}^{\ominus}$ 不是太小，在此体系中加入配位剂后，所生成配合物的 $K_f^{\ominus}$ 比较大时，就有利于配位溶解反应的发生。此外，配位剂的浓度也是影响难溶电解质溶解的重要因素之一。

3.6 胶体

3.6.1 溶胶的性质

1. 溶胶的结构和相对稳定性

在介绍溶胶的性质之前，首先应了解溶胶的结构和溶胶的相对稳定性。溶胶的吸附及扩散双电层模型可以帮助我们了解胶粒的结构，溶胶的核心部分是不溶于水的固体粒子，称为**胶核**(colloidal nucleus)，它由许多分子或原子聚集而成，胶核是电中性的；胶核周围是由吸附在胶核表面上的定位离子、被定位离子因静电引力而紧密吸附的部分反离子(与胶粒带相反电荷的离子)以及一些溶剂分子所共同组成的吸附层，胶核和吸附层合称为**胶粒**(colloidal particle)，由于吸附的正、负离子不相等，因此胶粒带电。吸附层以外由反离子组成扩散层，胶核、吸附层和扩散层总称为**胶团**(colloidal micell)；整个胶团是电中性的，在电场作用下，胶粒向某一电极方向作定向移动，扩散层的反离子则向另一个电极方向移动。

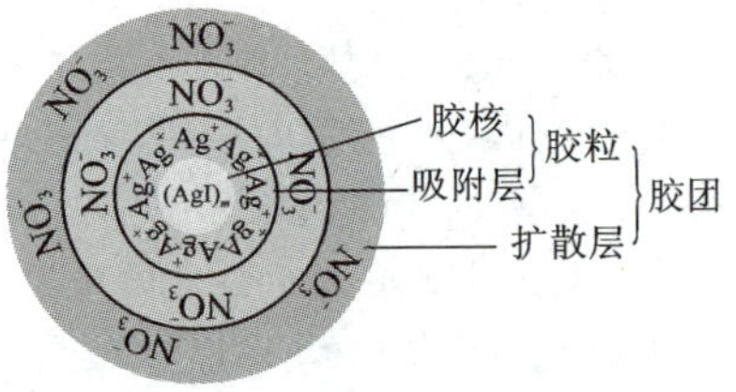

图 3-6 碘化银胶团结构
(KI 为稳定剂)

例如，用硝酸银溶液和碘化钾溶液制备碘化银溶胶时，许多 AgI 分子聚集在一起形成胶核 $(AgI)_m$，m 表示胶核中 AgI 的分子数；若制备时 $AgNO_3$ 过量，则胶核优先吸附 n 个 Ag^+ 为定位离子，使胶核表面带正电；处在胶核表面的 Ag^+ 又会吸引部分反离子，即 $(n-x)$ 个 NO_3^- 进入吸附层；余下 x 个 NO_3^- 构成扩散层。其表达式为：$[(AgI)_m \cdot nAg^+ \cdot (n-x)NO_3^-]^{x+} \cdot xNO_3^-$。图 3-6 所示为其胶团结构示意图。

若 KI 过量，则胶核将优先吸附 I^- 为定位离子，则其胶团结构表示式如下

$$[(AgI)_m \cdot nI^- \cdot (n-x)K^+]^{x-} \cdot xK^+$$

溶胶为高度分散的多相体系，表面积和表面能较大，是热力学的

不稳定体系，粒子间有相互聚集以降低表面能而自动聚沉的趋势。然而有的溶胶却可以稳定存在很长时间，甚至达数十年而不发生沉降，其原因之一是溶胶粒子会发生强烈的布朗运动，胶粒可不因重力而下沉。溶胶的这种性质称为动力学稳定性。溶胶的分散度越大，胶粒的布朗运动越剧烈，胶粒就越不容易聚沉；介质的黏度对溶胶的动力学稳定性也有影响，介质的黏度越大，胶粒就越不易聚沉。而胶粒带电则是溶胶具有相对稳定性的主要原因。

上述两个AgI溶胶的例子表明，胶核总是选择性地优先吸附与其组成类似的离子。其原因是固体和液体在表面上的分子所受的力与内部的分子不同，如图3－7所示。在内部的分子所受的力是对称的、平衡的。而在液体表面上的分子，相比于密度小的气相分子，它受内部分子的吸引力更大，几乎只有拉入内部的力而无反向的平衡力。也就是说，拉入内部的力使表面积缩小，液体表面的这种收缩张力称为**表面张力**(surface tension)。从能量的观点来看，要将液体内部分子移动到表面，需要克服表面张力做功，使系统能量增加，这种能量称为**表面能**(surface energy)。对固相的胶核而言，表面积缩小难，表面能减小的趋势，使它更易把周围介质中的某些组成相似并能够减小表面张力的离子吸附在其表面上，使胶粒带电。胶粒的周围存在反离子的扩散层，使每个胶粒周围形成离子氛。当胶粒相互靠近到一定程度时，扩散层会相互重叠，产生静电斥力，结果两个胶粒相互碰撞后会重新分开，保持了溶胶的相对稳定性。另外，溶剂化对溶胶的稳定性也起了很大作用。胶团中的离子都是溶剂化的，若溶剂为水，就称为水化。水中的胶粒周围都形成了水化层，当胶粒相互靠近时，水化层被挤压变形，而水化层具有弹性，可造成胶粒接近时的机械阻力，也可阻止溶胶的聚沉。

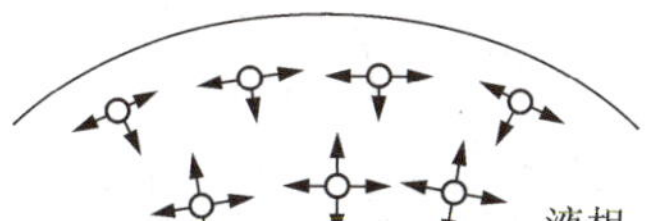

图3－7　固体和液体表面吸附示意图

丁达尔现象的实际应用

城市中的丁达尔现象

图3－8　自然界的丁达尔现象

2. 溶胶的性质

1)溶胶的动力学性质

在超显微镜下观察溶胶，可看到代表胶粒的发光点在不断地做不规则运动，这种运动称为**布朗运动**(Brownian motion)。其实，这种现象是分散系中分散剂分子不断撞击周围分散质粒子而产生的。在粗分散系中，由于分散质粒子较大，每一瞬间受到分散剂分子的各个方向无数次的冲击，结果撞击力互相抵消，难以推动颗粒运动，即使这些撞击力不能完全抵消，由于颗粒的质量大，产生的运动也很难被察觉到。但是，对于较小的溶胶胶粒，每一瞬间受到分散剂分子的冲击次数要少得多，撞击力不易相互完全抵消，导致撞击力的合力在不同瞬间的大小和方向都不同。因此，胶粒就会发生不断改变方向和速度的布朗运动。

2)溶胶的光学性质

在暗室内用一束光线照射溶胶时，从溶胶的侧面可以看到一个发亮的光柱，人们把这一现象称为**丁达尔**(Tyndall)现象。其实，在自然界中丁达尔现象很常见，如图3－8所示。例如，清晨，在茂密的树林中，常常可以看到从枝叶间透过的一道道光柱，或傍晚的日落之光。

视频3-32

丁达尔现象是由于溶胶胶粒对光的散射引起的，是溶胶独有的光学性质。在入射光前进方向之外的方向能见到光的现象称为光的散射，散射出来的光被称为乳光或散射光。丁达尔现象的产生与分散质粒子的大小和入射光的波长有关。如溶胶粒子直径为1～100 nm，小于可见光波长(400～760 nm)，当可见光通过溶胶时，散射现象十分明显。而真溶液因分子太小，散射极微弱，故以透射光为主。因此，丁达尔现象实际上就成了判别溶胶与真溶液最简便的方法。

3)溶胶的电学性质

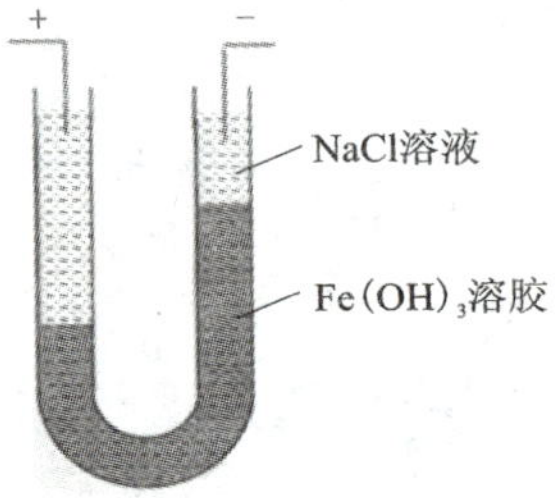

图3－9 电泳装置

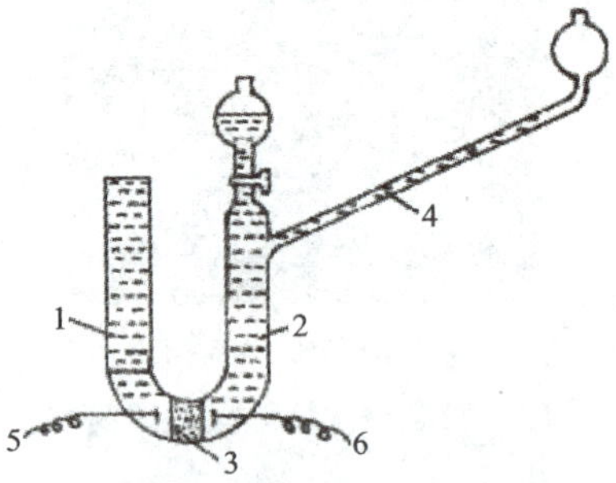

图3－10 电渗管

1，2—盛液管；3—多孔膜；4—毛细管；5，6—电极

溶胶电学性质的研究装置如图3－9所示。先在U形管中放入$Fe(OH)_3$溶胶，然后在两端溶胶液面上小心地放入无色的稀NaCl溶液，以避免电极与溶胶的直接接触，并使溶胶和溶液间有明显的界面，接着在U形管两端分别插入铂电极，通直流电后可看到，$Fe(OH)_3$溶胶的红棕色胶粒界面在阴极一端缓缓上升，而阳极一端溶胶界面则下降，这表明溶胶胶粒带正电。这种在外电场的作用下，胶粒在介质中定向移动的现象称为**电泳**(electrophoresis)。从电泳的方向可以判断胶粒所带电荷的种类：大多数金属硫化物、硅酸、金、银等溶胶的胶粒带负电，称为负溶胶；大多数金属氢氧化物溶胶的胶粒带正电，称为正溶胶。

由于整个溶胶呈电中性，因此，如果溶胶中胶粒带正电，那么含有扩散层的液体介质必带负电。若用只是不让胶粒通过的多孔膜将溶胶分成两部分，则通直流电后，在外电场的作用下，液体介质将通过多孔膜(活性炭、素烧瓷片等)向带相反电荷的电极方向移动。这种现象称为**电渗**(electroosmosis)。如图3－10所示，于管中注入溶胶，很容易从毛细管中液体弯月面的升降观察到液体介质的流动方向。电泳与电渗统称为电动现象，研究电动现象不仅对了解胶粒的结构与稳定性具有重要意义，而且在实际工作中有着重要的应用价值。例如电渗可用于拦水坝、泥炭及木材的去水等，电泳则可用于喷漆及五金表面的处理等。

3.6.2 溶胶的聚沉与保护

1. 溶胶的聚沉

虽然溶胶具有相对稳定性，但它毕竟是热力学的不稳定体系，许多外部因素，如温度、机械作用、化学作用等都可破坏溶胶的稳定性。溶胶的分散度降低，分散相颗粒变大，最后从分散介质中沉淀析出的现象，称为溶胶的**聚沉**(coagulation)。

1)电解质的聚沉作用

对溶胶聚沉影响最大、作用最敏感的是强电解质。当电解质溶液的浓度较低时，有助于胶粒带电形成ζ电势(也称电动电势)，使粒子之间因静电斥力而不易聚结，对溶胶起稳定作用。但是，当电解质的浓度较大时，电解质中的反离子可削弱溶胶的双电层使胶粒周围的扩散层变薄而ζ电势相应降低；当扩散层中的反离子全部被“压缩”进入吸附层，ζ电势降为零时，胶粒呈电中性，最不稳定。

视频3-33

不同的电解质对溶胶的聚沉能力不同，电解质的聚沉能力可用**聚沉值**(flocculation value)来表示。聚沉值是在一定条件下，使一定量的溶胶在一定时间内完全聚沉所需电解质溶液的最小浓度($mmol \cdot L^{-1}$)。显然，聚沉值越小，电解质的聚沉能力越强。通常，使溶胶聚沉的主要是反离子，且反离子的价数越高，其聚沉值就越小，聚沉能力越强。对于给定的溶胶，当反离子的化合价分别为1、2、3时，其聚沉值与反离子价数的6次方成反比（舒尔茨—哈迪规则），如 NaCl、$CaCl_2$与 $AlCl_3$三种电解质对 As_2S_3负溶胶的聚沉能力的比为 $Na^+:Ca^{2+}:Al^{3+}=1^6:2^6:3^6$。

2）异电溶胶的相互聚沉现象

将两种带相反电荷胶粒的溶胶相互混合也会发生聚沉，称为相互聚沉现象。相互聚沉的程度与两种溶胶的相对量有关，当两种溶胶粒子所带的电荷全部被中和时聚沉最完全。电性相反的溶胶相互聚沉在水的净化方面得到了广泛的应用。水中的悬浮物通常带负电，而明矾的水解产物氢氧化铝溶胶胶粒则带正电，混合后两种电性相反的溶胶相互吸附而聚沉，再加上氢氧化铝絮状物的吸附作用，使污物清除，水得以净化；两种不同牌号墨水混合会沉淀等都是溶胶相互聚沉的实例。

2. 大分子溶液对溶胶的保护作用与敏化作用

因溶胶对一些水溶性的大分子化合物有较强的吸附作用，导致大分子溶液对溶胶的两种特殊作用。

在溶胶中加入足够的明胶、蛋白质等大分子化合物的溶液时，由于大分子被吸附在胶粒的表面上，提高了胶粒对分散介质的亲和力，增强了溶胶的稳定性，即使加入少量的电解质也不至于引起聚沉，这种作用称为大分子化合物对溶胶的**保护作用**（protective effect），如图3-11（a）所示。具有保护作用的大分子化合物自身应当具有与胶粒有较强亲和力的吸附基团以及与溶剂有良好亲和力的稳定基团；而且大分子化合物的量要足够多，这样才能在被胶粒表面吸附后，在胶粒周围形成一个完整的保护膜，从而阻止胶粒的聚沉，增强溶胶的稳定性。聚乙烯醇、淀粉等大分子化合物通常也是良好的溶胶保护剂。例如在工业上一些贵金属催化剂，如Pt溶胶、Cd溶胶等，加入大分子溶液进行保护后，可烘干以便运输，使用时只要加入溶剂，就可恢复为溶胶。要注意的是，所用大分子化合物的量必须达到一定值，否则会使溶胶出现絮凝现象。

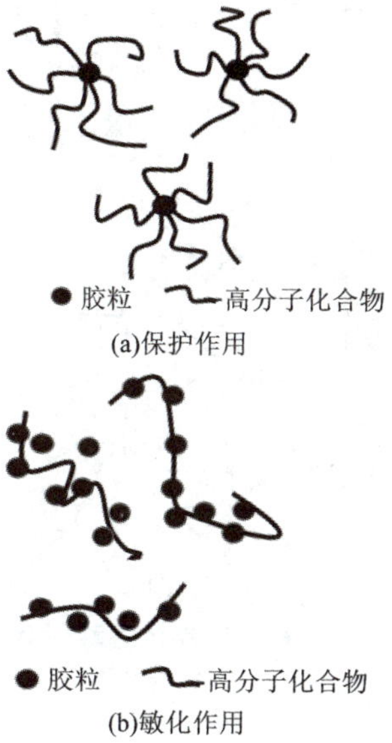

图3-11　高分子化合物对溶胶敏化和保护作用示意图

若大分子化合物的加入量很少，不足以将胶粒表面完全覆盖，则不仅对溶胶起不到保护作用，反而会降低溶胶的稳定性，甚至使溶胶发生聚沉，这种现象称为大分子化合物对溶胶的**敏化作用**（sensitization effect），如图3-11（b）所示。敏化作用的产生是因为大分子化合物都是长链的分子，通过架桥方式将两个或更多的胶粒连在一起，由于大分子的“桥连”作用，直接导致胶粒的聚沉。

影响溶胶稳定性的因素还有很多，如溶胶的浓度、温度、pH、非电解质的作用等，在此不再详述。了解溶胶稳定性的规律，有助于根据需要，通过调节外界条件达到使溶胶稳定存在或使溶胶破坏的目的。

3.6.3　表面活性剂

视频3-34

1. 表面活性剂的结构和分类

凡能显著降低表面张力的物质称为**表面活性剂**（surfactant）。表面活性剂的分子都是由**亲水性**（hydrophilic）的极性基团和**疏水性**（hydrophobic）或称**亲油性**（lipophilic）的非极性基团所组成，这2个部分分别位于分子的两端而形成不对称的分子结构。因此，表面活性剂分子是一种双亲分子，具有亲油、亲水的两亲性质。表面活性剂可以从用途、物理性质或化学结构等方面进行分类。最常见的是根据表面活性剂的分子结构将其分为离子型表面活性剂和非离子型表面活性剂两大类。

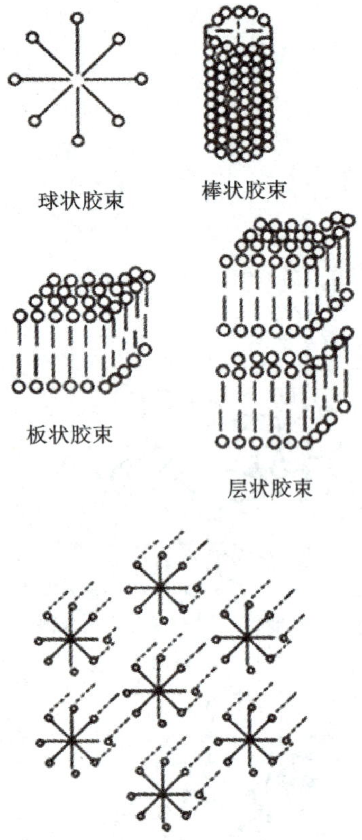

图3-12　胶束的各种形状

离子型表面活性剂溶于水时可离解成离子。根据生成的活性基团又可将其分为三类。

1）阴离子型

其表面活性基团是阴离子。从结构上把阴离子表面活性剂分为羧酸盐、磺酸盐、硫酸酯盐和磷酸酯盐四大类。例如肥皂的主要成分硬脂酸钠和洗涤剂的主要成分十二烷基磺酸钠都属于这种类型。还有高分子阴离子型，例如聚丙烯酰胺，主要用于各种工业废水的絮凝沉降、沉淀澄清处理，如钢铁厂废水、电镀厂废水、冶金废水、洗煤废水等污水处理、污泥脱水等，还可用于饮用水澄清和净化处理。

2）阳离子型

该类表面活性剂起作用的部分是阳离子。其分子结构主要部分是一个五价氮原子，所以也称为季铵化合物。其特点是水溶性大，在酸性与碱性溶液中较稳定，具有良好的表面活性作用和杀菌作用。主要有铵盐，如氯化十六铵、苯扎氯铵（洁尔灭）和苯扎溴铵（新洁尔灭）等。

3）两性离子型

其表面活性基团中既有阴离子又有阳离子。如各种氨基酸以及由其构成的多肽、蛋白质等。两性离子型表面活性剂的优点是不论溶液是酸性或碱性都能显示其表面活性，例如氨基酸类型的表面活性剂在溶液pH小于等电点时显示阳离子型表面活性剂的性质，在pH大于等电点时显示阴离子型表面活性剂的性质；甜菜碱型两性表面活性剂，最大的特点是无论在酸性、中性或碱性的水溶液中都能溶解，即使在等电点时也无沉淀。此外，渗透力、去污力及抗静电等性能也较好。因此，是较好的乳化剂、柔软剂，含氟甜菜碱还应用于泡沫灭火器中。

非离子型表面活性剂溶于水后不离解，主要有醇类、酯类、酰胺类等。非离子型表面活性剂和阴离子类型相比较，乳化能力更强，并具有一定的耐硬水能力，是净洗剂、乳化剂配方中不可或缺的成分。

2. 表面活性剂的特性及作用

表面活性剂分子由于其结构上的两亲特点，能定向地排列于气—液、气—固、液—液、固—液等两相的界面层上，其亲水的极性基团朝向极性较大的一相，疏水的非极性基团朝向极性较小的一相，这样既可使表面活性剂分子处境稳定，又可使界面的不饱和力场得到某种程度的补偿，从而降低界面张力。

当表面活性剂定向地排列在气—液界面上时，能形成较牢固的水膜，使表面张力降低，从而增加水与空气的接触，在通气加压或搅拌的条件下形成气泡，这就是表面活性剂的**发泡作用**（foaming action）。

在泡沫灭火剂和泡沫选矿中就用到了表面活性剂的发泡作用。气泡的形成，有时会给生产和生活带来麻烦，必须消泡。如利用微生物生产抗生素、维生素等药品及酒类、酱油等食品生产过程中，大量泡沫对微生物的培养过程造成不利影响，必须尽量防止发泡。工业上通常用具有一定消泡能力的低级脂肪醇的表面活性剂，如有机硅及失水山梨醇脂肪酸酯等。

向水中加入表面活性剂时，在浓度较低的情况下，表面活性剂分子总是尽量处于溶液表面，而在溶液内部只有极少量的表面活性剂分子，这些内部的表面活性剂分子是以单个分子存在的。随着浓度的增加，在水溶液中的表面活性剂，与水分子间的排斥力远大于吸引力，导致表面活性剂分子自身依赖范德华力相互聚集，形成亲油基团向内、亲水基团向外稳定分散的多分子聚集体，称之为**胶束**(micelle)。形成胶束后，疏水基团完全被包在胶束内部，只剩下亲水基团向外，与水基本上没有排斥作用，使表面活性剂稳定地存在于水中，胶束的各种形状如图3－12所示。表面活性剂在水溶液中形成胶束的最低浓度称为**临界胶束浓度**(critical micelle concentration)，以CMC表示。对离子型表面活性剂来说，CMC一般为10^{-3}～10^{-2} mol · L^{-1}。一般在此浓度范围内，不仅溶液的表面张力发生明显的变化，其他物理性质，如电导率、渗透压、蒸气压、密度、光学性质、去污能力及增溶作用等也有很大的变化。此外，表面活性剂在水溶液中达到CMC后，一些水不溶性或微溶性药物在胶束溶液中的溶解度可显著增加，形成透明胶体溶液，这种作用称为**增溶作用**(solubilization)。如甲酚在水中溶解度只有2%，可用硬脂酸钠表面活性剂增溶到50%，增加了24倍，此溶液可作为消毒剂。

一种液体以微小液珠的形式分散在另一种不相溶的液体之中，形成高度分散体系的过程称为**乳化作用**(emulsification)，得到的分散体系称为**乳状液**(emulsion)。常见的乳状液中总有一相是水，用字母“W”表示；另一相是不溶或难溶于水的有机液体，统称为“油”或用字母“O”表示。凡是油珠分散在水中的乳状液称为**水包油型乳状液**(oil in water emulsion)，常用O/W表示，如牛奶、鱼肝油乳剂、农药乳剂等；凡是水珠分散在油中的乳状液称为**油包水型乳状液**(water in oil emulsion)，常用W/O表示，如油剂青霉素钠注射液、原油等。

乳状液是热力学不稳定体系。图3－13所示为要制得比较稳定的乳状液，必须加入第三种物质来增加其稳定性。能增加乳状液稳定性的物质称为**乳化剂**(emulsifying agent)。常用的乳化剂都是一些表面活性剂，如肥皂、蛋白质、磷脂、胆固醇等。有时，在生产和实验过程中会产生不必要的乳状液，例如在用分液漏斗给两液相分层时，有时会因振摇过度而产生乳化，导致不好分层，这时希望破坏乳状液，以达到两相分离的目的，这就是**破乳**(deemulsification)，为破乳而加入的物质称为**破乳剂**(deemulsifier)。常用的破乳方法有物理法和化学法两种。物理法包括加热、加压、超声、过滤等方法。化学法主要是破坏乳化剂的保护作用，最终使水、油两相分层析出。植物乳浆的脱水、牛奶中提取奶油、污水中除去油沫等都是破乳过程。

表面活性剂分子在溶液表面定向排列的能力与其分子中极性基的亲水性和非极性基的亲油性之比有关，可用**亲水亲油平衡值**

乳液检验化妆品

拿一杯清水，倒入少量乳液，如果乳液浮在水面上，证明乳液中含油石酯(这是现在化妆品不推荐用的)，晃一晃，若水变成了乳白色，则证明乳液中含乳化剂，这样的化妆品是不好的；如果倒在水里，乳液下沉到底部，证明其不含油石酯，这样的乳液可以用。油石酯会伤害皮肤，造成皮肤干燥缺水，其为堵塞毛孔的主要因素之一，久而久之，毛孔会越来越大。如乳液是膏状的，在普通的勺里放一点膏状乳液，然后在火上烧，直到完全烧尽。如果有黑色残渣，那是各种添加剂，残渣越多证明添加剂越多，然后放一根棉芯在勺中，将棉芯点着，若那些水冒黑烟，则这样的化妆品千万别用了。

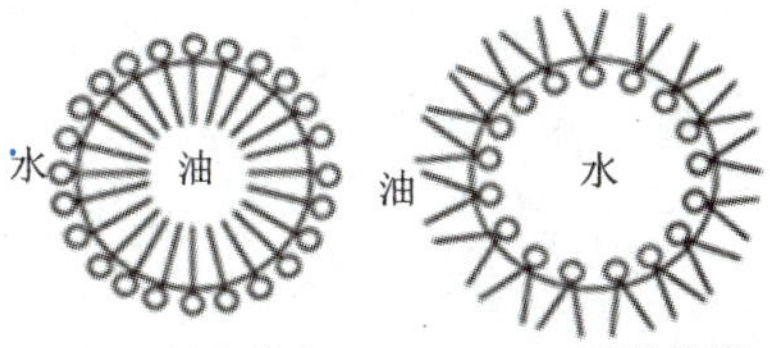

(a)O/W型乳状液　(b)W/O型乳状液

图3－13　不同乳化剂对乳状液的影响

视频3-35

(hydrophile and lipophile balance value)，即 HLB 值来衡量表面活性剂分子的亲水、亲油性的相对强弱。表面活性剂的 HLB 值均以无亲水基的石蜡的 HLB =0，油酸的 HLB =1，聚乙二醇的 HLB =20，十二烷基硫酸钠的 HLB =40 作为标准。HLB 值越大，表示该表面活性剂的亲水性越强；反之，亲油性越强。不同 HLB 值的表面活性剂具有不同的用途，可见表 3 -7。

表 3 -7 HLB 值对应的主要用途

HLB 值	主要用途	HLB 值	主要用途
1 ~ 3	消泡剂	8 ~ 18	O/W 乳化剂
3 ~ 6	W/O 乳化剂	13 ~ 15	洗涤剂
7 ~ 11	润湿剂	15 - 18	增溶剂

本章复习指导

掌握：电解质和非电解质稀溶液的蒸气压下降、沸点升高、凝固点降低、渗透压的概念和计算；酸碱质子理论的要点，共轭酸碱对、酸碱强度的判断，酸常数 $K_a^\ominus$ 与碱常数 $K_b^\ominus$ 的应用及共轭酸碱对 $K_a^\ominus$ 与 $K_b^\ominus$ 的关系，一元弱酸、一元弱碱水溶液解离平衡及其 pH 的近似计算；缓冲溶液的概念、组成，缓冲溶液 pH 的近似计算；配合物的组成和系统命名，配位平衡及其有关计算；难溶电解质溶度积的表达式，溶度积和溶解度的关系，溶度积规则；同离子效应和盐效应对弱酸、弱碱的解离度以及对难溶电解质的溶解度的影响；溶胶的基本特征、动力学性质、光学性质和电学性质；胶团结构、电解质对溶胶的聚沉作用和规律。

熟悉：物质的存在形式和分散系，稀溶液依数性相互间的换算；多元弱酸、多元弱碱及两性物质水溶液解离平衡及其 pH 的近似计算；缓冲作用原理，缓冲范围的确定及缓冲系的选择；配位平衡的移动；应用溶度积规则判断沉淀的生成、溶解及沉淀的先后次序；溶胶的相对稳定性、大分子溶液对溶胶的两种作用。

了解：稀溶液依数性产生的原因及意义；表观解离度、活度、活度因子的概念；沉淀的转化；表面活性剂与乳状液。

选读材料

水污染及其危害

水是大自然给予人类最宝贵的财富，也是人类生存和发展必不可少的自然资源。水是人体的重要组成物质，成年人体内水约占体重的70%。人体中的水可以调节体温、促进新陈代谢、输送营养物质、排除废物。目前，地球上水占70%的面积，其中海水占97.3%，可用淡水只有2.7%。在近淡水中，77.2%存在雪山冰川中，22.4%为土壤中和地下水(降水与地表水渗入)，只有0.4%为地表水(湖泊、河流、冰川等水体)。而我国是一个水资源短缺的国家,全国600多个城市中有2/3供水不足,其中1/6的城市严重缺水,虽然水资源总量居世界第6位,但人均占有量只有2500 m^3,约为世界人均水量的25%。

多年来,随着工业发展、城镇化提速以及人口数量的膨胀,全国水资源质量在不断下降,水环境持续恶化。据调查,全国河流长度有67.8%被污染,约占监测河流长度的2/3,可见我国地表水资源污染非常严重。水污染分为自然污染和人为污染。**自然污染**(natural pollution)是自然因素造成的环境污染,如特殊地质条件使一些地区某种化学元素大量富集,天然植物腐烂中产生的某些毒物或生物病原体进入水体,污染水质(图3-15)。**人为污染**(man-made pollution)是指人类生活和生产活动中引起地表水水体污染,如生活污水、工业废水、农田排水和矿山排水等(图3-14)。水体污染类型较多,以下简述几种主要的水污染及其危害。

图3-14　人为污染

图3-15　自然污染

热污染(thermal pollution)是指现代工业生产和生活中排放的废热所造成的环境污染。如核电站、火力发电厂和钢铁厂的冷却系统排出的热水以及石油、化工、造纸等工业排出的生产性废水,它们直接排入水体之后,均可引起热污染。热污染的主要发生源是电力工业,尤其以核电站为最,其次是各种工业的含热废水。核电站冷却水直接排放造成的热影响可通过与其他环境因素的相互作用而产生综合效应。它不仅以热的形式改变水体理化性质,使水体含氧量降低,还能使水中一些有毒物质的毒性增大,腐殖质增多,使水体恶化,从而影响海洋生物的正常生存。例如1993年,著名的台湾核电二厂发生的"秘雕鱼事件",是核电站"热污染"的一个非常极端的事例。在其排水口旁捕到体长为10~20 cm的花身鸡鱼和豆仔鱼的畸形幼鱼,其脊椎成S形弯曲,研究显示高温使鱼体内维生素C被破坏或不足,胶原蛋白中羟(基)脯氨酸不足,最终导致鱼骨和肌肉生长异常。另外,核电站热污染也会对有洄游习性的鱼类产生影响。在低温季节,鱼群会频繁出入热流区域,而在高温季节则回避该海区。鱼类被冷却水流导引和阻隔,其生殖迁徙活动受到阻碍。此外,核电营运过程中所产生的余氯、低放废液等也会随着温排水一同排入海水中,这些物质也会对近岸海域环境质量造成一定的影响。

放射性污染(radioactive pollution)是指放射性物质所造成的污染,这些放射性物质能自然地向外辐射能量,发出射线(原子核在衰变过程放出α、β和γ射线)。核电站排出的放射性污染物为人工放射性核素,即反应堆材料中的某些元素在中子照射下生成的放射性活化产物。核电站排入环境中的放射性废水,包括冷却水、元件贮存池水、实验室废水和地板冲洗水等。低水平放射性废水,经蒸发、离子交换和絮凝、沉淀等净化处理后可排入环境。中水平和高水平放射性废水不能排入环境,须进行固化处理。在正常情况下,核电站对环境的放射性污染很轻微。如果放射性物质泄漏,对环境污染则特别严重。历史上有几次重大的核泄漏事故,如1986年苏联切尔诺贝利核电站发生核泄漏事故,造成30人当场死亡。这次核泄漏事故使电站周围6万多平方千米土地受到直接污染,320多万人受到核辐射的侵害,造成人类和平利用核能史上最大的一次灾难。2011年,受地震影响,日本福岛第一核电站的放射性物质泄漏,在其排水口附近海域的放射性碘浓度已达到法定限值的3355倍，这是迄今为止日本方面在这一水域检测到的最高相关数值；原子能工业中核燃料的提炼、精制和核燃料元件的制造过程中，都会有放射性废弃物产生和废水的排放；原子弹和贫铀弹等核武器的使用，除了在爆炸地方对生态系统产生最直接的破坏外，其所产生的含铀粉尘和气溶胶，随空气飘动伴随雨水下降，会对更多、更远的地区造成水污染和土壤污染，进而通过食物链和饮水链影响生态系统的稳定性；水中放射性物质还可能来自金属冶炼、自动控制、生物工程、计量等研究部门放射性方面的课题和试验，以及铀矿的开采、选矿及冶炼等。放射性核素污染地表水和地下水，影响饮水水质，并且污染水生生物和土壤，通过食物链对人产生内照射，时刻威胁着人类的生命健康。

有机污染物（organic pollutant）是指以碳水化合物、蛋白质、氨基酸以及脂肪等形式存在的天然有机物质及某些其他可生物降解的人工合成有机物质为组成的污染物。近年来，大量工业废水和绝大部分生活废水未经处理直接排放，以及广大农村地区不合理使用化肥、农药等农用化学物质，使江河源水中有机物质的污染特别严重。据调查，水中有机化学污染物共有2221种。从有机物能否被微生物吸收利用来分，可分为可被生物降解的有机污染物和难被生物降解的有机污染物。可被生物降解的有机污染物主要是人类和动物的排泄物、动植物的残体以及工业发酵的残渣等，在水中都可为细菌所利用和分解，经细菌的代谢过程将有机物转变结构简单的物质（如CO_2、H_2O、SO_4^{2-}、NO_3^-等），在代谢过程中要消耗水中的溶解氧，也被称为耗氧有机物（oxygen consumption organics）。耗氧有机物需要消耗水中大量的氧气，当溶解氧降低至4 $mg \cdot L^{-1}$时，水质会变黑、发臭，甚至会使水中鱼类及其他水生生物窒息。难被生物降解的有机污染物如有机磷农药、有机氯农药、有机含氯化合物、醛、酮、酚、多氯联苯（PCB）和芳香族氨基化合物、高分子聚合物（塑料、合成橡胶、人造纤维）、染料等。农药污染对人类及动物有致癌、致畸、致突变的作用。被有机化学药品污染的水很难净化。当饮用水源被有机物污染时，容易导致肠道线虫、腹泻以及恶性肿瘤等。如果人体摄入含有超标的亚硝酸盐及硝酸盐等物质的污染水，会引发人体高铁血蛋白症，甚至是死亡。

无机污染物（inorganic pollutant）是由无机物构成的污染物。污染水的无机物主要是重金属、砷、氰化物、酸、碱等。重金属元素主要指镉、铅、铬、汞、镍等以及类金属砷等生物毒性显著的元素。这些元素大都来自矿山、冶炼废水，它们在生物体内累积，不易排出体外，危害很大。

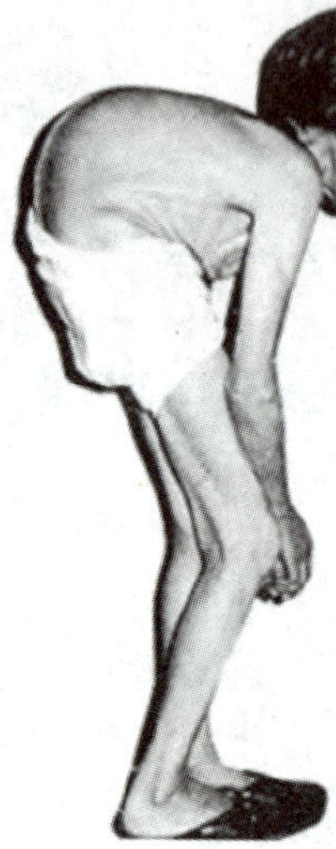

图3－16　镉中毒的病人

水中**镉**（cadmium）是对人体健康威胁最大的有害元素之一，在水中主要以Cd^{2+}的形式存在。污染源是金属矿山、冶炼厂、镉镍电池厂、合金加工厂的废水，以及医药、陶瓷、纺织印染中产生的废水。饮用水中的镉含量不能超过0.01 mg/L，否则镉进入人体后，累积在肾脏、肝脏和骨骼中，也会导致骨骼病变，身体缩短、骨骼严重畸形，全身疼痛，以致死亡，如图3－16所示。当镉浓度为0.2～1.1 mg/L时，可使鱼类死亡。世界十大公害事件之一的日本“骨痛病”事件就是镉中毒引起的。

水体中**铬**（chromium）主要以Cr^{3+}、CrO_2^-、CrO_4^{2-}和$Cr_2O_7^{2-}$的形态

存在。铬是一种毒性较高的重金属，通常认为六价铬的毒性比三价铬的毒性高100倍，六价铬会引起各种炎症及皮肤溃疡，也是致癌因子，铬及其化合物被列入中国水环境优先污染物。铬污染主要来自铬矿、金属冶炼、电镀、制革、制药、印染业等工业废水。

汞(mercury)是环境中毒性最强的重金属元素之一。水体中的元素汞和无机汞可被微生物转化为甲基汞，水生生物摄入甲基汞，可以在体内积累，并通过食物链不断富集(生物放大)。水体中的鱼受汞污染，其体内甲基汞浓度是水中汞浓度万倍以上。人通过食物链使体内甲基汞暴露量增加，毒性效应增强，可引起人慢性中枢神经系统损害及生殖发育毒性。日本“水俣病”就是经典例子，该病表现为知觉障碍、运动失调、视力和听力障碍。

砷(arsenic)虽然不是金属但和金属一样具有很高的毒性及污染性。砷和含砷金属的开采、冶炼，玻璃、颜料、原药、纸张的生产以及煤的燃烧等过程，都可产生含砷废水。含砷废水会污染土壤，砷在土壤中累积由此进入农作物组织中。砷和砷化物一般可通过水、大气和食物等途径进入人体，导致人体的新陈代谢失调，皮肤角质化，引起皮肤癌。元素砷的毒性极低，而砷化物均有毒性，三价砷化合物比其他砷化合物毒性更强。中国规定饮用水中砷最高容许浓度为0.04 $mg \cdot L^{-1}$，地表水包括渔业用水为0.04 $mg \cdot L^{-1}$。

酸碱污染源主要来自工业废水排放的酸、碱以及酸雨。酸碱污染物使水体的pH发生变化，破坏自然缓冲作用，抑制微生物的生长，妨碍水体的自净，使土壤酸化或盐碱化。

其他水污染还包括致病性微生物污染、石油污染、富营养化污染、感官污染和悬浮物污染等。

水是生命之源，对人类极其重要。无论人类社会如何进步和发展，我们都不能以破坏环境为代价来换取短暂的经济发展，否则会造成无法估量的恶果，并最终导致人类的灭亡。因此，我们要合理利用水资源，预防水资源污染，保护水资源，保护好我们生存的环境。

复习思考题

1. 稀溶液有哪些依数性？产生这些依数性的根本原因是什么？

2. 在冬天抢修土建工程时，常用掺盐水泥沙浆，为什么？

3. 盐碱地的农作物长势不良，甚至枯萎，施了太浓的肥料，植物会被“烧死”，能否用某个依数性来说明部分原因？

4. 北方冬天吃冻梨前，先将冻梨放入凉水中浸泡一段时间，会发现冻梨表面结了一层薄冰，而梨里面已经解冻了，这是为什么？

5. 为什么盐碱地上的植物难以生长？

6. 人体输液时，所用的盐水和葡萄糖溶液浓度是否可以任意改变？为什么？

7. 什么是溶液的渗透现象？渗透压产生的条件是什么？

8. 把质量相同的葡萄糖($C_6H_{12}O_6$)和甘油[丙三醇($C_3H_8O_3$)]分别溶于100 g水中，所得溶液的沸点、凝固点、蒸气压和渗透压是否相同？为什么？如果把相同物质的量的葡萄糖和甘油溶于100 g水中，结果又怎样？请说明。

9. 写出下列各种物质的共轭酸或共轭碱：

(1) HS^-；(2) HPO_4^{2-}；(3) NH_4^+

10. 如何判断酸碱的强弱？根据质子理论说明酸碱反应的规律。

11. 弱酸的解离常数和解离度有何异同点？

12. 如何选择缓冲溶液？为什么缓冲溶液具有缓冲作用？缓冲溶液可对少量酸碱引起的pH改变起到稳定的作用吗？

13. 指出下列各组水溶液，当两种溶液等体积混合时，哪些可以作为缓冲溶液，为什么？

(1) $NaOH(0.10\ mol \cdot L^{-1}) - HCl(0.20\ mol \cdot L^{-1})$；

(2) $HCl(0.10\ mol \cdot L^{-1}) - NaAc(0.20\ mol \cdot L^{-1})$

14. 解释沉淀在下述介质中的溶解度变化的原因：

(1) AgCl 沉淀在 $1\ mol \cdot L^{-1}$ KNO_3溶液中溶解度比纯水中的大；

(2) AgCl 沉淀在 $0.001\ mol \cdot L^{-1}$ HCl 溶液中溶解度比纯水中的小；

(3) AgCl 沉淀在 $1\ mol \cdot L^{-1}$ NH_3水溶液中溶解度比纯水中的大。

15. 查得 AgCl 和 Ag_2CrO_4 的溶度积常数分别为 1.8×10^{-10} 与 1.1×10^{-12}，试判断它们在水溶液中溶解度的相对大小。

16. 何谓“沉淀完全”？沉淀完全时溶液中被沉淀离子的浓度是否等于0？怎样才算达到沉淀完全的标准？

17. 沉淀转化的条件是什么？为什么 $BaSO_4$ 沉淀可以转化为 $BaCO_3$沉淀？

18. 工业上常用 FeS 来处理含 Pb^{2+} 废水，为什么？

19. 试选择合适的配位剂，分别将沉淀 CuCl、$Cu(OH)_2$ 与 $Zn(OH)_2$溶解，并写出有关反应式。

20. 为什么晴朗洁净的天空呈蓝色，而阴雨天时则是白茫茫的一片？

21. 在冶金厂和水泥厂常用高压电对气溶胶作用除去大量烟尘，以减少对空气的污染，这种处理方法应用的原理是什么？

22. 含有泥沙的江河水（泥沙胶粒带负电荷）用作工业用水时，必须经过净化，用明矾可作净水剂。明矾除去江河水中泥沙的主要原理是什么？

23. 表面活性剂在分子结构上有何特点？为什么表面活性剂具有乳化、起泡和润湿等作用？

习题

一、是非题

1. 相同质量的葡萄糖和甘油分别溶于100 g水中，所得到两种溶液的凝固点相同。 （ ）

2. 难挥发电解质稀溶液的依数性不仅与溶质种类有关，而且与溶液浓度成正比。 （ ）

3. 根据酸碱质子理论，酸和碱只是物质因质子的得失所处的不同状态。 （ ）

4. 同离子效应可以使溶液的pH增大，也可使其减小，但一定会使弱电解质的解离度降低。 （ ）

5. 多元弱酸，其酸根离子浓度近似等于该酸的一级解离常数。（　）

6. 常温时，弱电解质溶液浓度越低，解离度越大，而解离常数却不变。（　）

7. 缓冲溶液可以由弱酸和它的共轭碱构成。（　）

8. 一定温度下，AB型和AB_2型难溶电解质，溶度积大者，溶解度也一定大。（　）

9. 某两种配离子的$K_f^\ominus(1) > K_f^\ominus(2)$，故第一种配离子比第二种配离子更稳定。（　）

二、单选题

1. 某稀水溶液的质量摩尔浓度为b，沸点上升值为ΔT_b，凝固点下降值为ΔT_f，则正确的表示为（　）

A. $\Delta T_f > \Delta T_b$　　B. $\Delta T_f = \Delta T_b$

C. $\Delta T_f < \Delta T_b$　　D. 无确定关系

2. 在室温25℃时，0.1 mol·L^{-1}糖水溶液的渗透压为（　）

A. 25 kPa　　B. 101.3 kPa

C. 248 kPa　　D. 227 kPa

3. 不是共轭酸碱对的一组物质是（　）

A. HS，S^{2-}　　B. NaOH，Na^+

C. NH_3，NH_4^+　　D. H_2O，OH^-

4. 某弱碱的$pK_{b1}^\ominus = 2.5$，$pK_{b2}^\ominus = 8.5$，则其共轭酸的$pK_{a1}^\ominus$与$pK_{a2}^\ominus$分别为（　）

A. 5.5，11.5　　B. 11.5，5.5

C. 6.5，10.5　　D. 5.5，9.5

5. 100 mL 0.10 mol·L^{-1} HAc溶液中，加入少量NaAc固体，则溶液的pH（　）

A. 变小　　B. 不能判断

C. 不变　　D. 变大

6. 欲配制pH为5.5的缓冲溶液，应选（　）物质。

A. HAc（$pK_a^\ominus = 4.74$）与其共轭碱

B. 甲酸（$pK_a^\ominus = 3.74$）与其共轭碱

C. 六次甲基四胺（$pK_b^\ominus = 8.85$）与其共轭酸

D. 氨水（$pK_b^\ominus = 4.74$）与其共轭酸

7. 25℃时，PbI_2溶解度为1.28×10^{-3} mol·L^{-1}，其溶度积常数为（　）

A. 2.8×10^{-8}　　B. 8.4×10^{-9}

C. 2.3×10^{-6}　　D. 4.7×10^{-6}

8. Ag_2CrO_4在0.001 mol·L^{-1} $AgNO_3$溶液中的溶解度比在0.001 mol·L^{-1} K_2CrO_4溶液中的溶解度（　）

A. 较大　　B. 较小

C. 相等　　D. 大一倍

9. 在$FeCl_3$和KSCN的混合溶液中，加入少量NaF溶液，其现象是（　）

A. 变成红色　　B. 颜色变浅

C. 颜色加深　　D. 产生沉淀

三、填空题

1. 有一种树橘红色的硫化锑(Sb_2S_3)胶体，装入U形管，插入电极后通以直流电，发现阳极附近橘红色加深，这叫________现象。它证明Sb_2S_3胶粒带________电荷，它之所以带有该种电荷，是因为________。

2. 25℃，用一半透膜，将0.01 mol·L^{-1}和0.001 mol·L^{-1}糖水溶液隔开，欲使系统达平衡，需在______________溶液上方施加的压力为________ kPa。

3. 人体血液的pH = 7.4 ± 0.5，维持这一pH的缓冲溶液主要成分有__________和__________。

4. 25℃，$Ca(OH)_2$的$K_{sp}^{\ominus} = 4 \times 10^{-6}$，则$Ca(OH)_2$饱和溶液中$c(OH) =$_______ mol·$L^{-1}$。

5. 已知$K_{sp}^{\ominus}(ZnS) = 2.0 \times 10^{-22}$，$K_{sp}^{\ominus}(CdS) = 8.0 \times 10^{-27}$，在Zn和Cd两溶液(浓度相同)分别通入$H_2S$至饱和，________离子在酸度较大时生成沉淀，而________离子应在酸度较小时生成沉淀。

四、综合题

1. 今有两种溶液，一种为3.6 g葡萄糖($C_6H_{12}O_6$)溶于200 g水中；另一种为20 g未知物质溶于500 g水中，这两种溶液在同一温度下结冰，求未知物的摩尔质量。[$M(C_6H_{12}O_6) = 180$ g·mol^{-1}]

2. 要配制pH为5的缓冲溶液，需取多少克$NaAc \cdot 3H_2O$固体溶于300 mL 0.50 mol·L^{-1}醋酸溶液中(设加入固体后溶液体积不变)？{$M(NaAc \cdot 3H_2O) = 136$ g·mol^{-1}；$pK_a^{\ominus}(HAc) = 4.75$}

3. 取50.0 mL 0.100 mol·L^{-1}某一元弱酸溶液，与20.0 mL 0.100 mol·L^{-1} KOH溶液混合，将混合溶液稀释至100 mL，测得此溶液的pH为5.25。求此一元弱酸的解离常数。

4. 在50 mL 0.10 mol·L^{-1} HAc中，加入25 mL，0.10 mol·L^{-1} NaOH溶液。问HAc中和前后，溶液的$[H^+]$有何变化？(已知：HAc的$K_a^{\ominus} = 1.8 \times 10^{-5}$)

5. 欲配制pH = 4.70的缓冲溶液500 cm^3，问应用50 mL 1.0 mol·L^{-1} NaOH和多少毫升1.0 mol·L^{-1} HAc溶液混合并需加多少水？[$K_a^{\ominus}(HAc) = 1.76 \times 10^{-5}$]

6. 已知25℃时，0.01 mol·L^{-1} HAc水溶液的解离度为4.2%，试计算：

(1)该溶液中$c(H^+)$；　(2)HAc解离常数$K_a^{\ominus}$。

7. 在烧杯中盛有体积为20 mL，浓度为0.10 mol·L^{-1}的氨水，逐步向其中加入体积为V，浓度为0.10 mol·L^{-1}的HCl溶液，试计算当加入HCl溶液的体积分别为(1) $V_{HCl} = 10$ mL，(2) $V_{HCl} = 20$ mL，(3) $V_{HCl} = 30$ mL时混合液的pH。

8. 下列四对化合物可供选择以配制pH = 10.10的缓冲溶液，应选择哪一对？其共轭酸碱的浓度比应是多少？

(1)HCOOH – HCOONa；(2)HAc – NaAc；

(3)$H_3BO_3 - NaH_2BO_3$；(4)$NH_4Cl - NH_3$

9. 在20 mL、0.5 mol·L^{-1} $MgCl_2$溶液中加入等体积的0.10 mol·L^{-1}的$NH_3 \cdot H_2O$溶液，问有无$Mg(OH)_2$生成？为了不使Mg(OH)沉淀

析出，至少应加入多少克 NH_4Cl 固体？（设加入 NH_4Cl 固体后，溶液的体积不变，$K_b^\ominus=1.77\times10^{-5}$）

10. 已知在室温下 $Mg(OH)_2$ 的溶解度为 1.12×10^{-4} mol · L^{-1}，求室温下 $Mg(OH)_2$ 的溶度积常数 $K_{sp}^\ominus(Mg(OH)_2)$。

11. 向含 Cl^- 和 CrO_4^- 浓度各为 0.05 mol · L^{-1} 的溶液中，缓慢滴加 $AgNO_3$ 溶液。假定溶液体积的变化可忽略不计，问：(1) 先生成 AgCl 还是 Ag_2CrO_4 沉淀？(2) 当 AgCl 和 Ag_2CrO_4 开始共同沉淀时，溶液中的 Cl^- 浓度为多少？已知 $K_{sp}^\ominus(AgCl)=1.77\times10^{-10}$；$K_{sp}^\ominus(Ag_2CrO_4)=5.4\times10^{-12}$。

12. 在 0.1 mol · L^{-1} $ZnCl_2$ 溶液中通入 H_2S 气体至饱和，如果加入盐酸以控制溶液的 pH，试计算开始析出 ZnS 沉淀和 Zn^{2+} 沉淀完全时溶液的 pH。已知 $K_{sp}^\ominus(ZnS)=2.5\times10^{-22}$，$K_{a1}^\ominus(H_2S)=1.3\times10^{-7}$，$K_{a2}^\ominus(H_2S)=7.1\times10^{-15}$。

13. 1000 mL 0.1 mol · L^{-1} $CuSO_4$ 溶液中加入 6.0 mol · L^{-1} 的 $NH_3\cdot H_2O$ 1000 mL，求平衡时溶液中 Cu^{2+} 的浓度。($K_f^\ominus=2.09\times10^{-13}$)

14. (1) 求 $Zn(OH)_2+2OH^- \rightleftharpoons [Zn(OH)_4]^{2-}$ 的平衡常数；

(2) 0.010 mol $Zn(OH)_2$ 加到 1.0 dm^3 NaOH 溶液中，NaOH 浓度要多大，才能使之完全溶解（完全生成 $[Zn(OH)_4]^{2-}$）？

($K_f^\ominus([Zn(OH)_4]^{2-})=3.2\times10^{15}$，$K_{sp}^\ominus(Zn(OH)_2)=1.0\times10^{-17}$)

15. 淀粉—碘化钾溶液是用淀粉胶体和碘化钾溶液混合而成的，可采用什么方法再将它们分离？简述操作过程，并证明：
(1) 淀粉—碘化钾溶液中既存在淀粉，又存在碘化钾；(2) 分离后的淀粉胶体中只有淀粉，而无碘化钾；(3) 分离后的碘化钾溶液中只有碘化钾，而无淀粉。

16. 100 mL 0.008 mol · L^{-1} $AgNO_3$ 和 70 mL 0.005 mol · L^{-1} K_2CrO_4 溶液相混合，制得 Ag_2CrO_4 溶胶，写出该溶胶的胶团结构式，$MgSO_4$、$K_3[Fe(CN)_6]$ 和 $[Co(NH_3)_6]Cl_3$ 三种电解质，它们对该溶胶起凝结作用的是何种离子？这三种电解质对该溶胶的凝结值大小顺序如何？

第3章习题答案

第4章

电化学基础

(Fundamentals of Electrochemistry)

电化学(electrochemistry)是研究化学现象与电现象之间关系的学科。其基本反应是**氧化还原反应**(oxidation-reduction reaction),一种反应过程中有电子得失或偏移的反应。在人类文明的进程中,这种反应发挥了重要的作用,如火药的发明、金属的冶炼等。

若反应物之间不直接接触,而是通过导体实现反应物之间的电子定向转移,那么,这种有电流与之相联系的反应称为电化学反应。若自发的化学反应在原电池中进行,则可对外做电功使化学能转化为电能,此时电化学反应称为电池反应;若将非自发的化学反应置于电解池中,由外部电源提供能量对其做电功,则可使该反应发生而实现电能到化学能的转变,这种电化学反应称为电解反应。

电化学过程与现代生活的诸多方面息息相关。如,化学电池、电解合成、金属防腐、离子浓度测定、新陈代谢、神经传导、生物传感和生物电等。本章将介绍原电池、电解池、金属防腐等,重点讨论能斯特方程及其应用。

4.1 原电池

4.1.1 氧化还原的标度与方程式配平

1. 氧化值

氧化还原反应的电子得失或偏移,必将引起某些原子的价电子层结构发生改变,从而改变这些原子的带电状态。为了描述原子带电状态的变化、表明元素氧化或还原的程度,提出了氧化值的概念。

氧化值(oxidation number)是一个元素原子的**表观荷电数**(apparent charge number),这种荷电数是人为地将共用电子对中的成键电子指定给电负性(电负性越大的元素原子,在分子中吸引电子的能力越强,其定义和大小详见第5章)较大的原子而求得的。

因此,从这个意义上说,氧化还原反应是反应前后氧化值发生变化的反应。氧化与还原两个“半反应”实际上是同时进行的,是一个过程的两个方面。其中,氧化值增加的过程,称为氧化,氧化值降低的过程,称为还原。通常,在一个自发的氧化还原反应中,还原剂发生氧化反应,氧化剂发生还原反应。

2. 氧化还原反应方程式的配平

关于氧化还原反应方程式的配平,仅介绍半反应法(即离子电子法),该法虽只适用于水溶液中的反应,而不能用于气相或固相反应,但对于本章讨论的、有明显电子得失的电化学反应,更具实际意义。

半反应法的配平原则为:

(1)反应前后各元素的原子总数相等;

(2)反应过程中得失的电子总数相等。

现以酸性介质中高锰酸钾与亚硫酸钾的反应为例,说明半反应法配平氧化还原反应方程式的具体步骤。

(1)将分子反应方程式改写为离子反应式(写出主要反应物和产物,其中气体、纯液体、固体和弱电解质用分子式表示):

伏特与电化学的兴起

伏特(A. Volta)是意大利物理学家,1745年2月18日生于一个富有的天主教徒家庭。

1791年,伏特读到了意大利医生伽伐尼(L. Galvani)关于青蛙实验的文章。伏特重复了这种实验,发现只要两种不同金属互相接触,中间隔有湿润的纸或其他海绵状物质,就有电现象产生。经过反复进行各种金属的实验,他发现了金属的起电序列。1800年,他宣布发明了能产生连续电流的电堆,其强度的数量级比从静电起电机所能得到的电流大。

伏特电堆一问世,人们立即利用它进行化学研究。1800年,尼科尔森和卡里斯尔电解了水。1807年,戴维电解了熔融的苛性钠和苛性钾,此时人们才弄清楚苛性碱是化合物而不是元素。1832年,戴维的助手法拉第(M. Faraday, 1791—1867)用实验证明了静电、伏特电、生物电、温差电都是本质相同的电现象,从而开始了一场真正的科学革命。

伏特最后的8年,完全过着一种隐居的生活。1827年3月5日,伏特去世,享年82岁。为了纪念他,人们将电压的单位取名伏特。

视频4-1

视频4-2

$$KMnO_4 + K_2SO_3 \rightleftharpoons MnSO_4 + K_2SO_4$$

$$MnO_4^- + SO_3^{2-} \rightleftharpoons Mn^{2+} + SO_4^{2-}$$

(2)将离子反应式分解成两个未配平的半反应式

还原半反应　$MnO_4^- \rightleftharpoons Mn^{2+}$　(4-1)

氧化半反应　$SO_3^{2-} \rightleftharpoons SO_4^{2-}$　(4-2)

(3)分别配平两个半反应方程式：在等号两边的锰和硫原子数相等的前提下，酸性介质中，则须用 H_2O 配平 O，再用 H^+ 配平 H，用电子配平电荷；式(4-1)中产物 Mn^{2+} 比反应物 MnO_4^- 少4个氧原子，在右边加4个 H_2O，再在左边加8个 H^+。反应物 MnO_4^- 和8个 H^+ 的总电荷数为+7，而右边 Mn^{2+} 的电荷数为+2，故在左边加5个电子，使半反应两边的原子数和电荷数均相等，可得式(4-3)；式(4-2)中产物比反应物 SO_3^{2-} 多1个氧原子，故在左边加1个 H_2O，右边加2个 H^+。反应物 SO_3^{2-} 的电荷数只有-2，而产物 SO_4^{2-} 和2个 H^+ 的总电荷数为0，故在右边加2个电子以配平，可得式(4-4)为

$$MnO_4^- + 8H^+ + 5e^- = Mn^{2+} + 4H_2O \quad (4-3)$$

$$SO_3^{2-} + H_2O = SO_4^{2-} + 2H^+ + 2e^- \quad (4-4)$$

(4)将两个半反应分别乘以相应系数，即式(4-3)×2，式(4-4)×5，则电子的得失数等于两个半反应式中电子得失的最小公倍数10，然后(4-3)×2+(4-4)×5，得配平的氧化还原反应的离子方程式如下

$$2MnO_4^- + 5SO_3^{2-} + 6H^+ = 2Mn^{2+} + 5SO_4^{2-} + 3H_2O \quad (4-5)$$

再改成为分子反应方程式(注意未变化的离子的配平)如下

$$2KMnO_4 + 5K_2SO_3 + 3H_2SO_4 = 2MnSO_4 + 6K_2SO_4 + 3H_2O \quad (4-6)$$

掌握半反应法的关键是熟知不同反应条件的配平规则。如，碱性介质先用 OH^- 配平 O，再用 H^+ 配平 H，其后再用 OH^- 中和 H^+，使之变成 H_2O 的形式，最后用电子配平电荷。

4.1.2　原电池及其表示

1. 原电池的构造

原电池(primary cell)是将自发反应的化学能转变为电能的装置。电池反应通常为氧化还原反应。组成原电池，须有两个电极以及能与电极建立反应平衡的电解质溶液。若两个电极插在同一个电解质溶液中，则为单液电池；若两个电极插在不同的电解质溶液中，则为双液电池，此时两个电解质溶液之间可用膜或素烧瓷板分开，但有**液接电势**(liquid junction potential)产生。液接电势是当组成或浓度不同的两种电解质溶液接触时，在溶液接界处由于正负离子扩散通过界面的离子迁移速度不同造成正负电荷分离而形成双电层所产生的电势差。如，使Zn片和 $CuSO_4$ 溶液不直接接触，而是在图4-1所示的装置中进行反应，此时电子从还原剂到氧化剂的转移是通过导线定向移动的，因而有电流产生，这就是铜锌双液电池。

若把两个电解质溶液放在不同容器中，则必须用**盐桥**(salt bridge)相联，以沟通电流回路和消除液接电势，如丹尼尔电池，实际

氧化值的确定规则与化合价

(一)氧化值的确定规则

(1)单质中，元素的氧化值为零。如 Cl_2，氯的氧化值为0。

(2)在单原子离子中，元素的氧化值等于它所带的电荷数。

(3)碱金属的氧化值为+1，碱土金属为+2；在大多数化合物中，氢的氧化值为+1。在活泼金属氢化物，如 CaH_2 中，氢的氧化值为-1，而钙的为+2。

(4)在大多数化合物中，氧的氧化值为-2。但在过氧化物，如 H_2O_2 中，氧的氧化值为-1；在超氧化物，如 KO_2 中，氧的氧化值为-1/2；在氟氧化物，如 OF_2 中，氧的氧化值为+2。

(5)在中性分子中，各元素原子的氧化值的代数和为零；在多原子离子中，该复杂离子的电荷等于各元素氧化值的代数和。如 CO_2 中，碳的氧化值为+4；在 H_5IO_6 中，碘的氧化值为+7；在 $S_4O_6^{2-}$ 中，硫的氧化值为+2.5。

(二)化合价

化合价表示各种元素的原子相互化合的数目，常以氢的化合价等于1为准。分为电价和共价。电价与离子键相对应，原子失电子有正价、得电子有负价，且价数等于得失的电子数；共价与共价键相对应，数值上等于原子间的共用电子对数。如 NH_3 中，N为3价，H为1价。

氧化值与化合价在离子化合物中一致，在共价化合物中不一致。化合价不能为分数或小数，而氧化值可以。

如在 CH_4、CH_3Cl、CH_2Cl_2、$CHCl_3$ 和 CCl_4 分子中，碳的化合价均为4，但碳的氧化值则依次为-4、-2、0、+2和+4。这是因为有机化合物中，氢原子的电负性比碳原子小，其氧化值为+1；O、N、S、Cl等杂原子的电负性都比碳原子的大，它们的氧化值均为负值，依次规定为-2、-3、-2、-1。

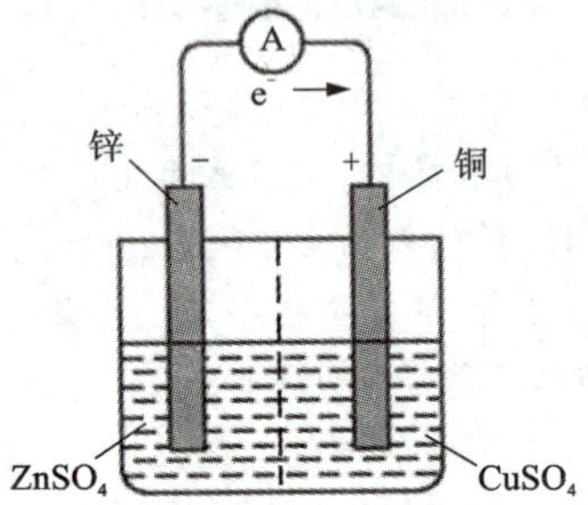

图 4－1 铜锌双液电池

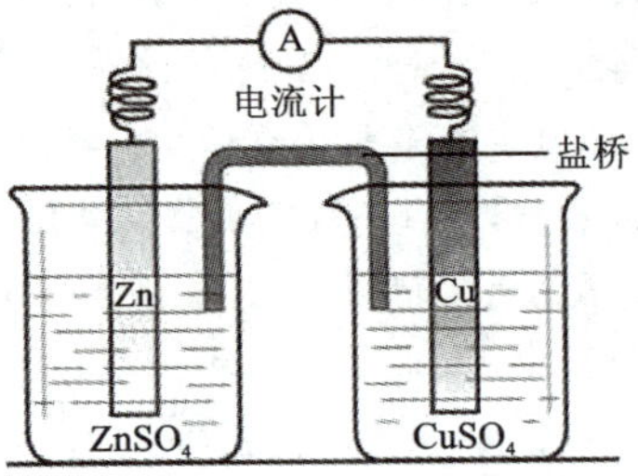

图 4－2 丹尼尔电池

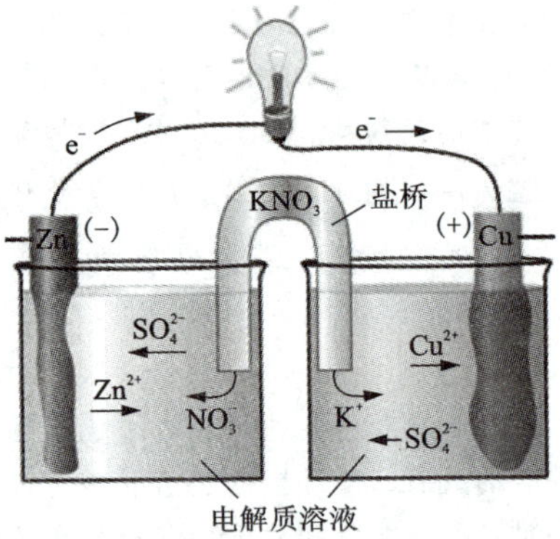

图 4－3 原电池工作原理

上是一个带盐桥的铜锌原电池，见图 4－2。本章讨论的原电池，如不特别注明，一般都是带盐桥的原电池。常用盐桥为 KCl 或 KNO_3 盐桥。其中的电解质解离出的正负离子迁移速率应接近相等，且不与烧杯中的溶液发生反应。盐桥能消除液接电势，是因为盐桥代替图 4－1 中的双液界面后，在盐桥两端形成的两个新界面上分别产生了能抵消的两个方向相反、数值极小、大小几乎相等的电势差。

2. 原电池的工作原理

由图 4－3 可见，当原电池处于工作状态时，外电路由电子导电，电子由 Zn 负极流向 Cu 正极，而内电路则由电解质溶液中的离子导电。因此，在组成带盐桥的原电池那一瞬间，其**电池电动势**（electromotive force）E 为

$$E = \varphi_+ - \varphi_- \qquad (4-7)$$

式中：φ_+ 和 φ_- 分别为正极、负极组成原电池之前，单独存在时的**电极电势**（electrode potential），也称为平衡电极电势。若 E 能够测定，则正极与负极的电极电势相对值便可确定。

原电池开始工作之后，由于电子由 Zn 负极流向 Cu 正极，原来处于平衡状态的电极反应将被打破。负极因电子流出发生氧化反应，正极因电子流入发生还原反应，随着电池反应的进行，φ_+ 将不断降低，φ_- 将不断升高，从而导致 E 不断减小。当电池电动势 $E = 0$ V 时，原电池将不再放电而停止工作。电极上发生的半反应称为**电极反应**（electrode reaction），正、负极反应之和即为**电池反应**（cell reaction），图 4－3 所示电池中，电池反应如下：

$$Zn(s) + Cu^{2+}(aq) \longrightarrow Cu(s) + Zn^{2+}(aq)$$

其中，Cu^{2+}/Cu 和 Zn^{2+}/Zn 称为**氧化还原电对**（redox couple），简称电对。因原电池由两个电极组成，每个电极又称**半电池**（half cell）。

3. 原电池符号

对于原电池的结构和组成，为方便描述，常用原电池符号表示。

如图 4－2 所示的铜锌原电池符号为

$$(-)Zn(s) \mid ZnSO_4(c_1) \parallel CuSO_4(c_2) \mid Cu(s)(+)$$

在书写原电池符号时，须遵循以下规定：

（1）盐桥用双竖线“‖”表示。原电池的负极写在盐桥的左边，并在左端以“（－）”表示；正极写在右边，并以“（＋）”表示。

（2）用单竖线“｜”表示不同相间的界面，同一相中的不同物质用“，”隔开。通常，纯液体、固体和气体与电子传导体写在一边，并用“｜”分开。

（3）半电池中各物质须注明温度、压力、活度（常用浓度代替）和物态等。如气体和溶液中溶质要分别注明分压 p_B 与浓度 c_B。

必须说明的是，按照上述规定书写的原电池符号，无论电动势还是物质的分压、浓度，仅表示组成原电池起始时刻的情况。

视频4-3

4. 电极的类型与表示

要正确书写原电池的符号，关键是要弄清构成原电池的电极类型和表示方法。对于单独存在的电极，无论该电极在原电池中将处在正

极还是负极，其电极反应统一写成还原反应形式，如：

$$氧化态 + ne \rightleftharpoons 还原态$$

锌电极 $Zn^{2+}(aq) + 2e \rightleftharpoons Zn(s)$

铜电极 $Cu^{2+}(aq) + 2e \rightleftharpoons Cu(s)$

在这种含有金属的电对构成的电极中，电子的传导体即为金属本身，如Cu和Zn。若电对中不含金属，则必须借助惰性导体(如Pt、石墨)作为电子的传导体(也称导电极板)，惰性导体是不参与电极反应的辅助电极，故又称惰性电极，它还可起吸附气体等作用。

电极主要分为三大类：第一类为金属电极和气体电极；第二类为难溶盐电极；第三类为氧化还原电极。电极的组成以电极符号表示，对于三大类型的电极，分别举例如下：

1)金属电极和气体电极

金属电极：将金属板插到该金属的盐溶液中构成的电极。以银电极为例，其电极符号为 $Ag(s) \mid Ag^+(c_+)$，其电极反应为

$$Ag^+(c_+) + e^- \rightleftharpoons Ag(s)$$

气体电极：将气体通入其相应离子的溶液中，用惰性导体作导电极板所构成的电极。以氯气电极为例，其电极符号为

$$Pt(s) \mid Cl_2(p) \mid Cl^-(c_-)$$

其电极反应为

$$Cl_2(p) + 2e^- \rightleftharpoons 2Cl^-(c_-)$$

2)难溶盐电极

将金属表面涂有其金属难溶盐的固体，然后浸入与该盐具有相同阴离子的溶液中构成的电极。以氯化银电极为例，其电极符号为

$$Ag(s) \mid AgCl(s) \mid Cl^-(c_-)$$

其电极反应为

$$AgCl(s) + e^- \rightleftharpoons Ag(s) + Cl^-(c_-)$$

3)氧化还原电极

将惰性电极浸入含有同一元素的两种不同氧化值的离子溶液中构成的电极。以重铬酸根电极为例，其电极符号为

$$Pt(s) \mid Cr_2O_7^{2-}(c_1), Cr^{3+}(c_2), H^+(c_3)$$

其电极反应为

$$Cr_2O_7^{2-}(c_1) + 14H^+(c_3) + 6e^- \rightleftharpoons 2Cr^{3+}(c_2) + 7H_2O(l)$$

4.1.3 原电池的热力学

1. 原电池的最大电功、电池电动势和吉布斯自由能变

化学热力学认为，在等温、等压条件下，自发反应吉布斯自由能的减少值等于体系对外所能做的最大非体积功，即

$$-\Delta_r G_{T,p} = -W'_{max} \tag{4-8}$$

对于原电池而言，式(4-8)中 $\Delta_r G_{T,p}$ 即为自发的电池反应始态(原电池组成时刻)与电池反应终态(原电池停止工作时刻)之间的吉布斯自由能的变化值。若反应体系从始态至终态经过的是理想化的可逆过程，则此过程对外所做的电功是同一始、终态条件下体系对外所能做的最大电功。这种理想化放电过程的原电池，称为**可逆电池**(reversible cell)。见图4-4。

例题4-1 将下列反应设计成原电池，并写出其原电池符号。

$2Fe^{2+}(1.0\ mol\cdot L^{-1}) + Cl_2(100\ kPa) \rightleftharpoons 2Fe^{3+}(0.10\ mol\cdot L^{-1}) + 2Cl^-(2.0\ mol\cdot L^{-1})$

解： 正极反应

$$Cl_2 + 2e^- \rightleftharpoons 2Cl^-$$

负极反应

$$Fe^{2+} \rightleftharpoons Fe^{3+} + e^-$$

原电池符号为：

$(-)Pt \mid Fe^{2+}(1.0\ mol\cdot L^{-1}), Fe^{3+}(0.10\ mol\cdot L^{-1}) \parallel Cl^-(2.0\ mol\cdot L^{-1}) \mid Cl_2(p^\ominus) \mid Pt(+)$

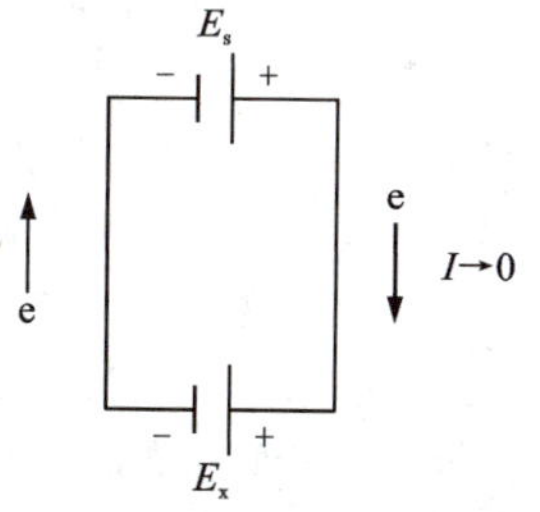

图4-4 可逆电池 E_x 示意图

E_x 为待研究电池的电动势，E_s 为可变电池的电动势。

当 $E_x = E_s$ 时，电流 $I = 0$；

当 $E_x > E_s$ 时，待研究电池 E_x 为原电池；对于原电池 E_x，每当 E_s 减小一个无穷小量 dE 时，即 $E_s = E_x - dE$ 时，E_x 放电1次，$I\to0$，经过无穷多次的微小放电，当 $E_s = 0$ 时，$E_x = 0$，这种情况，电池 E_x 方为可逆电池。

根据热力学原理，自发反应的吉布斯自由能变 $\Delta_r G_{T,p}$ 必为负值，而本教材规定体系对外做功为负值，则式(4－8)中 $-\Delta_r G_{T,p}$ 和 $-W'_{max}$ 必为正值。而自发的电池反应起始时刻的电池电动势 E 必为正值。根据电功与电势差的关系，则式(4－8)可变为

$$-\Delta_r G_{T,p} = -W'_{max} = QE \qquad (4-9)$$

式中：Q 为通过电池的电量。由于1个电子所带电量为 1.6022×10^{-19} C(库仑)，1 mol 电子所带电量，称为1 Faraday(法拉第)，简写为1 F。F 又称为法拉第常数，等于阿伏伽德罗常数 N_A 乘以1个电子所带电量，即

$$1\ \text{F} = 6.022\times10^{23}\ \text{mol}^{-1}\times1.6022\times10^{-19}\ \text{C} = 96485\ \text{C}\cdot\text{mol}^{-1}$$

对于反应进度 $\xi = 1$ mol 的电池反应来说，若电池从始态至终态转移电子的物质的量为 n，则通过电池的电量 $Q = nF$，由式(4－9)可得

$$-\Delta_r G_{T,p} = -\Delta_r G_m = -W'_{max} = QE = nFE \qquad (4-10)$$

再变换为

$$\Delta_r G_m = -nFE \qquad (4-11)$$

式(4－11)即为非标准态下原电池电动势与电池反应吉布斯自由能变的关系式。若等温、等压中的压力条件为标准压力 $p^\ominus$，则由式(4－11)，可得：

$$\Delta_r G_m^\ominus = -nFE^\ominus \qquad (4-12)$$

式中：$\Delta_r G_m^\ominus$ 为标准摩尔吉布斯自由能变；$E^\ominus$ 称为标准电池电动势。式(4－12)即为标准态下原电池电动势与电池反应吉布斯自由能变的关系式。虽上述关系式由可逆电池推导而来，但实际上无论是否为可逆电池，其吉布斯自由能变与原电池电动势的定量关系不变。

2. 电池电动势的能斯特方程

将式(4－11)、式(4－12)代入化学反应等温方程式

$$\Delta_r G_m = \Delta_r G_m^\ominus + RT\ln Q$$

可得：

$$-nFE = -nFE^\ominus + RT\ln Q \qquad (4-13)$$

整理可得：

$$E = E^\ominus - \frac{RT}{nF}\ln Q \qquad (4-14)$$

换成常用对数，可得：

$$E = E^\ominus - \frac{2.303RT}{nF}\lg Q \qquad (4-15)$$

式中：E 与 $E^\ominus$ 的单位为 V；T 为热力学温度；R 为气体常数(8.314 kPa·L·K^{-1}·mol^{-1}；n 为反应进度1 mol 的电池反应中电子转移的物质的量；Q 为电池反应的反应商。

式(4－14)、式(4－15)均为电池电动势的**能斯特方程**(Nernst equation)，它定量描述了非标准状态下电池电动势的影响因素。由此方程可见，E 与 $E^\ominus$，T 和 Q 有关。其中，$E^\ominus$ 是决定 E 的主要因素。而 $E^\ominus$ 取决于组成原电池两电极的本性，与浓度、分压无关。

3. 电池反应的标准平衡常数 $K^\ominus$ 与标准电动势 $E^\ominus$ 的关系

根据热力学由 $\Delta_r G_m^\ominus$ 计算反应标准平衡常数 $K^\ominus$ 的公式可知

化学家史话——能斯特

能斯特(W. H. Nernst)是德国物理化学家。1864年他生于西普鲁士的布利森。进入莱比锡大学后，能斯特在奥斯特瓦尔德指导下学习工作，1887年获博士学位，1891年任哥丁根大学物理化学教授，1905年任柏林大学教授。1932年为英国皇家学会会员。因纳粹迫害，能斯特退职后在农村度过了他的晚年。1941年在柏林逝世。

能斯特的研究主要在热力学方面。1889年，他从热力学导出了电化学中著名的能斯特方程。同年，还引入溶度积的概念，用来解释沉淀反应。他用量子理论的观点研究低温下固体的比热；提出光化学的“原子链式反应”理论。1906年，根据对低温现象的研究，得出了热力学第三定律，这个定律有效地解决了计算平衡常数问题和许多工业生产难题。因此，获得了1920年诺贝尔化学奖。此外，他还研制出含氧化锆发光剂的白炽电灯和用指示剂测定介电常数等。其主要著作：《新热定律的理论与实验基础》。

视频4-4

$$\Delta_r G_m^{\ominus} = -RT\ln K^{\ominus}$$

而式(4－12)为

$$\Delta_r G_m^{\ominus} = -nFE^{\ominus}$$

则两式合并，可得

$$\ln K^{\ominus} = nFE^{\ominus}/(RT) \text{ 或 } \lg K^{\ominus} = nFE^{\ominus}/(2.303RT) \qquad (4-16)$$

当 $T=298.15$ K 时，将相关常数代入常用对数形式的式(4－16)可得

$$\lg K^{\ominus} = \frac{nE^{\ominus}}{0.0592} \qquad (4-17)$$

由式(4－16)、式(4－17)可见，只要原电池的 $E^{\ominus}$ 能够确定，便可求算电池反应在温度 T 或 298.15 K 时的标准平衡常数 $K^{\ominus}$。

视频4-5

例题 4－2　25℃时，已知电池(－) Sn | Sn^{2+}(c_1) ‖ Pb^{2+}(c_2) | Pb(＋)的标准电动势 $E^{\ominus}=0.012$ V，求其电池反应的标准平衡常数。

解： 将 $E^{\ominus}$ 数据代入式(4－17)，可得

$$\lg K^{\ominus} = \frac{2\times 0.012}{0.0592} = 0.41，\text{ 则 } K^{\ominus} = 2.55$$

4.2　电极电势

4.2.1　标准电极电势

1. 电极电势的产生

在组成 Cu－Zn 原电池起始时刻，两个电极的电极电势一般是不同的。那么，电极电势是怎样产生的呢？

对此，能斯特提出了双电层理论。当把金属片浸入其盐溶液时，在金属与其盐溶液的接触界面上就会发生两个不同的过程：一方面，金属表面处于热运动的金属原子受极性水分子的作用，将以金属离子的形式进入溶液而将自由电子留在金属表面；另一方面，溶液中的金属离子接触金属表面，又会受金属表面电子的吸引而重新沉积在表面上。在温度和浓度一定的条件下，当两个方向进行的速率相等时，达到溶解与沉积的动态平衡

$$M(s) \underset{\text{沉积}}{\overset{\text{溶解}}{\rightleftharpoons}} M^{n+}(aq) + ne^-$$

金属越活泼或溶液中金属离子浓度越小，溶解的趋势就会越大于沉积的趋势。平衡时，若金属表面带负电，带正电的金属离子将靠近金属作定向排列，使金属附近的溶液带正电，于是在金属表面和溶液的界面上形成一个带相反电荷的**双电层**(electron double layer)，如图 4－5 所示。双电层的厚度很小，数量级为 0.1 nm。由于双电层的出现，在金属和溶液之间产生的电势差，称为**电极电势**(electrode potential)，用符号 φ 表示，单位为 V(伏特)。该电势差的大小主要决定于电极的本性，同时受温度、介质和离子浓度等因素的影响。不过，其绝对值目前仍无法测定。

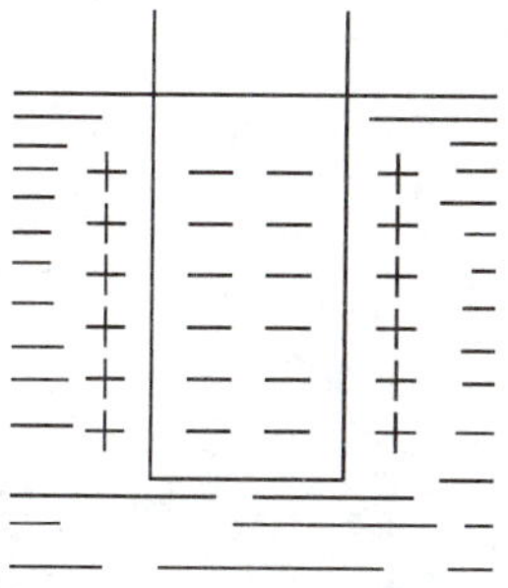

图 4－5　双电层示意图

2. 标准氢电极

为了定量比较不同电对电极电势的相对大小，1953 年 IUPAC(国际纯粹与应用化学联合会)规定**标准氢电极**(standard hydrogen electrode，简写为 SHE)作为测定电极电势的相对标准。

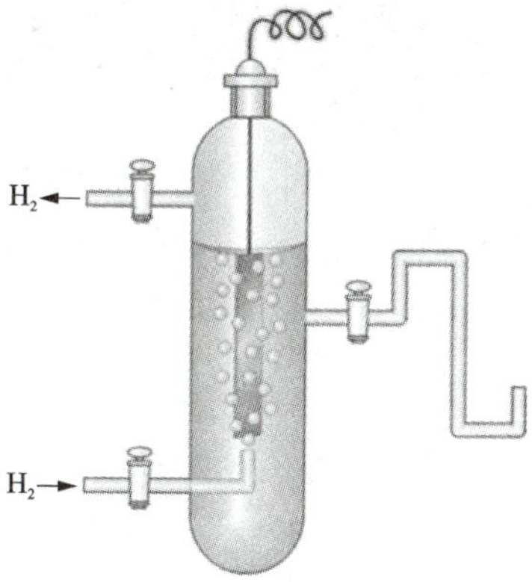

图 4－6　标准氢电极示意图

视频4-6

标准氢电极的结构如图 4－6 所示，将镀有一层海绵状多孔铂黑的铂片插入 H^+ 离子浓度为 1.0 mol · L^{-1}(严格地说，是活度 $a=1$)的

硫酸溶液中，在一定温度时不断通入氢气，保持其分压为100 kPa，被铂黑吸附至饱和的 H_2 与溶液中的 H^+ 构成下列平衡

$$2H^+(aq)+2e^- \rightleftharpoons H_2(g)$$

视频4-7

此时，铂电极吸附的氢气与酸溶液之间产生的平衡电极电势称为标准氢电极的电极电势，并规定任何温度下其电极电势值为零

$$\varphi^\ominus(H^+/H_2)=0\ V$$

3. 常用参比电极

标准氢电极制作麻烦，操作条件苛刻。因此，实际工作中总是采用制作方便、重现性好、电极电势稳定的电极作为参比电极。一般都采用难溶盐电极，常用的是饱和甘汞电极等。

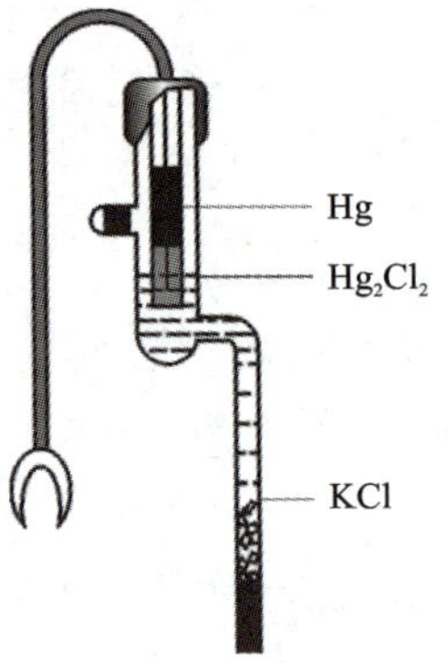

图4-7　饱和甘汞电极示意图

饱和甘汞电极(saturated calomel electrode，简写为SCE)是由汞、甘汞(Hg_2Cl_2)与KCl饱和溶液组成的电极，它属于金属难溶盐电极，其构造如图4-7所示，电极由两个玻璃套管组成，连接电极引线，中部为汞和氯化亚汞的糊状物，底部用棉球塞紧，盛有KCl溶液的外管同时具有盐桥的作用，下部管口塞有多孔素烧瓷。

电极符号：

$$Hg(l)\ |\ Hg_2Cl_2(s)\ |\ Cl^-(c)$$

电极反应：

$$Hg_2Cl_2(s)+2e^- \rightleftharpoons 2Hg(l)+2Cl^-(aq)$$

其电极电势的计算表达式为：

$$\varphi_{甘汞}=\varphi^\ominus_{甘汞}-\frac{RT}{2F}\ln[Cl^-]^2$$

在温度为298.15 K时，$\varphi_{SCE}=0.2681-0.0592\lg[Cl^-]=0.2412\ V$。

饱和甘汞电极在给定测量条件下比较稳定，容易制备，使用方便，但其电势受温度变化的影响较大，70℃以上，其值不稳定。

4. 电极电势的测定

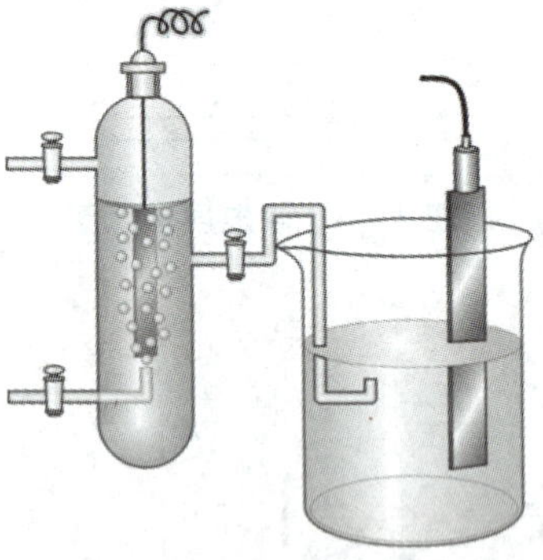
图4-8　电极电势测定装置图

电极电势的测定，通常是将待测电极与参比电极构成原电池，测得的电动势(常采用对消法测定)就是两个电极的电势之差

$$E=\varphi(待测)-\varphi(已知)$$

再根据上式计算待测电极的电极电势。若采用标准氢电极作参比电极，与待测电极构成原电池(如图4-8所示)，因 $\varphi^\ominus(H^+/H_2)=0\ V$，则测得的电池电动势就等于待测电极的电极电势。

例如，测定铜电极的电极电势时，可组成下列原电池

$$(-)Pt\ |\ H_2(100\ kPa)\ |\ H^+(a=1)\ \|\ Cu^{2+}(a)\ |\ Cu(s)\ (+)$$

测得的电池电动势，也就是铜电极的电极电势

$$E=\varphi(Cu^{2+}/Cu)-\varphi^\ominus(H^+/H_2)=\varphi(Cu^{2+}/Cu)$$

电极电势的大小，既可实验测定，也可通过理论计算获得。

5. 标准电极电势

由于电极电势的大小与物质的本性、反应体系的温度和浓度等条件有关，在实际应用中为便于比较，提出了标准电极电势的概念。

标准电极电势(standard electrode potential)就是在标准态下测得的某个电对的电极电势。用符号 $\varphi^\ominus(Ox/Red)$ 表示，单位为V。电极

的标准态与热力学标准态一致，即对于溶液，电极反应中各物质的浓度为 1.0 $mol \cdot L^{-1}$(严格地说，是活度 $a=1$)；对于有气体参与的反应，则气体的分压为 100 kPa，反应温度未指定，IUPAC 推荐的参考温度为 298.15 K。

将各种电对的标准电极电势以由小到大的顺序自上而下排列就构成了标准电极电势表。部分常见电对的 $\varphi^{\ominus}$(298.15 K)见表 4-1，其他电对的 $\varphi^{\ominus}$(298.15 K)见书末附录六或相关物理化学手册。

表 4-1　水溶液中一些常见电极的标准电极电势(298.15 K)

电极	电极反应	$\varphi^{\ominus}$/V
Li^+/Li	$Li^+ + e^- \rightleftharpoons Li$	-3.0401
K^+/K	$K^+ + e^- \rightleftharpoons K$	-2.931
Na^+/Na	$Na^+ + e^- \rightleftharpoons Na$	-2.71
Zn^{2+}/Zn	$Zn^{2+} + 2e^- \rightleftharpoons Zn$	-0.7618
Co^{2+}/Co	$Co^{2+} + 2e^- \rightleftharpoons Co$	-0.28
Pb^{2+}/Pb	$Pb^{2+} + 2e^- \rightleftharpoons Pb$	-0.1262
H^+/H_2	$2H^+ + 2e^- \rightleftharpoons H_2$	0.0000
$AgCl/Ag$	$AgCl + e^- \rightleftharpoons Ag + Cl^-$	0.2223
Cu^{2+}/Cu	$Cu^{2+} + 2e^- \rightleftharpoons Cu$	0.3419
I_2/I^-	$I_2 + 2e^- \rightleftharpoons 2I^-$	0.5355
O_2/H_2O_2	$O_2 + 2H^+ + 2e^- \rightleftharpoons H_2O_2$	0.695
Fe^{3+}/Fe^{2+}	$Fe^{3+} + e^- \rightleftharpoons Fe^{2+}$	0.771
Ag^+/Ag	$Ag^+ + e^- \rightleftharpoons Ag$	0.7996
O_2/H_2O	$O_2 + 4H^+ + 4e^- \rightleftharpoons 2H_2O$	1.229
Cl_2/Cl^-	$Cl_2 + 2e^- \rightleftharpoons 2Cl^-$	1.3583
F_2/F^-	$F_2 + 2e^- \rightleftharpoons 2F^-$	2.866

氧化态的氧化能力增强（↓）

还原态的还原能力增强（↑）

使用标准电极电势时，应注意以下几点。

(1)1953 年 IUPAC 规定，表中与 $\varphi^{\ominus}$对应的每个电极反应均写成还原反应形式，即

$$\text{氧化态} + ne^- \rightleftharpoons \text{还原态}$$

(2)$\varphi^{\ominus}$无加合性。即不论电极反应中物质的计量系数如何，$\varphi^{\ominus}$不变，如：

$$Cl_2 + 2e^- \rightleftharpoons 2Cl^- \quad \varphi^{\ominus}(Cl_2/Cl^-) = 1.3583\ V$$

$$2Cl_2 + 4e^- \rightleftharpoons 4Cl^- \quad \varphi^{\ominus}(Cl_2/Cl^-) = 1.3583\ V$$

(3)$\varphi^{\ominus}$是平衡电势，每个电对 $\varphi^{\ominus}$的正负号，不随电极反应方向而改变，即无论写成氧化反应还是还原反应，$\varphi^{\ominus}$不变。

$$Fe^{3+} + e^- \rightleftharpoons Fe^{2+} \quad \varphi^{\ominus}(Fe^{3+}/Fe^{2+}) = 0.771\ V$$

$$Fe^{2+} \rightleftharpoons Fe^{3+} + e^- \quad \varphi^{\ominus}(Fe^{3+}/Fe^{2+}) = 0.771\ V$$

(4)$\varphi^{\ominus}$是标准态下水溶液体系的标准电极电势，对于非水溶液体系，则不能简单使用 $\varphi^{\ominus}$比较物质的氧化还原能力。

(5)一些电对的 $\varphi^{\ominus}$与介质的酸碱性有关。因此，酸性介质、碱性介质中标准电极电势又分别用符号 $\varphi_A^{\ominus}$ 和 $\varphi_B^{\ominus}$表示。而且，在酸性介质或碱性介质中，电极反应也会有所不同。

金属活泼顺序与 $\varphi^{\ominus}$的关系

钾、钙、钠、锂、镁、铝、锌、铁、锡、铅、(氢)、铜、汞、银、铂、金为金属活泼性顺序表。即任何金属都能够将排在其后的元素从其化合物中置换成单质。

根据标准电极电势 $\varphi^{\ominus}$表，$\varphi^{\ominus}$越小的电对中，作为还原态物质的金属单质还原能力也越强，该顺序与金属活泼性顺序表基本相符。但也有一些例外，如 Li 的还原性最强，其活泼性理应比 K 的大，但实际上 Li 与水反应还不如 Na 与水反应剧烈。这是因为 Li 的熔点较高，其与水反应的反应热不足以使之熔化，造成固态 Li 与水接触的机会不及 Na，且产物 LiOH 的溶解度低，覆盖在 Li 表面也会阻碍反应进一步进行。

因此，$\varphi^{\ominus}$只是说明了热力学上氧化还原反应的可能性，不能说明反应速率问题。而金属活泼顺序表则是热力学和动力学因素综合影响的结果。

视频4-8

视频4-9

视频4-10

视频4-11

4.2.2 电极电势的能斯特方程

1. 电极电势的能斯特方程

由式(4－14)电池电动势的能斯特方程

$$E = E^{\ominus} - \frac{RT}{nF}\ln Q$$

作简单推导，可得**电极电势的能斯特方程**，若任意一个电极反应都用还原反应形式表示，则电极电势的能斯特方程的通式为

$$\varphi = \varphi^{\ominus} - \frac{RT}{nF}\ln Q \qquad (4-18)$$

或

$$\varphi = \varphi^{\ominus} + \frac{RT}{nF}\ln\frac{1}{Q} \qquad (4-19)$$

式中：n 为反应进度为1 mol的电极反应中电子转移的物质的量；Q 为电极反应的反应商。Q 中，对于溶液中的物质用相对浓度 $c/c^{\ominus}$ 表示(常用 c 简写)；对于气体物质，严格用相对分压 $p/p^{\ominus}$ 表示；而参与反应的纯固体、纯液体和溶剂则不写入。如，与电极反应

$$MnO_4^-(aq) + 8H^+(aq) + 5e^- \rightleftharpoons Mn^{2+}(aq) + 4H_2O(l)$$

对应的电极电势的能斯特方程为

$$\varphi(MnO_4^-/Mn^{2+}) = \varphi^{\ominus}(MnO_4^-/Mn^{2+}) - \frac{RT}{5F}\ln\frac{c_{Mn^{2+}}}{c_{MnO_4^-}c_{H^+}^8}$$

又如，与电极反应

$$O_2(g) + 2H^+(aq) + 2e^- \rightleftharpoons H_2O_2(aq)$$

对应的电极电势的能斯特方程为

$$\varphi(H_2O_2/O_2) = \varphi^{\ominus}(H_2O_2/O_2) - \frac{RT}{2F}\ln\frac{c_{H_2O_2}}{(p_{O_2}/p^{\ominus})\cdot c_{H^+}^2}$$

当温度为298.15 K时，将各常数带入式(4－18)和式(4－19)中，并将自然对数换成常用对数，可得：

$$\varphi = \varphi^{\ominus} - \frac{0.0592}{n}\lg Q \qquad (4-20)$$

或

$$\varphi = \varphi^{\ominus} + \frac{0.0592}{n}\lg\frac{1}{Q} \qquad (4-21)$$

如，298.15K时，与电极反应

$$NO_3^-(aq) + 6H^+(aq) + 3e^- \rightleftharpoons NO(g) + H_2(g) + 2H_2O(l)$$

所对应的电极电势的能斯特方程为

$$\varphi(NO_3^-/NO) = \varphi^{\ominus}(NO_3^-/NO) + \frac{0.0592}{3}\lg\frac{c(NO_3^-)\times c^6(H^+)}{\{p(NO)/p^{\ominus}\}\times\{p(H_2)/p^{\ominus}\}}$$

从式(4－18)和式(4－20)可看出，电极电势主要决定于电极的本性，即 $\varphi^{\ominus}$ 的大小，仅当物质的浓度或分压很大或很小，或电极反应式中物质的计量系数很大时，温度、浓度或分压等才会有显著影响。

2. 影响电极电势的因素

1)酸度对电极电势的影响

对于有 H^+ 或 OH^- 参与的电极反应，酸度变化对 φ 将产生影响。见例题4－3。

2)沉淀的生成对电极电势的影响

例题 4－3 已知 $\varphi^{\ominus}(Cr_2O_7^{2-}/Cr^{3+}) = 1.232$ V，计算298.15 K时，电对 $Cr_2O_7^{2-}/Cr^{3+}$ 在下列情况下的 $\varphi(Cr_2O_7^{2-}/Cr^{3+})$：(1)在1.0 mol·L^{-1} HCl中；(2)在中性溶液中。设在上述两种情况下，$c(Cr_2O_7^{2-}) = c(Cr^{3+}) = 1.0$ mol·L^{-1}。

解： 写出配平的电极反应与电极电势的能斯特方程：

$$Cr_2O_7^{2-} + 6e^- + 14H^+ \rightleftharpoons 2Cr^{3+} + 7H_2O$$

$$\varphi(Cr_2O_7^{2-}/Cr^{3+}) = \varphi^{\ominus}(Cr_2O_7^{2-}/Cr^{3+}) + \frac{0.0592}{6}\lg\frac{c(Cr_2O_7^{2-})\cdot c^{14}(H^+)}{c^2(Cr^{3+})}$$

(1)即 $c(H^+) = 1.0$ mol·L^{-1}，$c(Cr_2O_7^{2-}) = c(Cr^{3+}) = 1.0$ mol·L^{-1}，则：

$$\varphi(Cr_2O_7^{2-}/Cr^{3+}) = 1.232 + \frac{0.0592}{6}\lg\frac{1.0\times1.0^{14}}{1.0} = 1.232\ \text{V}$$

(2)即 $c(H^+) = 1.0\times10^{-7}$ mol·L^{-1}，$c(Cr_2O_7^{2-}) = c(Cr^{3+}) = 1.0$ mol·L^{-1}，则：

$$\varphi(Cr_2O_7^{2-}/Cr^{3+}) = 1.232 + \frac{0.0592}{6}\lg(10^{-7})^{14} = 0.265\ \text{V}$$

结果表明，H^+ 浓度的变化对电极电势的影响很大，电极电势从1.232 V大幅下降到0.265 V。

如果在电极反应体系中加入沉淀剂，由于沉淀的生成，将大大降低氧化态或还原态物质的浓度，进而改变电极电势。

例题4－4说明，Ag^+/Ag 电极因沉淀剂的加入，电极电势大大降低。而且，实际上已构成了一个新的电极，即难溶盐电极 AgCl/Ag，习惯上将这种有特殊关系的两电极互称为**母子电极**（mother and child electrode），Ag^+/Ag 电极为母电极，AgCl/Ag 电极为子电极。此时，从 Ag^+/Ag 电极的角度看，是其非标准电极电势 $\varphi(Ag^+/Ag)$，但它在数值上等于 AgCl/Ag 电极的标准电极电势 $\varphi^\ominus(AgCl/Ag)$。因为这个新电极的电极反应为

$$AgCl(s) + e^- \rightleftharpoons Ag(s) + Cl^-$$

只要该电极反应中 Cl^- 的浓度维持 $1.0\ mol \cdot L^{-1}$，该电极反应就符合标准态的定义，其电极电势就是 AgCl/Ag 的标准电极电势。

此外，弱酸、弱碱和配合物等难离解物质的生成对电极电势的影响也较大，在此不再详述。

4.3 电动势与电极电势在化学上的应用

4.3.1 判断氧化剂和还原剂的相对强弱

电极电势的大小反映了电对中氧化态物质的氧化能力和还原态物质的还原能力的强弱。电极电势越大，则电对中氧化态物质的氧化能力越强，相应还原态物质的还原能力越弱。因此，在标准状态下，直接比较 $\varphi^\ominus$ 大小可判断氧化剂、还原剂的强弱，见例题4－5。

4.3.2 判断氧化还原反应的方向

决定氧化还原反应方向的本质因素是吉布斯自由能变化 $\Delta G_{T,p}$，但在标准态下，则为 $\Delta G^\ominus$。因 $\Delta G^\ominus = -nFE^\ominus$，当 $\Delta G^\ominus < 0$ 时，即：$E^\ominus > 0$ 时，反应自发。则在标准态下，氧化还原反应方向的判断规则为：

当 $E^\ominus > 0$ 时，反应正向自发进行；

当 $E^\ominus = 0$ 时，反应处于平衡状态；

当 $E^\ominus < 0$ 时，反应逆向自发进行。

而当 $E^\ominus > 0$ 时，即 $E^\ominus = \varphi^\ominus_{氧化剂} - \varphi^\ominus_{还原剂} > 0$。因此，当给定的氧化剂电对的 $\varphi^\ominus$ 大于给定的还原剂电对的 $\varphi^\ominus$ 时，反应才能正向自发进行。

这样，就可应用 $\varphi^\ominus$ 表（表4－1或附录六）来直接判断标准态下氧化还原反应自发进行的方向。在 $\varphi^\ominus$ 表中，$\varphi^\ominus$ 在下的（$\varphi^\ominus$ 较大）电对的氧化态物质与 $\varphi^\ominus$ 在上的（$\varphi^\ominus$ 较小）电对的还原态物质发生反应时，才能自发，此即所谓**对角线规则**。

同理，因 $\Delta G_{T,p} = -nFE$，当 $\Delta G_{T,p} < 0$ 时，即 $E > 0$ 时，反应自发。则在非标准态下，氧化还原反应方向的判断规则如下：

当 $E > 0$ 时，反应正向自发进行；

当 $E = 0$ 时，反应处于平衡状态；

当 $E < 0$ 时，反应逆向自发进行。

而当 $E > 0$ 时，即 $E = \varphi_{氧化剂} - \varphi_{还原剂} > 0$。因此，当给定的氧化剂电对的 φ 大于给定的还原剂电对的 φ 时，反应才能正向自发进行。而非标准状态下的 φ，则必须用能斯特方程计算。见例题4－6。

例题4－4 已知298.15 K时，$\varphi^\ominus(Ag^+/Ag) = 0.7996\ V$，$K^\ominus_{sp}(AgCl) = 1.8 \times 10^{-10}$，若在标准银电极溶液中加入NaCl溶液而生成AgCl沉淀，并使 $c(Cl^-) = 1.0\ mol \cdot L^{-1}$，试计算此时的 $\varphi(Ag^+/Ag)$。

解： $Ag^+ + e^- \rightleftharpoons Ag$

$\varphi^\ominus(Ag^+/Ag) = 0.7996\ V$

$Ag^+ + Cl^- \rightleftharpoons AgCl\downarrow$

$K^\ominus_{sp}(Agd) = 1.8 \times 10^{-10}$

因 $c(Cl^-) = 1\ mol \cdot L^{-1}$，则：

$c(Ag^+) = K^\ominus_{sp}(Agd)/c(Cl^-)$

$= 1.8 \times 10^{-10}\ mol \cdot L^{-1}$

此时银电极的电极电势为：

$\varphi(Ag^+/Ag) = \varphi^\ominus(Ag^+/Ag) + \dfrac{0.0592}{1}\lg c(Ag^+) = 0.7996 + 0.0592\ \lg 1.8 \times 10^{-10} = 0.2227\ V$

例题4－5 在下列电对中，判断酸性条件下最强的氧化剂和还原剂，并写出25℃标准态时各氧化态物种的氧化能力强弱顺序。

$Cr_2O_7^{2-}/Cr^{3+}$、Fe^{3+}/Fe^{2+}、Br_2/Br^-、$S_2O_8^{2-}/SO_4^{2-}$、Co^{2+}/Co

解： 查表可得25℃酸性溶液中各电对的 $\varphi^\ominus$ 值及电极反应为：

$\varphi^\ominus(Fe^{3+}/Fe^{2+}) = 0.771\ V$

$Fe^{3+} + e^- \rightleftharpoons Fe^{2+}$

$\varphi^\ominus(Br_2/Br^-) = 1.066\ V$

$Br_2 + 2e^- \rightleftharpoons 2Br^-$

$\varphi^\ominus(S_2O_8^{2-}/SO_4^{2-}) = 2.01\ V$

$S_2O_8^{2-} + 2e^- \rightleftharpoons 2SO_4^{2-}$

$\varphi^\ominus(Co^{2+}/Co) = -0.28\ V$

$Co^{2+} + 2e^- \rightleftharpoons Co$

$\varphi^\ominus(Cr_2O_7{}^{2-}/Cr^{3+}) = 1.232\ V$

$Cr_2O_7^{2-} + 14H^+ + 6e^- \rightleftharpoons 2Cr^{3+} + 7H_2O$

上述五个电对中，电对 $S_2O_8^{2-}/SO_4^{2-}$ 的 $\varphi^\ominus$ 最大，电对 Co^{2+}/Co 的 $\varphi^\ominus$ 最小。所以，最强的氧化剂是 $S_2O_8^{2-}$，最强的还原剂是 Co^{2+}。

氧化态物质的氧化能力顺序为：

$S_2O_8^{2-} > Cr_2O_7^{2-} > Br_2 > Fe^{3+} > Co^{2+}$

视频4－12

例题 4-6 298.15 K 时，当 $c(Br^-)=2.0\ mol\cdot L^{-1}$，$c(Fe^{3+})=1.0\ mol\cdot L^{-1}$，$c(Fe^{2+})=1.0\times10^{-6}\ mol\cdot L^{-1}$时，判断反应

$$Br_2(l)+2Fe^{2+}(aq)\rightleftharpoons 2Fe^{3+}(aq)+2Br^-(aq)$$

自发进行的方向。

解： 查表可知 $\varphi^\ominus(Br_2/Br^-)=1.066\ V$，$\varphi^\ominus(Fe^{3+}/Fe^{2+})=0.771\ V$

给定的氧化剂电对 Br_2/Br^- 与还原剂电对 Fe^{3+}/Fe^{2+} 的电极电势 φ，可用电极电势的能斯特方程计算

$$\varphi(Br_2/Br^-)=\varphi^\ominus(Br_2/Br^-)-\frac{0.0592}{2}\lg\frac{c^2(Br^-)}{1}=1.066-\frac{0.0592}{2}\lg(2.0)^2=1.048\ V$$

$$\varphi(Fe^{3+}/Fe^{2+})=\varphi^\ominus(Fe^{3+}/Fe^{2+})-\frac{0.0592}{1}\lg c(Fe^{2+})/c(Fe^{3+})=0.771-0.0592\lg10^{-6}=1.126\ V$$

因电池电动势 $E=\varphi_{氧化剂}-\varphi_{还原剂}=1.048-1.126=-0.078\ V<0\ V$，故该反应正向不自发。

例题 4-7 根据下列数据，求 $AgBr(s)$ 的 $K_{sp}^\ominus$。已知25℃时

$$AgBr(s)+e^-\rightleftharpoons Ag(s)+Br^-(aq)$$
$$\varphi^\ominus(AgBr/Ag)=0.072\ V$$
$$Ag^+(aq)+e^-\rightleftharpoons Ag(s)$$
$$\varphi^\ominus(Ag^+/Ag)=0.7996\ V$$

解： 将以上两个母子电极组成原电池，则 $\varphi^\ominus$ 高的电对 Ag^+/Ag 为正极，发生还原反应，$\varphi^\ominus$ 低的 $AgBr/Ag$ 为负极，发生氧化反应。两者相加，即为电池反应：

$$Ag^+(aq)+Ag(s)+Br^-(aq)\rightleftharpoons Ag(s)+AgBr(s)$$

即

$$Ag^+(aq)+Br^-(aq)\rightleftharpoons AgBr(s)$$

根据式(4-17)，得

$$\lg K^\ominus=\frac{nE^\ominus}{0.0592}=\frac{1\times(0.7996-0.072)}{0.0592}=12.29$$

反应的标准平衡常数表达式为

$$K^\ominus=\frac{1}{\{c(Ag^+)/c^\ominus\}\{c(Cl^-)/c^\ominus\}}=\frac{1}{K_{sp}^\ominus(AgBr)}$$

故 $\lg K_{sp}^\ominus(AgBr)=-12.29$，则 $K_{sp}^\ominus(AgBr)=5.13\times10^{-13}$。

视频4-13

4.3.3 特殊电池反应标准平衡常数的求算

难溶盐的 $K_{sp}^\ominus$，配合物的 $K_f^\ominus$，弱酸弱碱的 $K_a^\ominus$、$K_b^\ominus$等，都是特定情况下的标准平衡常数。可通过设计原电池，使电池反应为与所求常数相关的反应，再根据标准电池电动势与标准平衡常数的关系式，即式(4-17)来计算。一般情况下，用母电极与子电极分别作为正、负极组成原电池可达此目的。现以难溶强电解质的溶度积常数 $K_{sp}^\ominus$的计算为例来加以阐明。见例题4-7。

4.4 实用化学电源

化学电源(electrochemical power source)，又称**化学电池**(chemical battery)，即借助自发的氧化还原反应将化学能直接转变为电能的装置。实际上，电池有化学电池与物理电池两大类，太阳能电池、温差发电器等属于物理电池，本章仅讨论化学电池。任何化学电池都由电极、电解质、隔离物和外壳等四个基本部分组成，其主要性能指标有电压、容量、比能量(能量密度)、比功率、寿命、荷电保持能力、安全性、内阻和高倍率放电性能。

化学电池的分类方法有多种。按电池外形划分，有纽扣电池、方形电池、圆柱形电池(常见的1号、5号、7号电池)等；按电池用途划分，有民用电池、工业电池、军用电池，如钟表电池、手机电池、低温电池、高温电池、微型电池、大型电池等；按电解液种类划分，有主要以KOH水溶液为电解质的碱性锌锰电池、镉镍电池等碱性电池，有以硫酸水溶液为电解质的铅酸蓄电池等酸性电池、有以盐溶液为电解质的锌锰干电池等中性电池，有锂电池等有机电解液电池。本章主要按化学电池工作方式划分的一次电池、二次电池、连续电池来分类简要介绍。

4.4.1 一次电池

原电池，就是**一次电池**(one-shot battery)，即只能使用一次的电池，或者说放电后不能充电的电池。如糊式锌锰电池、碱性锌锰、锌汞、锂锰、镁锰和锌银电池等。一次电池的发明可追溯到1800年伏特的工作，1836年丹尼尔发明的电池改善了电池连续放电的性能，但因电压不稳、电流不大和不便于携带等仍不适于商用。

1. 锌锰干电池

1868年法国的勒克朗谢(G. Leclanche)发明了广泛使用的锌锰电池(也称碳锌电池)的前身——“锌锰湿电池”，其负极是锌和汞的合金棒，其正极是一个多孔的杯子盛装着碾碎的二氧化锰和碳的混合物，在此混合物中插有一根碳棒作为电流收集器，负极棒和正极杯皆浸在作为电解液的氯化铵溶液中。1880年“湿电池”被改进的**干电池**(dry battery)取代，干电池负极为锌罐(电池外壳)，其电解液变为糊状，基本上就是现在的锌锰干电池(其结构见图4-10)。

因其电解液 $ZnCl_2$ 和 NH_4Cl 呈酸性，有时也称酸性干电池。屡经改进的勒克朗谢电池，奠定了现代干电池工业和一次电池工业的基础。它不仅沿用至今，而且是目前使用最广的一种电池，全世界每年一次电池的总产量约450亿只，其中锌锰干电池约占70%。

锌锰干电池的开路电压为1.55～1.70 V，其电池符号如下

(－) Zn | $ZnCl_2$，NH_4Cl(糊状) | MnO_2 | C(石墨) (＋)

电极反应为

负极：$Zn(s) \longrightarrow Zn^{2+}(aq) + 2e^-$

正极：$2MnO_2(s) + 2NH_4^+(aq) + 2e^- \longrightarrow Mn_2O_3(s) + 2NH_3(g) + 2H_2O(l)$

该电池的优点是原材料丰富、价格低廉，但缺点是寿命短、放电功率低、比能量小、储存性能和低温性能差，－20℃便不能工作，且不能提供稳定电压。

目前已有多种改进型，其中碱性锌锰干电池，其放电时间为糊式锌锰电池的5～7倍。它是由导电性好很多的KOH溶液代替 $ZnCl_2$ 和 NH_4Cl 电解液，由反应面积大得多的锌粉代替锌皮作负极，正极集流体改为镀镍钢筒而制成的。近十多年来，碱性锌锰电池增长极为迅速，是目前欧美市场占有率最高的一次电池。

2. 锌银电池

锌银电池也常被制成纽扣电池(其结构与外观见图4－11)，是一种放电电压平稳、比能量大、温度范围广、储存寿命长的电池，主要用于自动相机、助听器、数字计算器和石英电子表等。在医学和电子工业中，它比碱性锌锰干电池应用更广。

锌银电池的 $E^\ominus$ 为1.594 V，工作电压为1.6 V，其电池符号如下：

(－)Zn | $Zn(OH)_2(s)$ | KOH(40%，糊状，含饱和ZnO) | $Ag_2O(s)$ | Ag (＋)

电极反应为

负极：$Zn(s) + 2OH^-(aq) \longrightarrow Zn(OH)_2(s) + 2e^-$

正极：$Ag_2O(s) + H_2O(l) + 2e^- \longrightarrow 2Ag(s) + 2OH^-(aq)$

锌银电池的主要缺点是以昂贵的银作电极材料，因而成本高。

3. 一次锂电池

锂电池(lithium battery)是以金属锂作为负极的电池(其外观见图4－12)。锂早就被人们认为是一种较理想的负极材料，其标准电极电势低(－3.04 V)、密度小(0.534 g·cm^{-3})，与电极电势较大的活性物质作为正极而形成的锂电池往往具有比能量高、电压高(2.8～3.6 V)的优点，因而被称为高能电池。但由于金属锂遇水会发生剧烈反应引起爆炸，曾给锂电池的实际应用带来诸多困难，直到20世纪50年代，哈里斯(Harris)发现锂在丁丙酯等有机溶剂中是稳定的，且锂盐在这些非水溶剂中的溶解度能满足电池电导的需要，才开始真正意义上的锂电池研究。锂电池以其优越的性能，应用范围十分广泛，医疗上作为心脏起搏器电源便是其独特的应用。

锂电池种类很多，有锂—硫化铁电池、锂—二氧化锰电池等，现以锂—铬酸银电池作为介绍一次锂电池的实例。它以锂为负极作还原剂，以铬酸银为可溶性正极作氧化剂，其电解液为含有高氯酸锂

元素电势图简介

把同一元素的不同氧化态物质，按照其氧化值由高到低的顺序从左至右排列成图，并在两种氧化态物质之间的连线上标出对应电对的标准电极电势的数值而得的图。

酸性介质和碱性介质中的元素电势图必须注明 $\varphi_A^\ominus$，$\varphi_B^\ominus$。

如铜在酸性介质中的元素电势图：

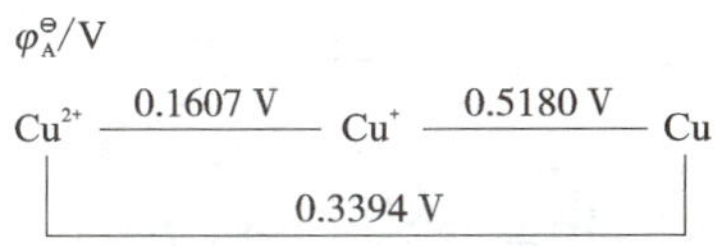

图4－9 铜的元素电势图

运用元素电势图

(1)求未知电对的标准电极电势

$Z_x\varphi_x^\ominus = Z_1\varphi_1^\ominus + Z_2\varphi_2^\ominus + Z_3\varphi_3^\ominus$

上述 $\varphi_x^\ominus$ 的计算公式中，Z 为任意一电对不同氧化态之间元素氧化值的差值。如图4－9中，Cu^{2+} 与 Cu^+ 之间的 Z 为1，Cu^{2+} 与Cu之间的 Z 为2；且 $Z_x = Z_1 + Z_2 + Z_3$。

(2)判断歧化反应能否发生

在元素电势图中，如图4－9所示，判断中间氧化态物质 Cu^+ 能否歧化：

若 $\varphi_右^\ominus > \varphi_左^\ominus$，则 Cu^+ 可歧化为 Cu^{2+} 和Cu；若 $\varphi_右^\ominus < \varphi_左^\ominus$，则 Cu^{2+} 和Cu会自发反应生成 Cu^+。

客观事实是：

$\varphi_右^\ominus = 0.5180\ V > \varphi_左^\ominus = 0.1607\ V$，则 Cu^+ 在酸性溶液中能歧化。

视频4－14

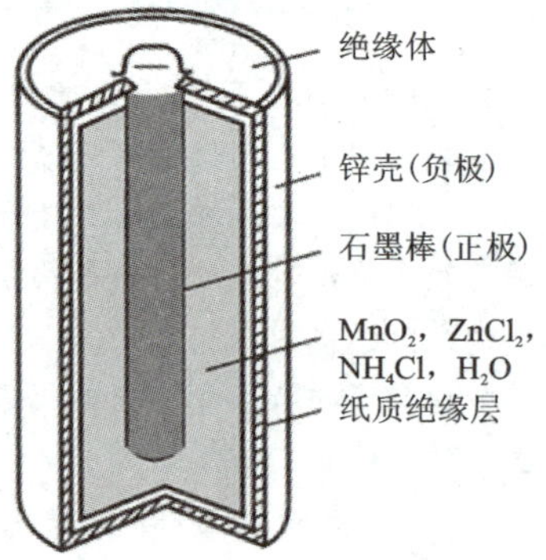

图 4-10　锌锰干电池结构示意图

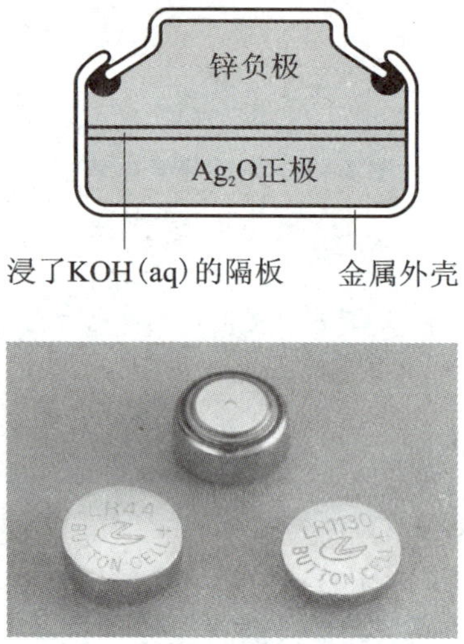

图 4-11　纽扣式锌银电池

图 4-12　一次锂电池外观图

($LiClO_4$)的碳酸丙烯酯(PC)溶液。其 $E^{\ominus}$ 为 2.95 V，电池符号如下

$$(-)\ Li(s)\ |\ LiClO_4(aq),\ PC\ \|\ Ag_2CrO_4(s)\ |\ Ag(s)\ (+)$$

电极反应为

负极：$Li \longrightarrow Li^+ + 2e^-$

正极：$Ag_2CrO_4 + 2Li^+ + 2e^- \longrightarrow 2Ag + Li_2CrO_4$

半径仅为 0.06 nm 的 Li^+ 可在液态或固态电解质中运动，通过电解液迁移到正极与其活性物质形成锂的化合物。理论上，锂电池在储存时因锂的电极电势很低，即使采用非水的无机电解质或有机电解质，都会与锂发生反应而产生自放电，其储存寿命应该很低，但事实上锂电池的储存寿命却十分长。原因在于锂与溶剂反应后立即在锂电极表面生成了一层保护膜，这些保护膜不溶于有机或非水的无机电解液，从而使锂电池的制造成为可能。

4.4.2　二次电池

二次电池(storage battery)又称为充电电池或蓄电池。这种电池放电后，通过充电方法使活性物质复原后能够再度放电，而且充放电过程可以反复多次，循环进行。铅酸蓄电池自从 1859 年由普兰特(R. G. Plante)发明以来，其应用已有 150 多年的历史，目前仍是使用最广、产量最大(约占二次电池总产量的 75%)的二次电池。常用的二次电池还有镍镉、镍铁和镍氢电池、锂离子电池等。

1. 铅酸蓄电池

铅酸蓄电池的电极是由铅—锑合金制成的栅状极片，正极片上填有紫红色的 PbO_2，负极片上填塞海绵状的灰色铅。两组极片交替地排列在蓄电池中，并浸泡在密度为 1.2～1.3 g·cm^{-3} 的稀硫酸溶液中(其充放电情况见图 4-13)，其 $E^{\ominus}$ 为 2.1 V，电池符号如下

$$(-)\ Pb(s)\ |\ H_2SO_4(aq)\ |\ PbO_2(s)\ (+)$$

电极反应为

负极：$Pb(s) + SO_4^{2-}(aq) \xlongequal{\quad} PbSO_4(s) + 2e^-$

正极：$PbO_2(s) + 4H^+(aq) + SO_4^{2-}(aq) + 2e^- \xlongequal{\quad} PbSO_4(s) + 2H_2O(l)$

随着电池放电生成水，H_2SO_4 的浓度将降低，故可通过测量 H_2SO_4 的密度来检查蓄电池的放电情况。铅蓄电池具有充放电可逆性好、放电电流大、稳定可靠、价格低廉等优点，缺点是笨重、铅污染大、充电速度慢、寿命短，常用作汽车和柴油机车的启动电源，坑道、矿山和潜艇的动力电源，以及变电站的备用电源。

2. 镍氢电池

镍氢电池是金属氢化物—镍电池的简称，是 20 世纪 80 年代随着储氢合金的研究而发展起来的一种新型二次电池，也是镉镍电池的替代产品。它与镉镍电池主要区别在于用储氢合金作负极，取代了致癌物镉(Cd)。其工作原理是，在充放电时，氢在正负极之间传递，电解液不发生变化。工作电压为 1.25 V，电池符号如下

$$(-)M(s)\ |\ MH(s)\ |\ KOH(7\ mol \cdot L^{-1})\ |\ NiOOH(s)\ |\ Ni(OH)_2(s)(+)$$

电极反应为

负极：$MH(s)+OH^-(aq) \longrightarrow M(s)+H_2O(l)+e^-$

正极：$NiOOH(s)+H_2O(l)+e^- \longrightarrow Ni(OH)_2(s)+OH^-(aq)$

电池反应：$MH(s)+NiOOH(s) \longrightarrow M(s)+Ni(OH)_2(s)$

式中M为储氢合金，最常用储氢合金为$LaNi_5$。MH为吸附了氢原子的储氢合金，氢以原子状态镶嵌其中。镍氢电池由氢氧化镍正极、储氢合金负极、隔膜纸、电解液、钢壳、顶盖、密封圈等组成。在其方形电池中，正负极由隔膜纸分开后叠成层状密封在钢壳中，如图4－14所示。镍氢电池作为一种新型高能充电电池，凭借其高比容量（约为镉镍电池的2倍）、可快速充电、循环寿命长（可充放电1000次以上）以及污染小等优点，在笔记本电脑、便携式摄像机、数码相机及电动自行车等领域得到了广泛应用。

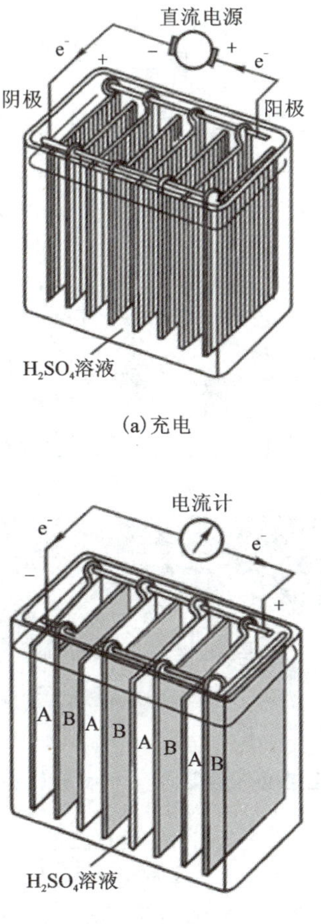

(b)放电

图4－13　铅蓄电池结构示意图

3. 锂离子电池

锂离子电池（lithium ion battery）（见图4－15）由可使锂离子嵌入及脱嵌的碳作负极，可逆嵌锂的金属氧化物作正极和有机电解质组成。其电池符号如下：

（－）Li(C)｜含锂盐的有机溶质｜嵌锂化合物（如$LiCoO_2$）（＋）

充电时的电极反应为

负极：$C+xLi^++xe^- \longrightarrow CLi_x$

正极：$LiCoO_2 \longrightarrow Li_{1-x}CoO_2+xLi^++xe^-$

放电时的电极反应为

（－）$Li \longrightarrow Li^++e^-$；（＋）$Li^++e^- \longrightarrow Li$

锂离子电池中的电解液可以是凝胶体、聚合物或凝胶体与聚合物的混合物，常用锂盐有高氯酸锂（$LiClO_4$）、六氟磷酸锂（$LiPF_6$）、四氟硼酸锂（$LiBF_4$）等。其正极或负极必须具有类似海绵的结构，以释放或接收锂离子，如作为负极的碳，呈层状结构并具有很多微孔。锂离子电池在充放电过程中，主要依靠锂离子在正极和负极之间移动（称为嵌入和脱嵌）来工作。充电时，生成的Li^+从正极脱嵌，经过电解液运动到达负极，锂离子将嵌入碳层的微孔中，嵌入的锂离子越多，充电容量越高；放电时，嵌在负极碳层中的锂离子脱出，又经电解液运动回到正极。回到正极的锂离子越多，放电容量越高。

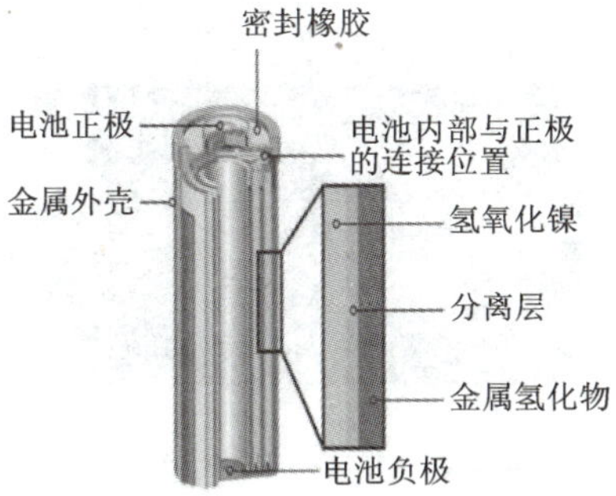

图4－14　方形镍氢电池的结构示意图

锂离子电池1990年由日本索尼（Sony）公司成功开发，具有质量轻、体积小、输出电压高（3.7 V）、比能量大、工作温度范围宽（－20～60℃）、自放电率低、循环性能优越、使用寿命长、可快速充电、充电效率高达100%、环境污染小和记忆效应极小等优点，享有“绿色电池”的美誉，被广泛应用于电子计算机、手机、无线电设备等，已成为现代电池工业的“新星”，有关研究也已成为电池领域最活跃的前沿课题之一。但其作为动力电源使用时，因存在爆炸的危险，其应用受到一定限制。

图4－15　笔记本电脑用锂离子电池外观图

4.4.3 连续电池

连续电池是在放电过程中可以不断地输入化学物质，通过反应把化学能转变成电能，连续产生电流的电池。

燃料电池（fuel cell）就是一种连续电池。它是通过连续供给燃料

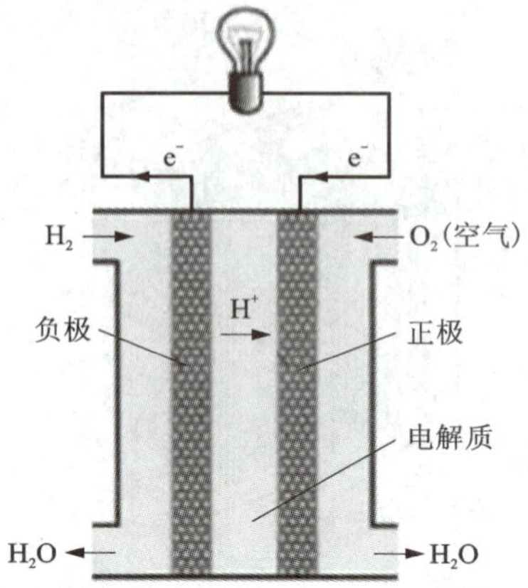

图 4－16　氢氧燃料电池工作原理

比亚迪新能源车——e6 先行者

“e6 先行者”搭载比亚迪自主研发的铁电池，是全球首款采用铁电池为动力的纯电动汽车。动力能源转化率高达 90%，远高于传统燃油车。

铁电池使用寿命长，循环充电 10000 次后，仍有 70% 的容量。

从而能连续获得电力的发电装置。与一次、二次电池的主要差别是，一次电池的活性物质用完就不能再放电，二次电池在充电时不能输出电能，而燃料电池只要不断地供给燃料，就可以连续地输出电能。之所以如此，是因为燃料电池不是将氧化剂、还原剂物质全部储存在电池内，而是在工作时将这些物质不断从外部输入，同时将电极反应产物不间断地排出电池。因此，燃料电池是名副其实地把燃料反应的化学能直接转化为电能的“能量转换器”，能量转换率可达 80% 以上（而一般火力发电转换率低于 40%）。

燃料电池由于需要不断地供给燃料，移走反应生成的热量和水，故必须配备较复杂的辅助系统。尤其是当燃料不是纯氢，而是含有杂质的氢或简单有机物（如 CH_4、CH_3OH 等）时，还需要净化装置或重整设备等。因此，燃料电池具有造价高、寿命短的缺点。

燃料电池以燃料（氢、甲烷、肼、烃、甲醇、煤气、天然气等还原剂）作为负极反应物，以氧气、空气等氧化剂作为正极反应物。电极要求兼备催化功能，以使电极反应能高效进行。因而常用多孔碳、多孔镍、钯、铂等贵金属作电极材料。电解质有碱性、酸性、熔融盐和固体电解质以及高聚物电解质—离子交换膜等多种。燃料电池主要以电解质来分类。如碱性燃料电池（AFC）、质子交换膜燃料电池（PEMFC）、磷酸燃料电池（PAFC）、熔融碳酸盐燃料电池（MCFC）、固态氧化物燃料电池（SOFC）等。其中，以质子交换膜燃料电池、固态氧化物燃料电池最具发展潜力。甲醇—氧燃料电池因无噪声、无污染而很有开发前景，目前正在用于开发绿色汽车。

下面以碱性氢氧燃料电池（AFC）为例，来简介燃料电池的工作原理。AFC 的研发始于 20 世纪 50 年代，并于 20 世纪 60 年代成功应用于美国 Gemini 载人宇宙飞船。AFC 有较高的能量转换率（≥60%）、高比功率和高比能量。它由多孔隔膜分成三个部分：负极部分通入氢气，正极部分通入氧气，中间部分装有 75% 的 KOH 溶液（图 4－16）。工作温度在 200℃以下，理论电动势为 1.23 V，其电池符号如下

$$(-)\ Pt(s)\ |\ H_2(g)\ |\ KOH(aq)\ |\ O_2(g)\ |\ Pt(s)\ (+)$$

电极反应为

负极：$H_2(g) + 2OH^-(aq) \xlongequal{} 2H_2O(l) + 2e^-$

正极：$O_2(g) + 2H_2O(l) + 4e^- \xlongequal{} 4OH^-(aq)$

电池反应：$2H_2(g) + O_2(g) \longrightarrow 2H_2O(l)$

此反应是电解水的逆过程，整个过程无污染物产生。实际上，早在 1839 年，英国的格罗夫（W. Grove）爵士就发现了燃料电池的原理，当时他用这种以铂黑为电极催化剂的简单的氢氧燃料电池点亮了伦敦讲演厅的照明灯。碱性氢氧燃料电池（AFC）在宇宙飞船中可用于通信、照明、取暖，电池反应产生的水还可供宇航员饮用。但若将碱性氢氧燃料电池（AFC）应用于地面，则会因 KOH 溶液易于与 CO_2 反应生成 K_2CO_3 而很快失效，故使用寿命有限。

总之，由于在一次电池和二次电池中，含有汞、镉、铅、锰、镍、锌等重金属，废旧电池如果随意丢弃，就会造成环境污染。重金属通过食物链在体内聚积，将对人类健康造成严重的危害。因此，加强废旧电池的管理，同时开发无污染电池和研究废旧电池的无害化处理是目前亟须解决的重要课题。

4.5　电解

电解(electrolysis)是在外加电源作用下被迫发生的氧化还原过程。使电能转化为化学能的装置则称为**电解池**(electrolytic tank)。其中的电化学反应即称**电解反应**(electrolytic reaction)。

当外部电源和电解池两极接通时，在电场作用下，外电路中电子流入电解池负极，电子流出电解池正极；而电解池内部电解液中的负离子向带正电的正极迁移，同时电解液中的正离子向带负电的负极迁移。根据离子迁移的方向，人们将电解池的正极称为**阳极**(anode)，负极称为**阴极**(cathode)，以区别习惯上将电极常称为正极、负极的原电池。因此，电解池工作时，其阳极将发生氧化反应，其阴极将发生还原反应。如食盐溶液的电解，其原理见图4－17。

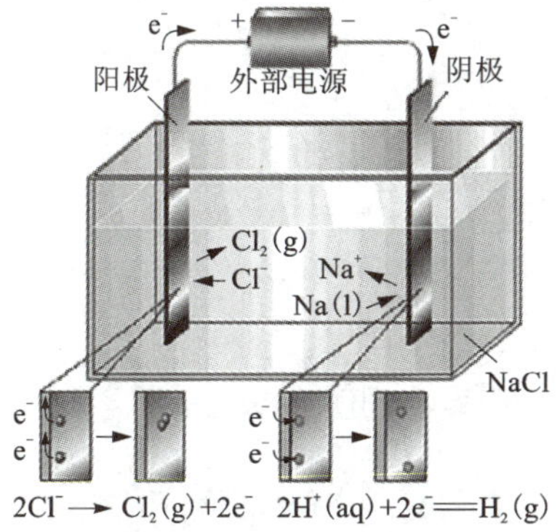

图4－17　NaCl溶液的电解原理

4.5.1　分解电压与超电势

当原电池与外部电源对接时，理论上只要外加的电压略大于该电池的电动势时，原电池就会接受外界所提供的电能，使电池反应发生逆转，原电池就变成了电解池(图4－18)。通过应用能斯特方程对原电池电动势进行计算，可以从理论上求得使电解开始所必需的最小外加电压，称为**理论分解电压**(decomposition voltage)。理论分解电压也称可逆分解电压，等于可逆电池电动势。

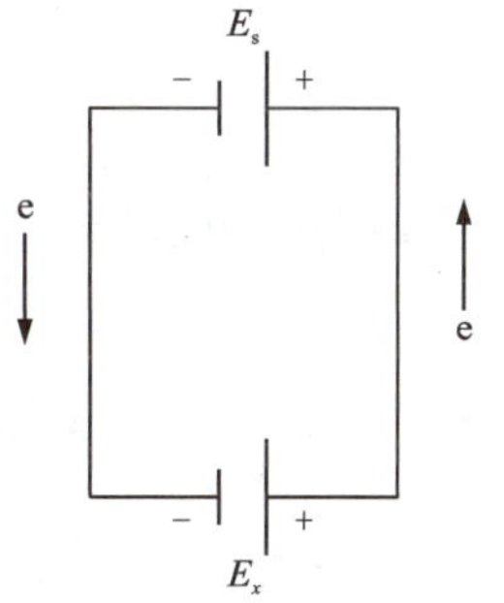

图4－18　电解池的形成

E_x为待研究电池的电动势，E_s为可变电池(外部电源)的电动势。

当$E_x = E_s$时，电流强度$I=0$；

当$E_x < E_s$时，待研究电池为电解池。

实际上，电解时所需的外加电压(**实际分解电压**)总是大于理论分解电压。如电解5 $mol \cdot L^{-1}$ NaCl溶液需要的外加电压为2.2 V，比其理论分解电压1.73 V大得多。导致这一现象的原因有二。

(1)导线、接触点和电解质溶液都有一定电阻，电流通过时必然会额外消耗电能。

(2)实际电解中，当电流通过时，两个电极上进行的是不可逆电极反应，其电解时的实际电极电势(又称析出电极电势$\varphi_{析出}$)会偏离由能斯特方程计算得到的平衡电极电势$\varphi_{平}$，这种现象称为电极的**极化**(polarization)。

$\varphi_{析出}$偏离平衡电极电势的数值都称为**超电势**(overpotential)，用符号η表示。电解时由于超电势的存在也会额外消耗电能。影响超电势的因素很多，如电极材料、电极的表面状态、电流密度(电流强度与电极表面积的比值)、电解池温度、电解质的性质与浓度以及溶液中的杂质等。因而，超电势的重现性往往不好。一般说来，析出金属的超电势较小，而析出气体，如O_2、H_2的超电势较大。

电解时，通常阳极极化使阳极发生氧化反应电对的电极电势升高，阴极极化使阴极发生还原反应电对的电极电势降低，加上电阻所消耗的电压IR，从而使实际分解电压高于理论分解电压。

4.5.2　电解池中两极的电解产物

理论上，在阴极可能发生的还原反应中$\varphi_{平}$最高的，应优先发生；在阳极可能发生的氧化反应中$\varphi_{平}$最低的，应优先发生。可实际上，由于超电势的存在，都必须用$\varphi_{析出}$来确定，而阴极$\varphi_{析出} = \varphi_{平} - |\eta_{阴极}|$，阳极$\varphi_{析出} = \varphi_{平} + |\eta_{阳极}|$，使电解过程变得相当复杂，实际发生的电

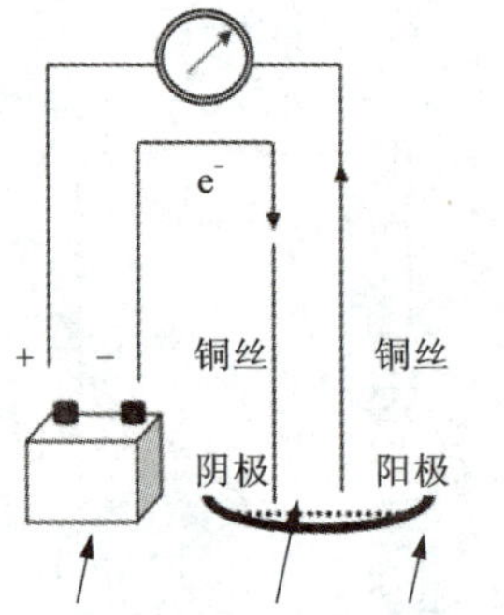

图4-19 Na_2SO_4 溶液的电解产物

极反应和**电解产物**(electrolysate)也就不易判断，往往需要通过实验才能确定。当然，由于决定 $\varphi_{析出}$ 的主要因素是 $\varphi_{平}$，而决定 $\varphi_{平}$ 的主要因素是 $\varphi^{\ominus}$，故根据 $\varphi^{\ominus}$ 仍能对电解池中两极的电解产物作初步的判断。

以电解 Na_2SO_4 溶液实验来说明。按图4-19装好电解装置，在表面皿上放一块圆形滤纸，滴入1滴酚酞溶液和数滴0.1 mol·L^{-1} Na_2SO_4 溶液，数分钟后观察滤纸上阴极铜导线接触点附近的颜色变化(若酚酞变红，说明有 H^+ 反应消耗了或 OH^- 生成)，在电解池阳极附近滴加1滴铜试剂，观察阳极铜导线接触点附近的现象(若出现 Cu^{2+} 与铜试剂的棕色配合物，说明有 Cu^{2+} 生成)。要根据实验现象，确定电解产物，并判断电解池的两极反应和总电解反应。

阳极可能发生的氧化反应有

$4OH^- \longrightarrow O_2 + 2H_2O + 4e^-$ $\qquad \varphi^{\ominus} = 0.40\ V$

$2SO_4^{2-} \longrightarrow S_2O_8^{2-} + 2e^-$ $\qquad \varphi^{\ominus} = 2.01\ V$

$Cu \longrightarrow Cu^{2+} + 2e^-$ $\qquad \varphi^{\ominus} = 0.34\ V$

阴极可能发生的还原反应有

$Na^+ + e^- \longrightarrow Na$ $\qquad \varphi^{\ominus} = -2.713\ V$

$2H_2O + 2e^- \longrightarrow H_2 + 2OH^-$ $\qquad \varphi^{\ominus} = -0.828\ V$

从 $\varphi^{\ominus}$ 来看，理论上在电解池两极应该优先发生的电极反应为

阳极：$Cu \longrightarrow Cu^{2+} + 2e^-$

阴极：$2H_2O + 2e^- \longrightarrow H_2 + 2OH^-$

实验证明，从阴极滴加酚酞慢慢变红，从阳极滴加铜试剂最终出现了棕色，说明两极发生的氧化反应和还原反应确为预计的两个应该优先发生的电极反应。因此，Na_2SO_4 溶液电解池中的电解反应为

$$Cu + 2H_2O = H_2\uparrow + Cu^{2+} + 2OH^-$$

4.6 金属的电化学腐蚀及其防护

4.6.1 金属的化学腐蚀和电化学腐蚀

金属表面与周围介质发生化学及电化学作用而遭受破坏，统称为金属腐蚀。

1. 金属的化学腐蚀

当金属表面与接触到的物质如气体 O_2、Cl_2、SO_2 或非电解质液体等因直接发生化学反应而引起的腐蚀，称为**化学腐蚀**(chemical corrosion)。这类反应比较简单，仅仅是金属与氧化剂之间的氧化还原反应。如铁与氯气反应而腐蚀、钢管被原油中的含硫化合物腐蚀等。但温度对化学腐蚀的影响很大，如钢材在常温和干燥空气中并不易被腐蚀，但在高温下便容易被氧化，生成一层氧化皮(由 FeO、Fe_2O_3 和 Fe_3O_4 组成)。化学腐蚀时没有电流产生。

2. 金属的电化学腐蚀

大部分的金属腐蚀现象是由电化学原因引起的，如钢铁的生锈、船壳和码头台架在海水中的腐蚀等。这些现象都是由于金属与电解质

法拉第电解定律

电解合成法常用来制备强氧化剂(阳极氧化制备)、强还原剂与高纯物质(阴极还原制备)。

1831年，没有进过学校、订书工出身、靠自学成才的英国科学家法拉第(M. Faraday)发现了电解定律，揭示了电化学电池在电极上电解出的物质质量与通过的电量之间的关系。要点如下。

①在电极上所产生的物质B的质量与通过电池的电量成正比。

②当给定的电量通过电池时，若电极反应为

$$A + ze^- \rightleftharpoons B$$

则电极上所产生的B物质质量为上述电极反应的反应进度乘以B的摩尔质量

$$m = \frac{q}{zF}M_B = \frac{I \cdot t}{zF}M_B$$

式中：m 为B物质的质量(g)；M_B 为B物质的摩尔质量(g·mol^{-1})；q 为通过电池的电量(C)；F 为法拉第常数，即转移1 mol电子的电量；z 为电极反应中电子的化学计量数；t 为电解时间(s)；I 为电流(A)。

（水溶液或熔融盐）接触，形成了自发的腐蚀电池（这种电池是只能导致金属材料破坏而不能对外做功的短路原电池，有微电池和宏电池之分）而引发的**电化学腐蚀**（electrochemistry corrosion），电化学腐蚀更快、危害更大。

钢铁在潮湿的空气中发生的就是电化学腐蚀的突出例子。例如在一铜板上有一些铁的铆钉，长期暴露在潮湿的空气中，在铆钉的部位就特别容易生锈。这是因为铜板暴露在潮湿空气中时表面上会凝结一层薄薄的水膜，空气里的 CO_2、工厂区的 SO_2、沿海地区潮湿空气中的 NaCl 都能溶解到这一薄层水膜中形成电解质溶液，**宏电池**（正、负极尺寸较大、区分明显的宏观腐蚀电池，见图 4－20）就这样形成了。其中铁是负极，铁在负极失去电子被氧化成 Fe^{2+}，Fe^{2+} 进入水膜中，电子转移至铜板，铜成为正极，通过铜正极将电子再传给水膜中的 H^+ 或溶解的 O_2。电极反应为

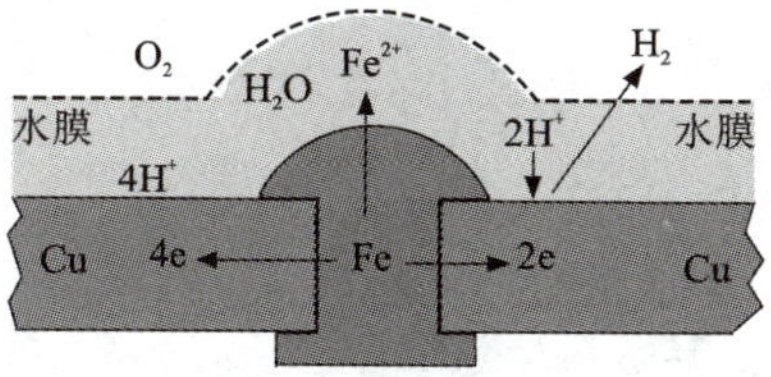

图 4－20　宏电池示意图
（1）析氢腐蚀；（2）吸氧腐蚀

Fe 负极：$Fe(s) \longrightarrow Fe^{2+}(aq) + 2e^-$

Cu 正极：由于条件不同，可能发生不同的还原反应。

（1）氢离子还原成 $H_2(g)$ 析出，称为析氢腐蚀。

$$2H^+(aq) + 2e^- \longrightarrow H_2(g)$$

（2）大气中氧气的还原反应称为吸氧腐蚀（更易发生）。

$$O_2(g) + 2H_2O(l) + 4e^- \longrightarrow 4OH^-(aq)$$

进入水膜的 Fe^{2+} 再与溶液中的 OH^- 结合，生成 $Fe(OH)_2$，然后又和潮湿空气中水分和氧发生作用，最后生成铁锈（铁锈是铁的各种氧化物和氢氧化物的混合物），从而腐蚀了铁铆钉。反应如下

$$4Fe(OH)_2 + 2H_2O(l) + O_2(g) \longrightarrow 4Fe(OH)_3(s)$$

另一例子是工业上使用的金属常含有杂质，其表面上金属和杂质的电极电势不尽相同，这就构成了以金属和杂质为电极的许许多多正、负极肉眼不可分辨的微观腐蚀电池，简称**微电池**（图 4－21）。

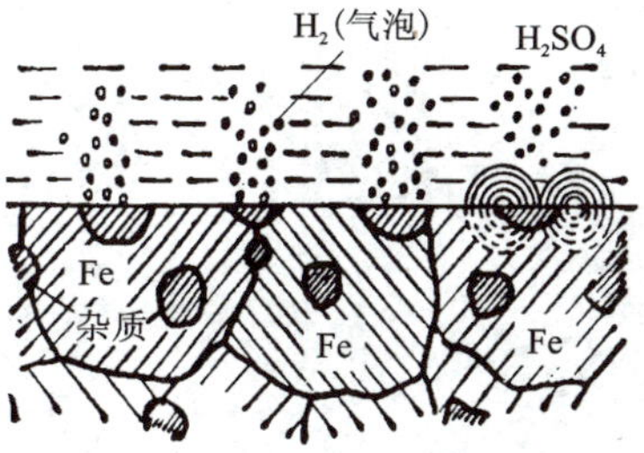

图 4－21　微电池示意图

例如，工业用钢材中含有碳等杂质，当其表面吸附了一层薄薄的水膜时，这层水膜里含有少量的 H^+ 和 OH^-，还溶解了氧气等，结果在钢铁表面形成了一层电解质溶液。此时铁、碳及电解质溶液就构成微电池。微电池中碳是正极，铁是负极，氢离子在碳正极上被还原而放出氢气，铁在负极失去电子而被氧化，导致铁不断溶解而受到腐蚀。

4.6.2　金属的防腐

在对金属做防护处理之前，被保护金属的表面应进行必要的**预处理**（pretreatment），如除去氧化皮、锈蚀产物和油污等。金属的防护方法很多，在此仅介绍常用的**金属防腐**（corrosion protection of metals）方法。

1. 改变金属的内部结构

如将铬、镍加入普通钢中制成不锈钢。但整体制成合金的办法造价昂贵，以表面合金化比较常用，然而这样形成的保护层薄，也有不耐磨损、不适于长期接触腐蚀介质的缺点。

2. 保护层法

（1）非金属保护层：将耐腐蚀的物质如油漆、搪瓷、陶瓷、玻璃、

沥青、高分子材料(如塑料、橡胶、聚酯等)涂在要保护的金属表面上，使金属与腐蚀介质隔开。当这些保护层完整时能起保护的作用。

(2)金属保护层：用耐腐蚀性较强的金属或合金覆盖在被保护的金属表面上，覆盖的重要方法是电镀。

①负极保护层：镀上去的金属比被保护的金属有较低的电极电势，例如把锌镀在铁上(锌为负极，铁为正极)。即使保护层被破坏后，因被保护的金属是正极，正极还原而不受腐蚀，受腐蚀的是不完整的保护层。

②正极保护层：镀上去的金属有较高的电极电势，例如锡镀在铁上(锡为正极，铁为负极)。当保护层不完整时，就失去了保护作用，锡和被保护的金属铁形成原电池，由于被保护的金属变为负极，更易被氧化，所以不完整保护层的存在反而加速了金属腐蚀。

3. 缓蚀剂法

缓蚀剂(corrosion inhibitor)**法**是在腐蚀介质中，加入少量能减小腐蚀速率的物质以防止腐蚀的方法。

(1)无机缓蚀剂：在中性或碱性介质中主要采用无机缓蚀剂，如铬酸盐、重铬酸盐、磷酸盐、碳酸氢盐等，主要是在金属的表面形成氧化膜或沉淀物。

(2)有机缓蚀剂：在酸性介质中，一般是含有N、S和O的有机化合物，常用的缓蚀剂有乌洛托品、若丁等。

(3)气相缓蚀剂：胺类、吡啶类、硫脲类等有机物。如亚硝酸二环乙烷基胺，给机器产品，尤其是精密仪器的包装技术带来了重大革新。

4. 电化学保护法

将被保护的金属作为腐蚀电池的正极或电解池的阴极而不受腐蚀。一般分为正极保护法和牺牲阳极保护法。

(1)正极保护法：将电极电势较低的金属和被保护的金属连接在一起，构成原电池，电极电势较低的金属作为负极而溶解，被保护的金属作为正极就可以避免腐蚀。例如海上航行的船舶，在船底四周镶嵌锌块，此时，船体是正极受到保护，锌块是负极代替船体而受腐蚀。有时将锌块称为保护器。这种保护法是保护了正极，牺牲了负极，所以也称为牺牲负极保护法(图4-22)。

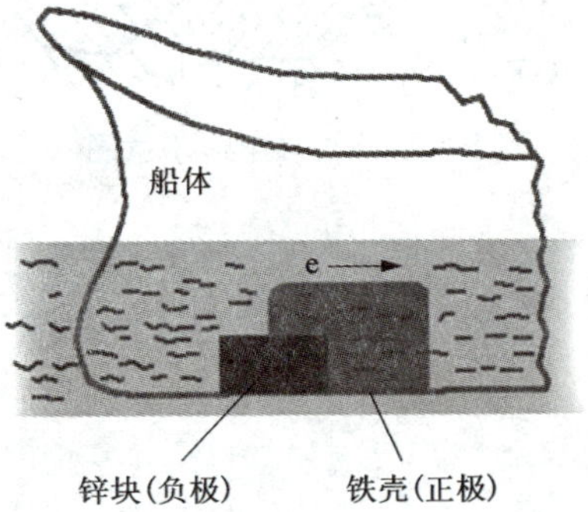

图4-22 电化学正极保护法示意

(2)牺牲阳极保护法：将直流电源的负极接到被保护的金属上，正极接到石墨(或铅块、废铁)上，让腐蚀介质作为电解液，这样就构成了一个电解池，被保护金属为阴极，石墨为阳极。如埋在地下的管道，直流电源的负极接到管道上，正极接到废铁上，让潮湿的土壤层作电解液。当直流电持续不断地通过时，电极反应为

阴极：$2H^+ + 2e^- \longrightarrow H_2(g)$

阳极：$Fe(s) \longrightarrow Fe^{2+} + 2e^-$

这种保护法保护了阴极，牺牲了阳极，故称为**牺牲阳极保护法**(abandon-anode-protection technique)，见图4-23。

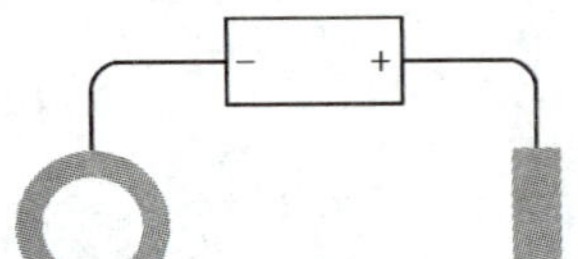

图4-23 牺牲阳极保护法

5. 金属的钝化

金属(或合金)因经过某种处理而使化学稳定性明显增强、能防止

腐蚀的现象，称为**钝化**(passivation)。此时的金属处于钝态。

金属钝化的方法主要有两种。

(1)一种方法是用浓硝酸、浓硫酸、$KMnO_4$ 等氧化剂，在金属表面生成连续的氧化膜(又称钝化膜)，紧密完整地附着在金属表面，使金属完全与外界腐蚀介质隔绝，从而有效抵抗腐蚀。如铁在稀硝酸中溶解得很快，但在浓硝酸中却溶解得非常缓慢，即铁在硝酸浓度提高时反而变得更稳定了。这种形成了氧化膜而钝化的铁再放到稀硝酸中就不再被溶解。铁、镍、铬及其他一些金属经过各种氧化剂处理后，都能转变为钝态。

(2)另一种方法是将金属置于电解质溶液中，将直流电源的正极接到被保护的金属上，使之成为阳极。直流电源的负极接到另一参比电极上。逐步使阳极的电极电势增大，由于金属表面状态的变化，会使阳极极化，其超电势升高，当金属的溶解(氧化)速率急剧下降时，金属处于钝化状态。此时，阳极的电极电势处在钝化区范围。由此可见，用直流电源使欲保护的金属作为阳极，并维持其电极电势在钝化区就能防止金属的腐蚀。

本章复习指导

掌握：氧化值及其应用，半反应法配平氧化还原反应方程式，原电池的电极反应、电池反应、电池符号，能斯特方程的相关计算；电极电势的应用：如判断反应的自发方向、判断氧化剂与还原剂的相对强弱，判断氧化还原反应进行的程度并计算平衡常数。

熟悉：介质酸度的改变、沉淀的生成等影响电极电势的因素；电解原理、金属腐蚀的原因和金属防腐的方法。

了解：电极电势的产生机理；标准电极电势的意义；电解的应用。

选读材料

电解在金属材料加工方面的应用

电解的应用很广，除了在氯碱工业中用于化工原料生产和金属的电解冶炼外，在机械工业和电子工业中被广泛用于金属材料的加工和表面处理。最常见的是电镀、阳极氧化和电解加工。

1. 电镀与电刷镀

电镀(electroplate)是应用电解原理在某些金属表面镀上薄薄的一层其他金属或合金的过程，既可防腐蚀又可起装饰的作用。在电镀时，电镀液一般为含有镀层金属离子的电解质溶液。将待镀的金属零件浸入电镀液中与直流电源的负极连接，作为阴极；而用镀层金属(如 Ni－Cr 合金、Au 等)作为阳极，与直流电源正极连接。在适当的电压下，通入直流电，阳极发生氧化反应，阳极金属失去电子而成为正离子进入溶液中，此过程称为阳极溶解，这些金属离子再移向阴极；这些金属离子在阴极镀件上获得电子而还原成金属覆盖在需要电镀的制品上形成镀层(见图 4－24)。

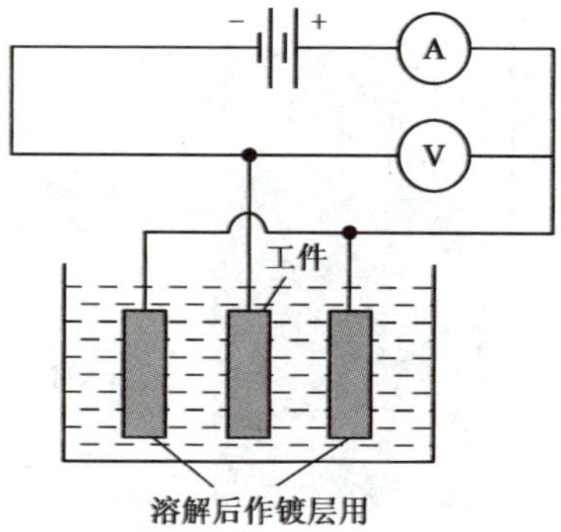

图 4－24 电镀的实验装置

如电镀锌过程：被镀零件作为阴极材料，金属锌作为阳极材料，在锌盐(如$Na_2[Zn(OH)_4]$)溶液中进行电解。电极反应如下

阴极：$Zn^{2+} + 2e^- \longrightarrow Zn$

阳极：$Zn \longrightarrow Zn^{2+} + 2e^-$

电刷镀(brushing electroplating)的基本原理与电镀相同，只是不用电镀槽，其电刷镀工作原理见图4-25。作阳极的镀笔，由电解液浸在包着阳极的棉花包套中构成，工件作阴极。刷镀时，接通电源后，浸满镀液(即电解液)的镀笔与工件直接接触，工件在操作中不断旋转，使阴极与阳极处于相对运动中，即可获得镀层。

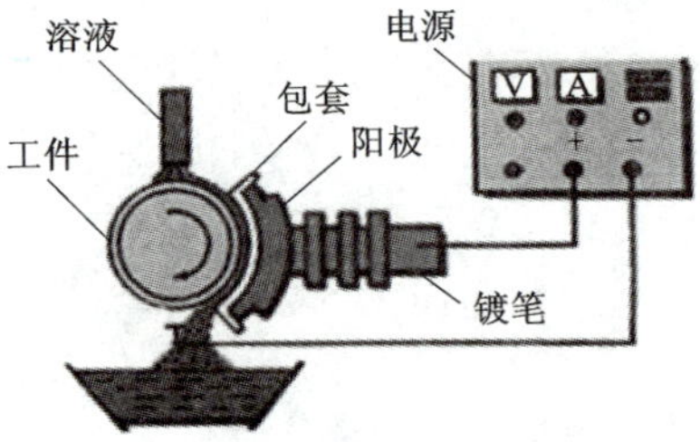

图4-25　电刷镀工作原理

电刷镀是把适当的电镀液刷镀到受损的机械零部件上使其回生的技术。成本低，效益大。几乎所有机械工业部门都在推广应用。

2. 阳极氧化

阳极氧化(anodic oxidation)是用电解的方法通以阳极电流，使金属表面形成与金属牢固结合的氧化膜以达到防腐耐磨并提高表面电阻和热绝缘性之目的的一种工艺。

以铝的阳极氧化为例，将经过表面抛光、除油处理的铝或铝合金工件作为电解池阳极，以铅板为阴极，采用稀硫酸或铬酸或草酸溶液作电解液。通电后，适当控制电流和电压，在阳极铝表面上，一种是铝氧化形成Al_2O_3的反应，另一种是Al_2O_3被电解液不断溶解的反应。当Al_2O_3的生成速率大于溶解速率时，氧化膜就能顺利地生长，并保持一定的厚度(可达5～300 μm)。电极反应如下

阳极：$2Al + 3H_2O \xlongequal{} Al_2O_3 + 6H^+ + 6e^-$(主要反应)

$2H_2O \xlongequal{} 4H^+ + O_2\uparrow + 4e^-$(次要反应)

阴极：$2H^+ + 2e^- \xlongequal{} H_2\uparrow$

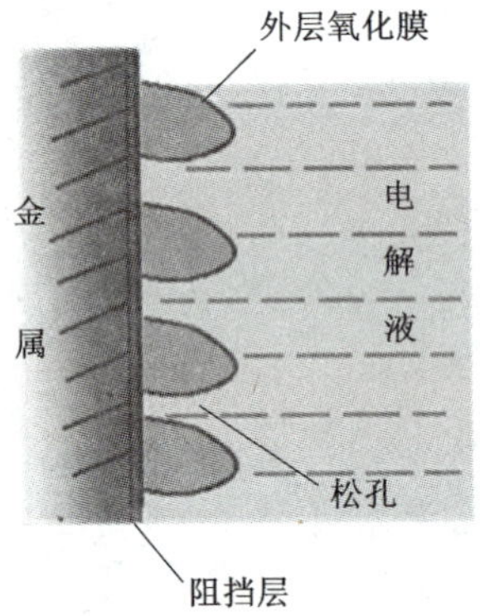

图4-26　阳极氧化膜的结构

阳极氧化膜，见图4-26，由两部分组成。

①靠近基体：纯度较高的致密Al_2O_3膜，厚度为0.01～0.05 mm，称阻挡层。

②靠近电解液：由Al_2O_3和$Al_2O_3 \cdot H_2O$所形成的膜，硬度较低，有松孔，可使电解液流通。

3. 电解加工与电抛光

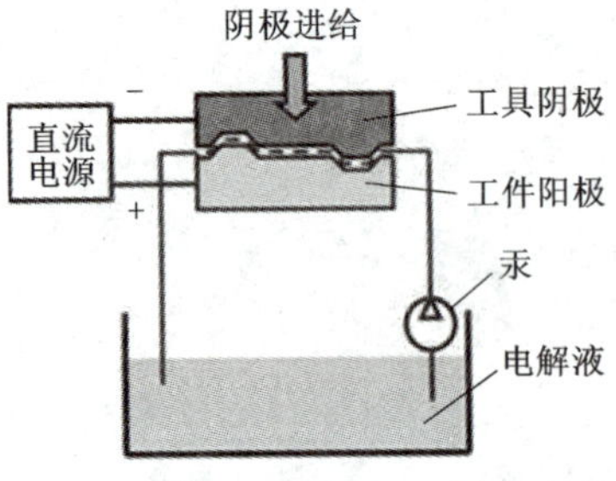

图4-27　电解加工原理

电解加工(electrolytic machining)是利用金属在电解液中可以发生阳极溶解的原理，将工件加工成型。

电解加工时，工件作为阳极，模具(工具)作为阴极，见图4-27。两极之间保持很小的间隙(0.1～1 mm)，使高速流动的电解液从中通过以达到输送电解液和快速带走电解产物的目的，并使阳极金属能较大量地不断溶解，最后成为与阴极模具工作表面相吻合的形状。如此，可以保护模具，使之不易磨损，又有利于韧性特强金属的异型加工。

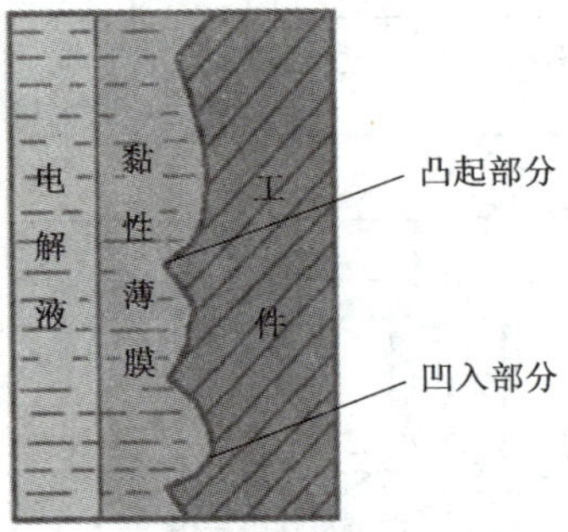

图4-28　电抛光示意

电抛光(electropolishing)是利用电解对金属制件作阳极氧化处理的过程。其原理是金属表面上凸出部分在电解液中的溶解速率大于金属表面上凹入部分的溶解速率，经过一段反应时间之后，金属表面将变得平滑光亮(见图4-28)。与电解加工的主要区别是，电抛光时阴极与阳极之间的距离较大(约100 mm)，而且电解液不流动。

复习思考题

1. 为什么要引入氧化值的概念？氧化值与化合价的区别何在？

2. 为什么要掌握氧化还原反应的离子电子配平法(半反应法)？

3. 盐桥的主要作用是什么？液接电势对电极电势的确定有何影响？

4. 原电池符号中为什么要标明气体的分压和水溶液中物种的浓度？电极类型中哪两种情况具有母子关系？

5. 电极电势的绝对值可以确定吗？标准电极电势的意义何在？

6. 能斯特方程与化学反应等温方程式的关系如何？

7. 决定电极电势大小的因素有哪些？

8. 电池反应必须是氧化还原反应吗？

9. 元素电势图有什么应用价值？

10. 电解时实际分解电压总是大于理论分解电压吗？什么是电极的极化？超电势是什么？

11. 什么是金属的化学腐蚀和电化学腐蚀？

习 题

1. 指出下列物质中画线元素的氧化值：$Na\underline{Bi}O_3$、$Ba\underline{O}_2$、$Ca\underline{C}_2O_4$、$Na_2\underline{S}O_3$、$H\underline{Cl}O_3$、$\underline{I}_2$、$\underline{N}_2O$、$K\underline{H}$。

2. 用离子电子法配平下列方程，并指出氧化剂和还原剂。

(1) $HgCl_2 + SnCl_2 \rightleftharpoons Hg_2Cl_2 + SnCl_4$

(2) $Cl_2 + NaOH \rightleftharpoons NaCl + NaClO_3$

(3) $Cr_2O_7{}^{2-} + SO_3{}^{2-} + H^+ \longrightarrow Cr^{3+} + SO_4^{2-} + H_2O$

(4) $Fe^{2+} + NO_2{}^- + H^+ \rightleftharpoons Fe^{3+} + NO + H_2O$

(5) $Cu^{2+} + H_2 \rightleftharpoons Cu + H^+$

3. 写出下列电池中各电极上的反应和电池反应。

(1) $(-)Pt, H_2(p) \mid HCl(c) \mid Cl_2(p), Pt(+)$

(2) $(-)Ag(s), AgI(s) \mid I^-(c) \parallel Br^-(c) \mid AgBr(s), Ag(s)(+)$

(3) $(-)\ Pb(s), PbSO_4(s) \mid SO_4^{2-}(c) \parallel Cu^{2+}(c) \mid Cu(s)\ (+)$

(4) $(-)\ Pt, H_2(p) \mid H^+(c) \mid Sb_2O_3(s), Sb(s)\ (+)$

(5) $(-)\ Pt \mid Fe^{3+}(c), Fe^{2+}(c) \parallel Cr_2O_7{}^{2-}(c), Cr^{3+}(c), H^+(c) \mid Pt\ (+)$

4. 根据标准电极电势，判断标准态时下列反应的自发方向，并写出电池符号。

(1) $5Bi^{3+}(aq) + 2MnO_4^-(aq) + 7H_2O(l) \rightleftharpoons 5BiO_3^-(aq) + 2Mn^{2+}(aq) + 14H^+(aq)$

(2) $Cl_2(g) + 2I^-(aq) \rightleftharpoons I_2(s) + 2Cl^-(aq)$

(3) $H^+(aq) + OH^-(aq) \rightleftharpoons H_2O(l)$

(4) $Pb(s) + 2AgCl(s) \rightleftharpoons PbCl_2(s) + 2Ag(s)$

5. 写出下列电极反应或电池反应的能斯特方程式。

(1) $2IO_3^- + 12H^+ + 10e^- \rightleftharpoons I_2(s) + 6H_2O$

(2) $MnO_2(s) + 4H^+ + 2e^- \rightleftharpoons Mn^{2+} + 2H_2O$

(3) $Cr_2O_7^{2-} + 3SO_3^{2-} + 8H^+ \rightleftharpoons 2Cr^{3+} + 3SO_4^{2-} + 4H_2O$

(4) $2Fe^{2+} + Br_2(l) \rightleftharpoons 2Fe^{3+} + 2Br^-$

6. 已知$\varphi_A^\ominus(H_2O_2/H_2O) = 1.763$ V，$\varphi_A^\ominus(Fe^{3+}/Fe^{2+}) = 0.771$ V，$\varphi_A^\ominus(O_2/H_2O_2) = 0.695$ V，$\varphi^\ominus(Fe^{2+}/Fe) = -0.447$ V，指出酸性条件下这些电对中最强氧化剂和最强还原剂，并列出各氧化态物种的氧化能力和各还原态物种的还原能力的强弱顺序。

7. 计算下述电池在298.15 K时的电动势。已知$\varphi^\ominus(Cu^{2+}/Cu) = 0.3419$ V。

$(-)Pt, H_2(200\ kPa) | H^+(0.02\ mol \cdot L^{-1}) \| Cu^{2+}(0.10\ mol \cdot L^{-1}) | Cu(s)\ (+)$

8. 试计算下列反应在298.15 K、反应进度ξ为1 mol时的标准平衡常数$K^\ominus$。已知298.15 K时$\varphi^\ominus(Fe^{3+}/Fe^{2+}) = 0.771$ V，$\varphi^\ominus(Ag^+/Ag) = 0.7991$ V。

$$Fe^{2+} + Ag^+ \rightleftharpoons Ag(s) + Fe^{3+}$$

9. 试画出元素电势图来判断反应$3Fe^{2+} \rightleftharpoons Fe + 2Fe^{3+}$在25℃时，标准态下能否自发进行。已知$\varphi^\ominus(Fe^{3+}/Fe^{2+}) = 0.771$ V，$\varphi^\ominus(Fe^{2+}/Fe) = -0.447$ V。

10. 已知$\varphi_A^\ominus(Fe^{3+}/Fe^{2+}) = 0.771$ V，$\varphi_A^\ominus(MnO_2/Mn^{2+}) = 1.208$ V。试计算298.15 K时（溶液的浓度单位为$mol \cdot L^{-1}$），下列原电池

$Pt | Fe^{3+}(0.5), Fe^{2+}(0.05) \| Mn^{2+}(0.01), H^+(0.1) | MnO_2(s), Pt$

(1)两个电极的电势和电池的电动势，并判断正负极；

(2)写出配平的正、负极反应和电池反应；

(3)该电池反应的自由能变化$\Delta_r G_m$和标准平衡常数$K^\ominus$。

11. 在25℃时纯水的标准生成自由能是$-237.191\ kJ \cdot mol^{-1}$，试求该温度下电解纯水的理论分解电压。

12. 已知25℃时：$\varphi^\ominus(Ag^+/Ag) = 0.7991$ V，$[Ag(CN)_2]^-$的稳定常数$K_f^\ominus = 1.26 \times 10^{21}$，计算：

(1) $\varphi^\ominus\{[Ag(CN)_2]^-/Ag\}$为多少？

(2)当溶液中$c([Ag(CN)_2]^-) = 0.20\ mol \cdot L^{-1}$，$c(CN^-) = 0.50\ mol \cdot L^{-1}$时，$\varphi([Ag(CN)_2]^-/Ag)$为多少？

第4章习题答案

第 5 章

物质结构基础

(Introduction to the Structure of Matter)

物质结构是在原子、分子的水平上，深入到电子层次，研究物质的微观结构及其与宏观性质之间关系的科学。原子、分子和离子是物质参与化学变化的基本单元，原子的内部组成、结构和性能，是物质化学变化的本质，也是学习物质结构的重要基础。宏观物质种类繁多，不同物质表现出的宏观性质也是千差万别，其根本原因在于物质微观结构的差异。了解原子结构、化学键和晶体结构的基本理论和知识，对于掌握物质的性质及其变化规律，具有重要的意义。

5.1 氢原子核外电子的运动状态

5.1.1 原子核外电子运动状态的描述

1. 原子结构理论的发展

原子是由一个原子核和若干个核外电子组成的微观体系。原子概念是由英国物理学家、化学家道尔顿（J. Dalton）1808 年在 *A New System of Chemical Philosophy* 中提出的。道尔顿认为拉瓦锡（A. L. Lavoisier）提出的元素是由不可再分的微粒——原子所组成，化合物由分子组成，而分子又由几种原子组成，原子是化合物中的最小粒子。元素的原子化合时只以整数比例结合，化学反应中原子只能重新排列，但是不会产生也不会消灭。这种新原子论成功地解释了质量守恒定律，化合过程的定比定律。1811 年，意大利化学家阿伏加德罗（A. Avogadro）提出同体积气体的原子数可能不同，但是其分子数相等，这对原子量精确测定及其元素周期律的发现具有重要意义。道尔顿的原子论与阿伏加德罗的分子论共同奠定了现代化学的基础。

在所有原子中，氢原子最为简单，原子结构的研究首先从氢原子开始。1911 年卢瑟福（E. Rutherfold）根据 α 粒子的散射现象提出了原子结构的行星模型，其主要观点：①原子内部存在着一个高度集中的原子核，它的直径比原子的直径小得多；②原子核带正电荷，正电荷量等于原子中的电子数量；③核外电子像行星绕太阳一样，在以核为中心，半径为 10^{-8} cm 的球内或球面上运动。1913 年丹麦物理学家玻尔（N. Bohr）综合了普朗克的量子论、爱因斯坦的光子学说和卢瑟福的原子模型，提出了原子结构理论。他假设原子中电子只能在某些固定半径 r 的轨道上绕核做圆周运动，电子在某个轨道上运动时，电子处于某个定态，此时既不吸收也不辐射能量。能量最低的定态，称为基态，同时整个原子的能量也最低。只有当电子在不同轨道上发生跃迁时才放出或吸收能量。当电子处于除基态外的其他定态时，都称为激发态。玻尔运用牛顿力学定律推算了氢原子的轨道半径 r 和能量 E 以及电子从高能定态跃迁至低能定态时辐射光的频率 υ。它们都与正整数 n 有关，可分别表示如下

$$r = a_0 n^2 \tag{5-1}$$

$$E = \frac{1312}{n^2} \tag{5-2}$$

$$\upsilon = 3.29 \times 10^{15}\left(\frac{1}{n_1^2} - \frac{1}{n_2^2}\right) \tag{5-3}$$

视频5-1

视频5-2

普朗克的能量量子化假说

黑体是一种能全部吸收照射到它上面的各种辐射波长的物体，当加热时，它又能发射出各种波长的电磁波，是理想的能量吸收体与能量辐射体。这是一种理想状态的物体，现实中没有黑体。经典物理学认为能量是连续变化的，而黑体辐射实验表明，能量只与辐射频率有关，其数值是不连续的。为此，1900 年普朗克（M. Planck）首次提出了微观粒子具有量子化特征的假说。即：如果某一物理量的变化是不连续的，而是以某一最小单位作跳跃式的增减，这一物理量就是**量子化**（quantized）的，其变化的最小单位就叫这一物理量的**量子**（quantum）。

普朗克

普朗克（1858—1947），1858 年 4 月 23 日出生于德国基尔，1918 年获诺贝尔物理学奖。1874—1879 年他先后在慕尼黑大学、柏林大学就读，并获得博士学位；1880—1926 年先后在慕尼黑大学、基尔大学、柏林大学任教，1926 年被选为英国皇家学会会员，1947 年 10 月逝世于哥廷根。主要成就：1900 年提出量子假说，为了解释黑体辐射现象，他提出粒子能量永远是 $h\nu$ 的整数倍，其中 h 是新的物理常数，后人称为普朗克常数，这一创造性的工作使他成为量子理论的奠基者，在物理学发展史上具有划时代的意义。他第一次提出辐射能量的不连续性，著名科学家爱因斯坦接受并补充了这一理论，以此发展自己的相对论，玻尔也曾用这一理论解释原子结构。

式中：$a_0=0.053$ nm，通常称为玻尔半径，$n=1,2,3,4,\cdots$，称为主量子数，$n_1<n_2$。玻尔理论成功地解释了氢原子光谱，并提出了原子能级（定态）和主量子数 n 等重要概念。同时，波尔也成功地以量子化概念调和了经典物理电磁波辐射与卢瑟福模型的矛盾。

但是，玻尔认为电子在核外运动规律与经典牛顿力学的行星运动类似，仍然没有摆脱经典宏观力学的束缚，这是其理论的重大缺陷。这也是在经典物理中产生旧量子论必然会带来的问题，例如利用玻尔理论描述的电子运动规律无法揭示元素化学性质的周期性；不能说明多电子原子的光谱；不能解释原子形成分子的化学键本质（例如氢原子形成氢分子的化学键）。这主要是由于原子、电子等微观粒子与宏观物体不同，它们遵循能量量子化、波粒二象性和统计性这些特有的运动特征和规律。

2. 微观粒子的波粒二象性

玻尔理论的危机很快被突破，1924 年德布罗意（L. V. de Broglie）受光的波粒二象性启发，提出实物微粒也具有波粒二象性，即物质波概念。符合如下关系式

$$E=h\upsilon \qquad p=h/\lambda \tag{5-4}$$

微观粒子的波长 λ 和质量 m、运动速率 v 可通过普朗克常数 h（6.625×10^{-34} J·s）联系起来

$$\lambda=\frac{h}{mv} \tag{5-5}$$

此即德布罗意关系式，其中 λ 为德布罗意波的波长，其值与微粒质量和速度都呈反比。而宏观物体质量极大，波动频率极低，可认为没有波动性，电子的质量极小，其波动性很显著。这种假设被电子衍射实验证实，图 5－1 所示为电子衍射实验示意图，图 5－2 所示为 CsI 晶体的电子衍射图和金—钒多晶的电子衍射图。

根据德布罗意关系式，如果以 1.0×10^6 m·s^{-1}的速度运动的电子，其德布罗意波波长为

$$\lambda=\frac{h}{mv}=\frac{6.625\times10^{-34}\ \text{J·s}}{(9.1\times10^{-31}\ \text{kg})\times(1.0\times10^{6}\ \text{m·s}^{-1})}=7\times10^{-10}\ \text{m}$$
$$=7\ \text{Å}$$

该值相当于分子大小的数量级，说明原子和分子中电子运动的波特性是明显的。

假设子弹头质量为 10 g，飞行速度为 1 km·s^{-1}，其德布罗意波波长为 10^{-32} m，说明宏观物体德布罗意波的波特性极小，以至于没有实际意义。

电子衍射实验是将一束电子流以一定速度通过晶体，射到屏幕上，结果在屏幕上出现了明暗相间的圆环条纹，这种现象说明电子与光一样具有波动性，从而有力地证明了物质波的存在。如何理解电子波？首先应该明确，电子衍射不是电子之间相互作用的结果，而是电子本身运动所固有的规律。电子的波动性是和微粒行为的统计性联系在一起的，对大量电子通过晶体而言，即可获得衍射图。衍射强度（波的强度）大的地方，粒子出现的数目就多，衍射强度小的地方，粒子出现的数目就少。当电子流较弱时，假设电子以一定速度一个一个

视频5-3

光电效应和光子学说

第一个认识普朗克能量量子化重要性的是爱因斯坦，将能量量子化的概念应用于电磁辐射，解释光电效应。产生光电效应时具有：①临阈频率（产生光电流的最小频率）的存在；②光照射强度大小不影响光电子动能；③光电子动能随光照射频率增加而增加。这三个实验事实无法用经典物理学来解释。为此，爱因斯坦提出了光子学说，认为：①光是一束光子流，每种频率的光的能量都有一个最小单位，称为光子，光子能量与光子频率成正比，即 $\varepsilon=h\upsilon$；②光子的质量 $m=h\upsilon/c^2$（按质能联系定律 $\varepsilon=mc^2$）；③光子具有一定的动量 $p=mc=h\upsilon/c=h/\lambda$；④光子的强度取决于单位体积内光子的数目即光子密度。爱因斯坦的光子学说对多年经典力学的光波理论产生冲击，能够圆满地解释光电效应：

$$h\upsilon=W+E_k=h\upsilon_0+1/2mv^2$$

式中：W 为脱出功；E_k 为动能。

只有把光看成是由光子组成的光束才能理解光电效应，而只有把光看成波才能解释光的衍射和干涉现象，

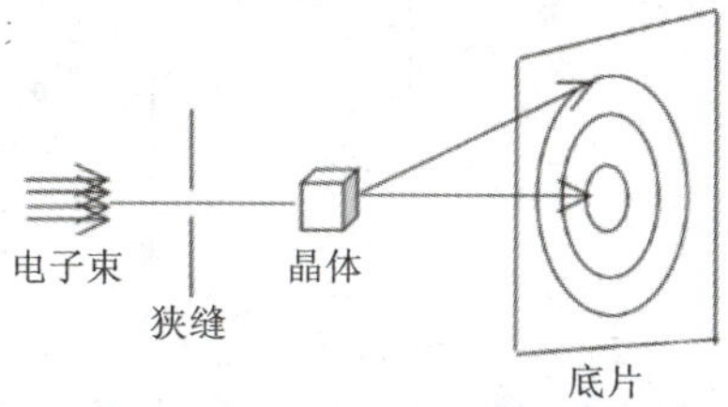

图 5－1　电子衍射实验示意图

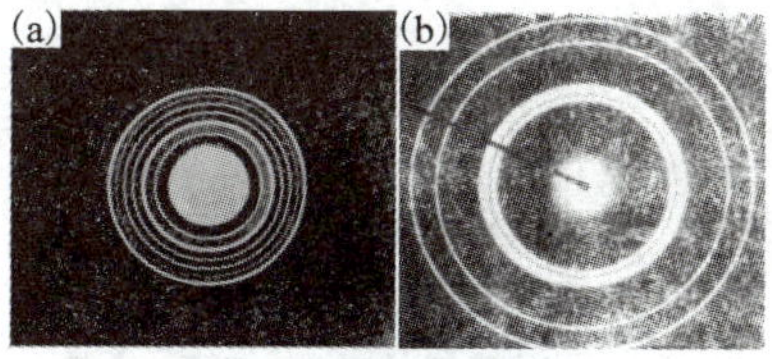

图 5－2　CsI 晶体衍射（a）
金—钒多晶衍射（b）

视频5-4

爱因斯坦（Einstein，1879—1955）

爱因斯坦 1921 年获诺贝尔物理奖。他 1879 年 3 月 14 日生于德国，1896—1900 年就读于瑞士苏黎世联邦理工大学师范系，1905 年获苏黎世大学博士学位，1908—1933 年先后任教于波尔尼大学、苏黎世瑞士联邦理工大学、柏林大学，并受聘为普鲁士科学院院士。第一次世界大战爆发，他拒绝在“维护德国文化”声明上签字，震惊世界。1933 年访美期间，希特勒上台，残酷迫害犹太人，他的家产被抄没，著作被焚毁，并被缺席判处死刑。他宣布放弃德国籍，退出普鲁士科学院，迁美国，1933—1945 年任普林斯顿高等学术研究院研究员，1940 年入美国籍，1955 年 4 月 18 日病逝于普林斯顿。他的划时代贡献是创立了狭义相对论、广义相对论和量子论，揭示了空间、时间随着物质分布和运动速度而变化的关系，加深了人类对物质和运动的认识。他是 20 世纪最伟大的科学家之一。

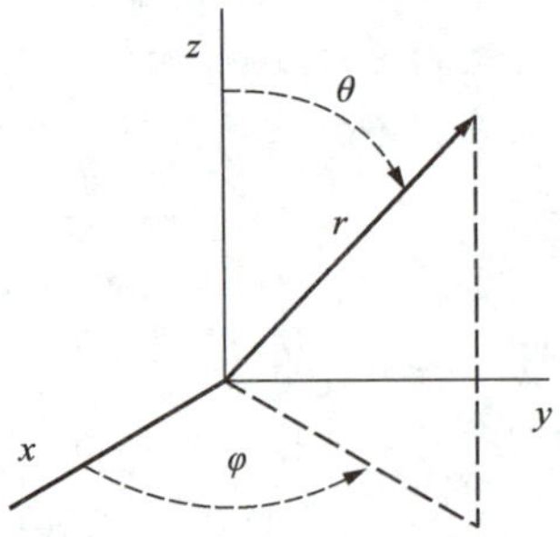

图 5－3　直角坐标与球极坐标的关系

视频5-5

通过晶体，开始时电子显得无规则成像，随着时间的延长、衍射斑点的增多，显示出规律性的衍射环形条纹，即获得与大量电子相同的衍射图。同时也说明单个电子由于具有波动性，无法准确预计其落点，也就是无法确认其轨迹。只能知道其在空间某处出现的概率，因此电子波也叫概率波，实物微粒的物质波是具有统计性的概率波，它与机械波等经典波有所不同。

3. 薛定谔方程与波函数

波的运动状态可以用波动方程来描述，电子运动既然是物质波，也可以用波动方程描述其运动状态及规律。根据量子力学原理，微观粒子在空间某特定位置(x, y, z)上单位体积中出现的概率大小可用波函数平方的数值来衡量。因此要描写微观粒子的运动状态，必须寻找相应条件下的波函数。波函数不是一个具体的数值，而是用空间坐标来描写波的数学函数式，以表征原子中电子的运动状态，所以习惯上将波函数称为原子轨道。

1926 年奥地利物理学家薛定谔（Schrődinger）根据德布罗意物质波的思想，以微观粒子的波粒二象性为基础，参照电磁波的性质，建立了描述微观粒子运动规律的波动方程，即著名的薛定谔方程。正是这一波动方程描述微观粒子的运动规律，才真正突破了传统经典物理的束缚，从原子结构上使人们真正认识到了化学元素周期性及其化学键的本质，是量子力学的基本方程

$$\left[-\frac{h^2}{8\pi^2 m}\left(\frac{\partial^2}{\partial x^2}+\frac{\partial^2}{\partial y^2}+\frac{\partial^2}{\partial z^2}\right)+V\right]\psi = E\psi \qquad (5-6)$$

式中：h 为普朗克常数；m 为电子的质量；E 为体系的总能量；V 为体系的势能。

式（5－6）为氢原子在直角坐标系中的薛定谔方程，等号左边的第一项是电子的动能，第二项则是电子在核电荷作用下的势能，式中的 ψ 为方程的解，它是表示电子绕核运动状态的数学关系式，称为波函数。

薛定谔方程是一个假说，无法通过牛顿力学方程加以推导，因为在牛顿力学范畴内，波动性和粒子性是不兼容的。薛定谔方程的数学形式属二阶偏微分方程，为了叙述的方便，常用函数通式代表复杂的薛定谔方程式

$$\psi(x, y, z) = 0 \qquad (5-7)$$

有关方程的形式及其求解过程很复杂，此处仅简要介绍薛定谔方程的求解步骤，由此引出一些重要结论。

1）坐标变换

为了适应核电荷势场球形对称的特点，将薛定谔方程在直角坐标系的形式 $\psi(x, y, z) = 0$ 变换成在球极坐标系的形式 $\psi(\gamma, \theta, \varphi) = 0$（见图 5－3）。

其关系式如下：

$x = r\sin\theta\cos\varphi$

$y = r\sin\theta\cos\varphi$

$z = r\cos\theta$

$r^2 = x^2 + y^2 + z^2$

$\cos\theta = z/(x^2 + y^2 + z^2)^{\frac{1}{2}}$

$\tan\varphi = y/x$

2）变量分离

球极坐标系(r, θ, φ)包含半径因素(r)和角度因素(θ, φ)，为了计算方便，将该方程分解成径向方程$R(r)=0$和角度方程$Y(\theta, \varphi)=0$：

$$\psi(r, \theta, \varphi) = R(r) \cdot Y(\theta, \varphi) \qquad (5-8)$$

3）方程的解

薛定谔方程是描述核外电子运动规律的数理方程，方程的解——波函数$\psi(r, \theta, \varphi)$是表示核外电子能量状态的函数关系式，波函数绝对值的平方$\psi^2(r, \theta, \varphi)$表示电子的概率密度随$(r, \theta, \varphi)$的变化情况。角度波函数绝对值的平方$Y^2(\theta, \varphi)$表示电子的概率密度随$(\theta, \varphi)$的变化；径向波函数绝对值的平方$R^2(r)$则表示电子的概率密度随$(r)$的变化。而概率密度与原子核外指定空间体积$d\tau$的乘积就是电子在该空间出现的概率$P$。

$$P = \psi_{n,l,m}^2(r, \theta, \varphi)d\tau \qquad (5-9)$$

5.1.2　原子轨道与量子数

用薛定谔方程描述氢原子核外电子运动状态时，可以得到很多解，这些解也是用函数形式表示。其中能够描述电子运动状态，有意义的解称为波函数，也叫原子轨道。值得注意的是，这里虽然继续沿用原子轨道这个名词，但其含义与宏观物体运动的轨道（轨迹）概念已经完全不同，电子的运动状态是用波函数来描述的。波函数对电子运动状态的描述可以从如下几个方面理解。原子是由原子核与一定数目的绕核运动的电子组成的。只要搞清楚原子内每个电子的运动状态及其具有的能量高低，原子的结构也就基本清楚了。由于一切微观粒子都具有波粒二象性，因而原子中电子的运动也具有波粒二象性。

求解氢原子薛定谔方程不仅可得到氢原子中电子的能量E，而且可以自然地导出主量子数n、角量子数l和磁量子数m。求解结果表明，波函数ψ的具体表达式与上述三个量子数有关。其中每个(n, l, m)合理组合，就对应有一个波函数，即有一个原子轨道，用$\psi_{n,l,m}$表示波函数。现将量子数n、l和m的名称、符号、组合规律和取值范围及其物理意义，以及确定原子核外电子运动状态还需要包括的第四个量子数——自旋量子数m_s介绍如下。

1. 主量子数 *n*

主量子数n也叫电子层数。由于电子的运动状态是不连续的，因此，量子数的取值也是不连续的。主量子数取值从1开始可到任意正整数。n代表轨道离核平均距离，n相同的电子归为同一个电子层。通常主量子数越大，电子层离核越远，具有的能量越高（负值的绝对值越小）。因此，主量子数是决定原子轨道能级的主要因素，对于单电子体系，电子能量完全由n决定，主量子数与电子层的对应关系如下

$$E_n = -\frac{2.179 \times 10^{-18}}{n^2}\,\text{J} = -\frac{13.6}{n^2}\,\text{eV} \qquad (5-10)$$

德布罗意（1892—1960）

德布罗意（de Broglie），1892年8月15日生于德国迪埃普，1909年毕业于巴黎大学，1924年获博士学位，1928—1932年在巴黎大学任教，1933年聘为法国科学院院士，并被聘为英国皇家学会会员，美国、苏联等国外籍院士，1960年7月逝世。主要成就：根据当时发现的光具有波粒二象性的事实，推论一切微观粒子运动都有波动性。读博期间他提出把光的波粒二象性推广到物质粒子，特别是电子，大多数物理学家持怀疑态度，3年后戴维逊、革末等成功地通过晶体薄片使电子产生衍射现象，有力地证明了微观粒子都具有波粒二象性，为此，他获得了1929年诺贝尔物理奖。

德布罗意物质波假说

法国青年物理学家德布罗意在光的波粒二象性的启示下，于1924年大胆地假设，“爱因斯坦在1905年的发现（光的波粒二象性）应该可以推广到所有的物质粒子，明显地可以推广到电子——任何物体伴随以波，而且不可能将物体的运动和波的传播相分离”“波粒二象性不只是光才有的属性，而是一切微观粒子共有的本性”，并提出了著名的德布罗意关系式

$$\lambda = h/mv = h/p$$

$$\upsilon = E/h$$

式中：λ为波长，υ为频率，都是反映波动性的特征物理量；E为能量，p为动量，m为质量，都是反映粒子性的特征物理量。波动性和粒子性这两个概念，在经典力学中是互相对立的，但在德布罗意关系式中，通过普朗克常数联系在一起。由此可计算不同质量和运动速度的实物粒子的波长，这种波称为德布罗意波，也称物质波。诺贝尔委员会认为德布罗意的理论使“物质特性的一个全新的、以前完全没有被发现的方面呈现在我们的面前”。

视频5-6

主量子数(n)：1, 2, 3, 4, 5, 6, 7, …

电子层：K, L, M, N, O, P, Q, …

2. 角量子数 l

角量子数 l 也叫电子亚层。取值为 0, 1, 2, …, ($n-1$)，共可取 n 个数。l 的数值受 n 的数值限制，例如，当 $n=1$ 时，l 只可取 0 一个数值；当$n=2$ 时，l 可取 0 和 1 两个数值，以此类推。l 基本上反映了原子轨道的形状。原子轨道能级主要受主量子数影响，但同时也受角量子数影响，对于多电子原子，电子能量的大小与角量子数 l 有关：

角量子数(l)：0, 1, 2, 3, …, ($n-1$)

亚层符号：s, p, d, f, …

3. 磁量子数 m

磁量子数 m 的取值受角量子数限制。当角量子数一定时，磁量子数取值的总数等于亚层中具有的轨道数。每个亚层中的原子轨道有一个空间伸展方向，对应一个磁量子数。也可以说，磁量子数决定原子轨道的空间伸展方向。因为亚层中的各个轨道能量相等，也叫能量等价轨道。

当 $l=0$, $m=0$，表示 $l=0$ 时，s 亚层只有 1 个轨道。

当 $l=1$, $m=-1, 0, +1$，表示 $l=1$ 时，p 亚层有 3 个轨道，分别向 x, y, z 轴 3 个方向伸展。

当 $l=2$, $m=-2, -1, 0, +1, +2$，表示 $l=2$ 时，d 亚层有 5 个轨道，向 5 个空间方向伸展。

当 $l=3$, $m=-3, -2, -1, 0, +1, +2, +3$，表示 $l=3$ 时，f 亚层有 7 个轨道，向 7 个方向伸展。

s, p, d 轨道可取的数值为 0, ±1, ±2, ±3, …, $\pm l$，共可取 ($2l+1$) 个数值，m 基本上反映轨道的空间取向。

当三个量子数的各自数值一定时，波函数(即原子轨道)也就随之而定。当主量子数一定时，原子轨道数量分别为：

$n=1$ 时，对应一个合理组合(1, 0, 0)，即第一层有 1 个 s 亚层，共有 1 个原子轨道。

$n=2$ 时，对应的合理组合有(2, 0, 0), (2, 1, −1), (2, 1, 0), (2, 1, +1)，即第二层有 s 和 p 两个亚层，共有 4 个原子轨道。

$n=3$ 时，对应的合理组合有(3, 0, 0), (3, 1, −1), (3, 1, 0), (3, 1, +1), (3, 2, −2), (3, 2, −1), (3, 2, 0), (3, 2, +1), (3, 2, +2)，即第三层有 s, p, d 三个亚层，共有 9 个原子轨道。表 5－1 所示为氢原子轨道名称、轨道数与三个量子数的关系。

表 5－1 氢原子轨道与三个量子数的关系

n	l	m	轨道名称	轨道数
1	0	0	1s	1
2	0	0	2s	1
2	1	0, ±1	2p	3
3	0	0	3s	1

续表 5－1

n	l	m	轨道名称	轨道数
3	1	0，±1	3p	3
3	2	0，±1，±2	3d	5
4	0	0	4s	1
4	1	0，±1	4p	3
4	2	0，±1，±2	4d	5
4	3	0，±1，±2，±3	4f	7

利用三个量子数组合可以确定任意电子层的亚层数量，每个亚层的轨道数量及其空间伸展方向，即确定轨道运动状态。在研究原子光谱线的精细结构时发现，要描述每个电子的运动状态，还需要引入第四个量子数。

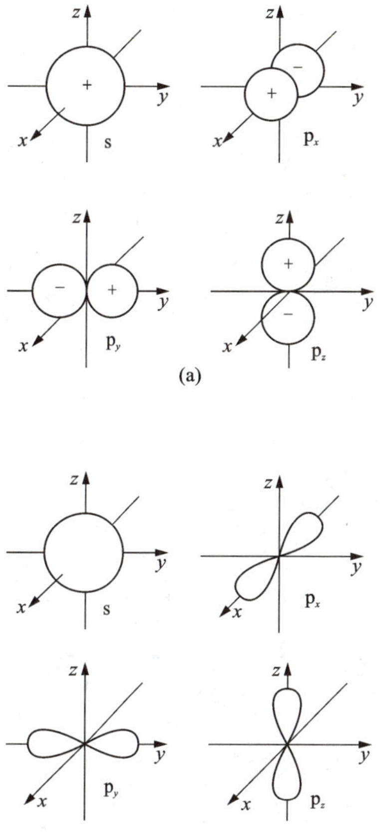

图 5－4　部分原子轨道(a)和电子云的角度分布(b)图

4. 自旋量子数 m_s

表示轨道中电子的自旋方向，取值为 $+\frac{1}{2}$ 和 $-\frac{1}{2}$，也可用"↑"和"↓"表示，表示自旋方向相反的电子。两个电子处于不同的自旋状态叫作自旋反平行，可用符号"↑↓"表示；处于相同的自旋状态叫作自旋平行，可以用符号"↑↑"表示。这个量子数不是量子力学处理电子运动的直接结果，而是通过实验引出的概念。如实验发现氢原子在无外磁场时，电子由 2p 能级跃迁到 1s 能级时得到的不是 1 条谱线，而是靠得很近的 2 条谱线。而且，氢原子射线束在不均匀磁场中向两个相反的方向偏移，说明处在同一轨道上的电子有两种自旋状态。从量子力学的观点来看，电子的自旋并不存在像地球那样绕自身轴而旋转的经典自旋概念。

综上所述，电子在核外运动状态可以用四个量子数确定和描述。(n, l, m, m_s) 可表示一个电子所处轨道的电子层、亚层、空间伸展方向和自旋方向。还需补充说明的是，尽管不同电子层相同亚层的原子轨道数量及其形状相同，但是由于主量子数不同，其离核平均距离也不同，也就是轨道大小不同。如 2s 原子轨道就比 1s 的直径大。

5.1.3　原子轨道图形与电子云

原子轨道 $\psi_{n,l,m}(r, \theta, \varphi)$ 是一种函数关系式，要通过复杂的计算才能求得不同波函数的值，所以无法直观地反映电子运动状态的全貌。如果用波函数或波函数绝对值平方 $\psi^2_{n,l,m}(r, \theta, \varphi)$ 的所有取值绘成图像，则更为直观方便。对应着波函数的不同形式，有不同种类的图形，包括与 (θ, φ) 相关的角度分布图、与 (r) 相关的径向分布图和与 (r, θ, φ) 相关的空间分布图三大类，分别说明如下。

1. 角度分布图

1）原子轨道的角度分布图

我们将角度波函数 $Y_{n,l,m}(\theta, \varphi)$ 对角度 (θ, φ) 所作的图形称为原子轨道的角度分布图，它反映了波函数值随角度的变化情况[图 5－4(a)]。

视频5-7

视频5-8

2）电子云的角度分布图

角度波函数绝对值的平方 $Y^2_{n,l,m}(\theta, \varphi)$ 表示电子的概率密度，称为电子云，是电子出现概率密度的形象化描述。将 $Y^2_{n,l,m}(\theta, \varphi)$ 对角度 (θ, φ) 所作的图形称为电子云的角度分布图，它反映了概率密度随角度的变化情况［图 5－4（b）］。

3）角度分布图的性质

（1）角度分布图的图形与主量子数 n 无关：角度分布图只涉及方位角（θ、φ）而不涉及半径（r）。对于 l 与 m 相同，而 n 不同的情况（如 $2p_z$、$3p_z$、$4p_z$），其原子轨道和电子云的角度分布图相同。

（2）图形的峰值：s 轨道和电子云的角度分布图呈球形，意味着在空间任何方位角上的角度波函数的值相同，所以图中没有出现峰值；对 p_z 轨道，当 θ 角为 0°和 180°时，其角度波函数为最大值，所以其角度分布图的峰值出现在 z 轴上；同理 p_x 和 p_y 的角度分布图的峰值分别出现在 x 和 y 轴上。

（3）原子轨道与电子云的角度分布图的区别：由于角度波函数 Y 为带有正负号的小数，它经过平方处理后，数值变小而且全为正值。所以原子轨道的角度分布图上标有正负号，而电子云的角度分布图上无正负号标志，且比原子轨道的角度分布图要"瘦"些。

此外，d 亚层对应的原子轨道和电子云的角度分布图分别如图 5－5（a）和图 5－5（b）所示。

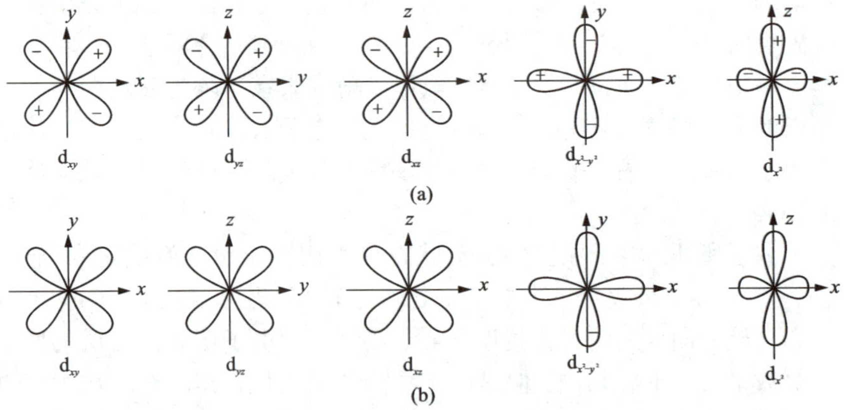

图 5－5　原子轨道（a）和电子云的角度分布图（b）

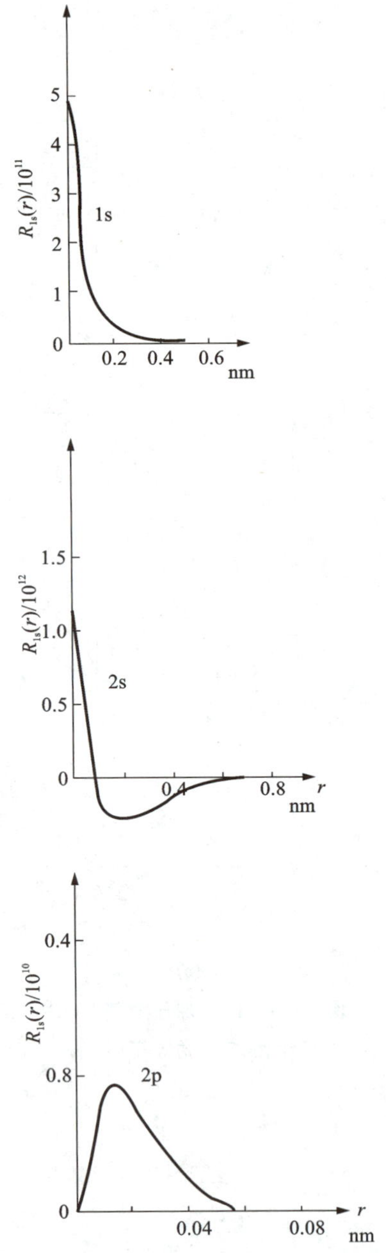

图 5－6　部分原子轨道的径向分布图

2. 径向分布图

1）原子轨道的径向分布图

将径向波函数 $R(r)$ 对半径 r 所作的图形称为原子轨道的径向分布图，它表示径向波函数的大小随半径的变化情况（图 5－6）。

2）电子概率的径向分布图

函数 $D(r) = R^2(r) \cdot 4\pi r^2$，被定义为径向分布函数。将 D 对半径 r 作图，就得到电子概率的径向分布图。下面以氢原子的 1s 状态为例加以说明。

视频5-9

在图 5－7（a）中，纵坐标为函数 D，横坐标为离核距离 r，用一系列距离为 dr 的垂线将曲线裁成无数个高度为 D，宽度为 dr 的小矩形，则矩形的面积 $S = D \times \mathrm{d}r = R^2(r) \cdot 4\pi r^2 \mathrm{d}r$。式中 $R^2(r)$ 是电子在径向 r

处的概率密度，$4\pi r^2 dr$ 是半径为 r、厚度为 dr 的薄层球壳的体积，故 S 的物理意义为该球壳夹层空间内电子出现的概率。由于一系列薄层球壳的厚度 dr 相同，故 D 越大，S 越大，D 的大小就代表电子概率在径向出现的大小。从图 5 -7(a) 中曲线的 D 最大峰值可见，所对应的矩形面积 S 必然最大，故电子在此半径处出现的概率也最大。例如氢原子 1s 状态的电子概率的径向分布图上，对应于半径 a_0（玻尔半径）处，电子出现的概率最大，a_0 也称最大概率半径。

视频5-10

图 5 -7(b) 列出部分原子轨道电子概率的径向分布图，由图可见，主量子数 n 越大，最大概率半径越大；在主量子数 n 相同的条件下，角量子 l 越大，峰数越少，峰数等于 $n-l$。例如，3s、3p 和 3d 的电子概率径向分布图上，峰数分别为 3、2 和 1 个。

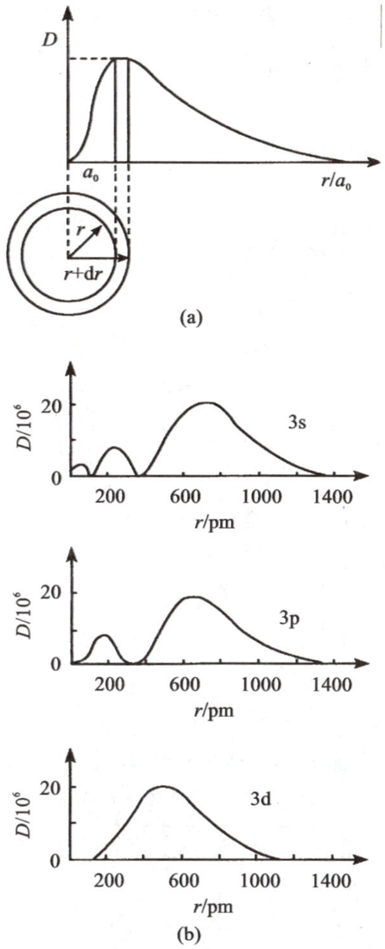

图 5 -7　部分电子概率的径向分布图

5.2　多电子原子核外电子的运动状态

多电子原子中，核外电子的运动状态由多电子体系的薛定谔方程描述。对于含有 n 个电子的多电子原子体系来说，不仅要考虑 n 个电子与原子核之间的相互作用，还要考虑 n 个电子之间的相互作用，故多电子体系的薛定谔方程比单电子体系的薛定谔方程复杂得多。通常可用“屏蔽效应”和“钻穿效应”近似表示多电子体系薛定谔方程的解。

5.2.1　多电子原子轨道的能级交错与科顿能级图

1. 多电子原子中轨道的能级顺序

(1) 若角量子数 l 相同（同种轨道的电子），则主量子数 n 越大，轨道电子的能量越高，例如，$E_{1s}<E_{2s}<E_{3s}$ 等。

(2) 主量子数 n 相同，则角量子数 l 越大，轨道电子的能量越高，例如，$E_{ns}<E_{np}<E_{nd}<E_{nf}$。

(3) 若主量子数 n 和角量子数 l 都不相同，则由于屏蔽效应和钻穿效应的综合结果，可能会出现轨道电子能量交叉的现象，而这种交叉还随原子序数的递增而变化，例如，$E_{4s}<E_{3d}$，$E_{5s}<E_{4d}$ 等。

2. 鲍林的近似能级图

鲍林（L. C. Pauling）根据大量光谱实验数据及理论计算的结果，提出了多电子原子中轨道电子的近似能级图[图 5 -8(a)]。图中每个小圈表示一个原子轨道，3 个 2p 轨道、5 个 3d 轨道等分别处于同一个能级，属于能量简并的轨道。方框内是能级相近的轨道，表示一个能级组。虚线相连的轨道是同层轨道，从第三电子层开始，同层轨道跨越了不同的能级组，出现了能量交叉现象。近似能级图可以作为原子核外电子填充顺序的参考依据[图 5 -8(b)]。

视频5-11

3. 科顿的原子轨道能级图

实际上原子核外电子能量高低的顺序并不是一成不变的，而是随着原子序数的增加有所变化，1962 年科顿（F. A. Cotton）根据原子结构的理论研究与实验的结果提出了原子轨道能级与原子序数的关系图（图 5 -9），图的右上角方框内是 $Z=20$ 附近的原子轨道能级次序的

视频5-12

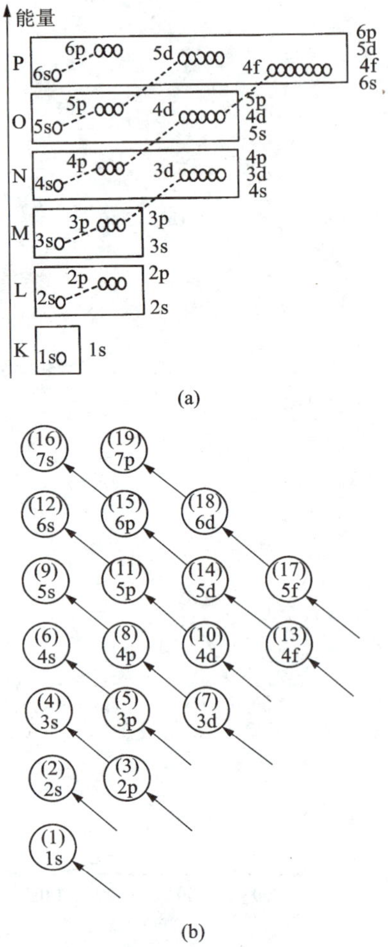

图 5-8 鲍林的近似能级图(a)与电子填充顺序(b)

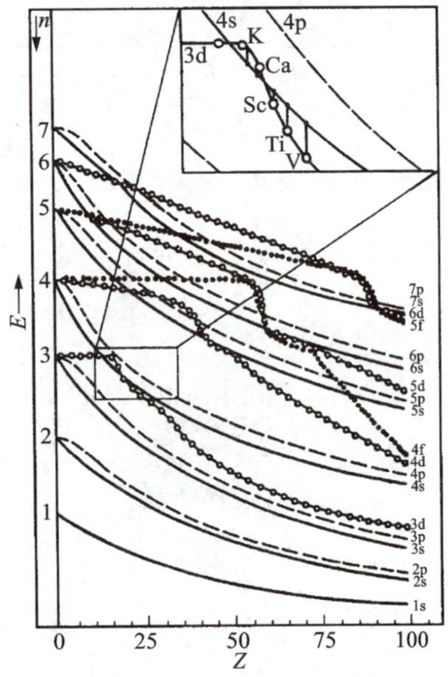

图 5-9 科顿的原子轨道能级图

放大图。由图可以看到，主量子数相同的氢原子轨道是能量简并的，随着原子序数的递增，原子轨道的能级下降，而且不同轨道下降的幅度不同，于是出现了能量交叉的现象。但是，随着原子序数的继续增加，原子轨道能级顺序又趋于简单，这是随着核电荷的增加，核外电子数增加，外层轨道被逐步排满，变成内层轨道之故。

5.2.2 多电子原子核外电子的排布

1. 多电子原子核外电子排布的三原则

(1)鲍林不相容原理。“在同一原子中没有四个量子数完全相同的电子”或者说“同一原子轨道只能容纳两个自旋相反的电子”。

(2)能量最低原理。在不违背鲍林原理的前提下，核外电子在各原子轨道中的排布方式应使整个原子的能量处于最低的状态。

(3)洪德规则。在能量相同的轨道上排布电子时，总是以自旋相同的方向优先分占不同的轨道；当原子轨道处于半充满（如 p^3，d^5，f^7）或全充满状态(如 p^6，d^{10}，f^{14})时，原子核外电子的电荷在空间的分布呈球形对称，有利于降低原子的能量。例如，根据能量最低原理，铬 Cr($Z=24$)核外电子排布式为：$1s^22s^22p^63s^23p^63d^44s^2$，但考虑洪德规则，实际的排布式为：$1s^22s^22p^63s^23p^63d^54s^1$。但也有不少例外，如铌 Nb，其外层应该是 $4d^35s^2$，但实际是 $4d^45s^1$。

多电子原子核外电子的排布原则，可以归结为能量因素与对称性因素，它们共同构成了原子核外电子的最低能量状态。但电子构型最终还是由实验决定的，周期表反映了所有原子的实际电子构型。

2. 基态原子的核外电子排布式

处于能量最低状态的原子称为基态原子，原子的电子层结构又称电子组态。它是光谱实验的结果。电子组态可用核外电子排布式表示，有关说明如下。

(1)基态原子核外电子排布式的一般写法：原子轨道先按能级组能量从低到高的顺序排列，在每个能级组内再按主量子数 n 由小到大排列，然后电子按图 5-8(b)填充电子顺序填入原子轨道排列式中，同时考虑洪德规则。此结果与大多数基态原子的核外电子排布光谱实验结果一致。例如，81 号元素 Tl 基态原子的电子排布式为 $1s^2\ 2s^2\ 2p^6\ 3s^2\ 3p^63d^{10}\ 4s^2\ 4p^6\ 4d^{10}5s^25p^64f^{14}5d^{10}6s^26p^1$。也有例外，如 74 号元素 W 基态原子，就不符合洪德规则，其外层应为 $5d^56s^1$，但实际为 $5d^4\ 6s^2$。轨道能量交叉现象一般出现在价层。

(2)为了简化起见，可用原子实符号表示已填满的内层轨道，原子实符号就是加上方括号的相应稀有气体的元素符号。如：$1s^22s^22p^6 3s^23p^63d^{10}4s^24p^64d^{10}5s^25p^6$ = [Xe]，所以基态 Tl 原子的电子排布式可以简化为：[Xe]$4f^{14}5d^{10}6s^26p^1$；49 号元素 In 基态原子的电子排布式可简化为：[Kr]$4d^{10}5s^25p^1$。这种表示方法突出了在化学反应中最为活跃的价层电子。

(3)鲍林的近似能级图仅仅是一个近似的规律，随着原子序数的增加，能级顺序会发生变化，即出现某些“例外”情况。更严格的能级顺序可参见科顿的原子轨道能级图(图 5-9)。

(4)也可以用“电子分布图”表示：用方格或圆圈或短线表示一个原子轨道，分别用不同指向的箭头“↑”或“↓”表示某自旋状态的电子，这种方式可进一步表示电子所处的具体轨道和自旋状态。

5.3　元素周期律与元素性质的周期性

随着原子核外电荷(原子序数)的递增，原子最外层电子数目总是发生周期性变化，这种变化导致元素的性质也呈周期性变化。原子核外电子周期性排布是元素周期律的基础。

5.3.1　原子结构与元素周期表

1869 年门捷列夫在元素系统化的研究中，将元素按一定顺序排列起来，使元素的化学性质呈现周期性的变化，元素性质的这种周期性变化规律，称为元素的周期律，其表格形式称为元素周期表或元素周期系。今天，人们已经认识到，随着原子序数的增加，原子结构(含电子层结构)的周期性变化是造成元素性质周期性变化的根本原因。

1. 能级组与周期

以徐光宪的近似能级公式计算各原子轨道的$(n+0.7l)$值，整数相同的轨道，由小到大归为一个能级组，共 7 个能级组，此计算结果与鲍林近似能级图中的能级组一致。一个能级组对应周期表中的一个周期。每个能级组中能容纳的电子数目，就是该周期中所含元素的数目(第七周期除外)。

2. 价层电子结构与族

周期表中每一个纵列的元素具有相似的价层电子结构，故称为一个族。其中Ⅷ族包含 3 个纵列，所以 18 个纵列共分为 16 个族，主族、副族各含 8 个族。

(1)主族。按电子的填充顺序，凡是最后一个电子填入 ns 或 np 能级，且内层轨道电子全充满的元素称为主族元素。

(2)副族。按电子填充顺序，凡是最后一个电子填在价电子层$(n-1)$d 能级或$(n-2)$f 能级上的元素称为副族元素。在周期表中，副族元素介于典型的金属元素(碱金属和碱土金属)和非金属(硼族和卤族)元素之间，所以又称它们为过渡元素。第四、五、六周期中的过渡元素分别称为第一、二、三过渡系元素。镧系元素和锕系元素则称为内过渡系元素。

3. 相近的电子结构与分区

根据基态原子电子组态的特点，将价层电子结构相近的族归为同一个区，周期表中共划分成 5 个区(图 5－10)。

(1)s 区。凡是价电子层最高能级为 $ns^{1\sim2}$ 电子组态的元素，称 s 区元素，它包括 IA 和ⅡA 两个主族元素。

(2)p 区。凡是价电子层上具有 $ns^2np^{1\sim6}$ 电子组态的元素称为 p 区元素，它包括ⅢA～ⅦA 以及ⅧA 族的主族元素。

(3)d 区。价电子层上具有 $(n-1)d^{1\sim9}ns^{1\sim2}$(仅 Pd 为 $4d^{10}5s^0$)电

视频5-13

揭示原子结构奥秘的三个实验

1897 年，J. J. Thomson 观察到阴极射线在电场中偏转，发现了电子，证明了原子的可分性。

1885—1910 年间发现的氢原子线状光谱(说明原子内存在电子)。

1909—1911 年间 Rutherfold 的 α 粒子的散射实验(说明原子核的存在)。

汤姆逊(J. J. Tomson)

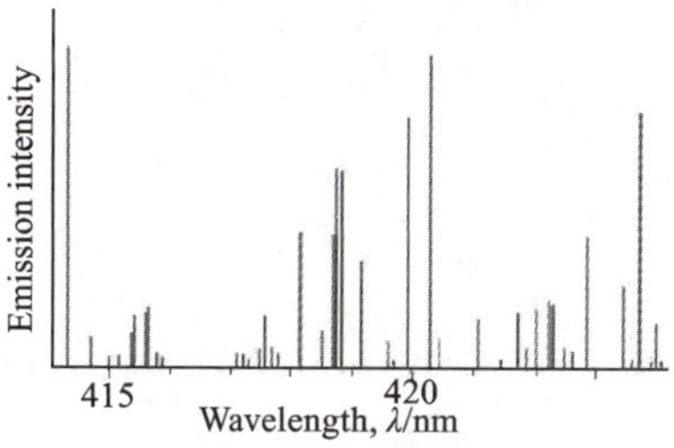

氢原子光谱

卢瑟福(E. Rutherfold)

视频5-14

子组态的元素称为 d 区元素，它包括ⅢB～Ⅷ族的 6 个副族的元素。

(4) ds 区。价电子层中具有 $(n-1)d^{10}ns^{1\sim2}$ 电子组态的元素，称为 ds 区元素，它包括 IB～ⅡB 两个副族元素。

(5) f 区，价电子层中具有 $(n-2)f^{1\sim14}(n-1)d^{0\sim2}ns^2$ 电子组态的元素称 f 区元素。镧系元素和锕系元素属于 f 区元素。

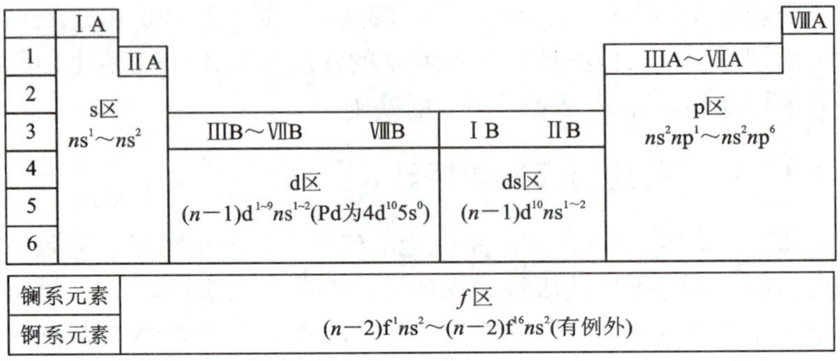

图 5－10 周期表元素的分区

5.3.2 元素性质的周期性

视频5-15

1. 原子半径

1) 原子半径的概念

电子运动的波动性，以及测不准关系的限制，使自由原子并不是一个具有明确边界的刚性圆球，不存在固定的半径数据。在理论上可以利用最外层原子轨道的有效半径近似地代表孤立原子的半径，称为原子的理论半径 (r_0)

$$r_0 = \frac{n^2}{Z^*}a_0 \qquad (5-11)$$

式中：n 为最外层的主量子数；$Z^* = (Z-\sigma)$ 为有效核电荷，其中 Z 为核电荷数，σ 为屏蔽常数，其值与电子的屏蔽作用有关，屏蔽作用越强，σ 越大；a_0 (53 pm) 为玻尔半径。

一般情况下，原子不会孤立存在，原子半径取决于所处的环境中原子之间的相互关系，所以原子半径通常是根据原子与原子之间作用力的性质来定义的。目前所得原子半径数据主要采用共价半径、金属半径和范德华半径等。在没有特别说明的情况下，原子半径一般是指原子的单键共价半径。

(1) 原子的共价半径 (r_c)。通常把同核双原子分子中相邻两原子的核间距的一半，即共价键键长的一半，称作该原子的共价半径。

(2) 原子的金属半径 (r_M)。在金属晶体中，相互接触的两个金属原子的核间距的一半，称原子的金属半径。但金属原子的配位数对金属半径有影响。当配位数增大时，配位原子间相互排斥作用增强，相邻原子的核间距增大，金属半径也增大。

(3) 范德华半径 (r_v)。在以分子间力—范德华力形成的分子晶体中，不属于同一个分子的两个最接近原子的核间距的一半，称为范德华半径。

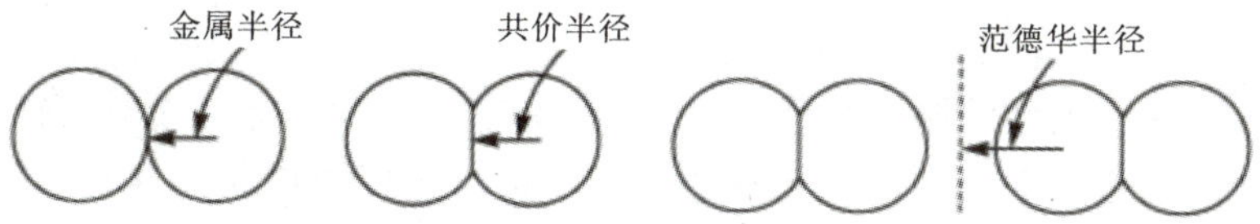

图5-11　原子半径示意图

不同概念下的原子半径的相对大小是不同的，对同种元素的原子来说，原子的范德华半径大于原子的理论半径并大于原子的金属半径和共价半径，因为前者为非键接触，而后者形成了化学键；原子的金属半径大于原子的共价半径，因为在形成共价键时，发生了原子轨道的重叠。综上所述，有 $r_v > r_0 > r_M > r_c$ 的顺序。在分析问题时，应该使用同一种概念下的原子半径数据。

2)原子半径的周期性

由式(5-11)可见，作用于最外亚层电子的有效核电荷数 Z^* 以及该主量子数 n 是影响原子半径的主要因素。由于 Z^* 和 n 随原子序数递增呈现出周期性变化。所以，原子半径也呈现出周期性变化的规律(表5-2)。

表5-2　元素的原子半径表/pm

	ⅠA	ⅡA	ⅢB	ⅣB	ⅤB	ⅥB	ⅦB	ⅧB			ⅠB	ⅡB	ⅢA	ⅣA	ⅤA	ⅥA	ⅦA	ⅧA
1	H_2 0.037																	He
2	Li 0.152	Be 0.111											B 0.088	C 0.077	N 0.070	O 0.066	F 0.064	Ne
3	Na 0.154	Mg 0.160											Al 0.143	Si 0.117	P 0.110	S 0.104	Cl 0.099	Ar
4	K 0.227	Ca 0.197	Sc 0.161	Ti 0.145	V 0.132	Cr 0.125	Mn 0.137	Fe 0.124	Co 0.125	Ni 0.125	Cu 0.128	Zn 0.133	Ga 0.122	Ge 0.123	As 0.121	Se 0.112	Br 0.114	Kr -156.6
5	Rb 0.248	Sr 0.216	Y 0.181	Zr 0.160	Nb 0.143	Mo 0.136	Tc 0.136	Ru 0.133	Rh 0.135	Pd 0.138	Ag 0.145	Cd 0.149	In 0.163	Sn 0.141	Sb 0.141	Te 0.143	I 0.133	Xe
6	Cs 0.265	Ba 0.217	La 0.188	Hf 0.156	Ta 0.143	W 0.137	Re 0.137	Os 0.134	Ir 0.136	Pt 0.138	Au 0.144	Hg 0.160	Tl 0.170	Pb 0.175	Bi 0.155	Po 0.187	At	Rn

La 0.188	Ce 0.183	Pr 0.182	Nd 0.181	Pm 0.181	Sm 0.180	Eu 0.199	Gd 0.180	Tb 0.178	Dy 0.177	Ho 0.177	Er 0.173	Tm 0.175	Yb 0.194	Lu 0.173

(1)同周期元素原子半径的变化。

由表5-2可见，同一周期的元素，自左至右，原子半径随原子序数的增加而减小，这是因为在主量子数 n 相同的情况下，原子的有效核电荷数 Z^* 越大，对最外亚层中电子的吸引力就越大，相应的原子半径则越小。经比较发现，主族元素的原子半径递减规律更为明显，而副族元素的原子半径递减不明显，这是由于电子填充情况不同所致：主族元素的电子依次填入最外层轨道，对核电荷的屏蔽作用较弱(屏蔽常数 $\sigma = 0.35$)，致使有效核电荷递增显著；而副族的 d 区元素电子是依次填入次外层的 d 轨道，对核电荷的屏蔽作用较大($\sigma = 0.85$)，故有效核电荷递增不明显。从 d 区过渡到 ds 区 IB、ⅡB 族时，原子半径有所回升，这是它们的价电子层结构为全充满或半充满，电子云呈现球形对称之故。

原子光谱的应用

原子发射光谱和吸收光谱是原子光谱定性分析的根据，不同元素的原子产生不同波长的发射光谱和吸收光谱，根据试样光谱中特征谱线的出现，判断该元素的存在。

原子发射光谱：基态原子受到加热或光照的激发，原子外层电子跃迁到较高的激发态，激发态电子又从高能态回到低能态或基态上，同时以光的形式放出多余的能量。研究谱线的波长、强度和元素组分和含量关系，这是发射光谱的分析任务。

原子吸收光谱：原子由基态激发到高能态时，需要的能量是一定的，只有符合此值的光才会被基态原子所吸收，这样，由一已知的光源发出辐射透过基态原子蒸气后，在原子光谱中就出现了为蒸气中基态原子所吸收的谱线(暗线)。研究光源中特征谱线被吸收的情况与试样蒸气中元素组分的含量的关系，是吸收光谱的分析的任务。原子吸收光谱以空心阴极灯作为光源。

(2)同族元素原子半径的变化。

同一族元素的原子半径，由上而下增大，这是主量子数 n 递增的缘故。但是第六周期 d 区元素的原子半径与第五周期元素相近，甚至有所减小，这是因为在第六周期的 IIIB 族出现了镧系元素，在一个格子内集中了 15 个核电荷，使有效核电荷对原子半径减小的影响，超过了电子层数对原子半径增大的影响，我们将这种现象称为“镧系收缩”。

2. 电离能

1)电离能的概念

基态的气态原子失去最外层的一个电子成为气态 +1 价离子所需的最低能量称为第一电离能(I_1)，再相继失去第二、三……个电子所需能量依次称为第二电离能(I_2)、第三电离能(I_3)……。

$$A(g)\xrightarrow{I_1}A^+(g)\xrightarrow{I_2}A^{2+}(g)\xrightarrow{I_3}A^{3+}(g)\longrightarrow\cdots \quad (5-12)$$

电离能数据既可以通过原子光谱、光电子能谱和电子冲击质谱等实验方法准确测定，也可以从理论上，通过近似方法计算得到。

2)电离能变化的周期性

(1)相同元素各级电离能比较。原子失去一个电子后，离子中的电子受核的吸引增强，故从 A^+ 离子中再失去一个电子所需的能量增加，即第二电离能必大于第一电离能，依次类推，即：$I_1<I_2<I_3<I_4<\cdots$。

(2)电离能沿族的变化规律。在同一族中，电离能一般是随着电子层数的增加而递减，这是因为外层电子半径越大，能量越高，越容易被电离。

(3)电离能沿周期的变化规律。在同一周期中，元素电离能变化的趋势，一般是随着原子序数的增加、原子半径的减小而递增，增加的幅度随周期数的增加而减小。但这种递增趋势并非单调递增而是曲折上升(图 5-12)。

(4)电离能变化的“反常”现象。由图 5-12 可见，第二周期元素 Be($2s^2$)和 N($2s^22p^3$)的电离能均比它们左右相邻元素的电离能大，这是全充满和半充满电子壳层的能量较低，体系稳定的缘故。第三周期也有类似情况。一般来说，如果电离的结果会导致稳定结构的破坏，则电离能会“反常”地增大。反之，如果电离的结果会导致稳定结构，则电离能会“反常”地减小。

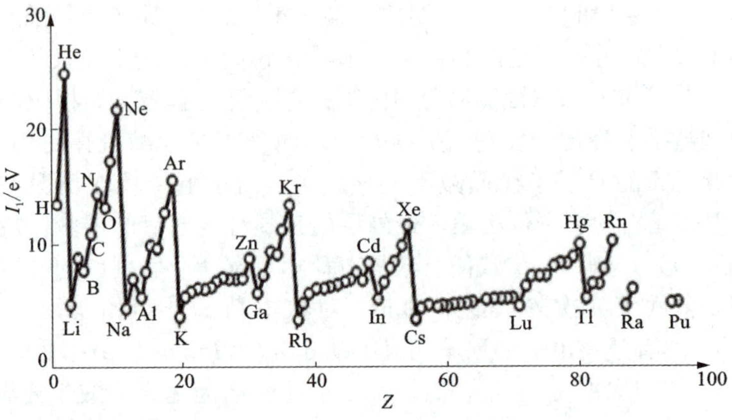

图 5-12 元素第一电离能 I_1 随原子序数 Z 的变化规律

3. 电负性

1）电负性的概念

1932年，鲍林（Pauling）首先提出电负性的概念。他将一个分子中的原子对电子的吸引能力定义为元素的电负性（X），它是分子中的原子在周围原子影响下，表现出来的吸引成键电子的能力，其值越大，表示元素原子在分子中吸引电子的能力越强。

电负性的数值无法用实验测定，只能采用对比的方法得到。由于选择的标准、计算方法不同，得到的电负性数值也不一样。主要有鲍林（Pauling）标度（X_P）、马利肯（Mulliken）标度（X_M）、奥尔雷特—罗乔（Allred－Roehow）标度（X_{AR}）等，使用最广的还是鲍林标度。

2）电负性随周期表的变化规律

（1）影响电负性的因素。

根据马利肯的电负性标度（X_M）计算式

$$X_M = \frac{1}{2}(A + I) \tag{5-13}$$

可知，元素电负性与元素的电离能 I（表示失电子的能力）和电子亲和能 A（表示得电子的能力）有关，因此，电负性随周期表的变化规律也与 I 和 A 的变化规律有关。

由于同一元素所处的氧化态不同，电负性数值就不同。例如，Fe（Ⅱ）和Fe（Ⅲ）的电负性分别是1.7和1.8；Cr（Ⅲ）和Cr（Ⅵ）的电负性分别是1.6和2.4（鲍林标度）。一般电负性表中所列数据，实际上是该元素最稳定氧化态的电负性。

（2）电负性的周期性变化规律。

在周期表中，右上方 X(F)最大，左下方 X(Cs)最小，但主族和副族元素电负性变化规律不完全相同（表5－3）。主族元素，同一周期自左至右电负性增大；同一族整体而言，自上而下电负性减小。对于副族元素，同一周期元素的电负性自左至右略有增加；同一副族元素的电负性有 X(第一过渡系) > X(第二过渡系) > X(第三过渡系)的规律，这与有效核电荷和原子半径的变化规律是一致的。利用元素的电负性，可以判断元素的金属性和非金属性，判断氧化物的酸碱性，判断分子的极性和键型。

表5－3　元素的电负性

族 周期	ⅠA	ⅡA											ⅢA	ⅣA	ⅤA	ⅥA	ⅦA	ⅧA
1	H 2.1																	He
2	Li 1.0	Be 1.5											B 2.0	C 2.5	N 3.0	O 3.5	F 4.0	Ne
3	Na 0.9	Mg 1.2	ⅢB	ⅣB	ⅤB	ⅥB	ⅦB	ⅧB			ⅠB	ⅡB	Al 1.5	Si 1.8	P 2.1	S 2.5	Cl 3.0	Ar
4	K 0.8	Ca 1.0	Sc 1.3	Ti 1.5	V 1.6	Cr 1.6	Mn 1.5	Fe 1.8	Co 1.9	Ni 1.9	Cu 1.9	Zn 1.6	Ga 1.6	Ge 1.8	As 2.0	Se 2.4	Br 2.8	Kr
5	Rb 0.8	Sr 1.0	Y 1.2	Zr 1.4	Nb 1.6	Mo 1.8	Tc 1.9	Ru 2.2	Rh 2.2	Pd 2.2	Ag 1.9	Cd 1.7	In 1.7	Sn 1.8	Sb 1.9	Te 2.1	I 2.5	Xe
6	Cs 0.7	Ba 0.9	La-Lu 1.0～1.2	Hf 1.3	Ta 1.5	W 1.7	Re 1.9	Os 2.2	Ir 2.2	Pt 2.2	Au 2.4	Hg 1.9	Tl 1.8	Pb 1.9	Bi 1.9	Po 2.0	At 2.2	Rn
7	Fr 0.7	Ra 0.9	Ac 1.1	Th 1.3	Pa 1.4	U 1.4	Np-No 1.4-1.3											

视频5-16

5.4 化学键与分子间力、氢键

5.4.1 化学键

如果纯物质是以分子形式存在的话，物质的性质则决定于分子的性质和分子间的作用力，分子的性质又是由分子的内部结构所决定的。通常条件下，纯物质都是以分子或晶体的形式存在，它们都是由原子或离子组合而成的。分子结构则决定于原子间结合的相互作用力和分子的空间构型。分子或晶体中原子间结合的相互作用力主要是化学键。一个化学反应的过程，实际上是一个旧的化学键被破坏、新化学键形成的过程。按两原子间相互结合作用力的不同，化学键分为三大类：离子键、共价键和金属键。

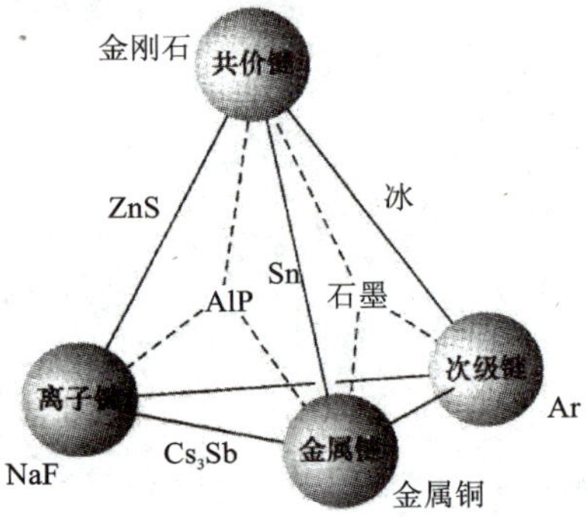

图 5-13 化学键四面体关系图

1. 离子键

在离子晶体的晶格结点上，交替排列着正、负离子，正、负离子之间以静电作用力相结合。这种正、负离子间的静电作用力称为离子键。在固态下，离子被局限在晶格的有限位置上振动，因而绝大多数离子晶体几乎不导电，但在熔融的状态能够导电。

1916 年科塞尔(Kossel)在玻尔理论的启发下，根据稀有气体原子具有稳定结构的事实，提出了离子键理论，较好地说明了离子键的形成及其特征。

1)离子键的形成

在一定的条件下，当电负性相差较大的活泼非金属原子与活泼金属原子相互接近时，活泼金属原子倾向于失去最外层的价电子，而活泼非金属原子倾向于接受电子，分别形成具有稀有气体原子稳定电子构型的正离子和负离子。以 NaCl 形成过程为例。

(1)电子转移形成离子。

电子得失情况：$Na - e^- \longrightarrow Na^+$　　　$Cl + e^- \longrightarrow Cl^-$

电子构型变化：$2s^22p^63s^1 \longrightarrow 2s^22p^6$　　　$3s^23p^5 \longrightarrow 3s^23p^6$

$$nNa^+ + nCl^- \xrightarrow{\text{静电引力}} nNa^+Cl^-$$

这样形成的 Na^+ 和 Cl^- 分别具有 Ne 和 Ar 的稀有气体原子的电子结构而稳定存在。

(2)离子键的形成。在离子键形成过程中，系统总能量 E 随正、负离子间距离 R 的变化关系如图 5-14 所示。

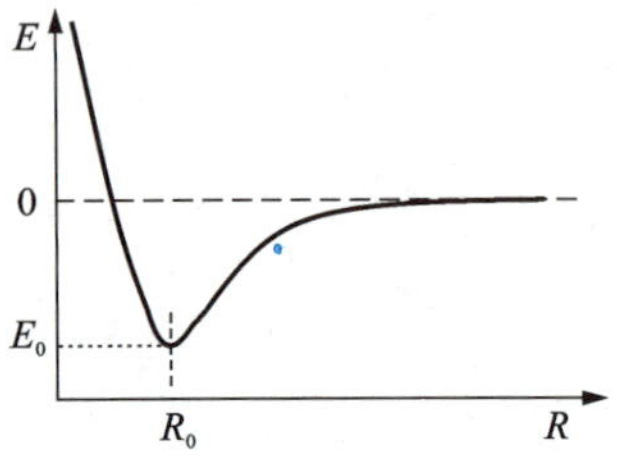

图 5-14 离子键能量曲线

当 R 无穷大，正、负离子间基本上不存在作用力时，系统的能量选为零点(即纵坐标的零点)。从图中可以看到，当离子间距离 R 较大时，离子间以静电引力为主，离子间距离越小，系统能量越低，越稳定。当离子间距达到平衡距离 R_0时，系统能量降到最低点 E_0。此时正、负离子各自在平衡位置上振动，形成离子键。当离子间的距离小于 R_0，离子进一步靠近时，原子核与原子核之间、核外电子与核外电子之间的排斥力急剧增加，导致系统能量骤然上升。系统不稳定，又会回到平衡状态。

2)离子键的本质与特点

离子键的本质是静电引力。在离子键的形成过程中可以看到，只有当正、负离子间距达到平衡距离时，才能靠静电引力形成稳定的离子键。在离子键模型中，可以近似地将正、负离子的电荷分布看作是球形对称，根据库仑定律，可以得到正离子（带电荷 q^+）、负离子（带电荷 q^-）间的作用力计算式：

$$F = \frac{q^+ \times q^-}{R_0^2} \tag{5-14}$$

因此，离子电荷越高，离子间的平衡距离越小，离子间的引力越大，形成的离子键越强。

离子键的特点：(1)无方向性。由于离子的电荷分布是球形对称的，离子可以从各个方向吸引带有相反电荷的离子，并且这种作用力只与离子间距离有关，与作用的方向无关。(2)无饱和性。同一个离子可以和不同数目的异号电荷离子结合，只要离子周围的空间允许，每一离子尽可能多地吸引异号电荷离子，因此，离子键无饱和性。但一种离子周围所配位的异号电荷离子的数目并非任意，而是有一定的配位数，它主要取决于相互作用离子的相对大小。如食盐晶体中，在每个 Na^+ 离子周围排列着 6 个 Cl^- 离子，同样 Cl^- 离子的配位数也是 6。

3）离子键的离子性与元素的电负性

形成离子键时，两元素的电负性差异必须足够大。两元素的电负性相差越大，原子间的电子转移越容易发生，形成的离子键的离子性越强。但实验证明，即使是电负性最小的铯与电负性最大的氟形成的离子键，其离子性也只有 92%。这就是说，离子间不是纯粹的静电作用，仍有部分原子轨道重叠，体现出一定的共价键性，而且随着电负性差值的减小，键的离子性成分也逐渐减小。通常用离子性百分数来表示键的离子性和共价性的相对大小。图 5-15 是几种具体的 AB 型离子化合物单键离子性的百分数与电负性差值关系的直观坐标图，图中的各圆点是各相应化合物中单键离子性的实验测定值。从图中可以看出，当两元素的电负性差值为 1.7 时，单键的离子性约为 50%。有一条判断规则：当单键离子性百分数≥50%，可看成离子键。如氯和钠的电负性差值为 2.23，所以 NaCl 晶体中键的离子性百分数为 71%，是典型的离子型化合物。当两元素间的电负性小于 1.7 时，则可判断它们之间主要形成共价键，该物质为共价化合物。当然，电负性差值 1.7 只是一个参考标准，并非绝对标准。如，氟与氢的电负性差值为 1.78，但 H—F 键仍是一共价键。

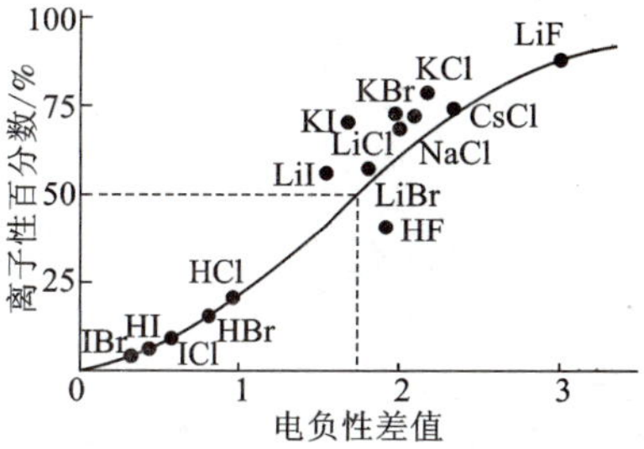

图 5-15　单键离子性的百分数与电负性差值关系的直观坐标图

2. 金属键

金属晶体中的粒子为金属原子、粒子间作用力为金属键。在 100 多种元素中，金属元素有 80 余种，占 80%。尽管从熔点到硬度，各种金属晶体的差别很大，但也有许多共同的性质，如具有金属光泽，良好的导电性、导热性和压延性等，这些性质都和金属结构、金属键有关。

1）金属键理论——自由电子模型

金属元素的电子层结构特征是：它们的最外层电子数较少，绝大多数仅为 1 或 2。在金属晶体中，每个原子的周围有 8～12 个相邻原

视频5-17

子。目前，关于金属键形成的理论，主要是自由电子理论和金属能带理论。

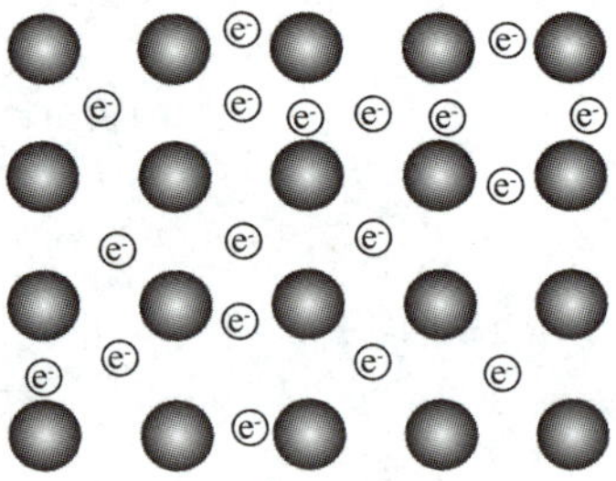
图 5－16　金属自由电子模型

金属键的自由电子理论认为：金属原子的外层价电子比较容易电离，产生金属正离子和自由电子；同时每个金属正离子也很容易捕获自由电子复合成金属原子。这些自由电子也叫自由电子气，在晶体中相对自由地运动，为整个晶体中的原子或离子所共有，它们克服晶体中原子或离子间紧密排列所造成的斥力，形成金属键（图 5－16）。金属键既无方向性，也无饱和性，金属原子紧密堆积在一起构成金属晶体。

金属键的自由电子理论可以定性地解释金属的一些物理性质。

（1）金属晶体具有紧密堆积结构，所以密度一般较大。

（2）金属晶体中自由电子在外电场作用下做定向运动，所以具有导电性。晶格上的原子或离子在格点上作一定幅度的振动，这种振动对电子的流动起着阻碍作用，加上阳离子对电子的吸引，构成了金属特有的电阻。加热时由于振动加强，电子运动阻力加大，因而一般随温度的升高，金属电阻增大。

（3）自由电子在晶体中的自由运动，加上与金属原子或离子的不断碰撞，将能量从热端带到冷端，所以有传热性。

（4）自由电子容易吸收可见光的能量，由低能级跃迁到高能级，当电子再回到低能级时，又以可见光的形式将能量放出，因而金属多具有金属光泽。

（5）由于金属具有紧密堆积结构，又由于自由电子与正离子的静电作用在整个晶体范围内的分布是均匀的，因此，金属的一部分在外力作用下相对另一部分发生位移时，只要这种位移不至于使原子核间的平均距离有显著改变就不会破坏金属键，故金属具有良好的延展性。

3. 共价键

原子间在形成化学键时，若原子间电负性相等或相差不大，则形成共价键。最早的共价键理论是 1916 年路易斯（G. N. Lewis）提出的共用电子对理论，即路易斯理论；后来在量子力学发展的基础上，1927 年海特勒（W. Heitler）和伦敦（F. London）提出了价键理论（VB 法）；1931 年鲍林（L. Pauling）提出了杂化轨道理论；1931 年马利肯（R. S. Mulliken）和洪德（F. Hund）提出了分子轨道理论。

1）价键理论的基本要点

（1）电子配对成键原理。只有当两原子的未成对电子在相互间自旋方向相反的情况下，才能形成稳定的共价键。如 A、B 两个原子，各有一个自旋相反的未成对电子，它们之间则形成共价单键；如果 A、B 两原子各有两个甚至三个自旋相反的未成对电子，则自旋相反的单电子可两两配对成键，最终在两原子之间可形成共价双键或叁键。

例如，O 原子的两个未成对 2p 电子分别与两个 H 原子未成对的 1s 电子配对成键形成 AB_2 型分子：

$$\mathrm{H}\cdot + \cdot\ddot{\underset{..}{\mathrm{O}}}\cdot + \cdot\mathrm{H} = \mathrm{H}:\ddot{\underset{..}{\mathrm{O}}}:\mathrm{H}$$

视频5-18

N 原子的三个未成对 2p 电子则是分别和三个 H 原子未成对的 1s

电子结合形成 AB_3 型分子。至于 He 原子有两个 1s 电子，不存在未成对电子，所以 He 原子之间不能形成化学键，He 为单原子分子。

视频5-19

（2）原子轨道最大重叠原理。两原子的未成对电子自旋相反配对成键时，未成对电子所在的原子轨道一定要发生相互重叠。这种重叠越多，两原子间的电子云密度越大，所形成的共价键越稳定，分子能量越低。

在海特勒、伦敦处理氢分子成键的工作上形成的价键理论，其主要特点是：把电子理论中一对自旋相反的电子形成共价键的观点，作为构造分子中电子波函数的基础，并充分考虑电子不可分辨性，所以价键理论也叫电子配对理论。价键理论最主要的成就是它运用量子力学的观点和方法，为共价键的成因提供了理论基础，阐明共价键形成的主要原因是价电子占用的原子轨道因相互重叠而产生的加强性相干效应。

2）共价键的特点

原子在形成共价键时，没有发生电子的转移，而是靠共用电子对结合在一起。由价键理论，我们可以看出共价键的一些特征。

共价键的方向性：成键原子轨道的最大重叠，决定了共价键的方向。除 s 轨道呈球形对称外，p 轨道、d 轨道及 f 轨道在空间都有特定的伸展方向。在形成共价键时，s 轨道在任何方向上都能形成最大重叠，而 p 轨道、d 轨道及 f 轨道只有沿着一定的方向才能保证成键时原子轨道的最大重叠，这样所形成的化学键就有方向性。例如 HCl 分子的形成。成键时 H 原子的 s 轨道只有沿着 p_x 轨道对称方向才能发生最大重叠，如图 5－17（a）所示。

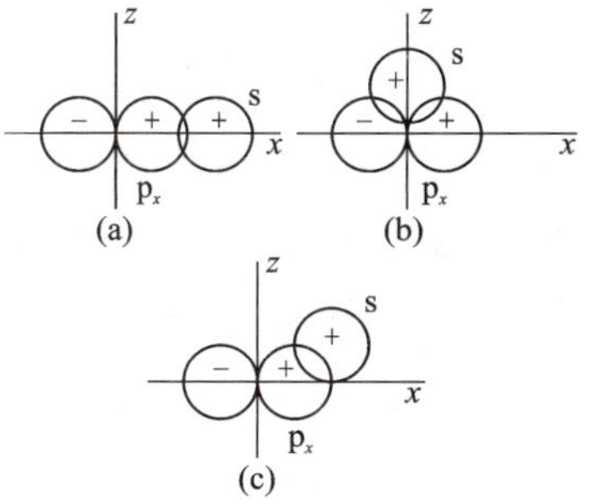

图 5－17　HCl 的 s－p_x 重叠示意图

共价键具有饱和性：共价键形成的一个很重要条件，就是成键原子必须具有未成对电子。未成对电子的多少，决定了该原子所能形成共价键的数目。例如氢原子，它有一个未成对的 1s 电子，与另一个氢原子 1s 电子配对形成 H_2 分子之后，不能与第三个氢原子的 1s 电子继续结合形成 H_3 分子。又如 N 原子外层有三个未成对的 2p 电子，可以同三个氢原子的 1s 电子配对形成三个共价单键，生成 NH_3 分子。

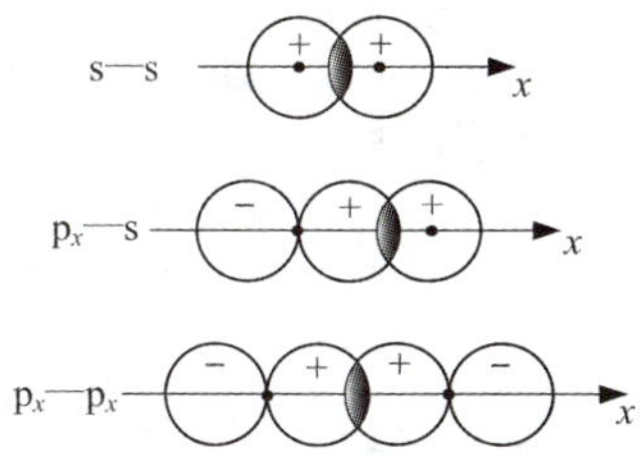

图 5－18　σ 成键方式示意图

3）共价键的类型

不同的原子轨道，具有不同的形状。原子成键时，在不同的情况下，原子轨道的最大重叠方式也会不同，加之形成的原子轨道重叠部分的对称性也不同，结果能形成不同的共价键型。

（1）σ 键：当原子轨道沿原子核间连线方向（键轴）以“头碰头”的方式重叠时，成键轨道重叠部分围绕键轴呈圆柱形分布，形成的共价键称为 σ 键，如图 5－18 所示。σ 键的特点是轨道重叠程度大、键强、稳定。

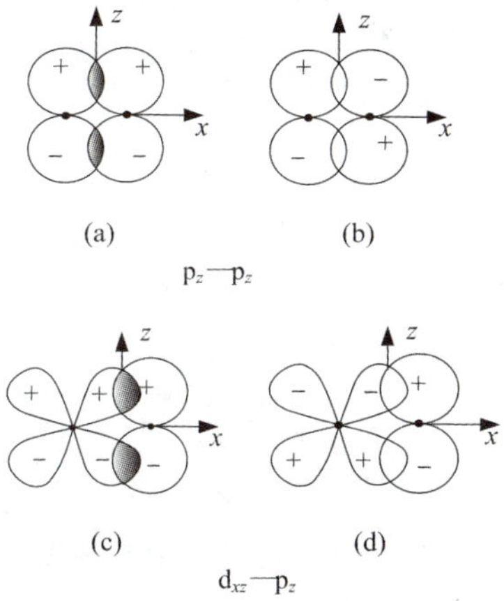

图 5－19　π 成键方式示意图

（2）π 键：当两个原子轨道以“肩并肩”的形式重叠时，所形成的共价键为 π 键。图 5－19（a）所示的 p_z-p_z 轨道重叠和图 5－19（c）所示的 $d_{xz}-p_z$ 轨道重叠都可以形成最大重叠，它们之间可以形成共价键。而图 5－19（b）和图 5－19（d）表示的两种重叠方式由于电荷相反不能形成有效的重叠，不能形成 π 键（在分子轨道理论中，这样形式的重叠则形成 π 反键轨道）。图 5－20 所示为 N_2 原子轨道重叠示意图。当两个 N 原子沿 x 轴靠近时，会发生 p_x-p_x、p_y-p_y、p_z-p_z 轨道重叠。其中两个原子 p_x-p_x 轨道的重叠形成 σ 键，p_y-p_y、p_z-p_z 轨

视频5-20

道的重叠形成两个 π 键。由此可见，当两个原子轨道以“肩并肩”的形式重叠时，所形成的共价键为 π 键（见图 5－20）。π 键重叠部分位于键轴的上、下方，相对于键轴（准确地说，是通过键轴的平面）呈反对称（波函数的符号相反）。从电子云的分布上来看，通过两原子核的连线存在一节面，该节面上电子云的密度为零，这导致 π 键的稳定性一般比较弱。

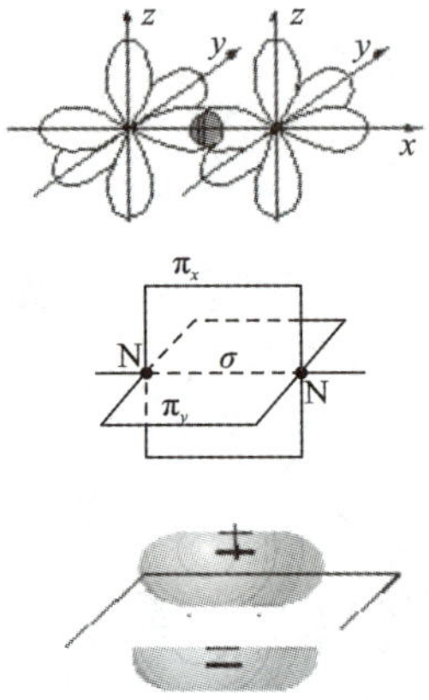

图 5－20　N_2的成键方式示意图

（3）δ 键：当两个原子轨道以“面对面”的方式重叠时，所形成的共价键为 δ 键，图 5－21（a）（b）为 $d_{xy}-d_{xy}$重叠形成的 δ 键的成键方式和轨道轮廓图，δ 键存在两个节面，在节面上电子云的密度为零，两节面分别为 xz、yz 平面。s、p 轨道不会参加形成 δ 键。δ 键多存在于含有过渡金属原子或离子的化合物中。例如原子簇状化合物$[Re_2^{Ⅲ}Cl_8]^{2-}$[图 5－21（c）]，其 Re—Re 键长为 224 pm（金属 Re 晶体中 Re—Re 键长 275 pm），Re—Re 之间形成的是四重键：$1\sigma+2\pi+1\delta$。

具体是：

$Re^{Ⅲ}5d^46s^06p^0$

$Re^{Ⅲ}(d_{x^2-y^2})^0(d_{z^2})^1(d_{xy})^1(d_{xz})^1(d_{yz})^1$

$|\sigma \quad |\delta \quad |\pi \quad |\pi$

$Re^{Ⅲ}(d_{x^2-y^2})^0(d_{z^2})^1(d_{xy})^1(d_{xz})^1(d_{yz})^1$

另外，每个 $Re^{Ⅲ}$ 的 $5d_{x^2-y^2}$、6s、$6p_x$、$6p_y$ 形成 dsp^2空的杂化轨道，各结合 4 个 Cl^-，接受每个 Cl^- 单方面提供的 1 对 3p 孤对电子，形成 8 个 σ 配位键（详见第 6 章）。

三类共价键比较见表 5－4。

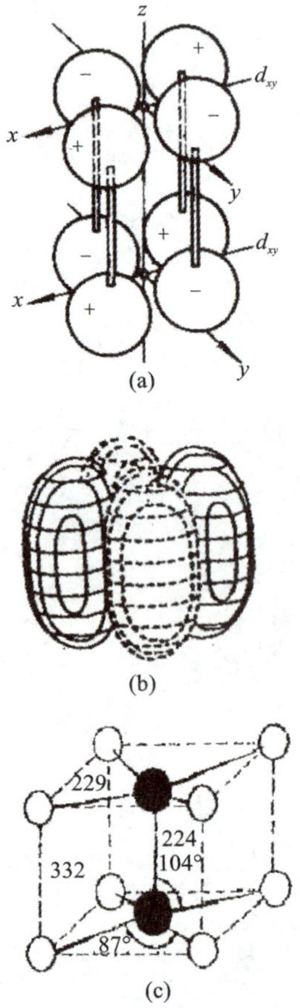

图 5－21　δ 成键方式示意图

（a）δ 键的成键方式；（b）叠加后的轨道轮廓图（实线表示正值，虚线表示负值）；（c）$[Re_2^{Ⅲ}Cl_8]^{2-}$结构图

表 5－4　各类共价键的对比

共价键类型	σ 键	π 键	δ 键
原子轨道重叠方式	“头碰头”	“肩并肩”	“面对面”
波函数分布	对键轴呈圆柱形对称	上、下反对称	中心对称
电子云分布形状	核间呈圆柱形	通过键轴有 1 个节面	通过键轴有 2 个节面
存在方式	唯一	原子间存在多键时，可以多个	唯一
键的稳定性	强	弱	中

4. 分子轨道理论简介

价键理论直接利用原子的价电子层结构简洁地说明了共价键的本质。但在讨论共价键的形成时，只考虑未成对电子作为成键电子，而且只将成键电子定域在两个成键原子之间，这些使价键理论不能解释许多分子的结构和性质。例如 O_2分子，O 原子有两个未成对 2p 电子，两个 O 原子之间应该是配对形成一个 σ 键和一个 π 键。O_2分子中不应该含有未成对电子，在磁场中应呈反磁性。但事实上，O_2分子却是顺磁性物质，这说明 O_2分子一定存在未成对电子。又如，有些含有奇数电子的分子或离子，如 NO、NO_2、H_2^+ 等也能够稳定存在，这些都与价键理论不符。

分子轨道理论从分子的整体出发，认为分子中的每个电子不再只属于单一的原子，而是居于分子轨道中，处在分子中所有原子核及其他电子所组成的统一势场中运动。随着计算机技术的发展，分子轨道理论不仅解决了价键理论遇到的问题，促进了理论的发展，也为理论化学的实际应用发挥了巨大作用。

视频5-21

分子中每个电子的运动可视为在原子核和分子中其余电子形成的势场中运动，其运动状态同样可用波函数 ψ 表示，ψ 叫分子轨道函数，简称为分子轨道。和原子轨道用符号 s，p，d，f，…表示一样，分子轨道常用符号 σ，π，δ，…表示，以示分子轨道是由原子轨道分别以“头碰头”“肩并肩”“面对面”方式组合而成的，符号的右下角应注明形成分子轨道的原子轨道名称，如 σ_{1s}，π_{2p}（同核双原子分子）等。

组合的分子轨道数与组合前的原子轨道数相等，即 n 个原子轨道经线性组合得到 n 个分子轨道。通常是有一半的分子轨道能量比组合前的原子轨道的能量低，称为成键分子轨道，如 σ_{1s}；另一半分子轨道的能量比组合前的原子轨道能量高，称为反键分子轨道，如 $\sigma_{1s}{}^{*}$。

如两个氢原子的原子轨道 ψ_a、ψ_b组合成氢分子轨道，有两种组合方式（见图 5－22）。

$$\psi_{\mathrm{I}}=\psi_a+\psi_b \quad E_{\mathrm{I}}<E_{\mathrm{H}} \qquad \psi_{\mathrm{II}}=\psi_a-\psi_b \quad E_{\mathrm{II}}>E_{\mathrm{H}}$$

视频5-22

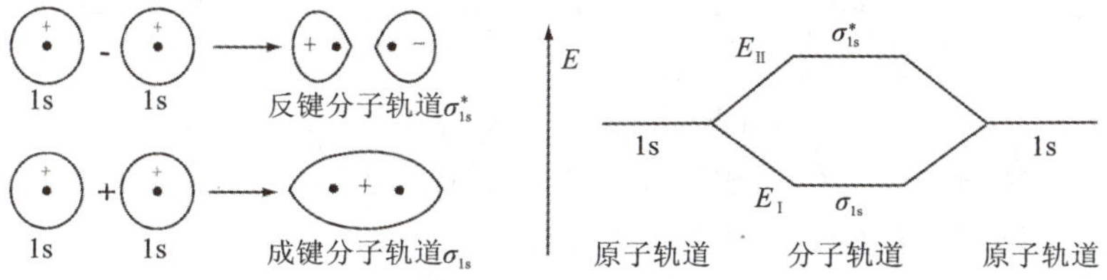

图 5－22　H_2分子轨道形成示意图和分子轨道能级图

电子在分子轨道中的排布，类似于原子核外电子的排布，也遵循能量最低原理、鲍利不相容原理和洪德规则，电子再按此规律依次填入能量由低到高的不同分子轨道之中。如此，则上述 H_2分子中的两个电子将以自旋反平行状态全部填入 σ_{1s}成键分子轨道中。

5.4.2　分子的极性与分子的空间构型

1. 共价键参数

视频5-23

共价键的性质可以用一系列物理量来表征。例如，用键能表征键的强弱，用键长、键角描述分子的空间构型，用元素的电负性差值衡量键的极性等。这些表征共价键性质的物理量称为键参数，它们可以通过实验直接或间接测定，也可以通过理论计算求得。

1）键长

分子中两原子核间平衡距离称为键长。例如，氢分子中两个原子的核间距为 74.2 pm，所以 H—H 键的键长就是 74.2 pm。现代理论和实验技术的发展，可以用电子衍射、X 线衍射、分子的光谱数据等相当精确地测定各类分子和晶体中原子间的距离即键长。表 5－5 列举了部分共价键键长、键能。两个原子间的键长越短，键越牢固。一般来说，单键键长 > 双键键长 > 叁键键长。

表 5－5　部分常见共价键的键长和键能

共价键	键长/pm	键能 /(kJ · mol^{-1})	共价键	键长/pm	键能 /(kJ · mol^{-1})
H—H	74	436	F—F	128	158
H—F	92	566	Cl—Cl	199	242
H—Cl	127	431	Br—Br	228	193
H—Br	141	366	I—I	267	151
H—I	161	299	C—C	154	356
O—H	96	467	C＝C	134	598
S—H	136	347	C≡C	120	813
N—H	101	391	N—N	145	160
C—H	109	411	N＝N	125	418
B—H	123	293	N≡N	110	946

2）键能

在 298.15 K 和 100 kPa 下断裂 1 mol 共价键所需的能量称为键能 E，单位是 kJ · mol^{-1}。通常是利用键能的大小来衡量化学键的强弱，键能越大，共价键越强，所形成的分子越稳定。

对于双原子分子，键能 E 是在上述温度压力下，将 1 mol 理想气态分子离解为理想气态单原子所需的能量，也称为键的离解能 D。键能常从键离解时的焓变求得。例如：

$$H_2(g) \longrightarrow 2H(g) \quad \Delta_r H_m^\ominus = D_{H—H} = E_{H-H} = +436\ kJ \cdot mol^{-1}$$

$$N_2(g) \longrightarrow 2N(g) \quad \Delta_r H_m^\ominus = D_{N\equiv N} = E_{N\equiv N} = +946\ kJ \cdot mol^{-1}$$

对于多原子分子，键能不能简单地等于键的离解能。如果是由同一共价键构成的多原子分子，该共价键的键能为分子每步离解能的平均值。例如：

$$NH_3(g) = NH_2(g) + H(g) \quad \Delta_r H_m^\ominus = D_1 = 435\ kJ \cdot mol^{-1}$$

$$NH_2(g) = NH(g) + H(g) \quad \Delta_r H_m^\ominus = D_2 = 397\ kJ \cdot mol^{-1}$$

$$NH(g) = N(g) + H(g) \quad \Delta_r H_m^\ominus = D_3 = 338\ kJ \cdot mol^{-1}$$

$$NH_3(g) = N(g) + 3H(g) \quad \Delta_r H_m^\ominus = D_{总} = D_1 + D_2 + D_3 = 1170\ kJ \cdot mol^{-1}$$

$$E_{N—H} = \frac{D_1 + D_2 + D_3}{3} = \frac{1170}{3} = 390\ kJ \cdot mol^{-1}$$

由相同原子形成的共价键的键能关系是：单键 < 双键 < 叁键，但它们之间不存在倍数关系。例如：

$$E_{C—C} = +356\ kJ \cdot mol^{-1} < E_{C=C} = +598\ kJ \cdot mol^{-1} < E_{C\equiv C} = +813\ kJ \cdot mol^{-1}$$

3）键角

在确定分子的几何构型时还必须知道分子的键角。分子中键与键之间的夹角称为键角。

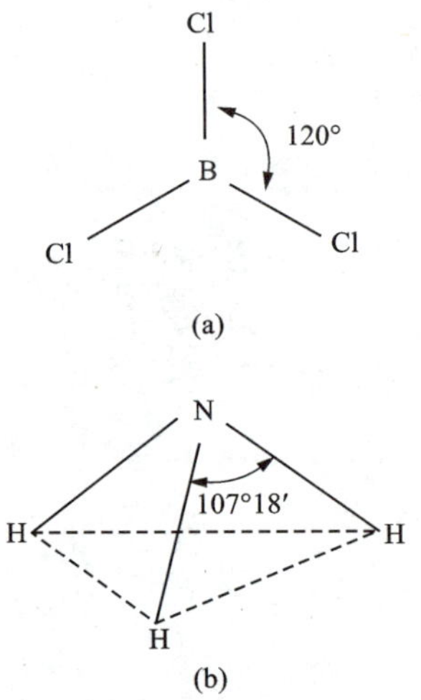

图 5－23　BCl_3 和 NH_3 分子的键角

对双原子分子，只有一个共价键，没有键角，呈直线型。对于多原子分子，分子中的原子在空间的排布情况不同，键角就不同，就有不同的构型。例如同为 AB_3 型分子就有两种构型，BCl_3 为平面三角形，键角是 120°，见图 5-23(a)，而 NH_3 为三角锥形，键角是 107°18′，见图 5-23(b)。

2. 分子的极性与电偶极矩

在分子中，由于原子核所带正电荷的电量和电子所带负电荷的电量是相等的，所以分子总体来说是电中性的。但从分子内部这两种电荷的分布情况来看，可把分子分成极性分子和非极性分子两类。设想在分子中正、负电荷都有一个“电荷中心”。正、负电荷中心重合的分子即为非极性分子，正、负电荷中心不重合的分子则为极性分子。分子的极性可以用电偶极矩来衡量。若分子中正、负电荷中心所带的电量为 q，距离为 l，两者的乘积叫作电偶极矩，以符号 μ 表示(见图 5-24)，单位为 C·m(库·米)。

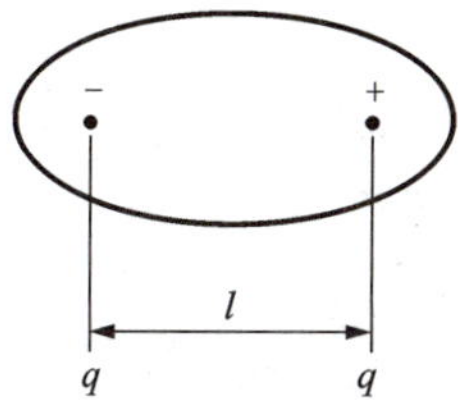

图 5-24　电偶极矩示意图

$$\mu = q \cdot l \tag{5-15}$$

虽然对极性分子中的 q 和 l 的数值无法测得，但可通过实验方法测出 μ 的数据。表 5-6 中列出了一些物质的分子的电偶极矩和分子的空间构型。

表 5-6　常见分子的电偶极矩和分子的空间构型

分子类型	分子式	电偶极矩/(10^{-30}·C·m)	空间构型
双原子分子	HF	6.07	直线型
	HCl	3.60	直线型
	HBr	2.74	直线型
	HI	1.47	直线型
	CO	0.37	直线型
	N_2	0	直线型
	H_2	0	直线型
三原子分子	HCN	9.94	直线型
	H_2O	6.17	V 字形
	SO_2	5.44	V 字形
	H_2S	3.24	V 字形
	CS_2	0	直线型
	CO_2	0	直线型
四原子分子	NH_3	4.90	三角锥形
	BF_3	0	平面三角形
五原子分子	$CHCl_3$	3.37	四面体型
	CH_4	0	正四面体型
	CCl_4	0	正四面体型

分子电偶极矩的数值可用于判断分子极性的大小，电偶极矩数值越大表示分子的极性也越大，μ 为零的分子即为非极性分子。对双原子分子来说，分子的极性和键的极性是一致的。例如，H_2，N_2 等分子是由非极性共价键组成，整个分子的正、负电荷中心是重合的，μ 为

视频5-24

零，所以是非极性分子。又如，卤化氢分子由极性共价键组成，整个分子的正、负电荷中心是不重合的，μ 不为零，所以是极性分子。在卤化氢分子中，从 HF 到 HI，由于氢与卤素之间的电负性差值依次减小，共价键的极性也逐渐减小，而从表 5－6 中 μ 的数值来看，分子的极性也是逐渐减小的。在多原子分子中，分子的极性和键的极性往往不一致。例如，H_2O 分子和 CH_4 分子中的键（O—H 和 C—H 键）都为极性键，但从 μ 的数值来看，H_2O 分子是极性分子，CH_4 是非极性分子，这与分子的空间构型有关。

3. 分子的空间构型与杂化轨道理论

视频5-25

价键理论运用“电子配对”概念揭示了共价键的本质，成功地解释了共价键的方向性、饱和性等特点，但在解释分子的空间构型方面常常遇到困难。例如，实验测定 CH_4 分子是正四面体构型，C 原子位于正四面体的中心，4 个 H 原子占据四面体的 4 个顶点。但 C 原子的价电子结构是：$2s^2 2p_x^{\ 1} 2p_y^{\ 1}$，只有 2p 轨道上有两个未成对电子，按价键理论只能与两个 H 原子形成两个 C—H 共价键，键角是 90°。如果要形成四个 C—H 键，可以假定有一个 2s 上的电子受激跃迁到 $2p_z$ 空轨道上，形成 4 个未成对电子而与 H 原子形成共价键。可是由于 2s 轨道和 3 个 2p 轨道在能量上、在空间的伸展方向各不相同，所形成的 4 个 C—H 键也会不同。再如 H_2O 分子，两个 O—H 键是 104°45′，与价键理论预测的 90° 相差很远。为了解释多原子分子的空间构型，鲍林于 1931 年在价键理论的基础上，提出了杂化轨道理论。

1）原子轨道的杂化

原子轨道的杂化是基于电子具有波动性，波可以相互叠加的观点。认为中心原子和周围原子在成键时所用的轨道不是纯粹的原来价电子轨道（s 轨道、p 轨道），而是其若干能量相近的原子轨道经过叠加混合后，重新分配能量、调整空间方向以满足形成化学键的需要，成为成键能力更强的新的原子轨道。这一过程称为原子轨道的杂化，所产生的新原子轨道称为杂化原子轨道，简称杂化轨道。

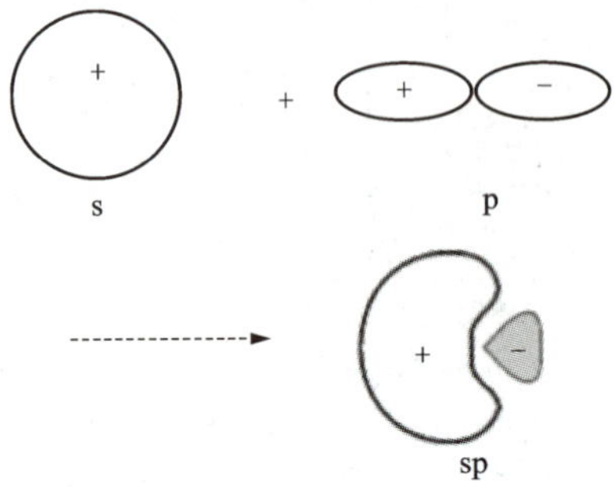

图 5－25　杂化轨道示意图

杂化轨道的形状一头大，一头小，如图 5－25 所示。和原来的原子轨道相比，利用“大头”部分和其他原子轨道重叠成键时，杂化轨道的成键能力得到很大的提高。必须注意的是，孤立原子本身并不会杂化，不会出现杂化轨道，只有在成键过程中，中心原子在周围成键原子的影响下，原子轨道才能形成杂化以发挥更强的成键能力。

形成杂化轨道原则如下。

（1）能量相近原则：中心原子形成杂化轨道的原子轨道在能量上必须相近。原子内层与外层价电子轨道在能量上相差比较大，不参与轨道的杂化，所以通常参与杂化的原子轨道只是外层价电子原子轨道。

（2）轨道数目守恒原则：原子轨道在杂化前后数目保持不变，杂化轨道和参与杂化的原子轨道数目相等。

（3）能量重新分配原则：原子轨道在杂化前轨道的能量各不相同，但杂化后的杂化轨道能量相等。

（4）对称性分布原则：杂化后的原子轨道在空间尽量呈对称性分布，等性杂化的杂化轨道间的键角相等。

（5）最大重叠原则：外层价电子轨道在杂化时，都有 s 轨道的参与，s 轨道的波函数 ψ 为正值，导致杂化后的杂化轨道是一头大（波函数 ψ 为正值的部分大），一头小。为了形成最稳定的化学键，杂化轨道都是用“大头”部分和成键原子轨道进行重叠。

视频5-26

2）杂化轨道类型与分子的空间几何构型

不同类型的原子轨道杂化可组成不同类型的杂化轨道。中心原子的杂化轨道类型不同，分子的空间构型也就不同。杂化轨道的类型通常有以下几种。

（1）sp 杂化：即一个 s 原子轨道与一个 p 原子轨道间的杂化。$BeCl_2$ 分子中心原子 Be 的杂化过程分为激发和杂化两步进行，Be 原子外层电子结构为 $2s^22p^0$，经激发为 $2s^12p^1$，再采取 sp 杂化。杂化后得到的每一个 sp 杂化轨道，都含有 $\frac{1}{2}$s 和 $\frac{1}{2}$p 轨道的成分，这两个杂化轨道在空间对称分布呈直线型，轨道之间的夹角为 180°。Be 原子的杂化轨道分别与 Cl 原子的 p 轨道“头碰头”重叠形成 2 个等同的 Be—Cl σ 键，键角和杂化轨道的夹角均为 180°。此外，$HgCl_2$ 的空间结构同样可用 sp 杂化轨道解释。

乙炔 C_2H_2 分子中的 C 原子也是经激发态 $2s^12p^3$ 再采取 sp 杂化。每个 C 原子都有 2 个 sp 杂化轨道，其中 1 个 sp 杂化轨道与 H 原子的 1s 轨道相互重叠成为 1 个 C—H 键，两个 C 原子又各与剩下的 1 个 sp 杂化轨道相互重叠形成 C—C 键，这些键都是 σ 键。两个 C 原子各余两个未参与杂化的单电子 p 轨道，它们的对称轴都与 sp 杂化轨道的对称轴相互垂直。每个 C 原子的两个 p 轨道与另一个 C 原子的两个 p 轨道在侧面分别“肩并肩”重叠形成两个 π 键，这样，在 C_2H_2 分子中的 C 原子之间构成 C≡C。C_2H_2 分子的构型决定于（两个）中心 C 原子的杂化类型，为直线型，4 个 C 和 H 原子在同一直线上（图 5－26）。

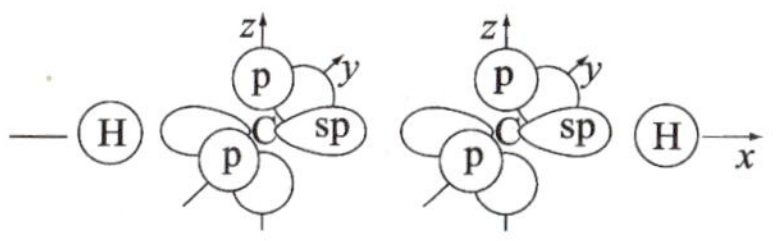

图 5－26　C_2H_2 轨道空间分布与空间结构

（2）sp^2 杂化：sp^2 杂化是 1 个 s 原子轨道和 2 个 p 轨道间的杂化，形成 3 个 sp^2 杂化轨道，每个 sp^2 杂化轨道含有 $\frac{1}{3}$s 和 $\frac{2}{3}$p 轨道的成分。杂化轨道共处于一个平面上，轨道之间的夹角为 120°，如图 5－27（a）所示。例如 BCl_3 分子中，中心原子 B 的外层电子结构为 $2s^22p^1$，经激发为 $2s^12p^2$，采取 sp^2 杂化产生 3 个 sp^2 杂化轨道，3 个 Cl 原子的 2p 轨道与 B 原子的 3 个 sp^2 杂化轨道重叠，形成 3 个 B—Cl σ 键，形成 BCl_3 分子。

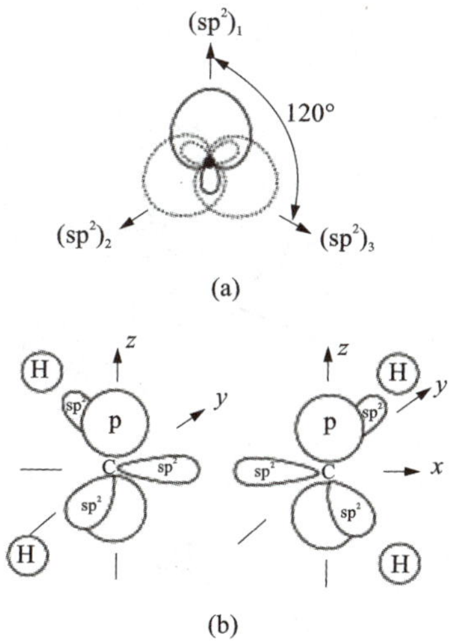

图 5－27　sp^2 杂化与 C_2H_4 分子结构

共价键要求在原子轨道最大重叠方向上形成，所以 BCl_3 分子为平面正三角形，B 原子位于正三角形的中心，3 个 Cl 原子位于三角形的顶点，键角与杂化轨道之间的夹角一致，为 120°。

在乙烯 C_2H_4 分子中，C 原子也采取 sp^2 杂化，每个 C 原子各以两个 sp^2 杂化和 H 原子的 1s 轨道互相重叠生成 4 个 C—H σ 键，剩下的 sp^2 杂化和另一个 C 原子的 sp^2 杂化相互重叠形成 C—C σ 键。两个 C 原子中未参与杂化的 p 轨道，“肩并肩”重叠，在两个 C 原子之间形成 1 个 π 键。整个分子结构也是由中心 C 原子的杂化类型所决定，6 个原子处于同一平面上，见图 5－27（b）。

（3）sp^3 杂化：sp^3 杂化是一个 s 原子轨道和 3 个 p 原子轨道间的杂化，形成 4 个 sp^3 杂化轨道，每个 sp^3 杂化轨道含有 $\frac{1}{4}$s 和 $\frac{3}{4}$p 轨道的成分。杂化轨道在空间呈四面体分布，中心原子位于四面体的体心，杂化轨道伸向四面体的4个顶点，杂化轨道之间的夹角为109°28′，见图5－28(a)。例如CH_4分子，中心原子C的外层电子结构是$2s^22p^2$，经激发为$2s^12p^3$，再采取sp^3杂化：4个氢原子的1s轨道，从四面体的4个顶点朝着体心的方向，与对应的sp^3杂化轨道以"头碰头"方式重叠形成4个等同的C—H σ键。键角为109°28′。所以CH_4分子具有如图5－28(b)所示的正四面体结构，C原子位于四面体的体心。

SiH_4、NH_4^+分子中的中心原子Si和N都是sp^3杂化，分子呈正四面体型。此外，其他饱和烃中的C原子也是sp^3杂化。

(4)不等性sp^3杂化：中心原子的杂化类型不能单从分子式来判断，而是要从实验证实的分子空间构型并结合中心原子的价电子结构来判断。如BF_3分子呈平面三角形，则中心原子B采取sp^2杂化；而NH_3分子呈三角锥形，N—H键的键角是107°18′，则N采取sp^3杂化，但杂化后各杂化轨道所含s轨道和p轨道成分不相等，这种杂化称为不等性sp^3杂化，因为N原子的价电子结构是$2s^22p^3$，4个杂化轨道中填入5个电子后有一个杂化轨道被孤对电子所占据，其他3个杂化轨道为单电子轨道，和氢原子的1s轨道重叠形成N—H σ键。和其他3个参与成键的杂化轨道相比较，孤对电子所占据的杂化轨道所含的s轨道成分多、p轨道成分少，也更为靠近原子核。在孤对电子的排斥作用下，N—H键的键角不是等性sp^3杂化的109°28′，而是107°18′。杂化轨道呈四面体(不是正四面体)分布，分子构型是三角锥形，如图5－29(a)所示。

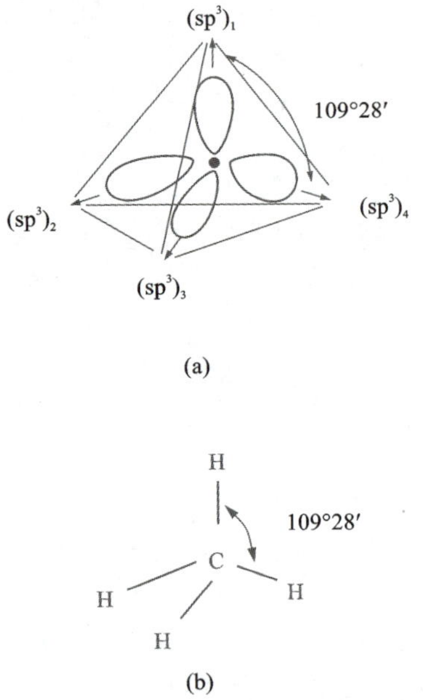

图5－28　sp^3杂化与CH_4分子的几何构型

与NH_3分子类似的是H_2O分子，H_2O分子的中心原子O也是采取不等性sp^3杂化。不同的是，O原子的价电子结构是$2s^22p^4$，有两对孤对电子占据两个杂化轨道，另两个杂化轨道上只有一个单电子，和氢原子的1s轨道重叠形成O—H σ键。在两对孤对电子对的排斥作用下，H_2O分子的O—H键角更偏离等性sp^3杂化的109°28′，而是104°45′。杂化轨道呈四面体型分布，而分子构型是"V"形，如图5－29(b)所示。

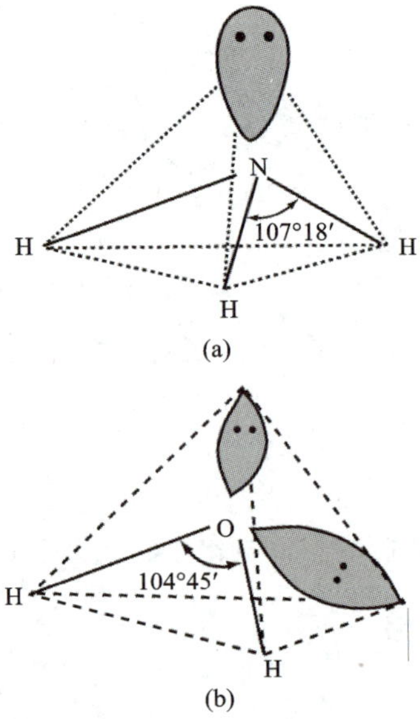

图5－29　NH_3与H_2O分子的几何构型

应该指出，杂化轨道是原子在成键时为适应成键需要而形成的。除了上述ns、np可以进行杂化外，nd、(n－1)d、(n－1)f原子轨道也可以参与杂化成键。杂化类型的判断，应视具体的成键要求而定。原子轨道的杂化有利于形成σ键，所形成的σ键是决定分子空间构型的主要因素，但并不影响π键的形成。例如CO_2分子，C原子的sp杂化轨道和O原子的2p轨道形成σ键后，C原子未杂化的2个p轨道仍能分别与2个O原子剩下的2p轨道形成2个大π键(图5－30)。表5－7列出了几种杂化轨道类型、空间构型以及成键能力之间的关系。

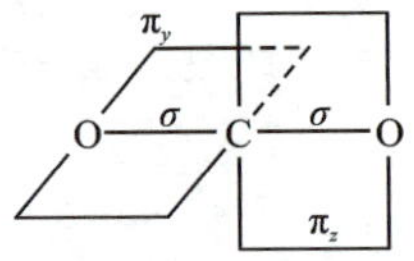

图5－30　CO_2分子的空间结构

表5－7 杂化轨道类型、空间构型以及成键能力之间的关系

杂化类型	sp	sp^2	sp^3	dsp^2	sp^3d	sp^3d^2
杂化的原子轨道数	2	3	4	4	5	6
杂化轨道的数目	2	3	4	4	5	6
杂化轨道间的夹角	180°	120°	109°28′	90°，180°	120°，90°，180°	90°，180°
空间构型	直线型	三角形	四面体型	正方形	三角双锥形	八面体型
实例	$BeCl_2$ $HgCl_2$	BF_3 NO_3^-	CH_4 ClO_4^-	$PtCl_4^{2-}$	PCl_5	SF_6 SiF_6^{2-}

视频5-27

5.4.3 分子间力和氢键

1. 分子间力

气态分子在一定条件下可以凝聚成液体，液体在一定条件下又可以凝聚成固体，这说明分子与分子之间存在着相互吸引的作用力。这种分子间作用力的概念是范德华（van der Waals）早在1930年研究真实气体的行为时提出来的，所以后来把这种力称为范德华力或分子间力。分子间力的强度弱于化学键，一般只有几至几十千焦每摩尔，但它与化学键不同，主要影响物质的物理性质，如熔点、沸点、气化热、熔化热、溶解度、黏度、表面张力等。1930年伦敦（London）用量子力学原理阐明范德华力的本质仍是电性引力。

分子间力——范德华力包括取向力、诱导力和色散力。

1）取向力

极性分子本身存在的偶极，称为固有偶极或永久偶极。气态时，极性分子在空间无规则地运动着，其偶极的排列也没有规律。凝聚状态时，由于同极相斥、异极相吸，固有偶极之间的作用使极性分子的排列受到周围其他分子排列的影响，在空间存在一定的取向限制，如图5－31（a）所示。这种极性分子固有偶极与固有偶极之间的相互作用力，叫作取向力。取向力只存在极性分子之间，其大小主要决定于分子的固有偶极矩。固有偶极矩越大，极性分子之间的取向力越大。

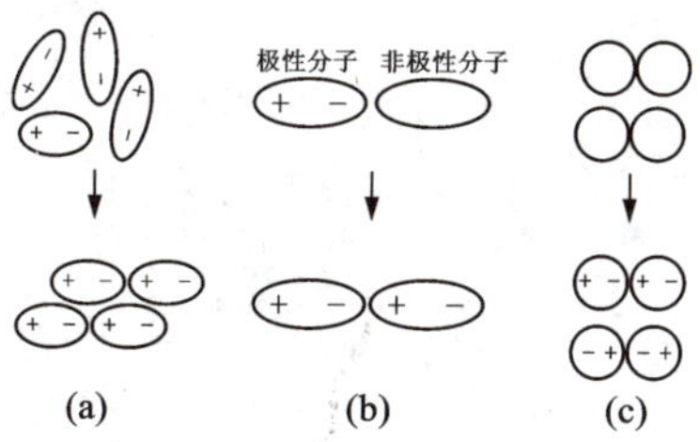

图5－31 分子之间的作用力

2）诱导力

当极性分子与非极性分子相邻时，在极性分子的固有偶极电场的作用下，非极性分子受诱导而变形极化产生诱导偶极，这种固有偶极与诱导偶极之间的相互作用称为诱导力，如图5－31（b）所示。诱导力与分子的固有偶极矩、分子的变形性有关。固有偶极矩越大、被诱导分子的极化率（衡量分子变形性大小的物理量）越大，诱导力越大。诱导力除存在于极性分子与非极性分子之间，还存在于极性分子之间。因为极性分子相互靠近，也会产生诱导偶极。

3）色散力

视频5-28

非极性分子虽没有固有偶极矩，但存在瞬时偶极矩，非极性分子的瞬时偶极与瞬时偶极之间的作用力称为色散力，如图5－31（c）所示。这是因为分子内部原子核在不停地振动，电子在不停地运动，由于原子核与电子之间发生瞬间相对位移，导致正、负电荷中心不重合而产生瞬时偶极。其实，色散力不仅存在于非极性分子之间，也存在于极性分子与非极性分子、极性分子与极性分子之间。此外，尽管每个分子的瞬时偶极矩存在时间很短，但电子和原子核的运动，使瞬时偶极矩不断产生，色散力始终统计性地大量存在，而成为分子间的一种主要作用力。它主要与分子的变形性有关，分子的变形性越大，色散力越强。

取向力、诱导力和色散力都是分子间的引力，统称为分子间力，也称为范德华力。分子间力的作用范围在 300 ~ 500 pm，小于 300 pm 时分子斥力迅速增加，大于 500 pm 时分子间力显著衰减。分子间力的本质是电性作用力，既无方向性，也无饱和性。表 5 - 8 列出了部分共价分子间作用能的分配。

表 5 - 8　部分共价分子间作用能的分配

分子	偶极矩 $/(10^{-30}C \cdot m)$	取向力 $/(kJ \cdot mol^{-1})$	诱导力 $/(kJ \cdot mol^{-1})$	色散力 $/(kJ \cdot mol^{-1})$	总计 $/(kJ \cdot mol^{-1})$
Ar	0	0	0	8.50	8.50
CO	0.39	0.003	0.008	8.75	8.76
HI	1.40	0.025	0.113	25.87	26.00
HBr	2.67	0.69	0.502	21.94	23.11
HCl	3.60	3.31	1.00	16.82	21.14
NH_3	4.90	13.31	1.55	14.95	29.60
H_2O	6.17	36.39	1.93	9.00	47.32

对大部分分子而言，色散力占主导地位，只有极性很大、变形性很小的分子(例如 H_2O)，取向力才占主导地位，诱导力一般较小。三种分子间力一般是：

$$色散力 \gg 取向力 > 诱导力$$

分子间力对物质的物理性质影响很大。分子间力越大，物质的熔点、沸点越高，硬度越大。由于色散力一般是主要的分子间力，对结构相似的同系列物质，通过比较相对分子质量的大小，可比较其熔、沸点高低。如 F_2、Cl_2、Br_2 与 I_2 分子的熔、沸点从左至右依次升高。

2. 氢键

卤化氢是极性分子，分子间存在着取向力、诱导力和色散力。从表 5 - 8 可以看到，其主要作用力是色散力。从 HCl 到 HI，随着相对分子质量增大，色散力增大，分子间力增强，它们的熔、沸点逐渐升高。但是，HF 的熔点、沸点却反常地高，是个例外。这主要是由于 HF 分子除了分子间力之外，分子间还存在着氢键。和 HF 相似的还有氧族氢化物中的 H_2O、氮族氢化物中的 NH_3，见图 5 - 32。

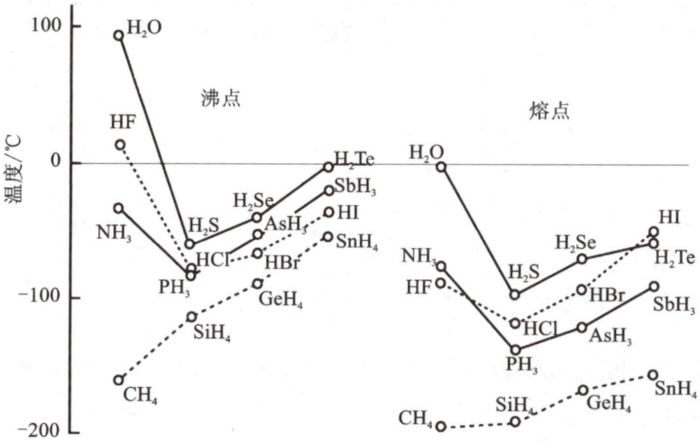

图 5-32　氢化物的熔点、沸点变化

1) 氢键的形成

理论上处理氢键的方法有多种，在此以最简单的静电模型为基础来讨论氢键的形成。

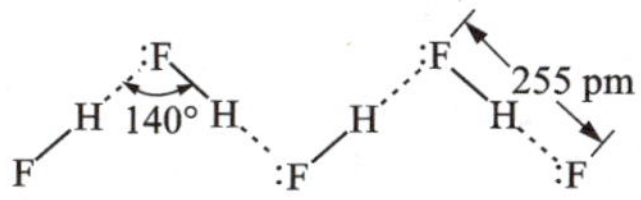

图 5-33　HF 分子晶体中的分子间氢键

H 的电负性为 2.1，F 的电负性为 4.0，两元素的电负性相差较大。在固体 HF 分子晶体中，H 原子和 F 原子形成的共价键是强极性共价键，共用电子对强烈偏向 F 原子而使 H 原子几乎成为裸露的原子核，F 原子带部分负电荷。HF 分子中 H 原子带有部分正电荷，与另一 HF 分子中电负性大的 F 原子中任一孤电子对产生静电作用力，如图 5-33 所示。这种力称为氢键，用“····”表示。这样在整个 HF 晶体中，分子间的作用力得到加强，导致固体 HF 存在反常高的熔点。HF 分子间的氢键，也存在于液体 HF 分子间。

从静电模型中可以看到，分子形成氢键必须具备两个基本条件，其一是分子中必须有一个与电负性很大、半径很小的 X 原子形成强极性键的氢原子；其二是分子中必须有电负性很大、原子半径很小带有孤电子对的 Y 原子。

氢键的组成可以表示为 X—H····Y 的形式，X 和 Y 都是半径小、电负性高的元素（如 F，O，N 等元素）原子，并且 Y 原子还有孤电子对。氢键的键长是指 X 和 Y 间的距离（X—H····Y），H 与 Y 间的距离比范德华半径之和小、比共价半径之和大。氢键强度可用氢键的键能衡量。氢键的键能是指将两个分子间形成氢键的 1 mol 聚集体，离解成两个各为 1 mol 单分子所需的能量，即将 1 mol X—H····Y—R 离解为 1 mol X—H 和 1 mol Y—R 所需的能量。氢键的强弱与 X 和 Y 原子的电负性、半径有关，电负性大、半径小，则氢键强。氢键的键能一般为 20～40 $kJ \cdot mol^{-1}$，和范德华力相差不大，比化学键能小一个数量级，所以氢键也可以看成是另一种形式的分子之间的作用力。表 5-9 列出几种常见氢键的键能和键长。

视频5-29

表 5－9　常见氢键的键能和键长

氢键	键能/(kJ · mol^{-1})	键长/pm	化合物实例
F—H┈F	28.0	255	HF
O—H┈O	18.8	276	H_2O
N—H┈F	20.9	268	NH_4F
N—H┈O	16.2	286	$CH_3CONHCH_3$(在 CCl_4 中)
N—H┈N	5.4	338	NH_3

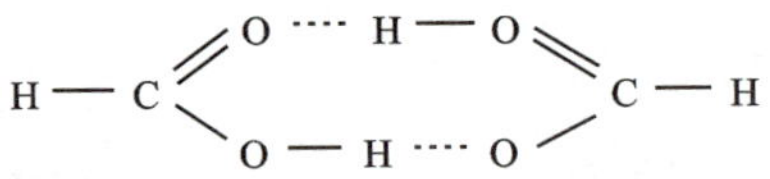

图 5－34　甲酸二聚体

如果有机化合物也满足氢键存在的条件，如有机羧酸、醇、胺等，则有机分子间也存在氢键。例如，分子间氢键使甲酸以二聚体的形式存在，如图 5－34 所示。

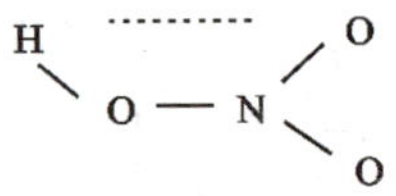

(a)硝酸

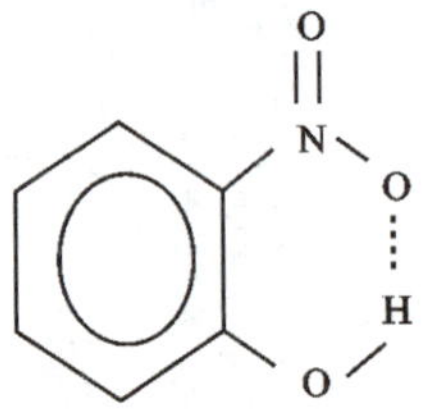

(b)邻硝基苯酚

图 5－35　分子内氢键

除在分子间能形成氢键外，在分子内也能形成分子内的氢键，如硝酸、邻－硝基苯酚等(图 5－35)，分子内氢键多见于有机化合物当中。分子内氢键的形成，会导致一个多原子环形成，这种多原子环以五元环、六元环最为稳定。

氢键的特点是具有方向性和饱和性，这一点与共价键相同。对 X—H┈Y 形式的分子间氢键，由于 H 原子体积小，为了减少 X 和 Y 之间的斥力，它们尽量远离，氢原子两边键的键角接近 180°，X、H 和 Y 成三点一线，体现出氢键的方向性；同时由于氢原子的体积小，它与较大的 X 与 Y 接触后，在氢原子周围空间就难以容纳下另一个较大体积的原子再向它靠近，所以氢键中氢的配位数一般为 2，这就是氢键的饱和性。

2）氢键对物质性质的影响

(1)对熔点、沸点的影响。分子间氢键的形成，使物质熔点、沸点升高。氢键的存在，使液体汽化和固体液化时，必须增加额外的能量去破坏分子间的氢键。而分子内氢键的形成，一般使物质的熔点、沸点降低，这是因为分子内氢键的形成将减少分子间氢键的形成。例如，邻－硝基苯酚[图 5－35(b)]能形成分子内氢键，沸点为 45℃。不能形成分子内氢键的间－硝基苯酚和对－硝基苯酚，沸点分别为 96℃和 114℃。

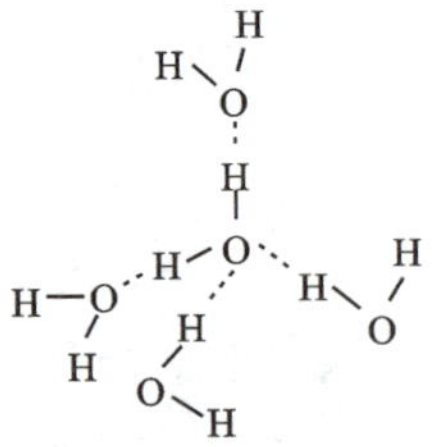

(a)冰中的氢键

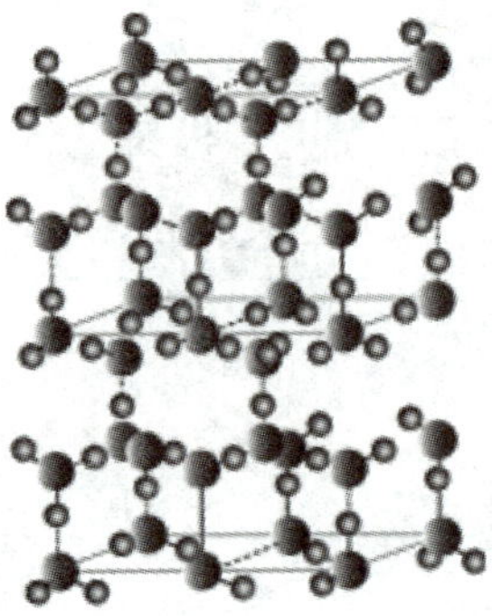
(b)冰的结构

图 5－36　冰中的氢键与冰的结构

(2)对溶解度的影响。在极性溶剂中，如果溶质分子与溶剂分子之间形成氢键，将有利于溶质分子的溶解。如 HF、NH_3 极易溶于水，甲醇、乙醇可以以任意比例溶于水。对－硝基苯酚、间－硝基苯酚比邻－硝基苯酚更容易溶于极性溶剂。

(3)对密度的影响。液体分子间存在氢键，其密度增大。例如，甘油、磷酸、浓硫酸都是因为分子间存在氢键，通常为黏稠状的液体。温度越低，形成的氢键越多，密度越大。

水是一个例外，它在 4℃时密度最大。这是因为在温度比较高时，水分子主要进行热运动，密度相对较小，但液态水因为分子间存在氢键而形成缔合分子，则使密度增大。随着温度的降低，在 4℃时缔合分子最多，此时密度最大。当温度低于 4℃时，分子间的热运动减弱，缔合程度更大，并开始具有像冰的结构。当水结成冰时，全部水分子都以氢键连接，每个水分子周围有 4 个水分子，按四面体分布，形成一个超大的、立体网状结构的缔合分子。冰巨型缔合分子内的空隙更大，密度更小，如图 5－36 所示。

氢键对生物体有十分重要的作用，许多生物分子具有生物活性的高级结构是由氢键决定的。如 DNA 的两条多肽链碱基之间通过形成氢键配对组成双螺旋结构，才具有遗传作用。包括氢键在内的分子间的弱相互作用力，在丰富多彩的生命进程中，扮演着十分重要的角色。

5.4.4　超分子化学简介

1. 超分子化学及特点

超分子是自然界中复杂的物质结构大厦中一个发现不久的新层面。真正赋予超分子以严格、全新的概念，并阐明它们的组成、结构、性质、变化的基本规律以及潜在应用前景，则应当分别归功于由佩特森（C，Pedersen）、莱恩（J. M. Lehn）和克拉姆（D. J. Cram）教授所领导的科研团队的开创性工作，他们也因此而共同分享了 1987 年诺贝尔化学奖。必须指出，莱恩提出的超分子化学和克拉姆提出的主客体化学实际上是相同的，虽然所用术语不同，但研究的结果和得出的规律都是一致的。超分子化学被定义为“超越分子以外的化学”。超分子化学的研究对象是，由两个或多个本身能独立存在的化学实体（如离子、分子、原子团、配合物等），借助于非共价键力（如静电引力、偶极作用、亲油亲水、芳环堆叠、范德华力、氢键等分子间作用力），进一步结合在一起所形成的产物，即**超分子物**（supramolecule），主客体化学中则称为**主客体络合物**（host－guest complex）。我们把原子依靠共价键力结合起来的结合物称为分子，而把分子或其他化学实体依靠非共价键力结合起来的产物称为超分子。可见，在超分子这个层面上，物质间相互作用具有许多不同于一般化学规律的新特点，遵循一系列独特的、自成系统的作用规律，即超分子作用的规律。

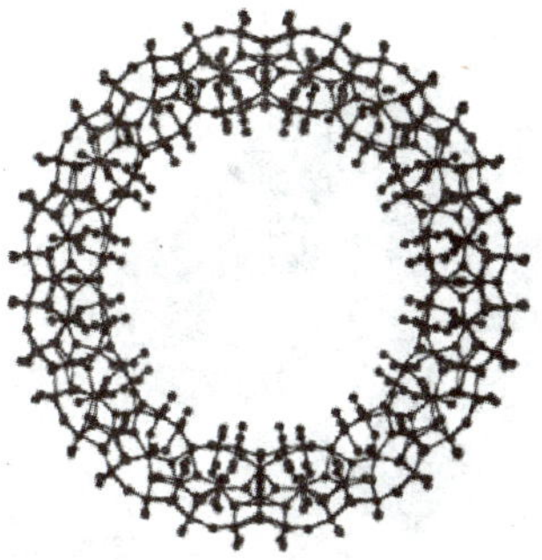

（a）Mo－O 键组装的大环超分子

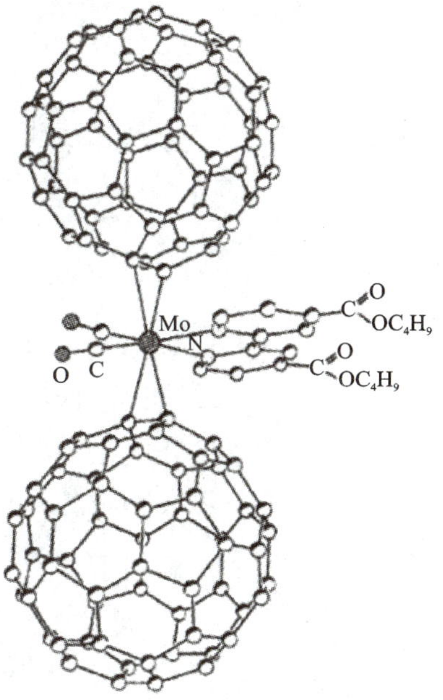

（b）Mo－C、Mo－N 键组装的球碳超分子

图 5－37　大环超分子与球碳超分子

除此之外，超分子化学在功能新材料的设计、制备，环境保护与治理，放射性废物的分离回收，贵重金属的回收利用，化学反应的催化（特别是仿生催化），膜分离及手性拆分等领域都有重要的应用。与一般的化学过程相比，超分子作用通常具有更高的反应选择性（如酶催化反应）。之所以如此，是因为在一切超分子作用中总包含一个分子识别过程。

2. 超分子作用中的分子识别

分子识别，就是要从多种相似的分子中寻找、选择出某种特定的分子并与之结合。分子识别作用本质上是一种结构上严格受限的分子间相互作用。一个指定的受体 ρ 与一个指定的底物 σ 相互结合成超分子的过程，是以其热力学稳定性和动力学选择性为特征的。分子识别作用本质上是一个在超分子水平上信息的储存与读出的过程。分子受体的设计原则是受体对底物的分子识别作用，是基于受体与底物在能量上和结构上的高度匹配。而这一切都依赖于在设计、合成受体时，将与指定底物相匹配的特征信息预先存入受体分子。只有这样，合成得到的受体分子才有可能对特定的底物表现出有效的分子识别作用。因此，人们在进行超分子研究时，往往首先必须设计和合成针对特定底物的受体分子，否则一切都无从谈起。因此，设计和合成各种分子受体，是超分子化学研究的一个重要领域，称为受体化学。

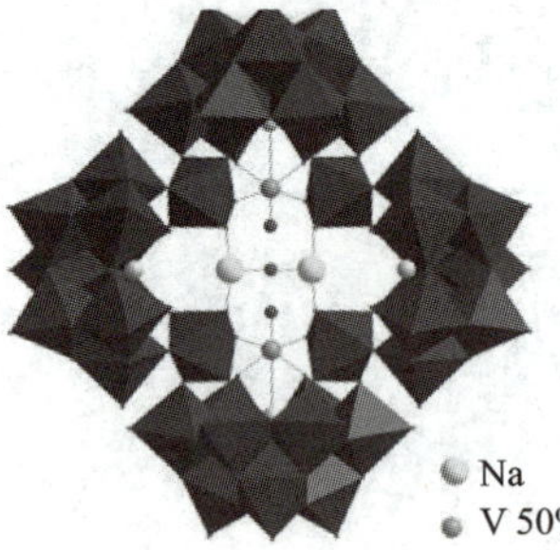

图 5－38　超大杂多环化合物

$[\{Na_2(H_2O)_3\}M(H_2O)VOAs_4W_{40}O_{140}]^{21-}$

不同过渡金属占据 S2 位：M＝Co^{2+}，Ni^{2+}

3. 超分子催化

超分子的反应性和催化性代表超分子体系的主要功能特性。如果受体除了与底物结合的键合子基元外，还含有多余合适的反应性基团，那么受体不仅能与底物结合成超分子，而且其多余的反应基团还能与被结合的底物反应，引起底物的变化，生成新的化合物(即产物)，然后放出产物，使受体分子再生，用于新一轮的催化循环。在整个过程中，受体分子只起催化剂的作用，本质上是一种在超分子水平上的催化作用，因而称为超分子催化作用。超分子催化是超分子化学最主要的应用，许多在生命过程中十分重要的化学反应，如蛋白质的水解与合成、DNA 的自身复制、核苷酸的定点切割、ATP 的水解与合成等，都是超分子催化反应。超分子催化研究有利于设计、合成仿生催化剂和仿生药物，造福人类。

4. 分子组装

由大量数目不确定的受体与底物相互识别，并结合成一个整体的过程，称为分子组装。分子组装具有确定的组分分子，但组分分子的数量却是不确定的，在不同情况下，组合量是不同的。这就像高聚物一样，每种高聚物的单体分子是确定的，但每个高聚物分子中含单体的数目(聚合度)却各不相同。不同的是高聚物的单体间是靠化学键结合起来的，在高聚物分子中不再存在单体分子。而分子组装物则是由其组分分子，靠非共价键力结合起来的，在分子组装物中，组分分子基本上保留其原有的特性，分子组装的产物不是一个大分子，而是一种超分子组合。分子组装可以发生在不同分子之间，也可发生在同类分子间。分子组装的产物可以是长链，也可以是薄层、膜、孔泡、胶束或液晶等。尽管分子组装产物中所含组分分子的总数不确定，但由于其组分分子的组成和结构是确定的，故分子组装物仍具有十分确定的微观组织和宏观特征。

5.5　晶体结构

固体物质可分为晶体和非晶体两类。晶体内部微粒(原子、离子或分子)呈规律的三维重复排列，并具有规则的几何外形，例如食盐晶体是立方体型，明矾是正八面体型。内部微粒作无规则排列，外部没有一定的几何外形而构成的固体称为非晶体，又称无定形体，如玻璃、沥青、树脂、石蜡等。

如果用点来代表组成晶体的微粒，那么整个晶体可以简化为由这些点所组合而成的三维空间点阵。空间点阵按照平行六面体为单位连线划分，可获得一套直线网格，称为空间格子或晶格。点阵和晶格分别用几何的点和线反映晶体结构的周期性，它们具有同样的意义。晶体内部微粒呈周期性三维重复排列的最小单位称为晶胞。晶胞也是能代表空间点阵一切特征的平行六面体最小重复单元。晶体和非晶体具有不同的特征，晶体除了具有规则的几何外形，还有固定的熔点和特

视频5-30

定的对称性以及各向异性等特征。如各向异性，就是指光学性质、力学性质、导电、导热性及溶解性等，从不同方向测量时，常常得到不同的数值；非晶体不但无一定的外形，而且无固定的熔点。当其受热，温度升高到一定程度时，先软化，随后局部开始流动，直至融熔状态，在熔化过程中温度一直是上升的。

视频5-31

若一整块固体为一个空间点阵所贯穿，则为单晶；有些固体是由很多单晶颗粒杂乱无序聚集而成，因每一单晶颗粒取向不同，它们的各向异性可相互抵消，使整个晶体失去各向异性的特征，这样的固体称为多晶，如金属材料和许多粉状物质等。

5.5.1　晶体的类型

1. 离子晶体

在离子晶体中，晶胞中的微粒为正离子和负离子，微粒间的结合力为离子键。由于各种正、负离子的大小不同、离子半径比不同和配位数不同，空间排布也不同，可得到不同类型的离子晶体。由于离子键没有饱和性和方向性。因此，在空间因素允许的条件下，正离子将尽可能多地与负离子接触，负离子尽可能多地与正离子接触，形成不等径圆球的紧密堆积，此时体系处于能量最低、结构最稳定的状态。

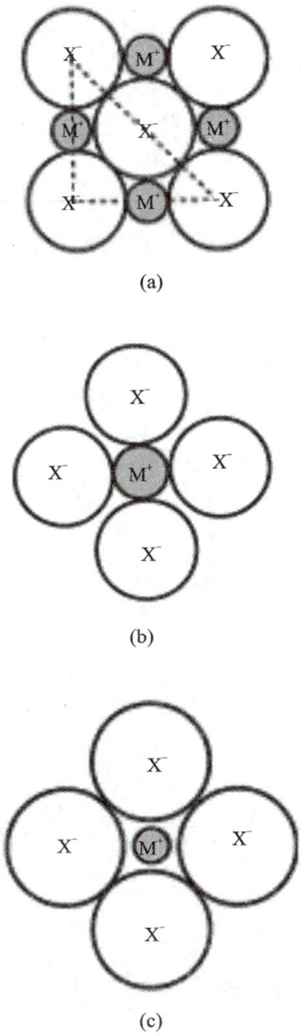

图5-39　离子晶体半径比与配位数的关系

1）离子晶体的半径比规则

根据离子键理论，影响着离子化合物性质的因素是多方面的，如离子电荷、离子半径和离子的电子构型等，但离子晶体的构型，主要取决于正、负离子半径比。

（1）离子半径。假定离子晶体中正、负离子是相互接触的球体，如图5-39(a)所示，则两原子核间的距离（即核间距 d）为正、负离子的半径之和：

$$d = r_+ + r_- \qquad (5-16)$$

核间距 d 可以通过晶体的X射线分析实验测定，这样只要知道其中一个离子的半径，另一个离子的半径也就可以求出。1926年哥德希密特（Goldschmidt）测得 F^- 与 O^{2-} 的离子半径分别为133 pm和132 pm，在此基础上，利用实验测定的离子晶体数据，得出80多种离子半径，这些数据至今仍在使用。目前已经有多种方法得到离子半径，尤以鲍林（Pauling）离子半径应用得最多。

（2）半径比规则。形成离子晶体时，正、负离子总是尽可能紧密排列，这样才能使晶体最为稳定。但这种离子相接近的紧密程度与正、负离子半径之比（r_+/r_-）密切相关。一般是负离子半径大于正离子半径，离子晶体往往被看成是负离子作密堆积，正离子是填充到负离子构成的多面体空隙中。当离子晶体的配位数为6时，正离子处于负离子按面心立方密堆积形成的八面体空隙中，最理想排列的横截面如图5-39(a)所示，正、负离子相接触，负离子也两两相接触。从图中的几何关系，可以得到：

$$2 \times [2(r_+ + r_-)]^2 = (4r_-)^2 \qquad r_+/r_- = 0.414$$

可见，当 $r_+/r_- = 0.414$ 时，得到的是一种最稳定的排列。当 $r_+/r_- > 0.414$ 时，正离子的周围便有足够的空间容纳更多的负离子[图5-39(b)]，晶体将向配位数为8的晶型转变。若 $r_+/r_- < 0.414$，则

视频5-32

正、负离子没有接触，而负离子相互接触，如图 5－39(c)所示。由于负离子之间的排斥力大，正、负离子间的吸引力小，晶体不可能稳定存在，这时晶体中正离子的配位数减小，向配位数为 4 的晶型转变。但如果 $r_+/r_- < 0.225$ 时，这时晶体向着正离子的配位数进一步减小的晶型转变。

2)离子键强度与离子晶体的晶格能

在常温下，离子化合物大多数以晶体的形式存在。离子晶体的稳定性与离子键的强度有关，常用晶体的晶格能大小来度量离子键的强弱。晶格能是指在标准状态下，破坏 1 mol 离子晶体使之成为自由的气态正、负离子时所需要的能量，用 U 表示，单位为 $kJ \cdot mol^{-1}$。

晶格能的数值可由实验方法得到，但由于实验技术上的困难，目前大多数离子晶体物质的晶格能利用玻恩—哈伯(Born－Haber)循环法间接测定，也可以利用玻恩—朗德(Born－Lande)公式理论计算得到。

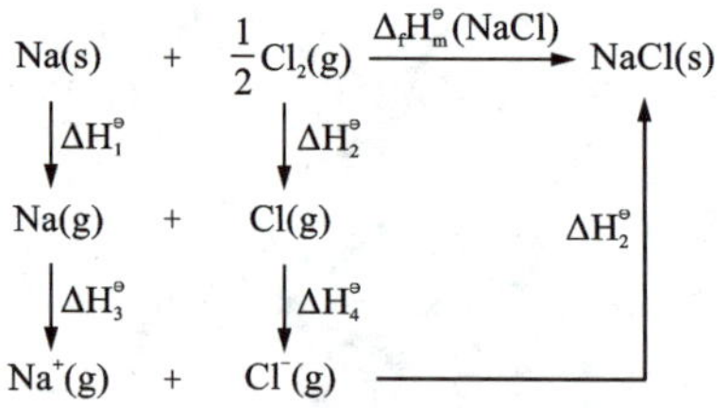

图 5－40　NaCl 晶体玻恩—哈伯循环图

玻恩—哈伯循环法是 1919 年玻恩和哈伯设计的一种利用热化学循环的方法求算离子晶体的晶格能的方法。如求算 NaCl 晶体的晶格能，已知：

$$Na(s) + \frac{1}{2}Cl_2(g) \longrightarrow NaCl(s) \qquad \Delta_f H_m^\ominus(NaCl) = -411\ kJ \cdot mol^{-1}$$

这一过程可以设计成以下热化学循环分步进行(图 5－40)。

(1)金属钠的升华——升华热 S。

$$Na(s) \longrightarrow Na(g) \qquad \Delta H_1^\ominus = S = 106\ kJ \cdot mol^{-1}$$

(2)氯分子的离解——离解能 D。

$$\frac{1}{2}Cl_2(g) \longrightarrow Cl(g) \qquad \Delta H_2^\ominus = \frac{1}{2}D = 121.3\ kJ \cdot mol^{-1}$$

(3)气态钠原子的电离——电离能 I。

$$Na(g) - e \longrightarrow Na^+(g) \qquad \Delta H_3^\ominus = I = 495.8\ kJ \cdot mol^{-1}$$

(4)氯原子加合电子——电子亲和能 Y。

$$Cl(g) + e \longrightarrow Cl^-(g) \qquad \Delta H_4^\ominus = Y = -348.7\ kJ \cdot mol^{-1}$$

(5)气态氯离子与气态钠离子结合成氯化钠晶体。

$$Cl^-(g) + Na^+(g) \longrightarrow NaCl(s) \qquad \Delta H_5^\ominus = -U$$

根据盖斯定律，有

$$\Delta_f H_m^\ominus(NaCl) = \Delta H_1^\ominus + \Delta H_2^\ominus + \Delta H_3^\ominus + \Delta H_4^\ominus + \Delta H_5^\ominus$$

$$U = -\Delta H_5^\ominus = -(-411) + [106 + 121.3 + 495.8 + (-348.7)]\ kJ \cdot mol^{-1}$$
$$= 785.4\ kJ \cdot mol^{-1}$$

从上述计算可知，由气态正、负离子形成离子晶体时，放出能量，放出的能量越多，晶格能越大。根据晶格能的大小，可判断离子键的强弱，解释和预测离子型化合物的某些物理化学性质。对于相同类型的离子晶体来说，离子电荷越高，正负离子间的核间距越小，晶格能值越大，表示正、负离子间的结合力越强，离子键强度越大，熔融或破坏离子晶体时所需的能量就越多，而反映在物理性质上则是高的熔点、硬度、沸点。表 5－10 所示为部分离子晶体的晶格能与物理性质。

表5-10 离子晶体晶格能与物理性质

NaCl 型晶体	NaI	NaBr	NaCl	NaF	BaO	SrO	CaO	MgO
离子电荷	1	1	1	1	2	2	2	2
核间距/pm	318	294	279	231	277	257	240	210
晶格能/($kJ \cdot mol^{-1}$)	704	747	785	923	3054	3223	3401	3791
熔点/℃	661	747	801	993	1918	2430	2614	2852
硬度	—	—	2.5	2~2.5	3.3	3.5	4.5	6.5

3）几种典型的离子晶体

下面主要讨论AB型（正、负离子电荷数相等）离子晶体常见的几种结构。

（1）NaCl型。NaCl型晶胞形状是立方晶系，属面心立方晶格。Na^+离子与Cl^-离子各自都占一套面心立方晶格，两套面心立方晶格相互穿插构成NaCl晶体。正、负离子都是八面体配位，如图5-41所示，配位数都为6。

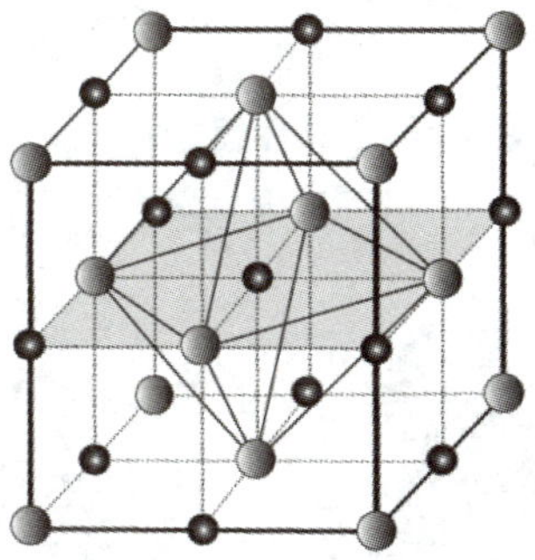

图5-41 NaCl型离子晶体

一个晶胞中Cl^-离子数：

$$8\times\frac{1}{8}(\text{角上 }Cl^-\text{离子})+6\times\frac{1}{2}(\text{面上 }Cl^-\text{离子})=4\text{ 个}$$

一个晶胞Na^+离子数：

$$12\times\frac{1}{4}(\text{棱上 }Na^+\text{离子})=4\text{ 个}$$

角顶上的每个离子为8个晶胞所共有，每个顶点原子只算1/8。同样，晶面上的离子为2个晶胞共有、棱上离子为4个晶胞所有，只能分别计算为1/2和1/4，因此NaCl晶胞中含有4个Cl^-和4个Na^+。KCl、LiF、NaBr、CaS等都属于NaCl型晶体，其正、负离子半径比一般为0.414~0.732（NaCl，0.564）。

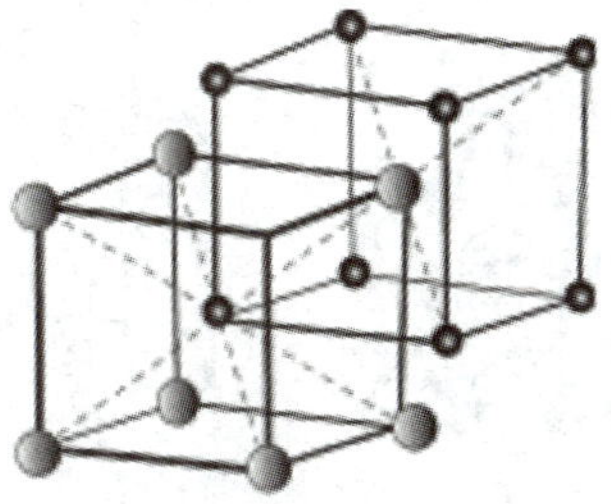

图5-42 CsCl型离子晶体

（2）CsCl型。CsCl型晶胞形状是立方晶系，但属于简单立方晶格。Cs^+离子与Cl^-离子各自占据一套简单立方晶格，正、负离子都相互占据着对方立方晶格的体心位置，如图5-42所示，两套简单立方晶格相互穿插构成CsCl晶体。也可以把负离子看成是简单立方堆积，正离子填充在负离子堆积构成的立方体空隙中。晶胞中含有正、负离子各1个。正、负离子的配位数都为8。CsBr、TlCl、NH_4Cl、NH_4I、CsI等都属于CsCl型，其正、负离子半径比一般为0.732~1。

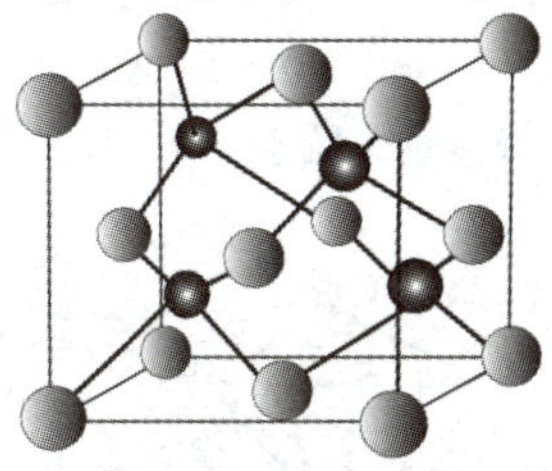

图5-43 立方ZnS型离子晶体

（3）ZnS型。ZnS型晶胞属于立方晶系，负离子按面心立方结构堆积，属面心立方晶格，正离子填入负离子堆积的部分四面体空隙中。正、负离子都是四面体配位，配位数都为4。晶胞中含有正、负离子各4个。图5-43所示为立方ZnS型晶胞。BeO、ZnSe、AgI、BN、CuCl、ZnO等都属于ZnS型，其正、负离子半径比通常为0.225~0.414。

2. 金属晶体

1）等径圆球的密置层与非密置层

在金属单质晶体中，金属原子的排列可以近似地看作是等径圆球的堆积。由于金属原子间的金属键是各向同性，金属在形成晶体时，总是倾向于组成尽可能紧密结构，采取紧密堆积的方式以使每个原子尽可能多地与其他原子相接触，来保证轨道的最大限度重叠，以达到结构的最大稳定性。

在二维平面上等径圆球的密置层只有一种方式，如图5－44(a)所示。在密置层中，每个球与6个球相接触，有两种三角形间隙，数量各占一半，一种是三角形的顶点朝上，在图5－44(a)中标为α的三角形间隙；另一种三角形间隙的顶点朝下，在图5－44(a)中标为β。

等径圆球在二维也有另一种排列方式，称为非密置层，如图5－44(b)所示。在这种排列方式中，每个球与4个球相接触，并具有四方形间隙。

2)金属晶体的密堆积结构

金属晶体常见的密堆积方式有三种：面心立方最密堆积、六方最密堆积和体心立方密堆积。其中体心立方不是最密堆积，其堆积系数小于前两种最密堆积的堆积系数。堆积系数是指等径圆球的体积占整个堆积空间体积的百分率，又称空间利用率。

(1)金属的面心立方最密堆积。将密置层的金属原子，以上下相错的方式堆砌时，只能利用半数的间隙。每一层的堆砌，都轮流使用不同类的间隙，空置另外一半的间隙。于是出现第二层(B)的每个球正好对准第一层(A)的α三角形间隙，第三层(C)的小球置于正好对准第一层β三角形间隙。这样，按ABCABC…方式重复地堆积下去，即得面心立方最密堆积结构，其晶胞为面心立方。在这种密堆积中，每个晶胞中所包含的球数为$1/8\times8+1/2\times6=4$，每个原子的配位数为12，堆积系数为0.7405，见图5－45(a)。属于这一类的有钙、锶、铅、银、金、铜、铝、镍等金属晶体。

(2)金属的六方最密堆积。将密置层进行层层堆砌，每一层的堆砌，都使用同类的半数三角形间隙，于是出现第二层(B)的小球与第一层(A)相错，而第三层的小球与第一层对齐(重复第一层)的堆积。如此ABAB…重复堆积下去即为六方密堆积，其晶胞为六方晶胞。与面心立方最密堆积一样，这种密堆积中原子的配位数也为12，堆积系数也为0.7405，见图5－45(b)。属于这一类的有钇、镁、铪、锆、镉、钛、镧等金属晶体。

(3)金属的体心立方密堆积。将非密置层的金属原子按各层之间以上下相错的方式堆砌，就可得到体心立方晶胞。这种堆积方式中，原子的配位数为8，一个原子位于晶胞立方体的体心，与立方体顶点上的8个原子紧密接触，即金属原子沿立方体的体对角线相接触，8个顶点上的原子之间没有接触。每个晶胞中的原子数为$1/8\times8+1=2$。其堆积系数为0.6802，见图5－45(c)。属于这一类的有锂、钠、钾、铷、铯、铬、钼、钨、铁等金属晶体。

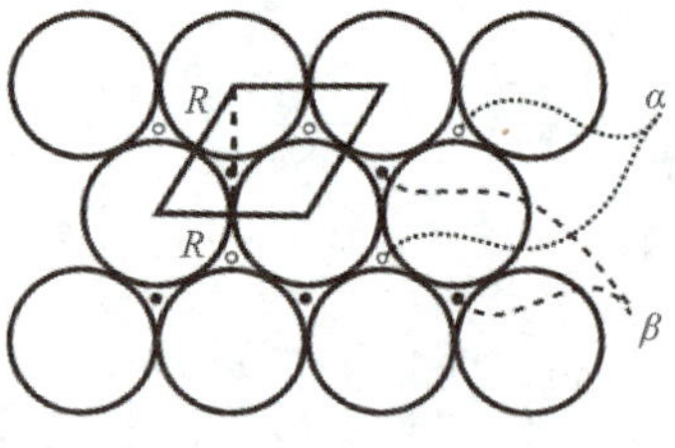

(a)密置层

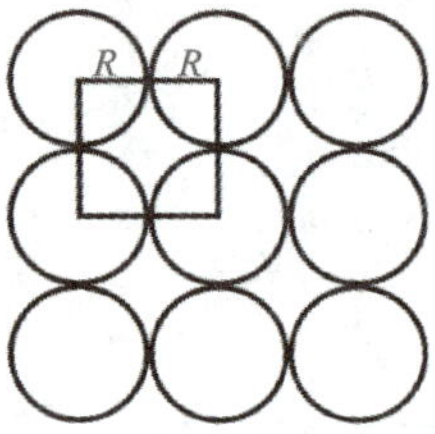

(b)非密置层

图5－44　等径圆球的密置层与非密置层

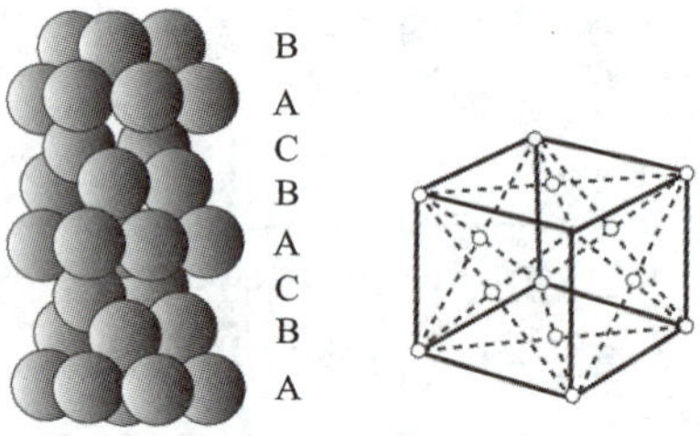

(a)面心立方最密堆积

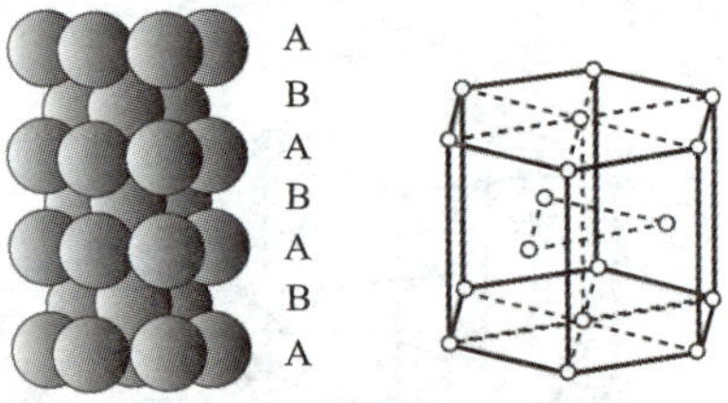

(b)六方最密堆积

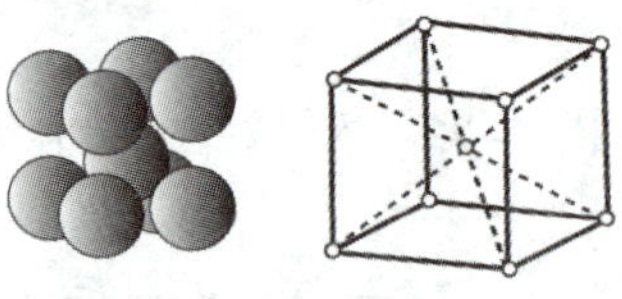
(c)体心立方密堆积

图5－45　金属晶体的常见密堆积方式

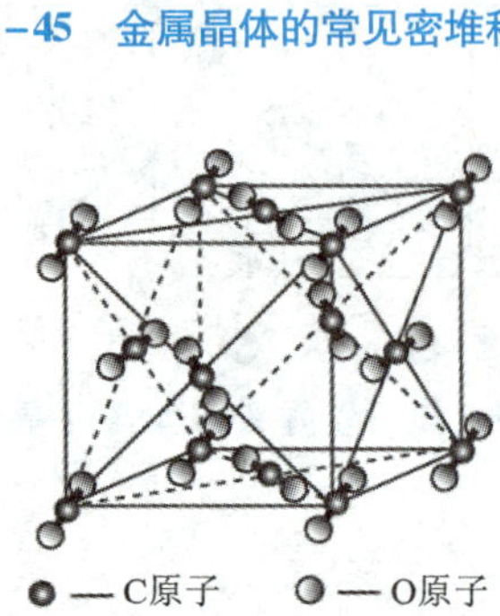

图5－46　CO_2晶体

3. 分子晶体

分子晶体是晶格微粒为共价分子的晶体。微粒间的作用力是分子间力或分子间氢键。由于分子间力比较弱，所以分子晶体具有熔、沸点较低和硬度小的特点。分子晶体通常包括非金属单质以及由非金属之间(或非金属与某些金属)所形成的化合物。例如，CO_2是分子晶体，其晶体结构如图5－46所示。CO_2分子占据立方体的八个顶角和六个面的中心位置。由于分子间力没有方向性和饱和性，所以分子晶体内部的分子一般尽可能趋于紧密堆积的形式，配位数可高达12。分子晶体的熔点一般低于400℃左右，并具有较大的挥发性，如碘和萘晶体。分子晶体在固态和熔融态一般都不导电。大部分有机化合物和绝大多数共价化合物以及稀有气体元素Ne、Ar、Kr、Xe等在低温下形成的晶体都是分子晶体。

4. 原子晶体

在原子晶体中，占据在晶格结点上的粒子是原子，原子之间通过共价键结合在一起。典型的原子晶体是金刚石（如图5－47）。在金刚石中，每个C原子都有4个sp^3杂化轨道，C原子的配位数为4，它们以$sp^3-sp^3\sigma$键相连接，形成正四面体。在原子晶体中不存在独立的小分子，整个晶体可看成是一个大分子，晶体多大，分子也就多大，没有确定的相对分子质量。

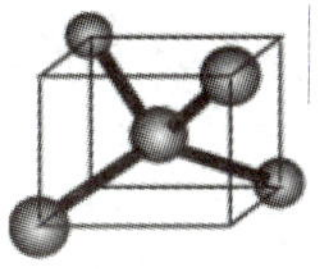
(a)sp^3杂化轨道

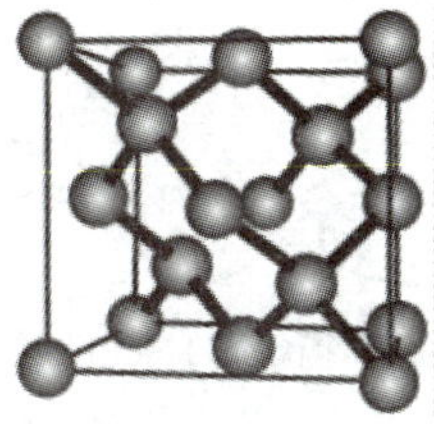
(b)金刚石晶胞

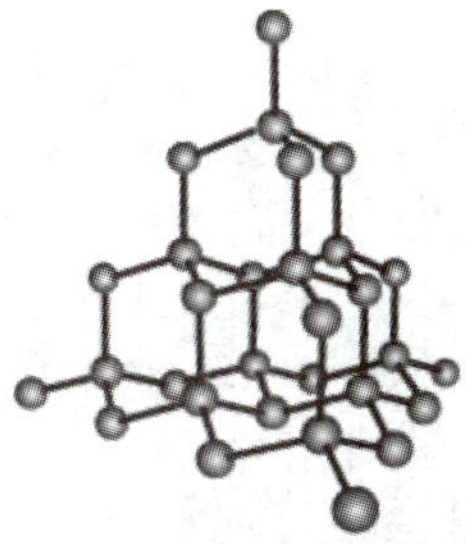
(c)金刚石网状结构

图5－47　金刚石原子晶体

原子外层电子数较多的单质常属原子晶体，如ⅣA族的C、Si、Ge等。此外半径小、性质相似的元素组成的化合物，也就是周期系ⅢA、ⅣA、ⅤA族元素彼此间形成的化合物及它们的部分氧化物，如碳化硅（SiC）、氮化铝（AlN）、石英（SiO_2）等，也是原子晶体。石英晶体结构如图5－48所示。它的基本结构单元是硅氧四面体，Si原子是sp^3杂化，居于四面体的中心位置，硅氧四面体之间是通过共顶点氧原子相连。在石英晶体中，硅、氧的配位数分别为4和2。因此“SiC”“SiO_2”等化学式仅代表晶体中各种元素原子数的比例。

由于原子晶体中晶格间的共价键比较牢固，键的强度高，所以原子晶体的化学稳定性好，具有很高的熔点、沸点，如金刚石的熔点高达3930 K。原子晶体硬度大、延展性很小、热膨胀系数小、性脆，原子晶体在固态和熔融态下都不导电，一般是电绝缘体。但是某些原子晶体如硅、锗、砷化镓通过掺杂可作为半导体材料。

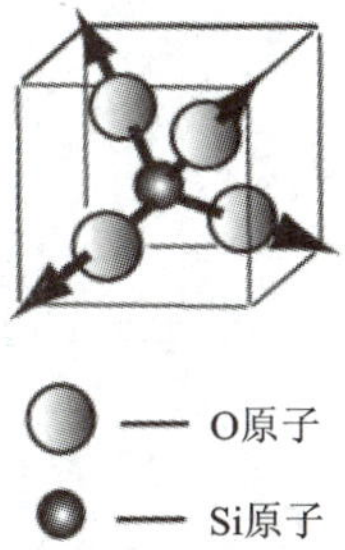

(a)硅氧四面体

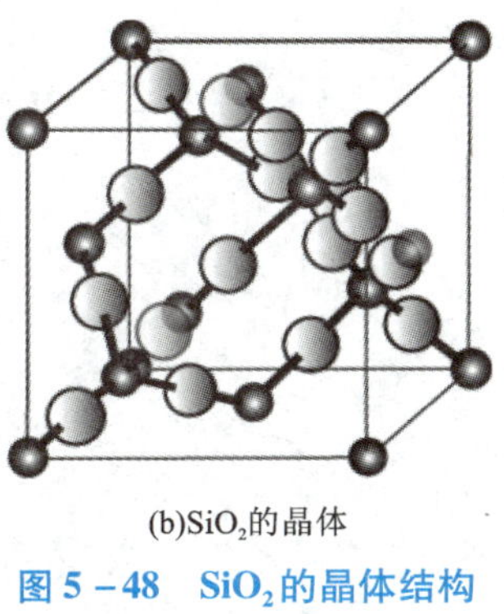
(b)SiO_2的晶体

图5－48　SiO_2的晶体结构

5.5.2　离子极化与混合键型晶体

1. 离子极化

离子极化理论是从离子键理论出发，把化合物中的组成元素看作正、负离子，然后考虑正、负离子间的相互作用。元素的离子一般可以看作球形，正、负电荷的中心重合于球心，见图5－49（a）。在外电场的作用下，离子中的原子核和电子会发生相对位移，离子就会变形，产生诱导偶极，这个过程称为离子极化，见图5－49（b）。事实上离子都带电荷，所以离子本身就可以产生电场，使带有异号电荷的相邻离子极化，见图5－49（c）。

离子极化的结果，使正、负离子之间发生了额外的吸引力，甚至有可能使两个离子的轨道或电子云产生变形而导致轨道的相互重叠，使离子键向共价键转变。从这个观点看，离子键和共价键之间并没有严格的界限，在两者之间存在着一系列过渡状态。例如，极性键可以看成是离子键向共价键过渡的一种形式，离子极化作用的强弱与离子的极化力和变形性两方面因素有关。离子使其他离子极化而发生变形的能力称为离子的极化力。离子的极化力决定于它的电场强度，简单地说，主要决定于下列因素：

(1)离子的电荷数越多，极化力越强；

(2)离子的半径越小，极化力越强；

(3)离子的外层电子构型：如果电荷相等，半径相近，则离子的极化能力决定于离子的外层电子构型。外层8电子构型的离子极化力弱，外层2、18、(18+2)电子构型的离子以及9~17电子构型的离子极化力较强。

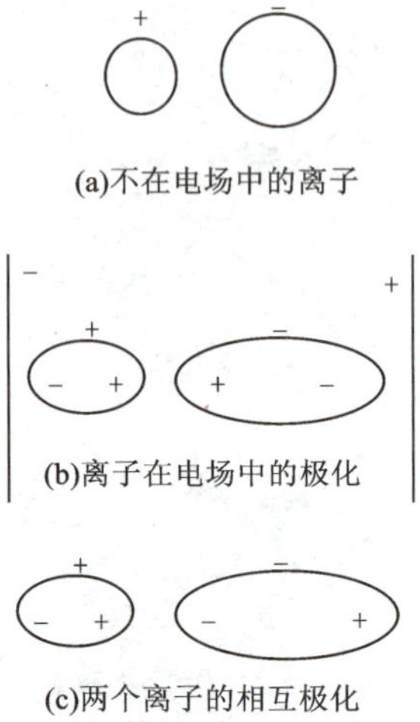

图5-49 离子极化作用示意图

离子的变形性的大小也与离子的结构有关。离子的变形性主要决定于下列因素。

(1)离子的电荷。随正电荷数的减少或负电荷数的增加而增加，如变形性：$Si^{4+} < Al^{3+} < Mg^{2+} < Na^{+} < F^{-} < O^{2-}$。

(2)离子的半径。随半径的增大而增加。如变形性：$F^{-} < Cl^{-} < Br^{-} < I^{-}$；$O^{2-} < S^{2-}$。

(3)离子的外层电子构型。外层18、(18+2)、9~17等电子构型的正离子变形性较大，这是由于d电子容易变形。外层8电子构型的正离子变形性较小，例如：$K^{+} < Ag^{+}$；$Ca^{2+} < Hg^{2+}$。

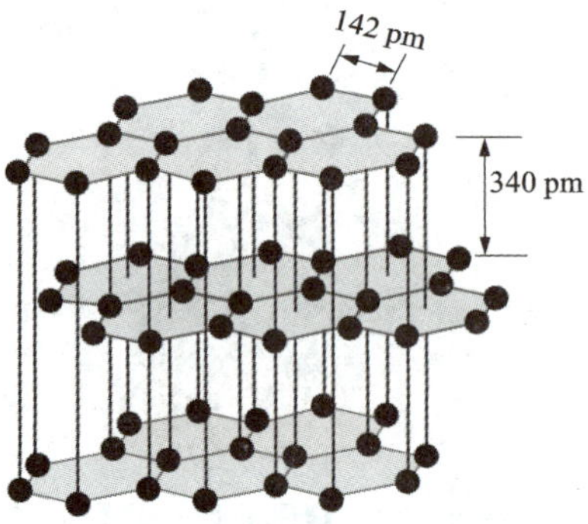

图5-50 石墨的混合型晶体结构

根据上述规律，由于负离子的极化力较弱，正离子的变形性较小，所以考虑离子极化作用时，一般说来，主要是考虑正离子的极化力和体积大的负离子的变形性。只有当正离子也容易变形时，才不能忽视两种离子之间的相互极化作用。

离子极化理论是离子键理论的重要补充，由于离子极化作用引起键的极性减小，会使相应的晶体从离子型逐渐变成过渡型直至共价型(一般为分子晶体)，因而往往会使晶体的熔点降低、在水中溶解度减小、颜色加深等。离子极化对晶体结构和熔点等性质的影响，以第3周期的氯化物为例，如表5-11所示，由于Na^{+}、Mg^{2+}、Al^{3+}、Si^{4+}的离子电荷依次递增而半径减小，极化力依次增强，引起Cl^{-}发生变形的程度也依次增大，致使正负离子轨道的重叠程度增大，键的极性减小，相应的晶体由NaCl的离子晶体转变为层状的$MgCl_2$、$AlCl_3$的过渡型晶体，最后转变为$SiCl_4$的共价型分子晶体，其熔点、沸点、导电性也依次递减。

表5-11 第3周期中一些氯化物的性质

氯化物	NaCl	$MgCl_2$	$AlCl_3$	$SiCl_4$
正离子	Na^{+}	Mg^{2+}	Al^{3+}	Si^{4+}
r_{+}/nm	0.095	0.065	0.050	0.041
熔点/℃	801	714	190(加压下)	-70
沸点/℃	1413	1412	177.8(升华)	57.57
摩尔电导率(熔点时)	大	较大	很小	零
晶体类型	离子晶体	层状结构晶体	层状结构晶体	分子晶体

2. 混合型晶体

除了分子晶体、离子晶体、原子晶体和金属晶体之外，还有一种混合型晶体。在混合型晶体中，晶格上的微粒之间存在两种或两种以上的结合力。石墨是典型的混合型晶体，如图5－50所示。石墨晶体可以看成是由一层一层碳原子堆砌起来的。层与层之间的间隔是340 pm，而层内碳原子之间的距离是142 pm。层间距离较大，仅以微弱的范德华力相结合，片层之间容易滑动。在每层之内，每个碳原子是sp^2杂化，以3个sp^2杂化轨道与另外3个相邻碳原子形成3个$sp^2-sp^2\sigma$键，键角120°；6个碳原子在同一平面上形成一个正六边形的环，由此延伸形成整个片层结构。在形成3个σ键后，每个碳原子上还有剩下的一个与层平面相垂直的单电子p轨道，这些p轨道以“肩并肩”的形式重叠，在整个片层内形成一个个相连的π键。这种由多个原子共同形成的π键称为大Π键，又称离域键，成键电子在整个原子层上运动。这些可在离域π键上自由运动的离域电子，类似于金属晶体中的自由电子，离域π键相当于金属键，所以石墨层方向上的电导率很大，外观上也具有金属光泽。

属于混合型晶体还有层状晶体如云母、黑磷、碘化钙、碘化镁、碘化镉、氮化硼。链状晶体石棉也属于混合型晶体。石棉的主要成分是硅酸盐，链中Si和O之间以共价键结合，硅氧链之间是填以较小的阳离子如Na^+和K^+等，以离子键相结合。链间的离子键不如链内的共价键强，所以石棉容易成纤维状。云母也是硅酸盐，和石棉相似，不同的是整个层内是硅氧以共价键结合，层间是离子键结合。

图5－51　自然界的雪花图案

5.5.3　晶体的缺陷

具有完整空间点阵结构的晶体为理想晶体，而实际的晶体都在不同的程度上存在一定的缺陷。晶体中一切偏离理想的点阵结构都称为晶体缺陷。按几何形式划分可分为点缺陷、线缺陷、面缺陷和体缺陷等。

1. 点缺陷

当晶格结点上缺少某些粒子（离子、原子或分子）时，产生空位；或在晶格间隙位置上存在粒子；或有外来的杂质粒子取代晶格上原来的粒子，占据在晶格上等，都构成点缺陷。点缺陷又有空位缺陷与杂质缺陷之分，空位缺陷属于本征缺陷，而由于外来杂质所产生的缺陷称为杂质缺陷。金属中点缺陷会造成晶格畸变，电阻增大和金属中扩散过程的加速等，使材料性质改变。晶体中的点缺陷并非固定不变，空位周围原子由于热振动的能量起伏，有时可获得足够高的能量，离开平衡位置而进入空位，于是在原来原子的位置上形成新的空位，使空位向邻近结点迁移。当然，空位与间隙原子相遇，也会造成空位和间隙原子消失。在晶体中，空位和间隙原子是热运动的结果，它们不断产生、移动，也不断消失。当外界条件一定时，存在一定平衡浓度。一般晶体的主要缺陷是空位。

本征缺陷有两种基本类型：肖特基（Schottky）缺陷和弗伦克尔（Frenkel）缺陷。

肖特基缺陷：对于金属晶体是由于金属原子空位而形成的缺陷；对于离子晶体，晶格中同时有阴离子和阳离子按化学计量比空位，形成离子双缺位缺陷，如图5－52(a)所示。具有高配位数、正负离子半

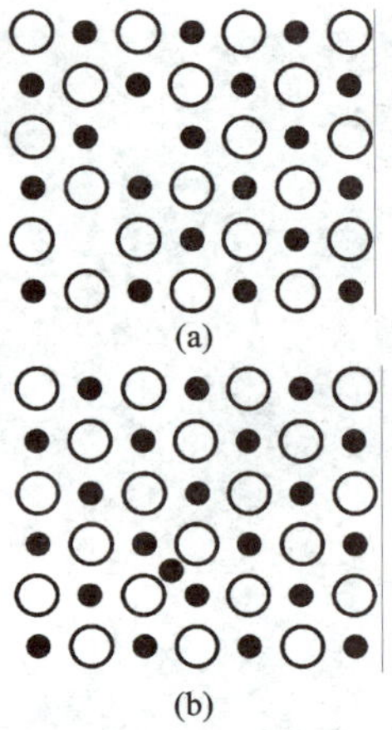

图 5-52 晶体的缺陷

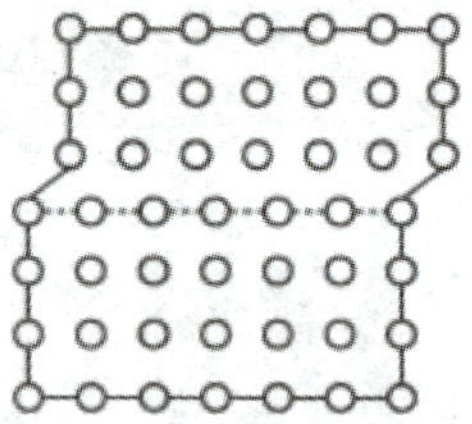
图 5-53 线缺陷

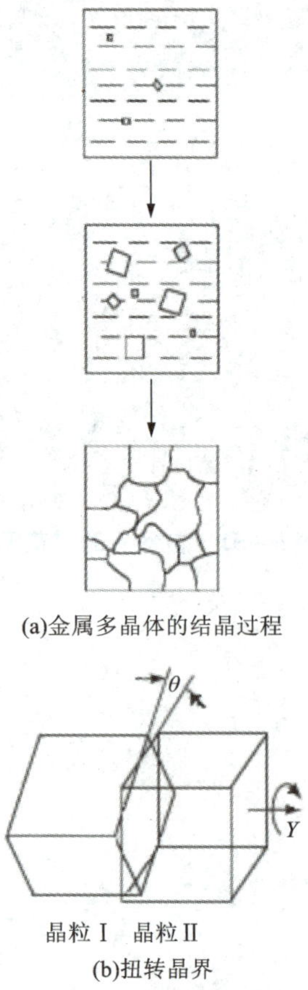

图 5-54 多晶的生长和典型的面缺陷

径相近的离子型化合物，倾向于生成这种缺陷，如 CsCl，KCl 等。

弗伦克尔缺陷：晶格中一种离子或原子离开正常位置，进入晶格间隙，留下空位而形成的缺陷，如图 5-52(b)所示。这种缺陷常发生在阳离子半径远小于阴离子半径或晶体间隙比较大的离子晶体中，如 AgBr。

2. 线缺陷

晶体中某一列或若干列原子发生规律性错排的现象，称为线缺陷，如图 5-53 所示，也叫位错，位错是晶体中较普遍的缺陷方式。位错的密度可用单位体积内位错的总长度来表示，金属的位错密度有时可达 $10^{10} \sim 10^{12}\ m^{-2}$。金属位错的密度对金属的强度、断裂和塑性变形有重要作用。金属如果没有位错，将具有极高的强度。

3. 面缺陷——晶界

实际晶体生长时，许多部位经常同时发展，结果得到的通常不是同一晶格反复生长的单晶，而是由许多细小晶粒堆积起来的多晶，图 5-54(a)所示为金属冷却过程中生成多晶体的过程。多晶体一般不表现各向异性。多晶体中不同晶粒之间的交界称为晶界，晶界存在很多特殊性质，如能量高、熔点低、粒子传递速度快、杂质集中、容易氧化和优先腐蚀等。图 5-54(b)所示为典型面缺陷扭转晶界示意图。

上述结构缺陷的存在对材料带来两方面影响，一方面可使材料的某些性能降低，另一方面也会带来很多特殊功能，是功能材料的主要研究方向之一。微量杂质缺陷存在，破坏了点阵结构，使缺陷周围的电子能级不同于正常位置原子周围的能级，可以赋予晶体以特定的光学、电学和磁学性质。如半导体的掺杂，含 Ag^+ 的 ZnS 晶体用于彩色电视荧光屏中的蓝色荧光粉等。晶体中的线缺陷、面缺陷、体缺陷等都对晶体的生长、晶体的性质，特别是对晶体的力学性质有着很大的影响，是固体化学、材料科学等研究的重要内容。

本章复习指导

掌握：四个量子数的物理意义及特定组合的取值规律；基态原子的核外电子排布规律；现代价键理论的要点和共价键的特点及类型；杂化轨道理论的要点、常见轨道杂化类型及应用；范德华力和氢键的特点及其对物质性质的影响；AB 型离子晶体的结构形式；离子晶体半径比规则；离子极化及其影响；元素周期表的分区、周期、族与相近电子结构、能级组、价层电子结构的对应关系。

熟悉：微观粒子的量子化和波粒二象性等基本特征；原子核外电子的运动状态；波函数和电子云的角度分布图、波函数的径向分布图和概率分布的表示法——径向分布函数图；价层电子对互斥理论判断 AB_n 型分子空间构型的规则及应用；晶体的特征；晶胞与晶胞参数；晶系和空间点阵形式；晶体的分类；金属晶体的密堆积方式。

了解：薛定谔方程以及方程的解(波函数)；元素性质在周期表中的变化规律；键参数；分子轨道理论；晶体缺陷的类型；金属键的能带理论；离子晶体晶格能及其求算：玻恩—哈伯循环；原子晶体和分

子晶体的特点；过渡型晶体。

选读材料

分子光谱

概念：分子能级之间跃迁形成的发射和吸收光谱称为分子光谱，或者说把分子发射出来的光或吸收的光进行分光得到的光谱。分子光谱与分子绕轴的转动、分子中原子在平衡位置的振动和分子内电子的跃迁相对应。

背景：原子光谱的特征是线状光谱，一个线系中各谱线间隔都较大，只在接近线系极限处越来越密，该处强度也较弱；若原子外层电子数目较少，谱线系也为数不多。分子光谱的分布与原子光谱不同，许多谱线型成一段一段的密集区域成为连续带状，称为光谱带。所以分子光谱的特征是带光谱。它的波长分布范围很广，可出现在远红外区（波长是厘米或毫米数量级）、近红外区（波长是微米数量级）、可见区和紫外区（波长在 10^{-1} μm 数量级）。分子光谱一般具有如下规律：(1) 由光谱线组成光谱带；(2) 几个光谱带组成一个光谱带组；(3) 几个光谱带组组成分子光谱。

分子运动与光谱关系：

分子的运动与能量及光谱对应关系

运动分类	运动形式	分子状态	能量范围/eV	光谱
分子总体运动	平动	平动态	$>10^{-4}$	射频谱
	转动	转动态	$10^{-4}\sim10^{-2}$	远红外谱，微波谱
分子内部运动	原子核运动	振动态	$10^{-2}\sim1.0$	红外、拉曼光谱
	电子运动	电子跃迁	$1.0\sim10^{2}$	紫外、可见光谱

分子能级：分子光谱是由远红外光谱、近红外光谱、可见光和紫外光谱交织在一起的光谱。而远红外光谱是由于分子转动能级的变化引起的；近红外光谱是分子既有振动能级又有转动能级改变时产生的；而可见光和紫外光谱是分子既有电子能级又有振动和转动能级变化时产生的。所以分子内部既有分子转动，又有分子的振动，还有分子中电子的运动。

分子的转动能级和转动光谱：在辐射过程中，分子的电子状态和振动状态都没有改变，则辐射仅由分子转动状态的改变引起。由于转动能级差最小，相应光子的能量很小，所产生的光谱一般在远红外区域。

分子的振动能级和振动光谱：以双原子分子为例，假定分子辐射时，分子的电子状态和转动状态都不改变，则辐射由分子的振动状态的改变而引起。

纯振动光谱：纯振动光谱是同一电子态中，不同振动能级间跃迁所产生的光谱，分布在远红外波段，通常主要观测吸收光谱。

分子的振—转光谱：当分子的振动状态发生变化时，转动状态也

非晶硅和太阳能电池

非晶硅与晶体硅不同，非晶硅的每个原子与周围硅原子相结合时其平均结合数为 3.8，在非晶硅中有大量没有配对的悬键，其数量大于1/1000。非晶硅及其改性产品是制造太阳能电池最有希望的原料。目前单晶硅太阳能转换效率较高，为 15%，已经用于人造卫星，但是其价格昂贵。非晶硅转换效率虽低，为 8% ~10%，但其成本可降低 50%，且耐热、化学稳定性好，尺寸稳定，可靠性高。更令人感兴趣的是，大部分元素均可以非理论配比溶入非晶硅中，因此可以形成很多新物质、新材料，目前已经有转换效率达 12% 的非晶硅出现。

常常发生变化，这时发射的光谱称为振—转光谱，是一些密集的谱线，分布在近红外波段，主要观测吸收光谱。

分子的电子光谱：分子中各原子的内层电子在各原子核周围组成封闭的电子层，与原子未结合成分子的情况一样。分子的外层电子则处于它们的联合势场中运动，分子的电子态决定于这些外层电子。电子光谱带由电子态上不同振动和不同转动能级之间的跃迁产生，可分成许多带，分布在可见或紫外波段，可观测发射光谱。由于电子能级变化时，振动、转动状态都要发生变化，因此称电子光谱为电子—振动—转动光谱。在分子的电子态之间的跃迁中，总是伴随着振动和转动跃迁的，因而许多光谱线就密集在一起而形成分子光谱。因此，分子光谱又叫作带状光谱。

分子光谱是提供分子内部信息的主要途径，根据分子光谱可以确定分子的转动惯量、分子的键长和键强度以及分子离解能等许多性质，从而可推测分子的结构。

复习思考题

1. 什么是物质波？它与经典机械波有何不同？

2. n、l 与 m 三个量子数的组合方式有何规律？这三个量子数各有何物理意义？

3. 波函数与概率密度有何关系？电子云图中黑点疏密程度有何含义？

4. 比较波函数的角度分布图与电子云的角度分布图的特征差异。

5. 多电子原子的轨道能级与氢原子的有什么不同？

6. 在长式周期表中 s 区、p 区、d 区、ds 区和 f 区元素各包括哪几个族？每个区的族数与 s、p、d、f 轨道可分布的电子数有何关系？

7. 简单说明电负性的含义及其在周期系中的一般递变规律。电负性与金属性、非金属性有何联系？

8. 什么是离子键？正负离子半径和离子电荷数与离子键强度有何关系？为什么说共价键具有饱和性和方向性？

9. 举例说明杂化轨道的类型与分子空间构型的关系。

10. 离子的电荷和半径对典型的离子晶体性能有何影响？离子晶体的通性有哪些？

11. 在稀有气体的晶体中，格点上的微粒是原子，稀有气体是否属于原子晶体？为什么？

12. 为什么干冰（CO_2固体）和石英的物理性质差异很大？金刚石和石墨都是碳元素的单质，为什么物理性质不同？

13. 水分子与乙醇分子间能形成氢键，这是由于两者分子中都包含 OH 键，乙醚分子与水分子之间能否形成氢键？为什么？是否只有含 O—H 键的分子才能与水分子形成氢键？

14. 金属正离子的外层电子构型主要有哪几类？如何表示？举例说明。

15. 试比较 BF_3和 NF_3两种分子结构（包括化学键、分子极性和空间构型等）。

习题

1. 是非题(对的在括号内填"√"号，错的填"×"号)。

(1)当主量子数 $n=2$ 时，其角量子数只能取一个数，即1。( )

(2)p轨道的角度分布图为"8"形，这表明电子是沿"8"轨迹运动的。( )

(3)多电子原子轨道的能级只与主量子数 n 有关。( )

2. 选择题(将所有正确答案的标号填入空格内)。

(1)已知某元素+2价离子的电子分布式为 $1s^22s^22p^63s^23p^63d^{10}$，该元素在周期表中所属的分区为______。

(a)s区 (b)d区 (c)ds区 (d)f区 (e)p区

(2)下列各晶体熔化时只需要克服色散力的是______。

(a)$HgCl_2$ (b)CH_3COOH (c)$CH_3CH_2OCH_2CH_3$

(d)SiO_2 (e)$CHCl_3$ (f)CS_2

(3)下列化合物晶体中既存在离子键，又存在共价键的是______。

(a)NaOH (b)Na_2S (c)$CaCl_2$ (d)Na_2SO_4 (e)MgO

(4)下列各分子中，中心原子在成键时以 sp^3 不等性杂化的是___。

(a)$BeCl_2$ (b)PH_3 (c)H_2S (d)$SiCl_4$

(5)下列各物质的分子间只存在色散力的是______。

(a)CO_2 (b)NH_3 (c)H_2S (d)HBr (e)SiF_4 (f)$CHCl_3$

(g)CH_3OCH_3

(6)下列各种含氢的化合物中含有氢键的是______。

(a)HCl (b)HF (c)CH_4 (d)HCOOH (e)H_3BO_3

3. 以下几位科学家对原子结构理论各有什么贡献?

(a)德布罗意 (b)爱因斯坦 (c)玻尔 (d)薛定谔

4. 解释下列概念:

(a)波粒二象性 (b)波函数 (c)电子云 (d)电子云界面图

(e)波函数的角度分布图 (f)电子云的角度分布图

(g)屏蔽效应 (h)钻穿效应 (i)电离能 (j)电子亲和能

5. 下列各物质的化学键中，只存在σ键的是______；同时存在σ键和π键的是______。

(a)PH_3 (b)乙烯 (c)乙烷 (d)SiO_2 (e)N_2

6. 甲烷与氧气燃烧时，其反应式如下：$CH_4(g)+2O_2(g)═══CO_2(g)+2H_2O(g)$，试用键能数据，估算该反应在298.15 K时的标准摩尔焓变 $\Delta_rH_m^\ominus(298.15\ K)$。

7. 试写出下列各化合物分子的空间构型，成键时中心原子的杂化轨道类型以及分子的电偶极矩(是否为零)。

(a)SiH_4 (b)H_2S (c)BCl_3 (d)$BeCl_2$ (e)PH_3

8. 下列各物质的分子之间，分别存在何种类型的作用力?(不能仅用分子间力表示)

(a)H_2 (b)SiH_4 (c)CH_3COOH (d)CCl_4 (e)HCHO

9. 乙醇和二甲醚(CH_3OCH_3)的组成相同，但前者的沸点为78.5℃，而后者的沸点为-23℃，为什么?

10. 下列各物质中哪些可溶于水?哪些难溶于水?试根据分子的

结构，简单说明之。

(a)甲醇 (b)丙酮 (c)氯仿($CHCl_3$) (d)乙醚 (e)甲醛 (f)甲烷

11. 判断下列各组中两种物质的熔点高低。

(a)NaF，MgO (b)BaO，CaO (c)SiC，$SiCl_4$ (d)NH_3，PH_3

12. 试判断下列各组物质熔点的高低顺序，并作简单说明。

(a)SiF_4，$SiCl_4$，$SiBr_4$，SiI_4 (b)PI_3，PCl_3，PF_3，PBr_3

第5章习题答案

第 6 章

单质与无机化合物

(Elemental and Inorganic Compounds)

图6-1 元素分离过程中形成的几类矿石
(上)尖晶石;(中)正长石;(下)伟晶岩

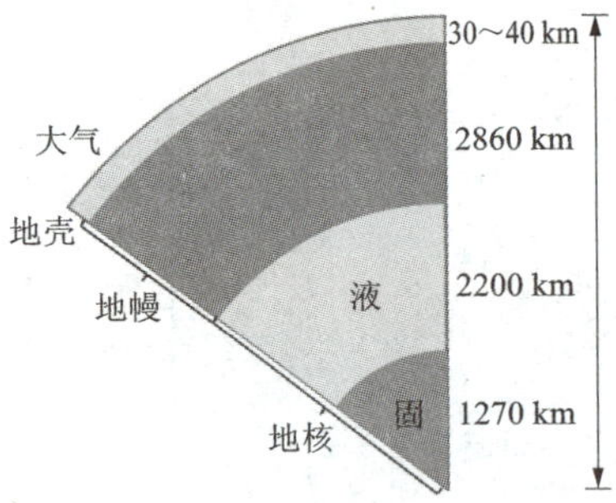

图6-2 地球的结构

所有化学物质都包含元素。迄今为止,人类发现的元素有118种,其中94种能存在于地球自然界,其他20多种元素均为人工实验室核合成的元素,随着人工的核反应的进行,更多的新元素将会被发现。

6.1 元素概述

6.1.1 地球上元素的三次分离

星云学说认为,地球的形成过程中元素进行了三次分离。

第一次分离:在地球冷凝的过程中,活泼金属与氧形成氧化物,与硫形成硫化物,硅与氧形成二氧化硅和硅酸盐。由于金属数量比氧多,故反应后还保留熔化的金属相,成分以单质铁为主。

第二次分离:地壳固化后,物质在不同的温度阶段进行分步结晶,按温度差异,分成三个主要阶段:

在1200℃以上最先结晶出来的有:磁铁矿、铬铁矿、钛铁矿、尖晶石、橄榄石等。这些都是耐火氧化物,由于密度较大,相互之间不易混合。

在500~1200℃温度范围内结晶的主要有:Fe^{2+}、Mg^{2+}、Ca^{2+}、Na^+和K^+的硅酸盐和铝硅酸盐。这些矿物与石英一起,约占地壳的4/5。电荷与半径都相同的离子,可相互代替,例如,在某些硅酸盐中,Ni^{2+}代替了Mg^{2+}。

在500℃以下最后结晶的是颗粒粗大的伟晶岩。主要成分为过渡金属元素所生成的硼酸盐、磷酸盐、铌酸盐、钼酸盐或者硫化物,其经济价值较大。

由于液铁密度较大,它慢慢地移向地球的中心。密度较小的氧化物、硫化物和硅酸盐则漂浮在上面。这样地球就形成了三个部分——地核、地幔和地壳。由地震波推测,地核主要由铁组成,部分为固体,部分为液体。地幔由各种硅酸盐组成,越深密度越大。地壳只占地球总质量的1%,密度较小,组成较不匀称。

第三次分离:地壳经历了物理的、机械的和化学的风化过程,在水、二氧化碳和腐殖酸的协同作用下,对地壳中的元素进行有选择的萃取,使某些成分如Na^+、Ca^{2+}、Fe^{2+}、Mg^{2+}等离子进入溶液,留下不溶的残渣,如TiO_2、Fe_2O_3、SiO_2等。风化时离子势(离子电荷数和离子半径之比值)小的离子容易溶解,而留在溶液中,形成了海水的主要成分;离子势大的元素是以含氧酸根形式存在;离子势居中的元素,在还原性介质中进入溶液,在氧化性介质中成为沉淀。当外界条件变化时还可再发生还原作用,使这种沉积物溶解。这就构成了沉淀和溶解的循环过程。此外,当地球上出现生命之后,还发生了生物的代谢作用,使元素进入生物链的循环过程,例如:钙与镁进入生物体,钙在骨骼、甲壳中,镁在叶绿素中;钾参与植物的生长,这些过程都影响元素的分布。

6.1.2 元素的存在形态

元素在自然界中的存在形态主要有三种类型。

（1）游离态。自然界中的游离态物质较少，大致包括三大类：气态非金属单质（如 N_2、He）、固态非金属单质（如 C、S）和金属单质（如 Hg、Au 等铂系元素单质，以及通过陨石引进地球的天然铜和铁）。

（2）化合态。大多数元素以氧化物、硫化物、卤化物、碳酸盐、磷酸盐、硫酸盐、硅化合物等形式存在。

（3）生命态。组成生命的基础是细胞，Ca、P 等元素作为结构材料，构成生物的骨骼、牙齿和外壳；C、H、O、N、S 等元素构成生物大分子，而某些金属离子组成各类重要的金属酶。

6.1.3 元素的组成与划分

元素大致可分为金属、非金属和准金属三大类。金属元素分布在元素周期表左边和中间部分，非金属元素分布在元素周期表的右上角，准金属元素位于周期表中金属与非金属元素之间。然而 H 元素虽说位于元素周期表的左上角，但它被归为非金属元素。

工程技术上，金属又可分为黑色金属和有色金属两大类。黑色金属包含铁、锰、铬及其合金，这三种金属都是冶炼钢铁的主要原料，在国民经济中占有极其重要的地位。黑色金属的产量约占世界金属总产量的95%。

有色金属则按照其密度、化学稳定性及其在地壳中的分布情况可进一步分为五类。

（1）轻金属。质量较轻，化学性质活泼，密度一般小于 $4.5\ g/cm^3$，包含铝、镁、锂、钠、钾、钙、钛。

（2）重金属。一般指密度大于 $4.5\ g/cm^3$ 的金属。原子序数从 23（V）至 92（U）的天然金属元素有 60 种，除其中的 6 种外，其余 54 种的相对密度都大于 $4.5\ g/cm^3$。但是，在进行元素分类时，其中有的属于稀土金属，有的划归为难熔金属。最终在工业上真正划入重金属的为 10 种金属元素：铜、铅、锌、锡、镍、钴、锑、汞、镉和铋。

（3）贵金属。贵金属主要指金、银和铂系金属（钌、铑、钯、锇、铱、铂）等 8 种金属元素。这些金属含量较少，大多数拥有美丽的色泽，具有较强的化学稳定性。

（4）稀有金属。通常指在自然界中含量较少或分布稀散的金属，它们难于从原料中提取，包含 4 种稀有轻金属（锂、铷、铯和铍）、9 种稀有高熔点金属（钛、锆、铪、钒、铌、钽、钨、钼和铼）、6 种稀散金属（镓、铟、铊、锗、硒、碲）以及全部稀土金属。

（5）放射性金属。通常指能自发放射出具有一定能量的射线（α、β、γ 射线）的金属，有天然放射性元素和人造放射性元素两类。天然放射性金属有钋（Po）、钫（Fr）、镭（Ra）、锕（Ac）、钍（Th）、镤（Pa）和铀（U）。人造放射性金属有锝（Tc）、钷（Pm）、砹（At）、镎（Np）、钚（Pu）、镅（Am）、锔（Cm）、锫（Bk）、锎（Cf）、锿（Es）、镄（Fm）、钔（Md）、锘（No）、铹（Lr）以及原子序数 104～109 号的锕系后元素，人造放射性金属都是利用核反应方式制取的元素。

非金属元素是元素的另一大类，除氢以外，其他非金属元素都排在周期表的右侧和上侧，属于 p 区，包括氢、硼、碳、氮、氧、氟、硅、磷、硫、氯、砷、硒、溴、碲、碘、砹、氦、氖、氩、氪、氙、氡，共

元素在地球上的分布

已发现的所有元素中，其中 94 种元素在地球上的自然界存在，自然界存在的元素在地球上的分布情况如下：

大气圈　大气层约 100 km 厚，总质量达 5×10^6 亿 t，大气主要由 N_2（75.51%）、O_2（23.15%）和稀有气体 Ar（1.28%）组成，其中 N_2 多达 3.8648×10^6 亿 t。

水圈　水圈中除了组成水的 H 和 O 外，主要元素为 Na、Mg、Cl 等元素。海水中还含有微量的 Zn、Cu、Mn、Au、U、Ra 等共约 50 余种元素。

岩石圈　岩石圈的主要成分为 Na、Mg、Si、K、Ca、Ti、Fe、O、Mn 等元素。我国的矿物资源比较丰富，到目前为止，世界上已知的矿物在我国都找到了，已探明储量的矿物达 148 种。

生物圈　在水圈和大气圈所构成的环境之中，生物体与环境进行物质交换以维持生命活动，通过漫长的进化过程，逐步形成一套自身调节系统，有选择地摄取部分元素构成生物体本身。目前在植物体内已发现 70 多种元素，在动物体内已发现 60 多种元素，以 O、C、H、N 这 4 种元素为主。在人的体重中，水占 59%～62%，蛋白质占 16%～18%，脂肪占 13%～18%，无机盐占 4%～7%，糖类占 1%，这些化合物构成人体的不同组织和器官。

22 种。

性质介于金属和非金属之间的元素又可称为准金属元素。其在元素周期表中处于金属向非金属过渡的位置，通常包括硼、硅、砷、碲、硒、钋、锗、锑。

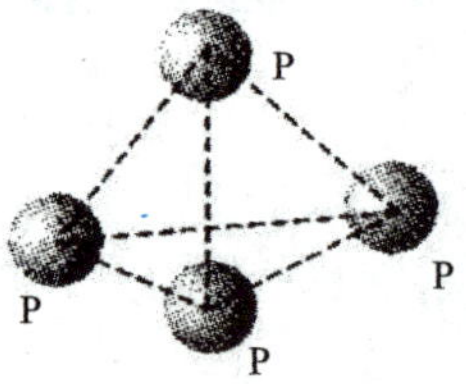

图 6-3 P_4分子的结构

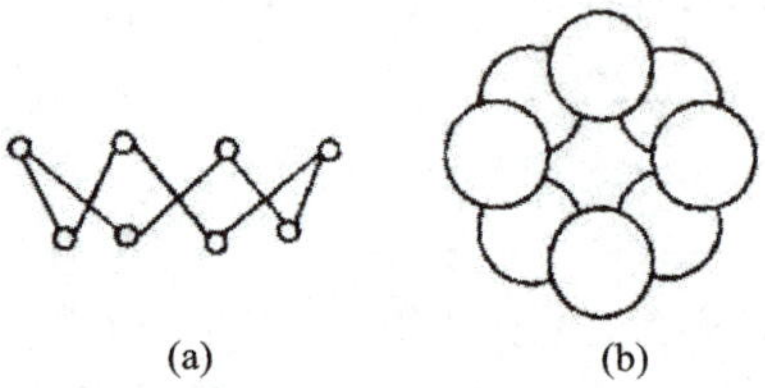

图 6-4 S_8分子结构

(a)前视图；(b)俯视图

图 6-5 O_3 分子结构

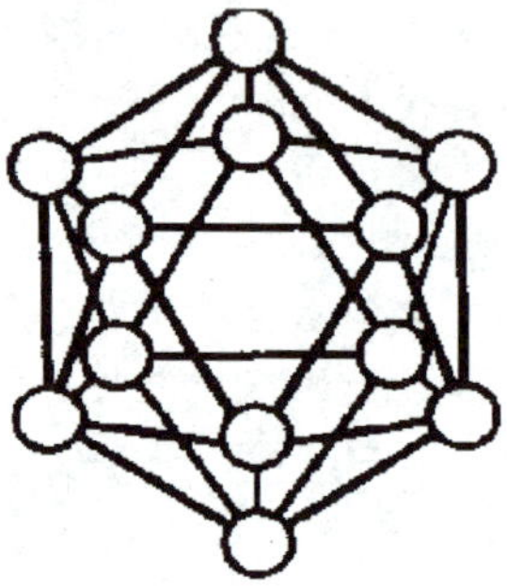

图 6-6 B_{12}二十面体

6.2 单质

6.2.1 单质的结构

元素原子的电子结构，不仅决定了不同元素之间怎样能彼此结合成化合物，而且也决定了同种元素原子之间怎样结合成单质。根据单质的结构不同，可以将单质分为以下基本类型。

(1)单原子分子。例如 He、Ne、Ar、Kr、Xe、Rn 等，它们是具有闭壳层电子结构的单原子分子，由于化学性质不活泼，故曾称为惰性气体，自从发现惰性气体化合物之后又称为稀有气体。

(2)双原子分子。例如 H_2、X_2(X = F、Cl、Br、I、At)，O_2、N_2等，其化学键的种类包括：共价单键(如 H_2)、共价叁键(如 N_2)和特殊的共价多键(如 O_2，有一个 σ 键和两个Π_2^3大 π 键)。

(3)多原子分子。例如 P_4、Sn、O_3等。白磷分子(P_4)中每个 P 原子形成 3 个共价单键，与另外 3 个 P 原子形成四面体结构的分子(图 6-3)，砷和锑在蒸气凝聚时也形成结构类似的 As_4和 Sb_4。硫磺分子(S_8)中每个 S 原子能够形成 2 个共价单键，与相邻的两个 S 原子结合成链，首尾结合成环状分子 S_n。热力学上最稳定的斜方硫，其分子是由 8 个 S 原子形成环状分子 S_8(图 6-4)。Se 也形成结构类似的环状 Se_8分子。臭氧分子(O_3)中心氧原子采用 sp^2杂化轨道成键，与另外两个 O 原子各形成一个 σ 键。此外，3 个 O 原子的 $2p_z$轨道垂直于分子平面，共有 4 个电子，它们形成Π_3^4大 π 键，分子结构呈 V 形。这个分子是唯一具有极性的单质分子(电偶极矩 $\mu = 1.7 \times 10^{-30}$ C · m)(图 6-5)。

(4)大分子。某些原子通过相互间的 2 个、3 个或 4 个共价单键形成链状结构或三维空间结构的大分子。能形成大分子的元素为 B、C、Si、Ge、Sn、P、As、Sb、Bi、S、Se、Te 等。其中也有分子型或金属型的同素异形体。例如，硼有多种同素异形体，全都是以 B_{12}二十面体为结构单元(图 6-6)。1984 年，美国劳尔芬(E. A. Rohlfing)等人利用激光气体/氦气脉冲膨胀法，从固态石墨产生了由若干个 C 原子组成的分子 C_n，称为碳素原子簇。n 大于 1，最高可达 180。其中，最著名的为 C_{60}富勒烯封闭笼形结构(图 6-7)。磷也有许多晶型，在高压下，加热白磷所得到的黑磷具有如图 6-8 所示的层状结构。

6.2.2 单质的物理性质

视频6-1

(1)单质的晶型。单质的晶型取决于组成单质的原子、分子或晶体的结构。单质的晶型在周期表中出现周期性的递变规律，如图 6-9 所示，同一周期元素的单质，从左到右，一般由典型的金属晶体经过原子晶体、层状晶体或链状晶体等，最后过渡到分子晶体。副族元素单质均为金属晶体。主族的 s 区元素的单质均为金属晶体，p 区元素的晶体结构较为复杂，有原子晶体、过渡型晶体或分子晶体，最右边的稀有气体则全部为分子晶体。

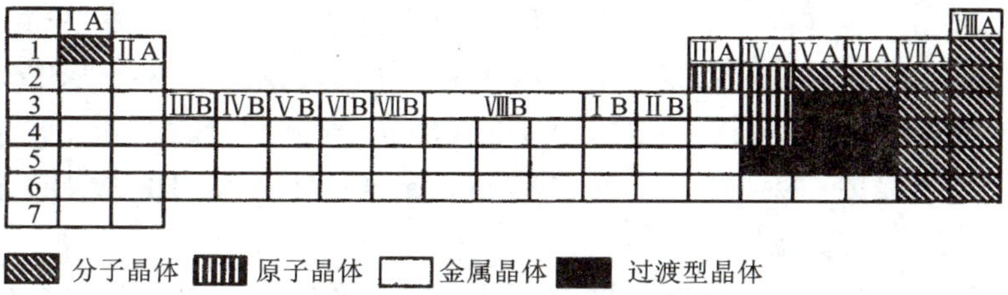

图6－9 单质的晶体类型与周期表的关系

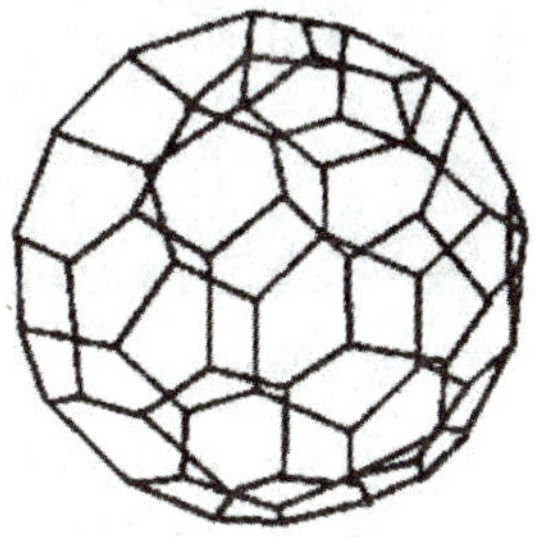

图6－7 C_{60}的结构

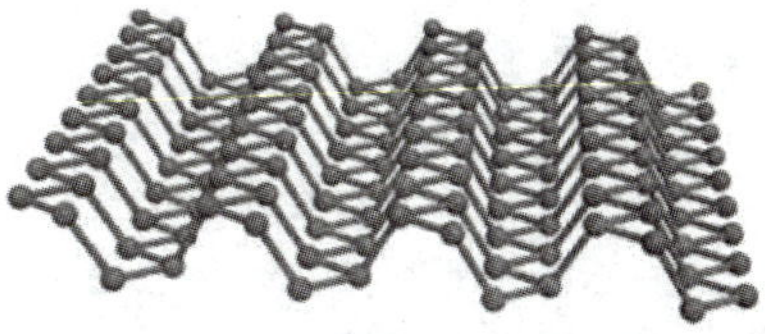

图6－8 黑磷的层状结构

(2)单质的密度与硬度。将某物质单位体积的质量定义为该物质的密度，单位为克每立方厘米($g \cdot cm^{-3}$)。物质硬度的计量方法是将天然金刚石的硬度定为10，作为物质硬度的相对标准，称为莫氏硬度。影响密度和硬度的因素较复杂，聚集状态、晶体类型以及温度的改变都会影响单质的密度和硬度。表6－1所示为单质的密度与周期表的关系。

表6－1 单质的密度与周期表的关系

	ⅠA	ⅡA	ⅢB	ⅣB	ⅤB	ⅥB	ⅦB	ⅧB			ⅠB	ⅡB	ⅢA	ⅣA	ⅤA	ⅥA	ⅦA	ⅧA
1	0.071 H																	0.126 He
2	0.53 Li	1.8 Be											2.5 B	2.26 C	0.81 N	1.14 O	1.11 F	1.204 Ne
3	0.97 Na	1.74 Mg											2.70 Al	2.4 Si	1.82 P	2.07 S	1.557 Cl	1.402 Ar
4	0.86 K	1.55 Ca	2.5 Sc	4.5 Ti	5.96 V	7.1 Cr	9.2 Mn	7.86 Fe	8.9 Co	8.90 Ni	8.92 Cu	7.14 Zn	5.91 Ga	5.36 Ge	5.7 As	4.7 Se	3.119 Br	2.6 Kr
5	1.53 Rb	2.6 Sr	5.61 Y	6.4 Zr	8.4 Nb	10.2 Mo	11.5 Tc	12.2 Ru	12.5 Rh	12 Pd	10.5 Ag	8.6 Cd	7.3 In	5.8 Sn	6.0 Sb	6.1 Te	4.93 I	3.06 Xe
6	1.90 Cs	3.5 Ba	6.15 La	13.31 Hf	16.6 Ta	19.3 W	21.4 Re	22.48 Os	22.4 Ir	21.45 Pt	19.3 Au	16.65 Hg	11.85 Tl	11.34 Pb	9.8 Bi	9.4 Po	At	4.4 Rn

同周期主族元素从左到右，单质的密度与硬度是两头小中间大，这与原子半径和晶体结构的变化有关。每周期开始的碱金属其密度、硬度都很小，碱土金属的密度和硬度比碱金属略大。ⅢA、ⅣA族的密度、硬度增大，但当过渡到Ⅴ～ⅦA族典型的非金属元素，密度、硬度又降低了。副族元素具有较大的密度和硬度(ⅢB和ⅡB除外)，Os、Ir、Pt是密度最大的三种单质，其密度分别为22.48、22.40、21.45 $g \cdot cm^{-3}$；金属单质中硬度最大的是Cr，仅次于金刚石。

(3)单质的导电性。单质汞在常温下的导电性定为1，是物质导电性的相对标准。单质的导电性与周期表的关系如表6－2所示。单质的导电性可用能带理论解释，绝大多数金属能导电，属于导体；许多非金属单质不能导电，属于绝缘体；介于导体与绝缘体之间的是半导体。

表6－2 单质的导电性与周期表的关系

	ⅠA	ⅡA	ⅢB	ⅣB	ⅤB	ⅥB	ⅦB	ⅧB			ⅠB	ⅡB	ⅢA	ⅣA	ⅤA	ⅥA	ⅦA	ⅧA
1	H																	He
2	Li 0.6	Be 4											B 9	C 10	N	O	F	Ne
3	Na 0.4	Mg 2.5											Al 3	Si	P	S	Cl	Ar
4	K 0.5	Ca 2	Sc	Ti 4	V	Cr 9	Mn 6	Fe 4.5	Co 5.5	Ni 4	Cu 3	Zn 2.5	Ga	Ge 6.5	As	Se	Br	Kr
5	Rb 0.3	Sr	Y	Zr 4.5	Nb	Mo 6	Tc	Ru 6.5	Rh	Pd 3	Ag 2.5	Cd 2	In	Sn 2	Sb 3	Te	I	Xe
6	Cs 0.2	Ba	La	Hf	Ta 7	W 7	Re	Os 7	Ir 6.5	Pt 4.5	Au 2.5	Hg	Tl 1	Pb 1.5	Bi 2.5	Po	At	Rn

主族元素单质的导电性差别较大。周期表从左到右，主族元素单质呈现出由导体向半导体、非导体演变的趋势。主族非金属单质一般不导电；位于p区对角线上的一些单质，如Si、Ge、Sb、Se、Te等具有半导体性质，其中Si、Ge被认为是最好的半导体材料。副族元素单质均为金属晶体，易导电。至今已知部分元素如Ti、Zr、Hf等具有超导性，其超导转变温度各不相同。

（4）单质的磁学性质。物质在磁场中表现出的性质称为物质的磁学性质。这些性质包括：抗磁性、顺磁性和铁磁性。在磁场中被磁场微弱排斥的物质叫抗磁性物质，例如ⅠB、ⅡB及p区的金属和大多数非金属单质等。在磁场中被磁场微弱吸引的物质叫作顺磁性物质，如s区及大多数d区金属和少数非金属单质（如氧）等。在磁场中能被磁场强烈吸引的物质叫作铁磁性物质（例如铁、钴、镍及钆等），铁磁性物质的一个重要特点是磁化后，若把磁场移去，它们仍保留磁性，成为永久磁体。铁磁性可认为是顺磁性的极端情况。

（5）单质的热学性质。物质的熔点和沸点统称为物质的热学性质，单质的热学性质取决于晶体类型。同一周期的主族元素，从左到右，单质的熔、沸点由低到高再到低递变，即两端元素单质的熔、沸点低，中间的高。沸点的变化趋势与熔点相似。副族元素均为金属元素，它们的单质具有一般金属的通性，但由于它们的原子半径一般较小，并且单质晶体中除外层s电子参与成键外，还有部分$(n-1)$d电子参与成键，形成的金属键较强，所以副族元素单质一般具有较高的熔、沸点，其中W是所有金属单质中熔点最高的（3407℃），其次是Cr和Re（表6－3）。

表6－3　单质的熔点（下方）与沸点（上方）与周期表的关系

	ⅠA	ⅡA	ⅢB	ⅣB	ⅤB	ⅥB	ⅦB	ⅧB	ⅧB	ⅧB	ⅠB	ⅡB	ⅢA	ⅣA	ⅤA	ⅥA	ⅦA	ⅧA
1	−252.8 H −259.2																	−268.9 He −269.7
2	1.347 Li 180.5	2471 Be 1283											3927 B 2177	3800 C	−195.8 N −210.1	−183 O −218.8	−187.9 F −219.6	−246.0 Ne −248.6
3	883 Na 97.8	1105 Mg 650											2450 Al 659	3219 Si 1412	280 P 44.2	444.6 S 115.2	−34.1 Cl −101	−185.9 Ar −189.4
4	764 K 63.2	1489 Ca 850	2480 Sc 1423	3302 Ti 1660	3379 V 1917	2665 Cr 1903	2051 Mn 1244	2875 Fe 1536	2901 Co 1495	2920 Ni 1455	2573 Cu 1084	911 Zn 419.5	2247 Ga 29.7	2852 Ge 940	612 As 817	685 Se 221	58.2 Br −7.2	−153.2 Kr −157.2
5	694 Rb 39	1375 Sr 770	3304 Y 1530	4380 Zr 1852	4734 Nb 2467	4651 Mo 2617	4567 Tc 2200	4119 Ru 2427	3727 Rh 1966	2940 Pd 1550	2164 Ag 961	770 Cd 321	2070 In 156.1	2623 Sn 232	1635 Sb 630	1009.2 Te 450	185 I 114	108.1 Xe −111.9
6	682 Cs 28.6	1622 Ba 710	3370 La 920	4450 Hf 2222	5240 Ta 2996	5663 W 3407	5687 Re 3180	4227 Os 3227	4389 Ir 2454	3824 Pt 1770	2808 Au 1063	356.6 Hg −39	1487 Tl 304	1743 Pb 327.4	1579 Bi 271.3	962 Po 254	(380) At	−62 Rn −71

6.2.3　单质的化学性质

单质的化学性质是通过单质的化学反应来表现的，单质的化学反应包括，单质的制备、单质与单质之间的化学反应以及单质与化合物之间的化学反应。

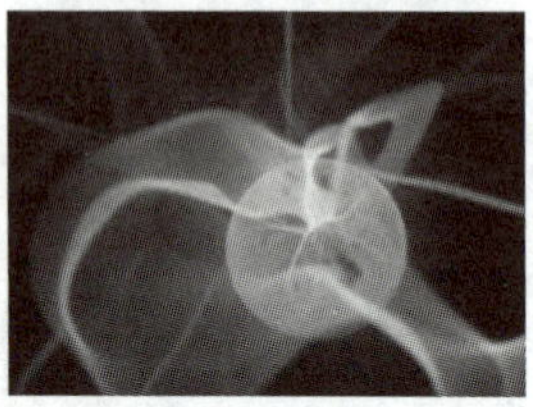

物质的第四态

我们知道物质有三种存在状态：固态、液态和气态。其实物质还有第四种状态，那就是等离子态（plasma）。它是由英国皇家学会会员化学家兼物理学家威廉·克鲁克斯（William Crookes）在1879年发现，等离子态是指物质原子内的电子在高温下脱离原子核的吸引而形成带负电的自由电子和带正电的离子共存的状态。由于此时物质正、负电荷总数仍然相等，因此称为等离子态。

等离子态是由带正、负电荷的粒子组成的气体，由于正、负电荷总数相等，故等离子态的净电荷等于零。通常把电离度小于0.1%的气体称弱电离气体，也称低温等离子态。电离度大于0.1%的称为强电离等离子态，也称高温等离子态。

等离子态没有确定的形状和体积，是具有流动性的一种电离气体。由于存在带负电的自由电子和带正电的离子，有很高的电导率；与电磁场的耦合作用也极强：带电粒子既可同电场耦合，也可与磁场耦合，因此它的运动明显受到电磁场的影响，所以描述等离子态要用到电动力学、磁流体动力学等。

在宇宙空间里，等离子态是一种普遍存在的状态，宇宙中大部分发光的星球内部温度和压力都很高，这些星球内部的物质差不多都处于等离子态。只有在那些昏暗的行星和分散的星际物质里才可以找到固态、液态和气态的物质。目前观测到的宇宙物质中，等离子态占到99%。

就在我们周围，也经常看到等离子态物质。在日光灯和霓虹灯的灯管里，在炫目的白炽电弧里，都能找到它的踪迹。另外，在地球周围的电离层里，在美丽的极光、大气中的闪电和流星的“尾巴”里，也能找到奇妙的等离子态。

1. 单质的制备

元素单质的制备方法取决于元素的存在形式及性质，可分为物理方法和化学方法两大类。

1)非金属单质的制备

物理方法适用于以单质形式天然存在的非金属，例如，将空气液化后进行分馏，分别获得工业氧气、工业氮气和混合稀有气体。工业氮气纯度为99%，又称“普氮”(其余1%为O_2和稀有气体)，经进一步化学纯化后，可得纯度为99.99%的“高氮”。

化学方法适用于从化合物形式制备非金属单质，化学方法又分为氧化法和还原法两种。

(1)氧化法。氧化法包括电解氧化法和氧化剂氧化法。电解氧化法又分为水溶液电解法和熔融盐电解法。例如电解水制备氧气就属于水溶液电解法。实验室中制取少量氯气时，可以选用氧化剂氧化法，用强氧化剂(如$K_2Cr_2O_7$)与浓HCl反应产生氯气

$$K_2Cr_2O_7 + 14HCl \longrightarrow 3Cl_2 + 2CrCl_3 + 2KCl + 7H_2O$$

单质氟的制备需要用到熔融盐电解法。这是因为氟是最强的非金属，找不到比它更强的氧化剂将F^-氧化，F_2也不能在水中稳定存在。

(2)还原法。还原法包括电解还原法和还原剂还原法。例如，用电解还原法可以制得较纯的氢气，其纯度可达99.9%。用还原剂还原法可以制备磷单质，方法是以磷酸钙$Ca_3(PO_4)_2$、石英砂SiO_2及炭粉为原料，将它们的混合物在电炉中加热反应，再将生成的磷蒸气在水面下冷凝，可得白磷P_4

$$Ca_3(PO_4)_2 + 3SiO_2 \longrightarrow 3CaSiO_3 + P_2O_5$$

$$P_2O_5 + 5C \longrightarrow 2P + 5CO$$

同理，用焦炭和稍过量的石英砂在电炉中加热制得粗硅

$$SiO_2 + 2C \longrightarrow Si + 2CO\uparrow$$

2)金属单质的制备

自然界中，金属元素多数以化合物的形式存在，少数以单质形式存在，金属元素存在形式不同，其制备(冶炼)方法也不同。

(1)从天然单质矿中提取金属单质。金、银等金属以单质形式存在于自然界，可以通过物理选矿的方法收集到天然的金、银单质。但是如果金属单质在自然界过于分散，就无法用物理方法收集，这时仍需要用化学方法进行处理，将单质转化为化合物之后收集，再还原为金属单质。常用的化学方法有氰化法和王水法，例如，提金的方法主要是氰化法

$$2Au + 4CN^- + 1/2O_2 + H_2O \longrightarrow 2Au(CN)_2^- + 2OH^-$$

$$2Au(CN)_2^- + Zn \longrightarrow Zn(CN)_4^{2-} + 2Au$$

(2)从天然化合物矿中提炼金属单质。对于以化合物形式存在的金属矿，金属元素一般呈正氧化态，由金属阳离子转化为金属单质的过程需要进行还原反应，包括：热分解法、还原剂法和电解还原法三大类。

①热分解法。某些不活泼金属的化合物，在空气中加热即可使它们分解产生单质，例如，加热汞的矿物辰砂(又名朱砂)能提炼汞

$$HgS(s) + O_2(空气) \xrightarrow{600\sim900℃} Hg(g) + SO_2(g)$$

最轻的金属材料

科学家对金属材料研究一直没有停止过。前不久，世界最轻金属结构材料在西安交通大学诞生，这种材料名为新型镁锂合金，该材料的密度根据用途可达到$0.96\sim1.64\ g\cdot cm^{-3}$，是世界上最轻的金属结构材料。

通过向金属镁中添加金属锂，使其具备了低密度、高比刚度、高比强度的优异力学性能和减震、消噪的高阻尼性能，以及抗辐射、抗电磁干扰性能，代表了镁合金发展的技术前沿，被称为未来最为“绿色环保”的革命性材料。据了解，该材料将广泛应用于航空航天、兵器军工、电子产品、石油化工、机械仪表、医疗器械、户外器材等军工及民用领域，其中该材料已应用于2016年12月我国成功发射的首颗全球二氧化碳监测科学实验卫星(简称“碳卫星”)中的高分辨率微纳卫星上。

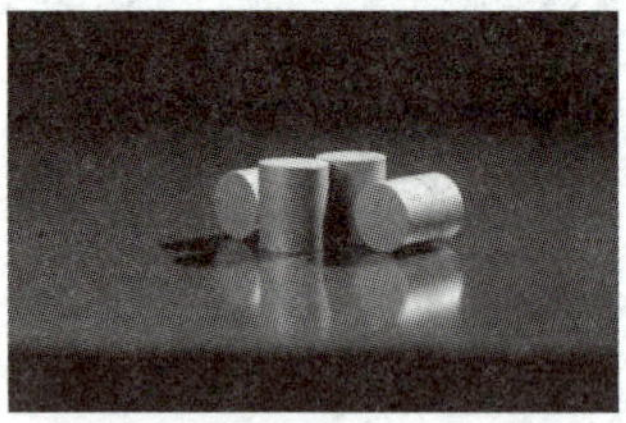

真正的现代金属——铼

铼是拥有稳定同位素的元素中最后一个被发现的，也是存在于自然界中被人们发现的最后一个元素。

1872 年俄国化学家门捷列夫根据元素周期律预言，在自然界中存在一个尚未发现原子量为 190 的“类锰”元素。1925 年德国化学家诺达克用光谱法在铌锰铁矿中发现了这个元素，以莱茵河的名称 Rhein 命名为 rhenium。1928 年，诺达克又发现铼主要存在于辉钼矿，并成功地从 660 kg 辉钼矿中提取出了 1 g 铼元素。

铼由于资源贫乏，价格昂贵，长期以来研究较少。1950 年后，铼在现代技术中开始应用，生产日益发展。现在，铼广泛用于现代工业各部门，主要用作石油工业和汽车工业催化剂，石油重整催化剂，电子工业和航天工业用铼合金等。中国在 60 年代开始从钼精矿焙烧烟尘中提取铼。焙烧辉钼矿的烟道灰和精炼铜的阳极泥中都含有七氧化二铼。用水浸取，过滤，加入氯化钾使高铼酸钾 $KReO_4$ 析出。重结晶后在 800℃ 用氢气还原，可制得金属铼单质。

②还原剂法。还原剂法一般用还原剂的名称直接命名，例如，碳还原法，氢还原法，氢化物还原法和金属还原法等。举例如下：用碳还原法从锡石（SnO_2）制备 Sn 单质

$$SnO_2 + 2C \longrightarrow Sn + 2CO$$

通过金属还原法用活泼金属置换相对不活泼的金属，常用的活泼金属包括 Zn、Al、Na、Mg、Fe 等。例如，用镁还原法由金红石（TiO_2）炼 Ti：先将 TiO_2 变成 $TiCl_4$，然后在氩气氛中用 Mg 还原 $TiCl_4$：

$$TiO_2 + 2C + 2Cl \xrightarrow{800 \sim 900℃} TiCl_4 + 2CO$$

$$TiCl_4 + 2Mg \longrightarrow Ti + 2MgCl_2$$

③电解还原法。电解还原法分为溶液电解法和熔融电解法。例如用溶液电解法从硫酸铜溶液中电解获单质铜，用熔融电解法从熔融的三氧化铝中电解得单质铝。

2. 单质与单质之间的化学反应

单质与周围环境单质之间的作用首先是与空气中的氧气作用。单质与氧气的化合反应是最常见的，也最具有实际的研究价值。

1）金属单质与氧气的反应

一般来说，金属性越强的单质与氧气的反应越强烈。同周期元素比较，从左到右反应减慢。同族元素比较，从上到下反应加剧。铝、铬、镍等元素就其与氧的结合能力来说，是较易与氧作用的，但实际上在空气中，甚至在一定的较高温度范围内，它们都是相当稳定的。也就是说，金属与氧的作用不但与它的活泼性有关，还与所生成氧化物的性质有关。由于它们在空气中生成的氧化膜具有显著的保护作用，能阻止单质继续被氧化，这种作用叫作钝化。产生钝化作用的条件是，形成的表面膜必须具有连续性，也就是生成的氧化物的体积必须大于所消耗的单质的体积，氧化膜才能起到保护作用。

金属单质与氧反应的产物，一般为普通氧化物，部分生成过氧化物或超氧化物。例如金属锂在空气中燃烧生成普通氧化物，金属钠生成过氧化物，而金属钾生成超氧化物

$$4Li + O_2 = 2Li_2O \text{（氧化物）}$$

$$2Na + O_2 = Na_2O_2 \text{（过氧化物）}$$

$$K + O_2 = KO_2 \text{（超氧化物）}$$

2）非金属单质与氧气的反应

非金属与氧的作用差别很大，如碳在常态下有三种同素异形体，无定形碳比较容易反应，加热即可燃烧，金刚石和石墨则不易反应。碳在高温和空气充足时燃烧生成二氧化碳，在温度较低和空气不足时燃烧生成一氧化碳

$$C + O_2 = CO_2$$

$$2C + O_2 = 2CO$$

实际上 C 与 CO、CO_2 之间存在着可逆反应

$$CO_2 + C \rightleftharpoons 2CO$$

因为 C 和 CO 是重要的还原剂，所以这些反应对冶金工业是十分有意义的。

与碳相邻近的硼、硅、磷、硫等非金属与氧（空气）的作用和碳相

似。除白磷在空气中会自燃以外，硼、硅、红磷、硫等在常温下不与氧起作用，但在加热时会与氧化合，甚至燃烧，生成相应的氧化物B_2O_3、SiO_2、P_2O_5、SO_2等。

氢在常温下不与氧起反应，但高温时能与氧化合放出大量热，产生的高温可用于焊接钢板。氢和氧的混合气体点燃时能发生爆炸，所以在使用氢气时要把容器中的空气排尽，以免发生爆炸事故。

氮气的化学性质不活泼，在一般条件下不与氧发生作用。氮气可用作保护气体，钢铁工件在氮气中加热或焊接可达到防止氧化、脱碳的效果。但活泼金属如镁合金在氮气中加热会生成氮化镁Mg_3N_2而受到破坏。

稀有气体，尤其是含量最多的氩，由于化学性质不活泼，常用作高温保护气体；用电弧焊接不锈钢、镁合金及铝合金等时可用氩气保护以防止焊缝区金属的高温氧化。

3. 单质与化合物的化学反应

1）金属单质与金属盐类的置换反应

（1）水溶液置换反应。金属单质可以将另一种金属从盐溶液中置换出来，例如

$$Zn + CuSO_4 \xlongequal{\quad} Cu + ZnSO_4$$

置换的原则是活泼金属置换不活泼金属。根据金属及相应离子之间的电极电势，可大致判断金属单质的活泼顺序。电极电势越负，通常表示其金属单质在水溶液中越活泼，这与周期表中金属性规律基本一致。

（2）高温置换反应。高温置换反应过程按照热力学数据来判断反应的方向或者置换顺序更为方便。对固相反应可用$\Delta H^\ominus$来近似地判断反应进行的方向。一种金属置换固态化合物中的另一种金属，通常必须$\Delta H^\ominus < 0$。置换顺序与化学热效应的大小基本是一致的。Al、Mg、Si等与金属氧化物作用，能放出大量的热，所以它们是强还原剂。例如：金属铝从二氧化硅中置换单质硅的反应如下

$$2/3Al(s) + 1/2SiO_2(s) \xlongequal{\quad} 1/2Si(s) + 1/3Al_2O_3$$

$\Delta_r H_m^\ominus = -26.9\ kJ \cdot mol^{-1}$这说明铝比硅活泼，同时也说明了$SiO_2$比$Al_2O_3$稳定。

2）单质与酸的反应

（1）金属单质与酸的反应。在金属活泼顺序表H以前的活泼金属可以置换非氧化性酸中的氢，而在金属活动顺序表H以后的不活泼金属，不与非氧化性酸反应。

虽然铝、铬、铁等金属单质属于活泼金属，但是它们在浓硝酸或浓硫酸中却表现得很稳定，这是由于氧化性的浓酸使这些金属表面生成一层致密的氧化物膜，发生钝化作用，阻止反应继续进行。

（2）非金属单质与酸的反应。非金属单质一般不与稀盐酸或稀硫酸作用。但硫、磷、碳、硼等单质能被浓硝酸或浓硫酸氧化，生成氧化物或含氧酸。

$$C + 2H_2SO_4(浓、热) \xlongequal{\quad} CO_2\uparrow + 2SO_2\uparrow + 2H_2O$$

$$S + 2HNO_3 \xlongequal{\quad} H_2SO_4 + 2NO\uparrow$$

$$S + 2H_2SO_4(浓) \xlongequal{\quad} 3SO_2\uparrow + 2H_2O$$

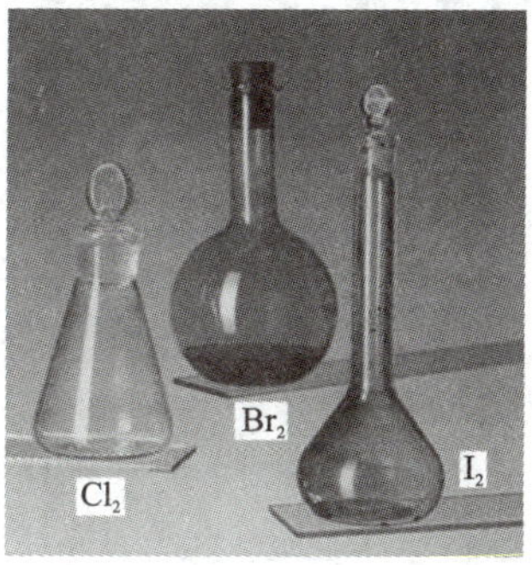

卤素简介

卤素是活泼的非金属，其中以氟最活泼。F_2的键能小是单质氟的化学性质特别活泼的重要原因之一。由于F_2极活泼而HF又稳定，使F_2和H_2或N_2H_4（联氨，又称肼）的反应很完全，且可获得3500～4000 K的高温，故F_2用作火箭推进剂。

氯的化学活泼性虽不及氟，但仍属最活泼的非金属之列。它能与几乎所有金属及除碳、氮、氧、稀有气体以外的非金属直接化合。氯气是一种价廉而又强烈的氧化剂，有许多实际用途。它主要用于制造盐酸、农药、漂白粉、合成塑料、橡胶等，也用于漂白物品及自来水的消毒等。

溴是唯一在室温下呈现液态的非金属元素，单质为深红棕色发烟挥发性液体，溴可用于制备有机溴化物，制备颜料与化学中间体，与氯配合使用可用于水的处理与杀菌。

单质碘为紫黑色晶体，易升华，升华后易凝华，是人体的必需微量元素之一。碘及其相关化合物主要用于医药、照相及染料。

砹极不稳定，其最稳定的同位素半衰期也只有8.3小时，地壳中砹含量只有十亿亿亿分之一，砹又少又不稳定又难于聚集，尚未有单质被分离。

$$B + 3HNO_3(浓) \xlongequal{\Delta} H_3BO_3 + 3NO_2 \uparrow$$

$$3P_4 + 20HNO_3 + 8H_2O = 12H_3PO_4 + 20NO$$

硅只与硝酸—氢氟酸的混合酸反应，不与其他酸作用。

3）单质与碱的反应

某些金属（如铝、镓、铟、锡、铅等），除了能与酸作用外，也能与碱作用，或在氧化性条件下与碱作用，这些金属被称为两性金属。

$$2Al + 2NaOH + 2H_2O = 2NaAlO_2 + 3H_2 \uparrow$$

$$Zn + 2NaOH = NaZnO_2 + 3H_2 \uparrow$$

有些非金属单质能也与碱作用，生成酸根离子。

$$2As + 6NaOH = 2Na_3AsO_3 + 3H_2 \uparrow$$

$$Si + 2NaOH + H_2O = Na_2SiO_3 + 2H_2 \uparrow$$

硼和碳都可以与熔融的 NaOH 反应，置换氢气

$$2B + 6NaOH = 2Na_3BO_3 + 3H_2 \uparrow$$

$$C + 4NaOH = Na_2CO_3 \cdot Na_2O + 3H_2 \uparrow$$

部分非金属单质与碱的反应会发生歧化反应。例如，将 Cl_2 通入强碱溶液中，发生下列反应

$$Cl_2 + 2OH^- = Cl^- + ClO^- + H_2O$$

产物 ClO^- 还会进一步歧化为 Cl^- 和 ClO_3^-

$$3ClO^- = 2Cl^- + ClO_3^-$$

室温以下，ClO^- 的歧化速率很慢，因此氯气和冷的强碱溶液反应时，其主要产物为 Cl^- 和 ClO^- 的盐。

6.3 经典无机化合物

无机化合物的种类很多，情况也比较复杂，下面分类重点介绍和讨论几类经常遇到的经典无机化合物。

6.3.1 常见卤化物

卤素的价态与常见物种见表 6－5。

表 6－5 卤族元素的价态及物种

氧化态	物种	F	Cl	Br	I
－1	卤化氢	HF	HCl	HBr	HI
0	卤素单质	F_2	Cl_2	Br_2	I_2
＋1	次卤酸	—	HClO	HBrO	HIO
＋3	亚卤酸	—	$HClO_2$	$HBrO_2$	HIO_2
＋5	卤酸	—	$HClO_3$	$HBrO_3$	HIO_3
＋7	高卤酸	—	$HClO_4$	$HBrO_4$	HIO_4，H_5IO_6

1. 卤化物

卤化物是指卤素与电负性比卤素小的元素所形成的二元化合物。卤化物可以分为共价型卤化物和离子型卤化物两类。

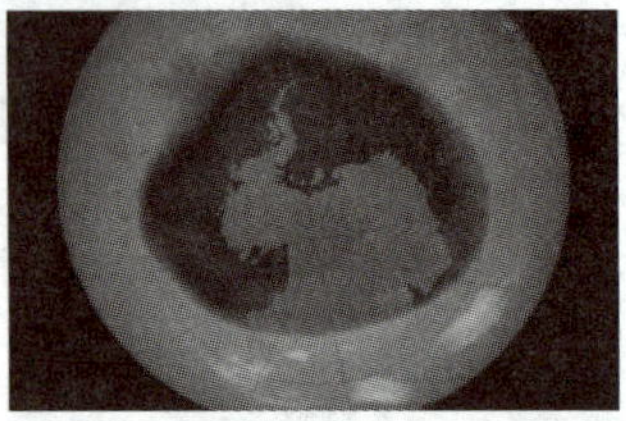

臭氧 O_3 简介

用无声放电的方法处理 O_2，便有部分转化成 O_3；X 射线发射、电器放电、过氧化物的分解，F_2 和 H_2O 的反应等，都有 O_3 生成。O_3 有很强的氧化性，臭氧可用作杀菌剂，高能燃料的氧化剂等，利用 O_3 的氧化性还可以净化废气和废水，例如：

$$CN^- + O_3 = OCN^- + O_2$$

$$2OCN^- + 3O_3 + H_2O = 2HCO_3^- + N_2 + 3O_2$$

碱金属和碱土金属都能形成臭氧化物：MO_3（M = K、Rb、Cs）及 $M(O_3)_2$（M = Ca、Sr、Ba），其中含有臭氧离子 O_3^-。臭氧化物不稳定，易分解，放出 O_2

$$2KO_3 = 2KO_2 + O_2 \uparrow$$

$$2KO_3 + H_2O = 4KOH + 5O_2 \uparrow$$

O_3 分子非常不稳定，常温下缓慢分解。纯的臭氧容易爆炸，升温或加 MnO_2 可加速 O_3 的分解，甚至空气中的尘埃也会催化分解 O_3。

大气中有少量 O_3，主要集中在离地面 20～40 km 高空处，太阳光透过这个 O_3 层，发生下列反应

$$O_2 + h\nu(\lambda < 242\ nm) = O + O$$

$$O_2 + O = O_3$$

$$O_3 + h\nu(\lambda = 220 \sim 320\ nm) = O_2 + O$$

生成的 O 转化成 O_2 或 O_3，这些反应把太阳射到地球上约 5% 的“硬紫外线”转化为对动植物无害的其他形式的能量，因此，高空的 O_3 层对地面上的动植物起着保护作用。

1)氟化氢和氟化物

氟和氢混合即使在暗处也会发生爆炸，而且制备单质氟的成本高，因此氟化氢一般不由单质直接合成，主要由萤石和浓硫酸作用来制取

$$CaF_2 + H_2SO_4 \xlongequal{} CaSO_4 + 2HF$$

氟化氢溶于水即为氢氟酸，它是一种弱酸。氢氟酸有强烈的腐蚀性和毒性，氟化氢和氢氟酸都能和 SiO_2 作用，生成氟化物

$$SiO_2 + 4HF \xlongequal{} SiF_4 + 2H_2O$$

氟化物有如下几个明显特点。

由于氟的强氧化性，在氟化物中，和氟结合的元素往往能表现出该元素的最高氧化态，如 SiF_4、PbF_4、AsF_5、CrF_6、SF_6、IF_7 等。

由于 F^- 离子半径小而难以极化，所以金属元素的氟化物最能表现出离子型化合物的特征，固态时以离子晶体的形式存在，熔、沸点较高。

非金属氟化物为共价化合物，其熔、沸点的高低决定于分子间作用力的大小。由于氟原子半径小，不易变形，因此非金属氟化物的分子间作用力小于其他同类的卤化物，因而熔、沸点较低。

科学家们十分关注臭氧耗损的问题，研究结果证实，冰箱和空调的致冷剂氯氟烃(CFC，又称氟里昂)最终大多逸散到大气中，然后慢慢上升到平流层中，在 175～220 nm 波长的紫外辐射下会分解臭氧，分解的过程如下

$$CFCl_3 \longrightarrow CFCl_2 + Cl$$

$$CFCl_2 \longrightarrow CFCl + Cl$$

所形成的活泼的氯原子再发生下列反应，一个氯原子能破坏十万个臭氧分子

$$Cl + O_3 \longrightarrow ClO + O_2$$

$$ClO + O \longrightarrow Cl + O_2$$

$$O_3 + O \longrightarrow 2O_2$$

2)氯化氢与氯化物

工业上用氢气在氯气中燃烧的方法直接合成氯化氢。氯化氢是无色气体，有刺激性臭味，在空气中发烟。氯化氢水溶液即为盐酸。盐酸是常用强酸，习惯上浓度大于24%的称为浓盐酸。盐酸是无氧酸，酸根是 Cl^-。

按化学键类型的不同，氯化物可划分为离子型和共价型两大类。离子型氯化物的熔、沸点较高，水溶液或熔融状态下能导电；共价型氯化物的熔、沸点一般较低，易挥发，能溶于非极性溶剂，熔融状态下不导电或导电性弱。由于 Cl 原子和 Cl^- 的半径相应地比 F 和 F^- 的半径大，易极化变形，许多金属氯化物具有显著的共价性，存在过渡键型和过渡型晶体。无论是非金属氯化物或共价型的高价金属氯化物，大多数都易水解。

2. 卤素的含氧酸及其盐

卤素的含氧酸及其盐都有相同的结构并且有相似的化学性质，这些性质包括酸碱性、氧化还原性和热稳定性等。在酸性条件下，氧化性增强；而在碱性条件下稳定性增强。因此，在化学反应中，往往在酸性条件下使用含氧酸盐，而不直接使用含氧酸。

1)次氯酸及其盐

次氯酸盐在酸性介质中是很强的氧化剂，还原产物为 Cl^-

$$HClO + H^+ + 2e^- \xlongequal{} Cl^- + H_2O$$

HClO 不稳定，受日光照射时，则缓慢分解为 HCl 和 O_2

$$2HClO \longrightarrow 2HCl + O_2$$

HClO 可以歧化为 HCl 和 $HClO_3$

$$3HClO \xlongequal{} 2HCl + HClO_3$$

漂白粉具有很强的杀菌能力，就是来源于次氯酸钙的强氧化性。根据 Cl_2 在碱中歧化的原理，用氯气和消石灰可制备漂白粉。

$$2Cl_2 + 3Ca(OH)_2 \xlongequal{} Ca(ClO)_2 + CaCl_2 \cdot Ca(OH)_2 \cdot H_2O + H_2O$$

视频6-2

氧

O_2 为什么叫作"氧气"

——化学元素的名称趣谈

化学元素的外文名称，在命名时，往往都是有一定含义的。有的是根据元素的某些特性而命名的，例如氧的拉丁文名称是 Oxygenium，意思是"成酸的元素"；氮的拉丁文名称是 Nitrogenium，意思是"无益于生命"。有的元素名称往往表示它是从什么物质里分离出来的。例如钠从苏打中来，定名 Sodium，而拉丁文是 Natrium；有的元素为纪念发现者的祖国、故乡而命名。例如，钋 Po(Polonium，居里夫人的祖国——波兰)等。后来，有的元素以科学家的姓氏命名，以纪念某位科学家。例如，锔 Cm(Curium，居里夫妇)、锿 Es(Einsteinium，爱因斯坦)等。还有的以星球命名，如：氦 He (Helium，太阳，这是因为天文学家从观察太阳光的谱线最早发现太阳里有氦，而后才在地球上找到氦)。更有一些以"神"来命名的元素。如：钷 Pm (Promethium，这个字来源于希腊神普罗米修斯，传说他从天上窃取火种送到人间。比喻从原子反应堆产物里得到钷，标志着人类进入了原子能时代)。

化学元素的汉语名称最早出现在清朝末期徐寿的翻译化学教科书《化学鉴原》，此书译于1869年，是最早译出的一部专门的化学书籍。那时，许多化学术语还没有现成的汉语词汇来表达。为此，徐寿和傅兰雅首创了以元素英文名的第一音节或次音节译为汉字再加偏旁以区分元素的大致类别的造字法，巧妙地将元素英文名译为汉字。他们根据这一原则新造的化学元素汉字如硒、碘、钙、铍、锂、钠、镍等字，这一元素译名原则不仅能对已知的元素拟定合理的译名，而且为后来拟译新发现的元素译名提供了如法炮制的规范，其基本原则为后来的化学家所继承。目前的化学元素中文译名原则就是在徐寿的基础上制订的。

2)氯酸及其盐

氯酸是强酸，又是强氧化剂，其还原产物以 Cl_2 为主，例如

$$2HClO_3 + I_2 = 2HIO_3 + Cl_2$$

重要的氯酸盐是 $NaClO_3$ 和 $KClO_3$。固体 $KClO_3$ 是强氧化剂，与各种易燃物质混合后，经撞击会引起爆炸着火，用来制造火柴和焰火等。氯酸盐的热分解反应很复杂，举例如下。

①470℃下的歧化分解：

$$4KClO_3 \xlongequal{470℃} 3KClO_4 + KCl$$

② MnO_2 存在下的催化分解：

$$2KClO_3 \xlongequal{MnO_2} 2KCl + 3O_2\uparrow$$

③加热发生爆炸式分解：

$$8HClO_3 \xlongequal{\Delta} 4HClO_4 + 2Cl_2\uparrow + 3O_2\uparrow + 2H_2O$$

$$2NH_4ClO_3 \xlongequal{\Delta} N_2\uparrow + Cl_2\uparrow + O_2\uparrow + 4H_2O$$

3)高氯酸及其盐

$NaClO_4$ 和 $KClO_4$ 可电解相应的氯酸盐溶液而制得。将高氯酸盐和浓硫酸反应可制得高氯酸。无水高氯酸是无色液体，熔点为 -112℃，沸点为 90℃，但沸腾时即分解，浓 $HClO_4$(>70%)遇有机物后受撞击即发生爆炸。

$$4HClO_4 = 2Cl_2\uparrow + 7O_2\uparrow + 2H_2O$$

高氯酸盐比较稳定。用 $KClO_4$ 制成的炸药比用 $KClO_3$ 制造的炸药稳定些，称为"安全炸药"。NH_4ClO_4 是现代火箭推进剂的主要成分。高氯酸盐一般易溶，仅 K^+、Rb^+、Cs^+ 盐微溶，因此分析化学上常用 ClO_4^- 检出 K^+、Rb^+、Cs^+。

6.3.2 常见氧化物

氧元素的主要价态分别为 0，-1 和 -2 价，对应的物种分别为单质(包括臭氧和氧气)、过氧化氢与过氧化物、水与氧化物。

1. 过氧化氢与过氧化物

过氧化氢 H_2O_2，俗称双氧水，其主要性质如下。

1)氧化性与还原性

在 H_2O_2 分子中，O 的氧化数为 -1，因此它既可以获得电子被还原为 -2 价的氧，表现为氧化性，又可失去电子被氧化成单质氧 O_2，表现为还原性。遇到强还原剂时 H_2O_2 作为氧化剂，自身被还原为 H_2O，H_2O_2 不但氧化能力强，而且在反应中不引入杂质，所以是优良的氧化剂。

$$2Fe^{2+} + H_2O_2 + 2H^+ = 2Fe^{3+} + 2H_2O$$

遇到强氧化剂时 H_2O_2 作为还原剂，自身被氧化为 O_2，例如

$$2MnO_4^- + 5H_2O_2 + 6H^+ = 2Mn^{2+} + 5O_2 + 8H_2O$$

2)歧化分解

$$2H_2O_2(l) = 2H_2O(l) + O_2(g)$$

许多金属(如 Mn、Pb、Au)的化合物都是 H_2O_2 分解反应的催化剂，光照也可加速 H_2O_2 的分解，因此过氧化氢应贮藏在棕色瓶中，置

于阴凉处。

3）弱酸性

$$H_2O_2 \rightleftharpoons HO_2^- + H^+ ;\ HO_2^- \rightleftharpoons O_2^{2-} + H^+$$

它和某些金属氢氧化物反应生成过氧化物和水，如：

$$H_2O_2 + Ba(OH)_2 = BaO_2 + 2H_2O$$

工业上用 H_2O_2 做漂白剂，医药上用稀 H_2O_2 做消毒剂。纯 H_2O_2 可做火箭燃料的氧化剂。

2. 氧化物及其水合物的酸碱性规律

氧和电负性比它小的元素所形成的二元化合物称为氧化物，其中氧的氧化数为 -2。氧和氟形成的化合物如 OF_2 以及某些元素和氧形成的过氧化物（如 Na_2O_2）、超氧化物（如 KO_2）、臭氧化物（如 KO_3）都不属于普通氧化物之列。

根据氧化物的酸碱性，可将氧化物分为成盐氧化物和不成盐氧化物两大类。不成盐氧化物又称为惰性氧化物或中性氧化物，如 N_2O 和 CO。成盐氧化物又进一步分为碱性氧化物、酸性氧化物和两性氧化物。

（1）碱性氧化物。离子型氧化物属于碱性氧化物，它们有如下特点。

①碱性氧化物遇水生成强碱。例如，碱金属及碱土金属氧化物 Na_2O 和 CaO 与水的反应。碱性氧化物在水中显碱性是因为离子型氧化物中的 O^{2-} 遇水强烈水解

$$O^{2-} + H_2O = 2OH^- ;\ K > 10^{22}$$

②难溶于水的碱性氧化物，一般可溶于稀酸。例如 MgO 和 HCl 的反应

$$MgO(s) + 2H^+(aq) = Mg^{2+}(aq) + H_2O$$

③碱性氧化物与酸性氧化物可直接化合生成盐。

（2）酸性氧化物。酸性氧化物有如下特点。

①酸性氧化物溶于水形成酸溶液，例如

$$SO_3 + H_2O = 2H^+(aq) + SO_4^{2-}(aq)$$

②难溶于水的酸性氧化物，一般可溶于碱，或碱性的盐。例如

$$SiO_2 + 2NaOH = Na_2SiO_3 + H_2O$$

③酸性氧化物与碱性氧化物可直接化合生成盐。例如

$$CaO + SiO_2 = CaSiO_3$$

（3）两性氧化物。两性氧化物有以下特点。

既可以与强酸作用显示碱性，又可以与强碱作用显示酸性。例如

$$ZnO(s) + 2H^+(aq) = Zn^{2+}(aq) + H_2O$$

$$ZnO(s) + 2OH^-(aq) + 2H_2O = Zn(OH)_4^{2-}(aq)$$

在适当温度下既可以与碱性氧化物反应，又可以与酸性氧化物反应，反应产物为盐。例如

$$ZnO + Na_2O = Na_2ZnO_2$$

$$ZnO + SO_3 = ZnSO_4$$

3. 氧化物及水合物酸碱性与周期表的关系

同周期元素最高氧化态的氧化物，其水合物从左到右，碱性依次

化学元素的汉语名称也有其规律。在汉语里，化学元素的名称都是用一个汉字来表达的。有一些是沿用固有文字的，如，金、银、铜、铁、锡、铅等；有的是根据固有的字改变或增加偏旁而成为化学专用名称的，如碳、磷等；有的是从译音而创造的，如钠、锰、钨、钙等；有的是译意的，如轻气、养气、淡气等，后来又演变成氢、氧、氮，仍保持原字的读音。为了便于识别，现在我国通用的化学元素汉语名称里，凡金属元素除汞外均写作"钅"字旁，非金属元素则依其单质在通常状态下存在状态，分别加"气""氵"或"石"等偏旁。

减弱，酸性依次增强。例如，第三周期元素氧化物的酸碱性见表 6 – 6 与表 6 – 7。

表 6 – 6　第三周期主族元素氧化物的酸碱性规律

族号	ⅠA	ⅡA	ⅢA	ⅣA	ⅤA	ⅥA	ⅦA
氧化物	Na_2O	MgO	Al_2O_3	SiO_2	P_4O_{10}	SO_3	Cl_2O_7
水化物	$NaOH$	$Mg(OH)_2$	$Al(OH)_3$	H_2SiO_3	H_3PO_4	H_2SO_4	$HClO_4$
酸碱性	碱性	碱性	两性	酸性	酸性	酸性	酸性

表 6 – 7　第一过渡系ⅣB ~ ⅧB 族元素最高氧化态氧化物及水合物的酸碱性

	ⅣB	ⅤB	ⅥB	ⅦB	
	$Ti(OH)_4$	H_3VO_4	H_2CrO_4	$HMnO_4$	
	两性偏碱	两性偏碱	中强酸	强酸	
碱性增强 ↓	$Zr(OH)_4$	$Nb(OH)_5$	H_2MoO_4	$HTcO_4$	↑ 酸性增强
	弱碱	两性	弱酸	中强酸	
	$Hf(OH)_4$	$Ta(OH)_5$	H_2WO_4	$HReO_4$	
	弱碱	两性	弱酸	中强酸	
	$Ti(OH)_4$	H_3VO_4	H_2CrO_4	$HMnO_4$	
	酸性增强 →				

同族元素相同氧化态的氧化物，碱性从上到下依次增强。例如，碱土金属氧化物及氢氧化物的性质列于表 6 – 8 中，碳族元素的氧化物及水合物的性质列于表 6 – 9。

表 6 – 8　碱土金属氧化物及水合物的性质

氧化物	BeO	MgO	CaO	SrO	BaO
氢氧化物	$Be(OH)_2$	$Mg(OH)_2$	$Ca(OH)_2$	$Sr(OH)_2$	$Ba(OH)_2$
性质	两性	中强碱	强碱性	强碱性	强碱性

表 6 – 9　碳族元素氧化物及水合物的性质

元素	C	Si	Sn	Pb
+4 价氧化物	CO_2	SiO_2	SnO_2	PbO_2
对应水合物	H_2CO_3	H_2SiO_3	$Sn(OH)_4$	$Pb(OH)_4$
性质	弱酸性	弱酸性	两性	弱碱性

例如，BeO 具有两性的，在水中不溶，但既可溶于强酸又可溶于强碱，分别生成水合铍离子 $\{Be(H_2O)_4\}^{2+}$ 和铍酸根离子 $\{Be(OH)_4\}^{2-}$，反应式为

$$Be(OH)_2 + 2H^+ = Be^{2+} + 2H_2O$$

$$Be(OH)_2 + 2OH^- = \{Be(OH)_4\}^{2-}$$

H_2CO_3 和 H_2SiO_3 都呈弱酸性，但碳酸的酸性强于硅酸的酸性，H_2CO_3 可以从 Na_2SiO_3 水溶液中置换出来 H_2SiO_3 凝胶就是例证，这也

是用水玻璃(Na_2SiO_3)充当黏结剂的原理。

$$SiO_3^{2-} + CO_2 + H_2O \xlongequal{} CO_3^{2-} + H_2SiO_3 \downarrow$$

有多种氧化态的元素，其氧化物的酸性依氧化态升高的顺序增强。例如，锰元素各种氧化态的氧化物的酸碱性如表6-10所示。

表6-10 不同价态锰的氧化物及水合物的酸碱性

氧化态	+2	+4	+6	+7
氧化物	MnO	MnO_2	MnO_3	Mn_2O_7
水合物	$Mn(OH)_2$	—	H_2MnO_4	$HMnO_4$
酸碱性	碱性	两性	酸性	酸性

6.3.3 碳化物和硼化物

1. 碳化物

碳和电负性比它小的元素所形成的二元化合物称为碳化物。碳化物一般可分为离子型、共价型和金属型碳化物三类。

1)离子型碳化物

离子型碳化物又称盐型碳化物，周期系的Ⅰ、Ⅱ、Ⅲ主、副族元素一般形成这类碳化物。例如，碳化钙CaC_2(又称电石)可由焦炭和石灰在电炉内加热制得

$$CaO + 3C \xlongequal{} CaC_2 + CO$$

CaC_2含有C_2^{2-}离子，其结构为$[:C \equiv C:]^{2-}$，它和N_2，CO，CN^-，NO^+等是等电子体。常温下被水或稀酸分解时，放出乙炔C_2H_2

$$CaC_2 + 2H_2O \xlongequal{} Ca(OH)_2 + C_2H_2 \uparrow$$

2)共价型碳化物

在电炉中用焦炭分别还原B_2O_3和SiO_2可制得碳化硼B_4C和碳化硅SiC

$$2B_2O_3 + 7C \xlongequal{} B_4C + 6CO;$$

$$SiO_2 + 3C \xlongequal{} SiC + 2CO$$

碳化硅属于共价型碳化物，它们都是原子晶体。例如，SiC为金刚石型结构，相当于金刚石晶格中有一半的C原子交替地被Si原子取代。因此它们都是极硬、难熔(熔点分别为2350℃)、化学性质很不活泼的物质，在工业上用作研磨材料。

3)金属型碳化物

这类碳化物是体积很小的碳原子填充到这些金属晶格的空隙中形成的，所以又称间充型碳化物。它们的熔点很高(3000~4800℃)，硬度很大(莫氏硬度7~10，多数是9~10)，具有金属光泽，能传热导电，化学性质不活泼，不与水、酸作用。它们作为硬质合金、耐高温和耐磨蚀材料得到广泛的应用。

2. 硼的化合物

1)硼的氢化物

硼的氢化物又称硼烷，目前已知的硼烷有20多种。硼烷的命名

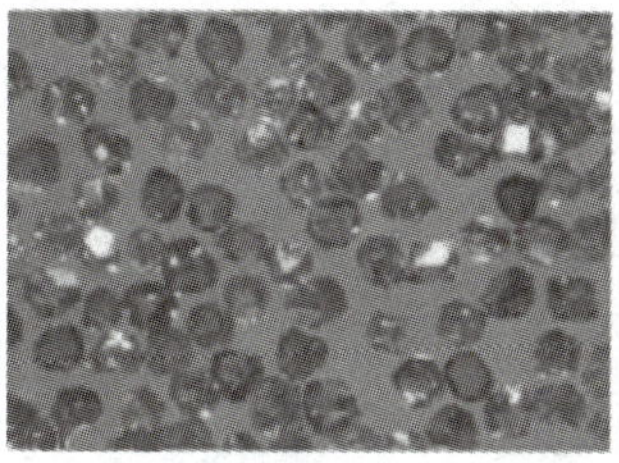

超硬材料简介

目前，已知最坚硬的三种材料是金刚石、碳化硼和立方相氮化硼。

立方相氮化硼，分子式为BN，其晶体结构类似金刚石，普通立方相氮化硼的硬度仅次于金刚石，但热稳定性远高于金刚石。但我国最新研究表明，纳米等级的立方氮化硼，其硬度已超越钻石，成为世界上最硬的物质。

碳化硼，别名黑钻石，分子式为B_4C，通常为灰黑色微粉。具有密度低、强度大、高温稳定性以及化学稳定性好的特点。与金刚石和立方氮化硼相比，碳化硼制造容易、成本低廉，因而使用更加广泛，在某些地方可以取代价格昂贵的金刚石通常在磨削、研磨、钻孔等方面的应用。

另外，碳化硼可以吸收大量的中子而不会形成任何放射性同位素，因此它在核能发电场里它是很理想的中子吸收剂，而中子吸收剂主要是控制核分裂的速率。1986年切尔诺贝利核事故时，俄罗斯投下了近2000 t碳化硼和沙子后，最终使反应堆中的链式反应停止。

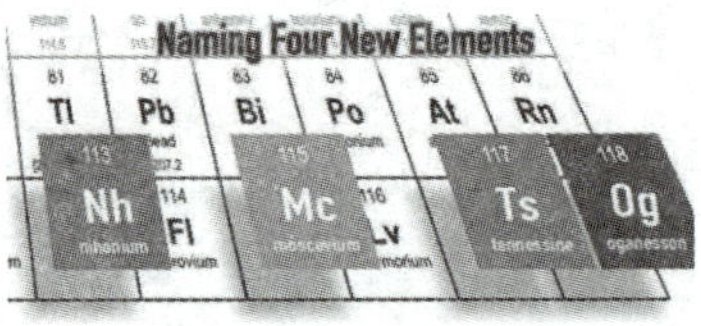

元素周期表有没有尽头?

2015年底，国际纯粹与应用化学联合会(IUPAC)宣布第113、115、117、118号元素存在，元素周期表第七周期被全部填满，最新的元素周期表已有118个元素了。如今，核物理学家已经在继续尝试制造第119号与120号元素，打开元素周期表的第八周期。

4个新元素中，113号元素是首个被亚洲国家率先发现的新元素。从2003年9月起日本理化学研究所研究人员就开始尝试合成这一元素，他们使用锌70(Zn)束流作为炮弹轰击铋209(Bi)，9年间所做的实验超过了4亿次，直到2012年，113号元素才被正式确认，发现者森田浩介团队最终使用了日本本国发音来命名。

理论上，原子核内能容纳多少个质子和中子，原子核的电荷和质量，是存在极限的，量子效应在其中起着非常重要的作用。元素周期表的尽头在哪里？至今仍没有确切的答案。一般认为，原子序数越往后，半衰期越短，发现的难度越大。然而，早在1960年代，科学家就提出了理论预言质子数为114、中子数为184的原子核及其附近的原子核会形成所谓的“超重稳定岛”，岛上的原子核可能具有较长的寿命。不过，至今为止科学家还没有发现这样多中子的原子核。

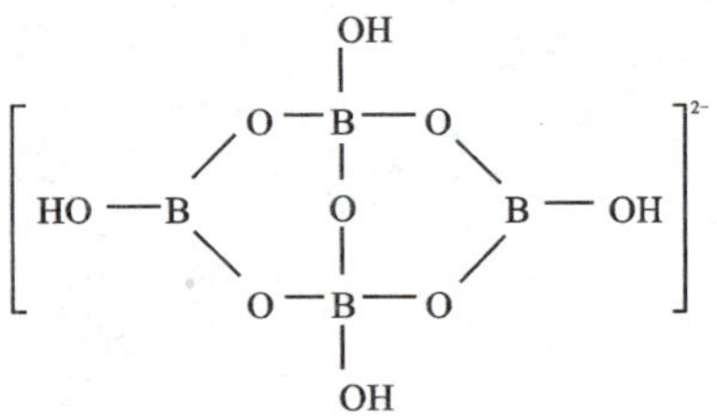

图6-10　四硼酸根的结构

原则同碳烷。例如乙硼烷 B_2H_6、丁硼烷 B_4H_{10} 等。

硼烷的化学性质如下。

(1)可燃性。硼烷的燃烧热很大，可用作高能燃料。但由于硼烷毒性极大，限制了它的应用。例如

$$3O_2 + B_2H_6(g) = B_2O_3(s) + 3H_2O(l);$$
$$\Delta_c H_m^\ominus = -2152.5\ \text{kJ}\cdot\text{mol}^{-1}$$

(2)水解性。B_2H_6 极易水解，水解时放热

$$B_2H_6(g) + 6H_2O(l) = 2H_3BO_3(s) + 6H_2(g);$$
$$\Delta_r H_m^\ominus = -504.6\ \text{kJ}\cdot\text{mol}^{-1}$$

(3)路易斯酸性。硼烷可与路易斯碱如 NH_3、H^- 等起加合反应，如：

$$B_2H_6 + 2NH_3 = [BH_2\cdot(NH_3)_2]^+ + BH_4^-$$
$$B_2H_6 + 2NaH = 2NaBH_4$$

2)硼的氧化物

单质B在空气中加热或 H_3BO_3 受热脱水都生成 B_2O_3。B_2O_3 是一种白色固体，有晶体和无定形两种，它们都极易和 H_2O 结合并放出较多的热，白色粉末状的 B_2O_3 可用作吸水剂

$$B_2O_3(\text{晶体}) + H_2O(g) = 2HBO_2(g);$$
$$\Delta_r H_m^\ominus = -199.2\ \text{kJ}\cdot\text{mol}^{-1}$$
$$B_2O_3(\text{无定形}) + 3H_2O(l) = 2H_3BO_3(aq);$$
$$\Delta_r H_m^\ominus = -76.6\ \text{kJ}\cdot\text{mol}^{-1}$$

熔融的 B_2O_3 能溶解许多金属氧化物而生成有特殊颜色的玻璃状偏硼酸盐，俗称硼玻璃。例如

$$CuO + B_2O_3 = Cu(BO_2)_2(\text{蓝色})$$
$$NiO + B_2O_3 = Ni(BO_2)_2(\text{绿色})$$

3)硼酸

常见的硼酸有(正)硼酸 H_3BO_3、偏硼酸 HBO_2 及四硼酸 $H_2B_4O_7$ 三种。固态纯 H_3BO_3 是一种六角片状的白色晶体。H_3BO_3 分子中，B原子以 sp^2 杂化轨道分别同3个O原子结合成平面三角形结构，而OH间以氢键相连，形成鳞片状晶体。

硼砂 $Na_2B_4O_7\cdot 10H_2O$ 溶于沸水，加入盐酸放置后即析出硼酸 H_3BO_3

$$Na_2B_4O_7 + 2HCl + 5H_2O = 4H_3BO_3 + 2NaCl$$

H_3BO_3 易溶于水，溶解度随温度的升高而增大。H_3BO_3 水溶液表现为一元弱酸：

$$H_3BO_3 + H_2O = B(OH)_4^- + H^+ \quad K_a^\ominus = 5.8\times10^{-10}$$

H_3BO_3 受热脱水首先生成偏硼酸，进一步脱水得 B_2O_3。

在水溶液中 H_3BO_3 分子中B原子采取 sp^2 杂化轨道成键。B原子尚有1个空的2p轨道可以接受 OH^- 离子中O原子上的孤对电子而形成四面体构型的硼酸根离子 $B(OH)_4^-$，这种电离方式表明了B化合物的缺电子特性，因此 H_3BO_3 是一种典型的Lewis酸。

H_3BO_3 溶液和多羟基化合物如甘露醇 $CH_2OH(CHOH)_4CH_2OH$、丙三醇(甘油)形成配合物而使它的酸性大为增强。硼酸和单元醇反应，生成可挥发的、易燃的硼酸酯

$$H_3BO_3 + 3ROH = B(OR)_3 + 3H_2O$$

硼酸酯燃烧时呈绿色火焰，这一特性用来鉴定 B 化合物。

4）硼酸盐

硼酸盐有偏酸盐、原硼酸盐、多硼酸盐等多种。其中最重要的是硼砂，它的酸根离子是四硼酸根 $B_4O_5(OH)_4^{2-}$，结构式如图 6－10 所示。由图可见，硼酸根是由两个$[BO_3]$原子团和两个$[BO_4]$原子团共用氧原子连接成的，所以硼砂的化学式应为 $Na_2B_4O_5(OH)_4 \cdot 8H_2O$。

硼砂是无色透明晶体，于 350～400℃ 脱水成无水盐 $Na_2B_4O_7$，878℃熔化成玻璃态。$Na_2B_4O_7$ 可以看成是一种复合物 $B_2O_3 \cdot 2NaBO_2$，其中 B_2O_3 为酸性氧化物，能和许多金属氧化物形成偏硼酸盐，如

$$Na_2B_4O_7 + CoO = Co(BO_2)_2 \cdot 2NaBO_2(\text{蓝色})$$

许多金属的偏硼酸盐具有特征颜色，利用这类反应可以鉴定某些金属离子，称为硼砂珠试验；硼砂也可在焊接金属时用于除锈。硼砂易溶于水。水溶液中，$B_4O_5(OH)_4^{2-}$ 水解生成等物质的量的弱酸 H_3BO_3 及其对应的盐 $B(OH)_4^-$

$$B_4O_5(OH)_4^{2-} + 5H_2O = 2H_3BO_3 + 2B(OH)_4^-$$

因此，这种溶液具有缓冲作用，纯硼砂溶液常用作标准缓冲溶液。20℃时其 pH 为 9.24。

$$[H^+] = K_a^{\ominus} \times \frac{c_{\text{酸}}}{c_{\text{盐}}} = K_a^{\ominus} = 5.8 \times 10^{-10}$$

$$pH = -\lg 5.8 \times 10^{-10} = 9.24$$

6.3.4　硅的化合物

1. 二氧化硅与硅酸

二氧化硅属酸性氧化物，能被强碱溶液缓慢地侵蚀

$$SiO_2 + 2NaOH = Na_2SiO_3 + H_2O$$

SiO_2 与 Na_2CO_3 共熔可生成 Na_2SiO_3

$$SiO_2 + Na_2CO_3 = Na_2SiO_3 + CO_2(g)$$

SiO_2 和碱性氧化物反应生成相应的硅酸盐

$$CaO + SiO_2 = CaSiO_3$$

酸类中只有氢氟酸能腐蚀 SiO_2

$$SiO_2 + 4HF = SiF_4\uparrow + 2H_2O$$

SiF_4 还可进一步与 HF 结合成氟硅酸（强酸）

$$SiF_4 + 2HF = H_2SiF_6$$

往可溶性硅酸盐（如硅酸钠）溶液中加入酸（如盐酸），可得到胶冻状的硅酸沉淀或硅酸的胶体溶液。硅酸很复杂，可用通用 $x SiO_2 \cdot y H_2O$ 表示其组成，其中 x 和 y 是整数。$x > 1$ 的硅酸称为多硅酸。目前已知的硅酸有五种，分别为正硅酸（原硅酸）H_4SiO_4、偏硅酸 H_2SiO_3、一缩二原硅酸 $H_6Si_2O_7$、三缩二原硅酸 $H_2Si_2O_5$ 和水合二原硅酸 $H_{10}Si_2O_9$，各种硅酸均难溶于水。在水溶液中的硅酸通常用化学式 H_2SiO_3 表示，为二元弱酸，$K_{a1}^{\ominus} = 4.2 \times 10^{-10}$，$K_{a2}^{\ominus} = 10^{-12}$。将从溶液中析出来的胶冻状硅酸沉淀洗净，并依一定条件加热以失去大部分水则制得硅胶。硅胶是一种白色而稍透明的多孔性物质，含水分 3%～

翡翠

翡翠（jadeite），也称翡翠玉，原产地很少，只有美国、日本、俄罗斯、危地马拉、缅甸、中国等几个国家，而缅甸是产量最高、品质最好的国家，所以翡翠也被称为“缅甸玉”。翡翠的正确定义是以硬玉矿物为主的辉石类矿物组成的纤维状集合体。翡翠是在地质作用下形成的达到玉级的石质多晶集合体，主要由硬玉或硬玉及钠质（钠铬辉石）和钠钙质辉石（绿辉石）组成，可含有角闪石、长石、铬铁矿、褐铁矿等。化学成分：硅酸盐铝钠$[NaAl(Si_2O_6)]$，常含 Ca、Cr、Ni、Mn、Mg、Fe 等微量元素。

翡翠的质量最好的为 A 货，是天然翡翠，它指天然产生的，只是利用物理方法加工雕琢、打磨、抛光，而未使用任何化学、辐照方法破坏其内部结构。中国的四大国宝级翡翠——“岱岳奇观”“含香聚瑞”“群芳览胜”“四海腾欢”，现陈列在北京中国工艺美术馆“珍宝馆”。

7%。硅胶的吸湿性能很强，是常用的干燥剂。硅胶也可用作某些气体的吸附剂和催化剂的载体等。

2. 硅酸盐

大多数硅酸盐难溶于水，只有碱金属的硅酸可溶，其中常见的是硅酸钠 Na_2SiO_3 或其结晶水合物 $Na_2SiO_3 \cdot 9H_2O$。硅酸钠溶液（俗称水玻璃）由于水解而显相当强的碱性。可溶性硅酸盐与酸、CO_2 或铵盐溶液（均显酸性）作用生成硅酸

$$SiO_3^{2-} + 2H^+ = H_2SiO_3,$$

$$SiO_3^{2-} + 2CO_2 + 2H_2O = H_2SiO_3 + 2HCO_3^-,$$

$$SiO_3^{2-} + 2NH_4^+ = H_2SiO_3 + 2NH_3$$

天然沸石是具有多孔多穴结构的硅铝酸盐，其中一种的组成为 $NaCa_{0.5}(Al_2Si_5O_{14}) \cdot 10H_2O$，经加热、真空脱水后可制成干燥剂，用于干燥气体或溶剂。分子筛是一种人工合成的硅铝酸盐。分子筛的基本结构单元是 $[SiO_4]$ 四面体和 $[AlO_4]$ 四面体，通过共用顶角氧原子相互连接。分子筛在化工、冶金、石油、医药等工业部门中有广泛的应用。

视频6-3

6.4 配合物的空间构型与价键理论

视频6-4

在第3章已经指出，配合物中配体与中心原子以配位键联系着，配合物的空间构型与中心原子的配位数直接关联，对于中性配体或一价配体，配位数取决于：(1)中心原子的大小。对于简单的经典配体，一般认为，第一周期元素的最高配位数为2，第二周期元素的最高配位数为4，第三周期为6，以下为8，第七周期最高可达12。(2) 中心原子的氧化数。对于同一配体比较，在相同情况下，中心原子的氧化数高，配位数也增加。(3)配体的大小。如 Fe^{3+} 对于小体积的 F^- 的配位数为6，对于体积稍大的 Cl^- 的配位数为4。结晶化学指出，中心原子与简单配体的半径比越大，配位数越高。(4)配体所带电荷。如果配体是阴离子，所带电荷数越少越有利于形成高配位数，带电荷较多的阴离子增大了配体间的排斥力，可使配位数减小。

6.4.1 配位化合物的空间构型

视频6-5

配合物的空间构型是指配体围绕具有不同配位数的中心离子（或原子）排布的几何构型。当配体与中心离子（或原子）配位时，为了减少配体之间的静电斥力，配体之间尽可能远离，在中心离子（或原子）周围采取对称分布的状态。配合物常见的空间构型有直线型、平面三角形、四面体、平面四边形、四方锥形、三角双锥形及八面体型等。配合物的空间构型不仅与配位数有关，而且与中心离子（或原子）的杂化方式密切相关。

6.4.2 配合物的价键理论简介

为了说明配合物的各种错综复杂的立体结构、反应、光谱和磁性质，化学家相继提出了各种配合物成键的理论来概括配合物形成的本质，这种努力从 Werner 创立配位化学时期就开始了。早期所提出的

离子模型(静电理论)，将配体和原子看成点电荷，它们之间由于静电引力而结合。这种理论说明了某些简单配合物的成键本质，如配位数、立体结构和稳定性等，但其模型过于简单，对于很多事实都不能说明。1931 年，美国著名科学家鲍林(L. Pauling)提出了价键理论，该理论取得了巨大成功，且直观易懂，至今仍在使用。

配合物价键理论的要点。

鲍林提出杂化轨道理论并应用于配位化学，发展为配合物的价键理论。配合物价键理论的基本要点如下。

(1)中心离子(或原子)与配体之间以配位键相结合。

(2)由配位原子提供的孤电子对，填入中心离子(或原子)提供的空价轨道而形成“头碰头”的 σ 配键。

(3)中心离子(或原子)的空价轨道所采取的杂化方式决定了配离子的空间构型。

配离子的空间构型与杂化方式的关系如下。

如前所述，配合物(或配离子)的空间构型不仅与配位数有关，而且与中心离子(或原子)的杂化方式密切相关。中心离子(或原子)常见的杂化轨道类型与配离子空间构型之间的关系如表 6－11 所示。

表 6－11 中心离子配位数、杂化轨道类型与配离子空间构型之间的关系

配位数	杂化方式	空间构型	空间构型图示	实例
2	sp	直线型		$[Ag(NH_3)_2]^+$，$[AuCl_2]^-$
3	sp^2	平面三角形	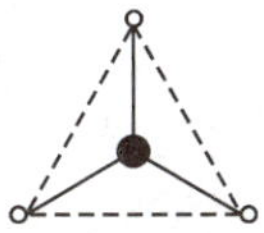	$[Cu(CN)_3]^{2-}$，$[HgI_3]^-$
4	sp^3	四面体	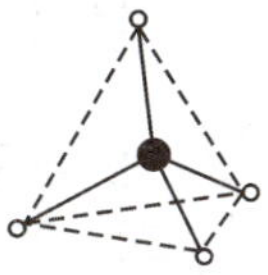	$[Zn(NH_3)_4]^{2+}$，$[Cu(CN)_4]^{2-}$，$[HgI_4]^{2-}$，$[Ni(CO)_4]$
	dsp^2	平面正方形	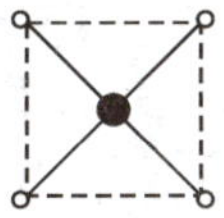	$[Ni(CN)_4]^{2-}$，$[Cu(NH_3)_4]^{2+}$，$[AuCl_4]^-$，$[PtCl_4]^{2-}$
5	dsp^3	三角双锥	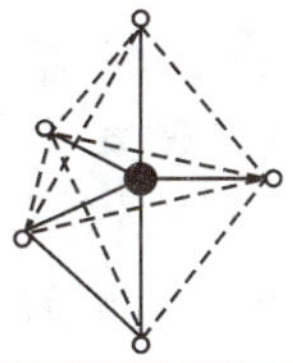	$[Fe(CO)_5]$
6	sp^3d^2	八面体	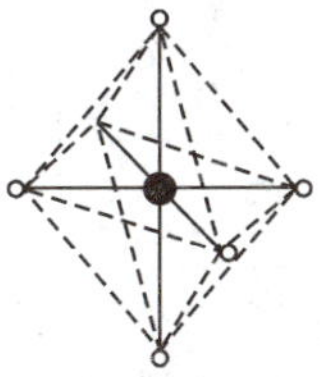	$[FeF_6]^{3-}$，$[Cr(NH_3)_6]^{3+}$
	d^2sp^3			$[Fe(CN)_6]^{3-}$，$[PtCl_6]^{2-}$

蓝色硅胶干燥剂变色原理

干燥状态

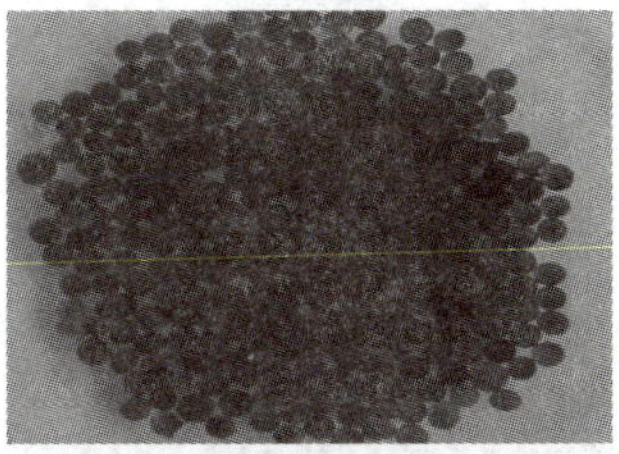

RH=20%

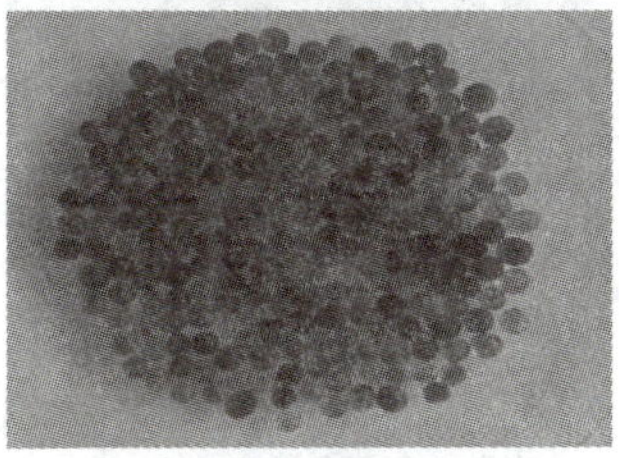

RH=50%

蓝色硅胶干燥剂在不同相对湿度(RH)时的照片如上，这种干燥剂是在硅胶干燥剂中加入了少量的二氯化钴 $CoCl_2$(该物质为蓝色)，当硅胶在干燥过程中吸收的水分到了一定程度时，$CoCl_2$ 形成了 $CoCl_2 \cdot 6H_2O$，此物质为粉红色。当蓝色硅胶干燥剂变成粉红色，就表示干燥剂已吸潮饱和失去了作用，但可以通过加热或用曝晒、烧焙、风干等方法再生。配合物反应式如下

$$2[Co(H_2O)_6]Cl_2 = Co[CoCl_4] + 12H_2O$$

蓝色硅胶由于含有少量的二氯化钴 $CoCl_2$，有毒，应避免和食品接触或吸入口中，如发生中毒事件应立即治疗。

1. 配位数为 2 的配合物

氧化数为 +1 的离子常形成配位数为 2 的配合物，如 $[Ag(NH_3)_2]^+$、$[AuCl_2]^-$ 和 $[Cu(CN)_2]^-$ 等。下面以 $[Ag(NH_3)_2]^+$ 为例，对这类配合物的直线型结构与成键情况，可利用价键理论予以解释和说明。

在未形成配合物时，Ag^+ 的价层电子排布为

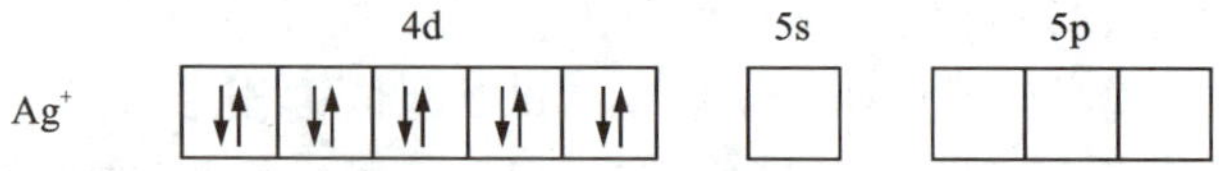

当 Ag^+ 与配体型成配位数为 2 的配合物时，Ag^+ 利用 1 个 5s 轨道和 1 个 5p 轨道进行 sp 杂化，形成 2 个新的夹角为 180°的 sp 杂化空轨道以接受配体 NH_3 提供的两对孤电子对。因此，这样成键的配合物为直线型。$[Ag(NH_3)_2]^+$ 的中心离子杂化方式及价层电子排布为

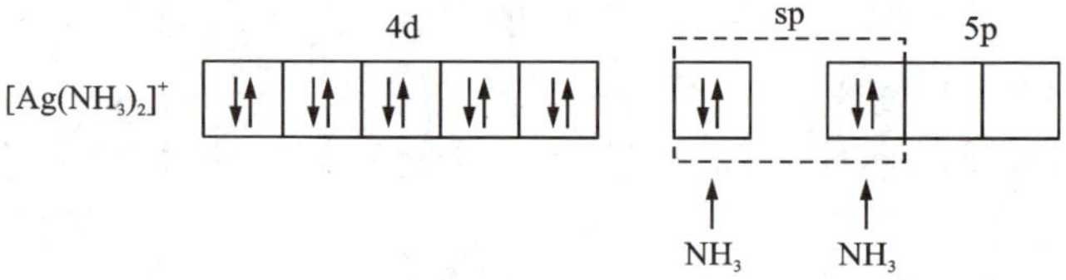

由于 $[Ag(NH_3)_2]^+$ 的中心离子 Ag^+ 在形成 σ 配键时，参与杂化的 5s 和 5p 轨道皆为外层空轨道，这种以外层空轨道杂化而形成的配合物称为外轨型配合物。

2. 配位数为 4 的配合物

配位数为 4 的配合物有两种空间构型：一种是正四面体，另一种是平面正方形。下面以 Ni^{2+} 形成的两个配合物 $[NiCl_4]^{2-}$ 和 $[Ni(CN)_4]^{2-}$ 为例，分别说明配位数均为 4 的两种不同构型的配合物的成键情况。

在未形成配合物时，Ni^{2+} 的价层电子排布为

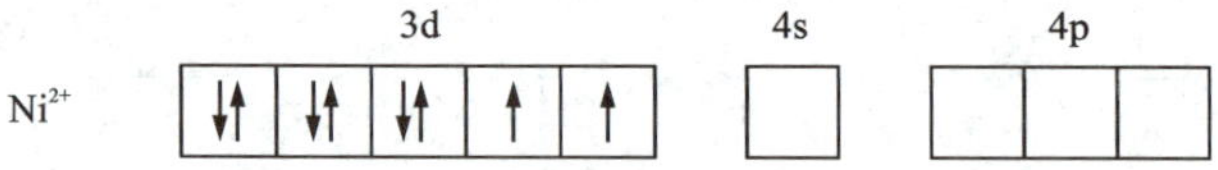

当 Ni^{2+} 与配体 Cl^- 形成正四面体配合物 $[NiCl_4]^{2-}$ 时，由于配位原子 Cl 的电负性很大，不易给出孤电子对，它对中心原子的影响较小，不会使中心原子的电子层结构改变，这种配体称为弱场配体。Ni^{2+} 只能利用外层的 1 个 4s 空轨道和 3 个 4p 空轨道进行 sp^3 杂化，形成 4 个新的 sp^3 杂化轨道以接受 4 个配体 Cl^- 提供的 4 对孤电子对。以 sp^3 杂化轨道成键的配合物的空间构型为正四面体。$[NiCl_4]^{2-}$ 的中心离子杂化方式及价层电子排布为

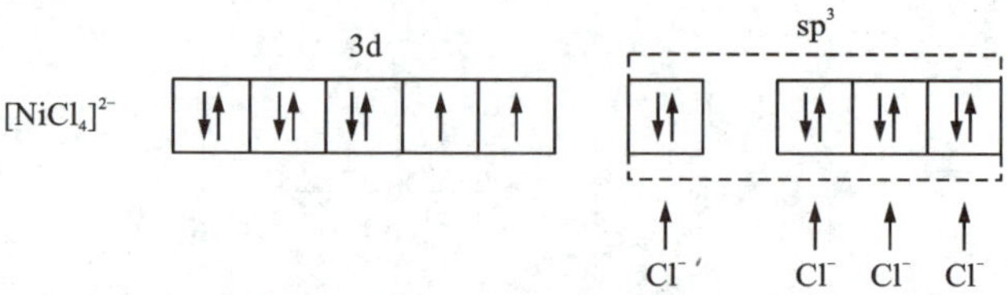

当 Ni^{2+} 与配体 CN^- 形成平面正方形配合物 $[Ni(CN)_4]^{2-}$ 时，由

车牌上的小圆点

有很多人都不知道，甚至都没注意过，在车牌上有一个小圆点。这个小圆点究竟有什么用？

这个小圆点，是一个极好的红外发射体，它可以让摄像头精确对焦。对于早期道路上的交通监控摄像头，假如没有这个小圆点，摄像头也许定位不会那么精准。车牌上纽扣大小的圆点由氧化钛、稀土金属（主要是钇和钕）、稀土金属有机配合物等掺杂压制而成，小圆点是良好的红外发射体（效率可达到 56%），它吸收车体或周围环境的热量转化为红外射线辐射出来，主要是早期为摄像头对焦而设计的。另外，此圆点看似简略，其实制造技术比较复杂，有助于车牌防伪，是检验车牌真伪的有效手段。

于配体 CN^- 中，以 C 为配位原子，C 电负性较小，较易给出孤电子对，它对中心原子的影响较大，这种配体称为强场配体。它可使 Ni^{2+} 的 3d 轨道上的 8 个电子发生重排，单电子被强行配对而集中排列在 4 个 3d 轨道中，空出的 1 个 3d 轨道，与外层的 1 个 4s 空轨道、2 个 4p 空轨道进行 dsp^2 杂化，形成 4 个新的 dsp^2 杂化轨道以接受配体 CN^- 提供的 4 对孤电子对。以 dsp^2 杂化轨道成键的配合物的空间构型为平面正方形。$[Ni(CN)_4]^{2-}$ 的中心离子杂化方式及价层电子排布为

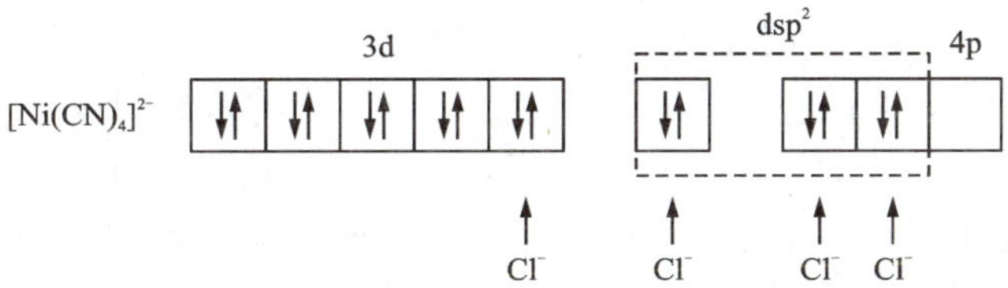

由于配合物 $[Ni(CN)_4]^{2-}$ 的中心离子 Ni^{2+} 在形成配位键时，有内层能量较低的 3d 轨道参与杂化，这种有内层空轨道参与杂化而形成的配合物称为内轨型配合物。显然，与外轨型配合物相比，内轨型配合物形成 σ 配键的电子对更靠近中心原子，键能更大，性质更稳定，在水中也更难以解离。

3. 配位数为 6 的配合物

配位数为 6 的配合物绝大多数为八面体构型，这种构型的配合物的中心离子（或原子）采取 sp^3d^2 或 d^2sp^3 的杂化轨道成键。下面以 Fe^{3+} 形成的两个配合物 $[FeF_6]^{3-}$ 和 $[Fe(CN)_6]^{3-}$ 为例，分别说明配位数为 6 的配合物的成键情况。

在未形成配合物时，Fe^{3+} 的价层电子排布为

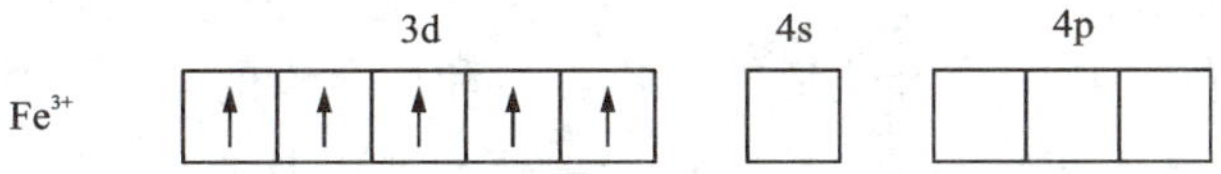

当 Fe^{3+} 与配体 F^- 形成配合物 $[FeF_6]^{3-}$ 时，由于配位原子 F 的电负性很大，Fe^{3+} 利用外层的 1 个 4s 轨道、3 个 4p 轨道以及 2 个 4d 轨道一起进行 sp^3d^2 杂化，形成 6 个新的 sp^3d^2 杂化轨道以接受配体 F^- 提供的 6 对孤电子对。$[FeF_6]^{3-}$ 的中心离子杂化方式及价层电子排布为

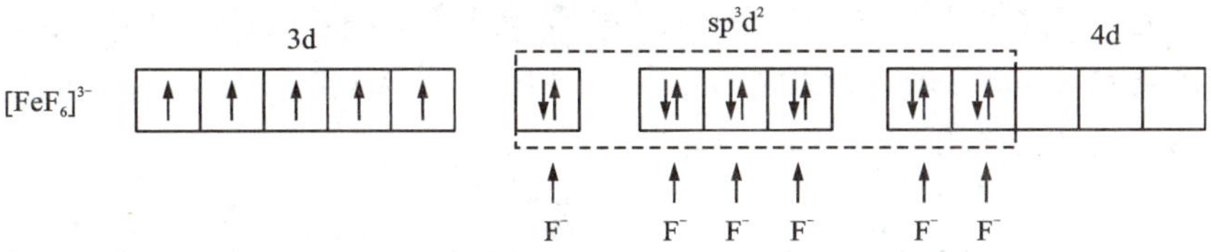

当 Fe^{3+} 与配体 CN^- 形成配合物 $[Fe(CN)_6]^{3-}$ 时，由于配位原子 C 的电负性较小，Fe^{3+} 的 3d 轨道上的 5 个电子将重排，空出 2 个 3d 轨道和外层的 1 个 4s 空轨道、3 个 4p 空轨道进行 d^2sp^3 杂化，形成 6 个新的 d^2sp^3 杂化轨道以接受配体 CN^- 提供的 6 对孤电子对。$[Fe(CN)_6]^{3-}$ 的中心离子杂化方式及价层电子排布为

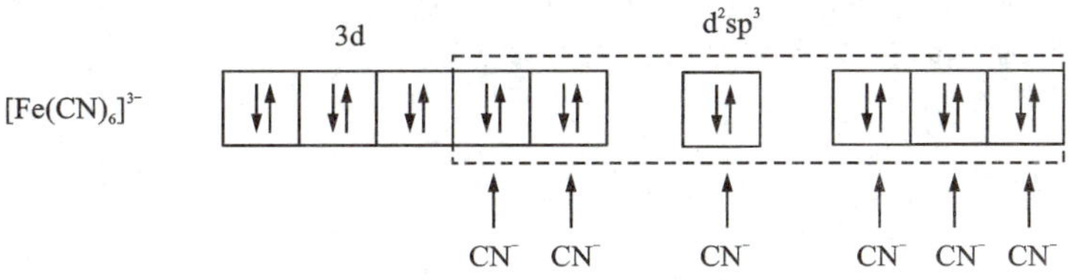

能腐蚀一切金属的氯金酸

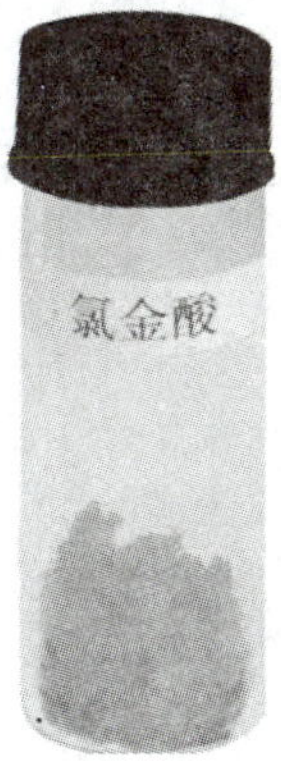

氯金酸是纯金与王水反应经过滤、浓缩后，加浓盐酸除氮化物，再经浓缩结晶、磨碎而得的产品。氯金酸试剂一般都含 4 个结晶水，化学式为 $AuCl_3 \cdot HCl \cdot 4H_2O$，是金黄色或橙黄色针状晶体。从乙醇溶液中也可结晶出无水氯金酸（$HAuCl_4$）。四氯金酸的腐蚀性能和氧化性均极强，它能腐蚀一切金属。氯金酸是金的最常见化合物，极易潮解，易溶于水，受热分解为金。

氯金酸的用途非常广泛，主要用于分析试剂和镀金试剂；可用于半导体及集成电路引线框架局部镀金，印刷电路板、电子接插件及其他电接触元件的镀金；也可用于制作红色玻璃；用作分析试剂，专用于铷、铯的微量分析和测量生物碱组成等；还可作为照相材料。

视频6-6

$[Fe(CN)_6]^{3-}$ 为内轨型配合物，而 $[FeF_6]^{3-}$ 为外轨型配合物。$[Fe(CN)_6]^{3-}$ 比 $[FeF_6]^{3-}$ 更稳定，它们的标准稳定常数($K_f^{?}$)分别为 4.1×10^{52} 和 2.0×10^{14}。通常来说，形成内轨型还是外轨型配合物，与配体中配位原子的电负性大小关系较大，同时还与中心离子(或原子)的价层电子构型及电荷数有关。

4. 配合物的磁性

磁性(magnetism)是配合物的重要性质之一，一般物质的磁性主要由电子运动来表现，它和原子、分子或离子的未成对电子数有直接关系。若分子或离子中所有的电子都已配对，同一个轨道上自旋相反的两个电子所产生的磁矩，因大小相同方向相反而互相抵消。这种物质置于磁场中会削弱外磁场的强度，故称为反磁性物质。反之，当分子或离子中存在未成对电子时，成对电子旋转所产生的磁矩不会被抵消，这种磁矩会在外磁场作用下取向，从而加强了外磁场的强度，这种物质称为顺磁性物质。

由于物质的磁性主要来自自旋未成对电子，显然顺磁性物质中未成对电子数目越大，**磁矩**(magnetic moment)越大。如当第四周期过渡元素作为中心原子时，若配体无未成对电子，则中心原子未成对电子数 n 与磁矩 μ_m 符合下列关系

$$\mu_m=\sqrt{n(n+2)}$$

式中：磁矩 μ_m 的单位为玻尔磁子(B. M.)，单位符号为 μ_B。

配合物的磁矩 μ_m 可以利用磁分析天平来测定，将测得的磁矩代入公式，即可计算出配合物中未成对电子数 n，由此推测配合物的中心离子(或原子)的内层 d 电子是否发生了电子重排，再根据配位数进一步判断配合物中成键轨道的杂化类型和配合物的空间结构。

例 6－1 实验测得 $[Co(NH_3)_6]^{3+}$ 和 $[Fe(H_2O)_6]^{3+}$ 的磁矩 μ_m 分别为 0 和 5.90 μ_B，试推测这两个配合物中心离子的杂化方式、配离子的空间构型及判断它们属于内轨型还是外轨型配合物。

解：(1) 对于 $[Co(NH_3)_6]^{3+}$，由实验测得的磁矩 $\mu_m=0$，得出未成对电子数 $n=0$，即无单电子。说明 Co^{3+} 的 $3d^6$ 电子发生了重排，6 个电子集中排布，空出 2 个 3d 轨道和外层的 1 个 4s 轨道、3 个 4p 轨道进行 d^2sp^3 杂化。由此可见，$[Co(NH_3)_6]^{3+}$ 的空间构型为八面体，属于内轨型配合物。

(2) 对于 $[Fe(H_2O)_6]^{3+}$，由实验测得的磁矩 $\mu_m=5.90\ \mu_B$，得出未成对电子数 $n=5$，说明 Fe^{3+} 的 $3d^5$ 电子未发生重排，在形成 $[Fe(H_2O)_6]^{3+}$ 时，中心离子是利用外层的 1 个 4s 轨道，3 个 4p 轨道以及 2 个 4d 轨道一起进行 sp^3d^2 杂化。因此，$[Fe(H_2O)_6]^{3+}$ 的空间构型也为八面体，属于外轨型配合物。

磁卡的工作原理

磁卡是一种卡片状的磁性记录介质，利用磁性载体记录字符与数字信息，用来标识身份或其他用途，它使用方便，造价便宜，用途极为广泛。例如我们使用的银行卡，就是一种最常见的磁卡。

磁卡记录原理：记录磁头由内有空隙的环形铁芯和绕在铁芯上的线圈构成。磁卡是由一定材料的片基和均匀地涂布在片基上面的微粒磁性材料制成的。在记录时，磁卡的磁性面以一定的速度移动，或记录磁头以一定的速度移动，并分别和记录磁头的空隙或磁性面相接触。磁头的线圈一旦通上电流，空隙处就产生与电流成比例的磁场，于是磁卡与空隙接触部分的磁性体就被磁化。如果记录信号电流随时间而变化，则当磁卡上的磁性体通过空隙时，便随着电流的变化而不同程度地被磁化。磁卡被磁化之后，离开空隙的磁卡磁性层就留下相应于电流变化的剩磁。

磁卡工作原理：磁卡上面剩余磁感应强度在磁卡工作过程中起着决定性的作用。记录了信息的磁卡以一定的速度通过装有线圈的工作磁头，磁卡的外部磁力线切割线圈，在线圈中产生感应电动势，从而传输了被记录的信号。

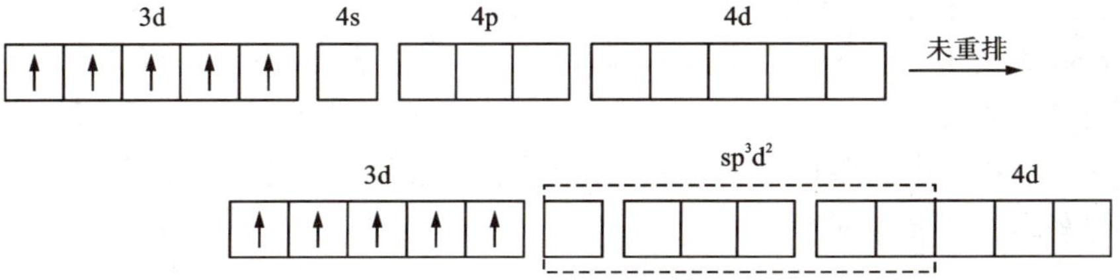

价键理论简单明了，使用方便，能说明配合物的配位数、空间构型和定性解释配合物的稳定性。但价键理论有其局限性，比如它往往不能独立地判断中心离子的杂化方式(需要借助磁性)，不能定量解释配合物的稳定性规律，不能解释配合物的电子光谱规律，如颜色。

6.5 功能配合物

配合物成键模式花样繁多、空间构型奇异、物理性质独特，在生产和科研方面已有许多应用。特别是近年来许多配合物展现出光、电、磁、生物等独特功能，成为一类极富实际意义的功能性配合物。鉴于功能配合物在各领域的应用不胜枚举，现仅择少数例子加以介绍。

6.5.1 配合物的经典应用

1. 染料

古时候，人们直接用植物作为染料，当在染色过程加入金属离子形成配合物以后，牢固度大大增加，显示出鲜艳的颜色。如普鲁士蓝 $KFe[Fe(CN)_6]$、樱草素 $K_3[Co(NO_2)_6]\cdot 6H_2O$(黄色)都被用作染料。我国用配合物做染料的记载始于《诗经》。诗经有“缟衣茹藘”的记载，“茹藘”就是茜草，用茜草的根和黏土制成牢固度很高的红色染料，这是最早的媒染染料，存在于茜草根中的1，2－二羟基－9，10－蒽醌和黏土中的 Al^{3+} 和 Ca^{2+} 生成的红色配合物对织物有很强的附着力。在长沙马王堆1号墓出土的深红色绢，经鉴定就是用茜素红媒染染料染色的(图6－11)。此后，金属配合物作为染料得到很大的发展，如偶氮染料、酞菁染料大量用于染色和塑料中。酞菁合铜(Ⅱ)呈美丽的蓝色，可用于激光打印和喷墨打印技术、光数据储存和电子材料中。

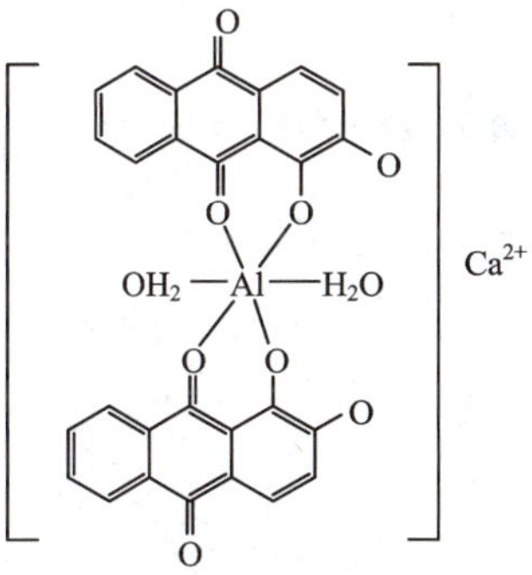

图6－11 茜草染料的分子结构平面图

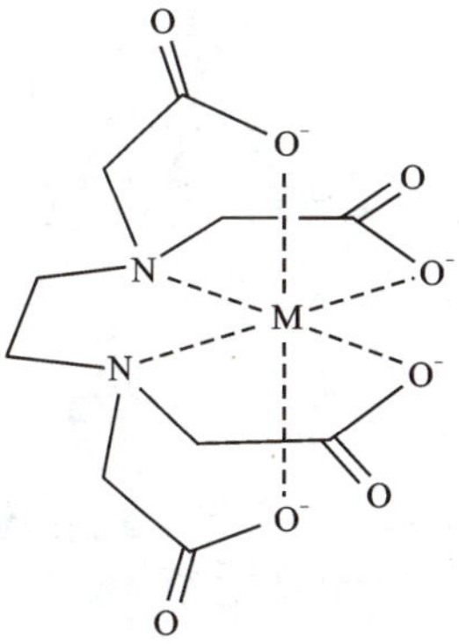

图6－12 EDTA螯合物结构示意图

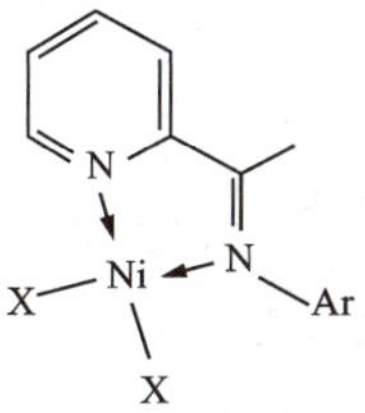

图6－13 用于乙烯齐聚合成的2－亚胺吡啶镍卤化物类催化剂结构示意图

2. 分离剂

配合物的形成扩大了金属离子之间性质的差异，如颜色、溶解度、稳定性都因配合物的形成方式有了很大的变化，这为金属离子的分析、分离创造了良好的条件。以乙二胺四乙酸(EDTA)为例，它在掩蔽剂的存在下能分析许多金属离子(图6－12)。例如，用乙二胺四乙酸钠和稀土离子形成的配合物稳定性差，用离子交换技术，成功地分离性质极为相似的13种稀土元素，从而代替了传统的分级沉淀法。因为 $La(OH)_3$ 的溶解度($1.8\times10^{-5}\ mol\cdot L^{-1}$)与 $Lu(OH)_3$ 的溶解度($1.3\times10^{-6}\ mol\cdot L^{-1}$)仅相差10倍，而 $[La(EDTA)]^-$ 的稳定性($\beta=10^{15.9}$)和 $[Lu(EDTA)]^-$ 的稳定性($\beta=10^{19.33}$)相比却差一百多倍。稀土分离除采用离子交换法外，过去还采用传统萃取法，不但耗时，而且分离也不易。要得到国防工业急需的高纯度（>99.9%）的镨钕很困难。为此，徐光宪院士在其串级理论的基础上摒弃了传统的萃取法，建立了串级萃取法，解决了当时国际上镨钕分离的难题，2008 年他获得国家最高科学技术奖。

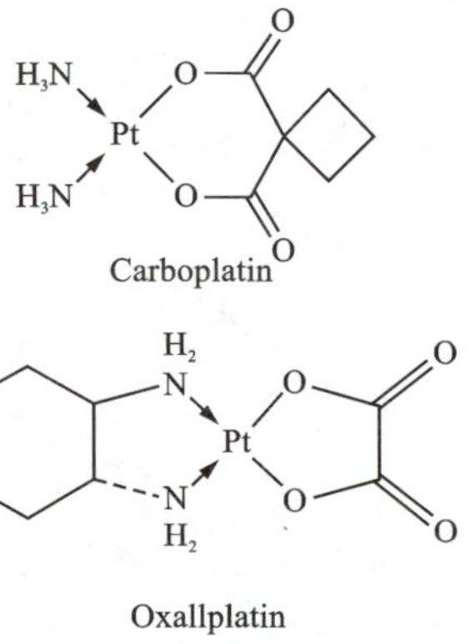

图 6－14　顺铂药物中卡铂和奥沙利铂的结构

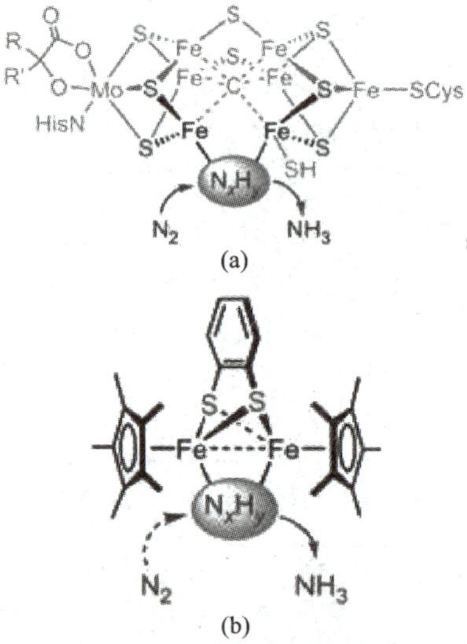

图 6－15　铁钼辅基蛋白的结构和固氮酶的途径模型

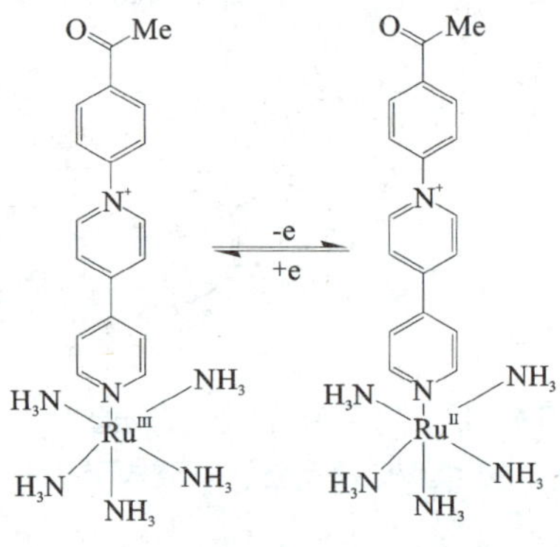

图 6－16　氧化还原过程控制非线性光学性质的钌离子配合物模型

3. 催化剂

目前，有机配合物已成为有机合成的常用试剂。随着 20 世纪石油工业兴起，如何将相对低廉的原料（石油、煤、水）转变成重要的工业原料，有机金属配合物在均相催化中起着重要的作用，有机金属配合物可直接作为作为催化剂或在有机反应过程中充当中间体参与反应，如氢化反应式中的 wilkinson 催化剂，$[RuCl(PPh_3)_3]$ 甲醇炭化反应中的 Monsanto 过程和 $[RuI_2(CO)_2]^- + CH_3I$ 为催化剂，以及 Ziegler 和 Natta 用于烯烃聚合 $TiCl_4$ 和 Et_2AlCl 混合物的烯烃聚合催化剂等，又如 2010 年美国科学家 R. F. Heck 和日本科学家 E. I. Negishi 及 A. Suzuki 利用钯的催化交叉耦合反应合成复杂的似天然的有机分子，可应用于制药、电子工业和各种先进材料。有机金属配合物作为催化剂的反应大多在溶液中的分子间进行，分子反应易于研究和修饰，对发展高选择性的催化剂十分有利，其优点是传统的多相催化剂无法比拟的，由于生产需要，合成化学有大的发展，在此期间新配合物不断涌现，被誉为无机化学的“文艺复兴”时期。

4. 金属药物

大量生化反应因金属离子的存在而得以进行，金属药物的作用大多与体内配合物的形成有关。如：2，3－二巯基丙醇是汞的解毒剂，由于它的两个巯基与 Hg^+ 及 Hg^{2+} 生成很稳定的螯合物，能将汞离子排出体外。近年来，用配合物作为药物得到了很大的发展，如顺铂类配合物药物。癌症是不正常细胞大量繁殖的结果，顺铂类抗癌药物就是基于它们能阻止癌细胞 DNA 的复制（图 6－14）。至今铂配合物仍是治疗癌症较为有效的药物，但其副作用仍未解决，所以有待开发非铂系配合物作为药物。近年来，非铂系配合物的研究十分活跃。例如，二氯化二茂钛（$TiCp_2Cl_2$）和二氯化二茂钒（VCp_2Cl_2）用于治疗抗铂的一些肿瘤有独特的疗效。另外，早期人们用金的化合物治疗关节炎，古代认为戴金手镯能治疗关节炎，这是由于汗中溶解微量的金的治疗作用。含金药物的作用机理至今尚不清楚，可能和蛋白质形成金－硫键的配合物阻止了二硫键形成。由于对关节炎的生物化学一直不是很清楚，因此对于特殊作用的药物设计一直都很困难。此外，化学家还发现钒（Ⅳ）配合物能模拟胰岛素功能，有治疗糖尿病的作用，如二（吡啶甲酸银）合氧钒（Ⅳ）等。Zn（Ⅱ）的环胺配合物对抗艾滋病有疗效，已作为抗艾滋病的临床候选药。此外，如 Ti（Ⅳ）、Nb（Ⅴ）等金属茂用于抗肿瘤药物的研究，卟啉和酞菁的配合物在光动力学治疗癌症的探索已在血液病中得到应用。

5. 生物转化及其模拟

在工业合成氨用氧化铁作为催化剂需要高温高压，产率仅为

15%～20%。地球上1 m^2土地上的空气柱约有8 t氮，相当于40 t $(NH_3)_2SO_4$，地球上植物生长每年需氮100 Mt，其中80%来自固氮酶的作用，它的固氮转效率用如此之高，非一般化学反应所能比拟。固氮酶含有两种蛋白质，一种是Fe－Mo蛋白，起着氮的固定和还原作用，另外一种是铁硫蛋白，起着电子传递作用。它们都可分别看作铁和钼—铁多核(或簇状)配合物(图6－15)，目前虽已合成许多过渡金属—分子氮配合物，如$[Ru(NH_3)_6(N_2)]Cl_2$及其他固氮体系，但模拟固氮酶作用，常温常压下还原成可利用的氨，却一直未获成功。另外，甲烷是稳定的惰性分子，是天然气的主要成分，**甲烷单加氧酶**(methane mono－oxygenase，MMO)能选择性羟化各种非活性的C—H键。例如，将CH_4转化成甲醇CH_3OH，MMO的活性中心可看成是Fe(Ⅱ)的双核配合物，其间用羟基、谷氨酸银和乙酸银桥联，目前MMO的结构还不十分清楚，但用配合物进行模拟的工作已引起注意，我国西南天然气资源十分丰富，如果能加以转化，将是对国民经济的一大贡献。

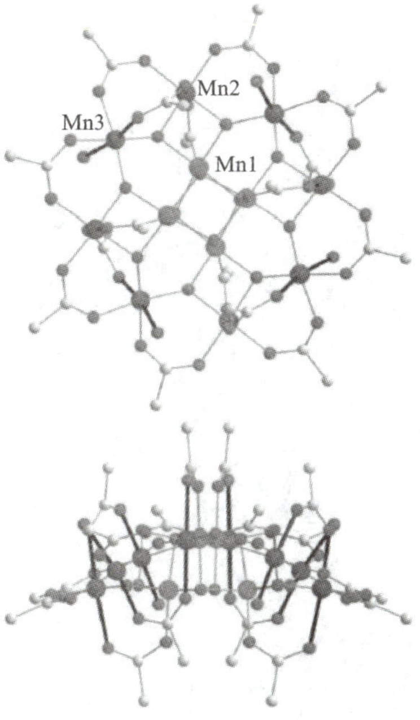

图6－17　Mn_{12}簇合物的分子结构模型

6.5.2　特殊功能配合物

1. 光功能分子

在有外加的强电磁辐射或激光照射时物质可以发射与入射波不同频率的电磁波，这一现象称为**非线性光学效应**(non－linear optical，NLO)，具有该效应的物质为非线性光学材料。该类材料在激光倍频、激光印刷等现代激光技术和光学数据存储与处理领域有重要地位。目前，发现具有NLO性质的配合物种类十分广泛，其中以吡啶基为配体的最常见，图6－16是以吡啶基为配体的Ru(Ⅱ)配合物，除5个NH_3外，另一带正电荷的4，4－联吡啶衍生物是很强的电子受体，而具有低电荷大半径的Ru(Ⅱ)是强的电子给体，所以该配合物有很强的金属到配体的电荷跃迁(MLCT)，从而呈现出优良的非线性光学性质。并且还可以通过改变联吡啶上的部分取代基以及氨配体的取代来调整其性质。Ru(Ⅱ)和Ru(Ⅲ)之间能进行可逆的氧化还原，如用H_2O_2使分子氧化成Ru(Ⅲ)，则给予电子的能力大大减弱，体系的NLO效应减小10～20倍。经肼还原，NLO效应可得以恢复，显示出二阶非线性光学性质的光开关效应。英国曼彻斯特大学Coe B J已根据该配合物制造出第一台真正可转接的NLO器件。除此类经典配合物有NLO性质外，许多有机金属配合物也有NLO性质，如铁茂双核配合物，以富电子的铁茂基作为电子给体，在$CHCl_3$中测定有较大的NLO性质。

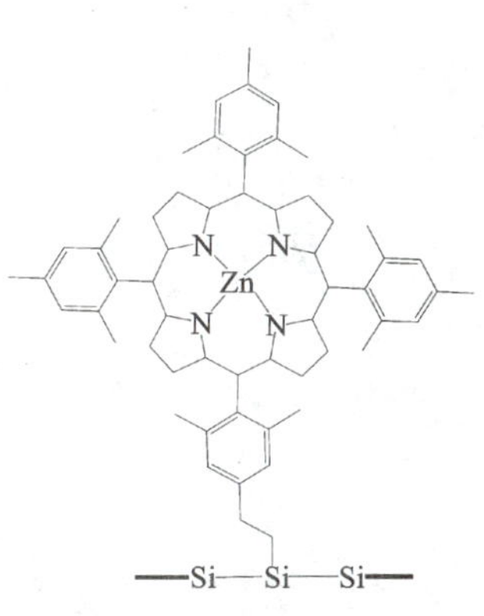

图6－18　四苯基卟啉Zn(Ⅱ)在硅片上的结构模型

2. 分子磁体

分子磁体又称**分子基磁体**(molecule－based magnets)，是指能够用合成的方法得到一类像磁铁一样的分子或分子聚集体，这类分子在临界温度T_c以下能够进行自发磁化。例如，Mn_{12}簇合物是分子磁体(图6－17)，在高温分子为无序时，显顺磁性，在22.6 K以下自发磁化呈有序排列。分子磁体不同于传统的合金磁体和氧化物磁体。分子磁体通常可以通过溶液反应获得，且易于纯化和重结晶，与合金磁体相比，它密度小、透明度高、性质多样，在信息处理、储存及电子技术

视频6-7

等方面有潜在的应用前景，因而近年来得到人们极大的关注。配合物作为分子磁体有其独特的优越性，如自旋交叉配合物、电荷转移型配合物、多核配合物等。因其组分或键和结构的多样性，变化金属离子、桥联配体、端基配体和配对离子，在不同溶剂及不同合成路径中可得到零维的孤立分子团簇、1D 链状、2D 层状和 3D 网状的磁性分子，这为构筑分子磁体提供了优越性。分子磁体在性质上可看成超分子，因为它是由含有自由电子自旋的组分，按自旋要求排列并聚集成的组装体。设计结晶的磁性固体（晶体磁工程）最好是用经预组织的分子，如过渡金属配合物，因为高度预组织的结构才能保证过渡金属离子的多重键合，才能扩展成各种 1D、2D 和 3D 的结构。

6.5.3 配合物与纳米技术和分子机器

1. 纳米技术

纳米技术是 20 世纪 90 年代发展起来的科学，它是按人们的意志和需要直接操纵原子、分子排列和运转构筑纳米结构，产生新物质、新材料和新器件的科学。纳米材料尺寸在 1 ~ 100 nm，会展现出特别功能和对尺寸敏感的特性，因为尺度不同常引起分子或原子中主要的相互作用力的不同，导致物质性能及运动规律发生变化，纳米离子有大的比表面积，引起催化性质的增强。所以纳米技术可为控制催化、传感功能、分子电路及制造各种能量转换元件，提高太阳能、化学能、电能的转换效率等应用提供广阔前景。

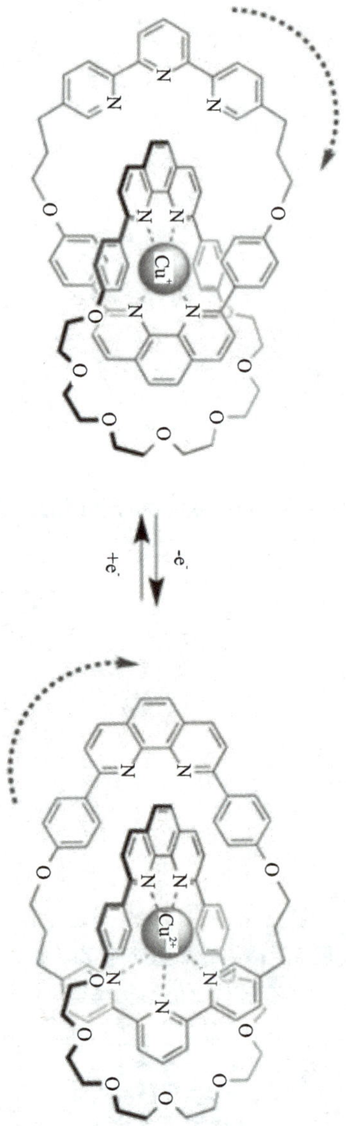

图 6 – 19 基于 $Cu^{2+/+}$ 离子氧化还原过程的配合物分子开关结构模型

配位化学在纳米技术的发展中起着独特作用。例如四苯基卟啉 Zn（Ⅱ）（图 6 – 18）的衍生物是一个高稳定性的记忆分子，将它载在硅片上有储存信息的功能，是计算机储存元件的候选者。此外许多受体—底物体系具有分子开关、分子导线等功能，将它们从小到大一个分子一个分子地组装成纳米尺度的超分子聚集体，产生的纳米器件或纳米机器等新型器件，用于处理和储存信息，将会对发展超小型计算机铺平道路。因为通过纳米技术，将使计算机硬盘和软盘的储存密度大大提高，总体储存能力提高 10 万 ~ 100 万倍。将特定功能的配合物作为前体，组装成结构有序的纳米结构的分子器件，它需要配体剪裁、配合物的设计、合成和超分子自组装等基础研究。现在人们已经通过自组装分子得到几个纳米尺寸的超分子结构（如栏栅形分子、胶囊形分子、多面体等），但要获得有实际应用的超分子器件仍是任重道远。

2. 分子机器

分子机器的概念并不神秘，如人体就可看作非常复杂分子机器的整合体，它提供我们运动的动力，修复身体损伤，赋予我们思想，智慧和灵感。早在 1959 年荣获诺贝尔奖物理奖桂冠的 R. P. Feynman 第一次提出分子机器的概念，它的大小虽然只有纳米尺度，却有望代替体积庞大和轰鸣的马达，为人类带来福祉。1997 年 P. Boyer 等因在 ATP 合成酶方面的杰出贡献获得诺贝尔奖，ATP 合成酶是由质子驱动的分子级旋转发动机，是人体最重要的分子机器，从中可以很好地理解旋转分子机器在生物体中的作用。分子机器对外做功，需要能量，如化学能或电化学能等。如果一个人造分子机器需要提供化学能才能工作，则在工作循环的每一步都要添加新的反应物(燃料)，且会产生必须从体系中除去的杂质，这会给化学能引发的分子机器的设计和构筑带来困难。再者使用化学能的人工机器效率低，难以长期使用。与化学能相比，光能不会产生杂质，光子除给机器提供能量外，对体系状态的读取、控制和监检机器的运行十分有利。利用电化学电势产生氧化还原的原理，通过一个可逆的氧化还原反应，可以给正反应提供能量，然后再改变电势，使产物再回到反应物，过程中无废弃物形成。以电化学能代替化学氧化还原作用，具有简便、快捷的优势。同时，运用电化学检测也十分有利，且电极是分子体系与宏观世界连接的最佳方式。

本章复习指导

熟悉：某些化合物的氧化还原性和酸碱性等化学性质的一般规律；氧化物及其水合物的酸碱性规律；氯化物及硅酸钠与水反应的规律；配合物的价键理论和空间构型的关联。

了解：单质和某些化合物的熔点、硬度以及导电性等物理性质与其结构密切相关，并呈现一定的规律性。金属单质的还原性和非金属单质氧化还原性的一般规律与元素在周期表中的位置密切相关。一些重要金属、合金材料、无机非金属材料、功能配合物分子及纳米材料的特性及应用。

选读材料

准晶

在自然界中，很多固体物质都是以晶体的方式存在，它们在宏观上表现出特定的对称性。早在 19 世纪，德国科学家就总结并通过数学严格证明，为了满足晶体的平移对称性，晶体只能出现 $n=1$、2、3、4、6 这五种旋转对称轴，不可能出现 $n=5$ 和 $n>6$ 次的对称轴。这种抽象的数学描述可以通过图 6－20 进行直观的描述，$n=1\sim8$ 分别表示用平行四边形、长方形和正 3～8 多边形“元胞”拼接平面，1～4 和 6 次旋转对称的图能够单独拼接出完整无间隙的平面，但 5、7 和 8 次对称的多边形不能做到这一点。也就是说，晶体如果有 5 次或 6 次以上的旋转对称轴，晶体结构的周期性将不复存在，这是被写进教科书的国际学术界主流观点，一百多年来没有人去怀疑它的正确性，即使在实验中偶然发现那些被理论禁止的晶体对称结构，人们首先怀疑的是实验的可靠性，而不是理论是否有问题。

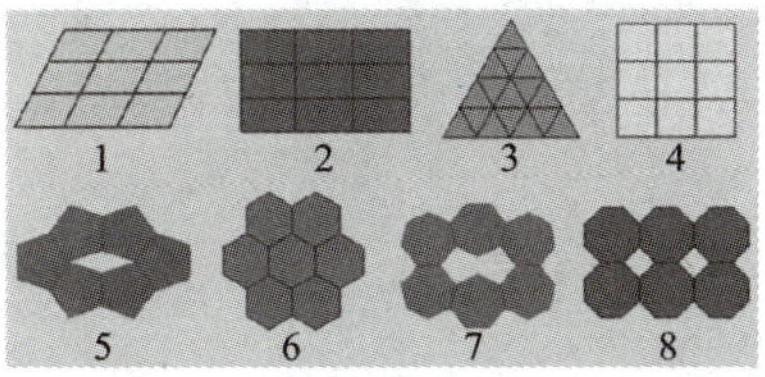

图 6－20　不同对称性的二维平面的拼接示例

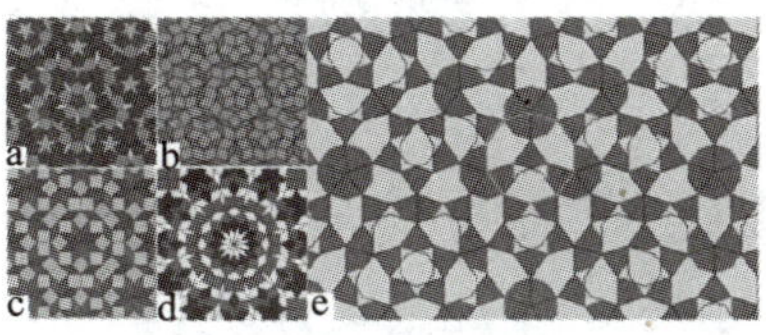

图 6－21　非周期的平面拼接示例

然而，数学家才不管具体的晶体对称性，他们可以像小孩一样玩拼图游戏。“非周期的平面拼接”就是游戏之一，所谓非周期拼接，是指拼接的图形整体丧失平移对称性，但图形整体存在某种旋转对称性。为了拼出具有五次旋转对称性的平面图形，数学家起初证明必须用 20426 种不同现状的花砖图形才能实现这个目的。后来证明只需 104 种，1971 年进一步减少到图 6－21(a)的 6 种，1974 年 Penrose 证

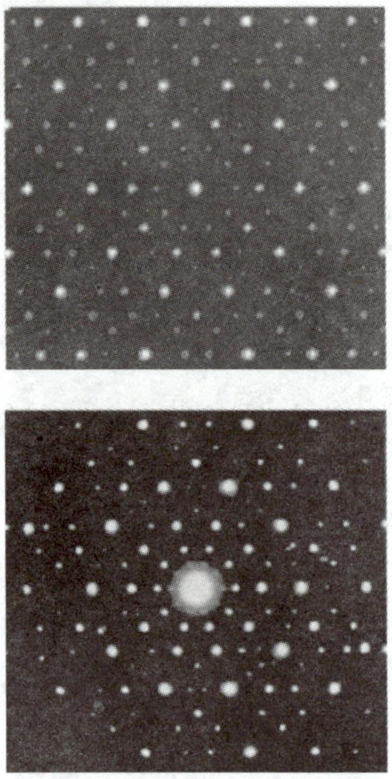

图6-22 五次对称衍射图的理论数据(上)与实验数据(下)对照

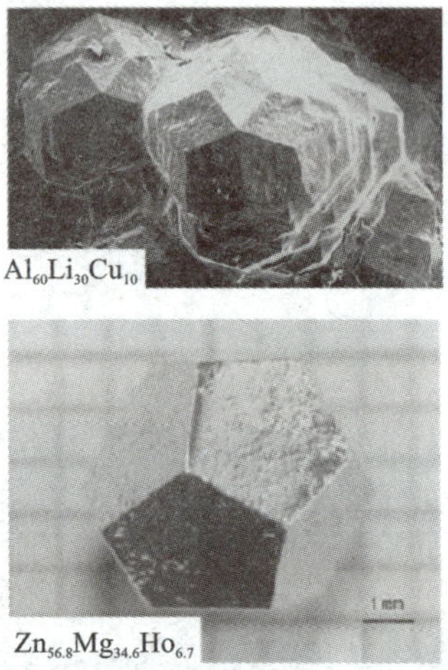

图6-23 实验室合成的准晶样品

明用两种菱形，按照一定的衔接规则就可以实现具有五次旋转对称的非周期拼接，如图6-21(b)所示。陆续有研究者实现了其他旋转对称性的图形的非周期拼接，如图6-21(c)所示的八次对称性和图6-21(d)所示的十二次对称性。1995年德国科学家提出覆盖理论，该理论设想用一种画有特殊图案的花砖[如图6-21(e)所示的绿色边框十边形]实现非周期拼接，这个理论结果后来被很多实验验证。1982年，两位主要从事航空用高强度铝合金研究的以色列科学家Shechtman和Blech无意中在急冷Al_6Mn合金中发现五次对称衍射图，该实验结果与CNRS冶金化学研究所的D. Gratias发现他们关于二十面体理论模型的衍射花样(图6-22)完全一致，尽管该研究的发表过程充满曲折，但两年后该研究被发表在了物理学最权威的*Physical Review Letters*杂志上，从此准晶(Quasicrystal)这个新名称诞生了。Shechtman也因为准晶的发现，获得了2011年诺贝尔化学奖等几乎所有科学奖励。准晶的发现引发了20世纪80年代全球性的准晶热，中日美成为引领准晶研究的三驾马车，各种准晶材料和结构被发现。准晶的发现，由于其实验结果与传统晶体学的周期性相矛盾，也刺激了某些权威的神经，以双料诺贝尔奖获得者鲍林为代表的保守势力，要誓死捍卫传统晶体理论的“纯洁性”，他们认为所谓准晶就是众人皆知的孪晶，在*Nature*发文用“Nonsense”这个词形容准晶的发现，在美国科学院院报上连发檄文，歇斯底里地反对准晶。Shechtman论文发表的同时，我国著名科学家郭可信院士团队的张泽教授，在过渡族金属合金中也发现了五次对称电子衍射图，在郭可信先生的领导下，他的学生还先后发现了二维八次对称准晶和十二次对称准晶，并在国际上首次生长出毫米级的十次稳定准晶单晶。郭可信院士的研究团队因发现五次对称及Ti_2Ni准晶获得1987年国家自然科学一等奖。

准晶之谜还没有完全被揭开，特别在二维准晶中，八次、十次和十二次等偶数对称性的准晶先后被发现，五次(它与二十面体的五次对称性不同)、七次、九次、十一次等奇数对称性的二维准晶一直没有被发现。

复习思考题

1. 什么是卤化物？卤化物中氯化物的熔、沸点表现出哪些规律？
2. 氧化物和水的作用情况大致可分为哪几种类型？试举例说明。
3. 配合物对生物体有何意义？配合物还有哪些应用？
4. 臭氧的分子结构怎样描述？有哪些化学性质？
5. 什么是金属的“钝化”？金属钝化的条件是什么？
6. 元素周期表中各单质的熔点、沸点、硬度变化规律如何？

习题

1. 完成并配平下列反应式：

(1) $Li + N_2 \rightarrow$　　(2) $Li + O_2 \rightarrow$

(3) $Na + O_2 \rightarrow$　　(4) $Mg + N_2 \rightarrow$

2. 以下是两种除去废气中Cl_2的方法，写出反应方程式：(1)废气通入 NaOH；(2)废气通入有铁屑的 $FeCl_2$ 溶液。

3. 稀有气体有许多重要用途，如________________可用于配制供潜水员呼吸的人造空气，________________可以用于填充霓虹灯，____________由于热传导系数小和惰性，用于填充电灯泡。

4. 写出 HF 腐蚀玻璃的反应方程式。为什么不能用玻璃容器盛装 NH_4F 溶液？

5. 为什么有 $Al(OH)_6^{3-}$ 和 AlF_6^{3-} 离子，而没有 $B(OH)_6^{3-}$ 和 BF_6^{3-} 离子？

6. 地壳中丰度最大的元素是________，太阳大气中丰度最大的元素是________。在所有气体中，密度最小的是________，扩散速度最快的是__________，最难液化的是__________。

7. 漂白粉的有效成分是______________，漂白粉在空气中放置时会逐渐失效，其反应方程式为___________________________。

8. 既可以有石墨结构，也可以有金刚石结构的氮化物是______。

9. 炭火炉烧得炽热时，往炉膛底部热炭上泼少量水的瞬间，炉火烧得更旺。这是因为____________。

10. 水玻璃是________溶于水的黏稠溶液，NH_4Cl 可作为水玻璃的硬化剂是因为反应生成了黏结力很强的____________凝胶。

11. 硼砂受热时能分解出熔融的______________，它能溶解许多______________，产生具有特征颜色的____________，这个反应在定性分析中称为______________。

12. 在单质金属中，最软的是__________，最硬的是________；熔点最低的是__________，熔点最高的是__________；密度最小的是________，密度最大的是________；导电性最好的是________。

第6章习题答案

第 7 章

高分子化合物与高分子材料

(Polymer and Polymer Materials)

高分子化合物(macromolecules)是指由众多原子或原子团主要以共价键结合而成的相对分子质量在一万以上的化合物。

大多数高分子的相对分子质量在一万到几百万之间，其分子链是由许多简单的结构单元通过共价键重复连接而成。由于高分子多是由小分子通过聚合反应而制得的，因此也常被称为聚合物或高聚物，用于聚合的小分子则被称为**单体**(monomer)。

有机高分子化合物可以分为天然有机高分子化合物(如淀粉、纤维素、蛋白质、天然橡胶等)和合成有机高分子化合物(如聚乙烯、聚氯乙烯、酚醛树脂、顺丁橡胶等)，它们的相对分子质量可以从几万到几百万或更大，但它们的化学组成和结构比较简单，往往是由无数(n)个结构单元以重复的方式排列而成。

在人们日常生活、科学研究和工业生产中，许多方面都包含高分子材料。如塑料、橡胶、化学纤维、涂料、黏合剂等。

本章将介绍高分子化合物的种类、分子结构、聚合方法、主要特征和性能。

7.1 高分子化合物概述

7.1.1 高分子化合物的基本概念与特征

1. 基本概念

高分子化合物简称高分子，又叫大分子或聚合物。例如，聚氯乙烯就是由许多氯乙烯单体以共价键重复连接而成的高分子

$$nCH_2{=}CHCl \longrightarrow \left[\!\!-CH_2-\underset{\displaystyle Cl}{\underset{|}{CH}}-\!\!\right]_n$$

高分子链的重复结构单元称为**链节**(chain element)。高分子链中链节的数目称为**聚合度**(polymerization degree)，上式中的 n 即为聚合度。聚氯乙烯的重复结构单元为

$$-CH_2-\underset{\displaystyle Cl}{\underset{|}{CH}}-$$

聚合度是衡量高分子化合物相对分子质量的重要指标。一般而言，高分子化合物都是由具有相同化学组成、不同聚合度的高聚物组成的混合物。因而通常所说的高分子化合物的相对分子质量只是这些不同聚合度的高聚物相对分子质量的统计平均值。聚合度和高分子化合物的相对分子质量有如下关系

$$M = n \cdot M_0$$

式中：M 为高分子化合物的相对分子质量；n 为聚合度；M_0为链节的相对分子质量。

2. 高分子化合物的特征

1)相对分子质量大与多分散性

高分子化合物的相对分子质量很大，具有“多分散性”。大多数高

高分子科学创始人施陶丁格

施陶丁格(Hermann Staudinger)，德国著名化学家，也是高分子化学的创始人，1881 年 3 月 23 日生于德国沃尔姆斯。

1903 年在哈雷大学获得博士学位；1926 年任弗赖堡大学教授；1940—1951 年任研究主任。

施陶丁格一生主要从事高分子化学研究，1922 年他证明了高分子线链学说。施陶丁格证明，小分子形成长链结构的高聚物是由于化学反应结合而成，而不是简单的物理集聚。他认为，这些线型分子可用不同的方法合成并各有其特性。他还证明了构成网状结构聚合物的条件；确定了高聚物黏度与分子量之间的关系。这些研究成果对于开发塑料具有重大意义。正因为施陶丁格对开发塑料做出的贡献，他获得了 1953 年的诺贝尔化学奖。

1932 年，施陶丁格总结了自己的大分子理论，出版了划时代的巨著《高分子有机化合物》，成为高分子科学诞生的标志。为了配合高分子科学的发展，1947 年起他主持编辑了《高分子化学》这一专业杂志。他晚年的兴趣主要在分子生物学的研究，1965 年 9 月 8 日，施陶丁格安然去世，享年 84 岁。

分子化合物都是由一种或几种单体聚合而成。相对分子质量大是高分子化合物的特征，是高分子化合物同低分子化合物最根本的区别，高分子化合物许多优良的性能都与相对分子质量大小相关，如密度小、强度大，具有高弹性和可塑性等。聚合物是由一系列相对分子质量（或聚合度）不等的同系物高分子组成，这些同系物高分子之间的相对分子质量差为重复结构单元相对分子质量的倍数，聚合物相对分子质量的不均一性特征称为相对分子质量的多分散性。聚合物相对分子质量多分散性产生的原因主要是聚合物形成过程的统计特性。

（2）高机械强度

高分子材料的机械性能（如抗拉、抗压、抗弯、抗冲等性能）主要取决于其结构与组成。高分子的相对分子质量大，分子中原子数目多，且分子链彼此缠绕在一起，因此分子间作用力很大。如果具备形成氢键的条件，分子链之间还可以形成氢键。这种强大的分子间作用力是高分子材料具有高强度的主要原因。在组成类似的条件下，一般来说，高分子的平均相对分子质量越大、结晶度越高，则分子间作用力越大，材料的机械性能越好。例如，尼龙分子链中有极性较强的基团$\left(-\overset{\overset{O}{\|}}{C}-NH-\right)$，分子链间的作用力大，且可以形成氢键，所以其机械性能较好。

3）电绝缘性和耐腐蚀性

由于高分子化合物分子链是原子以共价键结合起来的，分子既不能电离，也不能在结构中传递电子，所以一般高分子具有绝缘性，但其绝缘性的强弱与分子链的极性有关。分子链的极性越强，材料的绝缘性越差。例如，聚乙烯、聚丙烯、聚四氟乙烯等分子的极性很弱，具有优良的绝缘性能，而聚氯乙烯、尼龙、酚醛树脂等分子链中含有极性较强的基团，绝缘性较差，一般只能作为低频绝缘体使用。

某些高分子由于分子链结构的特殊性，尤其是具有共轭结构的高分子，具有半导体、导体的性质。因此，高分子不再局限为绝缘体，也可以作为高分子半导体、导体乃至超导体。

高分子化合物主要由C—C、C—H、C—O等牢固的共价键连接而成，含活泼基团较少，且分子链相互缠绕，使活泼的官能团包裹在其中而难以参与反应，因而一般具有较高的化学稳定性，并耐酸、耐碱、耐腐蚀等。例如，“塑料王”聚四氟乙烯，即使把它放在王水中也不会变质，是优异的耐酸、耐腐蚀材料。但某些高分子侧链或主链位置存在活泼基团如羧基、酯基和醛基等，也较易发生反应。

7.1.2　高分子化合物的命名和分类

1. 高分子化合物的命名

高分子化合物习惯上按原料单体或聚合物结构特征命名和按简化的商品名称命名，统称为来源命名法；1972年，国际纯粹与应用化学联合会（IUPAC）对线型高分子提出了系统命名法。

1）来源命名法

（1）按原料单体或聚合物的结构特征命名。在单体名称前面冠以“聚”字。例如，氯乙烯、丙烯腈、甲基丙烯酸甲酯的聚合物分别为聚

聚合物平均分子量及分布

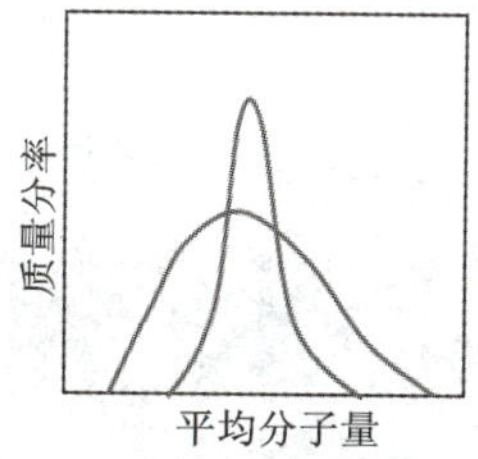

将高分子样品分成不同相对分子质量的级分，这一实验操作称为分级。

以被分离的各级分的质量分率对平均相对分子质量作图，得到相对分子质量分率分布曲线。

可通过曲线型状，直观判断相对分子质量分布的宽窄。相对分子质量分布较宽，即分散程度大；相对分子质量分布较窄，即分散程度小。

相对分子质量最大的高分子

你知道世界上相对分子质量最大的高分子是什么吗？现已知是肺鱼（能以鳔代肺呼吸，部分种类即使没有水也能呼吸空气而生存数月）的DNA分子，其相对分子质量高达6.9×10^{13}。假定其为线型，则其长度达34.7 m（直径2 nm）。这么长的分子怎么收进细胞中？至今仍是个谜。

视频7-1

蛋白泡沫迫降跑道

飞机出现起落架故障或其他原因需要迫降时，机场消防队首先必须在跑道上喷洒一条数百米的地毯式氟蛋白泡沫，这是为了减轻飞机腹部着陆擦地时的损坏程度和减少起火危险性。氟蛋白泡沫之所以能有这样的用途，来自蛋白质易发泡的性质，以及氟元素的阻燃作用和含氟高分子的润滑性能。

碳链、杂链和元素有机高分子

碳链高分子

聚乙烯

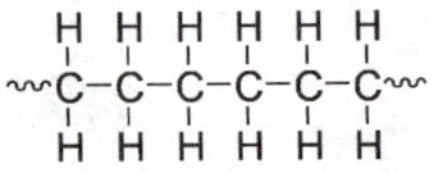

杂链高分子

聚乙二醇

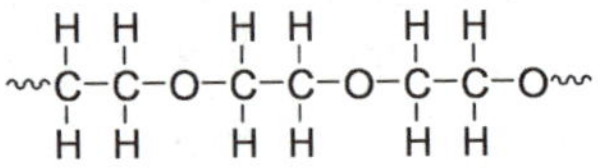

元素有机高分子

聚二甲基硅氧烷

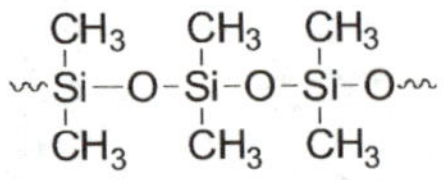

氯乙烯、聚丙烯腈、聚甲基丙烯酸甲酯。

(2)按高分子结构特征命名。主链中含有酰胺基、酯基的聚合物分别称为聚酰胺、聚酯，如聚己内酰胺、聚氨基甲酸酯等。

(3)按照商品名称命名。用后缀“纶”来命名合成纤维，如聚对苯二甲酰乙二醇酯、聚丙烯腈、聚乙烯醇分别称为涤纶、腈纶、维尼纶。用后缀“橡胶”来命名合成橡胶，如丁苯橡胶(丁二烯与苯乙烯的共聚物)、乙丙橡胶(乙烯与丙烯的共聚物)。用后缀“树脂”来命名塑料，如苯酚和甲醛、尿素和甲醛反应生成的共聚物分别称为酚醛树脂、脲醛树脂，环氧乙烷和双酚A的共聚物称为环氧树脂。

此外，为了解决聚合物名称冗长读写不便的问题，可对常见的一些聚合物采用国际英文缩写符号，见表7－1。如聚氯乙烯用PVC(polyvinyl chloride)，聚苯乙烯用PS(polystyrene)，聚甲基丙烯酸甲酯PMMA(polymethylmethacrylate)表示。

表7－1　一些聚合物的单体来源命名、商品命名和英文缩写

聚合物	对应单体	商品名	英文缩写符号
聚氯乙烯	氯乙烯	氯纶	PVC
聚丙烯	丙烯	丙纶	PP
聚丙烯腈	丙烯腈	腈纶	PAN
聚四氟乙烯	四氟乙烯	氟纶	PTFE
聚对苯二甲酸乙二酯	对苯二甲酸，乙二醇	涤纶	PET
聚甲基丙烯酸甲酯	甲基丙烯酸甲酯	有机玻璃	PMMA
聚己内酰胺	己内酰胺	尼龙－6	PA6
聚己二酸己二胺	己二酸、己二胺	尼龙－66	PA66

2)系统命名法

为避免聚合物命名中的混乱现象，IUPAC提出以结构为基础的系统命名法，其命名原则为：先确定重复结构单元，再排好重复单元中次级单元次序，给重复单元命名，在重复单元名前冠以“聚”字。写次级单元时，先写侧基最少的元素，再写有取代的亚甲基，最后写无取代的亚甲基。系统命名与习惯命名的比较，见表7－2。

表7－2　一些聚合物的系统命名与习惯命名比较

分子式	系统命名	习惯命名
$\left[CH_2-CH_2\right]_n$	聚亚甲基	聚乙烯
$\left[CH_2-\underset{\displaystyle Cl}{\underset{\vert}{CH}}\right]_n$	聚(1－氯乙烯)	聚氯乙烯
$\left[CH_2-\underset{\displaystyle CN}{\underset{\vert}{CH}}\right]_n$	聚(1－氰基乙烯)	聚丙烯腈
$\left[OCH_2CH_2\right]_n$	聚(氧化撑乙基)	聚氧化乙烯
$\left[NH(CH_2)_5CO\right]_n$	聚[亚氨基(1－氧代己基)]	聚己内酰胺
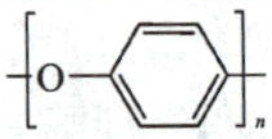	聚(氧化－1，4－亚苯基)	聚苯醚

2. 高分子化合物的分类

高分子化合物的种类繁多，可从不同专业角度，对其进行多种分类，如按来源、结构、性能用途等分类。

(1)按来源可分为天然高分子、半天然高分子和合成高分子。例如淀粉、纤维素、核酸、蛋白质和酶等属于天然高分子，塑料、合成纤维、树脂和橡胶等属于合成高分子，半天然高分子为经化学改性后的天然高分子。

(2)按主链结构可分为碳链高分子、杂链高分子和元素有机高分子三大类。

①碳链高分子。主链完全由碳原子组成，侧基是有机基团。绝大部分烯类和二烯类的加成聚合物属于这一类，如聚乙烯、聚氯乙烯、聚丁二烯、聚苯乙烯等。

②杂链高分子。主链除碳原子外，还含有氧、氮、硫等其他杂原子，侧基为有机基团，如聚酯、聚乙二醇、聚酰胺、纤维素、尼龙等，天然高分子多属于这一类。

③元素有机高分子。主链由硅、硼、铝、钛和氧、氮、硫、磷等杂原子组成，侧基为有机基团，如聚硅氧烷(有机硅橡胶)、聚钛氧烷等。

如果主链和侧基均无碳原子，则成为无机高分子，如硅酸盐类。

(3)按性能及用途可分为塑料、橡胶和纤维(三大合成材料)、胶黏剂、涂料和功能高分子等。

此外，高分子还可以根据结构形态分为线型高分子、支化高分子和体型高分子；根据加热行为分为热固性高分子和热塑性高分子；根据结晶与否分为无定型高分子和结晶高分子等。

7.2　高分子化合物的结构和特性

高分子能够作为材料在不同场合使用并表现出各种优异的物理性能，是因为它具有链结构和聚集态结构。了解其结构和性能的内在联系，对合理选用高分子材料、改善聚合物的性能以及合成有特定性能的新型聚合物有重要指导意义。

7.2.1　高分子化合物的基本结构

1. 高分子化合物的空间形态

组成高分子链的原子之间是以共价键相结合的，高分子的空间几何结构分为两种基本类型：一种是线型结构，具有这种结构的高分子化合物称为线型高分子化合物，如聚乙烯、聚氯乙烯、未硫化的天然橡胶等；另一种是支化或体型结构，具有这种结构的高分子化合物称为支化或体型高分子化合物，如离子交换树脂、硫化橡胶等。

线型高分子化合物中有独立的大分子存在，其分子链中以单键相连的相邻两链节之间还可以保持一定的键角而旋转，即一个分子链在无外力作用时会有众多的分子空间形态，绝大部分为卷曲状。高分子链这种强烈卷曲的倾向称为高分子链的柔顺性。一般主链上的取代基

高分子的链结构

线型

支链形

体型

高分子结晶能力和熔点的便捷记忆方法

因为大多数聚合物(指均聚物)能结晶，所以只要记住一些不能结晶的典型聚合物就行，如PS聚苯乙烯、PMMA聚甲基丙烯酸甲酯、PC聚碳酸酯以及所有热固性塑料、无规共聚物(注：PVC结晶度很低，PC结晶度更低而视为非晶)。

记住以下聚合物的熔点：(1)PEG聚乙二醇，70℃；(2)PE聚乙烯，100～140℃；(3)PP聚丙烯、POM聚甲醛树脂，160～180℃；(4)尼龙-6，约220℃；(5)PET聚对苯二甲酸乙二醇酯、尼龙-66，250～260℃；(6)PTFE聚四氟乙烯，约320℃。

视频7-2

航天航空事故与橡胶的失效

有两种条件可以使橡胶变成塑料，一是降低温度到 T_g 以下；二是根据高分子的时温等效原理，橡胶在极短时间内观察则成为塑料。

飞行高度的气温为 −60 ~ −50℃。在极低温下飞机轮胎橡胶的性能就像塑料。比较著名的航空事故案例是2000年的协和式超音速客机空难事故，就是轮胎在高空爆裂，碎片击中油箱所致。

挑战者号航天飞机的灾难源自不起眼的橡胶O形环，它是每段助推火箭间的密封圈。但发射当天的天气格外寒冷，橡胶失去弹性，使接口泄漏，导致燃料溢出而发生爆炸。

以波音747为例，总质量约400 t，着陆最高速度约400 $km \cdot h^{-1}$，在这样的速度下飞机的橡胶轮胎遇到外来物体的撞击会像塑料一样碎掉。轮胎爆裂事故在国内外均有发生，从互联网上查到的结果来看，我国的飞机轮胎爆裂大约每年发生一起，但大部分轮胎爆裂事故是在着陆时发生的，没有引起重大伤亡。所以飞机轮胎要做得特别结实，其尼龙帘子线的增强层达20层左右，而且经几十至三百次起落的磨耗后要换一次轮胎。

数目越少、体积越小、极性越弱，分子链的柔性就越好。因此，线型高分子化合物具有弹性、塑性，在溶剂中能溶解，加热能熔融，硬度和脆性较小等特点；而且，线型高分子大多为热塑性聚合物。如聚氯乙烯、聚苯乙烯、聚甲基丙烯酸甲酯、聚乙烯等。

体型高分子化合物中无独立的大分子存在，因此只有交联度的概念。高度交联的聚合物弹性和可塑性较小，不能溶解和熔融，只能溶胀，硬度和脆性较大；大多为热固性聚合物。如酚醛树脂、脲醛树脂、环氧树脂和聚氨酯等。

值得注意的是，上述两种基本结构实际上只是对高聚物分子链结构的直观模拟，而高分子的真实精细结构除少数高分子（如定向聚合物）外，一般并不清楚。

2. 高聚物的聚集态

高分子的特性不仅与其几何结构有关，也和分子间的相互关系即聚集状态有关。同属线型结构的高分子，有的具有高弹性（如天然橡胶），有的则表现出刚性（如聚苯乙烯），就是由于它们的聚集状态不同的缘故。即使是同一种高分子，由于聚集状态不同，性能也会有很大的差别。因此，研究高分子的聚集态是了解其结构与特性关系的重要内容。

从结晶状态来看，聚集态分为晶态、非晶态（即无定型态）等。线型高分子化合物中的结晶性区域称为结晶区，非结晶性区域称为非结晶区，结晶部分在高聚物中所占的质量分数或体积分数称为结晶度。由于高分子的链很长，要使分子链的每部分排列规整是很困难的，因此高分子的结晶度一般达不到100%。对于体型高分子化合物，由于其几何结构存在大量的交联，分子链不可能产生有序排列，因而都是非晶态的。晶态高聚物由于其内部分子很有规律地排列，分子间作用力较大，故其耐热性和机械强度都比非晶态的高。

3. 线型高聚物的物理形态

线型非晶态高聚物具有三种不同的物理状态，即玻璃态、高弹态和黏流态，如图7−1所示。当温度较低时，分子热运动的能量很低，不足以使分子链节、链段或整个分子链产生运动，此时高分子呈现如玻璃样的固态，称为玻璃态。玻璃态高分子的硬度大、变形困难，如常温下的塑料。当温度升高到一定程度时，链节或链段可自由旋转和运动，此时在不大的外力作用下，可产生相当大的可逆性变形，当外力除去后通过链节的旋转又恢复到原状，此时高聚物的形态称为高弹态。高弹态是高分子所独有且罕见的一种物理形态，能产生很大的形变，除去外力后又能可逆地恢复原状。高弹态高分子链节可自由旋转，但整个分子链不能移动，如常温下的橡胶。当温度继续升高时，高分子得到的能量足以使整个分子链自由旋转，整个分子链也能自由移动，从而成为可流动的黏液，此时形变能任意发生，故称为黏流态。黏流态高分子的黏度比液态低分子化合物的黏度要大得多，又称为塑性态，如胶黏剂或涂料。

线型非晶态高聚物的三种状态随着温度的变化可以相互转化。如，塑料加热到一定温度时，会从玻璃态过渡到高弹态，失去塑料原有的性能，而出现橡胶高弹性能；当温度继续升高时，又会从高弹态进一步过渡到黏流态。对橡胶来说，如果把温度降到足够低时，它就会从高弹态过渡到玻璃态，失去橡胶的弹性。高聚物由高弹态返回玻璃态的转变温度称为玻璃化温度，用 T_g表示；而由高弹态向黏流态转变的温度称为黏流化温度，用 T_f表示。高分子的分子链刚性越大，链间相互作用力越大，相对分子质量越大，交联程度越高，其 T_g越高，一些实例见表 7－3。T_g和 T_f是高聚物的重要性质，一般将 T_g高于室温的高聚物称为塑料，T_g低于室温的高聚物称为橡胶。体型高分子化合物因分子链间有大量交联，因此只有一种聚集状态即玻璃态，加热到足够高温时，便发生分解。所以，应用高分子材料时，须注意其使用温度范围，否则不能发挥材料本身的性能。

表 7－3　一些非晶态高分子的玻璃化温度和黏流化温度

高分子	T_g/℃	T_f/℃
聚氯乙烯	81	175
聚苯乙烯	100	135
聚甲基丙烯酸甲酯	105	150
聚丁二烯	－108	—

此外，线型高聚物可以高度结晶，但不能达到100%，即结晶高聚物可处于晶态和非晶态两相共存的状态。结晶熔融温度 T_m，是结晶高聚物的主要热转变温度。

7.2.2　高分子化合物结构与性能的关系

1. 弹性和塑性

具有一定柔顺性的线型高分子化合物，在通常情况下总是处于能量最低的卷曲状态。当受到外力作用时，会发生较大的形变，当外力去掉后，能迅速恢复其原来的形状，这种性质称为弹性。因此，线型高分子有较好的弹性。体型高分子化合物如交联程度不大的硫化橡胶（如橡皮），其形变量可达 500%～1000%，但如果是交联程度很大的体型分子就失去了弹性，如硬橡胶。线型高分子加热到一定温度后会逐渐软化，直至形成黏流态，此时若把它们放在模子里加工成一定形状，冷却变硬后仍然可保持所压的形状，这种性质称为可塑性。在一定条件下，高聚物具有良好的可塑性，便于加工，能拉成丝、吹成薄膜等。热塑性高聚物如聚乙烯、聚苯乙烯等，反复受热时会变软，可多次加工，反复使用；热固性高聚物如酚醛树脂、脲醛树脂等，它们只能一次成型，不能反复加工。

2. 力学性能

由于高分子是长链分子，其分子的运动与温度和观测的时间尺度相关，而高分子的形变是分子链相对运动的宏观表现，因此高分子材料在受力时，其形变具有温度和时间依赖性，表现为黏弹性行为。黏弹性是高分子材料力学性能中的一种重要特性。升高温度可以提高分

聚合物物理状态及转变

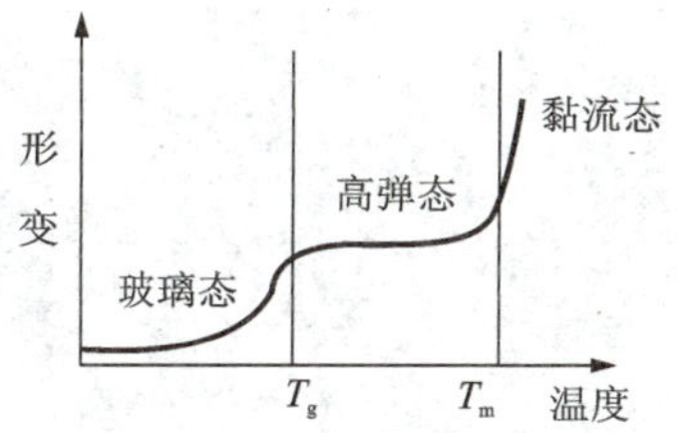

低结晶性高聚物形变—温度关系曲线

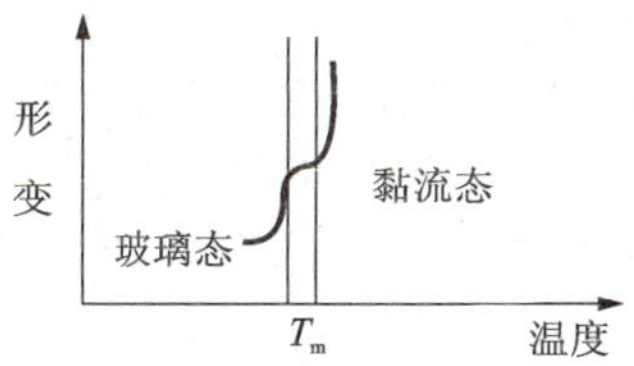

高结晶性高聚物形变—温度关系曲线

图 7－1　非晶态高分子的形变—温度曲线示意图

热重分析法

热重分析法（thermogravimetric analysis，TGA）是可用于测定聚合物热稳定性的现代分析技术，是热分析的一种。它在等速升温下测量聚合物的质量变化与温度的关系。如通过 TGA 谱图可以知道 PVC 的分解是分两步进行的，第一步失重阶段是脱 HCl，发生在 200～300℃，失重约 60%。由于脱 HCl 后分子内形成共轭双键，热稳定性反而增加，直至较高温度(400℃左右)下大分子链才逐渐裂解，达到第两个失重阶段。

子链的运动能力，相当于缩短高分子形变所需的时间；而在较低温度时，分子链运动比较慢，要达到相同的形变量需要更长的时间，这时延长观测时间仍然可以得到相同的形变量。利用时温等效原理，能够对不同温度或不同频率下测得的高分子的力学量进行换算，可以得到一些在实际条件下无法通过实验测量的力学性能；高分子材料力学性能中的另一特性是弹性大。

高分子的力学性能主要指标有弹性模量、拉伸强度、冲击强度和硬度等，它们主要与分子链结构、链间的作用力、相对分子质量及其分布、接枝与交联、结晶与取向等因素有关。高分子的相对分子质量增大，有利于增加分子链间的作用力，可使拉伸强度与冲击强度等有所提高。高分子分子链中含有极性取代基在链间能形成氢键时，都可因增加分子链之间的作用力而提高其强度。例如，聚氯乙烯因含极性基团—Cl，使其拉伸强度一般比聚乙烯高。又如，在聚酰胺的长链分子中存在着酰胺键(—CO—NH—)，分子链之间通过氢键的形成增强了作用，使聚酰胺显示出较高的机械强度。例如用于防弹衣的凯夫拉纤维就是利用了分子间的氢键显著提高了强度，从而使得材料坚韧耐磨、刚柔相济、质量小、防弹性能好。适度交联有利于增加分子链之间的作用力。例如，聚乙烯交联后，冲击强度可提高3～4倍。但过分交联往往并不利，交联程度过高，材料易于变脆。一般而言，在结晶区内分子链排列紧密有序，可使分子链之间的作用力增大，机械强度也随之增高。纤维的强度和刚性通常比塑料、橡胶都要好，其原因就在于制造纤维用的高聚物，特别是经过拉伸处理后，其结晶度是比较高的。结晶度的增加也会使链节运动变得困难，从而降低了高分子的弹性和韧性，减小其耐冲击强度。主链含苯环、杂环等的高聚物，其强度和刚性比含脂肪族主链的高分子的要高。因此，可通过引入芳环、杂环进主链或作为取代基来提高高聚物的强度与刚性。新型的工程塑料大都是主链含芳环或杂环的。例如，聚苯乙烯的强度和刚性通常都超过聚乙烯，聚苯醚的强度和刚性超过了聚乙二醇等。

3. 电绝缘性和抗静电性

高分子中一般不存在自由电子和离子，故而高分子通常是很好的电绝缘体，可作为绝缘材料。高分子的绝缘性能与其分子极性有关。一般说来，高分子的极性越小，其绝缘性越好。分子链节结构对称的高分子称非极性高分子，如聚乙烯、聚四氟乙烯等。分子链节结构不对称的高分子称极性高分子，如聚氯乙烯、聚酰胺等。通常可按分子链节结构与电绝缘性能的不同，可将作为电绝缘材料的高分子分为下列几种。

(1)链节结构对称且无极性基团的高分子，如聚乙烯、聚四氟乙烯，对直流电和交流电都绝缘，可用作高频电绝缘材料。

(2)虽无极性基团，但链节结构不对称的高分子，如聚苯乙烯、天然橡胶等，可用作中频电绝缘材料。

(3)链节结构不对称且有极性基团的高分子，如聚氯乙烯、聚酰胺、酚醛树脂等，可用作低频或中频电绝缘材料。

两种电性不同的物体相互接触或摩擦时，会有电子的转移而使一种物体带正电荷，另一种物体带负电荷，这种现象称为静电现象。

话说矿泉水瓶

由PET制成的矿泉水瓶、可乐瓶、饮料瓶等几乎无处不在，年青一代可以说是手拿PET瓶长大的。PET是CO_2的优良阻隔材料，比玻璃轻得多，透明性好，价格低廉，因此是碳酸饮料瓶的最佳材料。可是在几十年前，它却面临着与无规共混物SAN(苯乙烯与丙烯腈的共聚物)的激烈竞争。各自的制造商都极力想把自己的材料推向这个庞大的市场。

作为饮料瓶，人们最关心的是它的安全性，也就是塑料的成分和杂质是否会渗入饮料中而损害人们的健康。当时的老鼠实验已经表明丙烯腈会诱发脑癌，而且丙烯腈的名字很刺眼，会让人想起剧毒的氰化物。事实上，饮料瓶内单体丙烯腈的残余量本身是极少的，会渗入饮料的丙烯腈更是微乎其微，因此在产品的使用寿命范围内饮料瓶是安全的。但是SAN饮料瓶却被判处“死刑”，因为只要有存在丙烯腈的可能性，你肯定不会让你的小孩去喝或吸用它装的饮料。选择PET是因为丙烯腈致癌，但实际上科学家从来没有说过PET不残存单体，且PET瓶在高温下可能会缓慢释放DEHP邻苯二甲酸二(2－乙基己)酯，从而对人体有一定的影响。

高分子材料一般是不导电的绝缘体，但静电现象极普遍。不论是加工过程或使用过程中，均可产生静电。高分子一旦带有静电，消除便很慢，如聚四氟乙烯、聚乙烯、聚苯乙烯等所带静电可持续几个月之久，有的电压可达到上千伏或几万伏。

高分子材料的这种现象已被应用于静电印刷、油漆喷涂和静电分离等。但静电往往是有害的，如，腈纶纤维起毛球、吸灰尘；粉料在干燥运转中会结块；某些干燥场合，静电会引起火灾、爆炸等。因此，人们通常用一些抗静电剂来消除静电。常用的抗静电剂是一些表面活性剂，其主要作用是提高高分子表面的电导性，使之迅速放电，防止电荷积累。另外，在高分子中填充导电填料如金属粉、导电纤维等也同样起到抗静电的作用。

近年来的研究发现，由于分子链结构的特殊性，某些特殊的高分子具有半导体、导体的电导率。因此，现代高分子在电器工业上的应用，已不再局限于作绝缘体或电介质，也可作高分子半导体、导体乃至超导体。20 世纪 70 年代中期发现了导电高分子，改变了长期以来人们对高分子只能是绝缘体的观念，进而开发出了具有光、电活性的被称为“电子聚合物”的高分子材料，有可能为 21 世纪提供信息存储、能量转换、晶体管及发光等的新功能材料。因为发现和发展了导电高分子，黑格尔、马克迪尔米德和白川英树分享了 2000 年诺贝尔化学奖，这一方向的研究是近年来非常活跃的热点研究领域之一。

4. 溶解性与保水性

高分子化合物的溶解性一般具有“相似相溶”的性质，即极性大的高聚物易溶于极性大的溶剂；极性小的高聚物易溶于极性小的溶剂。例如，未硫化的天然橡胶是弱极性的，可溶于汽油、苯等非极性或弱极性溶剂中；聚苯乙烯也是弱极性的，可溶于苯、乙苯等非极性或弱极性溶剂中。聚甲基丙烯酸甲酯（俗称有机玻璃）是极性的，可溶于极性的丙酮中，聚乙烯醇极性相当大，可溶于水或乙醇中。但与低分子物质不同，线型高分子化合物溶解时，首先是溶剂小分子钻入高分子化合物内部，使它慢慢地胀大起来，这种现象称为溶胀。经过一段时间后，胀大的高聚物才逐渐地在溶剂中溶解成均匀的溶液。对于非晶态高聚物来说，溶胀是溶解的必经阶段。由此可以推想线型非晶态高聚物的溶解度与相对分子质量的大小有关，相对分子质量大的，分子链之间作用力大，溶解度必然小。当分子链之间产生了交联而成为体型高聚物时，则在溶剂中只能溶胀而不会溶解。如有机金属框架（MOF）材料，多孔高分子等只有溶胀现象。

高吸水性树脂是一种含有羟基、磺酸基或羧基等强亲水基团、由高分子链相互交联而成立体网状结构的高分子电解质，不溶于水，只能在水中溶胀，有惊人的吸水能力。吸水后，形成水凝胶。即使在加压下，其水分也不易挤出来。因此，可作强吸水和保水材料。

如，由淀粉和聚氧乙烯制成的树脂，吸水质量可达自重的 4603 倍；这些高吸水性的树脂已应用于农业保湿大棚和污水处理，制作婴儿尿不湿、改造沙漠等。

隐形眼镜

隐形眼镜按材质可分为硬性隐形眼镜和软性隐形眼镜。硬性隐形眼镜 1950 年前后才在设计、制造、应用等方面有了显著的成绩，开始配戴的人逐渐多了起来，它的材质是聚甲基丙烯酸甲酯，简称 PMMA。

PMMA 镜片虽然具有优越的光学特性，又能矫正角膜性散光，然而由于其不透氧往往导致角膜缺氧水肿。配戴不舒适，时间不能持久，目前基本上已被淘汰。

软性隐形眼镜在 1961 年由捷克化学家 Otto Wichterle（被誉为“软性隐形眼镜之父”）发明，由于配戴较为舒适，时至今日已成为最普及的镜片种类。软性隐形眼镜的材料，就是一直延用至今的聚甲基丙烯酸羟乙酯，简称 HEMA。

该材质亲水柔软，镜片透氧性、顺应性好，配戴舒适，视野广阔，外观自然，已逐渐被屈光不正者所接受。

二氧化碳也能用来合成树脂

二氧化碳是造成全球温室效应的祸首。但在高分子化学家看来，二氧化碳是宝贵的财富，是可聚合的单体。由于二氧化碳不活泼，要实现二氧化碳的聚合需要进行大量的研究工作。

用二氧化碳和环氧乙烷或环氧丙烷为原料，通过大分子螯合双金属配合物(PBM)催化共聚合，能合成生物降解型脂肪族聚碳酸酯树脂(APC)。合成的高相对分子质量树脂具有良好的物理机械性能和生物降解性能，可以作为可降解塑料广泛用于一次性包装材料、快餐具、印刷品、热溶液、口香基料等。合成的相对分子质量低至2000~8000的液体树脂可发泡制备生物降解型聚氨酯泡沫塑料(PEC-PU)。据报道，这种泡沫塑料1个月降解33%，与稻草等普通植物纤维材料的降解速率相当，可用于家电建材、家具、汽车等行业的防震包装、隔热、隔声，特别是有环保要求的场合；由于生物相容性优异，还可用于医疗领域。

硝化纤维素

硝化纤维素又名硝酸纤维素、硝化棉、棉体火棉胶等，属硝酸酯类，是一种白色纤维状聚合物，耐水、耐稀酸、耐弱碱和各种油类。为纤维素与硝酸酯化反应的产物。硝化纤维素是用含纤维素的精制棉与浓硝酸和浓硫酸酯化反应而得。掌握混酸比例、温度可制得含氮量不同的品种。

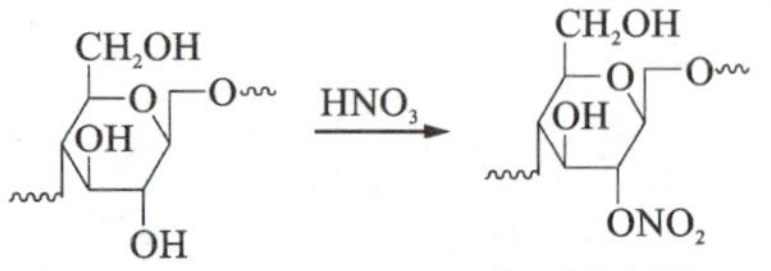

硝化纤维

硝化纤维素有军用和民用两大应用领域。军用部分主要集中在兵器和炸药行业生产，实行军品管理。民用部分用于涂料、赛璐珞、人造纤维、电影胶片、油墨、化妆品等多种领域。

5. 化学稳定性与老化

化学稳定性通常是指物质对水、酸、碱、氧化剂等化学因素的作用所表现的稳定性。一般高分子化合物主要由C—C、C—H、C—O等牢固的共价键连接而成，含活泼基团较少，且分子链相互缠绕，使活泼的官能团包裹在里面难以参与反应，因而一般具有较高的化学稳定性。

高分子化合物虽然性质稳定，但具有易老化的缺点。所谓老化就是高分子材料在加工、贮存和使用过程中，长期受化学(氧、酸、碱、水蒸气等)、物理(热、光、电、机械等)以及微生物(霉菌)因素的综合影响，发生裂解或交联，导致性能变坏的现象。例如，塑料制品变脆、橡胶龟裂、纤维泛黄、油漆发黏等。高分子的老化可归结为链的交联和链的降解，通常以降解反应为主。大分子断链变为小分子的过程称为裂解或降解，如聚酰胺与水的反应就是一种裂解。降解使高分子的聚合度降低，以致变软、发黏，丧失机械强度。而丁苯橡胶等合成橡胶的老化则以交联为主。为延缓或防止高聚物的老化作用，可在高聚物分子链中引入较多的芳环和杂环结构。

7.3 高分子化合物的合成和改性

7.3.1 高分子化合物的合成

以有机小分子作为单体合成高分子的反应称为聚合反应。根据单体和聚合物的组成和结构上发生的变化，可将聚合反应分为加聚反应和缩聚反应。

1. 加聚反应

由一种或几种单体发生加成反应而结合成为高分子的聚合反应称为加成聚合反应，简称加聚反应。加聚反应后除了生成聚合物外，再没有任何其他产物生成，聚合物中包含了单体中的全部原子，因此聚合物的相对分子质量是单体相对分子质量的整数倍。

在加聚反应中，由一种单体进行的聚合反应称为均聚反应，所得高分子称为均聚物。如聚乙烯、聚苯乙烯的聚合：

$$nCH_2{=}CH_2 \longrightarrow \text{+}CH_2{-}CH_2\text{+}_n$$

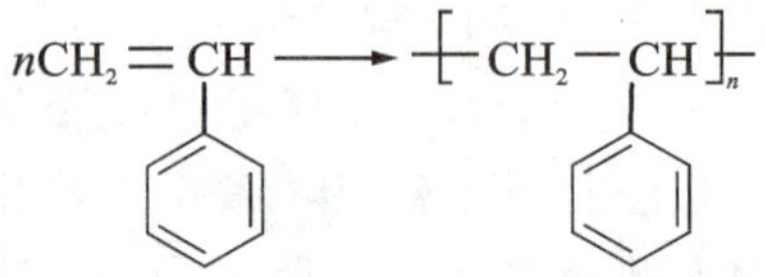

由两种或两种以上单体进行的加聚反应称为共聚合反应，聚合得到的高分子称为共聚物。对二元共聚物，按照共聚物中单体分布的不同，可分为交替共聚、嵌段共聚、无规共聚和接枝共聚。

2. 缩聚反应

含有双官能团或多官能团的单体分子，通过分子间官能团的缩合反应把单体分子聚合起来，同时生成水、醇、氨或氯化氢等小分子化合物，这类反应称为缩合聚合反应，简称缩聚反应。缩聚得到的聚合物结构单元比单体少若干个原子，因此其分子质量不再是单体分子质量的整数倍。如己二胺和己二酸分子之间能过脱水缩合生成聚酰胺，它的商品名为尼龙-66或锦纶-66，两个阿拉伯数字分别表示两种单体中的碳原子数目。把黏稠的尼龙-66液体从抽丝机的小孔里挤出来，可得到性能优异的尼龙-66合成纤维：

$$nH_2N-(CH_2)_6-NH_2 + nHO-\overset{O}{\overset{\|}{C}}-(CH_2)_4-\overset{O}{\overset{\|}{C}}-OH \longrightarrow$$

$$\left[\overset{H}{\overset{|}{N}}-(CH_2)_6-\overset{H}{\overset{|}{N}}-\overset{O}{\overset{\|}{C}}-(CH_2)_4-\overset{O}{\overset{\|}{C}}\right]_n + nH_2O$$

缩聚得到的产物大部分是杂链高分子，其中含有酰胺键、酯键等结构特征。缩聚反应在合成高分子工业上的重要性仅次于加聚反应，常见的聚酰胺(尼龙)、聚酯、环氧树脂、酚醛树脂、有机硅树脂、聚碳酸酯、聚苯醚、聚硫醚和聚醚酮等，都是通过缩聚反应生产的。

7.3.2 高分子化合物的改性

高分子化合物的改性是指通过各种方法改变已有材料的组成、结构，以达到改善高分子性能、扩大品种和应用范围的目的。因此，高分子的改性与合成新的高分子具有同等重要的意义。对高分子的改性方法可以分为化学改性法与物理改性法两大类。

1. 化学改性

化学改性是通过聚合物分子链上或分子链间化学反应过程改变高分子本身的组成、结构，以达到改变高分子的化学与物理性能的方法。常用的有下列三类反应。

1)交联反应

通过化学键的形成，使线型高分子连接成为体型高分子的反应称为交联反应，如橡胶的硫化。一般经过适当交联的高分子材料，在机械强度、耐溶剂和耐热等方面都比线型高分子有所提高。

经部分交联后的橡胶，可减少分子链间的相对滑动，但仍有分子链的部分延展和伸长，因此既提高了强度和韧性，又同时保持较好的弹性。部分交联还使橡胶在有机溶剂中的溶解度变小，即所谓耐溶剂性，但因橡胶中仍留有溶剂分子能透入的空间，因此硫化橡胶能发生溶胀，但硫化过度，溶胀也难发生。虽说天然或合成橡胶都要进行交联，而且目前橡胶工业中的交联剂已远不止硫黄一种，但橡胶的交联仍习惯上被称为硫化，交联剂则还称硫化剂。

2)共聚和接枝反应

由两种或两种以上不同单体通过共聚反应生成的共聚物，往往在性能上具有互补效应，因而共聚反应也是高分子改性的常用方法。根据单体的种类多少，共聚分为二元共聚、三元共聚等。如ABS树脂就是共聚改性的典型实例。ABS树脂既保持了聚苯乙烯优良的电性能和易加工成型性，又由于其中丁二烯可提高弹性和冲击强度，丙烯腈可增加耐热、耐油、耐腐蚀性和表面硬度，使之成为综合性能良好的工程材料。还可根据使用者对性能的要求，改变ABS中三者的比例，

塑料制品上的数字代表什么?

塑料袋(或容器等)上由三个箭头组成的三角形标志是可回收标志，代表塑料袋本身是可以回收再利用的。数字代表常见的塑料品种：1代表PET(聚对苯二甲酸乙二醇酯)，常见于矿泉水瓶、碳酸饮料瓶等。耐热至70℃易变形，有对人体有害的物质溶出。使用10个月后，可能释放出致癌物DEHP。因此不能放在汽车内晒太阳，不要做水杯或者装酒、油等物质。2代表HDPE(高密度聚乙烯)，常见白色药瓶、清洁用品、沐浴产品。这些容器通常不好清洗，不要循环使用。3代表PVC(聚氯乙烯)，常见雨衣、建材、塑料膜等。目前很少用于食品包装，若装饮品或食品不要购买。4代表LDPE(低密度聚乙烯)，常见于保鲜膜、塑料膜等。耐热性不强，高温时有有害物质产生，因此保鲜膜别进微波炉。5代表PP(聚丙烯)，常见豆浆瓶、微波炉餐盒。其是唯一可以放进微波炉的塑料盒，可在小心清洁后重复使用。6代表PS(聚苯乙烯)，常见碗装泡面盒、快餐盒。装酸(如柳橙汁)、碱性物质后，会分解出致癌物质。避免用快餐盒打包滚烫的食物。7代表其他，常见PC(聚碳酸酯)类，如水壶、太空杯、奶瓶。在高温情况下易释放出有毒的物质双酚A。使用时不要加热，不要在阳光下直晒。

视频7-3

合成较理想的ABS树脂。

接枝是指在高分子分子链上通过化学键结合上适当的支链或功能性侧基的反应，所形成的产物称为接枝共聚物。通过接枝，可将两种性质不同的高分子连接在一起，形成特殊功能的高分子。因此，接枝是高分子材料改性，即改变或改善性能的一种简单而有效的方法。接枝共聚物的命名以组成主分子链的A单元放在前面，组成分枝的B单元放在后面，两者之间用“—g—”连接起来，加上括号并冠以字首“聚”，即聚(A—g—B)，如聚(丁二烯—g—苯乙烯)。

接枝共聚物的性能决定于主链和支链的组成、结构和长度以及支链数。如高冲聚苯乙烯(HIPS)，就是将用量约10%的聚丁二烯橡胶溶于苯乙烯单体中，加入引发剂进行本体或悬浮接枝共聚合，在聚丁二烯的主链上接枝许多聚苯乙烯侧链。由于聚丁二烯橡胶具有很好的韧性，大大地提高了聚苯乙烯的抗冲击强度。

3)官能团反应

官能团反应是指通过化学反应在高分子的分子链上引入一些特定官能团，使改性后的高分子具有某些特定性能的方法。

如常用的离子交换树脂就是利用官能团反应，在高分子的分子链上引入可供离子交换的基团而制得的。离子交换树脂是一类功能高分子，它不仅要求具有离子交换功能，而且应不溶于水，有一定的机械强度。因此，通常先制备树脂(即骨架)，如苯乙烯－二乙烯苯共聚物(体型高分子)，然后再通过官能团反应，在高聚物骨架上引入活性基团。例如，制取磺酸型离子交换树脂，可利用苯乙烯－二乙烯苯共聚物与H_2SO_4的磺化反应，引入磺酸基(—SO_3H)。得到的便是可用于净化水的聚苯乙烯磺酸型阳离子交换树脂，简写为R—SO_3H(R代表树脂母体)。—SO_3H中的氢离子能与水中的杂质阳离子进行交换，其结构如下：

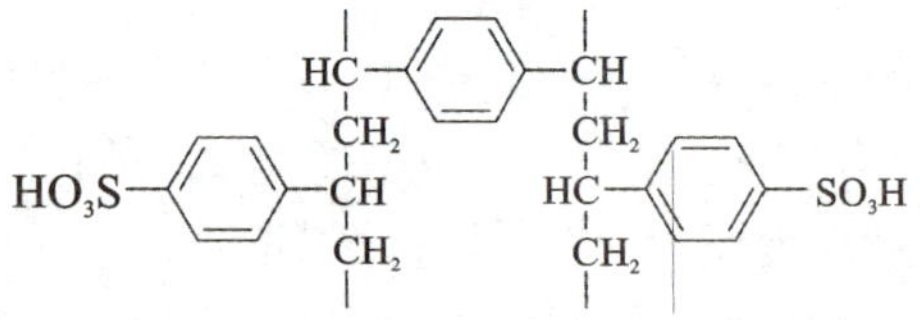

此外，高分子化学反应还有降解反应、氢化反应、氧化反应、取代反应等。

2. 物理改性

高分子材料的物理改性是指在高分子中掺和各种添加剂(也称助剂)，或将不同高分子共混，或用高分子材料与其他材料复合而进行的改性，即主要通过混入其他组分来改变和改善性能的方法。

1)掺和改性

单一聚合物一般难以满足性能与工艺上的所有要求，因此，将聚合物加工或配制成塑料、胶黏材料等高分子材料时，除了用于食品包装的聚乙烯薄膜等少数情况外，通常都要加入填料、增塑剂、防老剂(抗氧剂、热稳定剂、紫外光稳定剂)、着色剂、发泡剂、固化剂、润滑剂、阻燃剂等添加剂，以提高产品质量和使用效果。

有的添加剂，用量相当可观，如填料、增塑剂等；有的添加剂，用量很少，却作用明显。下面仅简要介绍填料与增塑剂的作用。

常用的无机填料有碳酸钙、硅藻土（主要成分为 $SiO_2 \cdot H_2O$）、炭黑（一种黑色的无定形碳粉末）、滑石粉（$3MgO \cdot 4SiO_2 \cdot H_2O$）、金属氧化物等；有机填料用得较少，常用的有木粉、棉布、纸屑和化学纤维等。填料的加入量通常可占材料总质量的 40% ~70% 不等。填料可以改善高分子材料的机械性能、耐热性能、电性能和加工性能等，同时还可降低高分子材料的成本。填料可以与高分子有一定的分子间作用力，或者降低高分子分子链的柔顺性，对材料可起到增强作用。如，橡胶工业中常用炭黑、有时也用白炭黑（一种无定形 SiO_2 粉末）作填料来对橡胶起增强作用。填料颗粒越细，增强效果越好。增塑剂是工业上被广泛使用的高分子材料助剂，在塑料加工中添加这种物质，可以使高分子的柔韧性和熔融流动性增强。原因在于，增塑剂能增大高分子分子链间的距离，减弱分子链之间的作用力，从而使其 T_g 和 T_f 值降低，材料的脆性和加工性能得以改善。例如，聚氯乙烯中加入质量分数为 30% ~70% 的增塑剂就成为一种材质柔软、黏度增加的无毒聚氯乙烯（PVC）食品保鲜膜。

为了防止增塑剂在使用过程中渗出、挥发而损失，通常都选用一些高沸点（一般大于 300℃）的液体或低熔点的固体有机化合物（种类多达百余种，但使用得最普遍的是邻苯二甲酸酯类。还有磷酸酯类、氯化石蜡、脂肪族二元酸酯类、环氧化合物和柠檬酸酯类等）作为增塑剂。此外，还常选用一些高分子作增塑剂。如，用乙烯－醋酸乙烯酯共聚物作聚氯乙烯的增塑剂。高聚物增塑剂，相对分子质量大、挥发性小，更不易从高分子材料中游离出去，是一类长效增塑剂。

2）共混改性

两种或两种以上不同的高分子形成的共混高分子（又称为高分子合金），往往具有单一组分所没有的综合性能。这个领域的研究工作近年来已变得日益活跃。

3）复合改性

复合是指由两种或两种以上性质不同的材料组合制得一种多相材料的过程。与共混相比，复合包含的范围更广。共混改性的组分材料仅限于高聚物，而复合改性的对象除高聚物外，还可包括金属材料与无机非金属材料。两种材料经复合改性可得到复合材料。

7.4　日常生活中的高分子材料

7.4.1　塑料

塑料有多种分类方法，根据塑料制品的用途可分为通用塑料、工程塑料和特种塑料；根据塑料受热特性可分为热塑性塑料和热固性塑料。

通用塑料是指产量大、价格低、性能优良、日常生活中应用广范的塑料，如聚乙烯、聚丙烯、聚氯乙烯、聚苯乙烯和酚醛树脂等。

工程塑料是指对强度、耐磨性、机械和热性能要求高，可作为建筑、化工设备和机械零件等工程材料使用的塑料。主要有聚酰胺、聚甲醛、聚碳酸酯、聚苯醚、聚砜和抗冲击性的 ABS 塑料等。

超高相对分子质量聚乙烯与人工关节

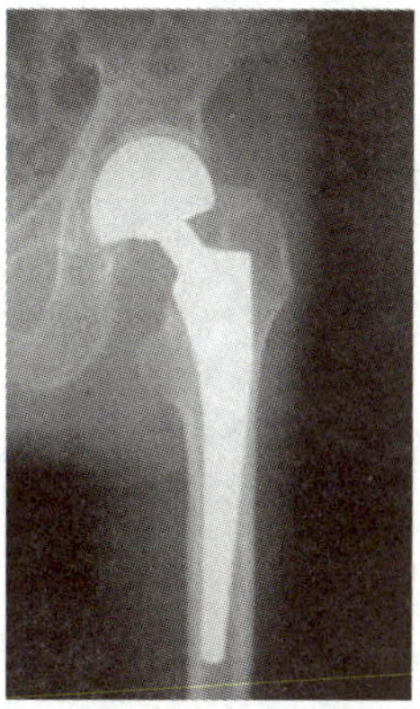

UHMWPE（超高相对分子质量聚乙烯）的相对分子质量为 1000000 ~ 5000000，比一般聚乙烯高一个数量级，它可以用齐格勒或金属茂催化剂合成。因为熔体黏度太高，所以 UHMWPE 不能用通用塑料的加工方法成型，如注塑成型、吹塑成型和热成型，而只能用模塑成型或类似于粉末冶金的烧结方法成型。UHMWPE 是惰性的，非常韧，极其耐磨损而且自润滑，很适合用于人工关节。人工关节是用钛合金做的，在 X 射线照射下可以看见是一个“球”加一个“碗”的结构。球连接的轴被嵌入腿骨中，轴制成多孔状以便经一定时日后让骨胶长进轴内。“球”和“碗”间是有间隙的，其实之间是有衬垫的，只不过 X 射线“看”不见。金属的相互摩擦是比较厉害的，因此有必要插入 UHMWPE 衬垫。

自 20 世纪 60 年代以来，UHMWPE 一直是最重要的人工关节材料，基于金属－聚乙烯或陶瓷－聚乙烯的人工关节性价比高，占全球人工关节市场的 70% 以上。人工关节临床使用寿命通常为 15 ~20 年，对聚乙烯材料的耐磨损、强度和抗疲劳、抗氧化与抗生物侵蚀等性质提出了非常高的要求。如何解决材料的强度、韧性、耐磨损、抗氧化等难题，仍是学术界和产业界面临的重大挑战。

人工关节的寿命通常是由于 UHMWPE 衬垫的损坏。由于长期磨损，UHMWPE 衬垫不可避免会掉下一些非常细小的微粒，它们会引发免疫反应和非菌性炎症，所以必须更换。

模内注射成型

以往塑料产品的标签印刷在制品的表面上，容易磨损。一种新的成型技术——模内注射成型可以解决这个问题。在制造注塑电器面板等塑料时，将预先印刷好的模内标签由机械手吸起，标签印刷面朝内，黏结剂朝外，放在模具中。借助塑料熔融温度将标签背面的热熔黏结剂熔化，与塑料容器熔为一体。产品为三层结构，第一层为高亮度、高硬度的薄膜材料（如 PET、PC、PMMA 等），第二层为油墨，第三层为注塑成型的树脂（如 MBS、PC 等）。印刷图案的油墨层被夹在透明薄膜和树脂中间，耐膜损、无缝防水、不氧化、耐化学溶剂，长期保持色彩鲜艳。视窗区（无印刷区域）有极高的透明度。产品应用的领域包括：带视窗的手机，家用电器如洗衣机、空调、冰箱、电饭煲等带操作按键的控制装饰面板，MP3、MP4、VCD、DVD、数码相机、摄像机、医疗器械等的装饰面壳，PC 偏光镜、汽车仪表盘、内饰件、车灯外壳、标志牌等。

视频7-4

特种塑料一般是指耐温性特别好、具有特殊功能和特殊用途的塑料。主要有氟塑料、有机硅塑料、环氧树脂等。

热塑性塑料在加工过程中，一般只发生物理变化，受热变为塑性体，成型后冷却又变硬定型，再受热还可重新塑造形状。其优点是成型工艺简便，废料可回收重复使用。一些线型结构的高分子制成的塑料，如聚四氟乙烯、聚苯乙烯、聚乙烯等都是热塑性塑料。

热固性塑料在成型过程中发生化学变化，利用它在受热时可流动的特性而成型，并延长受热时间，使其发生化学反应而成为不熔、不溶的网状分子结构，并固化定型。其优点是耐热性高，有较高的机械强度。一些体型结构的高分子制成的塑料，如酚醛树脂、环氧树脂、氨基树脂等都是热固性塑料。

聚乙烯是塑料世界中产量最大的品种，其应用面也最广，约占塑料总产量的 1/3，目前聚乙烯的发展已由原来的高压聚乙烯发展到低压聚乙烯，乃至于第三代、第四代聚乙烯。具体情况如下。

（1）低密度聚乙烯（LDPE），也称高压聚乙烯。聚合时压力为 100～300 MPa，聚合温度 160～270℃。聚合时，产品中存在大量长链结构，分子结构缺乏规整性，结晶度较小，密度低。LDPE 主要用于制造农用膜，地膜，各种轻、重包装膜，如食品袋、货物袋、编织内衬、电线绝缘层等。

（2）高密度聚乙烯（HDPE），也称低压聚乙烯。在铝、铁催化剂作用下，在常压或 0.3～0.4 MPa、60～80℃下经溶液聚合而得。HDPE 的平均相对分子质量较大，支链短而且少，密度较高，结晶度大，强度大。HDPE 可用于管材、日用品、机械零件、代木产品等。因膨胀性不好，HDPE 不适于制薄膜。

（3）线性低密度聚乙烯（LLDPE），称为第三代聚乙烯。它除具有一般聚烯短树脂的性能外，其抗张强度、抗撕裂强度、耐低温性、耐热性和耐穿刺性均优于 HDPE 和 LDPE。

LLDPE 在二氧化硅为载体的铬化合物高效催化剂或用铁、钒为载体的铬化合物的催化体系存在下，使乙烯与少量的 α－烯烃共聚，形成线性乙烯主链上带有非常短小的共聚单体支链的分子结构。

（4）第四代聚乙烯，除了很低密度聚乙烯（VLDPE）和超低密度聚乙烯（ULDPE）外，还有超高相对分子质量聚乙烯（UHMWPE），这是一种相对分子质量 150 万以上的无支链的线型高分子聚合物，具有更突出的高韧性、高耐磨、密度低、制造成本低等特征。其耐磨性在已知塑料中名列第一，比聚四氟乙烯、聚酰胺皆高 6 倍，其耐冲击性比 ABS 塑料高 4 倍，比聚碳酸酯高 1 倍。由于超高相对分子质量聚乙烯纤维具有众多的优异特性，它在高性能纤维市场上，包括从海上油田的系泊绳到高性能轻质复合材料方面均显示出极大的优势，其产品主要用于耐磨、耐强腐蚀零部件、体育器材、汽车部件、头盔等领域。

几种常见塑料的主要性能及用途，见表 7－4。

表 7－4　几种常见塑料的主要性能及用途

名称	结构式	性能	用途
聚氯乙烯	$\left[CH_2-\underset{Cl}{CH}\right]_n$	强极性，绝缘好，耐酸碱，难燃，具有自熄性。缺点是介电性能差，在 100 ~ 120℃即可分解出氯化氢，热稳定性差	制造水槽，下水管；制造箱、包、沙发、桌布、窗帘、雨伞、包装袋；还可作为凉鞋、拖鞋及布鞋的塑料底等
聚乙烯	$\left[CH_2-CH_2\right]_n$	化学性质非常稳定，耐酸、碱，耐溶剂性能好，吸水性低，无毒，受热易老化	制造食品包装袋、各种饮水瓶、容器、玩具等；还可制各种管材、电线绝缘层等
聚四氟乙烯	$\left[CF_2-CF_2\right]_n$	耐酸碱，耐腐蚀，化学稳定性好，耐寒，绝缘性好，耐磨。缺点是黏附性能较差	可用作高温环境中化工设备的密封零件，无油润滑条件下作轴承、活塞等，还可作为电容器、电缆绝缘材料

硅油

硅油是一种不同聚合度链状结构的聚有机硅氧烷。最常用的硅油是甲基硅油，硅油一般是无色（或淡黄色）、无味、无毒、不易挥发的液体。硅油具有卓越的耐热性、电绝缘性、耐候性、疏水性、生理惰性和较小的表面张力，此外还具有低的黏温系数、较高的抗压缩性，有的品种还具有耐辐射的性能。从用途来分，则有阻尼硅油、扩散泵硅油、液压油、绝缘油、热传递油、刹车油等。

7.4.2　橡胶

橡胶可分为天然橡胶和合成橡胶。

天然橡胶存在于橡胶树流出的中性乳白色液体中，其主要成分是聚异戊二烯。天然采集的液体胶乳需经过凝聚、脱水、干燥、压片才能得到生胶，而生胶必须通过硫化才有较好的实用价值。聚异戊二烯有顺式与反式两种构型，它们的结构简式分别为

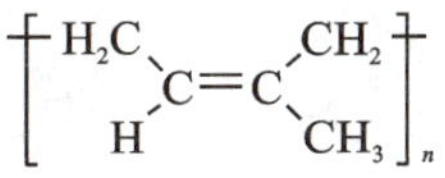

顺式－1，4－聚异戊二烯

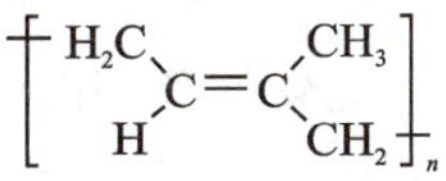

反式－1，4－聚异戊二烯

顺式是指连在双键两个碳原子上的—CH_2—基团位于双键同一侧。天然橡胶中约含 98% 的顺式－1，4－聚异戊二烯，因为分子链中基本只含有一种链节结构，故其空间排列比较规整。顺式－1，4－聚异戊二烯之所以适合作橡胶，原因可归结为其结构特点：分子链的柔顺性好；分子链间仅有较弱的作用力；分子链中一般含有容易进行交联的基团（如含不饱和双键）。

天然橡胶弹性虽好，但价格高、耐老性差，故无论在数量上和质量上都满足不了现代工业对橡胶制品的需求。因此，人们借鉴将异戊二烯为原料通过齐格勒—纳塔催化体系或丁基锂催化剂来制备橡胶的方法，以低分子有机化合物为原料，合成了种类繁多的合成橡胶。合成橡胶也主要分为通用橡胶和特种橡胶两类，通用橡胶如丁苯橡胶、乙苯橡胶、氯丁橡胶等。特种橡胶如氟橡胶、腈橡胶、硅橡胶和聚氨酯等。合成橡胶不仅在数量上弥补了天然橡胶的不足，而且它们在某

视频7-5

些性能上甚至优于天然橡胶，如耐磨、耐油、耐寒、耐热等方面。几种常见合成橡胶的主要性能及用途，见表 7－5。

表 7－5 几种常见合成橡胶的主要性能及用途

名称	结构式	性能	用途
氯丁橡胶（万能橡胶）	$\left[CH_2-\underset{Cl}{\underset{\mid}{C}}=CH-CH_2 \right]_n$	耐油、耐氧化、耐燃、耐酸碱、耐老化、耐曲挠性良好；缺点是密度较大，耐寒性和弹性较差	制造运输带、防毒面具、电缆外皮、轮胎、型材等
顺丁橡胶	$\left[\begin{matrix} H_2C & & CH_2 \\ & C=C & \\ H & & H \end{matrix} \right]_n$	弹性、耐老化性和耐低温性、耐磨性，都超过天然橡胶；缺点是抗撕裂能力差，易出现裂纹	为合成橡胶的第二大品种（约占 15%），大约 60% 以上用于制造轮胎
硅橡胶	$\left[-\underset{CH_3}{\overset{CH_3}{Si}}-O- \right]_n$	是一种耐热性和耐老化性很好的橡胶。它的特点是既耐高温，又耐低温，耐老化性好，弹性好，耐油，防水，其制品柔软光滑，物理性能稳定，无毒、加工性能好；缺点是机械性能差，较脆，易撕裂	可用于飞机、导弹上的一些零部件及电绝缘材料，也是人体内软组织充填、整形的理想医用材料

7.4.3 纤维

纤维可分为两大类：一类是天然纤维，如棉花、羊毛、蚕丝、麻等；另一类是化学纤维，只用天然高分子化合物或人工合成的高分子化合物为原料，经过制备纺丝原液、纺丝和后处理等工序制得的具有纺织性能的纤维。化学纤维的长短、粗细、白度、光泽等性质可以在生产过程中加以调节。并分别具有耐光、耐磨、易洗易干、不霉烂、不被虫蛀等优点。广泛用于制造衣着织物、滤布、运输带、水龙带、绳索、渔网、电绝缘线、医疗缝线、轮胎帘子布和降落伞等。化学纤维又分为两大类：一类是再生人造纤维，即以在天然高分子化合物如纤维素和蛋白质等为原料，经化学处理和机械加工制得的纤维，主要产品有再生纤维素纤维和富强纤维。另一类是合成纤维，它是指用低分子化合物为原料，通过化学合成和机械加工而制得的均匀性线条或丝状高聚物。合成纤维具有优良的性能，例如强度大、弹性好、耐磨、耐腐蚀等，因而广泛地用于工农业生产和人们日常生活中。在合成纤维中列为重点发展的是六大纶：锦纶（尼龙）、涤纶、腈纶、维纶、丙纶和氯纶，其中最主要的是前三纶，其产量约占合成纤维总产量的 90% 以上。

凯夫拉（Kevlar）纤维

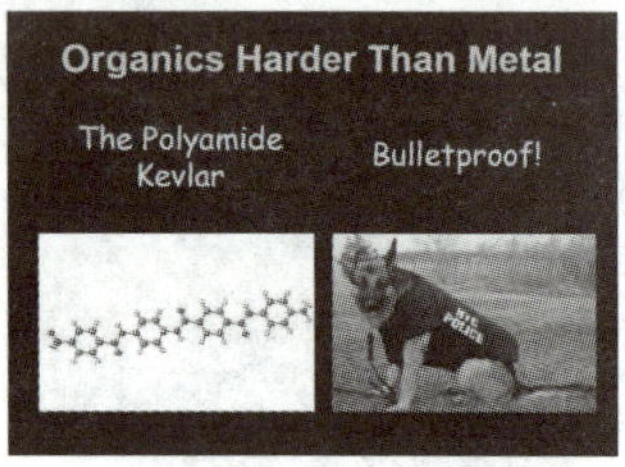

凯夫拉，英文原名 Kevlar，也译作克维拉或凯芙拉，是美国杜邦（DuPont）公司研制的一种芳纶纤维材料产品的品牌名，材料原名叫“聚对苯二甲酰对苯二胺”，化学式的重复单位为 $-[-CO-C_6H_4-CONH-C_6H_4-NH-]-$，接在苯环上的酰胺基团为对位结构。具有高强力、高模量、低延伸、低比重、耐高温、耐腐蚀、尺寸稳定性好等优良性能。

此芳纶复合材料在 1972 年正式实现商品化。由于这种芳香族聚酰胺纤维新型材料密度低、强度高、韧性好、耐高温、易于加工和成型，其强度为同等质量钢铁的 5 倍，但密度仅为钢铁的 1/5，而受到人们的重视。由于凯夫拉品牌产品材料坚韧耐磨、刚柔相济的特殊本领。在军事上被称之为“装甲卫士”，常被用于制备防弹衣和防弹头盔。

视频7-6

表 7-6　主要合成纤维的性能及用途

名称	结构式	性能	用途
聚己内酰胺纤维（锦纶-6，尼龙-6）	$\text{+}NH(CH_2)_5CO\text{+}_n$	强韧耐磨、弹性高、质量轻，染色性好，较不易起皱，抗疲劳性好。吸汗性适当，但容易走样	约一半作衣料用，一半用于工业生产应用中
聚丙烯腈纤维（腈纶、俗名人造羊毛）	$\text{+}CH_2-CH(CN)\text{+}_n$	具有与羊毛相似的特性，质轻，保温性和体积膨大性优良。强韧而富有弹性，软化温度高，耐候性好。吸水率低，不适宜作贴身内衣。缺点是强度不如尼龙和涤纶	大约 70% 作衣料用（编织物占 60% 左右），用于工业生产的只占 5% 左右
聚乙烯醇纤维（维纶、维尼纶）	$\text{+}CH_2-CH(OH)\text{+}_n$	亲水性好，吸湿率可达 5%，与尼龙相等。强度与聚酯或尼龙相近，拉伸弹性比羊毛差，比棉花好	70% 用于工业生产，其中以布和绳索居多。可代替棉花作衣料用

高聚物能够作为合成纤维的条件，必须是线型结构，且相对分子质量大小适当（约 10^4，太大，黏度过高，不利于纺织；太小，强度差）。其次，还必须能够拉伸，这就要求高分子链应具有极性或链间能有氢键结合，或有极性基团间的相互作用。因此，聚酰胺、聚酯、聚丙烯腈均是优良的合成纤维的高分子材料。

随着高科技的发展，现在已制造出很多如抗静电、吸水性、阻燃性、渗透性、抗水性、抗菌防臭性、高感光性的高功能性纤维，以及如全芳香族聚酯纤维、全芳香族聚酰胺纤维、高强聚乙烯醇纤维、高强聚乙烯纤维等的高性能纤维。

7.4.4　功能高分子

具有新型骨架结构的高分子材料和在天然或合成高分子的主链或支链上接上带有某种功能的原子团，使高分子具有特殊的功能，满足光、电、磁、化学、生物、医学等方面的功能要求，这类高分子通称为功能高分子。功能高分子材料可以制成各种质轻柔顺的纤维或薄膜，已在许多领域中得到成功的应用。目前已开发成功的功能高分子材料主要有：①化学功能高分子材料，如感光高分子材料、离子交换树脂、高分子催化剂等；②以物理功能为主的功能高分子材料，如导电聚合物、压电高分子、高分子驻极体、高分子载体、磁记录高分子材料、高分子发光体；③介于化学、物理之间或具有复合功能的功能高分子材料，如高分子吸附剂、絮凝剂、分离膜、高吸水材料；④生理功能为主的高分子材料，如医用高分子材料、医药高分子材料。

功能高分子具有的特殊功能与其结构密不可分。多数功能高分子由特殊基团和高分子骨架两个部分组成，下面列举几种常见的功能高分子。

（1）高吸水性树脂：能快速吸收大量水分并膨润成凝胶状的树脂。具有高吸水性和保水性，吸水能力可达自重的数百倍，甚至千倍。通常由水溶性高分子适度交联制成。它通常可以由对淀粉、纤维素等天

导电高分子的发现

白川英树（图中）、MacDiarmid（图左）和 Heeger（图右）

导电高分子的发现充满了戏剧性，1967 年 9 月，白川英树的研究生在做实验时，误将毫摩尔听成摩尔，导致错用了一千倍的催化剂，加上搅拌器凑巧停止，在溶液表面生成了具有金属光泽的薄膜状物，该物质为高分子化合物聚乙炔。1975 年，美国的 Macdiarmid 教授偶然见到白川英树的金属光泽状聚乙炔后，立即邀请他去美国与 Heeger 教授合作研究。三人于 1976 年 11 月 23 日发现聚乙炔膜可以用溴和碘加以化学掺杂改性，掺杂 1% 的碘，使聚乙炔膜导电度，较之未掺杂改性的聚乙炔导电度提升了十亿倍，这个现象的发现，开启了导电性高分子的时代，也使化学和物理两领域产生了重大的进展。三人也因此获得 2000 年诺贝尔化学奖。

然吸水材料进行改性，在高分子链骨架接上含强亲水性的支链或带有强亲水性原子团的化合物均聚或共聚而成。“尿不湿”为高吸水性树脂应用的典型代表，被《时代周刊》评为20世纪最伟大的100项发明之一。

(2)高分子分离膜：是用具有特殊分离功能的高分子材料制成，能够有选择地让某些物质通过，而把另外一些物质分离掉。在生活用水、工业废水等废液的处理，海水、苦咸水的淡化中有重要作用。

(3)导电高分子材料：具有大共轭体系的导电高分子材料，具有导电功能(包括半导电性、金属导电性和超导电性)、密度小、易加工、耐腐蚀、可大面积成膜以及电导率可调的特点。现在被广泛研究应用，例如有机发光二极管(OLED)、聚合物太阳电池(PSC)、聚合物生物成像等的应用。

(4)医用高分子材料：高分子具有优异的生物相容性，高的机械性能，用于制作人体的皮肤、骨骼、眼角膜、喉、心、肺、肝、肾等各种人工器官。

7.4.5　聚合物基复合材料

不同的材料通过复合组成新的复合材料，使它既能保持原材料的长处，又能弥补短处，可实现优势互补、提高性能和扩大应用范围之目的。

复合材料大多是由以连续相存在的基体材料与分散于其中的增强材料两部分组成。增强材料是指能提高基体材料力学性能的物质。因为纤维的刚性和抗拉伸强度大，因此增强材料大多数为各类纤维。纤维是材料的骨架，其作用是承受负荷、增加强度，它基本决定了复合材料的强度和刚性。基体材料的主要作用是使增强材料黏合成型，且对承受的外力起传导和分散作用。基体材料可以是高分子聚合物。聚合物基复合材料主要是指纤维增强聚合物材料。如将碳纤维包埋在环氧树脂中，使复合材料强度增加，用于制造网球拍、高尔夫球棍和滑雪橇等。增强的聚酰亚胺树脂可用于汽车的“塑料发动机”，从而使发动机质量减小，节约燃料。

聚酰胺本身的强度比一般通用塑料强度高，耐磨性好，但它的吸水率大，影响尺寸稳定性，耐热性较低。用增强材料(玻璃纤维、石棉纤维、碳纤维、钛金属等，其中以玻璃纤维为主)增强的聚酰胺，会大大改善这些性能。一般来讲，玻璃纤维聚酰胺复合材料中，玻璃纤维的含量达到30%～35%时，其增强效果最为理想，拉伸强度可提高2～3倍，抗压强度提高1.5倍，最突出的是耐热性能提高很多。例如，尼龙-6的使用温度为120℃，而玻璃纤维尼龙-6的使用温度可达170～180℃。

玻璃钢学名纤维增强塑料，俗称**FRP**(fiber reinforced plastics)，即纤维增强复合塑料，是20世纪50年代美国发明的玻璃纤维增强塑料，它是由玻璃纤维和聚酯类树脂复合而成的，是第一代复合材料的杰出代表。根据采用的纤维不同分为玻璃纤维增强复合塑料(GFRP)，碳纤维增强复合塑料(CFRP)，硼纤维增强复合塑料等。纤维增强塑料是由玻璃纤维及其制品增强纤维和合成树脂基体组成。纤维(或晶须)的直径很小，一般在10 μm以下，缺陷较少又较小，断裂

氟树脂

分子结构中含有氟原子的一类热塑性树脂，又称氟碳树脂；具有优异的耐高低温性能、介电性能、化学稳定性、耐候性、不燃性、不黏性和低摩擦因数等特性；是国民经济各部门，特别是尖端科学技术和国防工业不可缺少的重要材料。氟树脂的主要品种有聚四氟乙烯(PTFE)、聚三氟氯乙烯(PCTFE)、聚偏氟乙烯(PVDF)、乙烯-四氟乙烯共聚物(ETFE)、乙烯-三氟氯乙烯共聚物(ECTFE)、聚氟乙烯(PVF)等，其中以聚四氟乙烯为主。

氟树脂始于20世纪30年代。1934年，德国的F.施洛费尔和O.舍雷尔研究成功的聚三氟氯乙烯，是氟树脂的第一个品种。1938年，美国杜邦公司的R.J.普伦基特发现并于1945年工业上生产了聚四氟乙烯，这是最早工业化的氟树脂产品，以后不断开发出新品种。20世纪80年代初世界上已工业生产和批量生产的有11种，聚四氟乙烯消费量的年均增长率为5%。1984年，世界氟树脂需要量超过30000 t，其中聚四氟乙烯占70%。

中国氟树脂的研制始于20世纪50年代后期。1965年以后，聚四氟乙烯、聚三氟氯乙烯、氟塑料46等相继投产，其他品种亦先后研制成功或已小量生产。

应变约千 3% 以内，是脆性材料，易损伤、断裂和受到腐蚀。

基体相对于纤维来说，强度、模量都要低很多，但可以经受住大的应变，往往具有黏弹性和弹塑性，是韧性材料。在制造玻璃钢时，可将玻璃纤维切成短纤维加入基体（如环氧树脂）。玻璃钢具有优良的性能，它的强度高、质量小、耐腐蚀、抗冲击、绝缘性能好。在 20 世纪 50 年代末开始用于飞机制造，使飞机的油耗明显降低、灵活性提高。玻璃钢的生产技术还被广泛地应用于船舶、汽车、建筑、家具制造等。增强材料除了采用普通玻璃的纤维外，还可以根据具体用途调整玻璃的成分，制作耐化学腐蚀、耐高温、高强度的玻璃纤维。

7.5　高分子科学的发展历程与分子设计

7.5.1　高分子科学的发展历程

1）从诺贝尔奖中寻觅高分子科学的发展

表 7－7 列出了 1950—2018 年的部分诺贝尔奖，从中可以寻觅到高分子材料发展的轨迹。

表 7－7　1950—2018 年的部分诺贝尔奖

年份	事件
1953	1920 年，H. Staudinger 首次提出以共价键联结为核心的高分子概念，并获得 1953 年度诺贝尔化学奖，被公认为高分子科学的始祖
1963	K. Ziegler 和 G. Natta 各自采用金属络合催化剂成功地合成出高密度聚乙烯（HDPE）即低压聚乙烯以及聚丙烯（PP），并于 1955 年实现工业化。1963 年，两人共享诺贝尔化学奖
1974	P. J. Flory 提出了聚合反应的等活性理论，并提出聚酯动力学和连锁聚合反应机理，获得 1974 年度诺贝尔化学奖
1991	Pierre－Gilles de Gennes 成将研究简单体系中有序现象的方法推广到高分子、液晶等复杂体系。1991 年被授予诺贝尔物理奖
2000	白川英树（Hideki Shirakawa），黑格（Alan J. Heeger）和马克迪尔米德（Alan G. MacDiarmid）因对导电聚合物的发现和发展而获得 2000 年度诺贝尔化学奖

人类利用天然聚合物的历史久远，直到 19 世纪中叶才跨入对天然聚合物的化学改性工作，1839 年 C. Goodyear 发现了橡胶的硫化反应，从而使天然橡胶变为实用的工程材料的研究取得关键性的进展。1870 年 J. W. Hyatt 用樟脑增塑硝化纤维素，使硝化纤维塑料实现了工业化。1907 年 L. Baekeland 报道合成了第一个热固性酚醛树脂，并在 20 世纪 20 年代实现了工业化，这是第一个合成塑料产品。1920 年 H. Standinger 提出了聚合物是由结构单元通过普通的共价键彼此连接而成的长链分子，这一结论为现代聚合物科学的建立奠定了基础。随后，Carothers 把合成聚合物分为两大类，即通过缩聚反应得到的缩聚物和通过加聚反应得到的加聚物。20 世纪 50 年代 K. Ziegler 和 G. Natta 发现了配位聚合催化剂，开启了合成立体规整结构聚合物的时代。在大分子概念建立以后的几十年中，合成高聚物取得了飞速的发

硅橡胶人造器官

从天然纤维的改性到创造组织器官，这是高分子科学的巨大飞跃。现在，高分子科学在设计人造器官代替人体器官方面已积累了不少经验。硅橡胶和其他具有化学惰性的柔韧聚合物已成功地用来制造多种多样的人造器官，如人造眼角膜、人造心瓣膜等，甚至包括人工肺。硅橡胶在美容方面有广泛的应用，由硅橡胶制成薄膜口袋，里面装满硅凝胶，它们可以代替乳房里的脂肪。硅橡胶具有与软组织类似的弹性，所以可用作人工心脏的肌肉或假鼻子、假耳朵里的软骨。人工心脏能够代替有病的心脏工作，不会造成血凝固，而且经久耐用。

硅橡胶高聚物分子是由 Si—O（硅—氧）键连成的链状结构，其主要组成是高摩尔质量的线型聚硅氧烷。由于 Si—O—Si 键是其构成的基本键型，硅原子主要连接甲基，侧链上引入极少量的不饱和基团，分子间作用力小，分子呈螺旋状结构，甲基朝外排列并可自由旋转，使得硅橡胶比其他普通橡胶具有更好的耐热性、电绝缘性、化学稳定性等。典型的硅橡胶即聚二甲基硅氧烷，具有一种螺旋形分子构型，其分子间力较小，因而具有良好的回弹性，同时指向螺旋外的甲醛基可以自由旋转，因而使硅橡胶具有独特的表面性能。

视频7-7

展，许多重要的聚合物相继实现了工业化。中国的高分子化学及高分子工业也是在二战后，特别是 1949 年之后，才真正成长发展起来。

高分子化学的发展主要经历了天然高分子的利用与加工、天然高分子的改性、合成高分子的生产和高分子科学的建立四个时期。从 20 世纪 30 年代起随着合成高分子的发展而逐渐建立起来与高分子相关的反应动力学、化学热力学、结构化学、高分子物理、生物高分子等分支学科，形成了一门系统的高分子科学。高分子科学是当代发展最迅速的学科之一；它既是一门应用科学，又是一门基础科学。高分子化学继“四大化学”之后被称为“第五大化学”。

2）高分子学术期刊的发展

在近几十年的发展历程中，与工业界一样，全球学术界和出版界也意识到高分子科学的极其重要的理论和应用价值，国际性相关期刊陆续诞生，并成为有重要影响力的刊物。表 7－8 列举了部分的高分子学术期刊。随着纳米科学、电子学、生物医学及人工智能等的发展，高分子学科也在学科交融中不断发展完善。

表 7－8　部分重要的高分子学术期刊

期刊名称		创办年代	2017 年影响因子	刊物简介
国际期刊	*Progress in Polymer Science*	1967	25.76	高分子研究领域的顶级学术期刊；主要为约稿类综述文章
	Macromolecules	1968	5.83	是国际高分子顶级杂志，主要刊载聚合物化学基础研究论文，涉及合成、聚合机理与动力学、化学反应、溶液特性、有机和无机聚合物以及生物聚合物等
	Biomacromolecules	2000	5.25	刊载的主要领域包括可再生资源中的单体和聚合物、聚合物降解产物的分解代谢、生物催化、生物大分子组装、仿生、生物矿化、生物加工、生物循环和生物修复、生物医用聚合物等
	ACS Macro Letters	2012	6.19	涵盖高分子所有的领域，强调创新性。发表时间较快，加快重要进展的交流速度
	Macromolecular Rapid Communications	1994	4.27	刊载聚合物科学的原创性研究，从聚合物化学/物理到材料科学和生命科学中的聚合物
	Polymer	1960	3.70	出版来自高分子科学技术各个领域的着重于从分子或介观尺度解释数据的原创性研究。其中特别欢迎来自新兴领域的论文
	Polymer Chemistry	2010	5.38	强调聚合物的合成及相关应用

尼龙－66 之父：卡罗瑟斯

1930 年，卡罗瑟斯（英文全名：Wallace Hume Carothers）在杜邦公司合成了第一种合成橡胶——氯丁橡胶，随后合成了聚酯。1935 年，利用该反应他成功制备了大名鼎鼎的材料—尼龙 66。德州大学阿灵顿分校的 E. Thomas Strom 认为缩聚反应理应获得诺贝尔奖。

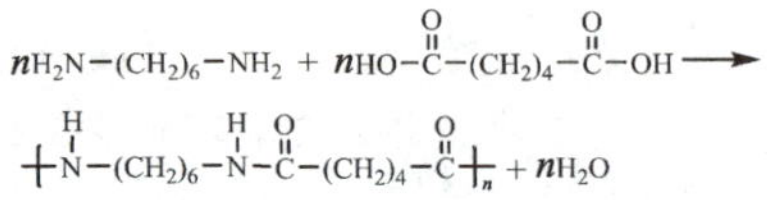

尼龙－66 的合成路线

尼龙这种材料最终得到广泛的商业运用，并深刻地改变了人类的生活方式。从第一件女士尼龙袜子面世开始，这种材料就开始被热捧，直到今天它依旧应用广泛。尼龙在全球范围内的名声鹊起，是在 1939 年之后。但卡罗瑟斯这位天才科学家患有严重的抑郁症，1937 年的时候他饮用了掺有氰化钾的柠檬汁而自杀身亡，这也终结了他获得诺贝尔奖的机会。

卡罗瑟斯在 1936 年成为首个当选美国科学院院士的工业界有机化学家，他的声誉也达到了顶峰。

续表 7-8

期刊名称		创办年代	2017 年影响因子	刊物简介
国内期刊	高分子学报	1957	1.12	刊载高分子化学、高分子合成、高分子物理、高分子物理化学、高分子材料等基础领域的工作，也面向高分子科学新兴方向，如高分子自组装、超分子聚合物、高分子表界面、高分子纳米材料、能源高分子材料、生物医用高分子等

7.5.2　高分子科学的未来

进入 21 世纪，人类迎来了高科技发展的时代。作为现代文明支柱之一的材料科学，是高科技发展的关键所在。为了适应未来航空航天、电子信息、汽车工业、家用电器等多方面对材料越来越高的要求，材料科学将不仅在功能上，而且要从影响人类社会可持续发展的资源、能源、环境和安全等问题的高度来研究和开发新材料。

未来材料的发展趋势大致可以概括为“六化”，即智能化、仿生化、复合化、纳米化、轻量化和多功能化。下面仅简介高分子材料的智能化和仿生化。

1）高分子材料的智能化

智能化是指材料可对外界情况变化产生感知，而自动作出及时、灵敏和适当的响应，同时能自我调节、修饰或修复的一种功能。例如，形状记忆高分子、智能凝胶、智能纤维、智能胶囊、智能黏合剂和智能膜等。又如，高分子属于软物质，软物质的特点是对弱的外界影响（比如物质组成或结构的微小变化施加于物质的瞬间的或微弱的刺激等），能做出相对显著的响应和变化。因此研究高分子的软物质特征，利用外场的变化来调节高分子功能的变化，发掘高分子的自适应性，寻找实现高分子功能材料智能化途径，将是人们今后的努力目标，如柔性电子皮肤等。

2）高分子材料的仿生化

通过研究自然界中生物体的结构及特有的功能，学习制造新材料的思路和方法，并在材料的设计和制造中加以模仿，称为仿生材料学，它是材料科学的一个重要发展趋势，高分子材料也已有不少成功仿生的例子。例如，很多活着的生物系统能够对损伤部位产生反应，即生物体的损伤部位会发生自愈合。科学家模仿生物器官的自修复功能制备自修复的微胶囊。即：预先在高分子材料中包埋一些微胶囊，这些胶囊里包含修复试剂（聚合物的单体与相应的聚合引发剂）。材料的破损往往伴随着里面出现一些细小的裂纹，它们会使这些微胶囊里面的试剂彼此混合，单体遇到引发物就会聚合成聚合物，将断裂的部分重新“粘牢”。又如，自然界的蜘蛛丝是一种极具吸引力的物质，是世界上最坚韧的纤维之一。美国、瑞典等国家投入很大力量研究天然蜘蛛丝的结构、性能及生长机理，已通过研究蜘蛛丝的结构和功能，模仿蜘蛛吐丝过程，人工合成了蜘蛛丝仿生材料。

自愈合高分子材料

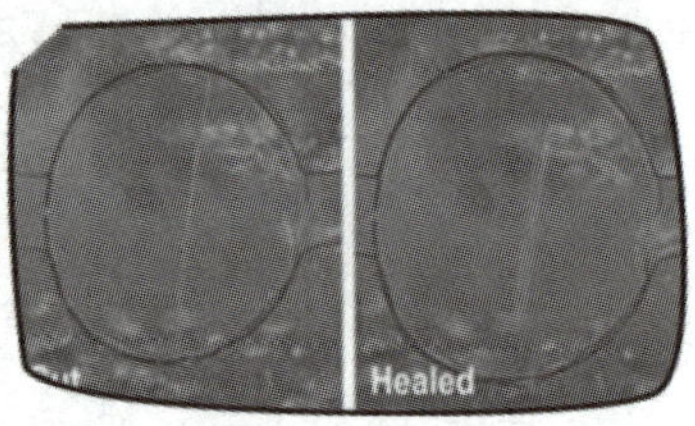

自愈合高分子材料是科学界研发出的一种新型材料，自愈合就是利用材料的自我感知能力，对材料中的细微裂纹产生影响，再进一步引发自我修复，以恢复其力学性能，延长材料的使用寿命。自愈合的核心是能量补给和物质补给，模仿生物体损伤愈合的机理，使复合材料对内部和外部损伤能够进行自愈合，进而消除隐患，增强材料的机械强度。20 世纪 80 年代被提出，作为一种为延长聚合物使用寿命和治愈无形微裂痕的手段。2002 年美国把军用装备的自修复、自愈合材料研究列到提升装备性能的关键技术中。2007 年 2 月份在荷兰的代尔夫技术大学举办了关于自愈合材料的第一届国际会议。自愈合的机理为分子互扩散导致的自愈合、通过形成可逆键的自愈合等。近年来，自愈合高分子材料研究发展迅速，且合成的自愈合材料应用广泛，如自修复橡胶轮胎，自修复太阳电池、自修复锂离子电池、自修复电子皮肤等。

展望未来的高分子材料，如何获取价廉的原料及获得可降解高分子也是科学家肩负的巨大责任。20 世纪石油化工曾为合成高分子提供了充足而廉价的原料，但石油这种不可再生资源日益减少，必须寻找新的可替代资源，植物资源便是其中重要的一类。植物的光合作用每时每刻都制造出大量有机物质，有机物质有的已被人类作为天然高分子材料使用，如顺式聚异戊二烯、反式聚异戊二烯、纤维素、木材等；有的可能是潜在的合成高分子的单体资源，如木质素和淀粉等。寻找高分子合成潜在的原料来源，将是未来高分子化学家的责任。若能模拟自然界的生物转化和光合作用的催化功能，研究开发光合作用合成碳氢化合物的新催化剂，将会彻底解决合成高分子的原料问题，如 CO_2 聚合树脂的出现对解决当今世界日趋严重的 CO_2 含量增高等问题带来了曙光。国内外化学家十分关注碳化学的发展，把长期以来因化石燃料燃烧而排放的既造成污染环境、又产生温室效应的 CO_2 视为一种新的资源，利用它与其他化合物共聚，可合成新型 CO_2 共聚物材料。再就是，地球上存有大量的 SiO_2，如能寻找到更方便、更廉价的将 SiO_2 转化成高分子单体的方法，这无疑将给高分子合成开辟另一重要的单体来源。此外，可降解高分子的开发作为解决“白色污染”最为有效的途径，也已引起广泛关注。可降解高分子能极大地改善了原来的高分子材料使用后无法自然分解而产生大量废弃物的缺陷，能从根本上解决废弃物所造成的环境问题。

7.5.3 高分子材料的分子设计

高分子科学在高分子工业的推动下，已发展成为一门成熟的学科，随着高分子工业的发展，高分子产品已深入国民经济的方方面面，因此对高分子材料提出了更高的要求。高分子材料的分子设计是指根据需要合成具有预期性能或指定性能的高分子材料。高分子材料的分子设计已从不同水平深入产品开发的各个领域，提供了研究方向，缩短了研究周期，提高了工作效率，产生了巨大的经济效益。高分子材料的分子设计是以合成、加工与结构，结构与性能之间的两个基本关系为基础的。这两个关系从定性向定量发展，分子设计也从定性向定量深化，科研人员已经在分子设计方面做了不少工作并取得了很多的进展。例如：阴离子聚合的活性高分子为起点的分子裁剪技术，复合材料与高分子合金的发展，反应机理、高分子结构与性能的内在联系探索，高分子体系的数学模型与统计理论，橡胶、纤维、涂料配方设计，高分子溶液研究，高分子化学交联等。目前高分子材料的分子设计主要包括以下几个方面：(1)研究组成、结构和性能之间的关系，找出定性和定量关系。高分子的结构不仅包括分子结构、大分子结构，还包括超分子结构，共混、复合、聚集态等形成的复杂结构。通过对分子结构、组成、聚集态及性能的关系研究，指导优化分子设计，制备高性能的高分子材料。(2)研究新的引发剂和聚合方法，合成出具有指定相对分子质量和相对分子质量分布、指定性能、能满足实际需要的高分子材料。(3)研究加工成型时聚集态结构、高次结构以及与成型条件、工艺参数的内在联系和关系，结合加工工艺对分子设计的需求，设计制备面向应用的高分子材料。(4)总结高分子合成、加工与结构、结构与性能之间的内在联系，重视各种数学模型及理论分析方法的发展，大力开展统计理论、标度理论等方法的研究。(5)对高分子凝聚态结构深入研究，通过中子衍射等多种方法来提供信息。弄清各层次结构的内在联系，得到分子设计所必需的信息。例如非晶态结构、晶态结构、界面结构、复合结构等。特别是晶相与非晶相结构的内在联系是研究凝聚态结构的重要方向。(6)高分子材料科学和现代信息处理技术(大数据技术、人工智能技术)相互结合，开发高分子材料分子设计软件、计算机辅助合成路线选择软件、计算机辅助材料选择的专家系统以及建设高分子材料数据库等，注意各种参数的综合，设计路线的最优化、推进分子和原子层次设计合成高分子材料的研究。

本章复习指导

掌握：单体与链节；平均相对分子质量与平均聚合度；多分散性；线型结构和体型结构；柔顺性；加聚和缩聚；高弹态、玻璃态与黏流态；玻璃化温度 T_g 和黏流化温度 T_f；溶解与溶胀；化学稳定性与老化；交联与降解等基本概念。

熟悉：三大高分子合成材料——塑料、橡胶、纤维及其分类以及日常生活中常用的品种：聚氯乙烯、聚乙烯、聚酰胺、ABS 塑料；丁苯橡胶、氯丁橡胶、顺丁橡胶；聚酰胺类纤维、聚酯类纤维和聚丙烯腈纤维等。

了解：高分子的弹性和塑性与分子链的柔顺性和分子链间的作用力的关系；机械性能与分子间作用力、分子中的极性基团、结晶度和交联程度的关系；电绝缘性能与分子的对称性及所含基团的极性大小等因素的关系；化学稳定性与光、热、氧气等因素的关系；溶解性与高分子的组成、结构、分子间作用力的关系等。

选读材料

有机高分子光电功能材料

有机光电子学作为一个新兴的研究领域，历经了从设计和开发新型有机光电材料，到有机器件的研究，再到学术界和工业界广泛关注的发展进程。迄今，有机光电器件已经实现了无机半导体光电器件的部分功能，如有机电致发光二极管、有机光伏电池、有机场效应晶体管及有机信息存储等；它在某些方面甚至表现出无机半导体器件无法比拟的优势(如轻、薄、柔性等)。其发展历程表明，有机光电器件的发展主要依赖于性能优异的有机光电子材料的开发。共轭聚合物光电子材料是有机光电子材料的重要组成部分，尤其是在可实现溶液加工的有机光电子材料方面占有主导地位。共轭聚合物光电子材料与无机半导体材料相比另一个突出的特点是：其光电性质容易通过简单的化学修饰(即引入特定的官能团)进行改善和调节，从而可实现对器件的性能控制。

由于篇幅关系，在此仅对有机高分子光电功能材料在聚合物太阳能电池(PSC)中的应用进行简单介绍。

有机高分子光电功能材料及应用

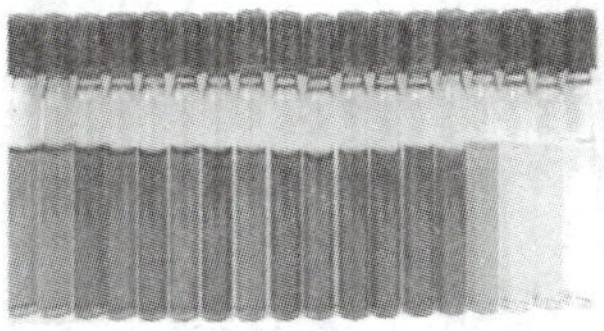

图7－2　不同颜色聚合物电子墨水

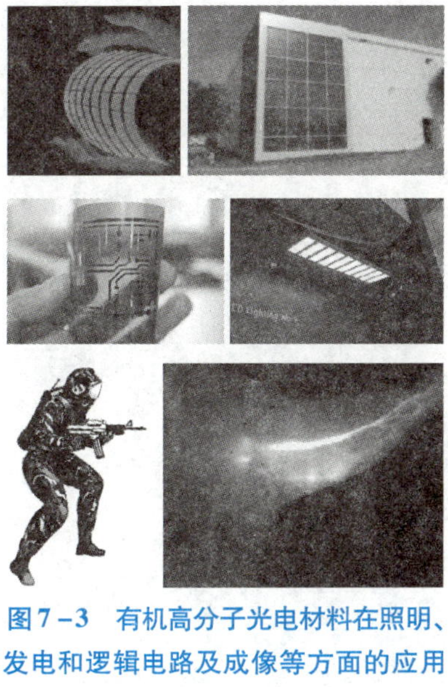

图7－3　有机高分子光电材料在照明、发电和逻辑电路及成像等方面的应用

聚合物太阳能电池具有重量轻，材料来源丰富，价格低廉，分子结构设计灵活，可通过印刷技术大面积制备，高柔韧性以及不需要高温制备工艺等诸多优点，已被视为下一代很有潜力的太阳能电池。这类太阳能电池在军事、航空航天、工业以及民用上均具有良好的应用前景，已成为各国科学界和产业界研究的热点。

聚合物太阳能电池

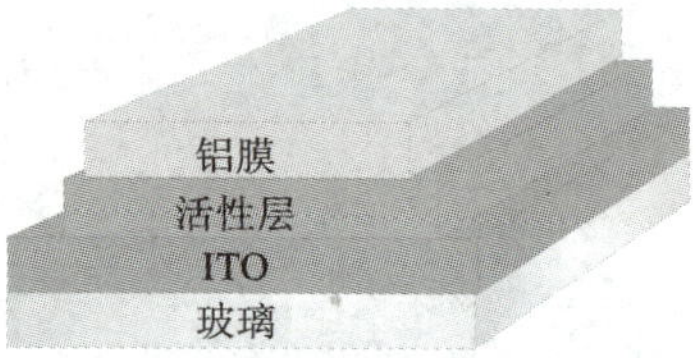

图 7-4 典型太阳能电池器件结构

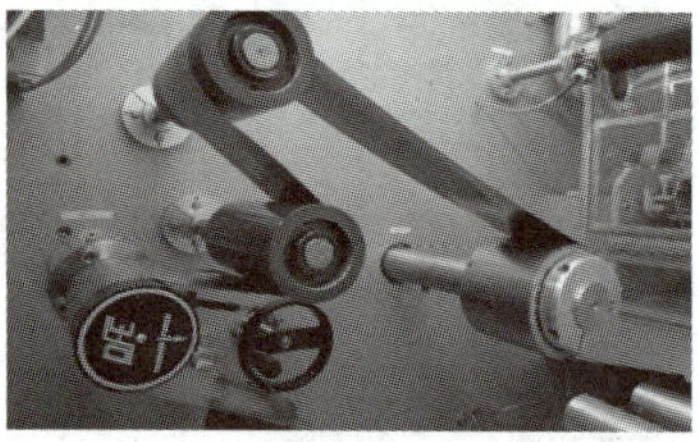

图 7-5 卷对卷柔性太阳能电池的制备

聚合物太阳能电池由共轭聚合物(电子给体)和 PCBM(C_{60}的可溶性衍生物，电子受体)的共混膜(吸光活性层)夹在 ITO(一种铟锡氧化物半导体透明导电膜)透光电极(正极)和 Al 等金属电极(负极)之间所组成。当光透过 ITO 电极照射到活性层上时，活性层中的共轭聚合物吸收光子产生激子(电子—空穴对)，激子迁移到聚合物与 PCBM 的界面处，在那里，激子中的电子转移给电子受体 PCBM 的 LUMO(未占有电子的能级最低的轨道)能级、空穴保留在聚合物的 HOMO(已占有电子的能级最高的轨道)能级上，从而实现电荷的分离，然后电子沿电子受体 PCBM 向金属负极传递并被负极所收集、空穴沿给体共轭聚合物向 ITO 正极传递并被正极所收集，从而形成光电流和光电压。这类器件根据其共混活性层的特点又被称为本体异质结型聚合物太阳能电池。这种类型的太阳能电池结构由 Heeger 组在 1995 年提出之后的 20 多年里，给体/受体异质结型器件已成为聚合物太阳能电池研究的主流，文献报道的最高能量转换效率从 2001 年达到 2.5% 到 2017 年通过叠层器件达到了 13.8%。受体材料也从 PCBM 扩展到共轭聚合物、有机小分子受体材料。

目前 PSC 最高能量转化效率已经超过 14%，但相对于无机半导体太阳电池的效率而言还较低，且稳定性还有待提高。为了提高其能量转换效率和稳定性，从材料合成和器件结构等角度入手，众多的研究者对聚合物太阳能电池相关材料和器件进行了深入的研究。目前研究热点是 PSC 材料的设计与合成、器件结构的改进、界面修饰及光电转换机理等。作为 PSC 的主要组成部分，光敏活性层材料的改进，尤其是共轭聚合物光伏材料的结构和性能改进是 PSC 研究的一个重点。大量用于光敏活性层的共轭聚合物材料被设计、合成出来，并被应用到太阳电池中。光伏性能的突破，为以后实现高效率、可商业化的聚合物太阳能电池打下了坚实的基础。

我们相信在科学界和工业界的共同努力下，随着难点的不断攻破，共轭聚合物光电子材料的溶液可加工性和柔性的突出优点将能够得到充分体现，轻、薄、柔性和价廉的聚合物太阳电池将会走进我们生活的方方面面，为美化生活、改善环境、节约能源和人类可持续发展做出贡献。

复习思考题

1. 与低分子化合物比较，高分子化合物有什么特征？
2. 聚合物化学反应有哪些特征？与低分子化学反应有什么区别？
3. 为什么在缩聚反应中不用转化率而用反应程度来描述反应过程呢？
4. 自由基聚合常用的引发方式有几种？举例说明其特点。
5. 说明 T_g 的含义。

6. 何谓相对分子质量的多分散性？如何表示聚合物相对分子质量的多分散性？试分析聚合物相对分子质量多分散性存在的原因。

7. 定性比较线型高分子与体型高分子、结晶态高分子与非晶态高分子的溶解性能。

8. 聚合物老化的原因有哪些？

习 题

1. 填空题。

(1)聚合物 $\left[CH_2-CH(CH_3)\right]_n$ 的名称是________，其中 $\left[CH_2-CH(CH_3)\right]$ 是________，n 是________。合成此聚合物的单体的结构(简)式是________。

(2)由一种或几种单体发生加成反应而结合成为高分子的聚合反应称为加成聚合反应，简称加聚反应。含有双官能团或多官能团的单体分子，通过分子间官能团的缩合反应把单体分子聚合起来，同时生成水、醇、氨或氯化氢等小分子化合物，这类反应称为缩合聚合反应，简称缩聚反应。下列有机高分子材料中，由加聚反应制得的是____；由缩聚反应制得的是________。(选填下列标号)

a. 聚乙烯　　　　　　b. 聚苯乙烯

c. 尼龙-1010　　　　d. 尼龙-66或锦纶-66

(3)聚氯乙烯的单体是________，商品名是________，英文缩写符号是________，它的优点是________，缺点是________，在100～120℃即可分解出________，热稳定性差。

(4)电绝缘性能与________，分子对称性好，极性小，高分子的电绝缘性好。分子结构不对称且含有极性基团，高分子的电绝缘性________。高分子的静电作用可以加入________来消除。

(5)按参加缩聚反应的单体种类，缩聚反应可分为________、________和________三种。

(6)硅橡胶的链是由________和________两种元素的原子构成的。相对其他橡胶，既耐热又耐寒，抗氧化性能________，生物相容性________，是其优良特性。

(7)高分子化合物的聚集状态只有________和________两种，固态高聚物又分________和________。

(8)增塑剂如________等，填料如________等，都是对高聚物掺和改性的重要助剂，将________与________(指哪一类材料)复合后，可获得金属基复合材料。

2. 命名下列高分子化合物，并根据其主链结构指出它们属于碳链高分子、杂链高分子、还是元素有机高分子？

(1) 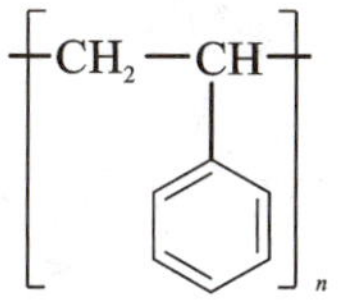

(2) $\left[CF_2-CF_2\right]_n$

(3) $\left[Si(CH_3)_2-O\right]_n$

(4) $\left[CH_2-C(CH_3)(COOCH_3)\right]_n$

3. 基本概念题。

(1)结构单元的构型

(2)合成高聚物

(3)缩聚反应的平衡常数

(4)塑料

(5)不饱和聚酯树脂

4. 试分别指出能否直接使用下列物质作为唯一的单体(原料)进行聚合反应？若能进行，则写出聚合产物的名称和结构(简)式。

(1) C_2H_6　　(2) C_2H_4

(3) HCHO　　(4) $CH_2=C(CH_3)-CH=CH_2$

5. 下列各种高分子的平均聚合度是多少？

(1) $\text{+}NH(CH_2)_5CO\text{+}_n$　　平均相对分子质量为 100000

(2) $\text{+}CH_2-CCl_2\text{+}_n$　　平均相对分子质量为 100000

6. 聚乙烯分子链上没有侧基，内旋转位能不大，柔顺性好。为什么室温下该聚合物为塑料而不是橡胶？

7. 用最简便的主法鉴别：

(1)聚乙烯与聚氯乙烯

(2)人造羊毛与羊毛

(3)尼龙丝与蚕丝

8. 判断下列单体能否聚合及聚合类型，并说明理由。

(1) $CH_2=C(C_6H_5)_2$　　(2) $CH_2=CH-OR$

(3) $CH_2=CHCH_3$　　(4) $CH_2=C(CH_3)COOCH_3$

(5) $CH_3CH=CHCOOCH_3$

9. 从材料的分子设计考虑，简述如何根据性能需要改变 ABS 中三者的比例。

第7章习题答案

第8章

生物大分子基础

(Fundamentals of Biomolecule)

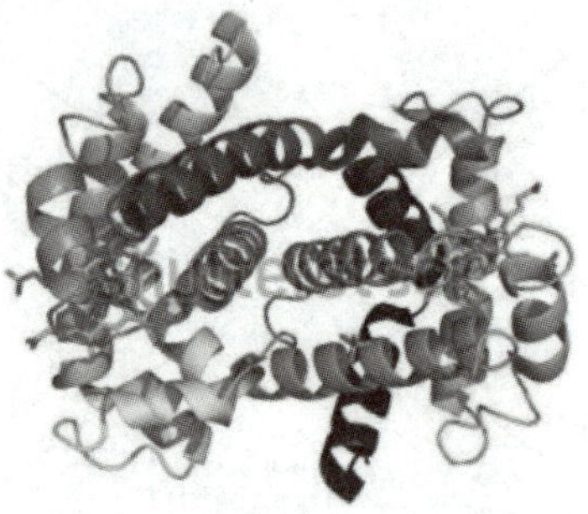

图 8－1　人血红蛋白结构

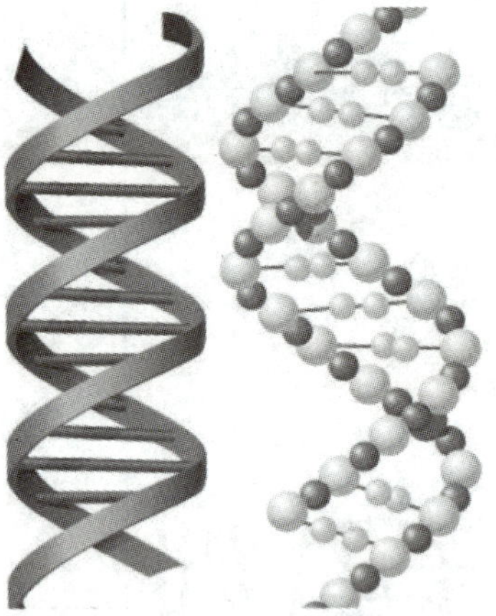

图 8－2　DNA 双螺旋结构

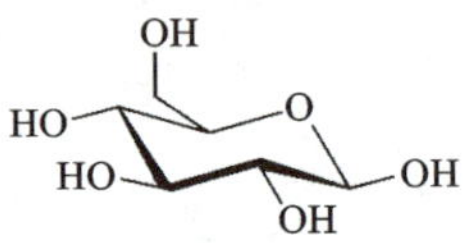

图 8－3　α－D－葡萄糖椅式结构

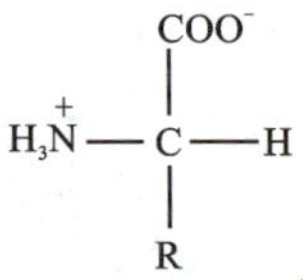

图 8－4　氨基酸的基本单元

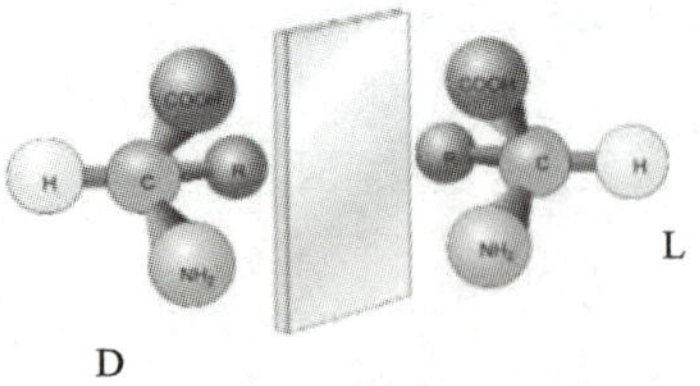

图 8－5　氨基酸的异构体

生物大分子是构成生命的基础物质，包括蛋白质、核酸、多糖等。它们是由低分子量的有机化合物聚合而成的多分子体系。如蛋白质的组成单位是氨基酸，核酸的组成单位是核苷酸。与生命有着密切关系的小分子氨基酸、脂肪酸等被称为生物单分子，它们是构成大分子的基本物质。从化学结构而言，蛋白质是由 L－α－氨基酸脱水缩合而成，核酸是由嘌呤和嘧啶碱基，与糖（D－核糖或 2－脱氧－D－核糖）、磷酸脱水缩合而成，多糖是由单糖脱水缩合而成（见图 8－1、8－2 和 8－3）。

8.1　氨基酸、多肽和蛋白质

蛋白质（protein）作为生物大分子，既是生命的物质基础，也是生命活动的主要承担者。蛋白质约占人体全部质量的 16%～20%。人体内蛋白质的种类繁多，性质、功能各异，但都是由 20 种**氨基酸**（amino acid）为基本单元构建而成。氨基酸以脱水缩合的方式形成**多肽**（peptide）链，再通过盘曲折叠形成具有特定空间结构的蛋白质。

8.1.1　氨基酸

1. 氨基酸的结构通式

分子中既含有氨基，又含有羧基的化合物统称为氨基酸。目前发现的天然氨基酸约有 300 种，但生物体内合成各种蛋白质的原料只有 20 种基本氨基酸（其中有 8 种人体自身不能合成，必须从食物中摄取，称为必需氨基酸），其氨基是均位于羧基的 α 碳原子上，称为α－氨基酸，其结构通式如图 8－4 所示，侧链基团 R 为氨基酸的特性基团。除最简单的甘氨酸外，其他氨基酸的 α－碳原子均为不对称碳原子，因此 α－氨基酸具有立体异构或旋光性，可分为 L－型和 D－型两种构型（图 8－5）。天然氨基酸除甘氨酸外，其余均为 L－α－氨基酸，其中脯氨酸是一种 L－α－亚氨基酸。氨基酸多按其来源或性质而命名，20 种基本氨基酸的名称及结构参见表 8－1（表中标 * 号的即为成人必需氨基酸）。

2. 氨基酸的分类

通常根据 R 基团的化学结构或性质对 20 种基本氨基酸进行分类（表 8－1）。根据极性，氨基酸可分类如下。

非极性氨基酸（疏水性）。共 8 种，即：丙氨酸、缬氨酸、亮氨酸、异亮氨酸、脯氨酸、苯丙氨酸、色氨酸和蛋氨酸。

极性氨基酸（亲水性）。其中极性不带电荷的 7 种，即：甘氨酸、丝氨酸、酪氨酸、半胱氨酸、苏氨酸、天冬酰胺和谷氨酰胺。

极性带正电荷的氨基酸，即碱性氨基酸 3 种，即：赖氨酸、精氨酸和组氨酸。

极性带负电荷的氨基酸，即酸性氨基酸 2 种，即：天冬氨酸和谷氨酸。

根据化学结构，氨基酸又可分类如下。

脂肪族氨基酸：丙氨酸、缬氨酸、亮氨酸、异亮氨酸、蛋氨酸、天冬氨酸、谷氨酸、赖氨酸、精氨酸、甘氨酸、丝氨酸、苏氨酸、半胱氨酸、天冬酰胺和谷氨酰胺。

芳香族氨基酸：苯丙氨酸、酪氨酸。

杂环族氨基酸：组氨酸、色氨酸。

杂环亚氨基酸：脯氨酸。

视频8-1

表 8-1　20 种基本氨基酸的分类、代号名称、结构和等电点 pI

分类		名称	英文名称及缩写	R 结构式	pI
非极性氨基酸	脂肪类	甘氨酸	Glycine, Gly (G)	H—	5.97
		丙氨酸	Alanine, Ala (A)	$H_3C—$	6.00
		缬氨酸	Valine, Val (V)	$H_3C-CH(CH_3)-$	5.96
		亮氨酸	Leucine, Leu (L)	$H_3C-CH(CH_3)-CH_2-$	5.98
		异亮氨酸	Isoleucine, Ile (I)	$H_3C-CH_2-CH(CH_3)-$	6.02
		蛋氨酸	Methionine, Met (M)	$H_3C-S-CH_2-CH_2-$	5.74
		脯氨酸	Proline, Pro (P)	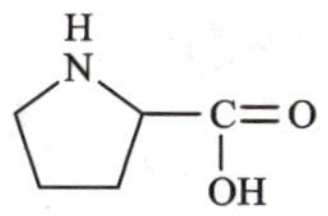	6.30
		半胱氨酸	Cysteine, Cys (C)	$HS-CH_2-$	5.07
	芳香类	苯丙氨酸	Phenylalanine, Phe (F)	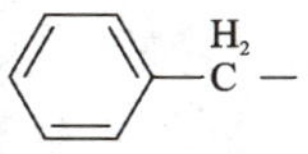	5.48
		酪氨酸	Tyrosine, Tyr (Y)	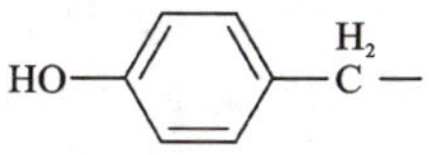	5.66
		色氨酸	Tryptophan, Trp (W)	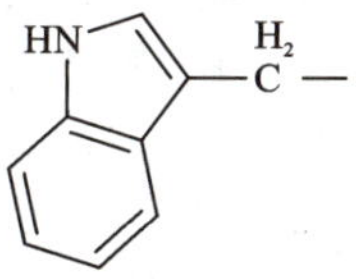	5.89

续表 8－1

分类		名称	英文名称及缩写	R 结构式	pI
极性氨基酸	带电荷	精氨酸	Arginine，Arg（R）	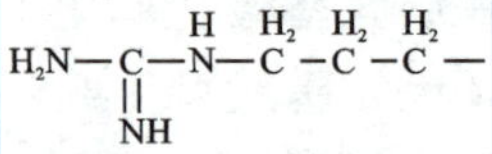	10.76
		赖氨酸	Lysine，Lys（K）	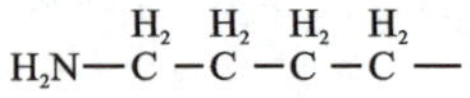	9.74
		组氨酸	Histidine，His（H）	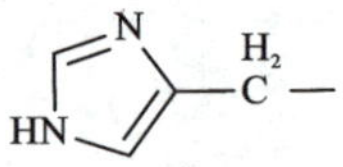	7.59
		天冬氨酸	Aspartic acid，Asp（D）	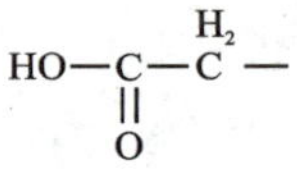	2.77
		谷氨酸	Glutamic acid，Glu（E）	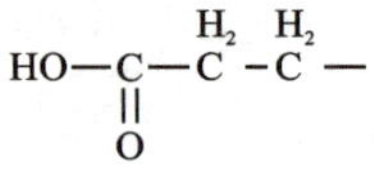	3.22
	不带电荷	丝氨酸	Serine，Ser（S）	$HO-CH_2-$	5.68
		苏氨酸	Threonine，Thr（T）	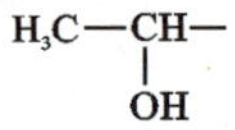	6.16
		天冬酰胺	Asparagine，Asn（N）	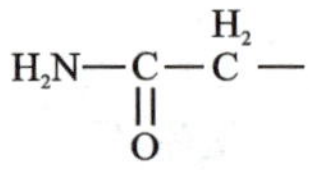	5.41
		谷氨酰胺	Glutamine，Gln（Q）	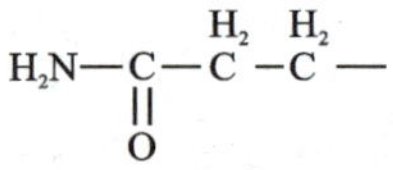	5.65

3. 氨基酸的物理性质

20 种基本氨基酸均为无色晶体，熔点高，大于 200℃，大多拥有确切的熔点，熔融时分解并放出 CO_2。除胱氨酸和酪氨酸外，都能溶于水中，但不同的氨基酸在水中的溶解度差别很大，它们也能溶解于稀酸或稀碱中。除脯氨酸外，均难溶于乙醇和乙醚等有机溶剂，通常乙醇能将氨基酸从其溶液中沉淀出来。

就光学性质而言，20 种氨基酸在可见光区域均无吸收，在远紫外区（<220 nm）均有光吸收，在近紫外区（220～300 nm）只有其 R 基含有苯环共轭双键的苯丙氨酸（Phe）、酪氨酸（Tyr）和色氨酸（Trp）3 种具有光吸收能力。其中 Phe 的最大光吸收在 259 nm、Tyr 在 278 nm、Trp 在 279 nm。蛋白质一般都含有这 3 种氨基酸的残基，其最大光吸收在大约 280 nm 波长处，因此，可利用分光光度法测定蛋白质的含量。

4. 化学特性

（1）酸碱性质。氨基酸的解离如图 8－6 所示。解离式中 K_1 和 K_2 分别代表 α－碳原子上－COOH 和－NH_3的表观解离常数。解离常数是在特定条件（一定溶液浓度和离子强度）下测定的。对于多氨基（碱性氨基酸）和多羧基（酸性氨基酸）氨基酸的解离，其解离原则是：先解离 α－COOH，随后解离其他－COOH；然后解离 α－NH_3^+；最后其

他 - NH_3^+。一般来说，羧基解离度大于氨基，α - C 上基团大于非 α - C 上同一基团的解离度。

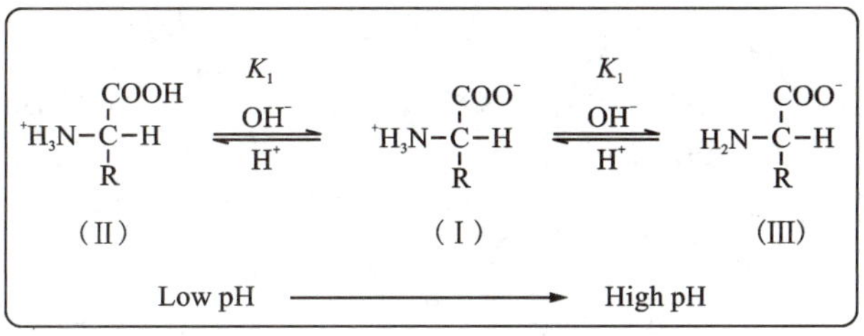

图 8 - 6 氨基酸的解离作用

视频8-2

视频8-3

(2)氨基酸的离子化。氨基酸是两性化合物，同时含有酸性羧基(—COOH)和碱性氨基(—NH_2)。其水溶液或结晶可在分子内形成既带有正电荷又带有负电荷的两性离子，即在同一个氨基酸分子上带有能释放出质子的 NH_3^+ 正离子和能接受质子的 COO^- 负离子，因此氨基酸又是两性电解质。氨基酸的带电状况取决于所处环境的 pH，改变 pH 可以改变氨基酸荷电性质，当其处于正负电荷数相等，即净电荷为零的两性离子状态时，溶液的 pH 称为该氨基酸的等电点(isoelectric point，pI)。等电点为两性离子左右两端的表观解离常数的负对数的算术平均值，即 pI 值等于两个相近 pK 值之和的一半。

(3)氨基酸的酸碱滴定曲线。以甘氨酸 Gly 为例，当其溶于水时，溶液的 pH 为 5.97。分别用 NaOH 和 HCl 滴定，以溶液的 pH 为纵坐标，加入 HCl 和 NaOH 的量为横坐标作图，得到滴定曲线(如图 8 - 7 所示)。该曲线分别在 pH = 2.34 和 pH = 9.60 处有两个拐点，分别为 pK_1 和 pK_2。当 pH < pI 时，Gly 的净电荷为正；pH = pI 时，净电荷为零；pH > pI 时，净电荷为负。

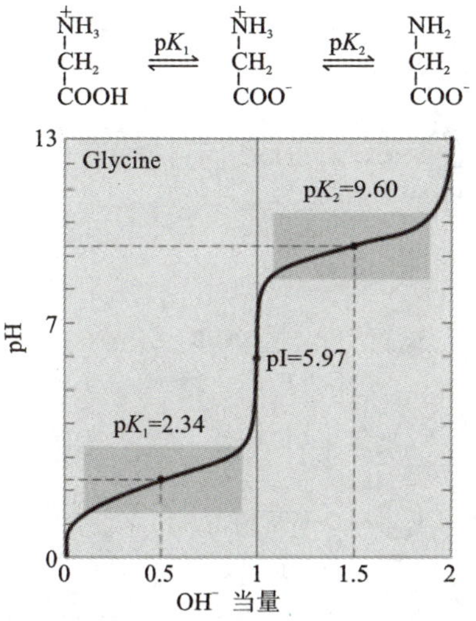

图 8 - 7 氨基酸的滴定曲线

(4)氨基酸的酰胺化反应。一个氨基酸的羧基与另一个氨基酸的氨基脱水缩合，脱去一分子水形成的酰胺键，即肽键(图 8 - 8)。氨基酸可通过酰胺化反应，合成多肽和蛋白质。

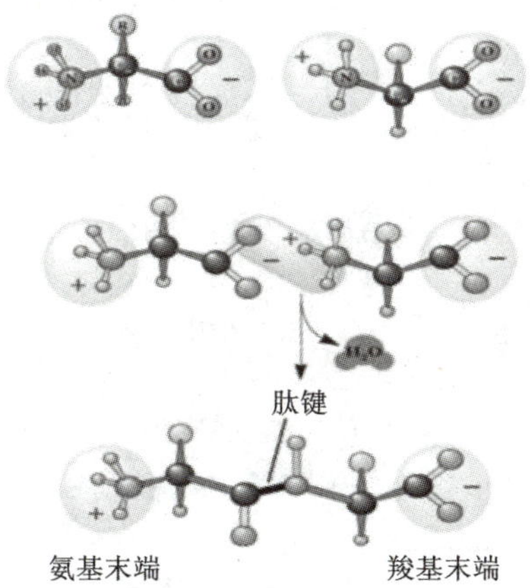

图 8 - 8 肽键的形成

8.1.2 多肽

氨基酸通过脱水缩合连成肽链。由两个氨基酸分子脱水缩合而成的化合物叫作二肽，同理类推，有三肽、四肽、五肽等。通常由 10 ~ 100 氨基酸分子脱水缩合而成的化合物叫多肽。也有将由 2 ~ 10 个氨基酸组成的肽称为寡肽；10 ~ 50 个氨基酸组成的肽称为多肽；由 50 个以上的氨基酸组成的肽称为蛋白质。由于形成肽键的 α - 氨基与 α - 羧基之间缩合释放出一分子水，肽链中的氨基酸不是完整的分子，而被称为氨基酸残基。通常肽链的一端含有一个游离的 α - 氨基，另一端则保留一个游离的 α - 羧基。按规定肽链的氨基酸排列顺序从其氨基末端(N - 末端)开始，到羧基末端(C - 末端)终止，而且通常总是把 N 末端氨基酸残基放在左边，C 末端氨基酸残基放在右边(图 8 - 9)。

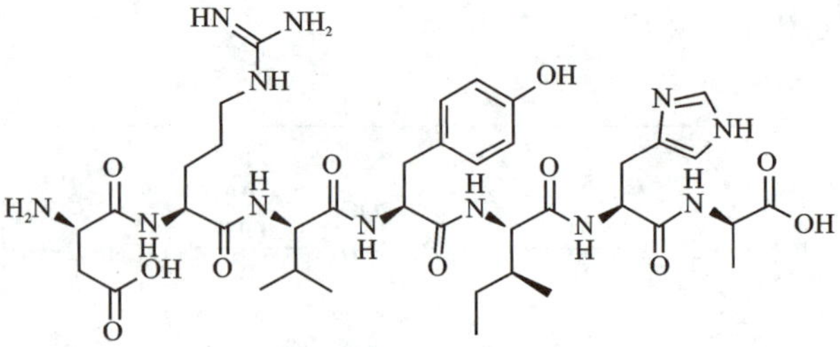

图 8-9　多肽

目前多肽的化学合成法可分为液相合成法和固相合成法。多肽合成是一个重复添加氨基酸的过程，固相合成顺序一般从 C 端向 N 端合成。过去，多肽合成通常是在溶液中进行的液相合成法。现在，多采用固相合成法，从而大大地减轻了每步产品纯化的难度。不过，液相多肽合成仍在广泛应用，因为它在合成短肽和多肽片段上具有规模大、成本低的显著优点，而且由于是在均相中进行反应，可选择的反应条件更多，如一些催化氢化、碱性水解等条件，都可以使用。而在固相中，在这些条件下却由于反应效率低以及副反应等因素，无法应用。

液相合成法基于将单个氨基保护（写为 N－α 保护）的氨基酸反复加到生长的氨基成分上，合成一步步地进行，通常从合成链的 C 端氨基酸开始，接着通过耦合剂将单个氨基酸连接。

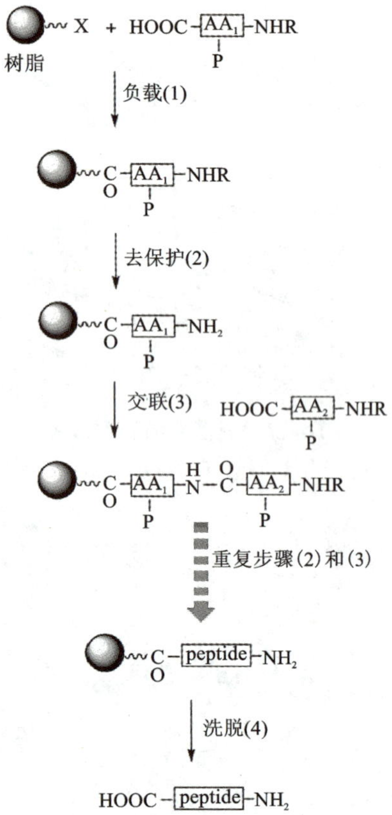

图 8-10　多肽的固相合成

多肽固相合成法（solid phase peptide synthesis，SPPS）最先是由 R. Bruce Merrifield 设计的一种肽的合成途径，并将其命名为固相合成法。由于 Merrifield 在多肽合成方面的贡献，1984 年获得了诺贝尔化学奖。如以氯甲基聚苯乙烯树脂作为不溶性的固相载体，首先将 N－α 保护的氨基酸 a_1 共价连接到固相载体上；然后在三氟乙酸的作用下，脱掉氨基的保护基，这样氨基酸 AA_1 就接到了固相载体上；接着将第二氨基酸 AA_2（其氨基被保护）的羧基通过 N，N′－二环己基碳二亚胺（DCC，dicyclohexylcarbodiimide）活化，再与已接在固相载体的 AA_1 上的氨基反应形成肽键，这样在固相载体上就生成了一个带有保护基的二肽。重复上述肽键形成反应，使肽链从 C 端向 N 端生长，直至达到所需要的肽链长度。最后脱去保护基，用 HF 水解肽链和固相载体之间的酯键，就得到了合成好的肽。其优点主要表现在最初的反应物和产物都是连接在固相载体上，因此可以在一个反应容器中进行所有的反应，便于自动化操作，加入过量的反应物可以获得高产率的产物，同时产物很容易分离。化学合成多肽现在可以在程序控制的自动化多肽合成仪上进行（图 8－10）。

8.1.3　蛋白质

蛋白质是由一条或多条多肽链组成的生物大分子，每一条多肽链有 20 至数百个氨基酸残基不等，按一定的顺序排列而成，并且通过折叠或螺旋等构成一定的空间结构，从而发挥其特定功能。多个多肽或者蛋白质链也可结合在一起形成稳定的蛋白质复合物。蛋白质的特性由氨基酸的种类、数目、排列顺序以及肽链空间结构等决定。

1. 蛋白质的结构

蛋白质是以氨基酸为基本单元构成的生物大分子。蛋白质分子上氨基酸的序列和由此形成的立体结构构成了蛋白质结构的多样性。蛋白质具有一级、二级、三级、四级结构，蛋白质分子的结构决定了它的功能(图8－11)。

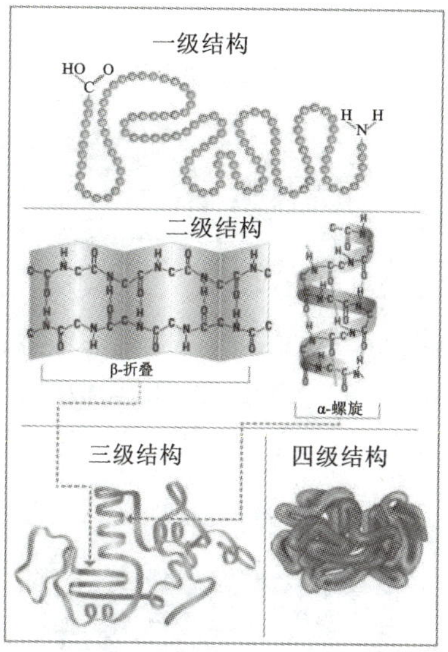

图8－11　血红蛋白的结构

一级结构(primary structure)：氨基酸残基在蛋白链中的排列顺序称为蛋白质的一级结构，每种蛋白质都有唯一而确切的氨基酸序列。一级结构决定蛋白质的空间结构，是蛋白质功能的基础，如：镰状细胞贫血是一种常染色体显性遗传血红蛋白病。因β－肽链第6位的谷氨酸被缬氨酸所代替，构成镰状血红蛋白，取代了正常的血红蛋白而引起的。正常的血红蛋白(HbA局部)：N－Val－His－Leu－Thr－Pro－Glu－Glu－Lys－C；镰刀型贫血的血红蛋白(HbS局部)：N－Val－His－Leu－Thr－Pro－Val－Glu－Lys－C。具有一级结构相似的多肽和蛋白质，其空间结构和功能也相似。

二级结构(secondary structure)：蛋白质分子中肽链并非直链状，而是按一定的规律卷曲(如α－螺旋)或折叠(如β－折叠)形成特定的空间结构，这是蛋白质的二级结构，亦称蛋白质的构象(conformation)。蛋白质的二级结构主要依靠肽链中氨基酸残基亚氨基(—NH—)上的氢原子和羰基上的氧原子之间形成的氢键而实现的。

α－螺旋(α－helix)是蛋白质中最典型、含量最丰富的二级结构元件。在α螺旋中，每个螺旋周期包含3.6个氨基酸残基，残基侧链伸向外侧，同一肽链上的每个残基的酰胺氢原子和位于它后面的第4个残基上的羰基氧原子之间形成氢键。这种氢键大致与螺旋轴平行。一条多肽链呈α－螺旋构象的推动力就是所有肽键上的酰胺氢和羰基氧之间形成的链内氢键。

β－折叠(β－sheet)也是一种重复性的结构，可分为平行式和反平行式两种类型，它们是通过肽链间或肽段间的氢键维系。可以把它们想象为由折叠的条状纸片侧向并排而成，每条纸片可看成是一条肽链，称为β折叠。

β－转角(β－turn)是一种简单的非重复性结构。在β－转角中第一个残基的C═O与第四个残基的N—H氢键键合形成一个紧密的环，使β－转角成为比较稳定的结构。β－转角的特定构象在一定程度上取决于它的组成氨基酸，某些氨基酸如脯氨酸和甘氨酸经常存在其中。

三级结构(tertiary structure)：是指整条肽链中全部氨基酸残基的相对空间位置，即整条肽链的三维空间结构。三级结构的形成和稳定主要靠疏水键、盐键、二硫键、氢键等。与依靠骨架中的酰胺和羰基之间形成的氢键维持稳定的二级结构不同，三级结构主要是靠氨基酸残基侧链之间的非共价相互作用(主要是疏水作用)维持稳定的，此外二硫键也是稳定三级结构的作用力。

四级结构(quaternary structure)：是指数条具有独立的三级结构的多肽链通过非共价键相互连接而成的聚合体结构。在具有四级结构的蛋白质中，每一条具有三级结构的蛋白链称为亚基(subunit)，缺少一

视频8-4

个亚基或亚基单独存在都不具有活性。如血红蛋白由4个具有三级结构的多肽链构成，其中两个是α－链，另两个是β－链，其四级结构近似为椭球形状。并非所有的蛋白质都具有四级结构(图8－12)。

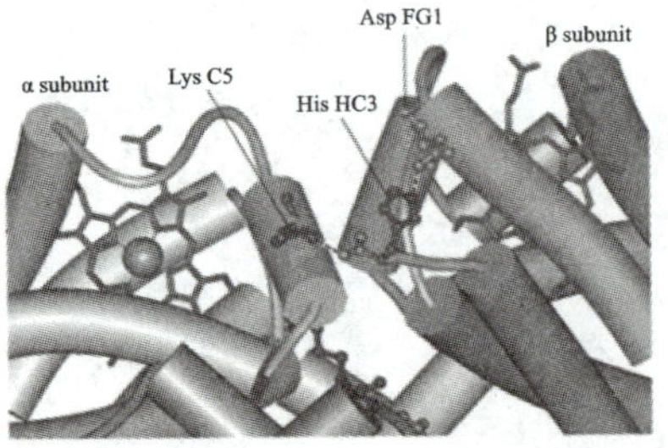

图8－12　血红蛋白四级结构模型

2. 蛋白质的性质

两性物质：蛋白质是由氨基酸构成的，在蛋白质分子中存在着氨基和羧基，与氨基酸相似，蛋白质也是两性物质。

(1)水解。蛋白质在酸、碱或酶的作用下发生水解反应，经过多肽，最后得到多种α－氨基酸。

(2)盐析。少量的盐(如硫酸铵、硫酸钠等)能促进蛋白质的溶解，但向蛋白质水溶液中加入大量电解质(无机盐)，可产生中和电荷和去溶剂化作用，使蛋白质的溶解度降低，进而从溶液中聚沉，这种现象称为盐析。盐析出来的蛋白质仍可溶解在水中，且不影响原来蛋白质的性质，因此蛋白质的盐析具有可逆性，采用盐析方法可以分离提纯蛋白质。

(3)变性。在热、酸、碱、重金属盐、紫外线等作用下，蛋白质会发生性质上的改变凝结起来而失去它完成正常功能的能力。这种凝结通常是不可逆的，如煮熟变硬了的鸡蛋再也不能变软了，这就是蛋白质的变性。造成蛋白质变性的原因主要有物理因素和化学因素，其中物理因素包括加热、加压、搅拌、振荡、紫外线照射、超声波等，化学因素包括加入强酸、强碱、重金属盐、三氯乙酸、乙醇、丙酮等。

(4)颜色反应。蛋白质可以跟许多试剂发生颜色反应。例如在鸡蛋白溶液中滴入浓硝酸，溶液呈黄色，这是由于蛋白质(含苯环结构)与浓硝酸发生了颜色反应；还可用双缩脲试剂对其进行检验，该试剂遇蛋白质变紫。

(5)气味反应。蛋白质在灼烧分解时，可以产生一种烧焦羽毛的特殊气味，利用这一性质可以鉴别蛋白质。

酶的发现

1773年，意大利科学家斯帕兰扎尼(1729—1799)设计了一个巧妙的实验：将肉块放入小巧的金属笼中，然后让鹰吞下去。过一段时间他将小笼取出，发现肉块消失了。于是，他推断胃液中一定含有消化肉块的物质，但是什么，他不清楚。

1836年，德国马普生物研究所科学家施旺(1810—1882)从胃液中提取出了消化蛋白质的物质，解开消化之谜。

1926年，美国科学家萨姆纳(1887—1955)从刀豆种子中提取出脲酶的结晶，并通过化学实验证实脲酶是一种蛋白质。

1930年代，科学家们相继提取出多种酶的蛋白质结晶，并指出酶是一类具有生物催化作用的蛋白质。

1980年代，美国科学家切赫(1947—)和奥尔特曼(1939—)发现少数RNA也具有生物催化作用。

8.1.4　酶(Enzyme)

酶是一类生物催化剂，大多数酶是蛋白质，但某些RNA，甚至有些DNA也有催化活性。生物体内含有数千种酶，它们支配着生物的新陈代谢、营养和能量转换等许多催化过程，与生命过程关系密切的反应大多是酶催化反应(图8－13)。酶具有普通催化剂的所有特征外，还具有更高效、更专一和条件温和的特点(见2.4.4)。

1. 催化机理

酶的催化机理和一般化学催化剂基本相同，也是酶(E)先和反应物(酶的底物，S)暂时结合成中间产物ES降低反应的活化能。ES形成的一种过渡状态，既可分解产生产物(P)，又可同时释放E。E再与S分子结合，周而复始，使反应速率加快。酶的活性中心与底物定向结合生成ES复合物，其能量来自酶活性中心功能基团与底物相互作用时形成的多种非共价键，如离子键、氢键、疏水键，也包括范德华力。当酶与底物生成ES并进一步形成过渡态时，此过程可释放较多的结合能，这部分结合能可以抵消部分反应物分子活化所需的活化能，从而使原先低于活化能阈值的分子也成为活化分子，于是加速化学反应的进程。

2. 酶的分类及命名

根据酶所催化的反应性质的不同，可将酶大致分成六大类。

(1)氧化还原酶(oxidoreductase)。促进底物进行氧化还原反应的酶类，是一类催化氧化还原反应的酶，可分为氧化酶和还原酶两类。

(2)转移酶类(transferases)。催化底物之间进行某些基团(如乙酰基、甲基、氨基、磷酸基等)的转移或交换的酶类。

(3)水解酶类(hydrolases)。催化底物发生水解反应的酶类。

(4)裂合酶类(lyases)。催化从底物(非水解)移去一个基团并留下双键的反应或其逆反应的酶类。

(5)异构酶类(isomerases)。催化各种同分异构体、几何异构体或光学异构体之间相互转化的酶类。

(6)合成酶类(ligase)。催化两分子底物合成为一分子化合物，同时偶联有 ATP 的磷酸键断裂释能的酶类。

酶的命名通常有习惯命名和系统命名两种方法。习惯命名法是根据酶的作用底物和催化反应的类型来确定酶的命名，如脱氢酶。也可根据上述原则综合命名或加上酶的其他特点，如琥珀酸脱氢酶、碱性磷酸酶等。习惯命名较简单，沿用较久，但缺乏系统性，易造成某些酶的名称混乱。

鉴于新发现的酶不断增加，国际生物化学与分子生物学联盟(IUBMB)酶学委员会推荐了一套系统的酶命名方案和分类方法，决定每一种酶的系统名称和习惯名称。同时每一种酶有一个固定编号。在上述六大类的基础上，在每一大类酶中又根据底物中被作用的基团或键的特点，分为若干亚类；为了更精确地表明底物或反应物的性质，每一个亚类再分为几个组(亚亚类)；每个组中直接包含若干个酶。例如：乳酸脱氢酶(EC1.1.1.27)其中的数字1、1、1、27分别代表大类、亚类、亚亚类和序号。由于系统命名一般都很长，使用时不方便，因此叙述时可采用习惯名。

3. 酶的组成及结构

按照酶的化学组成可将酶分为单纯酶和复合酶两类。单纯酶分子中只有氨基酸残基组成的肽链，结合酶分子中则除了多肽链组成的蛋白质，还有非蛋白成分，如金属离子、铁卟啉或含 B 族维生素的小分子有机物。结合酶的蛋白质部分称为酶蛋白，非蛋白质部分统称为**辅助因子**(cofactor)，两者一起组成全酶；只有全酶才有催化活性，若两者分开则酶活力消失。非蛋白质部分如铁卟啉或含 B 族维生素的化合物若与酶蛋白以共价键相连的称为辅基，用透析或超滤等方法不能使它们与酶蛋白分开；反之两者以非共价键相连的称为辅酶，可用上述方法将两者分开。

酶的氨基酸序列是其分子结构的基础，它决定着酶的空间结构和活性中心的形成以及酶催化的专一性。如哺乳动物中的磷酸甘油醛脱氢酶的氨基酸残基序列几乎完全相同，说明相同的一级结构是酶催化同一反应的基础。酶的催化特异性与酶分子结构的紧密关系。

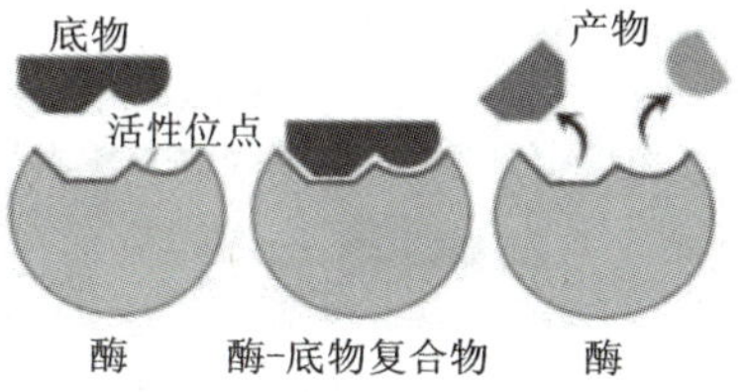

$$E+S \underset{k_{-1}}{\overset{k_1}{\rightleftharpoons}} ES \xrightarrow{k_2} P+E$$

图 8－13　酶的催化机理示意图

米氏方程

(Michaelis－Mentent equation)

表示一个酶促反应的起始速度(v)与底物浓度([S])关系的速度方程。

$$v = v_{max}[S]/(K_m + [S])$$

K_m为米氏常数(Michaelis constant)，

$$K_m = (k_{-1} + k_2)/k_1$$

对于一个给定的反应，使酶促反应的速度(v)达到最大反应速度(v_{max})一半时的底物浓度。即当 $v = v_{max}/2$ 时，

$$K_m = [S]$$

4. 酶的活力

酶活力单位(U)：1个酶活力单位是指在特定条件(25℃，其他条件为最适条件)下，在1 min内能转化1 μmol底物的酶量，或是转化底物中1 μmol的有关基团的酶量。1972年，IUBMB推荐了一个新的单位“催量”Kat来表示酶活力单位，1 Kat定义为：最适条件下，每秒内催化1 $mol \cdot L^{-1}$底物转化为产物所需的酶量。

活性测定：**初速度**(initial velocity)是指酶促反应最初阶段底物转化为产物的速度，这一阶段产物的浓度非常低，其逆反应可以忽略不计。

5. 酶的应用

酶作为具有特殊性能的生物催化剂，受到学术界与工业界的高度重视。作为维系生命过程的特殊蛋白质的酶，对于生命科学的发展极其重要。酶作为生物催化剂在各个领域的应用，生产的产品和产生的相关技术，对提高人们的健康和生活水平具有重大意义。据预测，2020年，仅化工行业将有30%的生产过程为生物催化取代，将使化工生产过程的能耗、成本及对环境的污染大幅度降低。因此，21世纪酶的生物催化技术将在各个领域发挥巨大作用。与催化剂类似，酶在食品加工、轻工业、医学、分析检测、能源开发等领域有广泛的应用。如酿酒工业中使用酵母菌产生的酶将淀粉等碳水化物通过水解、氧化等过程，最后转化为酒精；酱油、食醋的生产也是在酶的作用下完成的；用淀粉酶和纤维素酶处理过的饲料，营养价值提高；洗衣粉中加入酶，可以使洗衣粉效率提高，使原来不易除去的汗渍等很容易除去等。

酶可以从生物体内提取，但由于酶在生物体内的含量很低，原料来源困难，提取成本高，不适应于工业规模的生产。工业上大量的酶是采用微生物的发酵来制取的。通过选育出所需的菌种，让其进行繁殖，获得大量的酶制剂。另外，还可利用基因工程技术生产酶。

8.2 核酸

核酸(nucleic acid)是由核苷酸聚合而成的生物大分子化合物，为生命的最基本物质之一。从高等动植物到细菌和简单的病毒都含有核酸，它在生物的个体发育、生长、繁殖和遗传变异等生命过程中扮演着极为重要的角色。核酸的相对分子质量很大，一般是几十万至几百万。核酸按其所含糖的不同分为两大类：即**核糖核酸**(ribonucleic acid，RNA)和**脱氧核糖核酸**(deoxyribonucleic acid，DNA)。RNA在DNA复制过程中传递遗传信息等，并在蛋白质合成过程中起着重要作用。DNA是储存、复制和传递遗传信息的主要物质基础。

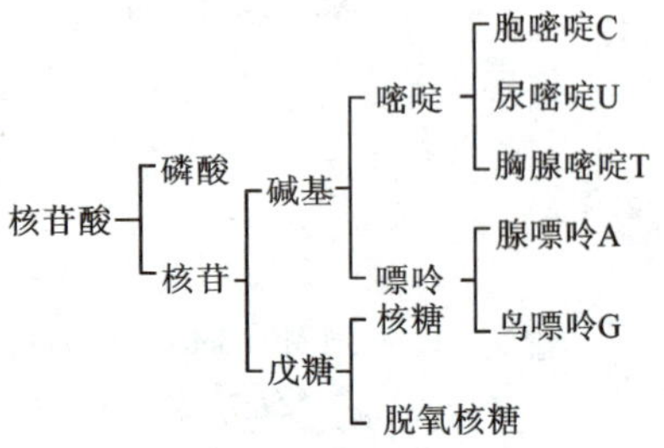

图8－14 核苷酸的组成

8.2.1 核酸的组成

核酸由**核苷酸**(nucleotide)组成，核苷酸由**核苷**(nucleoside)和磷酸构成，核苷则由戊糖和碱基(base)组成(图8－14)。碱基可分为**嘌呤**(purine)和**嘧啶**(pyrimidine)二类。前者主要指**腺嘌呤**(adenine，A)

和**鸟嘌呤**(guanine，G)，DNA 和 RNA 中均含有这二种碱基。后者主要指**胞嘧啶**(cytosine，C)、**胸腺嘧啶**(thymine，T)和**尿嘧啶**(uracil，U)(图 8－15)。DNA 分子是含有 A、G、C、T 四种碱基的脱氧核苷酸；RNA 分子则是含 A、G、C、U 四种碱基的核苷酸。构成核苷酸的戊糖有两种，即 D－2－**脱氧核糖**(D－2－deoxyribose)和 D－**核糖**(D－ribose)(图 8－16)。戊糖 C－1 所连的羟基是与碱基形成糖苷键的基团，糖苷键的连接都是 β－构型。核苷：由 D－核糖或 D－2－脱氧核糖与嘌呤或嘧啶通过糖苷键连接组成的化合物。嘌呤环上的 N－9 或嘧啶环上的 N－1 是构成核苷酸时与核糖(或脱氧核糖)形成糖苷键的位置。核酸中的主要核苷有八种。

核苷酸是核苷与磷酸残基构成的化合物，即核苷的磷酸酯，也是核酸分子的结构单元。核酸分子中的磷酸酯键是在戊糖 C－3′和 C－5′所连的羟基上形成的，故构成核酸的核苷酸可视为 3′－核苷酸或 5′－核苷酸。

核酸是由众多核苷酸聚合而成的**多聚核苷酸**(polynucleotide)，相邻两个核苷酸之间通过 3′，5′－磷酸二酯键连接。即：核苷酸糖基上的 3′位羟基与相邻 5′核苷酸的磷酸残基之间，以及核苷酸糖基上的 5′位羟基与相邻 3′核苷酸的磷酸残基之间形成的两个酯键。多个核苷酸残基以这种方式连接而成的链式分子。无论是 DNA 还是 RNA，其基本结构相同，故又称 DNA 链或 RNA 链(图 8－17)。

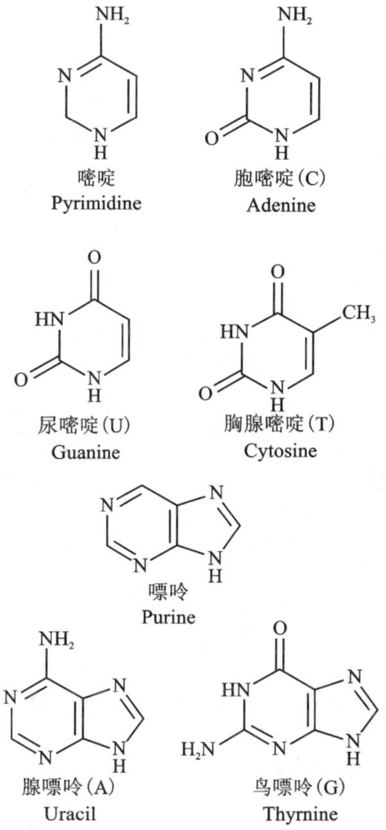

图 8－15　碱基的结构

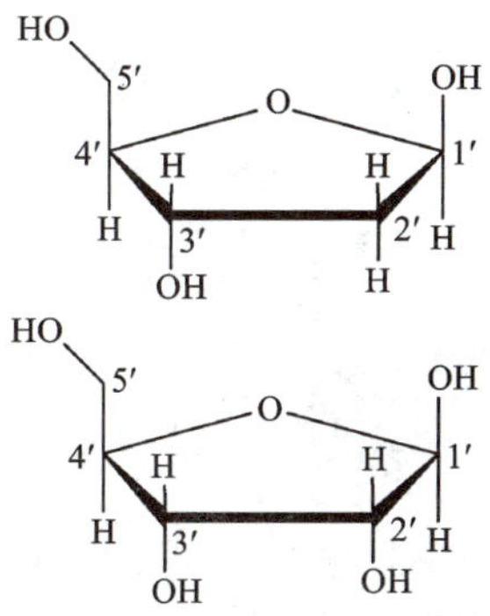

图 8－16　脱氧核糖和核糖结构式

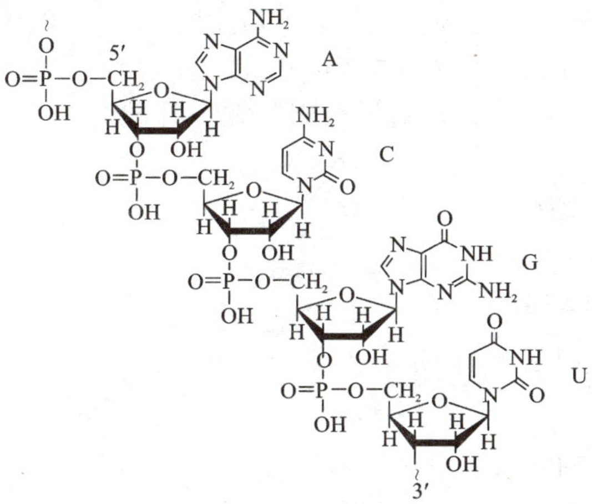

图 8－17　核酸链的结构示意图

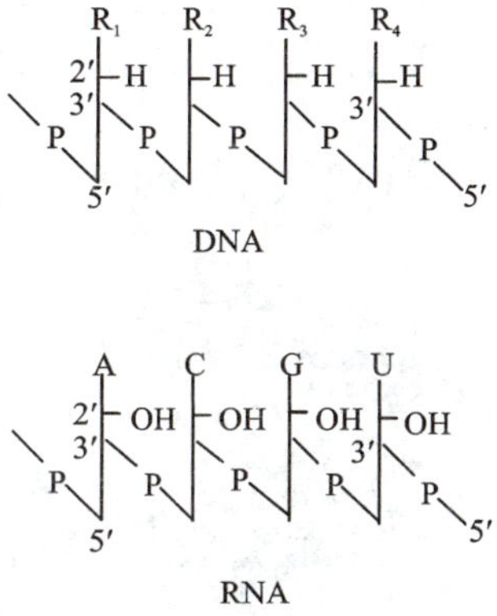

图 8－18　核酸的结构简图

图 8－17 所示的 DNA 链的结构示意图很复杂，为了简单明了地叙述高度复杂的核酸分子，通常使用下列两种简单的表示式来表示核酸链中的核苷酸(或碱基)。

1. 线条式

该式是在字符书写基础上，以垂线(位于碱基之下)和斜线(位于垂线与 P 之间)分别表示糖基和磷酸酯键，如图 8－18 所示。

图中斜线与垂线部的交点为糖基的 C－3′位，斜线与垂线下端的交点为糖基的 C－5′位。其中 R_1、R_2、R_3、R_4表示碱基，P 表示磷酸基，一竖表示糖分子，2′、3′、5′表示糖中 C 原子编号。还可以进一步简化成 PA－C－G－UP。RNA 的碱基为 A、U、C、G；DNA 的碱基为

A，T，C，G。这一书写式也可用于表示短链片段。实际上，简写式表示的就是核酸分子的一级结构，即核酸分子中的核苷酸（或碱基）排列顺序。

2. 字符式

该式在书写一条多核苷酸链时，用英文大写字母缩写符号代表碱基，用小写英文字母 p 代表磷酸残基。核酸分子中的糖基、糖苷键和酯键等均省略不写，将碱基和磷酸相间排列即可。因省略了糖基，故不再注解“脱氧”与否，凡简写式中出现 T 就视为 DNA 链，出现 U 则视为 RNA 链。以 5′和 3′表示链的末端及方向，分别置于简写式的左右二端。下面是分别代表 DNA 链和 RNA 链片段的两个简写式：

DNA 链：5′ pApCpTpTpGpApApCpG3′，可进一步简写成：5′ pACTTGAACG3′；

RNA 链：5′ pApCpUpUpGpApApCpG3′，可进一步简写成：5′ pACUUGAACG3′。

上述简写式的 5′－末端均含有一个磷酸残基（与糖基的 C－5′位上的羟基相连），3′－末端含有一个自由羟基（与糖基的 C－3′位相连）；若 5′端不写 p，则表示 5′－末端为自由羟基。双链 DNA 分子的简写式多采用省略了磷酸残基的写法，在上述简式的基础上再增加一条互补链即可，链间的配对碱基用短纵线相连或省略，各种简化式的读向是从左到右，所表示的碱基序列是从 5′到 3′，核苷酸之间的连接键是 3′，5′－磷酸二酯键。如需表示其他结构，应注明，如双链核酸的两条链为反向平行，在同时描述两条链的结构时必须标明每条链的走向。错配（mismatch）碱基对错行书写在互补链的上下两边，如下式所示：

5′GGAATCTCAT3′
3′CCTTAGAGTA5′
5′GGAATC 错配

8.2.2 DNA 分子结构

1. DNA 的一级结构

不同的 DNA 分子具有不同的核苷酸排列顺序，因而携带不同的遗传信息。DNA 分子上核苷酸的排列顺序称为核酸的一级结构。所有 DNA 分子上的核糖和磷酸无差异，仅是碱基有差异，因此可用碱基序列表示核酸的一级结构。通常将小于 50 个核苷酸残基组成的核酸称为**寡核苷酸**（oligonucleotide），大于 50 个核苷酸残基的称为**多核苷酸**（polynucleotide）。

因为生物的遗传信息贮存于 DNA 的核苷酸序列中，生物界物种的多样性即寓于 DNA 分子四种核苷酸千变万化的不同排列之中。DNA 的测序是分子生物学家多年要解决的重要问题，曾一度是十分困难的。但随着分子生物学的发展，已迅速普及为生命科学常规技术。DNA 测序成本下降的速度几乎可与电脑芯片运算能力增强的速度匹敌。DNA 测序的发展不仅体现在成本的降低，更表现在高通量测序，使得工作效率得到了大幅提高，这就为 DNA 测序产业化铺平了道路。

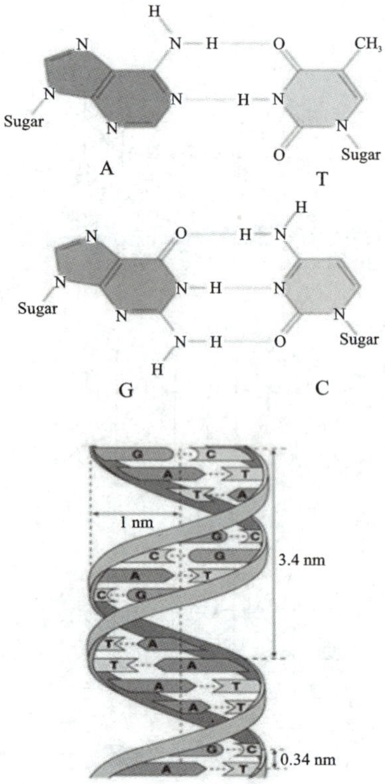

图 8－19 DNA 的二级结构

2. DNA 的二级结构

DNA 的二级结构是指两条脱氧多核苷酸链反向平行盘绕所形成的**双螺旋结构**(double helix structure)。DNA 双螺旋结构模型是由 Watson 和 Crick 于 1953 年创立的。它不仅阐明了 DNA 分子的结构特征，而且提出了 DNA 作为执行生物遗传功能的分子，从亲代到子代的 DNA 复制过程中，遗传信息的传递方式及高度保真性。该模型揭示了 DNA 作为遗传物质的稳定性特征，最有价值的是确认了碱基配对原则，这是 DNA 复制、转录和反转录的分子基础，亦是遗传信息传递和表达的分子基础。该模型的提出是 20 世纪生命科学的重大突破之一，它奠定了生物化学和分子生物学乃至整个生命科学飞速发展的基石。DNA 双螺旋结构特点如下(见图 8－19)。

(1)两条 DNA 互补链反向平行。

(2)由脱氧核糖和磷酸间隔相连而成的亲水骨架在螺旋分子的外侧，而疏水的碱基对则在螺旋分子内部，碱基平面与螺旋轴垂直，螺旋旋转一周正好为 10 个碱基对，螺距为 3.4 nm，这样相邻碱基平面间隔为 0.34 nm 并有一个 36°的夹角。

(3)DNA 双螺旋的表面存在一个大沟和一个小沟，蛋白质分子通过这两个沟与碱基相识别。

(4)两条 DNA 链依靠彼此碱基之间形成的氢键而结合在一起。根据碱基结构特征，只能形成嘌呤与嘧啶配对，即 A 与 T 相配对，形成 2 个氢键；G 与 C 相配对，形成 3 个氢键。因此 G 与 C 之间的连接较为稳定。

(5)DNA 双螺旋结构比较稳定。维持这种稳定性主要靠碱基对之间的氢键以及碱基的堆积力(stacking force)。

DNA 独特的双螺旋结构和碱基互补配对能力使 DNA 的两条链“可分”，“可合”，半保留复制自如，“精确”复制的 DNA 通过细胞分裂等方式传递下去，使子代(或体细胞)含有与亲代相似的遗传物质。但“精确”复制并不是绝对不存在差错，即使复制差错率非常低(十亿分之一)，也可导致基因发生突变，出现新基因，产生可遗传的变异，这既可能有利于生物的进化，也可能带来遗传性疾病。

DNA 双螺旋结构的发现者

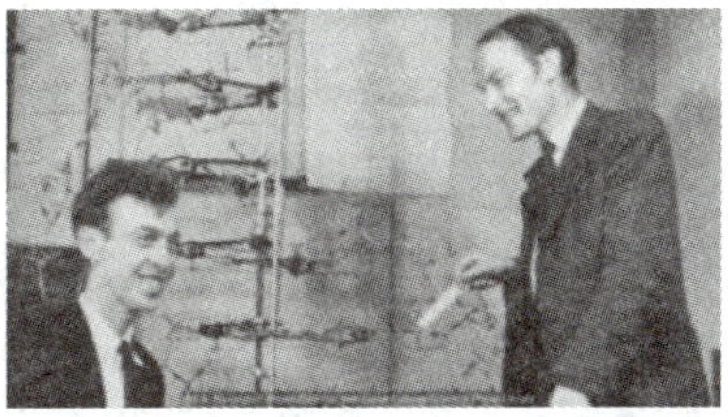

Watson 和 Crick

1953 年，Watson(沃森)和 Crick(克里克)发现了 DNA 双螺旋的结构，开启了分子生物学时代，使遗传的研究深入到分子层次，“生命之谜”被打开，人们清楚地了解遗传信息的构成和传递的途径。在以后的近 50 年里，分子遗传学、分子免疫学、细胞生物学等新学科如雨后春笋般出现，一个又一个生命的奥秘从分子角度得到了更清晰的阐明，DNA 重组技术更是为利用生物工程手段的研究和应用开辟了广阔的前景。

8.2.3　RNA 的分子结构

RNA 分子中各核苷之间的连接方式(3′－5′磷酸二酯键)和排列顺序称为 RNA 的一级结构。绝大部分 RNA 分子都是线状单链，但有复杂的局部二级结构或三级结构。尽管 RNA 比 DNA 小得多，但其种类、大小和结构远比 DNA 丰富。如某些区域可自身回折进行碱基互补配对，形成局部双螺旋。在 RNA 局部双螺旋中 A 与 U 配对、G 与 C 配对，此外，还存在非标准配对，如 G 与 U 配对。RNA 分子中的双螺旋与 DNA 双螺旋相似，而非互补区则膨胀形成**凸出**(bulge)或者**环**(loop)，这种短的双螺旋区域和环称为**发夹结构**(hairpin)。发夹结构是 RNA 中最普通的二级结构形式，二级结构进一步折叠形成三级结构，RNA 只有在具有三级结构时才能成为有活性的分子。RNA 也能与蛋白质形成核蛋白复合物，RNA 的四级结构则是 RNA 与蛋白质的相互作用。

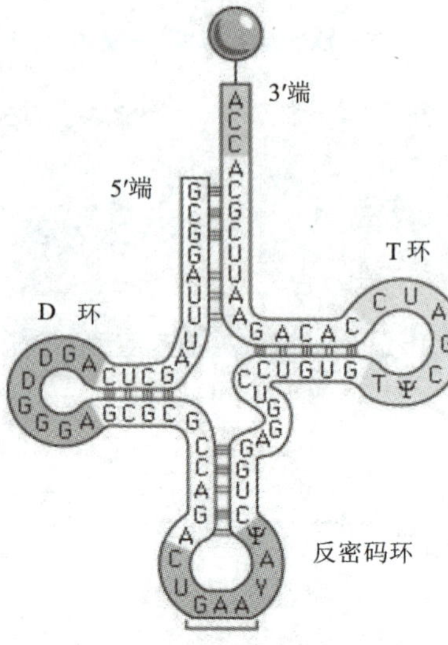

图 8-20　tRNA 的二级结构（三叶草形）

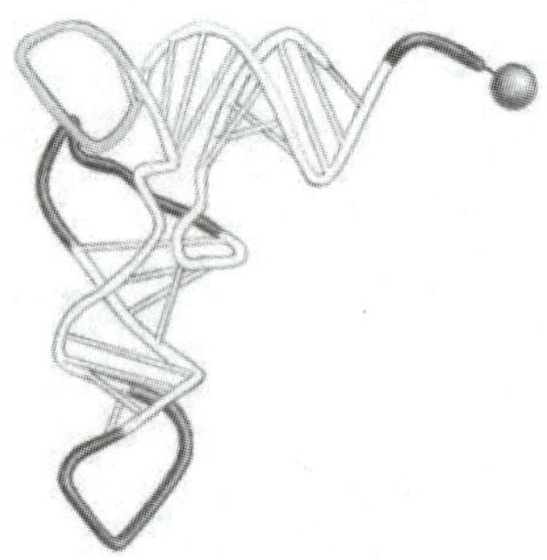
图 8-21　tRNA 的三级结构（倒 L 型）

根据功能不同，RNA 主要可分为三种，即：转运核糖核酸，简称 tRNA，起着携带和转移活化氨基酸的作用；信使核糖核酸，简称 mRNA，是合成蛋白质的模板；核糖体的核糖核酸，简称 rRNA，是细胞合成蛋白质的主要场所。另外，近年来还发现许多新的具有特殊功能的 RNA，几乎涉及细胞功能的各个方面。

tRNA 主要的生理功能是在蛋白质生物合成中转运氨基酸和识别密码子。细胞内每种氨基酸都有其相应的一种或几种 tRNA，因此 tRNA 的种类很多，在细菌中有 30～40 种 tRNA，在动物和植物中有 50～100 种 tRNA。tRNA 是单链分子，含 73～93 核苷酸，相对分子质量为 24000～31000。含有 10% 的稀有碱基。如二氢尿嘧啶（DHU）、核糖胸腺嘧啶（rT）和假尿苷（ψ）以及不少碱基被甲基化，其 3′端为 CCA－OH，5′端多为 pG，分子中大约 30% 的碱基是不变的或半不变的，也就是说它们的碱基类型是保守的。tRNA 具有局部的**茎环**（stem－loop）结构或发夹结构。tRNA 的二级结构为三叶草形，其结构特征为单链、三叶草形、四臂四环（图 8－20）。tRNA 在二级结构基础上进一步折叠扭曲形成倒 L 型，即 tRNA 的三级结构（图 8－21）。

原核生物中 mRNA 转录后一般不需加工，直接进行蛋白质翻译。mRNA 转录和翻译不仅发生在同一细胞空间，而且这两个过程几乎是同时进行的。真核细胞成熟 mRNA 是由其前体核内不均一 RNA 剪接并经修饰后才能进入细胞质中参与蛋白质合成。所以真核细胞 mRNA 的合成和表达发生在不同的空间和时间。mRNA 的结构在原核生物中和真核生物中差别很大。

rRNA 占细胞总 RNA 的 80% 左右，分子为单链，局部有双螺旋区域，具有复杂的空间结构，原核生物主要的 rRNA 有三种，即 5S、16S 和 23S rRNA，如大肠杆菌的这三种 rRNA 分别由 120、1542 和 2904 个核苷酸组成。真核生物则有 4 种，即 5S、5.8S、18S 和 28S rRNA，如小鼠，它们相应含 121、158、1874 和 4718 个核苷酸。rRNA 分子作为骨架与多种核糖体蛋白装配成核糖体。

8.2.4　基因与基因工程

1. 基因

基因（gene）是指能编码有功能的蛋白质多肽链或合成 RNA 所必需的全部核酸序列，是核酸分子的功能单位。一个基因通常包括编码蛋白质多肽链或 RNA 的编码序列，保证转录和加工所必需的调控序列和 5′端、3′端非编码序列。另外在真核生物基因中还有内含子等核酸序列。

2. 基因组

基因组（genome）是指一个细胞或病毒所有基因及间隔序列，储存了一个物种所有的遗传的基因组信息。在病毒中通常是一个核酸分子的碱基序列，单细胞原核生物是它仅有的一条染色体的碱基序列，而多细胞真核生物的基因组是一个单倍体细胞内所有的染色体。人类的基因组是其单倍体细胞的 23 条染色体的碱基序列。多细胞真核生物起源于同一个受精卵，其每个体细胞的基因组都是相同的。

3. RNA组

RNA组是研究细胞的全部RNA基因和RNA的分子结构与功能。随着基因组研究不断深入，蛋白质组学研究逐渐展开，RNA的研究也取得了突破性的进展，发现了许多新的RNA分子。人们逐渐认识到DNA是携带遗传信息分子，蛋白质是执行生物学功能分子，而RNA即是信息分子，又是功能分子。在人类基因组中有30000～40000个基因，其中与蛋白质生物合成有关的基因只占整个基因组的2%，对不编码蛋白质的98%基因组的功能有待进一步研究，为此20世纪末科学家在提出蛋白质组学后，又提出RNA组学。

4. 基因重组

基因重组(genetic recombination)是指将一种生物体(供体)的基因与载体在体外进行拼接重组，然后转入另一种生物体(受体)内，使之按照人们的意愿稳定遗传并表达出新产物或新性状的DNA体外操作程序，也称为分子克隆技术，是基因工程的重要手段之一。因此，供体、受体、载体是重组DNA技术的三大基本元件。重组DNA分子需在受体细胞中复制扩增，故还可将基因工程称为**分子克隆**(molecular cloning)或**基因克隆**(gene cloning)。

5. 基因工程

基因工程(genetic engineering)又称基因拼接技术或DNA重组技术，主要以分子遗传学为理论基础，以分子生物学和微生物学的现代方法为手段，将不同来源的基因按预先设计的蓝图，在体外构建杂种DNA分子，然后导入活细胞，以改变生物原有的遗传特性、获得新品种、生产新产品。基因工程是生物工程的一个重要分支。基因工程的定义强调了外源DNA分子的新组合被引入一种新的寄主生物中进行繁殖。这种DNA分子的新组合是按工程学的方法进行设计和操作的，这就让基因工程得以跨越天然物种屏障，克服固有的生物种间限制，实现了定向改造生物的可能性，这是基因工程的最大特点。

6. 基因工程要素

基因工程要素包括外源DNA、载体分子、工具酶和受体细胞等。一个完整的、用于生产目的的基因工程技术程序包括的基本内容有：(1)外源目标基因的分离、克隆以及目标基因的结构与功能研究。这一部分的工作是整个基因工程的基础，因此又称为基因工程的上游部分。(2)适合转移、表达载体的构建或目标基因的表达调控结构重组。(3)外源基因的导入。(4)外源基因在宿主基因组上的整合、表达及检测与转基因生物的筛选。(5)外源基因表达产物的生理功能的核实。(6)转基因新品系的选育和建立，以及转基因新品系的效益分析。(7)生态与进化安全保障机制的建立。(8)消费安全评价。

基因工程最突出的优点是打破了常规育种难以突破的物种之间的界限，可以使原核生物与真核生物之间、动物与植物之间，甚至人与其他生物之间的遗传信息进行重组和转移。人的基因可以转移到大肠杆菌中表达，细菌的基因可以转移到植物中表达。

转基因农作物的益处

多莉的诞生使“克隆”这项生物技术得到了进一步的发展，并且因此引发了公众对于克隆人的想象，所以在受到赞誉的同时也引起了争议。

木瓜对人体有众多好处，但由于木瓜生长时容易受到病毒的侵害，产量受到很大的影响。1948年，一种名为木瓜环斑病毒(PRSV)在美国夏威夷被发现，PRSV来势凶猛，传播迅速，可以说只要有种植木瓜的地区，就会存在PRSV。被PRSV感染的木瓜叶片褪绿、畸形、变小，果实含糖量低、风味差，严重时会使木瓜减产80%～90%。通过转入的病毒基因组序中含有小段的双链RNA，可以与病毒繁殖扩增的关键基因DNA序列匹配，匹配后可以使病毒不再具备繁殖扩散的功能，因而成功起到抗病毒作用。

转基因木瓜的诞生，从根本上解决了PRSV的威胁，极大地缓解了传统品种种植中农药过量使用的问题，减轻环境污染的同时也丰富了人类对木瓜品种的选择。我国也已批准了抗PRSV转基因木瓜——“华农1号”商业化种植。至2009年，“华农1号”转基因木瓜种植面积占广东省木瓜种植面积的95%。

20世纪初，基因工程还没有用于人体，但已在从细菌到家畜的几乎所有非人生命物体上做了实验，并取得了成功。事实上，所有用于治疗糖尿病的胰岛素都来自一种细菌，其DNA中被插入人类可产生胰岛素的基因，细菌便可自行复制胰岛素。基因工程技术使得许多植物具有了抗病虫害和抗除草剂的能力。

诚然，仍有许多基因的功能及其协同工作的方式不为人类所知，但设想利用基因工程可使番茄具有抗癌作用、使鲑鱼长得比自然界中的大几倍、使宠物不再会引起过敏，人类便希望也可以对人类基因进行类似的修改。毕竟胚胎遗传病筛查、基因修复和基因工程等技术不仅可用于治疗疾病，而且为改变诸如眼睛的颜色、智力等其他人类特性提供了可能。我们还远不能设计定做我们的后代，但已有借助胚胎遗传病筛查技术培育人们需求的身体特性的例子。比如，运用基因工程技术，可使患儿的父母生一个和患儿骨髓匹配的孩子，然后再通过骨髓移植来治愈患儿。

基因工程在20世纪取得了很大的进展，这至少有两个有力的证明，即转基因动植物与克隆技术。转基因动植物由于植入了新的基因，使得动植物具有了原先没有的全新的性状，这引起了一场农业革命。如今，转基因技术已经开始广泛应用，如抗虫西红柿、生长迅速的鲫鱼等。被评为1997年世界十大科技突破之首的是克隆羊的诞生。这只叫作“多莉”的母绵羊是第一只通过无性繁殖产生的哺乳动物，它完全秉承了给予它细胞核的那只母羊的遗传基因。“克隆”一时间成为人们注目的焦点。尽管有着伦理和社会方面的忧虑，但生物技术的巨大进步使人类对未来的想象有了更广阔的空间。

克隆羊多莉

多莉（Dolly：1996年7月5日—2003年2月14日）是一只通过现代工程创造出来的雌性绵羊，也是世界上第一只成功克隆的人工动物。

多莉是用细胞核移植技术将哺乳动物的成年体细胞培育出来的新个体，它是由苏格兰罗斯林研究所和PPL Therapeutics生物技术公司的伊恩·威尔穆特和基思·坎贝尔领导的小组培育的。

视频8-5

7. 基因工程目前的应用

1）基因工程药品的生产

许多药品是从生物组织中提取的，但受原料来源所限，产量不高，价格昂贵。而微生物生长迅速，且易控制，适宜于大规模工业化生产。若将生物合成相应药物成分的基因导入微生物细胞内，让它们产生相应的药物，不但能解决产量问题，还能大大降低生产成本。如胰岛素、干扰素、人造血浆、白细胞介素、乙肝疫苗等都可通过基因工程实现工业化生产，这为解除人类病痛和提高人类健康水平提供了一条重要途径。

2）基因诊断与基因治疗

基因治疗是把正常基因导入病人体内，使该基因的表达产物发挥功能，从而达到治疗疾病的目的，这是治疗遗传病的最有效的手段。基本方法是：基因置换、基因修复、基因增补和基因失活等。运用基因工程设计制造的“DNA探针”检测肝炎病毒等病毒感染及遗传缺陷，不但准确而且迅速。通过基因工程给患有遗传病的人体内导入正常基因可“一次性”解除病人的疾苦。但基因治疗技术尚未成熟，要解决的关键问题是如何选择有效的治疗基因和构建安全简易的基因转移方法，如病毒源载体或脂质体、受体介导的非病毒性方法以及如何定向导入靶细胞，并获得高表达具有治疗功能的蛋白质。

8.3　糖类

糖类（carbohydrate），亦称**碳水化合物**（carbohydrate 或 saccharide），是多羟基醛或多羟基酮及其缩聚物和某些衍生物的总称，它们由 C、H、O 三种元素组成。糖类是自然界中广泛分布的一类重要的生物大分子。日常食用的蔗糖、粮食中的淀粉、植物体中的纤维素、人体血液中的葡萄糖等均属糖类。它在生命活动过程中起着重要的作用。糖类化合物的生物学作用主要是：(1)作为生物能源；(2)作为其他物质生物合成的碳源；(3)作为生物体的结构物质；(4)糖蛋白、糖脂等具有细胞识别、代谢、病变，激素与受体以及免疫活性等多种生理活性功能。糖类同样是生物体重要的营养来源，多糖可以被拿来作为储存养分的物质或作为动物外骨骼和植物细胞的细胞壁。五碳醛糖的核糖是构成各种辅因子不可或缺的物质，也是一些遗传物质分子的骨干(如 RNA)。糖类的众多衍生物同时也与免疫系统、预防疾病、血液凝固和生长等有着密切的关系。

糖类物质可分为单糖、低聚糖和多糖等。自然界的糖类通常都由一种简单的碳水化合物单糖构成，如葡萄糖、果糖、甘油醛皆是单糖。通常将糖类物质的分子式写成碳水化合物通式，即 $C_m(H_2O)_n$。但有些糖类物质，如糖醛酸和脱氧糖则不符合此通式；另外还有许多物质的分子式符合这个通式，却不是糖类，如甲醛(CH_2O)和肌醇$(CH_2O)_6$等。

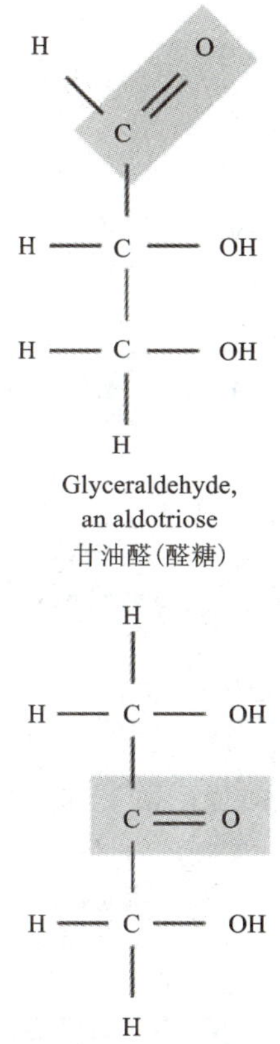

图 8－22　丙糖的结构

8.3.1　单糖

单糖(monosaccharides)是糖类分子中最简单的一类，生物体内的单糖有多种，单糖可由三种不同的特征片段来分类：羰基的位置、分子内的碳原子数以及其手性构型。如果羰基在碳链末端，分子属醛类，称为醛糖；若羰基在碳链中间，分子属酮类，称为酮糖。含有 3 个碳原子的单糖称为丙糖；4 个碳原子的称为丁糖；5 个称为戊糖；6 个称为己糖，以此类推。

单糖由于无法水解成为更小的碳水化合物，因此它是糖类物质中最小的分子。未修饰的单糖化学式可表达为：$(CH_2O)_n$。单糖是一种重要的燃料分子，也是核酸的结构片段。最小的单糖中的 $n=3$，称为丙糖，即：二羟基丙酮或 D－和 L－甘油醛，它们具有相同的化学组成 $C_3H_6O_3$，但结构不同，是结构异构体(图 8－22)。

甘油醛有一个不对称碳原子(标记为 C)，即中间的 C 为手性中心，因此具有两个立体异构体(亦称光学异构体)的可能，分别表示为 D－与 L－甘油醛。它们互为镜像关系(图 8－23)。糖分子碳链上除了第一个与最末端的碳原子，其他每个碳原子都带有一个羟基(—OH)并具有不对称性，对于丁糖、戊糖、己糖和庚糖，均不止一个不对称 C 原子。D 或 L 构型由离羰基最远的不对称碳原子的取向所决定：根据与甘油醛构型比较，在单糖的费歇尔投影式中，若羟基在右侧则分子为 D 型糖，左侧则为 L 型糖。具有 n 个不对称碳原子的分子有 2^n 个立体异构体。

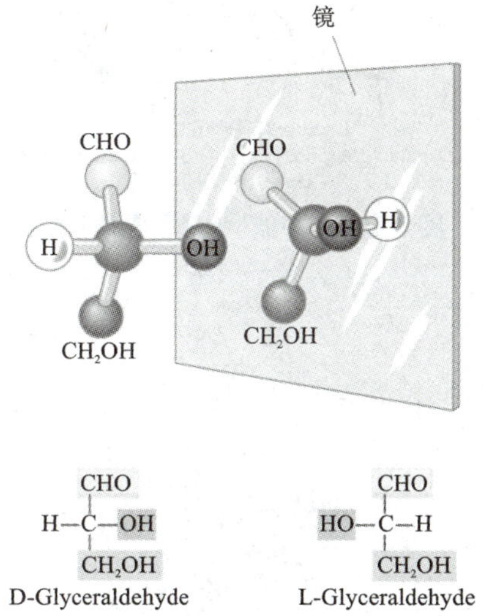

图 8－23　甘油醛的手性

例如：醛糖 D－葡萄糖具有分子式$(CH_2O)_6$，其中有 4 个碳原子是具有手性的，因此D－葡萄糖是$2^4=16$个可能的立体异构体中的一个（图8－24）。

丁醛糖（4C）和所有5C以上的单糖在水溶液中均主要以环状结构的形式存在：羰基C与分子内的某个羟基O之间形成共价连接而环化，为半缩醛/酮，成环后生成的羟基称为苷羟基。它仅能与含活泼氢的分子醇、酚或一个苷羟基继续脱水反应生成**糖苷**（glucoside）。由五个或六个原子组成的环，类似于呋喃或者吡喃，它们的糖分别称为呋喃糖与吡喃糖（图8－25），如图8－26和图8－27所示，D－葡萄糖存在两个异构体，其中C－1上的羟基OH在环平面之下或者之上，分别称为α－D－葡萄糖和β－D－葡萄糖。C－1称为异头碳原子。α－，β－型是为**异头物**（anomer）。环状半缩醛/酮比其开链式结构多一个C^*而具有两种立体异构形式。由于环状糖与开链糖会互相转化，因此两种异头物之间存在一种互变平衡。此外，六碳醛糖的吡喃环既能以船式也能以椅式构象存在（图8－27）。通常来说，椅式构象要比船式的构象更稳定。

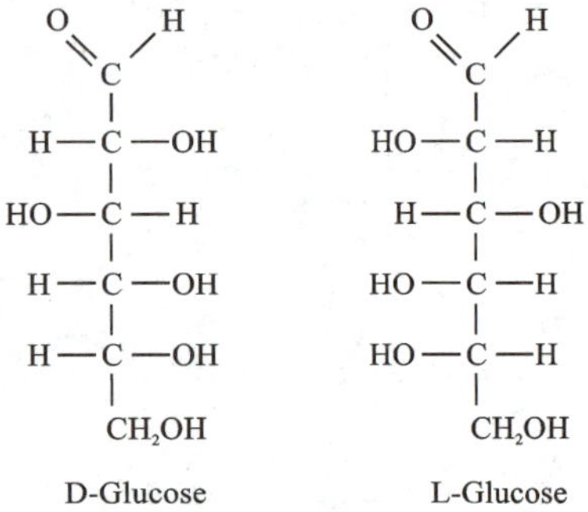

图8－24　D－，L－葡萄糖

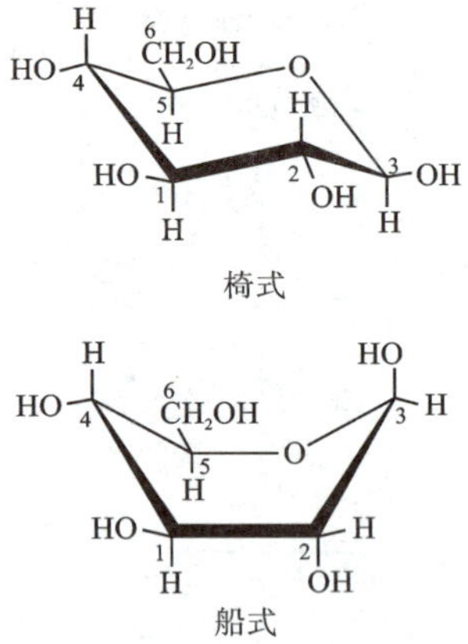

图8－27　β－D－葡萄糖的构象

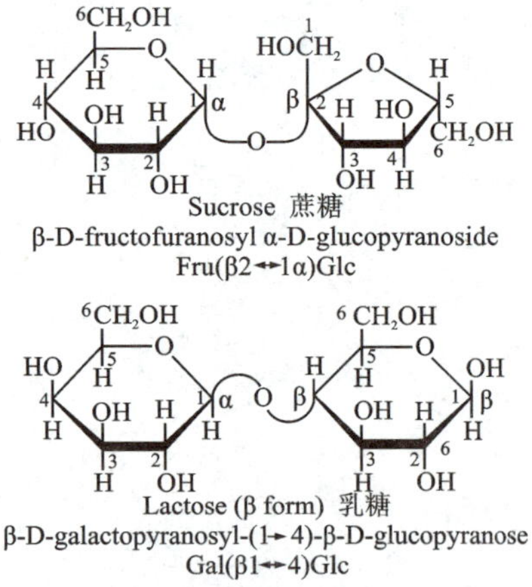

图8－28　二糖（蔗糖和乳糖）的分子结构

视频8-6

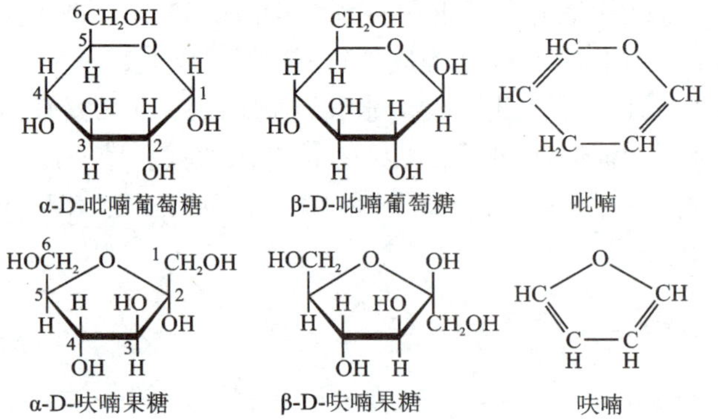

图8－25　吡喃糖和呋喃糖

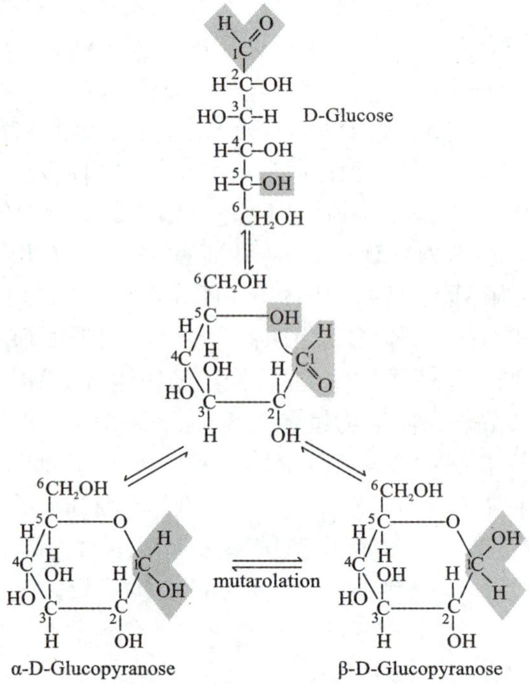

图8－26　环式D－葡萄糖的形成

8.3.2　低聚糖和多糖

低聚糖和多糖则是多个单糖分子缩合、失水的一种多聚物，其结构单元为单糖。单元之间通过糖苷键互相连接在一起形成长链大分子。低聚糖和多糖的区别在于糖单元在链上的数量：低聚糖通常含有 2～10 个单糖，而多糖则超过 10 个单糖。许多低聚糖含有一个或多个修饰的单糖单元，这种修饰方法可以是一个或多个基团被取代或移除。例如，存在于甲壳类动物外壳中的壳多糖（即几丁质）就是一种被重复的 N－乙酰氨基葡萄糖（一种含氮原子的葡萄糖）片段所组成的糖类。

视频8-7

视频8-8

1. 低聚糖

低聚糖（oligosaccharide）亦称寡糖，由 2～10 个单糖分子聚合而成，水解后可生成单糖、二糖、三糖和四糖等。二糖：由两个单糖单元通过脱水反应，形成一种称为糖苷键的共价键连接而成。在脱水过程中，一分子单糖脱除氢原子，而另一分子单糖脱除羟基。未经修饰的二糖化学式可表达为：$C_{12}H_{22}O_{11}$，属于同分异构体。二糖种类繁多，常见的有麦芽糖、蔗糖、乳糖等，其余大多数不常见。一分子麦芽糖水解产生两分子葡萄糖；一分子蔗糖水解产生一分子葡萄糖和一分子果糖；一分子乳糖水解产生一分子葡萄糖和一分子半乳糖。

视频8-9

蔗糖是存量最为丰富的二糖，它们是植物体内存在最主要的糖类。红糖、白糖、冰糖等都是由蔗糖加工制成的。蔗糖由一个 D－葡萄糖分子与一个 D－果糖分子所组成，其系统命名为：O－α－D－葡萄吡喃糖基－（1→2）－D－果糖呋喃糖苷，它由葡萄糖与果糖组成。葡萄糖为吡喃糖；果糖为呋喃糖。两种单糖的连接方式：在 D－葡萄糖的 C1 上的氧原子连接 D－呋喃糖的 C2。后缀－糖苷表明：两个单糖异头碳参与了糖苷键的形成。乳糖广泛地存在于天然产物中，如哺乳动物的母乳。麦芽糖（两个 D－葡萄糖通过 1，4 碳原子连接为 α 糖）与纤维糖（两个 D－葡萄糖通过 1，4 碳原子连接为 β 糖）。

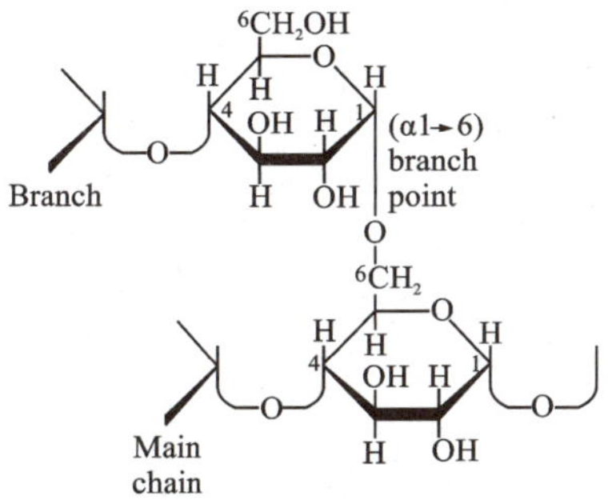

图 8－29　支链淀粉结构

三糖：水解后生成 3 分子的单糖。如棉子糖。

2. 多糖

多糖（polysaccharide）由 10 个以上单糖分子聚合而成。经水解后可生成多个单糖或低聚糖。在动物体内，过量的葡萄糖作为带分支的大分子多糖贮存，称为糖原，大多数植物葡萄糖的多糖贮存形式是淀粉，而细菌和酵母贮存葡萄糖的形式主要为葡聚糖。在生物体内，它们通常作为营养的贮蓄库，当需要时，这些糖降解为单糖，经代谢得到能量。纤维素是结构多糖，是植物细胞壁的主要成分。

视频8-10

根据水解后生成单糖的组成是否相同，可以分为：同聚多糖、杂聚多糖和复合糖。其中同聚多糖由一种单糖组成，水解后生成同种单糖。如阿拉伯胶、糖原、淀粉、纤维素等。淀粉和纤维素的表达式都是$(C_6H_{10}O_5)_n$。但它们不是同分异构体，其中淀粉 n 小于纤维素 n。杂聚多糖由多种单糖组成，水解后生成不同种类的单糖，如黏多糖、半纤维素等。

视频8-11

糖原（glycogen，**又称肝糖**）是一种动物淀粉，由葡萄糖结合而成的支链多糖，其糖苷链为 α 型。哺乳动物体内，糖原主要存在于骨骼肌和肝脏中，其他大部分组织中，如心肌、肾脏、脑等，也含有少量糖原。

淀粉(starch)是葡萄糖分子聚合而成的，是植物生长期间以淀粉粒形式贮存于细胞中的贮存多糖。淀粉在餐饮业中又称芡粉，其通式是$(C_6H_{10}O_5)_n$，水解到二糖阶段为麦芽糖，化学式是$C_{12}H_{22}O_{11}$，完全水解后得到单糖(葡萄糖)，化学式是$C_6H_{12}O_6$。淀粉有直链淀粉和支链淀粉两类。前者为无分支的螺旋结构；后者由 24～30 个葡萄糖残基以 α－1，4－糖苷键首尾相连而成，在支链处为 α－1，6－糖苷键。直链淀粉遇碘呈蓝色，支链淀粉遇碘呈紫红色。这并非是淀粉与碘发生了化学反应，而是淀粉螺旋中央空穴恰能容下碘分子，通过范德华力，两者形成一种蓝黑色配合物。实验证明，单独的碘分子不能使淀粉变蓝，实际上使淀粉变蓝的是络合碘I_3^-，一种多卤离子。淀粉是植物体中贮存的养分，贮存在种子和块茎中，各类植物中的淀粉含量都较高。淀粉可以看作是葡萄糖的高聚体。淀粉除食用外，工业上用于制取糊精、麦芽糖、葡萄糖、酒精等，也用于调制印花浆、纺织品的上浆、纸张的上胶、药物片剂的压制等。淀粉可由玉米、甘薯、野生橡子和葛根等含淀粉的物质中提取。

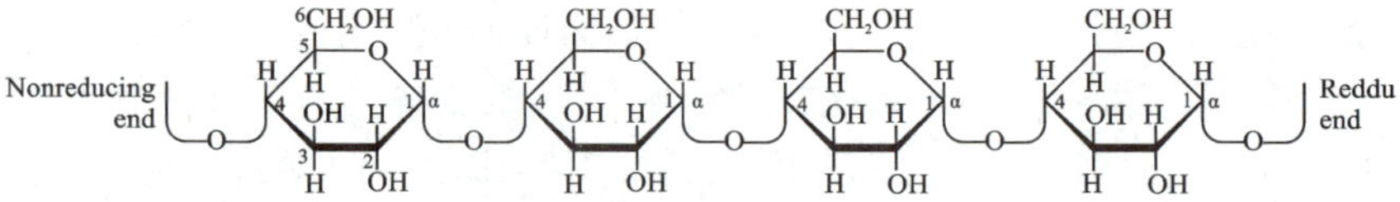

图 8－30 直链淀粉结构

葡聚糖(glucan)是指以葡萄糖为单糖组成的同聚多糖，葡萄糖单元之间以糖苷键连接。其中根据糖苷键的类型又可分为 α－葡聚糖和 β－葡聚糖。β－葡聚糖中研究和使用较多的为**右旋糖酐**(dextran)。

纤维素(cellulose)在自然界中分布最广、含量最多，占植物界碳含量的 50% 以上，是由葡萄糖组成的一种多糖。它不溶于水及一般有机溶剂，是植物细胞壁的主要结构成分，通常与半纤维素、果胶和木质素结合在一起，其结合方式和程度对植物源食品的质地影响很大。人体内不存在消化纤维素的酶，故它不能被人体消化吸收。但每人每天摄入一定量的纤维素能降低肠道疾病、心脏病、糖尿病等疾病的发病率。

本章复习指导

熟悉：氨基酸、多肽、蛋白质、核苷酸、DNA、RNA、单糖、低聚糖和多糖的概念及其关系；蛋白质的一级结构和构象(二级结构、三级结构和四级结构)以及决定蛋白质构象、性质的一级结构即氨基酸的序列；DNA、RNA 的形成机制和核酸作为基本的遗传物质和蛋白质生物合成上的重要位置在生命现象中的决定性作用；糖类在生命活动过程中作为能量主要来源的重要作用。

了解：组成生物体蛋白质的 20 种 L－α－氨基酸；构成 DNA、RNA 的脱氧核糖核苷酸和核糖核苷酸；植物中最重要的糖：淀粉和纤维素，动物中最重要的多糖：糖原。

选读材料

基因治疗

基因治疗(gene therapy)是指改变人体活细胞遗传物质的一种医学治疗方法，在基因水平上将外源正常有功能的基因或其他基因通过基因转移方式导入患者体内，以纠正或补偿因基因缺陷和异常引起的疾病，并使之表达功能正常的基因，或表达患者原来不存在或表达很低的外源基因，使其获得治疗效果。从广义说，基因治疗还可包括从DNA水平采取的治疗某些疾病的措施和新技术。基因治疗不同于基因工程药物治疗，前者是将基因重组于表达载体并直接导入患者体内，而后者是将重组基因导入相应的宿主细胞，如细菌、酵母或哺乳动物细胞，在体外进行扩增并经分离、纯化后，获得其表达的蛋白产物，如干扰素等细胞因子、生长激素等激素、链激酶等外源性酶。

基因治疗按基因操作方式分为两类：(1)**基因修正**(gene correction)和**基因置换**(gene replacement)，即将缺陷基因的异常序列进行矫正，对缺陷基因精确地原位修复，不涉及基因组的其他任何改变。通过**同源重组**(homologous recombination)即**基因打靶**(gene targetting)技术将外源正常的基因在特定的部位进行重组，从而使缺陷基因在原位特异性修复。(2)**基因增强**(gene augmentation)和**基因失活**(gene inactivation)，是不去除异常基因，而通过导入外源基因使其表达正常产物，从而补偿缺陷基因等的功能；或特异封闭某些基因的翻译或转录，以抑制某些异常基因表达。

按靶细胞类型又可分为**生殖细胞**(germ cell)基因治疗和**体细胞**(somatic cell)基因治疗。生殖细胞基因治疗以精子、卵子和早期胚胎细胞作为治疗对象。从理论上讲，直接对生殖细胞进行基因治疗是可行的并能彻底根除遗传病，但涉及一系列伦理学问题，且治疗技术还不成熟，且技术也很复杂，目前尚无实质性进展。体细胞基因治疗：**体细胞基因治疗**(somatic cell gene therapy)是指将正常基因转移到体细胞，使之表达基因产物，以达到治疗目的。这种方法的理想措施是将外源正常基因导入靶体细胞内染色体特定基因座位，用健康的基因确切地替换异常的基因，使其发挥治疗作用，同时还须减少随机插入引起新的基因突变的可能性。体细胞应该是在体内能保持相当长的寿命或者具有分裂能力的细胞，这样才能使被转入的基因能有效地、长期地发挥疗效。因此干细胞、前体细胞都是理想的转基因治疗靶细胞。

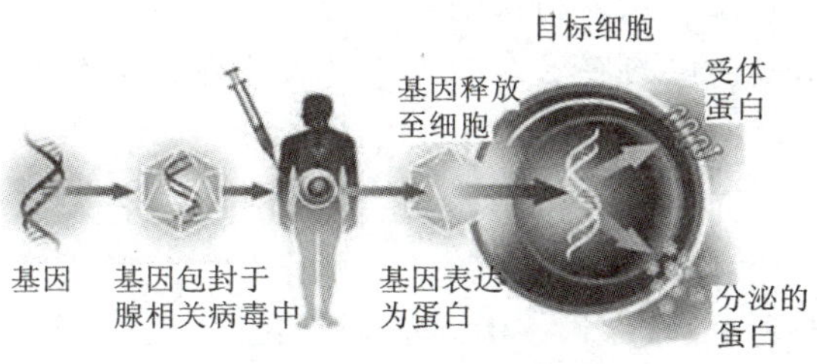

图 8-31　基因治疗

基因治疗的基本途径：活体直接转移或称**一步法**(in vivo)，回体转移或称**二步法**(ex vivo)，前者是指将含有外源基因的重组病毒、脂质体，或裸露的DNA直接导入体内，而后者则是将含外源基因克隆至一个合适的载体，首先导入体外培养的自体或异体细胞，经筛选后将能表达外源基因的受体细胞重新回输患者体内，达到治疗目的。

基因转移方法：基因转移是指用适当手段将外源目的基因导入体外或体内细胞中的分子生物学技术。常用基因转移方法大体分为非病毒介导和病毒介导两大类。前者包括脂质体介导法、受体介导法、裸DNA直接注射法，颗粒轰击技术等理化方法；后者有以腺病毒为代表非整合型载体，以及如逆转录病毒载体、慢病毒载体、腺相关病毒载体等整合型载体介导的生物方法。逆转录病毒载体仍是目前应用最广泛、体外转基因效率最高的基因转移方法。腺病毒载体和阳离子脂质体载体越来越受到广泛重视。近年来，将上述两类方法结合起来，又发展了病毒—受体介导法，病毒—脂质体介导法等新方法。

尽管目前对于基因治疗还有许多技术难题有待解决，但是随着破译人体数万个基因的全部核苷酸序列及搞清它的结构和功能的**人类基因组计划**(human genomic project，HGP)的完成、基因表达调控机制的阐明以及基因转移技术的发展和完善，基因治疗必将成为21世纪人类攻克疑难病的一种常规治疗手段。

复习思考题

1. 生物大分子主要是哪三大类？它们的结构单元分别是什么？
2. 什么是氨基酸？其结构特征是什么？哪些是人体必需氨基酸？
3. 什么是多肽？肽键的特征是什么？
4. 什么是蛋白质的氨基酸序列？蛋白质的一级结构和高级结构之间是什么关系？
5. 蛋白质常见的二级结构主要有几种？
6. 什么是核苷酸？其组成部分主要有哪些？
7. DNA和RNA在组成和结构上有何区别？在生命活动中分别扮演什么角色？
8. DNA双螺旋结构是由谁发现的？其两条单链之间靠什么相连？碱基配对是指什么？
9. 基因是什么？何谓基因表达？基因突变又是什么？
10. 什么是基因工程？
11. 什么是人类基因组计划？
12. 什么是单糖的开链结构和环状结构？苷羟基是什么？它在多糖的形成中作用如何？
13. 低聚糖和多糖有何区别？
14. 纤维素是一种什么物质？它是人体所需的营养物质吗？

习 题

1. 选择题

(1)下列不含手性碳原子的氨基酸是(　　)

A. Gly　　B. Arg　　C. Met

D. Phe　　E. Val

(2)在 pH 6.0 的缓冲液中电泳，哪种氨基酸基本不动(　　)

A. 精氨酸　　B. 丙氨酸　　C. 谷氨酸

D. 天冬氨酸　　E. 赖氨酸

(3)下列氨基酸中哪些不是蛋白质的组分(　　)

A. His　　B. Trp　　C. 瓜氨酸　　D. 胱氨酸

(4)在生理 pH 情况下，下列氨基酸中的哪些氨基酸侧链带正电荷(　　)

A. Gly　　B. Glu　　C. Lys　　D. Asp

(5)构成多核苷酸链骨架的关键是(　　)

A. 2′, 3′-磷酸二酯键　　B. 2′, 4′-磷酸二酯键

C. 2′, 5′-磷酸二酯键　　D. 3′, 4 磷酸二酯键

E. 3′, 5′-磷酸二酯键

(6)核酸的基本组成单位是(　　)

A. 戊糖和碱基　　B. 戊糖和磷酸

C. 核苷酸　　D. 戊糖、碱基和磷酸

(7)核酸中核苷酸之间的连接方式是(　　)

A. 3′, 5′-磷酸二酯键　　B. 2′, 3′-磷酸二酯键

C. 2′, 5′-磷酸二酯键　　D. 糖苷键

(8)麦芽糖水解的产物是(　　)

A. 葡萄糖和果糖　　B. 葡萄糖

C. 果糖　　D. 葡萄糖和半乳糖

(9)下列化合物中不属于糖类的是(　　)

A. 葡萄糖　　B. 丙酮酸　　C. 蔗糖　　D. 肝素

(10)葡萄糖与半乳糖之间属于(　　)

A. 顺反异构体　B. 对映体　　C. 差向异构体　D. 异头体

2. 填空题

(1)组成蛋白质的碱性氨基酸有________和________。酸性氨基酸有________、________、________和________。

(2)________是带芳香族侧链的极性氨基酸。________和________是带芳香族侧链的非极性氨基酸。

(3)________和________是含硫的氨基酸。

(4)________是最小的氨基酸，________是亚氨基酸。

(5)氨基酸在等电点时，主要以________形式存在，在 pH > pI 的溶液中，大部分以________离子形式存在，在 pH < pI 的溶液中，大部分以________离子形式存在。

(6)核酸完全的水解产物是________、________和________。其中________又可分为________碱和________碱。嘌呤主要有________和________；嘧啶主要有________、________和________。

(7) 核酸可分为和两大类，即________和________。前者主要存在于真核细胞的________和原核细胞部位，后者主要存在于细胞的________部位。

(8) 糖类物质的主要生物学作用为________、________、______和作为细胞识别的信息分子。

(9) 糖苷是指糖的________和醇、酚等化合物失水而形成的缩醛（或缩酮）等形式的化合物。

(10) 麦芽糖是由两分子________组成，它们之间通过________糖苷键相连。

3. 简答题

(1) 请列举酶催化的反应的优点和缺点。

(2) 试比较 DNA 和 RNA 在化学组成、分子结构及功能上的差异。

(3) 纤维素是怎样一类化学物质？简述其结构特性。

第8章习题答案

第 9 章

误差与酸碱滴定分析

(Error and Acid-Base Titration Analysis)

·化学家史话——波义耳

波义耳(Robert Boyle，1627—1691)，英国化学家、物理学家和自然哲学家。1627年1月25日他生于爱尔兰利斯莫尔，1691年12月30日卒于伦敦。1635年他入伊顿公学学习，1639年赴欧洲游学，1644年回国。1654年波义耳在牛津开始系统地研究化学、医学和物理学，在家里建立了化学实验室，制备各种药物，逐渐成了一位实验化学家和物理学家。同时他又阅读了大量的英文、法文、拉丁文科学著作，认识到化学，还是一种重要的理性科学。1663年他当选为英国皇家学会会员，1680年当选为会长。

1685年，他编写了一本关于矿泉水的专著《矿泉的博物学考察》，相当全面地概括总结了当时已知的关于水溶液的各种检验方法和检定反应。波义耳是第一位把各种天然植物的汁液用作指示剂的化学家。他将汁液的酒精溶液滴在纸上，做成试纸来检验溶液的酸碱性，他用过的植物有紫罗兰、玫瑰花、洋红、石蕊等。直到今天，化学家还采用波义耳的方法。他也是第一位给酸和碱下定义的化学家，他指出能将蓝色果汁变成紫红色的物质都是酸，颜色变化与此相反者则是碱。波义耳还提出了"定性检出极限"这一重要概念。这一时期的湿法分析从过去利用物质的一些物理性质为主，发展到广谱应用化学反应为主，提高了分析检验法的多样性、可靠性和灵敏性，并为近代分析化学的产生奠定了基础。

分析化学的任务不仅是要测定物质的组成与含量，而且要对物质的形态(氧化—还原态、络合态、结晶态)、结构(空间分布)、微区、薄层及化学与生物活性等作出瞬时追踪、无损和在线监测等分析及过程控制。随着计算机科学及仪器自动化的飞速发展，分析化学还需和其他学科相融合，解决生产和科研中存在的实际问题。在分析过程中，无论是现代仪器分析，还是常规的滴定分析，误差是客观存在的。只有充分了解产生误差的原因及误差出现的规律，才能采取必要措施减小误差，并进行数据处理，使测定结果尽可能接近真实值。

9.1 定量分析概述

分析化学(analytical chemistry)是研究物质组成、含量、结构和形态等化学信息的分析方法及理论的一门学科，包括**成分分析**(component analysis)和**结构分析**(structural analysis)两个方面。结构分析的任务是研究物质的分子结构、晶体结构。成分分析分为**定性分析**(qualitative analysis)和**定量分析**(quantitative analysis)两部分。定性分析的任务是鉴定物质是由哪些元素、离子、官能团或化合物组成的。定量分析的任务是测定试样中某一或某些组分的量，有时是测定所有组分，即**全分析**(total analysis)。定量分析又分为**重量分析**(gravimetric analysis)、**滴定分析**(titrimetric analysis)或称**容量分析**(volumetric analysis)。一般情况下，需要先进行定性分析，确定试样成分，而后进行定量分析。在试样的成分已知时，可以直接进行定量分析。

9.1.1 定量分析过程

定量分析大致包括以下几个步骤：取样、试样的分解、干扰组分的分离、分析方法的选择与分析测定、数据处理及报告分析结果。

1. 试样的采取与制备

试样的采取与制备要具有代表性，即分析试样的组成能代表整批物料的平均组成。否则，无论分析工作做得怎样认真、准确，所得结果也毫无实际意义。对于各类试样采取的具体操作方法可参阅有关的国家标准或行业标准。

2. 试样的分解

分析工作中，先要将试样分解制成溶液才能测定。试样性质不同，分解方法也不同。通常分为干法和湿法两种。湿法即用水、稀酸、浓酸或混合酸(如王水、硫酸与硝酸、高氯酸与硝酸)等进行消解处理。干法则于坩埚内将试样在高温电炉中灰化(有时还加一些熔剂，如Na_2CO_3，$NaNO_3$，$KHSO_4$等进行熔融)，然后再用湿法处理，此法常用于测定有机物和生物试样中的无机元素。另一种干法是在充满氧气的密闭瓶内，用电火花引燃有机试样，瓶内可盛适当的吸收剂以吸收其燃烧产物，然后用适当方法测定，这种方式叫氧瓶燃烧法。它广泛用于有机物中卤素、硫、磷、硼等元素的测定，也可用于许多有机物中部分金属元素，如Hg，Zn，Mg，Co，Ni等的测定。

3. 干扰组分的掩蔽与分离

复杂试样中常含有多种组分，在测定其中某一组分时，共存的其他组分常会产生干扰，因而应设法消除干扰。采用掩蔽剂消除干扰是一种有效而又简便的方法。若无合适的掩蔽方法，就需要将被测组分与干扰组分进行分离，可同时进行富集。常用的方法有沉淀分离法、萃取分离法、离子交换分离和色谱分离法等。分离与测定常常是连续或同步进行的。

4. 分析方法的选择与分析测定

根据被测组分的性质、含量以及对分析结果准确度的要求等，应选择合适的分析方法进行分析测定。这要求从理论上熟悉各种分析方法的原理、准确度、灵敏度、选择性和适用范围等。选择分析方法时，首先查阅有关文献，然后制定切实可行的分析方案，通过实验进行修改完善，最好应用标准样或合成样判断方法的准确度和精密度，确认能满足分析的要求后，再进行试样的测定。

5. 数据处理及报告分析结果

根据试样质量、测量所得数据和分析过程中有关反应的计量关系，计算试样中有关组分的含量或浓度。此外，还应根据分析化学中的误差理论对分析结果进行评价，判断分析结果的可靠程度。

9.1.2　有效数字及其修约运算规则

1. 有效数字

分析时，记录的数字不仅表示数量的大小，而且反映了测量的精度。如用分析天平称量显示质量为 0.6635 g，这种实际能测量到的数字称为**有效数字**（significant figures）。其最后一位都是可疑值，通常理解为可能有 ±1 单位的误差。

关于有效数字的位数：

0.6635 g	4 位有效数字（分析天平称量）
25.00 mL	4 位有效数字（滴定管量取）
25 mL	2 位有效数字（量筒量取）
$K_a^\ominus = 1.8 \times 10^{-5}$	2 位有效数字（解离常数）
pH = 12.68	2 位有效数字

对于 pH、pM、lg*K* 等对数值，其有效数字取决于小数部分（尾数）数字的位数，因整数部分（首数）说明相应真数 10 的方次。例如 pH = 12.68，即 $c(H^+) = 2.1 \times 10^{-13}\ mol \cdot L^{-1}$，其有效数字的位数为 2 位，而不是 4 位。

2. 有效数字的修约

在数据运算时，根据测量精度，可对有效数字进行修约，保留的有效数字中只有一位是未定数字。有效数字修约按“四舍六入五留双”的原则进行。若被修约数字后面的数字小于 5 时，应舍弃；若大于 5 时，则应进位；若等于 5（后面无数字或为“0”）时，前一位是奇数

化学家史话——罗塞

罗　塞（Hoinrich Rose，1795—1864），1829 年编写了一本《分析化学教程》，首次明确提出和制定出系统定性分析方法，并提出一个简明的系统分析图表。这与目前通用的分析方法已经基本相同了。

化学家史话——马格拉夫

马格拉夫（Andreas Sigismund Marggraf，1709—1782），德意志化学家。他 1709 年 3 月 3 日生于柏林，1782 年 8 月 7 日卒于柏林。1734 年他在弗赖贝格学习冶金学，后在普鲁士皇家药房工作。1754—1760 年，任柏林科学院化学实验室主任，1760—1761 年，任物理化学部主任，1767 年任科学院院长，曾为巴黎科学院的通信院士。

他是分析化学的先行者，最早利用显微镜进行化学研究，改进了一些分析工具和天平，用火焰法区分钾和钠，对氧化钙、氧化镁和氧化铝进行了识别，建立了铁的试验法。在无机化学方面，他最先制成黄血盐和氰化钾，大力支持燃素说。在有机化学方面，1747 年他发现甜菜根中含有甜菜糖，还发现并提纯了樟脑。他是一个在多方面取得成就的化学家，著有《制糖的化学实验》（1747）和《化学论文集》（1761—1767）。

则进位，前一位是偶数则舍去。例如，将测量值修约为2位有效数字，则有：4.1326修约为4.1，0.305修约为0.30，8.5675修约为8.6。

3. 有效数字的运算规则

由于每个测定值的误差都会传递到分析结果中，因此数据运算过程中应先按上述规则将各个数据进行修约，再计算结果。

1）加减

几个数据加减时，修约规则取决于绝对误差最大的那个数据，即以小数点后位数最少的数据为准进行修约。例如将0.0122，25.75和1.05871三数相加，其中25.75为绝对误差最大的数据，所以应先分别将数据进行修约，然后计算结果，得26.82。

$$0.0122 + 25.75 + 1.05871 = 0.01 + 25.75 + 1.06 = 26.82$$

2）乘除

在几个数据的乘除运算中，所得结果的有效数字的位数取决于相对误差最大的那个数，即以有效数字位数最少的数据为准。例如下式

$$\frac{0.0325 \times 5.103 \times 60.06}{139.8} = \frac{0.0325 \times 5.10 \times 60.1}{140} = 0.0712$$

对于高含量组分（大于10%）的测定，一般要求分析结果有4位有效数字；对中含量组分（1% ~10%）一般只要求2位有效数字。通常以此为标准，报告分析结果。对于各种误差的计算，一般取一位有效数字即可，最多取2位。在混合计算中，有效数字的保留以最后一步计算的规则执行。

9.1.3 定量分析结果的表示

1. 待测组分的化学表示形式

分析结果通常以待测组分实际存在形式的含量表示。例如，测得试样中氮的含量以后，根据实际情况，可以 NH_3、NO_2、NO_3^- 或 NO_2^- 等形式的含量表示分析结果。如果待测组分的实际存在形式不清楚，分析结果最好以氧化物（如 CaO、MgO、P_2O_5 和 SiO_2 等）或元素（如 Fe、Cu、Mo、C、O 等）的含量表示。

在工业分析中，有时还用所需要的组分的含量表示分析结果。例如，分析铁矿石的目的是为了寻找炼铁的原料，这时就以金属铁的含量来表示分析结果。电解质或有机溶液的分析结果，常以存在的离子或分子的含量或浓度表示。

2. 待测组分含量的表示方法

1）固体试样

固体试样中待测组分含量，通常以质量分数表示。如试样中含待测物质B的质量以 m_B 表示，试样的质量以 m_S 表示，则它们的比称为物质B的质量分数，以符号 ω_B 表示，即

$$\omega_B = \frac{m_B}{m_S} \qquad (9-1)$$

在实际工作中使用的百分率符号"%"是质量分数的一种表示方法，可理解为"10^{-2}"。例如某铁矿中含铁的质量分数 $\omega_{Fe} = 0.5145$

化学家史话——贝格曼

贝格曼（Torbern Olaf Bergman，1735—1784），瑞典分析化学家。1735年3月9日他生于卡特琳娜贝里，1784年7月8日卒于梅德维。他曾在乌普萨拉大学学习，1761年任该校数学教授，1767年任化学教授。

贝格曼可称为无机定性、定量分析的奠基人。他首先提出金属元素除金属态外，也可以其他形式离析和称量，特别是以水中难溶的形式，这是重量分析中湿法的起源。他在《实用化学》一书中指出："为了测定金属的含量，并不需要把这些金属转变为它们的单质状态，只要把他们以沉淀化合物的形式分离出来，如果我们事先测定沉淀的组成，就可以进行换算了。"

他在1780年出版的《矿物的湿法分析》一书中，提供了那一时期矿石重量分析法的丰富历史资料。这本著作涉及银、铅、锌及铁的矿物通过湿法过程的重量分析法。所介绍的测定组分包括金、银、铂、汞、铅、铜、铁、锡、铋、镍、钴、锌、锑、镁和砷。1779年他还曾编著过一些书，系统地总结了当时分析化学发展所取得的成就。在书中介绍了许多检定反应，例如：用黄血盐检定铁、铜和锰，用草酸和磷酸铵钠检定钙，用硫酸检定钡和碳酸盐，用石灰水检验碳酸盐等。他还曾根据蓝色试纸遇酸变红的特性检验出"固定空气"（CO_2）具有酸性，称它为"气酸"。

时，可以表示为 $\omega_{Fe}=51.45\%$ 。

当待测组分含量非常低时，可采用 $\mu g \cdot g^{-1}$（或 10^{-6}，历史上常用符号 ppm 表示百万分率），$ng \cdot g^{-1}$（或 10^{-9}，即表示十亿分率的 ppb）和 $pg \cdot g^{-1}$（或 10^{-12}，即表示万亿分率的 ppt）来表示。

视频9-1

2）液体试样

液体试样中待测组分的含量可用物质的量浓度 c_B（$mol \cdot L^{-1}$）、质量摩尔浓度 b_B（$mol \cdot kg^{-1}$）、质量浓度 ρ_B（$mg \cdot L^{-1}$、$\mu g \cdot L^{-1}$ 或 $\mu g \cdot mL^{-1}$、$ng \cdot mL^{-1}$、$pg \cdot mL^{-1}$）、质量分数 ω_B、体积分数 φ_B、摩尔分数 x_B 等方式来表示。

3）气体试样

气体试样中的常量或微量组分的含量，通常以体积分数或质量浓度表示。

9.2　分析结果的误差

定量分析的目的是要准确测定试样中有关组分的含量，测得的分析结果与被测组分的含量越接近，准确度就越高，分析结果就越可靠。但在实际测定过程中即使采用最可靠的分析方法，使用最精密的仪器，由熟练技术人员进行测定，也不可能得到绝对准确的结果。同一个人在相同条件下对同一个试样进行多次测定，所得结果也不会完全相同。这表明，在分析过程中，误差是客观存在的。因此，我们应充分了解分析过程中误差产生的原因及误差出现的规律，以便采取相应措施减小误差，并对所得的数据进行归纳、取舍等一系列分析结果处理，使测定结果尽量接近客观真实值。

9.2.1　误差产生的原因与分类

定量分析时，由于受分析方法、测量仪器、试剂和分析人员主客观因素等方面的限制，使分析结果不可能与真实值完全一致。分析结果与真实值之差称为误差（error）。分析结果大于真实值为正误差；分析结果小于真实值为负误差。误差是客观存在的，只可能尽量减小，不可能完全消除。根据误差的性质及产生原因的不同，可将误差分为系统误差和偶然误差两大类。

1. 系统误差

系统误差（systematic error）又称可测误差，是由某种固定、经常性原因引起的具有单向性和重复性的误差，其大小、正负可重复显示，并可测量。系统误差影响分析结果准确度，它可以通过校正减小或消除。

系统误差是定量分析误差的主要来源，对分析结果的影响较大，可分为方法误差、仪器误差、试剂误差与主观误差。也就是说其产生可由分析方法本身原因引起，如重量分析中沉淀的溶解损失、滴定分析中反应不完全等；也可由仪器不够精密引起，如容量器皿刻度不准确、砝码质量不符等；也可由所用试剂不纯引起，如标示为分析纯的试剂可能只为化学纯；也可由分析人员操作不正确而产生，如分析人员辨别颜色偏深、读取刻度数偏高等均会引起分析结果偏高或偏低。

视频9-2

2. 偶然误差

偶然误差(accidental error)又称**随机误差**(random error),是由某些偶然原因引起的误差。其大小、正负不定,不能重复显示。引起原因可能由于测量时外界温度、湿度、气压、放置时间等微小的变化,或个人一时辨别的差异。这类误差在操作中不能完全避免。偶然误差影响分析结果的精密度和准确度。很难找到定量的影响因素,它不能通过校正的方法减小或消除。但可以通过增加测定次数,用数理统计方法处理分析结果而减小。

3. 过失误差

过失误差(fault error)由工作中的差错,操作者违反规程而造成,如加错试剂、读错刻度,此数据应在处理分析结果前舍去。

4. 公差

公差(tolerance)为生产部门允许存在的误差。若分析结果超过公差范围称为“超差”,不能采用。公差范围根据分析工作对准确度要求、试样成分、含量不同来确定。

9.2.2 误差的表示方法

1. 准确度与误差

准确度(accuracy)是指测量值与真值接近的程度。测量值与真值越接近,测量越准确。误差是衡量测量准确度高低的尺度,有绝对误差(absolute error)和相对误差(relative error)两种表示方法。

绝对误差是测量值与真值之差。若以 x 代表测量值,以 x_T 代表真值,则绝对误差 E 为

$$E = x - x_T \tag{9-2}$$

相对误差是绝对误差 E 与真值 x_T 的比值,表示如下

$$E_r = \frac{E}{x_T} \times 100\% \tag{9-3}$$

相对误差反映了误差在测量结果中所占的比例,它同样可正可负,但无单位。在比较各种情况下测量值的准确度时,相对误差更为合理。

例 9-1 用分析天平称量两个试样,一个是 1.9591 g,另一个是 0.1959 g。两个测量值的绝对误差都是 0.0001 g,试计算相对误差。

解:

$$E_{r1} = \frac{0.0001}{1.9591} \times 100\% = 0.005\%$$

$$E_{r2} = \frac{0.0001}{0.1959} \times 100\% = 0.05\%$$

可见,当测量值的绝对误差恒定时,测定的试样量越大,相对误差越小,准确度越高;反之,则准确度越低。因此,对常量分析的相对误差应要求严格,而对微量分析的相对误差可以允许大些。例如:用重量法或滴定法进行常量分析时,允许的相对误差仅千分之几;而用光谱法、色谱法等仪器分析法进行微量分析时,允许的相对误差可为百分之几,甚至更高。

2. 精密度与偏差

精密度(precision)是平行测量的各测量值之间互相接近的程度。各测量值间越接近,测量的精密度越高。精密度的高低用偏差来衡量。偏差表示数据的离散程度,偏差越大,数据越分散,精密度越低。反之,偏差越小,数据越集中,精密度就越高。偏差有以下几种表示方法。

绝对偏差(deviation),是指单个测量值与一组平行测量结果的平均值之差,其值可正可负。若令 $\bar{x}$ 代表平均值,则单个测量值 x_i 的绝对偏差 d 为

$$d = x_i - \bar{x} \tag{9-4}$$

平均偏差(average deviation)，是指各单个绝对偏差绝对值的平均值，称为平均偏差，均为正值，以 $\bar{d}$ 表示

$$\bar{d}=\frac{\sum_{i=1}^{n}|x_i-\bar{x}|}{n} \tag{9-5}$$

相对平均偏差(relative average deviation)乃平均偏差 $\bar{d}$ 与测量平均值 $\bar{x}$ 的比值，以 $\bar{d}_r$ 表示

$$\bar{d}_r=\frac{\bar{d}}{\bar{x}}\times 100\%=\frac{\sum_{i=1}^{n}|x_i-\bar{x}|/n}{\bar{x}}\times 100\% \tag{9-6}$$

标准偏差(standard deviation)以 s 表示。在平均偏差和相对平均偏差的计算过程中忽略了个别较大偏差对测定结果重复性的影响，而采用标准偏差则可以突出较大偏差的影响。对少量测定值($n\leqslant 20$)而言，标准偏差 s 的定义式如下

$$s=\sqrt{\frac{\sum_{i=1}^{n}(x_i-\bar{x})^2}{n-1}} \quad 或 \quad s=\sqrt{\frac{\sum_{i=1}^{n}x_i^2-\frac{1}{n}\left(\sum_{i=1}^{n}x_i^2\right)}{n-1}} \tag{9-7}$$

相对标准偏差(relative standard deviation，RSD)是标准偏差 s 与测量平均值 $\bar{x}$ 的比值，也称为**变异系数**(coefficient of variation，CV)，RSD 的定义式如下

$$RSD=\frac{s}{\bar{x}}\times 100\%=\frac{\sqrt{\frac{\sum_{i=1}^{n}(x_i-\bar{x})^2}{n-1}}}{\bar{x}}\times 100\% \tag{9-8}$$

在实际工作中，多用 RSD 表示分析结果的精密度。

3. 重复性与再现性

重复性(repeatability)和**再现性**(reproducibility)均反映了测定结果的精密度，但二者具有不同概念。重复性是指在同样操作条件下，在较短时间间隔内，由同一分析人员对同一试样测定所得结果的接近程度；再现性系指在不同实验室之间，由不同分析人员对同一试样测定结果的接近程度。要将分析方法确定为国家法定标准时，应进行重复性与再现性试验。

9.2.3　准确度与精密度的关系

准确度与精密度的概念不同。当有真值(或标准值)做比较时，它们从不同侧面反映了分析结果的可靠性。准确度表示测定结果与真值的符合程度，而精密度是表示测定结果的重现性。由于真值是未知的，常常根据测定结果的精密度来衡量分析测量是否可靠，但是精密度高的测定结果，不一定是准确的，两者的关系可用图9－1说明。

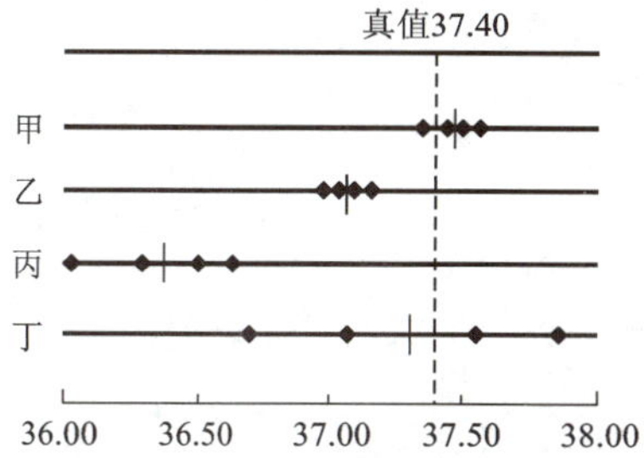

图9－1　准确度与精密度的关系

(●表示个别测量值；｜表示平均值)

图9－1表示甲、乙、丙、丁4人测定同一试样中铁含量时所得的结果。由图可见：甲所得结果的准确度和精密度均好，结果可靠；乙的分析结果的精密度虽然高，但准确度较低；丙的精密度和准确度都很差；丁的精密度很差，虽然平均值接近真值，但这是由于大的正负误差相互抵消的结果，因此丁的分析结果也是不可靠的。由此可见，精密度是保证准确度的先决条件。精密度差，所得结果不可靠，但高

的精密度也不一定能保证高的准确度。

9.2.4 提高分析结果准确度的方法

1. 选择恰当的分析方法

分析方法不同，灵敏度和准确度也不同。化学分析法的灵敏度虽然不高，但对常量组分的测定能获得比较准确的分析结果（相对误差≤0.2%），而对微量或痕量组分的测定，则灵敏度难以达到。仪器分析法灵敏度高、绝对误差小，其虽然相对误差较大，不适合于常量组分的测定，但能满足微量或痕量组分测定准确度的要求。另外，选择分析方法时还应考虑共存物质的干扰。总之，应根据分析对象、样品情况及对分析结果的要求，选择适当的分析方法。

2. 减小系统误差

检验分析结果的准确度可用来检验方法的可靠性和校正分析结果。验证方法有：做空白试验和对照实验。用蒸馏水或已知准确含量的标样代替试样在同一条件下测量，选用公认的标准分析方法与采用的分析方法对照；也可用标准加入回收法，判断分析结果的可靠性。实验前对仪器校正、对选用的分析方法校正，都能减小系统误差，从而提高分析结果的准确度。

3. 减小偶然误差

增加测定次数，分析结果分布应符合统计规律，即正误差和负误差出现的概率相等，小误差出现的次数多，大误差出现的次数少，特别大的误差出现次数极少。偶然误差虽然在分析操作过程中无法避免，但在消除了系统误差的基础上，增加测定次数和细心操作可以减小偶然误差。

4. 回归分析法

回归分析法是减小测量误差最常用的数学方法。在分析化学特别是仪器分析中，由于测量仪器本身的精密度及测量条件的微小变化，即使同一浓度的溶液，两次测量结果也不完全一致。以分光光度法为例，标准溶液的浓度 c 与吸光度 A 之间的关系，在一定范围内，可以用直线方程描述，即朗伯—比尔定律。但在实际测量中，由于误差的存在，各测量点对于以朗伯—比尔定律为基础所建立的直线，往往会有一定的偏离。这就需要用数理统计的方法找到一条最接近各测量点的直线，它对所有测量点来说误差是最小的。这里介绍最简单的一元线性回归，适用于单一组分测定的线性校正模式，用于估计直线上各点的精密度以及数据间的相关性。

回归直线可表示为

$$y = a + bx$$

式中：a 为直线的截距；b 为直线的斜率。

当直线的截距 a 和斜率 b 确定后，一元线性**回归方程**（regression equation）和回归直线就确定了。

在实际工作中，当两个变量间并不是严格的线性关系，数据的偏离较严重时，虽然也可以求得一条回归直线，但这条直线是否有意义，可用**相关系数**(correlation coefficient，r)来检验。相关系数的定义为

$$r = b\sqrt{\frac{\sum_{i=1}^{n}(x_i-\bar{x})^2}{\sum_{i=1}^{n}(y_i-\bar{y})^2}} = \frac{\sum_{i=1}^{n}(x_i-\bar{x})(y_i-\bar{y})}{\sqrt{\sum_{i=1}^{n}(x_i-\bar{x})^2\sum_{i=1}^{n}(y_i-\bar{y})^2}} \quad (9-9)$$

r 值在 0 至 1 之间，其物理意义为 y 与 x 之间存在的相关性大小。r 值越接近 1，线性关系越好。

9.3 滴定分析法概述

9.3.1 滴定分析术语与特点

用已知准确浓度的**标准溶液**(standard solution)通过滴定管滴加到制成溶液的试样中，当按照化学计量关系恰好反应完全时，由试样溶液的颜色等变化来判断滴定终点，这个过程称为**滴定分析**(titration analysis)，简称滴定。通常将标准溶液称为**滴定剂**(titrant)。加入的标准溶液与试样中被测组分定量反应完全时，反应即到达了**化学计量点**(stoichiometric point，以 sp 表示)。一般依据外加的少量指示剂变色来确定化学计量点。在滴定中指示剂改变颜色的那一点称为**滴定终点**(end point)。滴定终点与化学计量点不一定完全吻合，由此造成的分析误差称为**滴定误差**(titration error)。

滴定分析法是化学分析法中重要的一类分析方法。按照所利用的化学反应不同，滴定分析法一般可分为四种。

(1)酸碱滴定法：以酸碱中和反应为基础的一种滴定分析，用来测定酸、碱、植物粗蛋白等的含量，应用很广。

(2)沉淀滴定法：以沉淀反应为基础的一种滴定分析法，主要的沉淀法之一是银量法。

(3)配位滴定法：利用配位反应进行的滴定分析法，可用于对金属离子进行测定，如用 EDTA 作配位剂的 EDTA 滴定法。

(4)氧化还原滴定法：以氧化还原反应为基础的一种滴定分析法，可用于对具有氧化还原性质的物质进行测定，也可以间接测定某些不具有氧化还原性质的物质。

所有滴定分析法均适于常量分析，其优点是准确度高、相对误差小(±0.1%)、仪器简单、操作简便快速。滴定分析常作为标准方法，用于测定很多元素和化合物。

9.3.2 滴定分析对化学反应的要求和滴定方式

1. 滴定分析对化学反应的要求

化学反应很多，但是适用于滴定分析法的化学反应必须具备下列条件：

化学家史话——盖·吕萨克

盖·吕萨克(Joseph Louis Gay－Lussac，1778—1850)，法国化学家。1778 年 12 月 6 日他生于圣莱奥纳尔，1850 年 5 月 9 日卒于巴黎，1797 年入巴黎综合工科学校学习，1800 年毕业。法国著名化学家 C.－L. 贝托莱请他到他的私人实验室当助手。1802 年他任巴黎综合工科学校的辅导教师，后任化学教授，1806 年当选为法国科学院院士，1809 年任索邦大学物理学教授，1832 年任法国自然历史博物馆化学教授。

他应该算是滴定分析的创始人，他继承前人的分析成果对滴定分析进行深入研究，对滴定法的进一步发展，特别是对提高准确度方面做出了贡献，他所提出的银量法至今仍在应用。在各种滴定法中，氧化—还原滴定法占有最重要的地位。碘量法在该世纪中叶已经具有了今天我们沿用的各种形式。

视频9-3

(1)反应定量地完成，即反应按一定的反应式进行，无副反应发生，且进行完全，通常要求反应完全程度达99.9%以上，这是定量分析的基础。

(2)必须具有较快的反应速率，如果速度较慢，要有适当的措施提高其反应速度。

(3)有适当简便的方法确定滴定终点。

2. 滴定方式

(1)**直接滴定法**(direct titration)是用标准溶液直接滴定被测物质的一种方法。凡是能同时满足上述3个条件的化学反应，都可以采用直接滴定法。直接滴定法是滴定分析法中最常用、最基本的滴定方法。例如用HCl滴定NaOH，用$K_2Cr_2O_7$滴定Fe^{2+}等。

(2)**返滴定法**(back titration)也称回滴法。有时由于滴定反应较慢，或被当测物质是固体时，可以先加入过量的标准溶液，待标准溶液与试样反应完成后，再用另一种标准溶液滴定剩余的前一种标准溶液，这种方式称为返滴定法或回滴法。例如对固体$CaCO_3$的测定，可先加入过量HCl标准溶液，待反应完成后，用NaOH标准溶液滴定剩余的HCl。

$$CaCO_3(s) + \underset{(\text{已知过量})}{2HCl(\text{标}1)} = CaCl_2 + CO_2\uparrow + H_2O$$

$$\underset{(\text{剩余量})}{HCl(\text{标}1)} + NaOH(\text{标}2) = NaCl + H_2O$$

(3)**置换滴定法**(replacement titration)对于不按一定反应方程式进行或伴有副反应的滴定反应，可先用适当的试剂与被测物质反应，使其定量地置换出另一种能被定量滴定的物质，再用标准溶液滴定，这种滴定方式称为置换滴定法。例如硫代硫酸钠不能用重铬酸钾直接滴定，因为在酸性溶液中像重铬酸钾这类强氧化剂不仅能将$S_2O_3^{2-}$氧化为$S_4O_6^{2-}$，还会部分地将其氧化成SO_4^{2-}，这就没有确定的计量关系，无法进行计算。但是，若在一定量的重铬酸钾的酸性溶液中加入过量的碘化钾，重铬酸钾与碘化钾定量反应后析出I_2，就可以用硫代硫酸钠标准溶液直接滴定。

(4)**间接滴定法**(indirect titration)：不能与滴定剂直接反应的物质，有时可以通过另一种化学反应进行间接滴定。例如Ca^{2+}不能用高锰酸钾标准溶液直接滴定。但若先加入$C_2O_4^{2-}$使Ca^{2+}生成草酸钙(CaC_2O_4)沉淀，再经过滤，洗净后，溶解于硫酸中，就可以用高锰酸钾标准溶液滴定与Ca^{2+}定量结合的$C_2O_4^{2-}$，从而间接测定Ca^{2+}的含量。

显然，返滴定法、置换滴定法、间接滴定法的应用，使滴定分析的应用范围更加广泛。

9.3.3 标准溶液的配制和基准物质

1. 基准物质

滴定分析中离不开标准溶液。能用于直接配制标准溶液或标定溶液准确浓度的物质称为基准物质，或一级标准物质。基准物质应符合

化学家史话——李比希

李比希(Justus Freiherr von Liebig，1803—1873)，德意志有机化学家。1803年5月12日他生于达姆施塔特，1873年4月18日卒于慕尼黑。他父亲是医药、染料、颜料和化学药品商人，有些货物在家里制造，因此李比希自幼就接触到化学实验。1818年他曾当药剂师的学徒，1820年在波恩大学学习，一年后转学到埃朗根大学，1822年获哲学博士学位。同年到巴黎，常听J.-L.盖-吕萨克和P.-L.杜隆等著名化学家的讲演。不久就在盖-吕萨克的实验室中工作。1824年回到德国，任吉森大学化学教授，创立了著名的吉森实验室。这是世界上第一个系统地进行化学训练的教学实验室。1852年李比希任慕尼黑大学教授。1840年当选为英国皇家学会会员。1842年当选为法国科学院院士。

1830年，在前人工作的基础上，将碳氢分析发展成为精确的定量分析技术，并对许多有机化合物进行分析，获得了相当精确的结果，写出了这些化合物的化学式。他最早使用银(Ⅰ)滴定氰离子，开创络合滴定法(又称配位滴定)。但1945年施瓦岑巴赫发明了氨羧配位剂(乙二胺四乙酸，EDTA)之后，络合滴定法才迅速发展起来。

李比希在有机化学领域内的贡献多得惊人。他做过大量的有机化合物的准确分析，改进了有机分析的若干方法，确定出大批化合物的化学式，发现了同分异构现象。他在化学上的重要贡献还有：发现并分析马尿酸(1829)；发现并制得氯仿和氯醛(1831)；与F.维勒共同发现安息香基并提出基团理论(1832)，为有机结构理论的发展做出贡献；提出多元酸理论(1839)。

下列要求：

(1)试剂的组成与化学式完全相符，若含结晶水，如 $H_2C_2O_4 \cdot 2H_2O$、$Na_2B_4O_7 \cdot 10H_2O$ 等，其结晶水的含量均应符合化学式；

(2)试剂的纯度足够高(质量分数在99.9%以上)；

(3)性质稳定，不易与空气中的 O_2 及 CO_2 反应，亦不吸收空气中的水分；

(4)试剂参加滴定反应时，应按反应式定量进行，没有副反应；

(5)有较大的摩尔质量，以减小称量时的相对误差。

在分析化学中，常用的基准物质如 $KHC_8H_4O_4$(邻苯二甲酸氢钾)、Na_2CO_3、$K_2Cr_2O_7$、KIO_3、$KBrO_3$、$Na_2B_4O_7 \cdot 10H_2O$(硼砂)、$H_2C_2O_4 \cdot 2H_2O$、$Na_2C_2O_4 \cdot 2H_2O$、As_2O_3、$CaCO_3$、ZnO、Cu 和 Pb 等。但是，用来配制标准溶液的物质大多数不能满足上述条件。如氢氧化钠易吸收空气中的水分和二氧化碳，市售盐酸的含量有一定的波动，且易挥发，这类物质的标准溶液就不能用直接法配制，$KMnO_4$、H_2SO_4、$Na_2S_2O_3 \cdot 5H_2O$ 等也不能用直接法配制。

2. 标准溶液的配制

配制标准溶液的方法有直接法和间接法两种。

1)直接法

准确称取一定量基准物质，溶解后配成一定体积的溶液，根据物质质量和溶液体积，即可计算出该标准溶液的准确浓度。例如，称取4.903 g 基准物 $K_2Cr_2O_7$，用水溶解后，置于1 L容量瓶中，用水稀释至刻度，摇匀，即得0.01667 $mol \cdot L^{-1}$ $K_2Cr_2O_7$标准溶液。

2)间接法

又称标定法，有很多物质不能直接用来配制标准溶液，但可将其先配制成一种近似于所需浓度的溶液，然后用基准物质(或已经用基准物质标定过的标准溶液)来标定它的准确浓度。例如，欲配制0.1 $mol \cdot L^{-1}$ HCl 标准溶液，先用浓 HCl 稀释配制成浓度约为0.1 $mol \cdot L^{-1}$的稀溶液，然后称取一定量的基准物质(如硼砂)进行标定，或者用已知准确浓度的 NaOH 标准溶液进行标定，这样便可求得 HCl 标准溶液的准确浓度。

9.3.4　滴定分析的计量关系式

滴定分析计算的主要依据是根据化学反应方程式找出物质量之间的关系，从而求出未知量。设被测物 A 与滴定剂 B 之间的反应为 $aA + bB = eE + fF$，则计量关系式为：

$$\frac{1}{a}n_A = \frac{1}{b}n_B = \frac{1}{b}c_B V_B \qquad (9-10)$$

式中：n_A为被测物质 A 的物质的量；n_B为滴定剂 B 的物质的量；c_B和V_B分别为滴定剂 B 的物质的量浓度与体积。

例如，高锰酸钾测定双氧水

$$2KMnO_4 + 5H_2O_2 + 3H_2SO_4 = 2MnSO_4 + 5O_2\uparrow + K_2SO_4 + 8H_2O$$

式中，$a=2$，$b=5$，化学计量点时

$$n(KMnO_4) = \frac{2}{5}n(H_2O_2)$$

化学家史话——贝采里乌斯

贝采里乌斯(Jöns Jacob Berzelius，1779—1848)，瑞典化学家。1779年8月20日他生于东约特兰省的林雪平，卒于斯德哥尔摩。1796年他入乌普萨拉大学医学系学习，1802年获医学博士学位，后任斯德哥尔摩医学院医学、植物学和药物学教授。1815—1832年，他任卡罗琳外科医学院的化学教授，1808年选入斯德哥尔摩皇家科学院，他的研究工作涉及许多领域。

18世纪分析化学的代表人物首推贝采里乌斯。他引入了一些新试剂(如氢氟酸用于分解硅酸盐岩石和二氧化硅测定)和一些新技巧，并使用无灰滤纸、低灰分滤纸和洗涤瓶。他是第一位把原子量测得比较精确的化学家。除无机物外，他还测定过有机物中元素的百分数。他对吹管分析尤为重视。吹管分析可认为是冶金操作的微型化，即将少许样品置于炭块凹处，用氧化或还原焰加热，以观察其变化，从而获得有关样品的定性知识。此法沿用至19世纪，其优点是迅速、所需样品量少，又可用于野外勘探和普查矿产资源等。他首创了重量分析，最早分离出硅(1810)、钽(1824)和锆(1824)；详尽地研究了碲的化合物(1834)和稀有金属(钒、钼、钨等)的化合物。他大大改进了分析方法(使用橡皮管、水浴、干燥器、洗瓶、滤纸、吹管分析)和燃烧分析方法(1814)。

在发展原子论方面，贝采里乌斯认为，为了确立原子学说首先应以最大的精确度测出尽可能多的元素的相对原子质量。1814年他发表了包含41种元素的相对原子质量表，1826年增加到50种元素。他发现了铈(1803)、硒(1817)、钍(1828)元素，还提出了新的元素符号体系，沿用至今。贝采里乌斯还在电化学、催化和有机化学等方面有所建树。

例 9－2 欲配制 $c(H_2C_2O_4 \cdot 2H_2O)$ 为 0.2100 mol · L^{-1} 标准溶液 250.00 mL，应称取 $H_2C_2O_4 \cdot 2H_2O$ 多少克？

解：$H_2C_2O_4 \cdot 2H_2O$ 的摩尔质量为 126.07 g · mol^{-1}

$$m = cVM$$
$$= 0.2100 \times 250.00 \times 10^{-3} \times 126.07$$
$$= 6.619\ g$$

例 9－3 标定 0.2 mol · L^{-1} NaOH 溶液，如选用邻苯二甲酸氢钾作基准物质，欲将所用 NaOH 溶液的体积控制在 25 mL 左右，问应称取 $KHC_8H_4O_4$ 多少克？如果改用草酸（$H_2C_2O_4 \cdot 2H_2O$）作基准物质，则应称取 $H_2C_2O_4 \cdot 2H_2O$ 多少克？

解：（1）$NaOH + KHC_8H_4O_4 = KNaC_8H_4O_4 + H_2O$

设应称取 $KHC_8H_4O_4$ 的质量为 m_1，根据滴定分析的计量关系式

$$n(NaOH) = n(KHC_8H_4O_4)$$
$$0.2 \times 25 \times 10^{-3} = \frac{m_1}{204.2}$$
$$m_1 = 0.2 \times 25 \times 10^{-3} \times 204.2 = 1\ g$$

（2）$2NaOH + H_2C_2O_4 = Na_2C_2O_4 + 2H_2O$

设应称取 $H_2C_2O_4 \cdot 2H_2O$ 的质量为 m_2，有

$$n(NaOH) = 2n(H_2C_2O_4 \cdot 2H_2O)$$
$$m_2 = \frac{0.2 \times 25 \times 10^{-3}}{2} \times 126.1 = 0.3\ g$$

由此可见，采用邻苯二甲酸氢钾作基准物质可减少称量上的相对误差。另外，标准溶液的用量以控制在 25 mL 左右为宜，这样可使滴定管的读数误差控制在允许误差范围内，而又不致消耗过多的标准溶液。

视频9-4

9.4 酸碱滴定法

酸碱滴定法（acid－base titrimetry）是基于酸碱反应的滴定分析方法。酸碱滴定法的理论基础是酸碱质子理论。该方法简便、快速，是广泛应用的分析方法之一。

9.4.1 酸碱指示剂

酸碱指示剂（acid－base indicators）多为有机弱酸（常用 HIn 表示）和弱碱，指示剂酸式型和碱式型具有不同的颜色。如 HIn 在水溶液中存在平衡：

$$HIn \rightleftharpoons H^+ + In^-$$

酸式型（酸色）　　碱式型（碱色）

$$K_{HIn} = [H^+][In^-]/[HIn] \qquad (9-11)$$

两边取负对数：$pH = pK_{HIn} + \lg([In^-]/[HIn])$

溶液 pH 改变时，指示剂由于酸式型和碱式型浓度突变而改变颜色。根据人眼对颜色辨别：

$[In^-]/[HIn] \geq 10$	显$[In^-]$色；
$[In^-]/[HIn] \leq 10$	显$[HIn]$色；
$[In^-]/[HIn] = 1$	显混合色，为化学计量点。
$pH = pK_a \pm 1$	理论变色范围（相当 2 个 pH 范围）

实际上，指示剂酸色和碱色由于深浅引起肉眼敏感度不同，变色范围不都是 2 个 pH。如甲基橙变色 pH 范围为 3.1～4.4。指示剂使用时受溶液温度、介质、共存离子用量等因素影响。**指示剂变色范围**（color－change range）越窄，其性能和敏锐程度越好。**混合指示剂**（mixed indicators）比单一指示剂变色更敏锐，终点更易于观察，混合指示剂由两种指示剂混合或由一种指示剂加一种背景染料组成。

如甲基红和溴甲酚绿组成的混合指示剂（表 9－1）。

表 9－1　甲基红和溴甲酚绿组成的混合指标

溶液 pH	溴甲酚绿	甲基红	溴甲酚绿＋甲基红
≤4.0	黄色	红色	酒红
4.0～6.2	绿色	橙色	灰色
≥6.2	蓝色	黄色	绿色

指示剂种类很多，由于它们的解离常数不同，所以它们的变色点和变色范围也各不相同，这给选择指示剂提供了方便。现将常用酸碱指示剂列于表 9－2 中。

表 9-2　几种常用酸碱指示剂

指示剂	pH 变色范围	颜色变化	$pK^{\ominus}_{aHIn}$	浓度	用量/(滴 10 mol·L^{-1}试液)
百里酚蓝*	1.2～2.8	红～黄	1.7	0.1% 的 20% 乙醇溶液	1～2
甲基橙	3.1～4.4	红～黄	3.4	0.05% 的水溶液	1
溴甲酚绿	4.0～5.6	黄～蓝	4.9	0.1% 的 20% 乙醇溶液或其钠盐水溶液	1～3
甲基红	4.4～6.2	红～黄	5.0	0.1% 的 60% 乙醇溶液或其钠盐水溶液	1
溴百里酚蓝	6.2～7.6	黄～蓝	7.3	0.1% 的 20% 乙醇溶液或其钠盐水溶液	1
中性红	6.8～8.0	红～黄橙	7.4	0.1% 的 60% 乙醇溶液	1
酚酞	8.0～10.0	无～红	9.1	0.5% 的 90% 乙醇溶液	1～3
百里酚蓝	8.0～10.0	黄～蓝	8.9	0.1% 的 20% 乙醇溶液	1～4
百里酚酞	9.4～10.6	无～蓝	10.0	0.1% 的 90% 乙醇溶液	1～2

* 百里酚蓝有两个变色点

9.4.2　酸碱滴定曲线与指示剂的选择

视频9-5

滴定过程中溶液 pH 随滴定剂的不断加入而变化，在化学计量点附近(误差 ±0.1%)时，pH 一般会发生突变，此时选择合适的指示剂指示终点，可得到准确的分析结果。选择指示剂时，应尽量使 pK_{HIn} 接近 pH_{sp}(计量点)。

1. 强碱滴定强酸

用 0.1000 mol·L^{-1} NaOH 滴定 20.00 mL 等浓度的 HCl，滴定反应为

$$OH^- + H^+ \xlongequal{} H_2O$$

(1)滴定前，溶液的酸度等于 HCl 溶液的起始浓度，$[H^+]$ = 0.1000 mol·L^{-1}，pH = 1.00。

(2)滴定开始到化学计量点前，溶液的酸度取决于剩余 HCl 溶液的浓度。例如，当滴加 NaOH 溶液 18.00 mL 时，$[H^+] = 0.1000 \times 2.00/(20.00 + 18.00) = 5.26 \times 10^{-3}$ mol·L^{-1}，pH = 2.28；当滴加 NaOH 体积 19.98 mL，$[H^+] = 0.1000 \times 0.02/(20.00 + 19.98) = 5.00 \times 10^{-5}$ mol·L^{-1}，pH = 4.30。

(3)化学计量点时，滴入 NaOH 溶液 20.00 mL，此时溶液呈中性，$[H^+] = [OH^-] = 1.00 \times 10^{-7}$ mol·L^{-1}，pH = 7.00。

(4)化学计量点后，溶液的碱度取决于过量 NaOH 的浓度。例如，滴加 NaOH 溶液 20.02 mL 时，$[OH^-] = 0.1000 \times 0.02/(20.00 + 20.02) = 5.00 \times 10^{-5}$ mol·L^{-1}，pH = 9.7。

如此逐一计算，以 NaOH 的加入体积(或滴定百分数)为横坐标，以 pH 为纵坐标绘图，可得到图 9-2 所示酸碱滴定曲线。由图可见：

当滴定分数为100%时为化学计量点，pH = 7.00。滴定百分数在99.9% ~100.1%时，pH由4.30 ~9.70为突跃范围(ΔpH)。

滴定突跃(titration jump)有着重要的实际意义，它是选择指示剂的依据。凡是变色范围全部或部分区域落在滴定突跃范围内的指示剂都可以用来指示滴定终点。例如，图9 -2中滴定突跃范围为4.30 ~9.70，可选酚酞、甲基红、甲基橙等作为指示剂，都能基本保证终点误差在±0.1%以内。

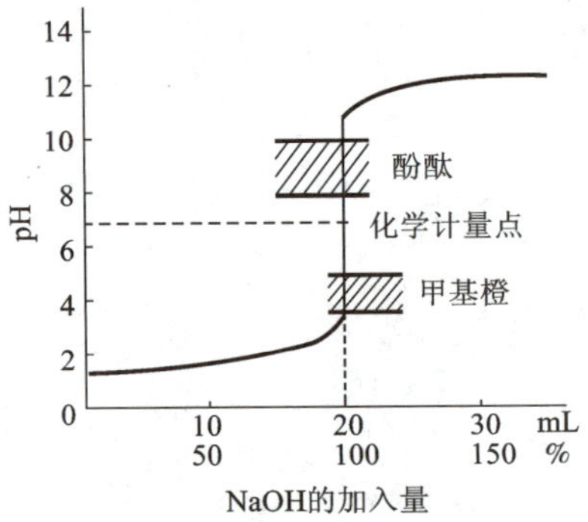

图9 -2　0.1000 mol·L^{-1} NaOH 滴定20.00 mL 0.1000 mol·L^{-1} HCl的滴定曲线

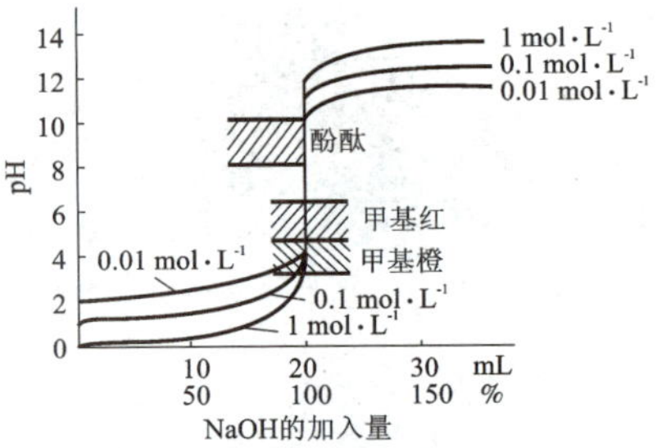

图9 -3　不同浓度的NaOH溶液滴定不同浓度的HCl溶液的滴定曲线

如果用HCl滴定NaOH(条件同前)，则滴定曲线与图9 -2的曲线对称，对称轴是突跃部分。这时酚酞、甲基红都可以作为指示剂。若用甲基橙指示剂从黄色滴定到橙色(pH为4.0)，将有+0.2%的误差。

滴定突跃范围的大小决定指示剂的正确选择，而突跃范围的大小还与酸碱的浓度有关。酸碱浓度越大，则突跃范围越大。图9 -3中表示了三种不同浓度酸碱的滴定曲线。可见ΔpH受酸碱浓度影响，c越大则ΔpH越大，但滴入一滴标液引起的误差也大，故滴定应控制适宜的浓度。其中酸碱浓度为1.000 mol·L^{-1}时突跃范围最大(pH = 3.30 ~10.70)，很多指示剂都适用。而酸碱浓度为0.01000 mol·L^{-1}时滴定突跃范围最小(pH = 5.30 ~8.70)，此时甲基橙就不能选为指示剂。酸碱浓度每增大或降低10倍，其突跃范围就增加或减少2个pH单位，选择指示剂时务必注意这种变化。

2. 强碱滴定一元弱酸

0.1000 mol·L^{-1}的NaOH滴定20.00 mL 0.1000 mol·L^{-1}的HAc，滴定反应为

$$HAc + OH^- = H_2O + Ac^-$$

(1)滴定前，是0.1000 mol·L^{-1}的HAc溶液，[H$^+$]计算如下

$$[H^+] = \sqrt{K^\ominus_{aHAc} \times [HAc]} = \sqrt{1.8 \times 10^{-5} \times 0.1000}$$
$$= 1.3 \times 10^{-3}\ mol \cdot L^{-1},\ pH = 2.89$$

(2)滴定开始至化学计量点前，溶液中的溶质有NaAc和剩余的HAc，HAc与其共轭碱Ac$^-$组成缓冲溶液，溶液pH的计算为

$$pH = pK^\ominus_a - \lg\frac{[HAc]}{[Ac^-]}$$

例如当加入19.98 mL NaOH溶液时，即有99.9%的HAc被中和，则

$$[Ac^-] = 5.0 \times 10^{-2}\ mol \cdot L^{-1}$$
$$[HAc] = 5.0 \times 10^{-5}\ mol \cdot L^{-1}$$
$$pH = 4.74 - \lg(5.0 \times 10^{-5}/5.0 \times 10^{-2}) = 7.74$$

(3)化学计量点时，HAc全部被中和，生成NaAc，此时[Ac$^-$] = 0.05000 mol·L^{-1}，因为$cK^\ominus_b > 20K^\ominus_w$，$c/K^\ominus_b > 500$，可用简单公式计算

$$[OH^-] = \sqrt{K_b c} = \sqrt{\frac{K_w}{K_a}c} = \sqrt{\frac{1.0 \times 10^{-14}}{1.8 \times 10^{-5}} \times 0.05000}$$
$$= 5.3 \times 10^{-6}\ mol \cdot L^{-1},\ pH = 8.72$$

(4)化学计量点后，溶液的组成是NaOH和NaAc。Ac$^-$的碱性较弱，溶液的[OH$^-$]由过量的NaOH浓度决定。例如，已滴入NaOH

20.02 mL，过量的 NaOH 为 0.02 mL，即过量 0.1%，则有

$$[OH^-]=\frac{20.02-20.00}{20.02+20.00}\times 0.1000=5.0\times 10^{-5}\ \text{mol}\cdot L^{-1},$$

$$pH=9.70$$

按上述方法，可以计算滴定过程中溶液的 pH，绘出滴定曲线如图 9－4 所示。

图 9－4 表明，如此逐一计算，以 NaOH 的滴入体积为横坐标，以 pH 为纵坐标绘图，可得到图 9－4 所示酸碱滴定曲线。由图 9－4 可知，在 NaOH 滴加 20.00 mL 时为化学计量点，此时 pH＝8.72。当 NaOH 滴加量在 99.9%～100.1% 时，pH 由 7.74～9.70，ΔpH＝9.70－7.74＝1.96，该区间为突跃范围。显然，在酸性区域变色的指示剂如甲基橙、甲基红等都不能用，应选用在碱性区域内变色的指示剂，如酚酞或百里酚酞。

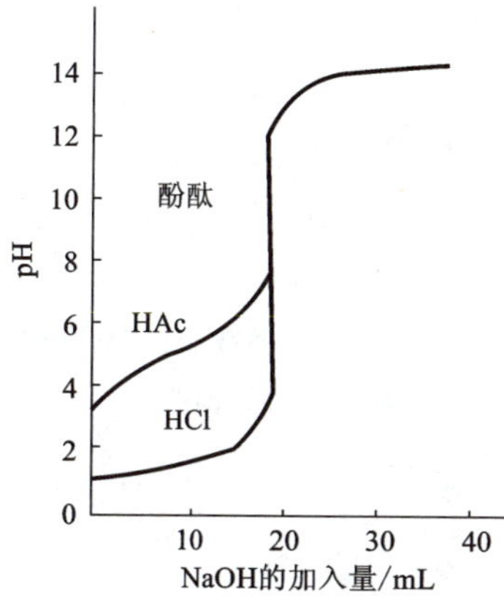

图 9－4　0.1000 mol · L^{-1} NaOH 滴定 0.1000 mol · L^{-1} HAc 的滴定曲线

强碱滴定弱酸的滴定突跃范围的大小，受酸碱的浓度和酸的强度的影响。当浓度一定时，$K_a^{\ominus}$ 越大，突跃范围越大；$K_a^{\ominus}$ 越小，突跃范围越小。强酸的强度最大，所以强碱滴定强酸时其突跃最大（见图 9－5 虚线）。当 $K_a^{\ominus}$ 一定时，浓度越大，突跃范围越大；反之，突跃范围越小。实践证明，突跃范围必须在 0.3 个 pH 单位以上，人们才能准确地通过观察指示剂的变色来判断滴定终点。要有 0.3 个 pH 单位的突跃必须满足下列条件：

$$cK_a^{\ominus}\geq 10^{-8} \tag{9-12}$$

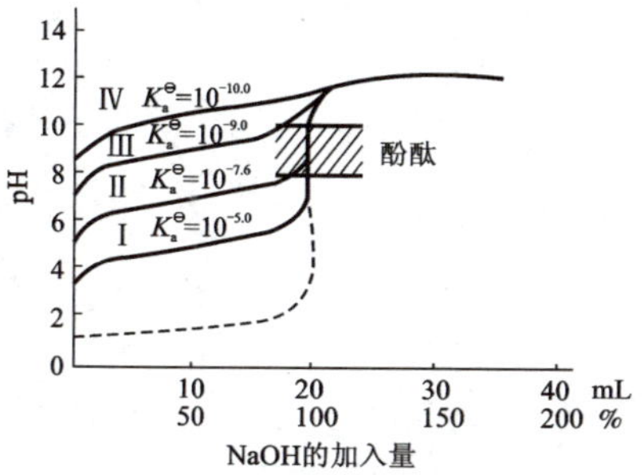

图 9－5　NaOH 溶液滴定弱酸溶液的滴定曲线

这是弱酸能否用强碱直接准确滴定的判断式，此时终点误差不大于 ±0.2%。如 H_3BO_3（$K_a=5.8\times 10^{-10}$），即使浓度为 1 mol · L^{-1} 也不能用强碱直接滴定，只能采用其他的滴定方式。

3. 强碱滴定多元酸

多元酸（polyprotic acid）是分步解离的，强碱滴定剂能否滴出每一步突跃以及能滴定到第几步，这是滴定研究的重要问题。由于滴定曲线计算复杂，通常只计算化学计量点时的 pH。

凡能满足 $cK_a\geq 10^{-8}$ 的酸都可被准确滴定，能否分步滴定则要满足 $K_{a1}/K_{a2}>10^5$。

如用 0.1000 mol · L^{-1} 的 NaOH 滴定 20.00 mL 同浓度的 H_3PO_4 溶液。第一化学计量点产物为 $H_2PO_4^-$，浓度 $c_{H_2PO_4^-}=0.05$ mol · L^{-1}。因 $c_{sp1}K_{a1}>10^{-8}$，故可以准确滴定；又由于 $K_{a1}/K_{a2}>10^5$，故可滴出第一突跃。此时，$c_{sp1}K_{a1}>20K_w$，可忽略水的离解；又由于 $c_{sp1}<20K_{a1}$，因此第一突跃点的 pH 可用近似式

$$[H^+]=\sqrt{\frac{K_{a1}K_{a2}c}{K_{a1}+c}}=\sqrt{\frac{7.5\times 10^{-3}\times 6.3\times 10^{-6}\times 0.5}{7.5\times 10^{-3}+0.05}}$$

$$=2.0\times 10^{-5}\text{mol}\cdot L^{-1},\ pH=4.70$$

第二化学计量点产物是 HPO_4^{2-}，浓度 $c_{HPO_4^{2-}}=0.033$ mol · L^{-1}，$c_{sp2}K_{a2}\approx 10^{-8}$，故可以准确滴定；$K_{a2}/K_{a3}>10^5$，可以滴出第二突跃。$c_{sp2}K_{a3}\approx K_w$，不能忽略水的离解；$c_{sp2}>20K_w$，用不忽略水离解的近似式计算第二突跃点的 pH

视频9－6

$$[H^+]=\sqrt{\frac{K_{a2}(K_{a3}c+K_w)}{c_{sp2}}}$$

$$= \sqrt{\frac{6.3\times10^{-8}(0.033\times4.4\times10^{-13}+1.0\times10^{-14})}{0.033}}$$
$$=2.2\times10^{-10}\ \mathrm{mol\cdot L^{-1}},\ \mathrm{pH}=9.66$$

对于第三化学计量点，因 $c_{sp3}K_{a3} \ll 10^{-8}$，故不能准确滴定。但若在溶液加入 $CaCl_2$，可以强化 HPO_4^{2-} 的离解，使第三步电离产生 H^+，此时又可继续用 NaOH 滴出突跃，如图 9 -6 所示。

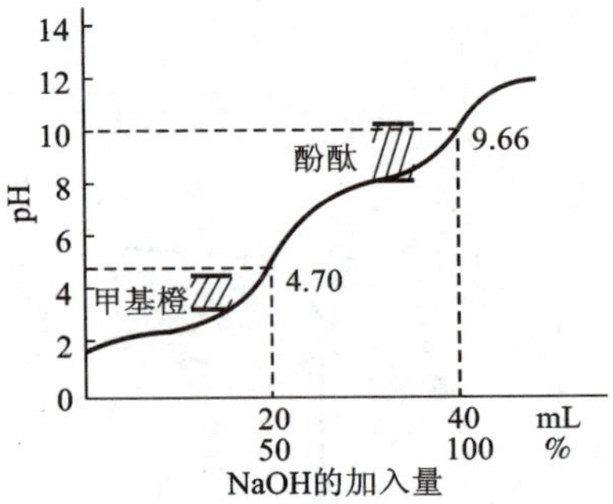

图 9 -6 NaOH 溶液滴定 H_3PO_4 溶液的滴定曲线

4. 滴定误差

前已述及，指示剂变色点与化学计量点不一致，引起的误差为滴定误差，以 E_t 表示

$$E_t = -\frac{\text{终点时剩余物质的量}}{\text{化学计量点时应加入物质的量}}\times100\%$$

滴定剂为酸

$$E_t = \frac{[OH^-]_{sp}-[H^+]_{sp}}{c_{a_{sp}}}\times100\% \qquad (9-13)$$

滴定剂为碱

$$E_t = \frac{[H^+]_{sp}-[OH^-]_{sp}}{c_{b_{sp}}}\times100\% \qquad (9-14)$$

滴定终点在化学计量点前，产生负误差，使分析结果偏低；滴定终点在化学计量点后，产生正误差，使分析结果偏高。

9.4.3 酸碱标准溶液的配制与标定

酸碱滴定法中最常用的标准溶液是 HCl 与 NaOH 溶液，有时也用 H_2SO_4，HNO_3，KOH 等其他强酸强碱。溶液浓度常配成 0.1 $\mathrm{mol\cdot L^{-1}}$，太浓消耗试剂太多造成浪费，太稀滴定突跃小，得不到准确的结果。一般采用间接法配制。

1. 酸标准溶液

HCl 标准溶液一般用浓盐酸间接法配制，先配成大致所需浓度，然后用基准物质标定。最常用的基准物质有无水碳酸钠（Na_2CO_3）与硼砂。

碳酸钠容易制得很纯，价格便宜，也能得到准确的结果。但碳酸钠有强烈的吸湿性，因此用前必须在 270 ~ 300℃ 加热约 1 h，然后放于干燥器中冷却备用。标定时可选甲基橙或甲基红作指示剂，滴定反应如下

$$Na_2CO_3 + 2HCl \xlongequal{\quad} 2NaCl + CO_2\uparrow + H_2O$$

根据滴定分析的计量关系式可计算 HCl 溶液的准确浓度

$$c_{HCl} = \frac{2\times m_{Na_2CO_3}}{M_{Na_2CO_3}\times V_{HCl}\times10^{-3}}$$

硼砂（$Na_2B_4O_7\cdot10H_2O$）标定 HCl 的反应如下

$$Na_2B_4O_7\cdot10H_2O + 2HCl \xlongequal{\quad} 4H_3BO_3 + 2NaCl + 5H_2O$$

它与 HCl 反应的物质的量比也是 1∶2，但由于其摩尔质量较大（381.4 $\mathrm{g\cdot mol^{-1}}$），在直接称取单份基准物作标定时，称量误差小。硼砂无吸湿性，也容易提纯。其缺点是在空气中易失去部分结晶水，因此常保存在相对湿度为 60% 的恒湿器中。滴定时，选甲基红为指示

剂是合适的。根据标定反应的计量关系式可准确计算 HCl 溶液的浓度

$$c_{HCl}=\frac{2\times m_{硼砂}}{M_{硼砂}\times V_{HCl}\times 10^{-3}}$$

视频9-7

2. 碱标准溶液

NaOH 具有很强的吸湿性，也易吸收空气中的 CO_2，因此不能用直接法配制标准溶液而是先配成大致浓度的溶液，然后进行标定。常用来标定 NaOH 溶液的基准物质有邻苯二甲酸氢钾、草酸等。

邻苯二甲酸氢钾（$KHC_8H_4O_4$）是两性物质（邻苯二甲酸的 $pK_{a2}^{\ominus}$ 为 5.4），与 NaOH 定量地反应

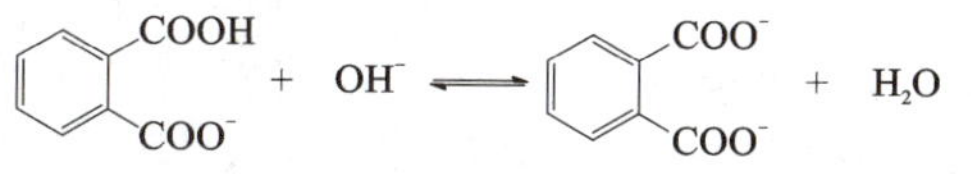

滴定时选酚酞为指示剂。根据滴定分析的计量关系式可计算 NaOH 的准确浓度。邻苯二甲酸氢钾容易提纯；在空气中不吸水，容易保存；与 NaOH 按 1∶1 物质的量比反应；摩尔质量又大（$204.2\ g\cdot mol^{-1}$），可以直接称取单份作标定。所以它是标定碱的较好的基准物质。

9.4.4　酸碱滴定法的应用实例

酸碱滴定法在生产实际中应用广泛，许多化工产品，如烧碱、纯碱、硫酸铵和碳酸氢铵等，一般用酸碱滴定法测定其主成分的含量。钢铁及某些原材料中碳、硫、磷、硅和氮等元素的测定，也可采用酸碱滴定法。其他如有机合成工业和医药工业中的原料、中间产品及成品的分析等，有时也用酸碱滴定法。下面介绍酸碱滴定法的几个应用实例。

1. 氮含量的测定

在生产和科研中常常需要测定水、食品、土壤、动植物等样品中的含氮量。对于这些物质中氮含量的测定，通常是将试样进行适当处理，使各种含氮化合物中的氮都转化为氨态氮，再进行测定，常用凯氏定氮法。

样品如果是无机盐，如 $(NH_4)_2SO_4$、NH_4Cl 等，则将试样中加入过量的浓碱，然后加热将 NH_3 蒸馏出来，用过量的饱和 H_3BO_3 溶液吸收，再用标准 HCl 溶液滴定。可选用甲基红和溴甲酚绿混合指示剂，终点为粉红色。蒸馏出的 NH_3，除用硼酸吸收外，还可用过量的酸标准溶液吸收，然后以甲基红或甲基橙作指示剂，再用碱标准溶液返滴定剩余的酸。

试样如果是含氮的有机物质，测其含氮量时，首先用浓 H_2SO_4 消煮使有机物分解并转化成 NH_3，并与 H_2SO_4 作用生成 NH_4HSO_4。这一反应的速度较慢，因此常加 K_2SO_4 以提高溶液的沸点，并加催化剂如 $CuSO_4$、HgO 等，经这样处理后就可用上述方法测量物质的含氮量了。此法只限于物质中以 −3 价状态存在的氮。对于含氮的氧化型的化合物，如有机的硝基或偶氮化合物，在消煮前必须用还原剂（如 Fe(Ⅱ)或硫代硫酸钠）处理后，再如上法测定。

2. 混合碱的分析

1）烧碱中 NaOH 和 Na_2CO_3 含量的测定

常用双指示剂法测定烧碱中 NaOH 与 Na_2CO_3 的含量，称为混合碱的分析。

所谓双指示剂法，就是利用两种指示剂进行连续滴定，根据不同化学计量点颜色变化得到两个终点，分别根据各终点处所消耗的酸标准溶液的体积，计算各成分的含量。首先以酚酞为指示剂，用 HCl 标准溶液滴至溶液红色刚消失时，记录所用 HCl 体积为 V_1（mL），此时混合碱中 NaOH 全部被中和，而 Na_2CO_3 仅中和到 $NaHCO_3$，此为第一终点。然后再加入甲基橙指示剂，继续用 HCl 标准溶液滴定至溶液由黄色恰变橙色为止，即为第二终点，又消耗的 HCl 用量记录为 V_2（mL）。整个滴定过程如图 9－7 所示。设烧碱试样质量为 m_s，则根据滴定的体积关系，则有下列计算关系：

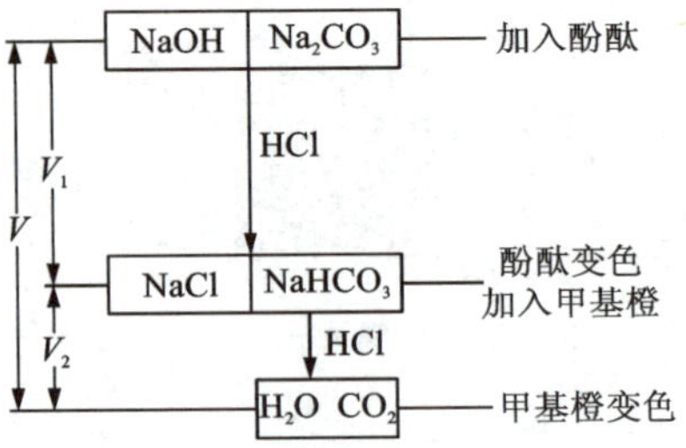

图 9－7　NaOH 与 Na_2CO_3 混合物的测定

$$\omega_{NaOH}=\frac{c_{HCl}(V_1-V_2)_{HCl}\times10^{-3}\times M_{NaOH}}{m_s}$$

$$\omega_{Na_2CO_3}=\frac{c_{HCl}V_{2\ HCl}\times10^{-3}\times M_{Na_2CO_3}}{m_s}$$

2）Na_2CO_3 与 $NaHCO_3$ 混合物的测定

Na_2CO_3 与 $NaHCO_3$ 混合碱的测定，与测定烧碱的方法相类似。用双指示剂法，滴定过程如图 9－8 所示。由图 9－8 可得计算公式如下

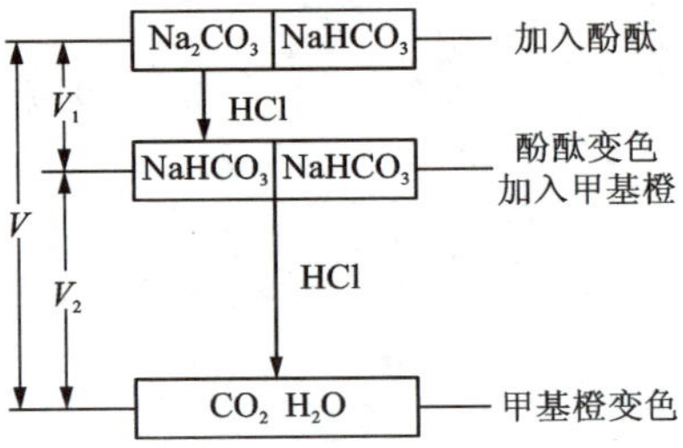

图 9－8　Na_2CO_3 与 $NaHCO_3$ 混合物的测定

$$\omega_{Na_2CO_3}=\frac{c_{HCl}V_{1\ HCl}\times10^{-3}\times M_{Na_2CO_3}}{m_s}$$

$$\omega_{NaHCO_3}=\frac{c_{HCl}(V_2-V_1)_{HCl}\times10^{-3}\times M_{NaHCO_3}}{m_s}$$

视频9－8

视频9－9

视频9－10

双指示剂法不仅用于混合碱的定量分析，还可用于判断混合碱的组成：

V_1 或 V_2 的变化	试样的组成（括号中 HCl 体积用于计算各组分含量）
$V_1\neq0$，$V_2=0$	OH^-（V_1）
$V_1=0$，$V_2\neq0$	HCO_3^-（V_2）
$V_1=V_2\neq0$	CO_3^{2-}（V_1 或 V_2）
$V_1>V_2>0$	OH^-（V_1-V_2）＋CO_3^{2-}（V_2）
$V_2>V_1>0$	CO_3^{2-}（V_1）＋HCO_3^-（V_2-V_1）

本章复习指导

掌握：避免误差的方法；标准溶液及滴定分析的计算；各类型酸碱滴定过程中 pH 变化规律及指示剂的选择方法；酸碱滴定分析计算。

熟悉：指示剂的变色原理；数据处理和分析结果的表示方法。

了解：误差的分类和来源；滴定分析法对化学反应的要求和滴定方式。

选读材料

自动电位滴定仪

自动电位滴定仪是根据电位法原理设计的用于容量分析的常见的一种分析仪器。主要用于高等院校、科研机构、石油化工、制药、药检、冶金等各行业的各种成分的化学分析。

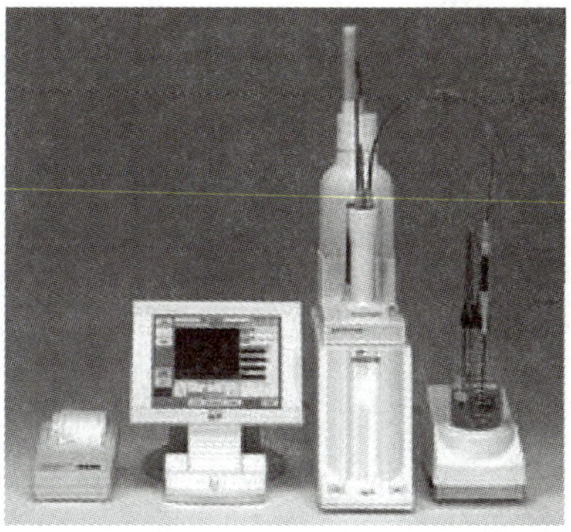

图9－9　自动电位滴定仪

一、原理

电位滴定法是在滴定过程中通过测量电位变化以确定滴定终点的方法，和直接电位法相比，电位滴定法不需要准确地测量电极电位，因此，温度、液体接界电位的影响并不重要，其准确度优于直接电位法，普通滴定法是依靠指示剂颜色变化来指示滴定终点，如果待测溶液有颜色或浑浊时，终点的指示就比较困难，或者根本找不到合适的指示剂。电位滴定法是靠电极电位的突跃来指示滴定终点。在滴定到达终点前后，滴液中的待测离子浓度往往连续变化 n 个数量级，引起电位的突跃，被测成分的含量仍然通过消耗滴定剂的量来计算。

使用不同的指示电极，电位滴定法可以进行酸碱滴定、氧化还原滴定、配合滴定和沉淀滴定。酸碱滴定时使用 pH 玻璃电极为指示电极，在氧化还原滴定中，可以用铂电极作指示电极。在配合滴定中，若用 EDTA 作滴定剂，可以用汞电极作指示电极，在沉淀滴定中，若用硝酸银滴定卤素离子，可以用银电极作指示电极。在滴定过程中，随着滴定剂的不断加入，电极电位 E 不断发生变化，电极电位发生突跃时，说明滴定到达终点。用微分曲线比普通滴定曲线更容易确定滴定终点。

如果使用自动电位滴定仪，在滴定过程中可以自动绘出滴定曲线，自动找出滴定终点，自动给出体积，滴定快捷方便。

进行电位滴定时，被测溶液中插入一个参比电极、一个指示电极组成工作电池。随着滴定剂的加入，由于发生化学反应，被测离子浓度不断变化，指示电极的电位也相应地变化，并在化学计量点附近发生电位的突跃。因此测量工作电池电动势的变化，可确定滴定终点。

电位滴定的基本仪器装置包括滴定管、滴定池、指示电极、参比电极、搅拌器和测电动势的仪器。

二、特点

电位滴定法比用指示剂的容量分析法有许多优越的地方，首先可用于有色或混浊的溶液的滴定，使用指示剂是不行的；在没有或缺乏指示剂的情况下，用此法解决；还可用于浓度较稀的试液或滴定反应进行不够完全的情况；灵敏度和准确度高，并可实现自动化和连续测定。因此用途十分广泛。

按照滴定反应的类型，电位滴定可用于中和滴定(酸碱滴定)、沉淀滴定、络合滴定、氧化还原滴定。

三、用途

1. 供实验室应用电位滴定法进行容量分析；

2. pH 或电极电位的控制滴定；

3. 全自动电位滴定法进行容量分析；

4. pH 测定：供实验室取样测定水溶液的 pH，或化妆品的 pH；

5. 电位测定：测量电极的电位或其他毫伏值。

四、技术性能

1. 量程：(0 ~ ±1400) mV。

2. 最小分度值：1 mV。

3. 电子单元基本误差：

a）pH 挡：±0.03 pH；

b）mV 挡：±5 mV。

4. 仪器 pH 测量基本误差：±0.06 pH。

5. 电子单元输入电流：2×10 A。

6. 电子单元输入阻抗：不小于 3×10 Ω。

7. 容量分析重复性误差：0.2%。

8. 滴定控制灵敏度：

a）pH 挡：±0.03 pH

b）mV 挡：±5 mV。

终点设定范围：(−1400 ~ 1400) mV 或 (0 ~ 14) pH。电子单元稳定性：±0.01 pH/3 h。

五、使用条件

1. 电源电压：AC (220 ± 22) V，频率：(50 ± 1) Hz；

2. 环境温度：(5 ~ 40) ℃；

3. 相对湿度：≤85%；

4. 无强磁场干扰，无激烈振动。

复习思考题

1. 导致误差产生的原因有哪些？误差的表示方法有哪些？如何减小误差？

2. 准确度和精密度各指什么？它们之间有什么关联？

3. NaOH 标准溶液如吸收了空气中的 CO_2，当用于滴定 (1) 强酸，(2) 弱酸时，对滴定的准确度各有何影响？

4. 标定 NaOH 溶液的浓度时，若采用：(1) 部分风化的 $H_2C_2O_4 \cdot 2H_2O$，(2) 含有少量中性杂质的 $H_2C_2O_4 \cdot 2H_2O$，则标定所得的浓度偏高还是偏低？为什么？

5. 用下列物质标定 HCl 溶液浓度：(1) 在 110℃ 烘过的 Na_2CO_3，(2) 在相对湿度为 30% 的容器中保存的硼砂，则标定所得的浓度偏高还是偏低？为什么？

6. 有四种未知物，它们可能是 NaOH、Na_2CO_3、$NaHCO_3$ 或它们的混合物，如何把它们区别开来并分别测定它们的含量？说明理由。

习 题

1. 测定某样品的含氮量，6 次平行测定的结果是：20.48%、

20.55%、20.58%、20.60%、20.53%和20.50%。

(1)计算这组数据的平均值、绝对偏差、相对平均偏差、标准偏差和变异系数；

(2)若此样品是标准样品，含氮量为20.45%，计算六次测定结果$\overline{X_6}$的绝对误差和相对误差。

2. 滴定管读数误差为±0.01 mL，做一次滴定要读数两次。如果滴定时消耗标准溶液2.50 mL，相对误差是多少？如果消耗25.00 mL，相对误差又是多少？这个数值说明什么问题？

3. 下列物质中哪些可以用直接法配制标准溶液？哪些只能用间接法配制？

H_2SO_4，KOH，$KMnO_4$，$K_2Cr_2O_7$，KIO_3，$K_2S_2O_3 \cdot 5H_2O$

4. 把0.880 g有机物质里的氮转变为NH_3，然后将NH_3通入20.00 mL 0.2133 $mol \cdot L^{-1}$ HCl溶液里，过量的酸以0.1962 $mol \cdot L^{-1}$ NaOH溶液滴定，需要用5.50 mL，计算有机物中氮的质量分数。

5. 用邻苯二甲酸氢钾($KHC_8H_4O_4$)标定浓度约为0.1 $mol \cdot L^{-1}$ NaOH时，控制NaOH溶液用量在30 mL左右，问应称取$KHC_8H_4O_4$多少克？

6. 0.2845 g碳酸钠(含Na_2CO_3 90.35%，不含其他碱性物质)恰好与28.45 mL HCl中和生成CO_2，计算HCl的物质的量浓度。

7. 滴定0.1560 g草酸的试样，消耗0.1011 $mol \cdot L^{-1}$ NaOH 22.60 mL，求草酸试样中$H_2C_2O_4 \cdot 2H_2O$的质量分数。

8. 测定肥料中的铵态氮时，称取试样0.2471 g，加浓NaOH溶液蒸馏，产生的NH_3用过量的50.00 mL 0.1015 $mol \cdot L^{-1}$ HCl吸收，然后再用0.1022 $mol \cdot L^{-1}$ NaOH返滴过量的HCl，消耗11.69 mL，计算样品中的含氮量。

9. 有工业硼砂1.000 g，用0.2000 $mol \cdot L^{-1}$ HCl 25.00 mL中和至化学计量点，试计算样品中$Na_2B_4O_7 \cdot 10H_2O$、$Na_2B_4O_7$和B的质量分数。

10. 称取混合碱0.5895 g，用0.3000 $mol \cdot L^{-1}$的HCl滴定至酚酞变色时，消耗24.08 mL HCl，加入甲基橙后继续滴定，又消耗12.02 mL HCl，计算该试样中各组分的质量分数。

11. 用凯氏法测定蛋白质中的含氮量时，称取样品0.2420 g，用浓H_2SO_4和催化剂消解，蛋白质全部转化为铵盐，然后加碱蒸馏，用4%的H_3BO_3溶液吸收NH_3，最后用0.09680 $mol \cdot L^{-1}$ HCl滴定至甲基红变色，消耗25.00 mL，计算样品中N的质量分数。

12. 含有Na_2CO_3、$NaHCO_3$和惰性杂质的混合物样品重0.3010 g，用0.1060 $mol \cdot L^{-1}$ HCl溶液滴定，需20.10 mL到达酚酞滴定终点。当达到甲基橙滴定终点时，所用滴定剂总体积为47.70 mL。问混合物中Na_2CO_3和$NaHCO_3$的质量分数各是多少？

第9章习题答案

第 10 章

仪器分析基础

(Fundamentals of Instrumental Analysis)

仪器与诺奖

在现代科学发展中，各种新型仪器的研制与分析方法的建立扮演了极为重要的角色。许多研制、应用原创性科学仪器的大师，最后获得了诺贝尔奖。在1901—2017年历年的诺贝尔化学奖、物理学奖、生理学或医学奖获奖成果中，与原创性科学仪器有关的诺贝尔奖包括：

1. 1901年，诺贝尔奖第一次颁发，伦琴就由于发现X射线而获得了物理学奖。

2. 1915年，布拉格父子因在用X射线研究晶体结构方面所做出的杰出贡献分享了诺贝尔物理学奖，而小布拉格年仅25岁便获得诺贝尔奖，成为历史上最年轻的诺贝尔物理学奖获奖者。

3. 1922年，弗朗西斯·阿斯顿，因质谱仪的发明、同位素和质谱的研究荣获了诺贝尔化学奖。阿斯顿有一句让人奉为圭臬的名言："要做更多的仪器，还要更多地测量。"

4. 1924年，爱因托芬因发现心电图的产生机制和改进、完善心电图仪，被授予诺贝尔生理学或医学奖。

5. 1926年，斯维德伯格发明超离心机，获得诺贝尔化学奖。

6. 1952年，阿彻·约翰·波特·马丁和理查德·劳伦斯·米林顿·辛格因发明了分配色谱法而获诺贝尔化学奖。

7. 1959年，雅罗斯拉夫·海洛夫斯基，因发现并发展了极谱分析法而获诺贝尔化学奖。

8. 1952年，诺贝尔物理学奖授予了布洛赫和珀塞尔，以表彰他们发展了核磁精密测量的新方法及由此所作的发现。除了1952年的物理学奖外，与核磁相关的还包括1943和1944年物理学奖、1991和2002年化学奖以及2003年的医学奖，开创了诺贝尔科学奖授奖史的纪录。

9. 1953年，泽尔尼克因发明了相衬显微镜获诺贝尔物理学奖。

10. 1972年，诺贝尔化学奖授予穆尔、斯坦、安芬林，他们研制发明了氨基酸自动分析仪，利用该仪器解决了有关氨基酸、多肽、蛋白质等复杂的生物化学问题。

仪器分析是以物质的物理性质或物理化学性质为基础，探索这些性质在分析过程中所产生的分析信号与被测物组成和含量的内在关联，进而对其进行定性、定量、形态和结构分析的一类分析方法。由于这类方法的测定通常用到各种贵重、精密的分析仪器，因此称为仪器分析。仪器分析主要包括：光谱分析法、色谱分析法、电化学分析法、质谱分析法等。本章将在简要介绍仪器分析的特点和性能指标的基础上，重点讨论紫外—可见吸收光谱法及其在物质结构和定量分析方面的应用，对于气相和液相色谱分析技术也将作简单介绍。

10.1 仪器分析概述

10.1.1 仪器分析的特点

仪器分析方法种类繁多，与化学分析对比，它们具有如下共同特点。

(1)灵敏度高。仪器分析灵敏度较化学分析高得多，相对灵敏度一般在$10^{-11}\sim10^{-4}$之间，绝对灵敏度一般在1×10^{-9} g到1×10^{-4} g之间，适合于低含量组分和微量试样的分析。

(2)选择性强。许多仪器分析方法，只要选择好适宜的操作条件，可在其他组分共存时进行单组分测定或多组分同时测定而无须进行化学分离，适合复杂组分样品分析。

(3)分析速度快。试样经过预处理后，仪器分析的测量速度是很快的。如，气相色谱分析仪可在10多分钟之内测出多达数十个化合物的分析结果。

(4)应用范围广。可由元素分析伸展到结构分析、状态分析、微区分析和薄层分析等。

(5)借助计算机信息技术，易于实现分析自动化和仪器智能化。

仪器分析也有局限性。如仪器较贵，特别是大型化和复杂化的仪器，因而难以普及。再者，仪器分析是一种相对分析方法，一般需用化学纯品作标准来进行对照。此外，要掌握仪器分析方法，分析人员还必须有扎实的化学分析基础。

10.1.2 分析仪器的主要性能指标

评价分析仪器的性能，需要一定的性能指标或参数。通过参数比较，既可以考察同类型不同型号的仪器工作状况，也可以判断不同类型仪器的长短和用途。一般来讲，分析仪器具有以下常用性能指标。

1. 精密度

分析数据的**精密度**(precision)指同一仪器用同一方法多次测定所得到的数据间相互接近的程度，是表征偶然误差大小的指标。IUPAC规定，精密度用相对标准偏差*RSD*表示：

$$RSD=\frac{s}{\bar{x}}\times100\% \qquad (10-1)$$

式中：s即为标准偏差(也称标准差)；$\bar{x}$为n次测量的平均值。

2. 灵敏度

仪器或分析方法的**灵敏度**(sensitivity)有多种表示，其中仪器响应值灵敏度是指分析仪器的响应值在样品浓度(或量)改变一个单位时所引起的信号变化。对于相同样品量，响应信号变化越大的仪器，对这种物质的灵敏度就越高。灵敏度决定于两个因素：校正曲线即“响应值对样品浓度(或量)作图所得直线”的斜率和仪器的精密度。在相同精密度的两个方法中，校正曲线斜率越大，方法越灵敏。同样，在校正曲线斜率相同的两种方法中，精密度好的有较高灵敏度。根据IUPAC规定，灵敏度用**校正灵敏度**(calibration sensitivity)表示，即测定浓度范围内校正曲线的斜率。一般通过一系列不同浓度标准溶液来测定校正曲线。

3. 检出限

检出限(detection limit)的定义为一定置信水平下检出被测物或组分的最小量或最低浓度，又称检测下限或最低检出量等。它取决于被测物产生的信号与空白信号波动或噪声统计平均值之比。当被测物信号大于空白信号随机变化值一定倍数 k(即置信因子，为3～5倍)时，被测物才能被检出。最小可鉴别的分析信号 S_m 至少应等于空白信号平均值 S_{bl} 加 k 倍空白信号标准差(s_{bl})之和

$$S_m = S_{bl} + ks_{bl} \quad (10-2)$$

测定 S_m 的实验方法是通过一定时间内20～30次空白测定，统计处理得到 S_{bl} 和 s_{bl}。再根据IUPAC的建议，取 $k=3$ 作为标准，并按检出限定义，在给定的置信度(约90%)内，则可从样品中检出待测物质的最低检测浓度 c_m 或最低检测量 q_m 的计算公式为

$$C_m = \frac{S_m - S_{bl}}{S} = \frac{ks_{bl}}{S} = \frac{3s_{bl}}{S} \quad (10-3)$$

或

$$q_m = \frac{3s_{bl}}{S} \quad (10-4)$$

式中：S 为校正曲线在低浓度范围内的斜率。

4. 校正曲线的线性范围

校正曲线的线性范围(dynamic range)，是指响应信号与样品浓度或量成正比的范围，即定量测定最低浓度(LOQ)扩展到校正曲线偏离线性响应(LOL)的浓度范围。定量测定下限一般取等于10倍空白重复测定标准差。

各种仪器线性范围相差很大，实用分析方法动态范围至少两个数量级。有些方法适用浓度范围甚至达5～6个数量级。

5. 选择性和准确度

一种仪器方法的**选择性**(selectivity)是指避免试样中含有其他组分干扰待测组分测定的程度。没有一个分析方法能完全避免干扰，因此降低干扰是分析测试中必须要考虑的步骤。**准确度**(accuracy)是多次测定的平均值与真值相符的程度。实际工作中，常用标准物或标准方法进行对照实验确定。

11. 1979年，诺贝尔生理学或医学奖授予发明X射线断层扫描仪(CT扫描)的科马克（Allan M. Cormack）、蒙斯菲尔德。

12. 1981年，诺贝尔物理学奖获得者为西格巴恩(Nicolaas Bloembergen)，开发了高分辨率测量仪器以及对光电子和轻元素的定量分析；肖洛(Arthur L. Schawlow)，发明了高分辨率的激光光谱仪。

13. 1982年诺贝尔化学奖获得者为阿龙·克卢格(Sir Aaron Klug)，因“发展了晶体电子显微术，并且研究了具有重要生物学意义的核酸—蛋白质复合物的结构”而获奖。

14. 1986年，恩斯特·鲁斯卡因为设计了第一台透射电子显微镜、格尔德·宾宁和罗雷尔因为设计了第一台扫描隧道电子显微镜，而共同获得诺贝尔物理学奖。

15. 1991年，恩斯特因为发明了傅立叶变换核磁共振分光法和二维核磁共振技术，获得诺贝尔化学奖，核磁共振技术成为化学的基本和必要的工具。

16. 1994年，布罗克豪斯和沙尔因在凝聚态物质的研究中发展了中子散射技术，获得诺贝尔物理学奖。

17. 1999年，艾哈迈德·泽维尔因“用飞秒光谱学对化学反应过渡态的研究”而获诺贝尔化学奖。

18. 2002年，诺贝尔化学奖分别表彰了两项成果，一项是约翰·芬恩与日田中耕一“发明了对生物大分子进行确认和结构分析的方法”和“发明了对生物大分子的质谱分析法”，另一项是库尔特·维特里希“发明了利用核磁共振技术测定溶液中生物大分子三维结构的方法”。

19. 2014年，美国及德国三位科学家 Eric Betzig、Stefan W. Hell 和 William E. Moerner 因研制出超分辨率荧光显微镜获诺贝尔化学奖。

20. 2017年，诺贝尔化学奖颁给雅克·杜波切特，阿希姆·弗兰克和理查德·亨德森，表彰他们发展了冷冻电子显微镜技术，以很高的分辨率确定了溶液里的生物分子的结构。

视频10-1

视频10-2

10.2 光谱分析的基本原理

10.2.1 物质的吸收光谱

光是一种电磁辐射能(又称电磁波)，从 γ 射线到无线电波都是电磁辐射，它们的区别仅在于波长或频率不同，即光子具有的能量不同。波长在 190 ~ 400 nm 范围的光称为近紫外光，波长在 400 ~ 760 nm之间的光称为可见光。不同颜色的可见光有其特定的波长范围。物质呈现不同的颜色，是由于物质选择性吸收不同波长的光之后所产生的结果。物质颜色与所吸收的光颜色之间的关系，见表 10 - 1。

表 10 - 1 物质颜色与吸收光颜色的互补关系

物质颜色	黄绿	黄	橙	红	紫红	紫	蓝	绿蓝	蓝绿
吸收光颜色	紫	蓝	绿蓝	蓝绿	绿	黄绿	黄	橙	红
波长/nm	400 ~ 450	450 ~ 480	480 ~ 490	490 ~ 500	500 ~ 560	560 ~ 580	580 ~ 610	610 ~ 650	650 ~ 760

物质对光的吸收是物质的分子、原子或离子与辐射能相互作用的一种形式，只有当入射光能量与吸光物质跃迁能级之间的能量差恰好相等，即光子能量 $\varepsilon = h\upsilon = \Delta E = E_1 - E_2$ 的入射光才会被吸收。

溶液对光的吸收一般通过实验方法来研究，即让不同波长的单色光($\Delta\lambda \to 0$)通过溶液，测量溶液对此波长的光的吸收程度，即**吸光度**(absorbency)。以波长为横坐标、以吸光度为纵坐标作图所得相应曲线，称为吸收光谱，以此为依据进行的定性定量及结构分析方法称为吸收光谱法。由于不同物质分子中的价电子从基态跃迁到激发态时所需能量各不相同，即 $\Delta E = E_{激发态} - E_{基态} = h\upsilon = hc/\lambda$ 不同，所以其吸收波长也不同。

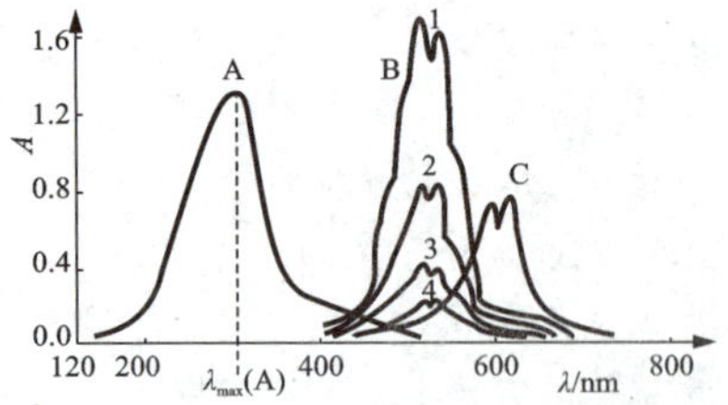

图 10 - 1 不同物质(A，B，C)和不同浓度(1，2，3，4)的同一物质(B)的吸收光谱(浓度：1 > 2 > 3 > 4)

图 10 - 1 中 A、B、C 分别代表三种不同物质的吸收光谱，1、2、3、4 代表被测物质 B 含量由高到低的吸收光谱。每种物质的吸收光谱一般都有最大吸收值，称为吸收峰值。吸收峰值所对应的波长称为最大吸收波长(λ_{max})。不同物质的溶液，不仅其光吸收曲线型状有异，而且最大吸收波长也不同。因此，最大吸收波长只与物质的本性有关，可作为定性分析的依据。浓度不同的同一物质的溶液，最大吸收波长相同，而且在一定浓度范围内，其吸光度与浓度有确定的函数关系，这种关系就是定量分析的依据。用最大吸收波长进行定量分析时，灵敏度最高且重现性最好。但是，当有干扰物质存在于样品溶液中时，一般不用最大吸收波长进行定量分析，而是根据干扰较小、吸光度尽可能大的原则来确定最佳测定波长。

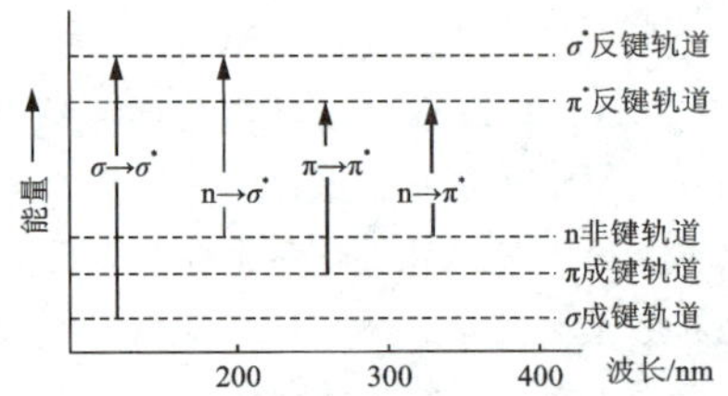

图 10 - 2 分子中电子能级和跃迁

根据晶体场理论，对于第四、第五周期过渡金属离子的配合物而言，由于在配体的晶体场作用下，中心离子最外层的 d 轨道会发生能级分裂，配合物在吸收光后很可能产生电子的 d→d 跃迁，即电子从低能态的 d 轨道跃迁到高能态的 d 轨道上去，最大吸收波长一般位于可见光区，以致于配合物在白光照射下大多为有色物质。

对于有机物来说，根据分子轨道理论，能吸收光子产生电子跃迁的电子一般有σ电子、π电子(即价电子)和n电子(即非键电子)等3种。当有机化合物吸收紫外或可见光时，这些电子将跃迁到较高的能级状态。常发生的跃迁有$\sigma\to\sigma^*$、$n\to\sigma^*$、$n\to\pi^*$和$\pi\to\pi^*$等4种类型。图10－2所示为这4种电子跃迁和相应的跃迁能级。

(1)**$\sigma\to\sigma^*$跃迁**。分子中成键轨道上的电子吸收辐射光后被激发到相应的σ^*的过程。$\sigma\to\sigma^*$跃迁所需的能量较大，辐射光的波长较短，故这类跃迁主要发生在真空紫外区。饱和烃只有$\sigma\to\sigma^*$跃迁，故其吸收光谱波长小于200 nm。例如，甲烷和乙烷的最大吸收峰波长分别在125 nm和135 nm处。

(2)**$n\to\sigma^*$跃迁**。含非键电子(即n电子)的饱和烃衍生物，都可发生$n\to\sigma^*$跃迁。这类跃迁所需能量一般比$\sigma\to\sigma^*$跃迁所需的能量小，但其吸收波长仍然在150～250 nm范围，因此在紫外区不易观察到这类跃迁。

(3)**$n\to\pi^*$和$\pi\to\pi^*$跃迁**。有机物最有用的吸收光谱是由$n\to\pi^*$和$\pi\to\pi^*$跃迁所产生的光谱，$\pi\to\pi^*$跃迁的概率一般比$n\to\pi^*$跃迁大2～3个数量级。π电子和n电子较易激发，这两类跃迁所需的能量使产生的吸收峰都出现在波长大于200 nm的区域内，而且都要求分子中含有不饱和键(即π键)的有机官能团。在有机物分子中，这种含有π键的基团称为生色团。

10.2.2　朗伯—比耳定律

紫外－可见吸收光谱用于定量分析的理论依据是**吸收定律**(absorption law)，它由朗伯定律(Lambert's law)和比耳定律(Beer's law)联合而成，故又称为**朗伯—比耳定律**(Lambert－Beer's law)。其数学表达式为

$$A=\lg\frac{I_o}{I}=ab\rho \qquad (10-5)$$

式中：**吸光度**(absorbancy)A用来表示物质对光的吸收程度，I_o和I分别为入射光和透射光强度，a为吸光系数，其单位是$L\cdot cm^{-1}\cdot g^{-1}$；$\rho$为质量浓度，单位为$g\cdot L^{-1}$；$b$为液层厚度，单位为cm。透射光强度与入射光强度之比称为**透光率**(light transmittance)或**透射比**(transmittancy)，用符号T表示，即$T=I/I_o$。对于已知相对分子质量的吸收物质，朗伯—比耳定律的数学式也常表示为

$$A=\lg\frac{I_o}{I}=\varepsilon bc \qquad (10-6)$$

式中：ε(或κ)为摩尔吸光系数，其单位是$L\cdot cm^{-1}\cdot mol^{-1}$；$b$的单位是cm；$c$的单位是$mol\cdot L^{-1}$。

ε是吸光物质在特定波长、温度和溶剂下的特征常数，相当于1 cm液层厚度中浓度为$1\ mol\cdot L^{-1}$吸光物质所产生的吸光度，故ε的大小可衡量相应吸光物质的吸光能力，并估计紫外—可见吸收光谱法的灵敏度。ε越大，物质对光的吸收能力越强，方法灵敏度就越高。

朗伯—比耳定律不仅适用于溶液，也适用于均匀的气态和固态的吸光物质，同时也是其他吸收光谱法，如红外光谱法和原子吸收光谱法等的定量分析依据。

化学家史话——朗伯与比耳

朗伯画像

海因里希·朗伯(Johann Heinrich Lambert)(1728年8月26日—1777年9月25日)，德国数学家。他出身清寒，12岁开始帮做裁缝的父亲干活，但他求知欲强，白天工作，黄昏自学。15岁起，先后当过文员、报馆秘书和私人教师。做私人教师时，东家的图书馆对他钻研学问起过很大作用。

物质对光吸收的定量关系很早就受到了科学家的注意，**皮埃尔·布格**(Pierre Bouguer)在1729年就研究过它。朗伯则在1760年详细阐明了物质对光的吸收程度和吸收介质厚度之间的关系；**奥古斯特·比耳**(August Beer，1825年7月31日—1863年11月18日)也是德国物理学家和数学家。他生于特里尔，并在那里学习了数学和自然科学。之后，他在波恩工作，1848年获哲学博士学位。1852年，作为一名年轻讲师，他进一步提出光的吸收程度和吸光物质浓度也有类似关系。1854年，他出版了《高级光学启蒙》一书。翌年，比耳晋升数学教授。他与朗伯共同发现了朗伯—比耳定律。

视频10-3

10.3 紫外—可见吸收光谱法

紫外—可见吸收光谱法（ultraviolet - visible absorption spectrophotometry，UV - vis）是根据溶液中物质的分子或离子对紫外或可见光谱区辐射能的吸收来研究物质的组成和结构的分析方法。紫外—可见吸收光谱法灵敏度较高，可达 $10^{-6} \sim 10^{-4}$ g·mL^{-1}。应用紫外—可见吸收光谱法，定性上可以鉴别化合物基团和化学结构；定量上，可以进行单一组分或混合组分的测定。

紫外—可见分光光度计、紫外分光光度计和可见分光光度计的测定波长范围一般分别为 190 ~ 780 nm、190 ~ 400 nm 和 360 ~ 800 nm。

10.3.1 分光光度计

1. 基本部件

紫外—可见分光光度计主要由光源、单色器、吸收池、检测器和信号显示器组成。

1）光源

光源（source）即辐射源，它提供各种波长的混合光。为获得准确的分析结果，光源强度必须保持不变。紫外—可见分光光度计有钨灯和氘灯两种光源。氘灯主要用于紫外区（180 ~ 400 nm），钨灯主要用于可见光区（360 ~ 850 nm）。在钨丝灯中加入适量卤素或卤化物（碘钨灯加入纯碘，溴钨灯加入溴化氢）则构成卤钨灯。卤钨灯比普通钨灯具有更高的发光效率和使用寿命，故目前生产的紫外—可见分光光度计多采用卤钨灯。

2）单色器

单色器（monochromator）能将来自光源的复合光分解为单色光，并能随意改变波长。单色器是分光光度计的心脏部分，由入射狭缝、出射狭缝、色散元件、准直透镜和聚焦透镜等部分组成。入射狭缝限制杂散光进入；色散元件可以是棱镜也可以是光栅，它将复合光分解为各种单色光；准光镜将来自狭缝的光束转化为平行光；聚焦镜则将来自色散元件的光束聚焦于出射狭缝上；出射狭缝则将额定波长的光射出单色器。如果固定狭缝的位置，转动棱镜或光栅的波长盘，可使所需要的单色光从狭缝射出；如果改变出射狭缝宽度，可以改变出射光束的带宽，从而改变单色光的纯度。图 10 - 3 中所示为棱镜单色器的组件。

3）吸收池

吸收池（absorption cell）也称试样池或比色皿，内装被测液，其形状、规格有多种，最常用的是光路长度为 1 cm 的方形池，如图 10 - 3（b）所示。试样池材料根据所使用的光谱区而定，玻璃比色皿只能用于可见光区，石英比色皿主要用于紫外区，也可用于可见光区。

4）检测器

检测器（detector）一般是光电效应检测器，它的作用是将检测到的谱线光信号转变成电信号即电流，再利用电子线路进行放大、抑制干扰、变换和伺服控制等处理。紫外—可见分光光度计接收器有硒光

分光光度计的发展史

早期，人们在实践中已总结发现不同颜色的物质具有不同的物理和化学性质，而根据物质的这些颜色特性可对它进行分析和判别，如根据物质的颜色深浅程度来估计某种有色物质的含量，这实际上是紫外—可见吸收分光光度法的雏形。1852 年，Beer 提出了分光光度法的基本定律，即著名的朗伯—比耳定律，从而奠定了分光光度法的理论基础。1854 年，Duboscq 和 Nessler 将此理论应用于定量分析化学领域，并且设计了第一台比色计。1918 年，美国国家标准局制成了第一台紫外—可见分光光度计。此后，紫外—可见分光光度计经不断改进，出现自动记录、自动打印、数字显示、计算机控制等各种类型的仪器，使该仪器的灵敏度和准确度也不断提高，其应用范围也不断扩大，在工业、农业、食品、卫生、科学研究等各个领域被广泛采用，成为生产和科研的有力检测手段。

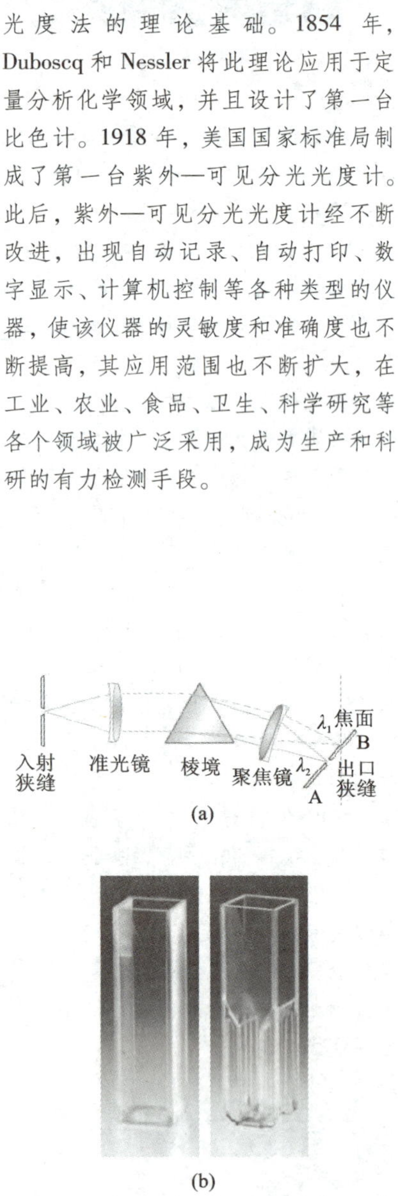

图 10 - 3 （a）棱镜单色器原理示意图；（b）吸收池

电池、光电管、**光电倍增管**(photomultiplier tube)和光二极管阵列检测器。目前多用光电倍增管，它可将光电流放大 10^6 倍。

5)信号显示器

信号显示器是将电信号以适当的方式显示或记录下来的组件。通常用表头指示、数字显示、荧光屏显示或电传打字机及曲线扫描等来显示或记录透光率与吸光度等测试结果。

视频10-4

2. 构造原理

1)单光束分光光度计

单光束分光光度计是最简单的分光光度计，其构造原理如图10-4所示。由光源产生的复合光通过单色器分解为单色光。待测物质溶液置于吸收池中，当一束单色光通过吸收池时，一部分被吸光物质所吸收，未被吸收的透射光，到达接收放大器，将光信号转变成电信号并加以放大，然后在显示器上显示记录下来。如，国产751型、752型、722型、724型等。

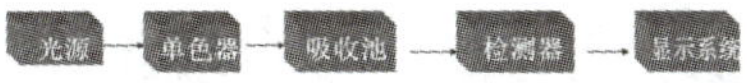

图10-4　单光束分光光度计构造框图

2)双光束分光光度计

双光束分光光度计是目前国内外使用最多、性能较完善的一类分光光度计。在该类仪器中，从光源到接收器有两条通路，即样品光路与参比光路。检测时可将样品溶液放在样品光路，将空白或参比溶液放在参比光路，这样空白或参比溶液的光吸收就能自动扣除，而到达接收器的光信号便只与样品溶液的吸收有关。目前，带微机、荧光显示、图像打印和实现人机对话的紫外—可见分光光度计已得到普遍使用，如UV-260、UV-160、UV-300、Varian DMS-100、P-E Lanbda-5、Pu8800等。UV-300的光路图如图10-5所示。从钨灯或氘灯发射的光被凹面镜反射成双光线，通过入口狭缝 S_1 到达单色器，被平面镜反射后到达光栅 G_1、G_2。光路1经过出口狭缝、斩光器，进入参比池，最后进入检测器。当连动遮光板遮挡住光路2的光路时，检测信号为参比信号。当连动遮光板撤去时光路通过试样池，此时检测器检出的是参比池和试样池的总信号。经过处理，就可得出样品溶液的信号，并可以消除参比误差。

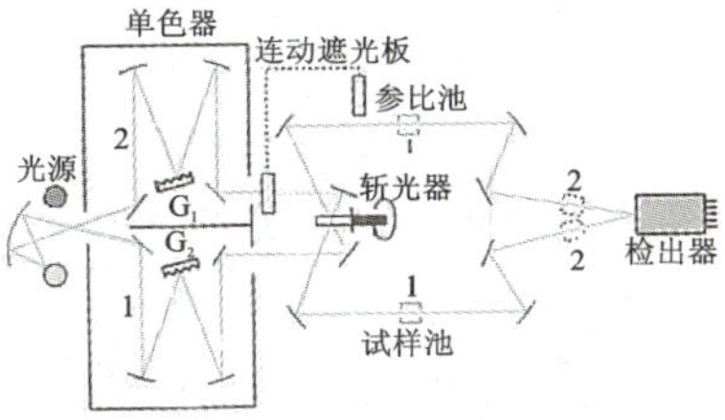

图10-5　双光束紫外—可见分光光度计的光路图

10.3.2　定量分析方法

1. 标准曲线法

用吸光系数作为换算浓度的因数进行定量的方法，不是任何情况下都能适用的。特别是在单色光不纯的情况下，测得的吸光度可以随所用仪器不同而在一个相当大的幅度内变动。若用吸光系数换算成浓度，将产生很大误差。但若认定一台仪器，固定其工作状态和测定条件，则浓度与吸光度之间的关系在很多情况下仍可以是线性关系或近于线性的关系，即：

$$A = Kc \qquad (10-7)$$

此时，K 只是个别具体条件下的比例常数，不再是物质的常数，不能用作定性依据。

标准曲线法就是在实验中先配制一系列浓度不同的标准溶液(或称对照品溶液)，在相同测定条件下，分别测定其吸光度，再以标准溶

视频10-5

典型生色团的摩尔吸光系数

生色团	最大吸收波长/nm	ε_{max}/(L·cm^{-1}·mol^{-1})
吡啶	174	80000
炔基	175～180	6000
苯	184	46700
二硫基	194	5500
氨基	195	2800
硫醇	195	1400
羰基	195	1000
羧基	200～210	50～70
亚砜基	201	1500
溴基	208	300
喹啉	227	37000
联苯	246	20000
蒽	252	199000
碘基	260	400
偶氮基	285～400	3～25

液浓度为横坐标，以相应的吸光度为纵坐标，绘制 $A-c$ 关系图。若符合朗伯—比耳定律，则可获得一条通过原点的直线，称为工作曲线（或标准曲线）。由相同条件下测出的试样溶液吸光度，便可从工作曲线上查出试样溶液浓度。

2. 标准对照法

在同样条件下配制标准溶液和试样溶液，在选定波长处，分别测量吸光度，根据朗伯—比耳定律

$$A_s = \varepsilon b c_s$$

$$A_x = \varepsilon b c_x$$

因是同种物质、同台仪器及同一波长测定，故 ε 和 b 不变，则上述两式相除，可得

$$\frac{A_s}{A_x} = \frac{c_s}{c_x},\ c_x = \frac{A_s}{A_x} \cdot c_s \tag{10-8}$$

3. 比吸光系数法

根据朗伯—比耳定律，若 b 和 ε 或百分吸光系数 $E_{1\,\mathrm{cm}}^{1\%}$｛即一定波长下，吸光物质的溶液浓度为 1 g/100 mL（即质量—体积百分浓度为 1%），液层厚度为 1 cm 时，溶液的吸光度｝已知，即可根据测得的 A 求出被测物的浓度。通常 ε 和 $E_{1\,\mathrm{cm}}^{1\%}$ 可以从手册或文献中查到，这种方法也称绝对法（表 10－12）。

例如维生素 B_{12} 的水溶液在 361 nm 处的 $E_{1\,\mathrm{cm}}^{1\%}$ 为 207，于 1 cm 吸收池中测得溶液的吸光度为 0.414，则溶液浓度为

$$\rho = 0.414/(207 \times 1) = 0.00200(\mathrm{g/100\ mL}) = 0.0200\ \mathrm{g \cdot L^{-1}}$$

4. 示差分光光度法

普通分光光度法一般仅适用于微量组分测定。当待测组分浓度过高或太低，吸光度超出了准确测量的读数范围，这时即使不偏离朗伯—比耳定律，也会引起很大的测量误差，导致准确度大为降低。采用**示差分光光度法**（differential spectrophotometry）可克服这一缺点。

示差分光光度法与普通分光光度法的主要区别在于参比溶液的不同。当待测组分浓度过高时，示差分光光度法不是以空白溶液（不含待测组分的溶液）作为参比溶液，而是采用比待测溶液浓度稍低的标准溶液作为参比溶液来绘制标准曲线和测定待测试液的吸光度，从测得的吸光度求出待测试液的浓度，可大大提高分析结果的准确度。

设用作参比的标准溶液浓度为 c_0，待测溶液浓度为 c_x，且 c_x 大于 c_0。根据朗伯—比耳定律可以得到

$$A_x = \varepsilon b c_x;\ A_0 = \varepsilon b c_0$$

两式相减，得到相对吸光度为

$$A_{相对} = \Delta A = A_x - A_0 = \varepsilon b(c_x - c_0) = \varepsilon b \Delta c = \varepsilon b c_{相对} \tag{10-9}$$

由上式可知，以稀溶液为参比溶液而测定的吸光度即为相对吸光度 ΔA，因 c_0 为定值，则 ΔA 与待测组分标准溶液 c 有线性关系，即以 ΔA 对 c 或以 ΔA 对 Δc 作图均应为直线，因而根据测得的待测试液 ΔA_x 可从 $\Delta A-c$ 图直接求出 c_x（或从 $\Delta A-\Delta c$ 图先求出 Δc_x，然后通过 $c_x = c_0 + \Delta c$ 关系式求出待测试液的浓度 c_x），这就是示差分光光度法

的基本原理。

10.3.3　吸收光谱法的误差

1. 仪器测量误差

仪器测量误差又称光度测量误差。任何分光光度计都有一定的测量误差，原因在于光源不稳定、光电转换器不灵敏和易疲劳、单色器质量差、检流计刻度不准确、吸收池玻璃厚度不一致、池壁不平行、玻璃表面有水迹、油污、指纹或刻痕等。

如果测量误差以光电流误差 Δi 表示，即相当于光强度的误差 ΔI，由此引起的透光率读数误差为 ΔT。对于一台指定的光度计来说透光率读数误差 ΔT 是常数，一般为 0.010～0.020。由于透光率 T 与吸光度 A 或被测物浓度 c 成负对数关系，因而同样大小的透光率误差在不同的透光率时所引起的 ΔA 或 Δc 是不同的，如图 10－6 所示。当待测溶液浓度较小时，由 ΔT 引起的 Δc 是较小的，但被测物浓度的相对误差 $\Delta c/c$ 并不小；当待测物浓度较大时，由相同的 ΔT 引起的 Δc 很大，故 $\Delta c/c$ 仍然不小；只有当待测物浓度在适当范围内时，$\Delta c/c$ 才比较小。因此，测定时必须选择适当的测量条件。

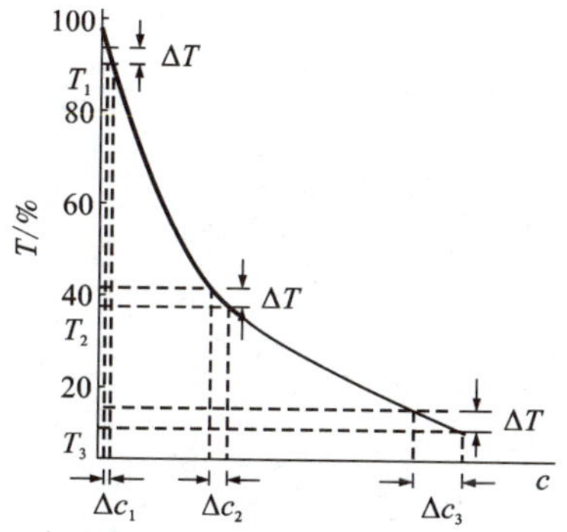

图 10－6　透光率与浓度之关系

2. 溶液偏离比耳定律引起的误差

被测物质浓度与吸光度不成线性关系称为比耳定律的偏离，如图 10－7 所示，图中正号表示测得的吸光度偏高，负号表示吸光度偏低。偏离比耳定律的原因很多，包括几个因素。

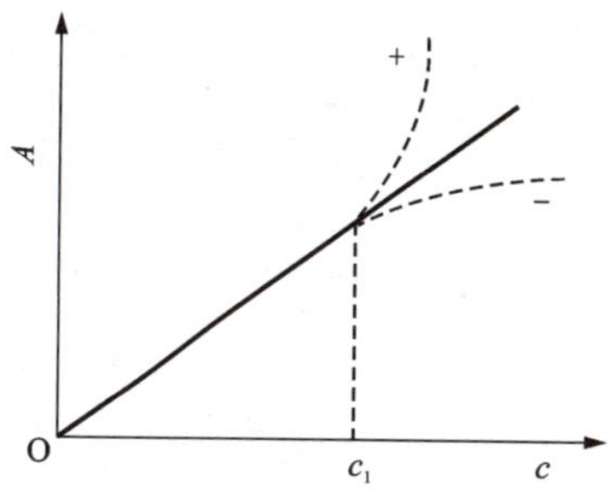

图 10－7　吸收光谱法工作曲线

1）浓度因素

比耳定律的前提条件之一就是假设吸光物质微粒之间无相互作用。实际上，只有在稀溶液中才可近似地满足这种条件。浓度较大（$c > 0.010\ \text{mol} \cdot \text{L}^{-1}$）时，吸光物质的分子或离子间平均距离缩短，其电子云或电荷分布就会相互影响，导致分子轨道能级之差发生变化，从而改变对原有最大吸收波长的光的吸收能力，使光吸收偏离比耳定律。浓度越大，偏离越严重。故在进行测定时，被测物质的浓度不可太大，应控制在与吸光度成线性关系的范围内。

2）光学因素

比耳定律的另一前提条件就是入射光必须是单色光。当入射光是非单色光时，也将引起比耳定律的偏离。假设入射光是两种波长 λ_1 和 λ_2 的混合光，而且溶液中吸光物质对波长为 λ_1 和 λ_2 的光的吸收都服从朗伯—比耳定律，即

对于 λ_1：$A_1 = \lg \dfrac{I_{o1}}{I_1} = \varepsilon_1 bc$，$I_1 = I_{o1} 10^{-\varepsilon_1 bc}$

对于 λ_2：$A_2 = \lg \dfrac{I_{o2}}{I_2} = \varepsilon_2 bc$，$I_2 = I_{o2} 10^{-\varepsilon_2 bc}$

测定时，总入射光强度 $I_o = I_{o1} + I_{o2}$，总透射光强度 $I = I_1 + I_2$，则总吸光度 A 为

$$A = \lg \frac{I_{o1} + I_{o2}}{I_1 + I_2} = \lg \frac{I_{o1} + I_{o2}}{I_{o1} 10^{-\varepsilon_1 bc} + I_{o2} 10^{-\varepsilon_2 bc}} \quad (10-10)$$

视频10-6

如果 $\varepsilon_1 = \varepsilon_2 = \varepsilon$，则 $A = \lg \dfrac{1}{10^{-\varepsilon bc}} = \varepsilon bc$，即符合比耳定律。但实际

上，因 $\lambda_1 \neq \lambda_2$，同一吸光物质对不同波长的光的吸收程度不一样，所以 $\varepsilon_1 \neq \varepsilon_2 \neq \varepsilon$，$A$ 与 c 不成线性关系，偏离比耳定律。ε_1 与 ε_2 相差越大，引起比耳定律的偏离越大。由于吸光度 A 在峰值处左右的一个较小的波长范围内变化很小，则相应波长的摩尔吸光系数 ε 变化很小，尽管此时的入射光并非真正意义上的单波长光，但 A 与 c 的关系仍基本上遵循比耳定律。这也是在定量分析过程中往往选用最大吸收波长作为测定波长的重要原因之一。此外，比耳定律要求吸光物质的溶液均匀。如果被测液是胶体溶液、乳浊液或悬浮物质，当入射光通过溶液时，因散射现象也会造成损失，使实际测得的吸光度增大，从而偏离比耳定律。因此紫外—可见吸光光度法一般仅适用于测定光线透明的溶液。

3）化学因素

如果吸光物质在溶液中已发生了化学变化，如解离、缔合、溶剂化和互变异构等，也将引起比耳定律的偏离。如重铬酸钾在水溶液中存在如下平衡

$$\underset{\text{橙色，}\lambda_{max}=350\ \text{nm}}{Cr_2O_7^{2-}} + H_2O = 2HCrO_4^- = \underset{\text{黄色，}\lambda_{max}=375\ \text{nm}}{2CrO_4^{2-}} + 2H^+$$

当稀释溶液或增大溶液 pH 时，$Cr_2O_7^{2-}$ 会转变成 CrO_4^{2-}，因吸光物质发生了变化，对原有最大吸收波长的光的吸收能力也会随之而变，同样引起对比耳定律的偏离。

3. 主观误差

因操作人员采用的实验条件与正确的实验条件有差别所引起的误差，如测量条件错选。

10.3.4 提高测量灵敏度与准确度的方法

1. 选择合适的测定条件

1）入射光波长的选择

一般选择 λ_{max} 作为入射光的波长，但当有干扰存在时，应兼顾灵敏度和选择性来选择入射光的波长。

2）光度计读数范围的选择

根据朗伯—比耳定律 $A = \lg \dfrac{1}{T} = ab\rho$，即 $\lg T = -ab\rho$，两边微分得

$d(\lg T) = d\left(\dfrac{1}{2.303}\ln T\right) = 0.434 \cdot \dfrac{dT}{T} = -ab \cdot d\rho = -\dfrac{ab\rho \cdot d\rho}{\rho} = \dfrac{\lg T}{\rho} d\rho$，即

$$\frac{d\rho}{\rho} = \frac{0.434 dT}{T\lg T}，或 \frac{\Delta\rho}{\rho} = \frac{0.434\Delta T}{T\lg T} \tag{10-11}$$

对于一定的光度计，ΔT 是一个常数，故以 $\Delta\rho/\rho$ 对 T（或 A）作图，可得其关系曲线，如图 10－8 所示。可见，透光率或吸光度的读数范围不同，产生的仪器误差也不同。透光率在 10%～70%，或对应吸光度在 0.15～1.0 时，浓度的相对误差较小。透光率在 36.8% 或吸光度在 0.434 时，测定的相对误差最小。实际测定时，可调整溶液浓度或比色皿厚度，使吸光度读数落在适宜的浓度范围内以减小测量误差。

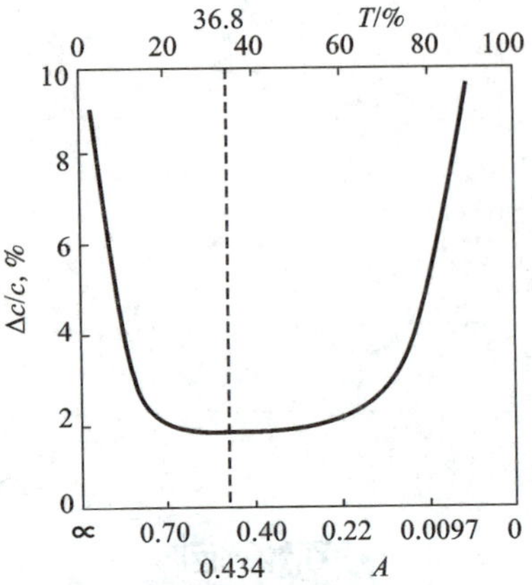

图 10－8 $\Delta\rho/\rho$ 与 T% 和 A 之关系

2. 空白溶液的选择

空白溶液是常用的参比溶液。采用空白溶液是为了使测得的吸光度能真正反映被测物质的含量。因此，测定吸光度时要用空白溶液在仪器上调零，以消除因比色皿壁和溶剂或测定所加试剂对入射光的反射和吸收造成的误差。在选择空白溶液时，一般要考虑以下两点。

(1)如果仅被测组分有吸收，则可以用纯溶剂作空白溶液，称为溶剂空白。

(2)如果被测组分和其他试剂都有吸收，则用不含被测组分的试剂溶液作空白溶液。

表 10－3　光谱纯溶剂的紫外截止波长

溶剂	波长/nm
水	191
甲醇	210
乙醇	210
丙醇	210
二氯甲烷	235
2－丁醇	260
二甲亚砜	265
二甲基甲酰胺	270
苯	280
吡啶	330
丙酮	330
二硫化碳	380
四氯化碳	265

3. 共存离子的干扰及其消除

共存离子本身有颜色，在选定的测定波长下有吸收，或与被测物质反应，或本身发生沉淀和水解等，则均会干扰测定。通过控制溶液的酸度，或加入适当的掩蔽剂，或利用氧化还原反应改变干扰离子的价态，或选择其他适当的吸收波长进行测定，或利用萃取等分离手段预先分离出干扰离子，以及选择合适的空白溶液等措施，可消除干扰物质对测定的影响。

10.4　紫外吸收光谱法应用简介

通过测定分子对紫外—可见光的吸收，可对大量无机和有机化合物进行定性和定量分析。在实际工作的定量分析技术中，紫外—可见吸光光度法是应用最广泛的方法之一。

10.4.1　定性鉴别

紫外吸收光谱主要适用于不饱和有机化合物尤其是共轭体系的鉴定。吸收光谱曲线的形状、吸收峰的数目以及最大吸收波长 λ_{max} 的位置和相应的摩尔吸光系数 ε_{max} 或 κ_{max}，是进行定性鉴定的依据。通过在相同测定条件(仪器、溶剂、pH 等)下，比较未知纯试样与已知标准物的吸收光谱曲线，若完全相同，则可以认为待测试样与已知化合物有相同的生色团。比较吸收光谱时，也可借助前人汇编的、以实验结果为基础的各种有机化合物的标准图谱，或有关电子光谱的数据表。

10.4.2　定量测定

1. 杂质检查

若待测物在紫外—可见光区无明显吸收，而样品中所含杂质有较强的吸收，则含有的少量杂质就可用紫外光谱发现。如，乙醇和环己烷中含少量杂质苯，苯在 256 nm 处有吸收峰，而乙醇和环己烷在此波长处无吸收，乙醇中含苯量低至 0.001% 也能从光谱中检查出来。

若待测物有较强的吸收，而所含杂质在此波长处无吸收峰或吸收很弱，杂质的存在将使待测物的吸光系数值降低；若杂质在该吸收峰处有比待测物更强的吸收，则将使吸光系数增大；有吸收的杂质还将使化合物的吸收光谱变形；这些都是检查杂质存在与否的方法。

视频10-7

2. 杂质的限量检测

对于药物中的杂质，常需制定一个容许其存在的限量。如肾上腺素在合成过程中有一种中间体肾上腺酮，当它被还原成肾上腺素时，反应不完全而带入产品中，成为药物的杂质，而影响肾上腺素疗效。因此，肾上腺酮杂质必须规定一个限量。在 0.05 mol · L^{-1} HCl 溶液中肾上腺素与肾上腺酮的紫外吸收光谱显著不同：在 310 nm 处，肾上腺酮有吸收峰，而肾上腺素没有。因此，可利用 310 nm 处的吸光度 A 值检测肾上腺酮的混入量。以肾上腺酮的 $E_{1\,\mathrm{cm}}^{1\%}$ 值(435)计算，相当于含酮量不超过 0.06%。有时用峰谷吸光度的比值控制杂质的限量。例如治疗早期有机磷中毒药物——碘解磷定，含有诸如顺式异构体、中间体等很多杂质。在碘解磷定的最大吸收波长 294 nm 处，这些杂质几乎没有吸收，但它们在碘解磷定的吸收谷 262 nm 处有一些吸收，因此就可利用碘解磷定的峰与谷吸光度之比值作为杂质的限量检查指标。已知纯品碘解磷定的 $A_{294}/A_{262}=3.39$，若有杂质，则 A_{262} 增大，峰谷吸光度之比将小于 3.39。

10.4.3 有机化合物的结构分析

有机化合物的紫外吸收光谱特征主要决定于分子中生色团和助色团以及它们的共轭情况。生色团等不是整个分子的特征，所以单独用紫外光谱不能完全确定物质的分子结构，必须与红外、质谱和核磁共振等配合。紫外吸收光谱在研究化合物的结构中，可以推断分子的骨架、判断生色团之间的共轭关系和估计共轭体系中取代基的种类、位置和数目。

1)从吸收光谱中初步推断基团

如果化合物在 220 ~ 800 nm 范围内无吸收($\varepsilon<1$)，可能是脂肪族饱和碳氢化合物、胺、腈、醇、醚、氯代烃和氟代烃，不含直链或环状共轭体系，没有醛、酮等基团。若在 210 ~ 250 nm 有吸收，可能含有两个共轭单位；在 260 ~ 300 nm 有强吸收带，可能含有 3 ~ 5 个共轭单位；250 ~ 300 nm 有弱吸收带表示存在羰基；250 ~ 300 nm 有中等强度吸收带，并含有振动结构，表示存在苯环；若化合物有颜色，说明含有使最大吸收红移的共轭生色团在 5 个以上。

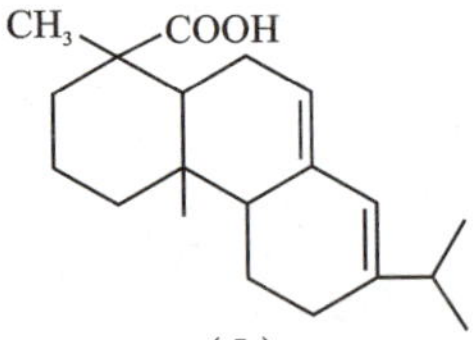

(Ⅰ)

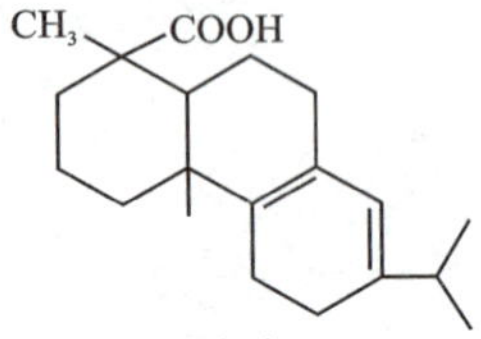

(Ⅱ)

图 10-9 松香酸(Ⅰ)和左旋松香酸(Ⅱ)的结构图

2)异构体的推定

结构异构体：许多结构异构体可利用其双键的位置不同，应用紫外吸收光谱推定其结构。例如松香酸(Ⅰ)和左旋松香酸(Ⅱ)的 λ_{max} 分别为 238 和 273 nm，相应 ε 分别为 15100 和 7100。这是因为Ⅱ为同环双烯，共轭体系的共平面性好，共轭效应更强，因此Ⅱ的 λ_{max} 比Ⅰ的 λ_{max} 长；虽两者同属共轭体系，但Ⅱ型有立体障碍，Ⅰ型没有，Ⅰ型的 ε 反而比Ⅱ型的 ε 大得多。

顺反异构体：顺式异构体一般都比反式的波长短，而且 ε 小，这是由空间位阻引起的。如顺式和反式 1，2-二苯乙烯。

3)化合物骨架的推定

未知化合物与已知化合物的紫外吸收光谱一致时，可以认为两者具有同样的生色团，根据这个原理可以推定未知化合物的骨架。例如维生素 K_1 有吸收带：λ_{max} 249 nm($\lg\varepsilon$ 4.28)、260 nm($\lg\varepsilon$ 4.26)、

325 nm(lgε 3.28)。与1,4-萘醌的吸收带文献值 λ_{max} 250 nm(lgε 4.6)、λ_{max} 330 nm(lgε 3.8)相似,因此把维生素 K_1 的光谱与几种已知1,4-萘醌的光谱进行比较,发现它与2,3-二烷基-1,4萘醌(B)的吸收带很接近,这样就推定了维生素 K_1 的骨架。

10.5 色谱分析法简介

色谱法(chromatography)是由俄国植物学家茨维特(Tswett)发明并命名的。1903年,Tswett在研究植物色素的组成时,用装有碳酸钙颗粒的竖直玻璃管实现了植物色素的分离,在玻璃管中形成了不同颜色的谱带,色谱一词也由此而来。该混合物的分离方法则被称作色谱分离法(简称色谱法),所用分离柱又叫色谱柱。这也就是最初的液相色谱,当时并未引起人们的重视。直至1930年代以后,相继出现了气相色谱、吸附色谱、分配色谱等色谱技术。如1940—1943年,瑞典的蒂塞留斯(Tiselius)创立了吸附色谱,并由于在吸附色谱和电泳等方面的杰出贡献而获得1948年度诺贝尔化学奖;尤其是1940—1943年,英国的马丁(Martin)和辛格(Synge)在研究氨基酸分离时发展并提出了关于气—液分配色谱的比较完整的塔板理论和方法,把色谱技术向前推进了一大步,他们因此也获得1952年诺贝尔化学奖;1944年出现了纸色谱;1950年出现了反向液相色谱;1951年发展了离子交换色谱;1952年,马丁(Martin)和詹姆斯(James)提出的远比固体固定相优越的液体固定相问世后,气相色谱法才开始迅速发展。1956年,荷兰的范弟姆特(Van Deemter)在总结前人经验的基础上,提出了Van Deemter方程,一种色谱过程的速率理论;美国的吉丁斯(Giddings)随后又提出了液相色谱的速率理论方程。1957年英国的金来(Goly)发明了毛细管气相色谱,两年后又发展了体积排阻色谱。1962年,克莱斯伯(Klesper)等人提出了超临界流体色谱技术。1967年出现了按生物特异性进行分离的生物亲和色谱,紧接着又出现了高效液相色谱。20世纪80年代发展起来的毛细管电泳,解决了DNA片段、单克隆抗体、蛋白质及多肽等一般色谱技术难以解决的难题。

色谱分离的原理是:当混合物随流动相流经色谱柱时,与固定相发生作用,由于各组分在物理化学性质和结构上的差异,与固定相发生作用的大小、强弱程度不同,因此在同一推动力下,不同组分在固定相中的保留时间不同。**色谱分析**(chromatographic analysis)根据混合物中各组分从色谱柱中流出的时间顺序和色谱峰强度,可进行定性和定量分析。它不仅应用广泛,而且能解决用一般的分离方法,如蒸馏、精密分馏、萃取、升华和重结晶等方法所不易解决的那些物理常数相近,化学性质类似的同系物、异构物等复杂多组分混合物的分离问题。按两相的物理性质,色谱技术主要包括气相色谱(气固色谱和气液色谱)、液相色谱(液固色谱和液液色谱)。此外,还有超临界流体色谱和毛细管电泳色谱等。目前,色谱分析已成为分支众多、性能优越、用途广泛的一类重要仪器分析方法,是医药、生物化学、有机合成、环境保护、石油、冶金、地质、机械等领域不可缺少的重要分析手段。本节仅简要讨论最基本而使用最为普遍的气相色谱分析和高效液相色谱分析法。

茨维特与色谱起源

茨维特(M. C. Tswett)是俄国植物生理学家和化学家。1872年5月14日他生于意大利阿斯蒂,1919年6月26日卒于苏联沃罗涅日。

1903年,Tswett在研究植物色素的组成时,将植物色素的石油醚提取液注入一根装有碳酸钙颗粒的竖直玻璃管中提取液中的色素被吸附在碳酸钙颗粒上,然后再从上端注入纯石油醚并任其自然流下,经过一段时间后,在玻璃管中形成了不同颜色的谱带,即提取液中不同的色素得到了分离,色谱一词也由此而来。该混合物的分离方法则被称作色谱分离法(简称色谱法),所用分离柱叫作色谱柱。值得一提的是,由于论文发表在不大知名的期刊上,Tswett的上述实验结果在近30年的时间内并没有引起人们的重视。直到1931年,Kuhn和Lederer用填充粉末氧化铝的柱管将胡萝卜素两种性质非常相似的异构体,即α-和β-胡萝卜素分离成功,这一方法才引起人们的注意,得到普遍的推广和应用。

马丁的咖啡感悟

马丁（A. J. P. Martin，1910—2002），生于伦敦，1932年毕业于剑桥大学，1936年获博士学位，分配色谱法的发明者。一天，马丁和其他研究人员一起喝咖啡，不留神将咖啡洒在滤纸上，这滴咖啡渗入滤纸后，痕迹中心的咖啡色最浓，随着咖啡向四周渗透，颜色逐渐变浅。马丁注意到这一变化过程，立即有所感悟：也许这个原理可用于长期苦思冥想未能解决的氨基酸分离问题。经过不懈的努力，马丁终于设计出一种可用滤纸分离氨基酸的纸分离法。

10.5.1 气相色谱分析

1. 气相色谱分析法的分析流程及仪器的基本部件

流动相为气体的色谱分析法称为气相色谱法（gas chromatography，GC），其分析仪器结构如图10－10所示，一般可分为气路系统、进样系统、分离系统、温控系统、检测系统和记录系统六大部分。

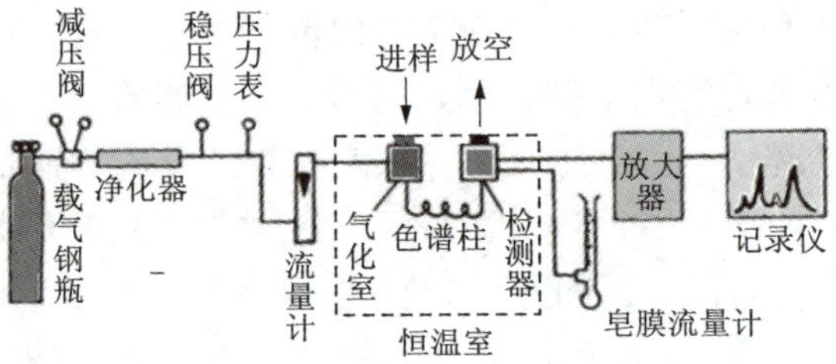

图10－10 气相色谱分析的仪器结构示意图

1）气路系统

气路系统包括气源、气体净化装置、气体流速的控制和测量装置等。气相色谱中，用作流动相的**载气**（carrier gas），是一种不与被测物质发生作用，仅用于载送试样组分的惰性气体，常用的有N_2、H_2、He和Ar等。载气由高压瓶供给，经减压阀减压后，进入净化干燥器除去杂质和水分后，由针形稳压阀控制其压力和流量。转子流量计和压力表可分别显示载气的柱前流量和压力。

2）进样系统

进样系统即指进样和气化室。已控制流量和压力的载气在预热管达到一定温度并流经检测器的参考臂后，再经过进样气化室。试样在进样气化室注入，并且当试样为液体时可在气化室瞬间被气化为气体。

3）分离系统

主要由色谱柱组成，是色谱仪的核心部件，其作用是分离样品中各组分，分为填充柱和毛细管柱两类。已气化的试样由载气携带进入色谱柱，使试样中各组分分离，并依次流出色谱柱。

4）温控系统

在气相色谱测定中，温度是重要的指标，它直接影响色谱柱的分离效率、检测器的灵敏度和稳定性。温度控制主要指对色谱柱、气化室和检测器的温度控制。

5）检测系统

即检测器（热导池检测器包括测量电桥）。当载气中携带被测组分时，流经检测器的气体组成发生变化，按物理量（浓度或质量）的变化，检测器将其转变成相应的电信号（电流或电压）并输送给记录系统。

6）记录系统

包括放大器、记录仪，以及带有数据处理的计算机装置，用于记录与被测组分量成正比的色谱信号，即色谱峰。

2. 定性与定量分析

1）定性分析方法

气相色谱分析的优点是能对多种组分的混合物进行分离分析，但气相色谱法也有其固有的缺点，就是难以对未知物定性，需要依据已知纯物质或有关的色谱定性参考数据，才能进行定性鉴别。气相色谱与质谱、红外光谱联用技术的发展为未知试样的定性分析提供了新的手段。

（1）对照品对照法。根据同一种物质在相同色谱条件下保留时间相同的原理进行定性。在相同的操作条件下，分别测出对照品和未知样品中各组分的保留值，在未知试样色谱图中对应于对照品保留值的位置上若有峰出现，则判定试样可能含有与对照品相同的组分，否则就不存在这种组分。该法是实际工作中最常用的定性方法，对于已知组成的复方药物制剂和工厂的定型产品分析，尤为实用。

（2）利用相对保留值定性。对于一些组成比较简单的已知范围的混合物，或无对照品的情况下，可用此法定性。将所得各组分的相对保留时间与色谱手册数据对比定性。利用此法时，先查手册，根据手册的实验条件及所用的标准物进行实验。取所规定的标准物加入被测样品中，混匀、进样，求出相对保留时间，再与手册数据对比定性。

（3）利用保留指数定性。许多手册上都刊载各种化合物的柯瓦茨（Kovats）保留指数，只要固定液及柱温相同，就可以利用手册数据对物质进行定性。保留指数的重复性及准确性均较好（相对误差<19%），是定性的重要方法。

2）定量分析方法

色谱定量分析的基础是被测物质的量与其峰面积（或峰高）成正比。但是，由于同一检测器对相同质量的不同物质具有不同的响应值，因此不能用峰面积来直接计算物质的量，需要引入校正因子的概念：

$$f_i' = m_i / A_i \qquad (10-12)$$

式中：f_i'称为绝对校正因子，即单位峰面积所代表的物质 i 的量。测定绝对校正因子需要准确知道进样量，这是比较困难的。所以，在实际工作中，往往使用相对校正因子 f_i，即被测物质 i 和标准物质 s 的绝对校正因子之比：

$$f_i = f_i' / f_s' \qquad (10-13)$$

色谱定量方法分为归一化法、外标法、内标法、标准加入法等，其中归一化法最为常用，主要用于分析组分 i 的质量分数（等于它的色谱峰面积在总峰面积中所占的百分比）。考虑到检测器对不同物质的响应不同，色谱峰面积需要经过校正，故组分的质量分数可按下式计算：

$$\omega_i\% = \frac{A_i f_i}{A_1 f_1 + A_2 f_2 + \cdots + A_n f_n} \times 100\% \qquad (10-14)$$

归一化法的优点是简便、定量结果与进样量无关、操作条件变化时对结果影响较小。缺点是所有组分必须在一个分析周期内都能流出色柱，而且检测器对它们都产生信号。该法不能用于微量杂质的含量测定。

柯瓦茨指数

在利用已知标准物直接对照定性时，已知标准物质的获得是一个很困难的问题。为此人们发展了利用文献值对照定性的方法，即利用已知物的文献保留值与未知物的测定保留值进行比较对照来进行定性分析。为了保证已知物的文献保留值和未知物的实测保留值有可比性，就要从理论上解决保留值的通用性及它的可重复性。为此，1958年匈牙利色谱学家柯瓦茨（E. Kovats）首先提出用保留指数（RI）作为保留值的标准用于定性分析，这一保留指数又称柯瓦茨指数，是使用最广泛并被国际上公认的定性指标。柯瓦茨指数是把组分的保留值分别用两个前后靠近它的正构烷烃来标定，计算公式如下：

$$I = 100Z + 100[\lg t'_{R(x)} - \lg t'_{R(z)}] / [\lg t'_{R(z+n)} - \lg t'_{R(z)}]$$

式中：$t'_{R(x)}$、$t'_{R(Z)}$和$t'_{R(z+1)}$分别为待测物 x 以及在其前后两侧出峰的正构烷烃（其碳原子数分别为 z 和 $z+n$）的调整保留时间。n 通常为1，也可以是2或3，但不超过5。正构烷烃的RI规定为等于该烷烃分子中碳原子数的100倍，例如正己烷的保留指数为600，正庚烷为700，正十五烷为1500。可见，柯瓦茨指数是用正构烷烃作为参照物，将待测物的调整保留值与正构烷烃的调整保留值相比，折合成相应碳原子数的“正构烷烃”。这样，在色谱柱操作参数确定之后，特定物质的 I 值应为一常数。所以，用 I 来对色谱峰定性就比单纯用保留时间可靠得多。

3. 气相色谱分析法的特点

由于气体的黏度小，组分扩散速率高、传质快、与固定相相互作用次数多，可选用的固定相物质广，加之使用的检测器灵敏度高、选择性好，因此气相色谱分析具有选择好、柱效高、灵敏度高、分析速度快和应用范围广等特点。

(1)选择性好。气相色谱分析能分离测定性质极为相似的物质，如分离测定同系物或同分异构体的混合物等。

(2)柱效高。气相色谱能在较短时间内分离和测定极为复杂的混合物，例如，用毛细管柱一次可分离测定含有100多个组分的烃类混合物。

(3)灵敏度高。气相色谱分析能测定低至10^{-14} g的痕量物质。

(4)分析速度快。气相色谱分析一般只需几分钟至几十分钟即可完成一个分析周期。

(5)应用范围广。气相色谱分析不仅可用于分析气体物质，也可以分析在操作温度(一般低于450℃)下能气化的液体、固体以及包含在固体中的气体。

气相色谱分析法的主要缺点是对于在操作温度下不能气化的样品不能分析；此外，用气相色谱分析法进行定性和定量时，往往需要纯样品或已知浓度的标准样，而这些标样的获得有时比较困难。

10.5.2 高效液相色谱分析法

1. 高效液相色谱分析法的分析流程及仪器的基本部件

高效液相色谱法(high performance liquid chromatography, HPLC)在经典液相柱色谱基础上，引入气相色谱的理论，并采用了高压泵、高效固定相和高灵敏检测器。其作用原理和流程与气相色谱相似，基本组成包括高压输液系统、进样系统、色谱柱、检测系统和数据记录系统5个主要部分，如图10-11所示。

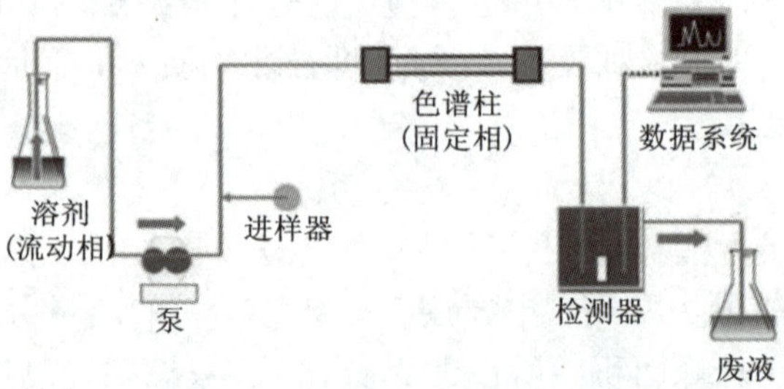

图10-11 高效液相色谱仪流程图

(1)高压输液系统。由储液器、高压泵、过滤器等组成，其核心部件是高压泵。高压泵将流动相连续不断地输入色谱柱，使样品组分在柱内相互分离，因此应具备耐高压(正常操作压力在10 MPa以下，但能耐35~50 MPa的高压)、流量稳定(要求流量精度达到1.0%)、流量范围宽(一般要求可在0.10~10.0 mL·min^{-1}范围)、抗腐蚀等特点。HPLC中常用的高压泵是恒流泵。恒流泵在运行时保持恒定的输出流量，根据工作方式分为螺旋注射泵和往复注射泵。往复泵输送液体是连续的，但有脉动。往复泵又分柱塞式和隔膜式，目前高效液相色谱仪上采用最广泛的是柱塞式往复泵，尤其是双柱塞补偿式恒流泵。它可以使输液流量平稳，脉动小。此外，溶剂进入高压泵之前应预先脱气，以免溶解的空气在柱中形成气泡而影响组分分离及检测。使用的溶剂常须用孔径为 0.45 μm 的高分子膜过滤以除去灰尘或其他细微颗粒，以避免因此而引起高压泵或进样器的损坏以及堵塞柱子。

(2)进样系统。进样系统是引起柱前色谱峰展宽的主要因素，因此高效液相色谱要求进样装置重复性好、死体积小。常用的进样方式有六通阀进样和注射进样。

①六通阀进样。该法是使用最广泛的一种进样方式。进样阀的构造和工作原理与气相色谱用的六通阀类似，能耐 20 MPa 的高压。由于进样量由常压下固定体积的定量管控制，故进样准确、重复性好。

②注射器进样。注射器进样又叫隔膜进样，与气相色谱法类似，进样时用 1 ~ 100 μL 注射器穿过密封隔膜，将试样直接注射到柱头上。该进样方式操作方便、死体积小，但重复性差。

(3)色谱柱。色谱柱是高效液相色谱仪的核心部件，要求分离效能高、柱容量大和分析速度快。色谱柱由柱管和固定相组成。柱管一般由内部抛光的不锈钢制成，根据样品类型和所需压力不同也可以采用金属铜、聚四氟乙烯或玻璃等材质。柱长一般在 100 ~ 300 mm 之间，内径 2 ~ 5 mm，多用直型柱管，便于装柱换柱。分析用色谱柱多使用直径 3 ~ 10 μm 的多孔微粒固定相做填充剂。硅胶是使用最广泛的微粒固定相，具有均匀的直径。色谱柱的柱效主要取决于固定相和装填技术。如何将微粒固定相均匀而紧密地填充到色谱柱管中是很重要的关键技术。生产色谱仪的厂家多有各种色谱柱供应。

(4)检测系统。理想的高效液相色谱检测器应具备灵敏度高、应用范围广、线性范围宽、重复性好、响应快、定量准确、对温度和载液流量的变化敏感度较小等特点。常用的商品化检测器有紫外检测器、示差折光检测器、电导检测器、氢火焰离子化检测器和安培检测器等，其中紫外检测器应用最广泛。紫外检测器是一种浓度型检测器，通过测定物质在流动池中吸收紫外光的大小来确定其含量，分为单波长、多波长、光电二极管阵列检测器等类型。紫外检测器的灵敏度很高，最小检测浓度可达到 10^{-3} μg · mL^{-1}，而且对温度和载液的流速波动不敏感，适应范围广。HPLC 中 70% ~ 80% 的样品可采用该检测器进行检测。

2. 高效液相色谱法的特点及应用范围

高效液相色谱具有“高速、高效、高灵敏度、高自动化”的特点。与气相色谱相比，高效液相色谱具有以下明显优势：

(1)高速。高效液相色谱分析法测定一个样品仅需几分钟至几十分钟，比经典柱色谱法快 100 ~ 1000 倍。

(2)高效。气相色谱法的分离效能很高，其柱效为 2000 塔板每米左右；而高效液相色谱法的柱效一般可达 5000 塔板每米左右，最高可达到 40000 塔板每米。

电感耦合等离子体发射光谱仪(ICP)

电感耦合等离子体(Inductive Coupled Plasma，简称 ICP)是由高频电流经感应线圈产生高频电磁场，使工作气体型成等离子体，并呈现火焰状放电，达到 10000 K 的高温，是一个具有良好的蒸发 - 原子化 - 激发 - 电离性能的光谱光源。而且由于等离子体焰炬呈环状结构，有利于从等离子体中心通道进样并维持火焰的稳定；较低的载气流速(低于 1 L · min^{-1})便可穿透 ICP，使样品在中心通道停留时间达 2 ~ 3 ms，可完全蒸发、原子化；ICP 环状结构的中心通道的高温，高于任何火焰或电弧火花的温度，是原子、离子的最佳激发温度，分析物在中心通道内被间接加热，ICP 光源具有优异的分析性能。

一个理想的分析方法，应该是：多组分同时测定；测定范围宽(低含量与高含量成分能同测定)；高的灵敏度和好的精确度；适用于不同状态的样品分析；操作要简便。

电感耦合等离子体发射光谱法(Inductively Coupled Plasma - Atomic Emission Spectrometry，ICP - AES)便具有这些优异的分析特性。如 ICP - AES 不论是多道直读还是单道扫描仪器，均可在同一试样溶液中同时测定大量元素(已有文献报道达 78 个)，除稀有气体外，自然界存在的所有元素都能测定。ICP 是元素分析最为有效的方法。

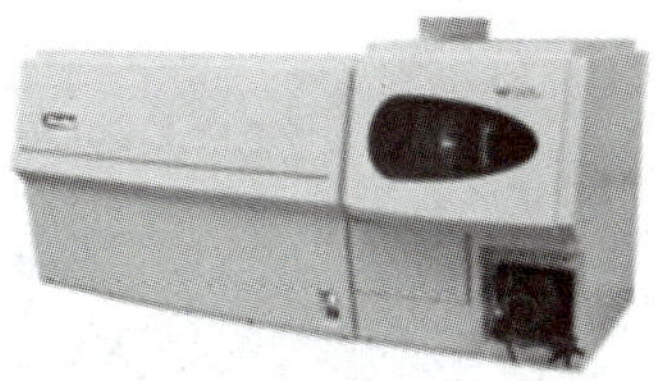

Prodigy 7 型等离子体发射光谱仪

(3)高灵敏度。高效液相色谱仪采用高灵敏度的检测器，故有很高的灵敏度。

(4)流动相选择范围宽。气相色谱流动相是惰性气体，选择少。但适用于高效液相色谱分析的流动相种类多，此外，还可选用不同比例的两种或两种以上的液体混合物作流动相，可进一步增大分离选择性。

(5)应用范围广。气相色谱分析法一般只可在400°C下分析气体和沸点较低的化合物，能测定的有机物仅占有机物总数的20%。而高效液相色谱分析法只要求试样能制成溶液，不需要气化，因此对于高沸点、热稳定性差、相对分子质量大(>400)的有机物都可进行分离分析。

高效液相色谱法的分离效能和速度是一般化学分离方法难以比拟的。因不受样品挥发度和热稳定性的限制，目前，HPLC已广泛用于生物大分子、离子型化合物、不稳定天然产物和各种高分子量化合物如蛋白质、氨基酸、核酸等组分的分离分析。

本章复习指导

掌握：紫外—可见分光光度法的基本原理，定量分析方法及其特点和应用，误差产生的原因以及提高测量灵敏度与准确度的方法；气相色谱、高效液相色谱的特点以及应用范围。

熟悉：物质对光的选择性吸收；吸收光谱原理的基础。

了解：紫外—可见分光光度计的基本部件、构造原理；气相色谱、高效液相色谱的基本部件和分析流程。

选读材料

毛细管电泳仪

毛细管电泳(capillary electrophoresis，CE)，又称**高效毛细管电泳**(high performance capillary electrophoresis，HPCE)，是一类以毛细管为分离通道、以高压直流电场为驱动力的新型液相分离技术。是近年来发展最快的高效分离技术之一。

1. 毛细管电泳系统的基本结构

毛细管电泳系统的基本结构包括进样、填灌/清洗、电流回路、毛细管/温度控制、检测/记录/数据处理等部分，如图10－12所示。

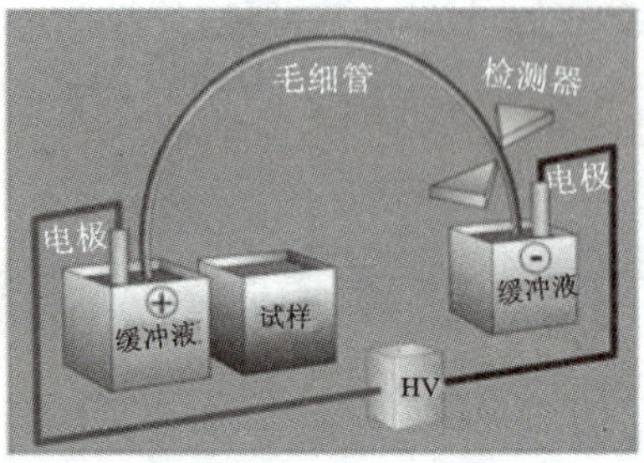

图10－12 高效毛细管电泳系统

(1)高压电源 一般用0～30 kV的可调节直流电源，可供应约300 μA电流，具有稳压和稳流两种方式可供选择。

(2)填灌清洗机构 每次进样前毛细管要用不同溶液冲洗，进样方法有加压进样、负压进样、虹吸进样和电动(电迁移)进样等。

(3)毛细管 一般采用弹性石英毛细管，内径主要是50 μm和75 μm。一般细内径的分离效果好，若采用柱上检测粗内径管较好。

(4)电极和电极槽 两个电极槽里放入操作缓冲液，分别插入毛细管的进口端与出口端以及铂电极，铂电极接至直流高压电源，正负极可切换。

(5)检测系统　一般用紫外－可见分光检测、激光诱导荧光检测、电化学检测和质谱检测均作毛细管电泳的检测器。紫外－可见分光光度检测器应用最广。

(6)数据处理系统与一般色谱数据处理系统基本相同。

2. 分离原理

待分析样品在一定条件下从进样系统进入毛细管的进样端后，使开始在毛细管两端施加电压。带电荷样品粒子在高压电场作用下，根据各自的荷质比向检测系统方向定向迁移。毛细管电泳仪中的毛细管目前大多是石英材料。当石英毛细管中充入 pH 大于 3 的电解质溶液时，管壁的部分硅羟基(—SiOH)分解为硅羟基负离子(—SiO^-)，使管壁带负电荷。在静电引力下，—SiO^-会把电解质溶液中的阳离子吸引到管壁附近，并在一定距离内形成阳离子相对过剩的扩散双电层。在高电压电场作用下，双电层中溶剂化的水合阳离子层会引起柱中溶液在毛细管内整体向负极移动，形成电渗液。此时带电粒子在毛细管内电解质溶液中的迁移速度等于电泳速度和电渗流二者的矢量之和。如果毛细管两端加的是正向电压，则正电荷粒子速度是电渗流速度和电泳速度之和，最先流出，中性粒子的电泳速度相当于电渗流速度；带负电荷粒子运动方向与电渗流方向相反，但电渗流速度一般大于电泳速度，故其最终会在中性粒子之后流出，从而实现各种粒子的分离。分离示意图如图 10－13 所示。

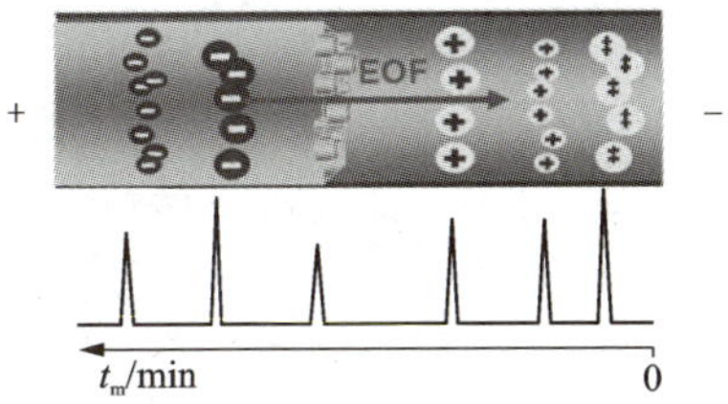

图 10－13　毛细管电泳分离示意图

毛细管电泳相比于其他分离技术相比，具有分析速度快、分离效率高、试验成本低、耗样量少、操作简便等特点，因此广泛应用于医学、生物学、化学、农学等各个学科领域。

复习思考题

1. 什么叫选择吸收？它与物质的分子结构有什么关系？

2. 为什么要测定吸收曲线？什么叫复合光和互补色光？

3. 朗伯－比耳定律的物理意义是什么？为什么说它只适用于单色光？它还能应用于其他光度法吗？

4. 浓度 c 与吸光度 A 线性关系发生偏离的主要因素有哪些？

5. 分光光度计通常有哪几大基本部件？紫外与可见分光光度计有何不同？使用时要注意什么？

6. 提高分光光度计测量灵敏度与准确度的方法主要有哪几种？

7. 什么是空白试验？什么是对照试验？如何消除共存离子的干扰？

8. 从原理和仪器构造上看，气相色谱与液相色谱的主要区别在哪里？

习　题

1. 卡巴克洛的摩尔质量为 236 g · mol^{-1}，将其配成每 100 mL 含 0.4962 mg 的溶液，盛于 1 cm 吸收池中，在 λ_{max} 为 355 nm 处测得 A 为

0.557，试求 $E_{1\ cm}^{1\%}$ 及 ε。

2. 称取0.05 g维生素C溶于100 mL的0.005 mol·L^{-1}硫酸溶液中，再准确量取此溶液2.00 mL稀释至100 mL，取此溶液于1 cm吸收池中，在 λ_{max} 245 nm处测得 A 为0.551，求试样中维生素C的质量分数。（$E_{1\ cm\ 245\ nm}^{1\%}=560$）

3. 有一化合物在醇溶液中的 λ_{max} 为240 nm，其 ε 为 1.70×10^4，摩尔质量为314.47。试问配制质量浓度为多少(g/100 mL)用于测定含量最为合适？

4. 金属离子 M^+ 与配合剂 X^- 形成配合物MX，其他种类配合物的形成可以忽略，在350 nm处MX有强烈吸收，溶液中其他物质的吸收可以忽略不计。包含0.000500 mol·L^{-1} M^+ 和0.200 mol·L^{-1} X^- 的溶液，在350 nm和1 cm比色皿中，测得吸光度为0.800；另一溶液由0.000500 mol·L^{-1} M^+ 和0.0250 mol·L^{-1} X^- 组成，在同样条件下测得吸光度为0.640。设前一种溶液中所有 M^+ 均转化为配合物，而在第二种溶液中并不如此，试计算MX的稳定常数。

5 . K_2CrO_4 的碱性溶液在372 nm有最大吸收。已知浓度为 3.00×10^{-5} mol·L^{-1} 的 K_2CrO_4 碱性溶液，于1 cm吸收池中，在372 nm处测得 $T=71.6\%$。求：a. 该溶液的吸光度；b. K_2CrO_4 溶液的 ε_{max}；c. 当吸收池为3 cm时该溶液的 T。

6. 精密称取维生素 B_{12} 对照品20.0 mg，加水准确稀释至1000 mL，将此溶液置于厚度为1 cm的吸收池中，在 $\lambda=361$ nm处测得其吸光度为0.414。另有两个试样，一为维生素 B_{12} 的原料药，精密称取20.0 mg，加水准确稀释至1000 mL，在同样条件下测得其吸光度为0.400；一为维生素 B_{12} 注射液，精密吸取1.00 mL，稀释至10.00 mL，同样测得其吸光度为0.518。试分别计算维生素 B_{12} 原料药及注射液的含量。

7. 简述色谱分析的基本原理，特点和应用范围。

8. 含有 Fe^{3+} 的某药物溶解后，加入显色剂KSCN溶液，生成红色配合物，用1.00 cm吸收池在分光光度计420 nm波长处测定，已知该配合物在上述条件下 ε 为 1.80×10^4，如该药物含 Fe^{3+} 约为0.5%，现欲配制50 mL溶液，为使测定误差最小，应该称取该药多少克？

9. 用气相色谱法测定某样品中药物A的质量分数，以B为内标，准确称取样品5.456 g，加入内标物0.2537 g，混匀后进样，测得药物和内标峰的面积分别为 1.563×10^5 μV·s和 1.432×10^5 μV·s。另准确称取A标准品0.2941 g和B标准品0.2673 g，释至一定体积，配匀，在与样品测定相同条件下分析，测得面积分别为 5.450×10^4 μV·s和 4.60×10^4 μV·s。试计算样品中A的质量分数。

10. 某五元混合物的GC分析数据如下：

组分	A	B	C	D	E
峰面积/(10^4 μV·s)	12.0	8.5	6.8	13.2	9.6
相对重量校正因子	0.87	0.95	0.76	0.97	0.90

试计算各组分的质量分数。

第10章习题答案

附 录

附录一 我国法定计量单位

本书采用我国法定计量单位。国际单位制是法定计量单位的基础，为了正确使用国家标准 GB 3100—1993《国际单位制及其应用》，现将有关问题简单说明如下。

表 1 国际单位制(SI)的基本单位和常用的导出单位

量		单位		
名称	符号	名称	符号	定义式
长度	l	米	m	
质量	m	千克	kg	
时间	t	秒	s	
电流	I	安[培]	A	
热力学温度	T	开[尔文]	K	
物质的量	n	摩[尔]	mol	
发光强度	I_v	坎[德拉]	cd	
频率	v	赫[兹]	Hz	s^{-1}
能量	E	焦[耳]	J	$kg \cdot m^2 \cdot s^{-2}$
力	F	牛[顿]	N	$kg \cdot m \cdot s^{-2} = J \cdot m^{-1}$
压力	p	帕[斯卡]	Pa	$kg \cdot m^{-1} \cdot s^{-2} = N \cdot m^{-2}$
功率	P	瓦[特]	W	$kg \cdot m^2 \cdot s^{-3} = J \cdot s^{-1}$
电荷量	Q	库[仑]	C	$A \cdot s$
电位、电压、电动势	U	伏[特]	V	$kg \cdot m^2 \cdot s^{-3} \cdot A = J \cdot A \cdot s^{-1}$
电阻	R	欧[姆]	Ω	$kg \cdot m^2 \cdot s^{-3} \cdot A^{-2} = V \cdot A^{-1}$
电导	G	西[门子]	S	$A \cdot V^{-1} = kg^{-1} \cdot m^{-2} \cdot s^3 \cdot A^2 = \Omega^{-1}$
电容	C	法[拉]	F	$C \cdot V^{-1} = A^2 \cdot s^4 \cdot kg^{-1} \cdot m^{-2} = A \cdot s \cdot V^{-1}$

表 2　SI 单位制的词头

因数	词头名称	词头符号	因数	词头名称	词头符号
10^{15}	拍[它]	P(peta)	10^{-1}	分	d(deci)
10^{12}	太[拉]	T(tera)	10^{-2}	厘	c(centi)
10^{9}	吉[咖]	G(giga)	10^{-3}	毫	m(milli)
10^{6}	兆	M(mega)	10^{-6}	微	μ(micro)
10^{3}	千	k(kilo)	10^{-9}	纳[诺]	n(nano)
10^{2}	百	h(hecto)	10^{-12}	皮[可]	p(pico)
10^{1}	十	da(deca)	10^{-15}	飞[母托]	f(femto)

表 3　一些常用非推荐单位、导出单位与国际单位制(SI)的换算

物理量	换算单位
长度	1Å(埃) $=10^{-10}$ m, 1 in(英寸) $=2.54\times10^{-2}$ m, 1 fo(英尺) $=0.3048$ m
体积	1 L(升) $=1$ dm^3
质量	1 市斤 $=0.5$ kg, 1 市两 $=50$ g, 1 b(磅) $=0.454$ kg, 1 oz(盎司) $=28.3\times10^{-3}$ kg 1 u(原子质量单位) $\approx1.660\,565\times10^{-27}$ kg
压力	1 atm(标准大气压) $=760$ mmHg $=1.013\,25\times10^{5}$ Pa
温度	T(K) $=t$(℃) $+273.15$
能量	1 cal(卡) $=4.184$ J, 1 eV(电子伏特) $\approx1.602189\times10^{-19}$ J, 1 erg(尔格) $=10^{-7}$ J
电量	1 esu(静电单位库仑) $=3.335\times10^{-10}$ C
其他	R(摩尔气体常数) $=1.986\ cal\cdot K^{-1}\cdot mol^{-1}=0.08206\ L^{-1}\cdot atm\cdot K^{-1}\cdot mol^{-1}$ $=8.314\ J\cdot K^{-1}\cdot mol^{-1}=8.314\ kPa\cdot L\cdot K^{-1}\cdot mol^{-1}$ 1 D(德拜) $=3.334\times10^{-30}$ C·m(库仑·米) 1 cm^{-1}(波数) $=1.986\times10^{-23}\ J=11.96\ J\cdot mol^{-1}$

附录二　一些物质的基本热力学数据

表 1　298.15 K 时常见物质的 $\Delta_f H_m^{\ominus}$, $\Delta_f G_m^{\ominus}$, $S_m^{\ominus}$

物质	$\Delta_f H_m^{\ominus}/(kJ\cdot mol^{-1})$	$\Delta_f G_m^{\ominus}/(kJ\cdot mol^{-1})$	$S_m^{\ominus}/(kJ\cdot mol^{-1})$
Ag(s)	0	0	42.55
* Ag^+(aq)	105.6	77.1	72.7
$AgNO_3$(s)	−124.39	−33.41	140.92
AgCl(s)	−127.068	−109.789	96.2
AgBr(s)	−100.37	−96.90	107.1
AgI(s)	−61.84	−66.19	115.5
Ag_2CO_3(s)	−505.8	−436.8	167.4
Ag_2O(s)	−31.05	−11.20	121.3
Al_2O_3(s, 刚玉)	−1675.7	−1582.3	50.92
* Ba(s)	0	0	62.5

续表 1

物质	$\Delta_f H_m^\ominus$/(kJ · mol^{-1})	$\Delta_f G_m^\ominus$/(kJ · mol^{-1})	$S_m^\ominus$/(kJ · mol^{-1})
* Ba^{2+}(aq)	−537.6	−560.8	9.6
* $BaCl_2$(s)	−855.0	−806.7	123.7
* $BaSO_4$(s)	−1473.2	−1362.2	132.2
Br_2(g)	30.907	3.110	245.463
Br_2(1)	0	0	152.231
* C(s，金刚石)	1.9	2.9	2.4
* C(s，石墨)	0	0	5.7
CO(g)	−110.525	−137.168	197.674
CO_2(g)	−393.509	−394.359	213.74
CS_2(s)	117.36	67.12	237.84
* Ca(s)	0	0	41.6
* Ca^{2+}(aq)	−542.8	−553.6	−53.1
CaC_2(s)	−59.8	−64.9	69.96
$CaCl_2$(s)	−795.8	−748.1	104.6
$CaCO_3$(s，方解石)	−1206.92	−1128.79	92.9
CaO(s)	−635.09	−604.03	39.75
* $Ca(OH)_2$(s)	−985.2	−897.5	83.4
Cl_2(g)	0	0	223.066
* Cl^-(aq)	−167.2	−131.2	56.5
* Cu(s)	0	0	33.2
* Cu^{2+}(aq)	64.8	65.5	−99.6
CuO(s)	−157.3	−129.7	42.63
$CuSO_4$(s)	−771.36	−661.8	109.0
Cu_2O(s)	−168.6	−146.0	93.14
F_2(g)	0	0	202.78
* F^-(aq)	−332.6	−278.8	−13.8
* Fe(s)	0	0	27.3
* Fe^{2+}(aq)	−89.1	−78.9	−137.7
* Fe^{3+}(aq)	−48.5	−4.7	−315.9
$Fe_{0.974}O$(s，方铁矿)	−266.27	245.12	57.49
FeO(s)	−272.0	−251	61
FeS_2(s)	−178.2	−166.9	52.93
Fe_3O_4(s)	−1118.4	−1015.4	146.4
Fe_2O_3(s)	−824.2	−742.2	87.40
H_2(g)	0	0	130.684
* H^+(aq)	0	0	0
HCl(g)	−92.307	−95.299	186.908

续表 1

物质	$\Delta_f H_m^\ominus/(kJ \cdot mol^{-1})$	$\Delta_f G_m^\ominus/(kJ \cdot mol^{-1})$	$S_m^\ominus/(kJ \cdot mol^{-1})$
HF(g)	-271.1	-273.2	173.779
HBr(g)	-36.40	-53.45	198.695
HI(g)	26.48	1.70	206.594
H_2O(g)	-241.818	-228.572	188.825
H_2O(l)	-285.830	-237.129	69.91
H_2S(g)	-20.63	-33.56	205.79
H_2O_2(l)	-187.78	-120.35	109.6
H_2O_2(g)	-136.31	-105.57	232.7
Hg(l)	0	0	76.02
Hg(s，红色斜方晶)	-90.83	-58.539	70.29
Hg(s，黄色晶体)	-90.46	-58.409	71.1
I_2(g)	62.438	19.327	260.69
I_2(s)	0	0	116.135
* I^-(aq)	-55.2	-51.6	111.3
* K(s)	0	0	64.7
* K^+(aq)	-252.4	-283.3	102.5
KI(s)	-327.900	-324.892	106.32
KCl(s)	-436.747	-409.14	82.59
KNO_3(s)	-494.63	-394.86	133.05
* Mg(s)	0	0	32.7
* Mg^{2+}(aq)	-466.9	-454.8	-138.1
* MgO(s)	-601.6	-569.3	27.0
* MnO_2(s)	-520.0	-465.1	53.1
* Mn^{2+}(aq)	-220.8	-228.1	-73.6
N_2(g)	0	0	191.61
NH_3(g)	-46.11	-16.45	192.45
NH_4Cl(s)	-314.43	-202.87	94.6
$(NH_4)_2SO_4$(s)	-1180.85	-901.67	220.1
NO(g)	90.25	86.55	210.761
NO_2(g)	33.18	51.31	240.06
N_2O(g)	82.05	104.20	219.85
N_2O_4(g)	9.16	97.89	304.29
N_2O_5(g)	11.3	115.1	355.7
* Na(s)	0	0	51.3
* Na^+(aq)	-240.1	-261.9	59.0
NaCl(s)	-411.153	-384.138	72.13
NaOH(s)	-425.609	-379.494	64.455

续表 1

物质	$\Delta_f H_m^{\ominus}/(kJ \cdot mol^{-1})$	$\Delta_f G_m^{\ominus}/(kJ \cdot mol^{-1})$	$S_m^{\ominus}/(kJ \cdot mol^{-1})$
$Na_2CO_3(s)$	-1130.68	-1044.44	134.98
$NaHCO_3(s)$	-950.81	-851.0	101.7
$O_2(g)$	0	0	205.138
$O_3(g)$	142.7	163.2	238.93
* $OH^-(aq)$	-230.0	-157.2	-10.8
$PCl_3(g)$	-287.0	-267.8	311.78
$PCl_5(g)$	-374.9	-305.0	364.58
S(s，正交)	0	0	31.80
$SO_2(g)$	-296.830	-300.194	248.22
$SO_3(g)$	-395.72	-371.06	256.76
SiO_2(s，α-石英)	-910.94	-856.64	41.84
* Zn(s)	0	0	41.6
* $Zn^{2+}(aq)$	-153.9	-147.1	-112.1
ZnO(s)	-348.28	-318.30	43.64
$CH_4(g)$	-74.81	-50.72	186.264
$C_2H_6(g)$	-84.68	-32.82	229.60
$C_3H_8(g)$	-103.85	-23.37	270.02
C_4H_{10}(g)正丁烷	-126.15	-17.02	310.23
C_4H_{10}(g)异丁烷	-134.52	-20.75	294.75
C_5H_{12}(g)正戊烷	-146.44	-8.21	349.06
C_5H_{14}(g)异戊烷	-154.47	-14.65	343.20
C_6H_{14}(g)正己烷	-167.19	-0.05	388.51
C_7H_{16}(g)庚烷	-187.78	8.22	428.01
C_8H_{18}(g)辛烷	-208.45	16.66	466.84
$C_2H_2(g)$	226.73	209.20	200.94
$C_2H_4(g)$	52.26	68.15	219.56
C_3H_6(g)环丙烷	53.30	104.46	237.55
C_6H_{12}(g)环己烷	-123.14	31.92	298.35
C_6H_{10}(g)环己烯	-5.36	106.99	310.86
$C_6H_6(g)$	82.93	129.73	269.31
$C_6H_6(l)$	49.04	124.45	173.26
$CH_3OH(g)$	-200.66	-161.96	239.81
$CH_3OH(l)$	-238.66	-166.27	126.8
HCHO(g)	-108.57	-102.53	218.77
HCOOH(l)	-424.72	-361.35	128.95
$C_2H_5OH(g)$	-235.10	-168.49	282.70
$C_2H_5OH(l)$	-277.69	-174.78	160.7

续表 1

物质	$\Delta_f H_m^\ominus$/(kJ·mol^{-1})	$\Delta_f G_m^\ominus$/(kJ·mol^{-1})	$S_m^\ominus$/(kJ·mol^{-1})
CH_3CHO(l)	-192.30	-128.12	160.2
CH_3COOH(l)	-484.5	-389.9	159.8
CH_3COOH(g)	-432.25	-374.0	282.5
** H_2NCONH_2(s)尿素	-333.19	-197.15	104.60
** $C_6H_{12}O_6$(s)葡萄糖	-1274.45	-910.52	212.13
** $C_{12}H_{22}O_{11}$(s)蔗糖	-2221.70	-1544.31	360.24

注：本表无机物质和 C_1 与 C_2 有机物质的数据录自 Wanman DD 等制定，刘天和，赵梦月译. NBS 化学热力学性质表，SI 单位表示的无机物质和 C_1 与 C_2 有机物质选择值. 北京：中国标准出版社，1998。

C_3 与 C_3 以上有机物质的数据录自 Stull D R，Westrum E F，Sinke G C. The Chemical Thermodynamics of Organic Compounds. New York：John Wiley & Sons Inc.，1969。

带"*"号的数据录自 Lide DR. Handbook of Chemistry and Physics. 80th ed. New York：CRC Press，1999～2000，5-1～5-60。

带"**"号的数据录自 Wilhoit R C. Thermodynamic Properties of Biaochemical Substances，Chapter 2，in Biochemical，Microcalorimetry. Brown H D (ed). New York：Academic Press Inc，1969

表 2　298.15 K 时某些物质的 $\Delta_c H_m^\ominus$

物质	$\Delta_c H_m^\ominus$/(kJ·mol^{-1})	物质	$\Delta_c H_m^\ominus$/(kJ·mol^{-1})
H_2(g)	-285.83	CH_3OH(l)甲醇	-726.51
C(s，石墨)	-393.51	C_2H_5OH(l)乙醇	-1366.82
CO(g)	-282.98	$(CH_3)_2O$(g)二甲醚	-1460.46
CH_4(g)甲烷	-890.36	$(C_2H_5)_2O$(l)乙醚	-2723.62
C_2H_2(g)乙炔	-1299.58	$(C_2H_5)_2O$(g)乙醚	-2751.06
C_2H_4(g)乙烯	-1410.94	C_5H_{12}(l)正戊烷	-3509.0
C_2H_6(g)乙烷	-1559.83	C_6H_6(l)苯	-3267.6
C_3H_6(g)环丙烷	-2091.5	C_6H_5OH(s)苯酚	-3053.5
HCHO(g)甲醛	-570.77	C_6H_5COOH(s)苯甲酸	-3226.9
CH_3CHO(g)乙醛	-1192.49	$C_{17}H_{35}COOH$(s)硬脂酸	-11281.0
CH_3CHO(l)乙醛	-1166.38	$C_6H_{12}O_6$葡萄糖(s)	-2803.0
CH_3COOH(l)乙酸	-874.2	$C_{12}H_{22}O_{11}$(s)蔗糖	-5640.9
HCOOH(l)甲酸	-254.62	$CO(NH_2)_2$(s)尿素	-631.7
$H_2(COO)_2$(s)草酸	-245.6	C_5H_5N(l)吡啶	-2782.4

本表数据主要录自 Lide DR. Handbook of Chemistry and Physics. 80th ed. New York：CRC Press，1999～2000，5-89

附录三　弱酸、弱碱在水中的解离常数(298.15 K)

弱酸	解离常数 $K_a^\ominus$
H_3AsO_4	$K_{a1}^\ominus=5.7\times10^{-3}$；$K_{a2}^\ominus=1.7\times10^{-7}$；$K_{a3}^\ominus=2.5\times10^{-12}$
H_3AsO_3	$K_{a1}^\ominus=5.9\times10^{-10}$
$HAsO_2$	$K_a^\ominus=6.0\times10^{-10}$

续上表

弱酸	解离常数 $K_a^\ominus$
$HCrO_4^-$（铬酸）	$K_{a2}^\ominus = 3.2\times10^{-7}$
H_3BO_3	$K_a^\ominus = 5.8\times10^{-10}$
HOBr	$K_a^\ominus = 2.6\times10^{-9}$
H_2CO_3	$K_{a1}^\ominus = 4.2\times10^{-7}$；$K_{a2}^\ominus = 4.7\times10^{-11}$
HCN	$K_a^\ominus = 5.8\times10^{-10}$
H_2CrO_4	$K_{a1}^\ominus = 9.55$；$K_{a2}^\ominus = 3.2\times10^{-7}$
HOCl	$K_a^\ominus = 2.8\times10^{-8}$
$HClO_2$	$K_a^\ominus = 1.0\times10^{-2}$
HF	$K_a^\ominus = 6.9\times10^{-4}$
HOI	$K_a^\ominus = 2.4\times10^{-11}$
HIO_3	$K_a^\ominus = 0.16$
H_5IO_6	$K_{a1}^\ominus = 4.4\times10^{-4}$；$K_{a2}^\ominus = 2\times10^{-7}$；$K_{a3}^\ominus = 6.3\times10^{-13}$
HNO_2	$K_a^\ominus = 6.0\times10^{-4}$
HN_3	$K_a^\ominus = 2.4\times10^{-5}$
H_2O_2	$K_{a1}^\ominus = 2.0\times10^{-12}$
H_3PO_4	$K_{a1}^\ominus = 6.7\times10^{-3}$；$K_{a2}^\ominus = 6.2\times10^{-8}$；$K_{a3}^\ominus = 4.5\times10^{-13}$
$H_4P_2O_7$	$K_{a1}^\ominus = 2.9\times10^{-2}$；$K_{a2}^\ominus = 5.3\times10^{-3}$； $K_{a3}^\ominus = 2.2\times10^{-7}$；$K_{a3}^\ominus = 4.8\times10^{-10}$
H_3PO_3	$K_{a1}^\ominus = 5.0\times10^{-2}$；$K_{a2}^\ominus = 2.5\times10^{-7}$
H_2SO_4	$K_{a2}^\ominus = 1.0\times10^{-2}$
H_2SO_3	$K_{a1}^\ominus = 1.7\times10^{-2}$；$K_{a2}^\ominus = 6.0\times10^{-8}$
H_2SiO_3	$K_{a1}^\ominus = 1.7\times10^{-10}$；$K_{a2}^\ominus = 1.6\times10^{-12}$
H_2Se	$K_{a1}^\ominus = 1.5\times10^{-4}$；$K_{a2}^\ominus = 1.1\times10^{-15}$
H_2S	$K_{a1}^\ominus = 1.3\times10^{-7}$；$K_{a2}^\ominus = 7.1\times10^{-15}$
H_2SeO_4	$K_{a2}^\ominus = 1.2\times10^{-2}$
H_2SeO_3	$K_{a1}^\ominus = 2.7\times10^{-2}$；$K_{a2}^\ominus = 5.0\times10^{-8}$
HSCN	$K_a^\ominus = 0.14$
$H_2C_2O_4$	$K_{a1}^\ominus = 5.4\times10^{-2}$；$K_{a2}^\ominus = 5.4\times10^{-5}$
HCOOH	$K_a^\ominus = 1.8\times10^{-4}$
HAc	$K_a^\ominus = 1.8\times10^{-5}$
$ClCH_2COOH$	$K_a^\ominus = 1.4\times10^{-3}$
$Cl_2CHCOOH$	$K_a^\ominus = 5.0\times10^{-2}$
Cl_3CCOOH	$K_a^\ominus = 0.23$

续上表

弱酸	解离常数 $K_a^\ominus$
$^+NH_3CH_2COOH$(氨基乙酸盐)	$K_{a1}^\ominus=4.5\times10^{-3}$；$K_{a2}^\ominus=2.5\times10^{-10}$
$CH_3CHOHCOOH$(乳酸)	$K_a^\ominus=1.4\times10^{-4}$
C_6H_5OH(苯酚)	$K_a^\ominus=1.1\times10^{-19}$
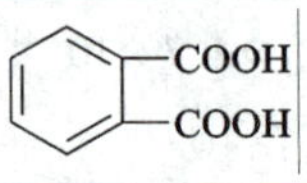	$K_{a1}^\ominus=1.1\times10^{-3}$；$K_{a2}^\ominus=3.9\times10^{-6}$
CH(OH)COOH | CH(OH)COOH	$K_{a1}^\ominus=9.1\times10^{-4}$；$K_{a2}^\ominus=4.3\times10^{-5}$
CH_2COOH | C(OH)COOH | CH_2COOH	$K_{a1}^\ominus=7.4\times10^{-4}$；$K_{a2}^\ominus=1.7\times10^{-6}$； $K_{a3}^\ominus=4.0\times10^{-7}$
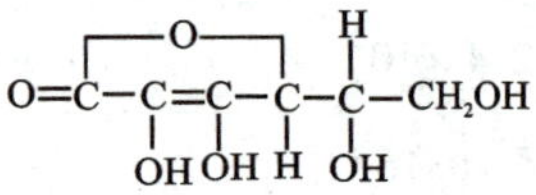	$K_{a1}^\ominus=5.0\times10^{-5}$；$K_{a2}^\ominus=1.5\times10^{-10}$
EDTA	$K_{a1}^\ominus=1.0\times10^{-2}$；$K_{a2}^\ominus=2.1\times10^{-3}$； $K_{a3}^\ominus=6.9\times10^{-7}$；$K_{a4}{}^\ominus=5.9\times10^{-11}$
弱碱	解离常数 $K_b^\ominus$
$NH_3\cdot H_2O$	$K_b^\ominus=1.8\times10^{-5}$
N_2H_4(联氨)	$K_b^\ominus=9.8\times10^{-7}$
NH_2OH(羟氨)	$K_b^\ominus=9.1\times10^{-9}$
CH_3NH_2(甲胺)	$K_b^\ominus=4.2\times10^{-4}$
$C_2H_5NH_2$(乙胺)	$K_b^\ominus=5.6\times10^{-4}$
$(CH_3)_2NH$(二甲胺)	$K_b^\ominus=1.2\times10^{-4}$
$(C_2H_5)_2NH$(二乙胺)	$K_b^\ominus=1.3\times10^{-8}$
$C_6H_5NH_2$(苯氨)	$K_b^\ominus=4\times10^{-10}$
$H_2NCH_2CH_2NH_2$	$K_{b1}{}^\ominus=8.5\times10^{-5}$；$K_{b2}{}^\ominus=7.1\times10^{-8}$
$HOCH_2CH_2NH_2$(乙醇胺)	$K_b^\ominus=3.2\times10^{-5}$
$(HOCH_2CH_2)_3N$(三乙醇胺)	$K_b^\ominus=5.8\times10^{-7}$
$(CH_2)_6N_4$(六次甲基四胺)	$K_b^\ominus=1.4\times10^{-9}$
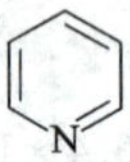	$K_b^\ominus=1.7\times10^{-9}$

附录四 一些难溶化合物的溶度积常数(298.15 K)

化学式	$K_{SP}^{\ominus}$	化学式	$K_{SP}^{\ominus}$
AgAc	1.9×10^{-3}	BiOBr	6.7×10^{-9}
Ag_3AsO_4	1.0×10^{-22}	BiOCl	1.6×10^{-8}
AgBr	5.3×10^{-13}	$BiONO_3$	4.1×10^{-5}
Ag_2CO_3	8.3×10^{-12}	$CaC_2O_4\cdot H_2O$	2.3×10^{-9}
AgCl	1.8×10^{-10}	$CaCO_3$	2.9×10^{-9}
Ag_2CrO_4	1.1×10^{-12}	$CaCrO_4$	7.1×10^{-4}
AgCN	5.9×10^{-17}	CaF_2	1.5×10^{-10}
$Ag_2Cr_2O_7$	2.0×10^{-7}	$Ca_3(PO_4)_2$(低温)	2.1×10^{-33}
$AgIO_3$	3.1×10^{-8}	$Ca(OH)_2$	4.6×10^{-6}
$Ag_2C_2O_4$	5.3×10^{-12}	$CaHPO_4$	1.8×10^{-7}
AgI	8.3×10^{-17}	$CaSO_4$	9.1×10^{-6}
Ag_2MoO_4	2.8×10^{-12}	$CaWO_4$	8.7×10^{-9}
$AgNO_2$	3.0×10^{-5}	$CdCO_3$	5.27×10^{-12}
Ag_3PO_4	8.7×10^{-17}	$Cd_2[Fe(CN)_5]$	3.2×10^{-17}
Ag_2SO_4	1.2×10^{-5}	$CdC_2O_4\cdot 3H_2O$	9.1×10^{-5}
AgSCN	1.0×10^{-12}	$Cd(OH)_2$(陈)	5.3×10^{-15}
AgOH	2.0×10^{-8}	$Ce(OH)_3$	1.6×10^{-20}
Ag_2S	2.0×10^{-49}	$Ce(OH)_4$	2.0×10^{-28}
Ag_2S_3	2.1×10^{-22}	$Co(OH)_2$(陈)	2.3×10^{-16}
$Al(OH)_3$(无定形)	1.3×10^{-33}	$CoCO_3$	1.4×10^{-13}
AuCl	2.0×10^{-13}	$Co_2[Fe(CN)_6]$	1.8×10^{-15}
$AuCl_3$	3.2×10^{-25}	$Co[Hg(SCN)_4]$	1.5×10^{-6}
$BaC_2O_4\cdot H_2O$	2.3×10^{-8}	α-CoS	4.0×10^{-21}
$BaCO_3$	2.6×10^{-9}	β-CoS	2.0×10^{-25}
BaF_2	1.8×10^{-7}	$Co_3(PO_4)_2$	2.0×10^{-35}
$Ba(NO_3)_2$	6.1×10^{-4}	$Cr(OH)_3$	6.3×10^{-31}
$Ba_3(PO_4)_2$	3.4×10^{-23}	CuOH	1.0×10^{-14}
$BaSO_4$	1.1×10^{-10}	Cu_2S	2.0×10^{-48}
$Be(OH)_2$-α	6.7×10^{-22}	CuBr	6.9×10^{-9}
$Bi(OH)_3$	4.0×10^{-31}	CuCl	1.7×10^{-7}
$BiPO_4$	1.3×10^{-24}	CuCN	3.5×10^{-20}
Bi_2S_3	1.0×10^{-87}	CuI	1.2×10^{-12}

续上表

化学式	$K_{sp}^{\ominus}$	化学式	$K_{sp}^{\ominus}$
BiI_3	7.5×10^{-19}	$CuCO_3$	1.4×10^{-9}
Hg_2Br_2	5.8×10^{-28}	$Cu(OH)_2$	2.2×10^{-20}
Hg_2CO_3	8.9×10^{-17}	$Cu_2P_2O_7$	7.6×10^{-16}
Hg_2S	1.0×10^{-47}	CuS	6.0×10^{-36}
$Hg_2(OH)_2$	2.0×10^{-24}	$FeCO_3$	3.1×10^{-11}
$Hg(OH)_2$	3.0×10^{-25}	$Fe(OH)_2$	8.0×10^{-16}
$HgCO_3$	3.7×10^{-17}	$Fe(OH)_3$	4.0×10^{-28}
$HgBr_2$	6.3×10^{-20}	FeS	6.0×10^{-18}
Hg_2Cl_2	1.4×10^{-18}	$FePO_4$	1.3×10^{-22}
HgI_2	2.8×10^{-29}	PbS	8.0×10^{-28}
HgS(红色)	4.0×10^{-53}	$PbCO_3$	1.5×10^{-13}
Hg_2CrO_4	2.0×10^{-9}	$PbBr_2$	6.6×10^{-6}
Hg_2I_2	5.3×10^{-29}	$PbCl_2$	1.7×10^{-5}
Hg_2SO_4	7.9×10^{-7}	$PbCrO_4$	2.8×10^{-13}
$K_2[PtCl_6]$	7.5×10^{-6}	PbI_2	8.4×10^{-9}
Li_2CO_3	8.1×10^{-4}	$Pb(N_3)_2$(斜方)	2.0×10^{-9}
LiF	1.8×10^{-3}	$PbSO_4$	1.8×10^{-8}
Li_3PO_4	3.2×10^{-9}	$Pb(OH)_2$	1.2×10^{-15}
$MgCO_3$	6.8×10^{-6}	$Sn(OH)_2$	5.0×10^{-27}
MgF_2	7.4×10^{-11}	$Sn(OH)_4$	1.0×10^{-56}
$Mg(OH)_2$	5.1×10^{-12}	SnS	1.0×10^{-25}
$Mg_3(PO_4)_2$	1.0×10^{-24}	SnS_2	2.0×10^{-27}
$MgNH_4PO_4$	2.0×10^{-13}	$SrCO_3$	5.6×10^{-10}
$MnCO_3$	2.2×10^{-11}	$SrCrO_4$	2.2×10^{-5}
MnS(无定形)	2.0×10^{-10}	$SrSO_4$	3.4×10^{-7}
MnS(晶形)	2.5×10^{-13}	SrF_2	2.4×10^{-9}
$Mn(OH)_2$	1.9×10^{-13}	$SrC_2O_4\cdot H_2O$	1.6×10^{-7}
$Ni_3(PO_4)_2$	5.0×10^{-31}	$Sr_3(PO_4)$	4.1×10^{-28}
α－NiS	3.2×10^{-19}	TlCl	1.9×10^{-4}
β－NiS	1.0×10^{-24}	TlI	5.5×10^{-8}
γ－NiS	2.0×10^{-26}	$Tl(OH)_3$	1.5×10^{-44}

续上表

化学式	$K_{SP}^{\ominus}$	化学式	$K_{SP}^{\ominus}$
$NiCO_3$	1.4×10^{-7}	$Ti(OH)_3$	1.0×10^{-40}
$Ni(OH)_2$(新)	5.0×10^{-16}	$TiO(OH)_2$	1.0×10^{-29}
$Pb(OH)_2$	1.43×10^{-20}	$ZnCO_3$	1.2×10^{-10}
PbF_2	2.7×10^{-8}	$Zn(OH)_2$	1.2×10^{-17}
$PbMoO_4$	1.0×10^{-13}	$Zn_3(PO_4)_2$	9.1×10^{-33}
$Pb_3(PO_4)_2$	8.0×10^{-43}	$\alpha-ZnS$	2.0×10^{-24}
$Zn_2[Fe(CN)_6]$	4.1×10^{-16}	$\beta-ZnS$	2.0×10^{-22}

附录五 某些配离子的标准稳定常数(298.15 K)

配离子	$K_f^{\ominus}$	配离子	$K_f^{\ominus}$	配离子	$K_f^{\ominus}$
$[AgCl_2]^-$	1.84×10^5	$[Ca(EDTA)]^{2-}$	1×10^{11}	$[Cu(SO_3)_2]^{3-}$	4.13×10^8
$[AgBr_2]^-$	1.93×10^7	$[Cd(NH_3)_4]^{2+}$	2.78×10^7	$[Cu(NH_3)_4]^{2+}$	2.30×10^{12}
$[AgI_2]^-$	4.80×10^{10}	$[Cd(CN)_4]^{2-}$	1.95×10^{18}	$[Cu(P_2O_7)]^{6-}$	8.24×10^8
$[Ag(NH_3)]^+$	2.07×10^3	$[Cd(OH)_4]^{2-}$	1.20×10^9	$[Cu(C_2O_4)_2]^{2-}$	2.35×10^9
$[Ag(NH_3)_2]^+$	1.67×10^7	$[CdBr_4]^{2-}$	5.0×10^3	$[Cu(CN)_2]^-$	9.98×10^{23}
$[Ag(CN)_2]^-$	2.48×10^{20}	$[CdCl]_4^{2-}$	6.3×10^2	$[Cu(CN)_3]^{2-}$	4.21×10^{28}
$[Ag(SCN)_2]^-$	2.04×10^8	$[CdI_4]^{2-}$	4.05×10^5	$[Cu(CN)_4]^{3-}$	2.03×10^{30}
$[Ag(S_2O_3)_2]^-$	2.9×10^{13}	$[Cd(en)_3]^{2+}$	1.2×10^{12}	$[Cu(CNS)_4]^{3-}$	8.66×10^9
$[Ag(en)_2]^+$	5.0×10^7	$[Cd(EDTA)]^{2-}$	2.5×10^{16}	$[Cu(EDTA)]^{2-}$	5.0×10^{18}
$[Ag(EDTA)]^{3-}$	2.1×10^7	$[Co(NH_3)_4]^{2+}$	1.16×10^5	$[FeF]^{2+}$	7.1×10^6
$[Al(OH)_4]^-$	3.31×10^{33}	$[Co(NH_3)_6]^{2+}$	1.3×10^5	$[FeF_2]^{2+}$	3.8×10^{11}
$[AlF_6]^{3-}$	6.9×10^{19}	$[Co(NH_3)_6]^{3+}$	1.6×10^{35}	$[Fe(CN)_6]^{3-}$	4.1×10^{52}
$[Al(EDTA)]^-$	1.3×10^{16}	$[Co(NCS)_4]^{2-}$	1.0×10^3	$[Fe(CN)_6]^{4-}$	4.2×10^{45}
$[Ba(EDTA)]^{2-}$	6.0×10^7	$[Co(EDTA)]^{2-}$	2.0×10^{16}	$[Fe(NCS)]^{2+}$	9.1×10^2
$[Be(EDTA)]^{2-}$	2×10^9	$[Co(EDTA)]^-$	1×10^{36}	$[FeBr]^{2+}$	4.17
$[BiCl_4]^-$	7.96×10^6	$[Cr(OH)_4]^-$	7.8×10^{29}	$[FeCl]^{2+}$	24.9
$[BiCl_6]^{3-}$	2.45×10^7	$[Cr(EDTA)]^-$	1.0×10^{23}	$[Fe(C_2O_4)_3]^{3-}$	1.6×10^{20}
$[BiBr_4]^-$	5.92×10^7	$[CuCl_2]^-$	6.91×10^4	$[Fe(C_2O_4)_3]^{4-}$	1.7×10^5
$[BiI_4]^-$	8.88×10^{14}	$[CuCl_3]^{2-}$	4.55×10^5	$[Fe(EDTA)]^{2-}$	2.1×10^{14}
$[Bi(EDTA)]^-$	6.3×10^{22}	$[CuI_2]^-$	7.1×10^8	$[Fe(EDTA)]^-$	1.7×10^{24}

附录六　标准电极电势(298.15 K)

A. 在酸性溶液中

电极	电极反应	$\varphi_A^\ominus$/V
N_2/N_3^-	$3N_2 + 2H^+ + 2e^- = 2HN_3$	-3.09
Li^+/Li	$Li^+ + e^- = Li$	-3.0401
Cs^+/Cs	$Cs^+ + e^- = Cs$	-3.026
Rb^+/Rb	$Rb^+ + e^- = Rb$	-2.98
K^+/K	$K^+ + e^- = K$	-2.931
Ba^{2+}/Ba	$Ba^{2+} + 2e^- = Ba$	-2.912
Sr^{2+}/Sr	$Sr^{2+} + 2e^- = Sr$	-2.899
Ca^{2+}/Ca	$Ca^{2+} + 2e^- = Ca$	-2.868
Ra^{2+}/Ra	$Ra^{2+} + 2e^- = Ra$	-2.8
Na^+/Na	$Na^+ + e^- = Na$	-2.71
La^{3+}/La	$La^{3+} + 3e^- = La$	-2.379
Mg^{2+}/Mg	$Mg^{2+} + 2e^- = Mg$	-2.372
Be^{2+}/Be	$Be^{2+} + 2e^- = Be$	-1.847
Al^{3+}/Al	$Al^{3+} + 3e^- = Al$	-1.662
Ti^{2+}/Ti	$Ti^{2+} + 2e^- = Ti$	-1.630
Zr^{4+}/Zr	$Zr^{4+} + 4e^- = Zr$	-1.45
Mn^{2+}/Mn	$Mn^{2+} + 2e^- = Mn$	-1.185
V^{2+}/V	$V^{2+} + 2e^- = V$	-1.175
Se/Se^{2-}	$Se + 2e^- = Se^{2-}$	-0.924
Zn^{2+}/Zn	$Zn^{2+} + 2e^- = Zn$	-0.7618
Cr^{3+}/Cr	$Cr^{3+} + 3e^- = Cr$	-0.744
Ga^{3+}/Ga	$Ga^{3+} + 3e^- = Ga$	-0.549
Fe^{2+}/Fe	$Fe^{2+} + 2e^- = Fe$	-0.447
Cr^{3+}/Cr^{2+}	$Cr^{3+} + e^- = Cr^{2+}$	-0.407
Cd^{2+}/Cd	$Cd^{2+} + 2e^- = Cd$	-0.4030
Ti^{3+}/Ti^{2+}	$Ti^{3+} + e^- = Ti^{2+}$	(-0.373)
Tl^+/Tl	$Tl^+ + e^- = Tl$	-0.336
Co^{2+}/Co	$Co^{2+} + 2e^- = Co$	-0.28
Ni^{2+}/Ni	$Ni^{2+} + 2e^- = Ni$	-0.257
Mo^{3+}/Mo	$Mo^{3+} + 3e^- = Mo$	-0.200
AgI/Ag	$AgI + e^- = Ag + I^-$	-0.1522

续上表

电极	电极反应	$\varphi_A^{\ominus}$/V
Sn^{2+}/Sn	$Sn^{2+}+2e^- = Sn$	−0.1375
Pb^{2+}/Pb	$Pb^{2+}+2e^- = Pb$	−0.1262
WO_3/W	$WO_3+6H^++6e^- = W+3H_2O$	−0.090
H^+/H_2	$2H^++2e^- = H_2$	±0.000
$AgBr/Ag$	$AgBr+e^- = Ag+Br^-$	+0.07133
$S_4O_6^{2-}/S_2O_3^{2-}$	$S_4O_6^{2-}+2e^- = 2S_2O_3^{2-}$	+0.08
Sn^{4+}/Sn^{2+}	$Sn^{4+}+2e^- = Sn^{2+}$	+0.151
Cu^{2+}/Cu^+	$Cu^{2+}+e^- = Cu^+$	+0.153
$AgCl/Ag$	$AgCl+e^- = Ag+Cl^-$	+0.2223
Ge^{2+}/Ge	$Ge^{2+}+2e^- = Ge$	+0.24
Cu^{2+}/Cu	$Cu^{2+}+2e^- = Cu$	+0.3419
$Fe(CN)_6^{3-}/Fe(CN)_6^{4-}$	$Fe(CN)_6^{3-}+e^- = Fe(CN)_6^{4-}$	+0.358
Cu^+/Cu	$Cu^++e^- = Cu$	+0.521
I_2/I^-	$I_2+2e^- = 2I^-$	+0.5355
MnO_4^-/MnO_4^{2-}	$MnO_4^-+e^- = MnO_4^{2-}$	+0.558
Te^{4+}/Te	$Te^{4+}+4e^- = Te$	+0.568
Rh^{2+}/Rh	$Rh^{2+}+2e^- = Rh$	+0.600
Fe^{3+}/Fe^{2+}	$Fe^{3+}+e^- = Fe^{2+}$	+0.771
Hg_2^{2+}/Hg	$Hg_2^{2+}+2e^- = 2Hg$	+0.7973
Ag^+/Ag	$Ag^++e^- = Ag$	+0.7996
NO_3^-/N_2O_4	$2NO_3^-+4H^++2e^- = N_2O_4(g)+2H_2O$	+0.803
Hg^{2+}/Hg	$Hg^{2+}+2e^- = Hg$	+0.851
Hg^{2+}/Hg_2^{2+}	$2Hg^{2+}+2e^- = Hg_2{}^{2+}$	+0.920
Pd^{2+}/Pd	$Pd^{2+}+2e^- = Pd$	+0.951
Br_2/Br^-	$Br_2+2e^- = 2Br^-$	+1.066
Pt^{2+}/Pt	$Pt^{2+}+2e^- = Pt$	+1.18
ClO_4^-/ClO_3^-	$ClO_4^-+2H^++2e^- = ClO_3{}^-+H_2O$	+1.189
MnO_2/Mn^{2+}	$MnO_2+4H^++2e^- = Mn^{2+}+2H_2O$	+1.224
O_2/H_2O	$O_2+4H^++4e^- = 2H_2O$	+1.229
Tl^{3+}/Tl^+	$Tl^{3+}+2e^- = Tl^+$	+1.252
Cl_2/Cl^-	$Cl_2+2e^- = 2Cl^-$	+1.3583
$Cr_2O_7^{2-}/Cr^{3+}$	$Cr_2O_7^{2-}+14H^++6e^- = 2Cr^{3+}+7HO_2$	(+1.36)

续上表

电极	电极反应	$\varphi_A^{\ominus}$/V
HIO/I_2	$2HIO + 2H^+ + 2e^- = I_2 + 2H_2O$	+1.439
PbO_2/Pb^{2+}	$PbO_2 + 4H^+ + 2e^- = Pb^{2+} + 2H_2O$	+1.455
BrO_3^-/Br_2	$2BrO_3^- + 12H^+ + 10e^- = Br_2 + 6H_2O$	+1.482
Au^{3+}/Au	$Au^{3+} + 3e^- = Au$	+1.498
MnO_4^-/Mn^{2+}	$MnO_4^- + 8H^+ + 5e^- = Mn^{2+} + 4H_2O$	+1.507
$HClO_2/Cl^-$	$HClO_2 + 3H^+ + 4e^- = Cl^- + 2H_2O$	+1.570
$HBrO/Br_2$	$2HBrO + 2H^+ + 2e^- = Br_2 + 2H_2O$	+1.596
$HClO/Cl_2$	$2HClO + 2H^+ + 2e^- = Cl_2 + 2H_2O$	+1.611
MnO_4^-/MnO_2	$MnO_4^- + 4H^+ + 3e^- = MnO_2 + 2H_2O$	+1.679
$PbO_2/PbSO_4$	$PbO_2 + SO_4^{2-} + 4H^+ + 2e^- = PbSO_4 + 2H_2O$	+1.6913
Au^+/Au	$Au^+ + e^- = Au$	+1.692
Ce^{4+}/Ce^{3+}	$Ce^{4+} + e^- = Ce^{3+}$	+1.72
H_2O_2/H_2O	$H_2O_2 + 2H^+ + 2e^- = 2H_2O$	+1.776
$S_2O_8^{2-}/SO_4^{2-}$	$S_2O_8^{2-} + 2e^- = 2SO_4^{2-}$	+2.010
F_2/F^-	$F_2 + 2e^- = 2F^-$	+2.866

B. 在碱性溶液中

电极	电极反应	$\varphi_B^{\ominus}$/V
$Ca(OH)_2/Ca$	$Ca(OH)_2 + 2e^- = Ca + 2OH^-$	-3.02
$Mg(OH)_2/Mg$	$Mg(OH)_2 + 2e^- = Mg + 2OH^-$	-2.690
$[Al(OH)_4]^-/Al$	$[Al(OH)_4]^- + 3e^- = Al + 4OH^-$	-2.328
SiO_3^{2-}/Si	$SiO_3^{2-} + 3H_2O + 4e^- = Si + 6OH^-$	-1.697
$Cr(OH)_3/Cr$	$Cr(OH)_3 + 3e^- = Cr + 3OH^-$	-1.48
$[Zn(OH)_4]^{2-}/Zn$	$[Zn(OH)_4]^{2-} + 2e^- = Zn + 4OH^-$	-1.199
SO_4^{2-}/SO_3^{2-}	$SO_4^{2-} + H_2O + 2e^- = SO_3^{2-} + 2OH^-$	-0.93
$HSnO_2^-/Sn$	$HSnO_2^- + H_2O + 2e^- = Sn + 3OH^-$	-0.909
H_2O/H_2	$2H_2O + 2e^- = H_2 + 2OH^-$	-0.8277
$Ni(OH)_2/Ni$	$Ni(OH)_2 + 2e^- = Ni + 2OH^-$	-0.72
AsO_4^{3-}/AsO_2^-	$AsO_4^{3-} + 2H_2O + 2e^- = AsO_2^- + 4OH^-$	-0.71
AsO_2^-/As	$AsO_2^- + 2H_2O + 3e^- = As + 4OH^-$	-0.68
SbO_2^-/Sb	$SbO_2^- + 2H_2O + 3e^- = Sb + 4OH^-$	-0.66
$SO_3^{2-}/S_2O_3^{2-}$	$2SO_3^{2-} + 3H_2O + 4e^- = S_2O_3^{2-} + 6OH^-$	-0.571
$Fe(OH)_3/Fe(OH)_2$	$Fe(OH)_3 + e^- = Fe(OH)_2 + OH^-$	-0.56
S/S^{2-}	$S + 2e^- = S^{2-}$	-0.476
NO_2^-/NO	$NO_2^- + H_2O + e^- = NO + 2OH^-$	-0.46

续上表

电极	电极反应	$\varphi_B^\ominus$/V
$CrO_4^{2-}/Cr(OH)_3$	$CrO_4^{2-} + 4H_2O + 3e^- = Cr(OH)_3 + 5OH^-$	-0.13
O_2/HO_2^-	$O_2 + H_2O + 2e^- = HO_2^- + OH^-$	-0.076
$Co(OH)_3/Co(OH)_2$	$Co(OH)_3 + e^- = Co(OH)_2 + OH^-$	+0.17
Ag_2O/Ag	$Ag_2O + H_2O + 2e^- = 2Ag + 2OH^-$	+0.342
O_2/OH^-	$O_2 + 2H_2O + 4e^- = 4OH^-$	+0.401
MnO_4^-/MnO_4^{2-}	$MnO_4^- + e^- = MnO_4^{2-}$	+0.558
MnO_4^-/MnO_2	$MnO_4^- + 2H_2O + 3e^- = MnO_2 + 4OH^-$	+0.595
MnO_4^{2-}/MnO_2	$MnO_4^{2-} + 2H_2O + 2e^- = MnO_2 + 4OH^-$	+0.60
ClO^-/Cl^-	$ClO^- + H_2O + 2e^- = Cl^- + 2OH^-$	+0.81
O_3/OH^-	$O_3 + H_2O + 2e^- = O_2 + 2OH^-$	+1.24

注：表中数据取自《CRC handbook of chemistry and physics》81st edition, 2000—2001。括号中的数据取自《Lange's handbook of chemistry》15th edition, 1999

国家精品在线开放课程《大学化学》教学视频的二维码与知识点对照表

二维码名	知识点
视频 0 – 1	化学的主要特征
视频 0 – 2	化学及其主要分支
视频 0 – 3	化学科学的形成
视频 0 – 4	化学是能源的开拓者
视频 0 – 5	化学是材料的制造者、环境的保护者和美好生活的创造者
视频 1 – 1	化学热力学简介
视频 1 – 2	体系与环境，状态与状态函数，过程与途径
视频 1 – 3	热力学能，热和功
视频 1 – 4	体积功、准静态过程与最大功
视频 1 – 5	热力学第一定律
视频 1 – 6	焓与焓变，热容，反应热
视频 1 – 7	等容反应热的测定及其与等压反应热的关系
视频 1 – 8	反应进度与化学反应计量式，热化学方程式与热力学标准态
视频 1 – 9	盖斯定律
视频 1 – 10	由标准生成热计算反应热
视频 1 – 11	由标准燃烧热计算反应热
视频 2 – 1	自发过程及其特征
视频 2 – 2	可逆过程
视频 2 – 3	化学反应自发的推动力
视频 2 – 4	热力学第二定律的经典表述
视频 2 – 5	熵和熵变的概念
视频 2 – 6	规定熵与热力学第三定律，由标准摩尔熵计算化学反应熵变
视频 2 – 7	熵的统计意义
视频 2 – 8	热力学第二定律的熵表述
视频 2 – 9	吉布斯自由能与自由能判据
视频 2 – 10	吉布斯 – 赫姆霍兹公式
视频 2 – 11	由吉布斯 – 赫姆霍兹公式计算化学反应标准吉布斯自由能变
视频 2 – 12	由标准生成自由能计算化学反应标准吉布斯自由能变
视频 2 – 13	化学反应等温方程式
视频 2 – 14	化学平衡的基本特征
视频 2 – 15	标准平衡常数及其测定
视频 2 – 16	多重平衡与偶合反应
视频 2 – 17	预测非标准态下的反应方向
视频 2 – 18	确定反应限度与平衡组成
视频 2 – 19	浓度、压力对化学平衡的影响
视频 2 – 20	温度对化学平衡的影响
	勒夏特列原理
视频 2 – 21	化学动力学简介
视频 2 – 22	化学反应速率的表示
视频 2 – 23	复杂反应与元反应
	反应机理，均相与多相反应
视频 2 – 24	质量作用定律
	复杂反应的速率方程
视频 2 – 25	速率常数，反应级数
	反应分子数，初始速率法
视频 2 – 26	一级反应及其特征
视频 2 – 27	二级反应及其特征
	零级反应及其特征
视频 2 – 28	范特霍夫规则
	阿伦尼乌斯方程
视频 2 – 29	阿伦尼乌斯方程的应用
视频 2 – 30	碰撞理论
视频 2 – 31	过渡态理论简介
视频 2 – 32	催化概念及其特征
视频 2 – 33	均相催化和多相催化
视频 2 – 34	酶催化
视频 3 – 1	分散系的分类
视频 3 – 2	溶液的蒸气压下降
视频 3 – 3	溶液的沸点升高
视频 3 – 4	溶液的凝固点降低
视频 3 – 5	渗透现象与渗透压
视频 3 – 6	渗透压与浓度、温度的关系
视频 3 – 7	渗透压在医学上的意义
视频 3 – 8	强电解质、弱电解质和解离度
视频 3 – 9	离子互吸学说
视频 3 – 10	活度和活度系数
视频 3 – 11	活度系数与离子强度的关系
视频 3 – 12	酸碱理论
视频 3 – 13	弱电解质溶液的解离平衡

续上表

二维码名	知识点
视频 3－14	一元弱酸或弱碱溶液 pH 计算
视频 3－15	多元酸碱溶液 pH 计算
视频 3－16	两性物质溶液 pH 计算
视频 3－17	缓冲溶液及其组成
视频 3－18	缓冲溶液的作用原理
视频 3－19	缓冲溶液的 pH 值计算
视频 3－20	缓冲容量和缓冲范围
视频 3－21	缓冲溶液的配制
视频 3－22	配合物的组成
视频 3－23	配合物的分类
视频 3－24	配合物的命名
视频 3－25	配位平衡的表示方法
	配合物平衡浓度的计算
视频 3－26	配位平衡的移动
视频 3－27	溶解度与溶度积
视频 3－28	沉淀－溶解平衡
视频 3－29	沉淀的生成与溶解
视频 3－30	分步沉淀
视频 3－31	沉淀的转化
视频 3－32	溶胶的动力学、光学和电学性质，胶粒带电的原因
视频 3－33	胶粒的双电层结构，胶团结构溶胶的相对稳定性与聚沉
视频 3－34	大分子溶液及其渗透压蛋白质的等电点、盐析膜平衡
视频 3－35	凝胶
视频 4－1	氧化值和氧化还原的概念
视频 4－2	氧化还原反应方程式的配平
视频 4－3	原电池的组成、原理和符号
视频 4－4	原电池的最大电功和自由能变
	电池电动势的能斯特方程
视频 4－5	判断氧化还原反应进行的程度
视频 4－6	电极电势的产生—双电层理论
视频 4－7	标准氢电极与电极电势的测定标准电极电势
视频 4－8	电极电势的能斯特方程
视频 4－9	浓度对电极电势的影响
视频 4－10	生成沉淀等难解离物质对电极电势的影响
视频 4－11	电池电动势的计算
视频 4－12	判断氧化剂和还原剂的强弱
	判断氧化还原反应方向
视频 4－13	相关常数的求算
视频 4－14	元素电势图及其应用
视频 5－1	原子结构简介
视频 5－2	原子的组成
视频 5－3	微观粒子的量子化特征：普朗克的能量子、氢原子光谱
视频 5－4	微观粒子的波粒二象性：光子学说、物质波假说
视频 5－5	薛定谔方程与波函数
视频 5－6	量子数及其物理意义
视频 5－7	波函数的角度分布图
视频 5－8	电子云的角度分布图
视频 5－9	概率分布的表示方法：径向分布函数图
视频 5－10	屏蔽效应与钻穿效应
视频 5－11	鲍林的近似能级图
	电子填充顺序
	科顿的原子轨道能级图
视频 5－12	核外电子的排布规律
视频 5－13	基态原子的电子层结构
视频 5－14	原子结构与元素周期表
视频 5－15	原子半径的周期性
视频 5－16	元素电负性的周期性
视频 5－17	金属键，金属键理论
视频 5－18	路易斯理论与氢分子
视频 5－19	现代价键理论
视频 5－20	共价键的类型
视频 5－21	分子轨道的形成
视频 5－22	分子轨道的应用示例
视频 5－23	共价键的键参数
视频 5－24	分子的偶极距与极化率
视频 5－25	杂化轨道理论的要点
视频 5－26	杂化类型与分子空间构型

续上表

二维码名	知识点	二维码名	知识点
视频 5－27	离域 π 键	视频 8－3	氨基酸的化学性质(二)：成肽、与茚三酮及
视频 5－28	分子间力—范德华力		亚硝酸反应
视频 5－29	氢键	视频 8－4	肽和蛋白质
视频 5－30	晶体结构特征	视频 8－5	糖的概念和分类
视频 5－31	空间点阵与晶格	视频 8－6	单糖的开链结构与构型
	晶胞与晶胞参数	视频 8－7	单糖的环状结构
	晶系与布拉维格子	视频 8－8	单糖的化学性质(一)：差向异构、氧化、还原
	晶体缺陷		与成脎
视频 5－32	离子键	视频 8－9	单糖的化学性质(二)：成苷、成酯与显色
	离子性百分数	视频 8－10	寡糖的结构和性质
	离子晶体的结构型式	视频 8－11	多糖的结构和性质
	半径比规则	视频 9－1	定量分析概述
视频 6－1	金属、非金属单质的性质	视频 9－2	分析结果的误差与有效数字
	准金属单质	视频 9－3	滴定分析法概述
视频 6－2	常见无机化合物	视频 9－4	酸碱指示剂
视频 6－3	配合物的空间构型	视频 9－5	滴定曲线与指示剂的选择：强酸强碱、一元
视频 6－4	配合物的异构现象		弱酸弱碱
视频 6－5	配合物价键理论要点	视频 9－6	滴定曲线与指示剂的选择：多元酸碱
	配离子的空间构型与杂化方式	视频 9－7	酸碱标准溶液的配制与标定
视频 6－6	配合物的磁性		酸碱滴定法的应用实例
	内轨型与外轨型配合物的确定	视频 9－8	氧化还原滴定原理
视频 6－7	金属基复合材料		高锰酸钾法
	无机非金属基复合材料	视频 9－9	碘量法
视频 7－1	高分子化合物概述、命名、分类和合成反应	视频 9－10	配位滴定法
视频 7－2	高分子化合物的结构和特性及其相互关系	视频 10－1	物质对光的选择性吸收
视频 7－3	高分子化合物的改性	视频 10－2	物质的吸收光谱
视频 7－4	塑料	视频 10－3	透光率与吸光度
视频 7－5	橡胶		朗伯－比耳定律
视频 7－6	纤维	视频 10－4	紫外－可见分光光度计
视频 7－7	感光高分子材料	视频 10－5	标准曲线法
	聚合物基复合材料		标准对照法
	高分子材料的未来与分子设计	视频 10－6	分光光度法的误差
视频 8－1	氨基酸的分类、命名及构型	视频 10－7	提高测量灵敏度和准确度的方法，紫外分光
视频 8－2	氨基酸的化学性质(一)：酸碱性和等电点		光度法应用

通过百度搜索“爱课程”用个人真实的邮箱注册，然后登录，进入“中国大学 MOOC”，搜索“大学化学”进入即可，网址为 http：//www.icourse163.org/course/CSU－1001590002

参考文献

[1] 浙江大学普通化学教研组. 普通化学[M]. 六版. 徐端钧，等修订. 北京：高等教育出版社，2011.
[2] 大连理工大学无机化学教研室. 无机化学[M]. 五版. 北京：高等教育出版社，2006.
[3] 张正奇. 分析化学[M]. 二版. 北京：科学出版社，2006.
[4] 宋天佑，程鹏，徐家宁，等. 无机化学[M]. 三版. 北京：高等教育出版社，2014.
[5] Shriver D F, Atkins P W, Langford C H. 无机化学[M]. 二版. 高忆慈，等译. 北京：高等教育出版社，1997.
[6] 刘又年. 无机化学[M]. 二版. 北京：科学出版社，2013.
[7] 天津大学无机化学教研室. 无机化学[M]. 三版. 北京：高等教育出版社，2002.
[8] 雷家珩，郭丽萍. 新编普通化学[M]. 北京：科学出版社，2009.
[9] 武汉大学. 分析化学[M]. 北京：高等教育出版社，1982.
[10] 谢德明，童少平，曹江林. 应用电化学基础[M]. 北京：化学工业出版社，2013.
[11] Miessler G L, Tarr D A. Inorganic Chemistry[M]. Scientific Publications, 1998.
[12] Huheey J E, Keriter E A, Keriter R L. Inorganic Chemistry: Principles of Structure and Reactivity[M]. 4th Ed. Harper Collins College Publishers, 1993.
[13] 侯纯明. 化学史话[M]. 北京：中国石化出版社，2012.
[14] 孟长功. 化学与社会[M]. 二版. 大连：大连理工大学出版社，2006.
[15] 梁逸曾. 基础化学[M]. 北京：化学工业出版社，2013.
[16] Cotton F A, Wilkinson G, Murillo C A, et al. Advanced Inorganic Chemistry[M]. New York: John Wiley & Sons, Inc., 1999.
[17] F Albert Cotton, Geoffrey Wilkinson. Basic inorganic chemistry[M]. New York: John Wiley & Sons, Inc., 1976.
[18] Chambers C, Holliday A K. Modern Inorganic Chemistry[M]. Butterworth & Co (Publishers) Ltd, 1975.
[19] 罗一鸣. 有机化学[M]. 北京：化学工业出版社，2013.
[20] 刘新锦，朱亚先，高飞. 无机元素化学[M]. 北京：科学出版社，2005.
[21] Greenwood N N, Earnshaw A, Chemistry of the Elements[M]. Butterworth－Heinemann Ltd., 1984
[22] 王元兰，邓斌主编. 无机及分析化学[M]. 北京：化学工业出版社，2015.
[23] 孙小强，孟启，阎海波. 超分子化学导论[M]. 北京：中国石化出版社，1997.
[24] 周公度，段连运. 结构化学基础[M]. 二版. 北京：北京大学出版社，1995.
[25] 南京大学无机及分析化学编写组. 无机及分析化学[M]. 三版. 北京：高等教育出版社，1999.
[26] 曲保中，朱炳林，周伟红. 新大学化学[M]. 二版. 北京：科学出版社，2007.
[27] 全俊. 在炼金术之后——诺贝尔化学奖获得者100年图说[M]. 重庆：重庆出版集团—重庆出版社，2006.
[28] Ronald J Gillespie, David A, Humphreys N, Colin Baird. Chemistry[M]. Second edition. American: Allyn and Bacon Inc, 1986.
[29] Wertz D W. Chemistry: A Molecular Science[M]. Patterson Jones Interactive Inc., 1999.
[30] 祖霍基. 化学原理——了解原子和分子的世界(英文版)[M]. 北京：机械工业出版社，2004.
[31] 北京大学. 大学基础化学[M]. 北京：高等教育出版社，2003.
[32] 朱裕贞，顾达，黑恩成. 现代基础化学[M]. 二版. 北京：化学工业出版社，2004.
[33] 徐铜文. 膜化学与技术教程[M]. 合肥：中国科学技术大学出版社，2003.
[34] 华彤文，陈景祖，等. 普通化学原理[M]. 三版. 北京：北京大学出版社，2005.
[35] 李聚源，张耀君. 普通化学简明教程[M]. 北京：化学工业出版社，2005.

[36] 申泮文. 近代化学导论[M]. 北京：高等教育出版社，2002.
[37] 傅献彩，沈文霞，姚天杨. 物理化学[M]. 四版. 北京：高等教育出版社，1994.
[38] 颜肖慈，罗明道，周小海. 物理化学[M]. 武汉：武汉大学出版社，2004.
[39] 蔡炳新，基础物理化学[M]. 二版. 北京：科学出版社，2006.
[40] Whittaker，Mount，Heal. Physical Chemistry[M]. 北京：科学出版社，2001.
[41] 北京师范大学无机教研室等. 无机化学[M]. 四版. 北京：高等教育出版社，2002.
[42] 平郑骅，汪长春. 高分子世界[M]. 上海：复旦大学出版社，2001.
[43] Lide. CRC Handbook of Chemistry and Physics[M]. 71st ed. CRC Press，Inc.，1990—1991.
[44] 甘景镐，甘纯玑，胡炳环. 天然高分子化学[M]. 北京：高等教育出版社，1993.
[45] Fisher，Arnold. 生物学中的化学[M]. 李艳梅等译. 北京：科学出版社，2000.
[46] 普里高津. 从混沌到有序[M]. 上海：上海译文出版社，1987.
[47] 冯端，冯步云. 熵[M]. 北京：科学出版社，1992.
[48] 迟玉兰，于永鲜，牟文生，等. 无机化学释疑与习题解析[M]. 北京：高等教育出版社，2002.
[49] 北京大学化学系普通化学原理教学组. 普通化学原理习题解答[M]. 北京：北京大学出版社，1996.
[50] 王明华，许莉. 普通化学习题解答[M]. 北京：高等教育出版社，2002.
[51] 李健美，李利民. 法定计量单位在基础化学中的应用[M]. 北京：中国计量出版社，1993.
[52] 布里斯罗. 化学的今天和明天[M]. 华彤文等译. 北京：科学出版社，1998.
[53] 山冈望. 化学史传[M]. 二版. 廖正衡等译. 北京：商务印书馆，1995.
[54] 袁翰青，应礼文. 化学重要史实[M]. 北京：人民教育出版社，2000.
[55] 吴守玉，高兴华，等. 化学史图册[M]. 北京：高等教育出版社，1993.
[56] 阿西摩夫. 生命的起源[M]. 周惠民等译. 北京：科学出版社，1979.
[57] 柏延顿. 仪器简史[M]. 胡作玄译. 桂林：广西师范大学出版社，2003.
[58] 王一凡，古映莹. 无机化学学习指导[M]. 二版. 北京：科学出版社，2013.

元素周期表

氧化态（单质的氧化态为0，未列入；常见的为红色）

以 $^{12}C=12$ 为基准的相对原子质量（注✦的是半衰期最长同位素的相对原子质量）

+2 +3 +4 +5 +6	氧化态
95	原子序数
Am	元素符号（红色的为放射性元素）
镅▲	元素名称（注▲的为人造元素）
$5f^{7}7s^{2}$	价层电子构型
243.06✦	相对原子质量

s区元素　p区元素　d区元素　ds区元素　f区元素　稀有气体

族 / 周期	1 IA	2 IIA	3 IIIB	4 IVB	5 VB	6 VIB	7 VIIB	8 VIIIB	9 VIIIB	10 VIIIB	11 IB	12 IIB	13 IIIA	14 IVA	15 VA	16 VIA	17 VIIA	18 VIIIA	电子层
1	1 H 氢 $1s^{1}$ 1.00794(7) (−1, +1)																	2 He 氦 $1s^{2}$ 4.002602(2)	K
2	3 Li 锂 $2s^{1}$ 6.941(2) (+1)	4 Be 铍 $2s^{2}$ 9.012182(3) (+2)											5 B 硼 $2s^{2}2p^{1}$ 10.811(7) (+3)	6 C 碳 $2s^{2}2p^{2}$ 12.0107(8) (−4, +2, +4)	7 N 氮 $2s^{2}2p^{3}$ 14.0067(2) (−3, −2, −1, +1, +2, +3, +4, +5)	8 O 氧 $2s^{2}2p^{4}$ 15.9994(3) (−2, −1)	9 F 氟 $2s^{2}2p^{5}$ 18.9984032(5) (−1)	10 Ne 氖 $2s^{2}2p^{6}$ 20.1797(6)	L K
3	11 Na 钠 $3s^{1}$ 22.989770(2) (−1, +1)	12 Mg 镁 $3s^{2}$ 24.3050(6) (+2)											13 Al 铝 $3s^{2}3p^{1}$ 26.981538(2) (+3)	14 Si 硅 $3s^{2}3p^{2}$ 28.0855(3) (−4, +2, +4)	15 P 磷 $3s^{2}3p^{3}$ 30.973761(2) (−3, −2, +1, +3, +5)	16 S 硫 $3s^{2}3p^{4}$ 32.065(5) (−2, +2, +4, +6)	17 Cl 氯 $3s^{2}3p^{5}$ 35.453(2) (−1, +1, +3, +5, +7)	18 Ar 氩 $3s^{2}3p^{6}$ 39.948(1)	M L K
4	19 K 钾 $4s^{1}$ 39.0983(1) (−1, +1)	20 Ca 钙 $4s^{2}$ 40.078(4) (+2)	21 Sc 钪 $3d^{1}4s^{2}$ 44.955910(8) (+3)	22 Ti 钛 $3d^{2}4s^{2}$ 47.867(1) (−1, 0, +2, +3, +4)	23 V 钒 $3d^{3}4s^{2}$ 50.9415 (0, ±1, +2, +3, +4, +5)	24 Cr 铬 $3d^{5}4s^{1}$ 51.9961(6) (−3, 0, ±1, ±2, +3, +4, +5, +6)	25 Mn 锰 $3d^{5}4s^{2}$ 54.938049(9) (−2, 0, ±1, +2, ±3, +4, +5, +6, +7)	26 Fe 铁 $3d^{6}4s^{2}$ 55.845(2) (−2, 0, ±1, +2, +3, +4, +5, +6)	27 Co 钴 $3d^{7}4s^{2}$ 58.933200(9) (0, ±1, +2, +3, +4, +5)	28 Ni 镍 $3d^{8}4s^{2}$ 58.6934(2) (0, ±1, +2, +3, +4)	29 Cu 铜 $3d^{10}4s^{1}$ 63.546(3) (+1, +2, +3, +4)	30 Zn 锌 $3d^{10}4s^{2}$ 65.409(4) (+1, +2)	31 Ga 镓 $4s^{2}4p^{1}$ 69.723(1) (+1, +3)	32 Ge 锗 $4s^{2}4p^{2}$ 72.64(1) (+2, +4)	33 As 砷 $4s^{2}4p^{3}$ 74.92160(2) (−3, +3, +5)	34 Se 硒 $4s^{2}4p^{4}$ 78.96(3) (−2, +2, +4, +6)	35 Br 溴 $4s^{2}4p^{5}$ 79.904(1) (−1, +1, +3, +5, +7)	36 Kr 氪 $4s^{2}4p^{6}$ 83.798(2) (+2, +4)	N M L K
5	37 Rb 铷 $5s^{1}$ 85.4678(3) (−1, +1)	38 Sr 锶 $5s^{2}$ 87.62(1) (+2)	39 Y 钇 $4d^{1}5s^{2}$ 88.90585(2) (+3)	40 Zr 锆 $4d^{2}5s^{2}$ 91.224(2) (+1, +2, +3, +4)	41 Nb 铌 $4d^{4}5s^{1}$ 92.90638(2) (0, ±1, +2, +3, +4, +5)	42 Mo 钼 $4d^{5}5s^{1}$ 95.94(2) (0, ±1, ±2, +3, +4, +5, +6)	43 Tc 锝▲ $4d^{5}5s^{2}$ 97.907✦ (0, ±1, +2, +3, +4, +5, +6, +7)	44 Ru 钌 $4d^{7}5s^{1}$ 101.07(2) (0, +1, ±2, +3, +4, +5, +6, +7, +8)	45 Rh 铑 $4d^{8}5s^{1}$ 102.90550(2) (0, ±1, +2, +3, +4, +5, +6)	46 Pd 钯 $4d^{10}$ 106.42(1) (0, +1, +2, +3, +4)	47 Ag 银 $4d^{10}5s^{1}$ 107.8682(2) (+1, +2, +3)	48 Cd 镉 $4d^{10}5s^{2}$ 112.411(8) (+1, +2)	49 In 铟 $5s^{2}5p^{1}$ 114.818(3) (+1, +3)	50 Sn 锡 $5s^{2}5p^{2}$ 118.710(7) (+2, +4)	51 Sb 锑 $5s^{2}5p^{3}$ 121.760(1) (−3, +3, +5)	52 Te 碲 $5s^{2}5p^{4}$ 127.60(3) (−2, +2, +4, +6)	53 I 碘 $5s^{2}5p^{5}$ 126.90447(3) (−1, +1, +3, +5, +7)	54 Xe 氙 $5s^{2}5p^{6}$ 131.293(6) (+2, +4, +6, +8)	O N M L K
6	55 Cs 铯 $6s^{1}$ 132.90545(2) (−1, +1)	56 Ba 钡 $6s^{2}$ 137.327(7) (+2)	57~71 La~Lu 镧系	72 Hf 铪 $5d^{2}6s^{2}$ 178.49(2) (+1, +2, +3, +4)	73 Ta 钽 $5d^{3}6s^{2}$ 180.9479(1) (0, ±1, +2, +3, +4, +5)	74 W 钨 $5d^{4}6s^{2}$ 183.84(1) (0, ±1, ±2, +3, +4, +5, +6)	75 Re 铼 $5d^{5}6s^{2}$ 186.207(1) (0, ±1, +2, +3, +4, +5, +6, +7)	76 Os 锇 $5d^{6}6s^{2}$ 190.23(3) (0, +1, +2, +3, +4, +5, +6, +7, +8)	77 Ir 铱 $5d^{7}6s^{2}$ 192.217(3) (0, ±1, +2, +3, +4, +5, +6)	78 Pt 铂 $5d^{9}6s^{1}$ 195.078(2) (0, +2, +3, +4, +5, +6)	79 Au 金 $5d^{10}6s^{1}$ 196.96655(2) (+1, +2, +3, +5)	80 Hg 汞 $5d^{10}6s^{2}$ 200.59(2) (+1, +2, +3)	81 Tl 铊 $6s^{2}6p^{1}$ 204.3833(2) (+1, +3)	82 Pb 铅 $6s^{2}6p^{2}$ 207.2(1) (+2, +4)	83 Bi 铋 $6s^{2}6p^{3}$ 208.98038(2) (−3, +3, +5)	84 Po 钋 $6s^{2}6p^{4}$ 208.98✦ (−2, +2, +3, +4, +6)	85 At 砹 $6s^{2}6p^{5}$ 209.99✦ (±1, +5, +7)	86 Rn 氡 $6s^{2}6p^{6}$ 222.02✦ (+2)	P O N M L K
7	87 Fr 钫▲ $7s^{1}$ 223.02✦ (+1)	88 Ra 镭 $7s^{2}$ 226.03✦ (+2)	89~103 Ac~Lr 锕系	104 Rf 𬬻▲ $6d^{2}7s^{2}$ 261.11✦	105 Db 𬭊▲ $6d^{3}7s^{2}$ 262.11✦	106 Sg 𬭳▲ $6d^{4}7s^{2}$ 263.12✦	107 Bh 𬭛▲ $6d^{5}7s^{2}$ 264.12✦	108 Hs 𬭶▲ $6d^{6}7s^{2}$ 265.13✦	109 Mt 鿏▲ $6d^{7}7s^{2}$ 266.13	110 Ds 𫟼▲ (269)	111 Rg 𬬭▲ (272)✦	112 Uub▲ (277)✦	113 Uut▲ (278)✦	114 Uuq▲ (289)✦	115 Uup▲ (288)✦	116 Uuh▲ (289)✦			Q P O N M L K

★ 镧系	57 La★ 镧 $5d^{1}6s^{2}$ 138.9055(2) (+3)	58 Ce 铈 $4f^{1}5d^{1}6s^{2}$ 140.116(1) (+2, +3, +4)	59 Pr 镨 $4f^{3}6s^{2}$ 140.90765(2) (+3, +4)	60 Nd 钕 $4f^{4}6s^{2}$ 144.24(3) (+2, +3, +4)	61 Pm 钷▲ $4f^{5}6s^{2}$ 144.91✦ (+3)	62 Sm 钐 $4f^{6}6s^{2}$ 150.36(3) (+2, +3)	63 Eu 铕 $4f^{7}6s^{2}$ 151.964(1) (+2, +3)	64 Gd 钆 $4f^{7}5d^{1}6s^{2}$ 157.25(3) (+3)	65 Tb 铽 $4f^{9}6s^{2}$ 158.92534(2) (+3, +4)	66 Dy 镝 $4f^{10}6s^{2}$ 162.500(1) (+3, +4)	67 Ho 钬 $4f^{11}6s^{2}$ 164.93032(2) (+3)	68 Er 铒 $4f^{12}6s^{2}$ 167.259(3) (+3)	69 Tm 铥 $4f^{13}6s^{2}$ 168.93421(2) (+2, +3)	70 Yb 镱 $4f^{14}6s^{2}$ 173.04(3) (+2, +3)	71 Lu 镥 $4f^{14}5d^{1}6s^{2}$ 174.967(1) (+3)
★ 锕系	89 Ac★ 锕 $6d^{1}7s^{2}$ 227.03✦ (+3)	90 Th 钍 $6d^{2}7s^{2}$ 232.0381(1) (+3, +4)	91 Pa 镤 $5f^{2}6d^{1}7s^{2}$ 231.03588(2) (+3, +4, +5)	92 U 铀 $5f^{3}6d^{1}7s^{2}$ 238.02891(3) (+2, +3, +4, +5, +6)	93 Np 镎 $5f^{4}6d^{1}7s^{2}$ 237.05✦ (+3, +4, +5, +6, +7)	94 Pu 钚 $5f^{6}7s^{2}$ 244.06✦ (+3, +4, +5, +6, +7)	95 Am 镅▲ $5f^{7}7s^{2}$ 243.06✦ (+2, +3, +4, +5, +6)	96 Cm 锔▲ $5f^{7}6d^{1}7s^{2}$ 247.07✦ (+3, +4)	97 Bk 锫▲ $5f^{9}7s^{2}$ 247.07✦ (+3, +4)	98 Cf 锎▲ $5f^{10}7s^{2}$ 251.08✦ (+2, +3, +4)	99 Es 锿▲ $5f^{11}7s^{2}$ 252.08✦ (+2, +3)	100 Fm 镄▲ $5f^{12}7s^{2}$ 257.10✦ (+2, +3)	101 Md 钔▲ $5f^{13}7s^{2}$ 258.10✦ (+2, +3)	102 No 锘▲ $5f^{14}7s^{2}$ 259.10✦ (+2, +3)	103 Lr 铹▲ $5f^{14}6d^{1}7s^{2}$ 260.11✦ (+3)